Mythos Algorithmus

Thomas Christian Bächle

Mythos Algorithmus

Die Fabrikation des computerisierbaren Menschen

Springer VS

Thomas Christian Bächle
Bonn, Deutschland

ISBN 978-3-658-07626-9   ISBN 978-3-658-07627-6 (eBook)
DOI 10.1007/978-3-658-07627-6

Die Deutsche Nationalbibliothek verzeichnet diese Publikation in der Deutschen Natio-
nalbibliografie; detaillierte bibliografische Daten sind im Internet über http://dnb.d-nb.de abrufbar.

Springer VS

Gedruckt auf säurefreiem und chlorfrei gebleichtem Papier

Springer Fachmedien Wiesbaden ist Teil der Fachverlagsgruppe Springer Science+Business Media
(www.springer.com)

Meinen Eltern

Danksagung

Mein erster und größter Dank gilt Frau Prof. Dr. Caja Thimm. Sie hat mich nicht nur mit Ideen, Kritik und Motivation auf einem sehr langen Weg begleitet. Sie hat mir über die Promotion weit hinausreichende Wege eröffnet und bei unzähligen Gelegenheiten großes Vertrauen geschenkt. Dafür bin ich ihr sehr dankbar.

Danken möchte ich auch Frau Prof. Dr. Doris Lucke – für den wichtigen und hilfreichen Ansporn auf den letzten Metern und die konstruktive Kritik am fertigen Manuskript – sowie Frau Prof. Dr. Ursula von Keitz und Frau Prof. Dr. Sabine Sielke.

Danken will ich auch allen, die ich in vielen Gesprächen (mal mehr, mal weniger freiwillig) zum Teil dieses Projekts gemacht habe. Besonderer Dank gilt Christian Kellner, der den Text kritisch gelesen und sprachlich geprüft hat, sowie Michael Caliman für seine Hilfe bei einigen Visualisierungen.

Schließlich danke ich meinen Eltern – nicht nur für die Unterstützung bei der Fertigstellung dieser Arbeit. Sondern für alles, seit es mich gibt.

Inhalt

Einleitung 11

1. Mythos Algorithmus als Modell des Mensch/Technik-Verhältnisses ... 17
    1.1. Der Algorithmus als logische Figur der Produktion kultureller
        Bedeutung 20
    1.2. Maschinen und Menschen im Sinnsystem Mythos 32
        1.2.1. Maschinen und Menschen als historisch spezifische
                Konstrukte 32
        1.2.2. Sinnsystem Mythos: Die Logik der Wahrheit 42
        1.2.3. Mensch/Technik-Mythen: Die Metapher als Mittlerin
                zwischen Fakt und Fiktion 64
    1.3. Menschbilder und Technologie – Natur und Kultur
        als Pole des Wissens 77
        1.3.1. Mensch/Maschine-Konvergenz als Ontologisierung
                epistemologischer Modelle 78
        1.3.2. Mensch/Technik-Hybride und Akteur-Netzwerke:
                Die Performanz der Wahrheit 94
        1.3.3. Technologie als Signifikationstechnik –
                Die Instrumente der Sinnproduktion 104
    1.4. Der Algorithmus des Mythos: Logische Funktion des Wahrseins . 119
        1.4.1. Der Algorithmus als Operationsprinzip des
                Sinnsystems Mythos 120
        1.4.2. Die semiotische Ebene des Algorithmus:
                Epistemisches Ding und zirkulierende Referenz 128
        1.4.3. Die performative Ebene des Algorithmus:
                 Formalisierte Aktanz 134
        1.4.4. Die prozessuale Ebene des Algorithmus:
                 Aktualität und Virtualität 139
    1.5. Das Außerhalb des Mythos Algorithmus 143
    1.6. Zusammenfassung 146

2. Der algorithmisierte Mensch als Mythos der Gegenwart 149
  2.1. Die Algorithmen des Lebens 150
    2.1.1. Der genetische Code als Algorithmus –
        Leben als operationalisiertes Programm 152
    2.1.2. Natürliches und künstliches Leben –
        stabilisiert durch formalisierte Narrative 164
    2.1.3. | ALG = FUNKTION → DIAGNOSE → PROGNOSE → END |
        Medizinische Formalisierung 178
  2.2. Die Algorithmen des Selbst und seines Körpers 193
    2.2.1. Symbolische Selbsttechniken:
        Formalisierte Identitäten und Selbstalgorithmisierung 195
    2.2.2. Die Sinnproduktion des Körpers als
        manipulierbarer Zeichenträger 217
    2.2.3. Der Avatar als formalisierte Körperrepräsentation
        und Identitätsmythos 235
  2.3. Die Algorithmen des Bewusstseins 245
    2.3.1. Kybernetische Algorithmen – Die Loopings des Geistes 247
    2.3.2. (Künstliche) Intelligenz – Algorithmus oder Emergenz? 262
    2.3.3. Der selbstverständliche Neuro-Computer Gehirn 277
  2.4. Die Grenzen des Mythos Algorithmus – Eine Zusammenfassung . 286

3. Das Negativ des Algorithmus als nicht operationalisierbare Freiheit . 297
  3.1. Leib vs. Körper? – Die Formalisierung des Spürens 299
  3.2. Spüren jenseits der Formalisierung? –
    Entlang der Grenze des Mythos Algorithmus 317
    3.2.1. Schmerz als Erfahrung der Grenze des Sinnhaften 320
    3.2.2. Die Algorithmen der Lust – Skripte des Vollzugs 328
    3.2.3. Ekstase – der Wahnsinn des Rausches –
        als Überschreitung der Sinngrenze 343

**4. Schluss: Der Mythos Algorithmus und sein Negativ als
Momentaufnahme** 357

Literaturverzeichnis 359

Filmographie 383

Einleitung

Die Idee zur vorliegenden Arbeit lässt sich am besten in zwei sehr allgemeinen Beobachtungen zusammenfassen: Erstens ist das Wissen um den Menschen stets nur Produkt bestimmter Technologien, und zweitens folgt diese *Fabrikation von Erkenntnis* (Knorr Cetina 1984) einer historisch spezifischen kulturellen Logik. Die These der Arbeit ist, dass die Logik der gegenwärtigen Wissens- und Wahrnehmungsmuster des Menschen, seiner Erkenntnis und Selbsterkenntnis, der Algorithmus ist. Der in dieser algorithmischen Logik hergestellte Mensch hat ein Leben, das in genetischen Informationen programmierbar ist und durch Umsequenzierung manipuliert werden kann. Das Prozessieren des Genoms als Lebenscode bringt sein Leben hervor, ja hierin liegt das Leben schlechthin. Dieser Mensch hat einen formalisierten Körper mit funktionalen Prozessen, die normal oder pathologisch verlaufen. Er wird diagnostiziert und therapiert, sein Zustand auf Ursachen kausal zurückgeführt oder ein zukünftiger Verlauf prognostiziert. Dieser Körper ist eine formalisierte und steuerbare Einheit geworden. Gleichzeitig verliert der Körper dieses Menschen die ihm zugeschriebenen Funktionen, da er durch Technologien wie Kommunikationsmedien oder Robotik ersetzbar scheint. Auch die Identität dieses Menschen lässt sich in formalen Kategorien beschreiben, ursächlich erklären, als normal und krankhaft diagnostizieren, behandeln, therapieren und optimieren. Das Bewusstsein dieses Menschen funktioniert wie ein Computer, es lässt sich in künstlichen Intelligenzen kopieren, schließlich auf diese übertragen. Das Gehirn dieses Menschen ist eine Code verarbeitende Maschine. Sie lässt sich lesen, steuern und vervielfältigen. Dieser Mensch löst sich schließlich als Einheit und unergründliches Geheimnis auf und ist doch nur das Produkt bestimmter symbolischer Repräsentationen und Praktiken. Sein Leben, sein Denken, seine Identität, sein Bewusstsein können vollständig verstanden und kontrolliert werden. Hoffnung auf Fortschritt wechselt sich ab mit einer Angst vor dem Verlust des Menschlichen und seiner Natur, der totalen Substitution im Technischen. Dieser formalisierte Mensch formt die Linse, durch die hindurch wir einander beobachten. Er ist das Produkt des Mythos Algorithmus.

Die Logik des Algorithmus scheint das Phänomen *Mensch* zunächst adäquat zu beschreiben, die Funktionsweise des Menschen – seines Lebens, seiner Natur, seines Bewusstseins usw. – als eine universell formalisierbare. Die Nähe zur Technik scheint offensichtlich, wenn die Gene ein manipulierbarer Code sind; das Gehirn eine Informationen verarbeitende funktionale Steuerungseinheit ist; Identität und Selbst in digitalen Stellvertreteridentitäten externalisierbare Qualitäten sind; der Körper technisch durch Prothetik und Robotik substituierbar ist oder verlustfrei in digitalen Avatar-Repräsentationen auflösbar erscheint. Die Phänomenbereiche des Natürlich-Menschlichen und des Künstlich-Technischen scheinen sich anzunähern: Eine Entwicklung, für die in den vergangenen zwei Jahrzehnten Begriffe wie Konvergenz, Hybridisierung, Cyborg, Ko-Evolution, künstliche Menschen, künstliche Intelligenzen oder künstliches Leben zur theoretischen Handhabe vorgeblich neuer Phänomene entwickelt wurde. Die diagnostizierte Hybridisierung wird begleitet von der Unsicherheit im Lichte kollabierender Dichotomien, die den Verlust vormals ‚reiner‘ und ‚unberührter‘ Bereiche bedeuten: Natur/Kultur, Mensch/Maschine, Subjekt/Objekt, Leben/Tod.

Es entsteht der Eindruck, der Mensch sei heute in der historisch einmaligen Position, sich erstmals selbst erschaffen und seine Natur kontrollieren zu können. Natur und Technik begegnen sich und lösen sich schließlich ineinander auf. Wie in dieser Arbeit gezeigt werden soll, ist es jedoch vor allem der spezifische Zugang bei der Beobachtung des Menschen, die ihn als eine universell formalisierbare und durch Technik substituierbare Einheit erst konstruiert. ‚Neuheit‘ – und die Debatten um die Konvergenz von Mensch und Technik werden geführt im Selbstverständnis von Ursprünglichkeit – ist selbst nie mehr als ein historisch relatives Konzept. Jede Generation begreift technologischen Wandel und die daraus resultierenden gesellschaftlichen und anthropologischen Umbrüche dennoch für sich als historisch einmalige Konstellation (Marvin 1990). Wie gezeigt werden soll, ist der in Technik auflösbare Mensch jedoch nicht mehr als das Produkt einer spezifischen Beobachtung des Menschen im Paradigma einer stets historisch spezifischen Kulturtechnik (Kuhn 1967). Grundlegendes Prinzip bei dieser Wissensproduktion ist die Idee der Formalisierung und Formalisierbarkeit der Welt, die eine Deutung der Phänomene nur im Hinblick auf die ihr zugrunde liegende Logik zulässt. Diese Logik – so die These der Arbeit – wird bestimmt durch die Kulturtechnik des Computers, die Logik des Algorithmus, die zum universellen Deutungsmuster der Welt und damit eines spezifischen Menschen wird. Die Fabrikation der Erkenntnis des Menschen und seiner Selbsterkenntnis sind Produkte dieser Logik. Sie ist der Mythos unserer Zeit.

Theoretische Verortung und Modellentwicklung

Die Logik des Algorithmus findet sich in den Bildern vom Menschen, die die Illusion seiner prinzipiellen Algorithmisierung geben: der Mensch als System verlustfrei repräsentierbarer, formalisierbarer, kopierbarer, simulierbarer und (re)produzierbarer Funktionen. Der Mythos soll in dieser Arbeit als ein Modell entwickelt werden, das die Produktion des Wissens um den formalisierbaren Menschen aufzeigt. Der Mythos ist hierfür als Modell insofern geeignet, als er ein System universeller und nicht hintergehbarer Weltdeutung ist, welches das menschliche Sein in Bezug auf Technik und Natur ordnet. Das im Mythos hergestellte Wissen ist ein Narrativ, das nicht unterscheidet zwischen objektiven wissenschaftlichen Fakten, literarischen Fiktionen oder dem Wissen des Alltags. Das hier entwickelte Modell kombiniert dabei verschiedene theoretische Ideen miteinander:

(a) *Diskurstheorie*: In seiner *Ordnung der Dinge* unterscheidet Foucault drei Dimensionen des Wissens. Das naturwissenschaftlich-mathematische, das analoge und kausale In-Beziehung-Setzen und die Philosophie: „Schließlich definiert die philosophische Dimension mit der der mathematischen Disziplinen eine gemeinsame Ebene: die der Formalisierung des Denkens" (Foucault 1974a, 416). Den Menschen zu denken bedeutet, das Wesen einer bestimmten Einheit Mensch mit spezifischen Funktionsweisen hervorzubringen – einer mathematischen Formalisierung entsprechend. Die Ordnung des Wissens, um die es in der vorliegenden Arbeit gehen wird und durch die hindurch der Mensch konstruiert wird, ist die algorithmische Prozesslogik. (b) *Akteur-Netzwerk-Theorie* (ANT): Angeregt durch den in den Modellen der ANT vollzogenen Kollaps der Dichotomien Subjekt/Objekt, Fakt/Fiktion, Natur/Kultur oder Mensch/Technik wird die Idee der zirkulierenden Referenz übernommen. Ein Sinnsystem wird erhalten durch bestimmte symbolische Übersetzungsleistungen, eine Erkenntnis wird durch Erkenntnishandeln performativ erzeugt. Eine materielle Einheit wird immer schon mit der Brille einer bestimmten sinnhaft überformten Erwartung gesehen und entsprechend gedeutet. Materie – etwa der menschliche Körper – ist somit immer schon zeichenhaft, weil sie durch ihre Beobachtung immer schon mit Bedeutung versehen wird. (c) *Beobachterkonstruktivismus der Systemtheorie*: Beobachten bedeutet die Konstruktion der beobachteten Einheit, die Unterscheidung zwischen dem beobachteten Objekt und seiner Umwelt. Beobachtung benötigt – um überhaupt sinnhaft stattfinden zu können – bereits ein semiotisches Schema der Wahrnehmung, ein System von Repräsentationen. Das vermeintliche Wissen um die Funktionsweise des Menschen bestimmt seine Wahrnehmung. Dieses System von Wissen stellt der Mythos bereit. (d) *Strukturalistisch-linguistisches Mythos-Modell*: Roland Barthes' Mythos gibt dem System von Repräsentationen eine Ordnung und bildet die Muster des Wissens und der Wahrnehmung der konstruierenden Beobachtung ab. (e) *Symbolischer Interaktionismus und Performativität*: Nicht nur in Repräsentationen wird Wahrnehmung konstruiert, sondern im konkreten Handeln kopräsenter sozialer Akteure eine bedeutungsvolle Realität erschaffen. Auch diese Handlungen werden als formalisiert begriffen, Performativität ist das Prozessieren eines Algorithmus. (f) *Sprachphilosophie Gottlob Freges*: Die ‚Logik der Wahrheit' – so auch diejenige der Wahrheit über den Menschen – bindet diese an eine mathematische Funktionslogik des Sinns. Diese Idee einer Logik der Wahrheit soll erweitert werden um den Gedanken formalisierter Handlungen. Der Algorithmus wird damit als zentrale Figur der ‚Logik und Performanz der Wahrheit' entwickelt.

Erkenntnisinteresse und Aufbau der Arbeit

Es lässt sich kein Mensch denken ohne kulturelle Repräsentationen und Praktiken, die fixieren, was als die Einheit ‚Mensch' zu gelten habe. Der Begriff ‚Mensch' wird in dieser Arbeit deshalb immer als Effekt – ein Produkt, ein *Menschbild* – und nicht als Bedingung verstanden. Hinter dem gegenwärtigen Bild vom Menschen schimmern die Repräsentationen hybrider, globalisierter, postmoderner, vernetzter, posthumanistischer, unbestimmter, freier, apokalyptischer oder banaler Zukunftsvisionen menschlicher Natur, Identität, Biologie oder Körperlichkeit. Ihnen gemein – so die These – ist die Annahme universeller Formalisierbarkeit entlang einer algorithmischen Logik. Das in dieser Arbeit entwickelte Mythos-Modell bietet den Rahmen für die Analyse dieser Logik, die bestimmte Annahmen des Menschen produziert.

1. Mythos Algorithmus – die Entwicklung des Modells
Im ersten Teil der Arbeit wird zunächst das vorliegende Verständnis des Algorithmus eingeführt, das über die mathematische Dimension hinausgeht. Der Algorithmus wird als eine durch die Kulturtechnik Computer universell erwirkte kulturelle Logik betrachtet, die sich vor allem in drei Dimensionen durchsetzt: Der Algorithmus ist 1. eine semiotische Figur und deckt mit seinen symboli-

schen Repräsentationen die Dimension des Beobachterkonstruktivismus ab; er ist 2. mit seinen Operatoren als Handlungsvorschrift performativ und codiert symbolisch gehaltvolle Praktiken, formalisierte Erkenntnishandlungen; 3. ist er theoretisches Bindeglied zwischen dem Aktuellen, dem Vergangenen und dem Virtuellen: als Handlungsvorschrift verbindet der Algorithmus einen aktuellen Jetzt-Zustand mit einem potentiellen Soll-Zustand (Ziel der Handlung) durch einen immer in Zeit verlaufenden Prozess. *Der Algorithmus codiert Logik und Performanz der Wahrheit gleichermaßen.* Diese Eigenschaft wird im zweiten Teil der Arbeit die Analyse der Menschbilder leiten. Als theoretischer Rahmen soll das Mythos-Modell entwickelt werden. Der Mythos scheint aufgrund seiner Universalität und Absolutheit, sowie seiner Doppelstellung zwischen Fragen der Letztbegründung des Seins einerseits und konkreter Sinnproduktion im Alltagsleben andererseits als geeignete Metapher für die Modellgenese.

Als vielleicht hervorstechend neue Eigenschaft des hier entwickelten Mythos-Modells ist der Verzicht auf die sonst selbstverständliche und theoretisch gesetzte Annahme von der Hybridisierung von Mensch und Technik, der Auflösung des Menschlichen im Technischen. Die Theorie der Hybridisierung impliziert immer voneinander geschiedene Bereiche, die sich erst aufeinander zu bewegen. Der Mythos als Sinnsystem vertritt dagegen eine Position, die ein sinnvolles Sprechen über den Menschen *immer schon in Technik* verortet. Es sind nicht die Phänomene Mensch und Maschine, Natur und Kultur, die konvergieren oder verschmelzen; vielmehr liegt eine *Konvergenz der Modelle* vor: Mensch und Technik nähern sich nur deshalb scheinbar einander an und werden wechselseitig anschlussfähig, weil dieselben Modelle, Repräsentationen und theoretischen Prinzipien benutzt werden, um sie erklären zu können.

2. Der algorithmisierte Mensch – die Anwendung des Modells
Das entwickelte Modell des Mythos Algorithmus soll im zweiten Teil auf unterschiedliche Diskurse der Produktion und Reproduktion von die Einheit Mensch konstruierenden Repräsentationen und Praktiken angewandt werden. Das Leben des Menschen, sein Selbst und sein Körper sowie sein Bewusstsein werden – so die These – entlang einer durch den Algorithmus determinierten Modelllogik entworfen. Ein Beobachten des Menschen, das Nachdenken und Sprechen über ihn, gar ‚Selbst-Sein‘ und ‚Mensch-Sein‘ scheinen universell formalisiert. Der Mensch ist Produkt formalisierter Prozesse. Sein Denken, Fühlen und Handeln ist reduziert auf die ihn durchziehende kulturelle Logik der Formalisierung, wir alle führen Algorithmen aus.

3. Negativität und Unbestimmtheit als Bereiche symbolische Freiheit:
Wo scheitert der Algorithmus? – Zum Außerhalb des Modells
Im dritten, die Arbeit abschließenden Teil soll nach den Bereichen gefragt werden, die sich der Formalisierbarkeit der Algorithmuslogik möglicherweise entziehen: Wo ist ein ‚reines' Erleben möglich, eine Wahrnehmung, die sich der universellen Formalisierbarkeit zu entziehen vermag? Das hier vorgeschlagene Modell des Sinnsystems Mythos kennt – wie alle systemtheoretischen Modelle – ein Außerhalb. Dieses Außerhalb ist Chaos und Freiheit gleichermaßen, die es nur geben kann, wenn Erfahrung (die noch nicht zwischen Selbst und Welt zu unterscheiden vermag) vor ihrer symbolischen Repräsentation und Vorformung geschieht. Spuren für solche Erfahrungen bieten die Bereiche der leiblichen Empfindungen, des sexuellen Begehrens, der Schmerzerfahrung aber auch das Rauscherleben mit seinem Höhepunkt, der Ekstase. Kann es ein Erleben geben, das sich dem Zugriff universeller Formalisierung entzieht, ein Außerhalb des Mythos Algorithmus?

1. Mythos Algorithmus als Modell des Mensch/Technik-Verhältnisses

Der Mensch, sein Körper, seine Identität oder sein Bewusstsein werden seit langem schon nicht mehr als natürliche und objektiv erfassbare Selbstverständlichkeiten diskutiert. Sie werden vielmehr als Produkte spezifischer Kulturtechniken betrachtet (Foucault 1974a, 1983; Butler 2006 [1990]; Duden 1987). Sarasins Studie zu Hygienetechniken (2001), die den Zeitraum von 1765-1914 abdeckt, ist ein Beispiel für diesen Zusammenhang. Er arbeitet darin *eine* mögliche Geschichte des menschlichen Körpers heraus, wie dieser aus der spezifischen Perspektive des ‚Hygiene-Diskurses‘ produziert, repräsentiert und wahrgenommen wird. Dieser Hygiene-Diskurs des späten 18. und 19. Jahrhunderts produzierte ein Wissen, „das das Verhältnis des Menschen zu den materiellen Bedingungen seiner Existenz beschrieb“ und den Individuen gleichzeitig die Regulierung derselben nahe legte (Sarasin 2001, 17). Umweltfaktoren wurden als mögliche Ursachen für Gesundheit und Krankheit in Beziehung zum Körper gesetzt und verschiedenste Techniken produzierten einen bestimmten Körper, einen hygienischen Körper, für den folgende Faktoren relevant waren:

> Von der Beschaffenheit der natürlichen Umwelt über die Kleidung und die Ernährung, die Arbeit, die gymnastischen Formen der Bewegung, die Wohnung, die Wasserversorgung, die Reinlichkeit und die Nervenhygiene bis hin zur Sexualität und zur Sorge um gesunde Nachkommen (Sarasin 2001, 17).

Sarasins Perspektive ist die eines Historikers und endet 1914. Methodisch beschränkt er sich auf Hygienetechniken und erzählt daraus eine Geschichte des Körpers, der niemals als stabile Einheit begriffen werden kann. Der Hygienediskurs sagt laut Sarasin:

> Das ist Dein Körper, der so und so funktioniert, den Du so und so regulieren kannst, der diesen und jenen Gefahren ausgesetzt ist und der Dir diese und jene Genüsse bietet (Sarasin 2001, 18).

Die Selbstbeobachtung des Körpers, Hygiene-Regeln und Reinlichkeitspraktiken produzieren ein diskursives Körperwissen und bringen spezifische Bilder des Menschen hervor: Repräsentationen in Schaubildern, Modellen oder Texten sowie Metaphern wie die ‚Nervenhygiene‘ sind niemals so sehr beschreibende wie *deutende* Techniken, die spezifische überindividuelle Muster der Wahrnehmung des Menschen genauso produzieren wie individuell-subjektive Vorstellungen von ihm. Wenn in dieser Arbeit von Menschbildern gesprochen wird, ist deshalb stets diese zirkuläre Bewegung zwischen Repräsentationen, überindividuellen Deutungsmustern und subjektiven Vorstellungen gemeint (zur genaueren Differenzierung Kap. 1.2.2.).

Während Sarasin einen in Hygiene-Wissen und Hygiene-Techniken konstruierten Körper historisiert, will die vorliegende Arbeit keinen historischen Bezug herstellen. Ihr geht es auch nicht um Repräsentationen und Praktiken der Reinlichkeit. Entscheidend ist Sarasins Methode, die analog für Körperrepräsentationen und Praktiken der Gegenwart gewandt werden soll: Wie wird der Mensch aus der Sicht *einer* gegenwärtig entscheidenden Kulturtechnik in Symbolen und Praktiken, Repräsentationen und Wahrnehmungen als Menschbild konstruiert? Welche Kulturtechnik sagt uns gegenwärtig: „Das ist Dein Körper, so funktioniert er, so funktioniert Dein Geist, Dein Gedächtnis, Deine Psyche. So kannst Du seine (Deine) Prozesse steuern und optimieren!‟? Während Sarasin historisch die Hygiene als spezifischen Zugang wählt, verwendet die vorliegende Arbeit eine andere, zunächst universell erscheinende Kulturtechnik, die als Perspektive gesetzt wird: den Algorithmus, der eine hoch spezifische kulturelle Logik hervorbringt (Kap. 1.1.). Es ist diese Logik, in der gegenwärtiges Wissen um den Menschen konstruiert wird.

Die derzeit diskutierten kulturwissenschaftlichen Ansätze sind bestimmt von Stichworten wie Hybridisierung, Fragmentierung, Mensch-Maschine, Cyborg oder Konvergenz, die den fluiden Charakter der rein symbolischen Konzepte ‚Technik‘ und ‚Mensch‘ anerkennen wollen (Brink [2004] spricht von einer „Hochkonjunktur“ derselben). Dies betrifft zum Beispiel den Cyborg, der nicht nur Hybrid-Wesen, sondern auch Figuration eines Hierarchien in Frage stellenden Technofeminismus ist (Haraway 1995a), oder eine Diskurs-Zeichentheorie des Körpers, die diesen in kulturellen Repräsentationen auflöst (Butler 2006 [1990]). So soll auch in dieser Arbeit fraglos anerkannt werden, dass es ‚den Körper‘ nicht gibt, allenfalls in Zeichen und Praktiken konstruierte Menschbilder. Es wird darauf aufbauend ein konstruktivistisch-interaktionistisches Modell entwickelt, das diesen fehlenden Rückbezug zum Körper als ‚ontisches Objekt‘ – als reales Seinsobjekt – mit einbezieht. Es beschreibt funktional den Mechanismus eines Mythos, der eine Universalität der Weltdeutung liefert. In diesem Fall ist die vermeintliche Konvergenz von Mensch und Maschine der moderne Mythos dieser Deutung des menschlichen Seins. Kapitel 1.2. entwickelt diesen modernen Mythos als Modell eines universellen Sinnsystems, das einer spezifischen formalisierbaren ‚Logik der Wahrheit‘ (Frege) folgt.

Die Entwicklung eines eigenen Modells ist insofern geboten, als entgegen der derzeit vorherrschenden Debatte von der Hybridisierung, der Konvergenz von Menschenkörper und Technologie, hier *für* die Beibehaltung der Kategorien des Natürlichen und des Künstlichen argumentiert werden soll. Dies gilt sowohl für die beobachteten Phänomene (also Menschen oder technische Apparate) als auch auf einer epistemologischen Ebene für diejenigen Theorien, die die Hybridisierung in ihrem Theorie-Inventar abzubilden versuchen. Am prominentesten für diesen Ansatz ist die Akteur-Netzwerk-Theorie (ANT) des französischen Soziologen Bruno Latour. Anknüpfend an die ANT soll gezeigt werden, dass ein Modell, das gegenwärtige Menschbilder zu fassen versucht, auf die epistemologisch ‚reinen' Konzepte des Natürlichen und des Technischen nicht verzichten kann. Besonders betont werden soll außerdem die performative Dimension des Erkennens, die algorithmisch operationalisierbar ist. Ein universaler Technologie-Begriff, der jede Kulturtechnik als Produzenten von Sinn auffasst, betont dabei, dass ein Rückbezug auf diese Kategorien unverzichtbar ist. Das Neue am entwickelten Modell stellt der Versuch dar, die Hybridisierungsannahme redundant zu machen: Entscheidend ist für das Sinnsystem Mythos die Produktion von Bedeutung (konstruktivistisch-interaktionistisch), die notwendigerweise auf positiv gesetzte Einheiten zurückgreifen muss. Kapitel 1.3. vertieft im Zuge dessen das Mythos-Modell im Hinblick auf die Mechanismen der wechselseitigen Bedeutungskonstruktion der Konzepte des Menschen und des Technischen und fokussiert gleichzeitig die praktisch-performative Dimension der Wahrheit, als Weiterentwicklung im Sinne einer operationalisierbaren ‚Performanz der Wahrheit'.

In der zentralen Frage dieser Arbeit – Wie wird der Körper aus der Sicht der gegenwärtig vorherrschenden Kulturtechnik des Algorithmus in Symbolen und Praktiken konstruiert? – steckt eine Setzung, nämlich die, dass es sich beim Algorithmus um die gegenwärtig vorherrschende Kulturtechnik per se handelt. Dieses Vorgehen ist jedoch – mit dem Vorbild Sarasin – legitim, da jede Betrachtung der Produktion des Menschbilds aus einer bestimmten Perspektive erfolgen muss. Der Algorithmus deckt gleich mehrere Dimensionen der Sinnproduktion ab, und eignet sich deshalb als logische Figur des sonst höchst instabilen und dynamischen Sinnsystems, das Menschbilder produziert. Jede Sinn produzierende Kulturtechnik lässt sich auf die multidimensionale Form des Algorithmus bringen, der als Figur gleichzeitig symbolisch-abstrakt, materiell und performativ ist und sowohl Aktualität als auch Potentialität (des in der Möglichkeit vorhandenen Virtuellen) ausdrücken kann. Der Algorithmus ist damit – so die These – die wesentliche Determinante der Bedeutungskonstruktion des gegenwärtigen Menschbilds (Kap. 1.4.).

Dieser spezifische Zugang wird die Analyse des zweiten Teils (das gegenwärtige algorithmisierte Menschbild) und des dritten Teils (die Möglichkeiten eines

Außerhalb des Algorithmus) der Arbeit bestimmen. Doch zunächst zur Modellentwicklung des Mythos Algorithmus.

1.1. Der Algorithmus als logische Figur der Produktion kultureller Bedeutung

Am 6. Mai 2010 um 14:45 Uhr stürzt der US-amerikanische Börsenindex Dow Jones Industrial innerhalb weniger Minuten um neun Prozentpunkte ab. Kurze Zeit später steigt er wieder in die Nähe der Ausgangsmarke. Niemand hat eine eindeutige Erklärung für diesen sogenannten *flash crash*. Die Algorithmen der automatisierten Finanztransaktionen scheinen eigene Handlungen auszuführen, die von Händlern nicht mehr verstanden werden können:

> All of a sudden, nine percent just goes away, and nobody to this day can even agree on what happened, because nobody ordered it, nobody asked for it. Nobody had any control over what was actually happening … And that's the thing, is that we're writing things [algorithms; T.B.], we're writing these things that we can no longer read. And we've rendered something illegible. And we've lost the sense of what's actually happening in this world that we've made (Slavin 2011).

Das sogenannte *black box trading* oder *algorithmic trading* wird im börslichen Computerhandel gezielt eingesetzt, um eine große Geldmenge in ein Äquivalent von Millionen kleiner Transaktionen zu verstecken, die nach Abschluss dieser Transaktionen wieder zur Ursprungsmenge zurückgerechnet und zusammengefügt werden (auch Lenglet 2011). 70 Prozent des Umsatzvolumens des US-amerikanischen Börsenhandels werden durch solche automatisierten Algorithmen bestimmt, die Transaktionen durchführen, um große Geldmengen zunächst zu zerteilen, um sie von anderen Algorithmen wieder zusammensetzen zu lassen (Slavin 2011). Dies geschieht jedoch, ohne dass die ablaufenden Prozesse von menschlichen Händlern kontrolliert, gar verstanden werden können. Die mathematisch-informationstechnologischen Algorithmen haben bei diesen computerisierten und automatisierten Prozessen die entscheidende Rolle:

> They acquire the sensibility of truth, because they repeat over and over again. And they ossify and calcify [verknöchern und verkalken; mit anderen Worten werden sie zu einer ‚natürlichen' Realität; T.B.], and they become real (Slavin 2011).

Die Algorithmen naturalisieren ihre Logik zur realen und natürlichen Weltordnung universeller, ubiquitärer und pervasiver Informations-, Kommunikations- und Steuerungscomputer. Die Logik des Computers wird zu einer sozialen Realität – einer sehr wirkmächtigen –, in die immer mehr soziale Prozesse verlagert werden und die zudem mit einer beunruhigenden Handlungsautonomie ausgestattet ist.

Ein besonders prominentes Beispiel für diese Vision einer algorithmisierten Logik als soziales Organisationsprinzip ist die Software ‚Stuxnet', die zwischen November 2009 und Januar 2010 etwa 1.000 iranische Zentrifugen zerstört hat, die zur Anreicherung von Uran eingesetzt wurden. Die Programmierung erhöhte die Rotationsgeschwindigkeit der Anlagen und führte schließlich zur Selbstzerstörung (Krüger 2011). „Cyber-Kriege" und „Cyber-Attacken" sind neue, gern gebrauchte Schlagworte, um die Störungen der neuen, durch Informationstechnologien hergestellten sozialen Organisation zu beschreiben. Darunter fallen auch Industriespionage, die Zensur von Suchmaschinen und sozialen Kommunikationsnetzen oder die Datenkontrolle und Datenüberwachung persönlicher Informationen. Dem „Bundestrojaner" – einer kriminalpolizeilich genutzten, aber rechtlich zweifelhaften Software zur Online-Durchsuchung – wird dadurch eine rätselhafte Uneindeutigkeit zugeschrieben, dass die Algorithmen des Trojaners und seine funktionellen Möglichkeiten nicht eindeutig gelesen werden können. Die „Anatomie" dieses „digitalen Ungeziefers" (Rieger 2011) ist vage, den Algorithmen wird eine unheimliche Handlungsmacht zugeschrieben, die sich der menschlichen Kontrolle entzieht.

Neben den naheliegenderweise höchst computerisierten Finanztransaktionen oder dem sicherheits- oder industriepolitisch relevanten Datenmanagement oder dem Schutz individueller Daten gibt es auch Beispiele, in denen Algorithmen mit einer kulturellen Kontrollfunktion ausgestattet sind. Die britische Firma Epagogix versucht beispielsweise, die Erfolgswahrscheinlichkeit von Hollywood-Produktionen zu errechnen, was den Filmstudios bei der Entscheidung hilft, einen Film zu realisieren. Hierzu werden Drehbuch, Drehorte, Stars und Plot als Variablen in Algorithmen transformiert und mit vergleichbaren früheren Projekten und deren Erfolgsvariablen (Produktionskosten und Einspielergebnisse) verrechnet. Dies hat bereits zu den Entscheidungen geführt, eine teure weibliche Hauptdarstellerin durch eine preiswertere auszutauschen, um die Rendite zu vergrößern, oder ein teures Projekt in Anbetracht geringer finanzieller Erfolgsaussichten zu verwerfen (Wakefield 2011). Auch auf Architektur und Städteplanung üben Algorithmen Einfluss aus, indem simulierte Massenevakuierungen öffentlicher Gebäude in der Planungsphase über deren bauliche Umsetzung mitentscheiden; indem automatisierte Fahrstühle oder Flughafenbusse, die ohne Bedienelemente oder steuerndes Personal auskommen, den Kontrollverlust und die Überantwortung an die Maschine und ihre Algorithmen versinnbildlichen; oder – um auf das Ausgangsbeispiel zurückzukommen – indem Finanzhändler Bürogebäude für sich erschließen, die möglichst nahe an den elektronischen Handelsplätzen liegen, um sich einen Vorsprung weniger Millisekunden beim Zugriff ihrer Algorithmen auf das börsliche Computersystem zu sichern (Slavin 2011).

Noch einschneidender ist die Organisation des Wissens durch Algorithmen, die den ideologischen Gedanken der informationellen Selbstbestimmtheit und Freiheit der Internetnutzung, des Zugriffs auf Wissen untergräbt. Diese wird schon lange im Spannungsfeld zwischen Zugang zu Information und der Kontrolle von Daten diskutiert (Chun 2006). Hinzu tritt in jüngeren Lesarten (z. B. Bunz 2012) eine Emanzipation des nunmehr digitalen Wissens von einer menschlichen Deutungshoheit. Der Algorithmus agiert darin als autonomer Akteur und entzieht Informationen ihrer institutionellen Authentifizierung. Anschauliches Beispiel hierfür ist der sogenannte *algorithmic journalism*, bei dem entsprechend programmierte Algorithmen vollautomatisiert Filmdialoge, Ergebnistabellen oder Aktienkurse in Rezensionen, Sportberichte oder Börsenmeldungen überführen und damit eigenständig Textformen produzieren (Anderson 2013).[1] „Big Data" ist zum bedrohlichen Schlagwort geworden für einen durch Menschen nicht mehr fassbaren Wissensbestand (Geiselberger/Moorstedt 2013), der in seiner Allwissenheit und Autonomie unsere Gesellschaft, unser Handeln und unsere Ideen von Identität zugleich formt und bestimmt. Das dem Internet zugeschriebene demokratisierende Potential durch offene Partizipationskulturen erfährt durch die unzugänglich im Verborgenen arbeitende Software eine Umdeutung: Das *technological unconscious* etabliert neue Wissens- und Machtstrukturen (Beer 2009), eine obskure und schaurige Eigenständigkeit. Soziale Netzwerke wie Facebook sammeln Unmengen persönlicher Daten über soziale Beziehungen, Vorlieben und Abneigungen und nähren die Angst der vollständigen Lesbarkeit und Vorhersagbarkeit einer vermeintlich in Daten auslesbaren *conditio humana* (Moorstedt 2013; im Gespräch mit dem „Haussoziologen von Facebook" Cameron Marlow). Die Vorstellung des Selbst scheint auflösbar in Big Data, eine „new algorithmic identity" entsteht (Cheney-Lippold 2011; Kap. 2.2. zu den „Algorithmen des Selbst").

Gleichzeitig werden Suchmaschinen durch immer spezifischere und personalisierte Algorithmen zu den neuen Schleusenwärtern des Wissens, die Informationen entsprechend bestimmter Algorithmen nutzerspezifisch sortieren und präsentieren und somit den Zugriff auf Wissen steuern. Vergleichbare Algorithmen steuern das Erscheinungsbild sozialer Netzwerke, die den Nutzerinnen und Nutzern neue Kontakte oder Inhalte vorschlagen aufgrund des spezifischen Nut-

---

[1] Das Technologiemagazin Wired fragt im April 2012 besorgt „Can an Algorithm Write a Better News Story Than a Human Reporter?" (Levy 2012) und Evgeny Morozov (2012) stellt zur selben Zeit in der Frankfurter Allgemeinen Zeitung zu dieser Art des „Roboterjournalismus" fest: „Die Ironie der Geschichte ist natürlich, dass Automaten Texte über Unternehmen ‚schreiben', die ihr Geld mit automatisiertem Trading verdienen. Diese Texte werden dann wieder in das Finanzsystem eingespeist, so dass die Algorithmen noch lukrativere Geschäftsmöglichkeiten entdecken. Im Grunde ist das Journalismus von Maschinen für Maschinen. Aber zumindest fließt der Gewinn in die Taschen realer Menschen."

zungsverhaltens, etwa der Häufigkeit von Chatkommunikation mit einer bestimmten Gruppe von anderen Nutzern oder persönlichen Interessen. Die Wege, die die Nutzerinnen und Nutzer gehen können, werden errechnet, vorgegeben und erschweren eine von den algorithmisch generierten Inhalten abweichende Richtung. Dieses Phänomen wird mit dem Begriff „filter bubble" (Pariser 2011a) beschrieben, ein Bereich informationeller Geschlossenheit, der durch „invisible algorithmic editing" (Pariser 2011b) entsteht. Suchmaschinen wie *google.com* arbeiten mit Parametern wie dem Aufenthaltsort, der benutzten Browsersoftware oder dem sozio-demographischen Profil, das aus vorherigen Suchanfragen errechnet wird:

> ... if you take all of these filters together, you take all these algorithms, you get what I call a filter bubble. And your filter bubble is your own personal unique universe of information that you live in online. And what's in your filter bubble depends on who you are, and it depends on what you do. But the thing is that you don't decide what gets in. And more importantly, you don't actually see what gets edited out (Pariser 2011b).

Vorgeblich individuelle Interessen, Wissensbeschaffung oder Suche nach unterhaltenden Inhalten oder ansprechenden Selbstdarstellungen anderer Nutzer sind alles andere als frei. Sie sind das Resultat von Algorithmen, die Inhalte filtern, von deren Existenz der Nutzer nicht weiß.

Algorithmen, so scheint es, „regieren unsere Welt" (Steiner 2012), und wenig überraschend werden auch akademische Stimmen laut, die bereits einen „algorithmic turn" (Uricchio 2011) ausrufen. Im Zusammenhang mit der Ästhetik einer visuellen Kultur stellt der Algorithmus als automatisierte Verknüpfung von digitalen *images* tradierte Rezeptions- und Referenzmuster in Frage:

> [Algorithms; hier die Software Photosynth, T.B.] aggregate location-tagged photographs into a near-seamless whole, and offer a way to consider such issues as collaborative authorship of the image, unstable points of view and the repositioning of subject-object relationships – all elements that fundamentally challenge Western representational norms dominant in the modern era (Uricchio 2011, 25).

Die Möglichkeit der bildhaften Überlagerung konkreter Orte durch digitale Zusatzinformationen (*augmented reality*) stellt neue Bedeutungen her und stilisiert den Algorithmus als Mittler („algorithmic intermediation", Uricchio 2011, 25), der die tradierte Subjekt/Objekt-Dualität rekonfiguriert.

Alle diese Beispiele eines mathematischen und informationstechnologischen Verständnisses von Algorithmen würden an dieser Stelle bereits genügen, um ein starkes Argument für eine *universelle durch Algorithmen bedingte kulturelle Logik* vorzulegen. Der Algorithmus ist danach eine formalisierte Rechen- bzw. Prozessvorschrift, aus deren bestimmender Rolle in computerisierten Vorgängen von Wirtschaft, Politik, Architektur, Kultur oder elektronischer Kommunikation und Wissensbeschaffung eine bestimmte Autonomie abgeleitet werden kann, da die algorithmisierten Prozesse nicht mehr gänzlich verstanden werden können. Der Code aus Algorithmen ist Gesetz („code is law"; Lessig 2006, 5; insb. 81 ff.), er wird zum Regulator dessen, was gefunden und gewusst werden kann, welche symbolisch-kommunikativen Prozesse überhaupt stattfinden können. Soziales, kommunikatives Handeln und die Organisation von wirtschaftlichen und politischen Prozessen sowie der Zugang zu Wissen sind durch den Code determiniert und reguliert. In diesen Beispielen bereits zeichnet sich eine Ablösung von menschlicher Handlungsautonomie durch Algorithmen-basierte automatisierte Prozesse ab. Diese Beispiele beziehen sich jedoch allesamt auf mathematische Algorithmen informationsverarbeitender Maschinen. Sie beschäftigen sich ausschließlich mit der technischen Dimension des Algorithmus.

Die Kernthese der vorliegenden Arbeit geht über dieses mathematisch-informationstechnische Verständnis des Algorithmus weit hinaus. Die Kulturtechnik des Algorithmus, so die Annahme, ist *die zentrale logische Determinante des Wissens um den Menschen und derjenigen Handlungen, die ihn als Einheit des Wissens sinnvoll hervorbringen können.* Bevor diese These weiter spezifiziert wird, soll ein Beispiel helfen, sie zu verdeutlichen. Eine der sichtbarsten Konsequenzen aus dieser zentralen Rolle des Algorithmus bei der Konstruktion von Wissen um den Menschen ist diese vermeintliche Selbstverständlichkeit, der Mensch lasse sich äquivalent und verlustfrei in sie überführen und durch sie ausdrücken. Besonders sichtbar ist dies bei Meckel (2011), die über fiktive Erinnerungen eines „humanoiden Algorithmus" in einer „Zukunft ohne uns" Menschen sinniert – aus der Perspektive eines „menschlichen Algorithmus":

> Ich weiß alles über dich. Ich weiß, was du liest und was du isst. Wie oft du mit der Bahn verreist oder das Flugzeug nimmst. Ich kenne deine Schuhgröße und die Farben deiner Kleider. Ich kenne alle Leute, zu denen du Kontakt aufnimmst oder die dir etwas bedeuten. Ich kenne deine Kreditkartennummern und die Details auf deinen Einkaufsbons. So kann ich die Dinge bestellen, die du brauchst und dir wünschst, ohne dich vorher fragen zu müssen. Ich weiß, was du fühlst, was du brauchst und was du magst. In Wirklichkeit weiß ich es sogar besser als du selbst (Meckel 2011, 13).

Die Vermenschlichung zum ‚humanoiden' Algorithmus geschieht durch die selbstverständliche Äquivalenzsetzung von Technologie und Mensch (Abb. 1): Für die „Überführung des Menschen in den mathematischen Modus" (Meckel 2011, 25) war der entscheidende Schritt die Berechenbarkeit des menschlichen Denkens (Meckel 2011, 22). Durch Algorithmen generierte Empfehlungen beeinflussen die Wahl des Restaurants oder Kaufentscheidungen; Algorithmen kontrollieren die Auswahl des Wissens, der Texte, die gelesen, der Videos, die gesehen werden; Nutzer geben private Lebensdetails in Online-Profilen preis –

Freundschaften, Familie, Sex –, die zu einer noch perfekteren Kontrolle dessen führen, was ihnen angeboten wird; mit der zusätzlichen Hilfe von Ortsüberwachung durch Geo-Dienste oder RFID-Chips können präzise Nutzungs- und damit Verhaltensprotokolle erstellt werden. Alle diese Mechanismen steigern den Grad der selbst gewählten Überwachung und gleichzeitig wird das menschliche Leben in allen seinen Aspekten berechenbar. So zumindest lautet die pessimistische Version der technologischen Entwicklung, an deren Ende „die globale Zerstörung des menschlichen Individuums und seiner Identität" steht (Meckel 2011, 14). Überhaupt sind der Verlust von „Macht" und „Kontrolle" sowie der menschlichen Natur als solcher im Angesicht des nicht-menschlichen Akteurs Algorithmus zentrale durch diesen Ansatz artikulierte Ängste.

Der Algorithmus, um den es in dieser Arbeit geht, führt keinesfalls in eine solche Dystopie, die Vision einer befremdlichen Zukunft, in der die autonom handelnden Algorithmen das Menschliche und das Natürliche abgelöst haben. Diese Visionen reartikulieren bekannte Muster der Verunsicherung im Lichte als neu wahrgenommener technischer Entwicklungen, die das Menschliche in Frage stellen (insb. Kap. 1.2.3.). Das daraus abgeleitete Narrativ – und Meckels „fiktive Erinnerungen" sind keine Ausnahme   beruht darauf, in der Technologie zunächst ein perfektes Imitat der ‚Funktionsweise' des Menschen zu identifizieren, um im Anschluss die Fusion von Mensch und Maschine zu prognostizieren und schließlich die Zeiten zu fürchten, in denen die Technologie schließlich den Menschen substituiert.

Der Algorithmus ist vielmehr Organisationsprinzip des Wissens um den Menschen – eines Wissens, wie es zum Beispiel von Meckel reproduziert wird – und er ist zentrale logische Figur des den Menschen als Sinneinheit produzierenden Systems. Dieses Sinnsystem ist universell in seiner Deutungshoheit und unhintergehbar. Es ist Referenzpunkt für ‚neue Erkenntnisse' über den Menschen, Erklärmodelle seiner ‚Funktionsweise', Ausgangspunkt für die Visionen zukünftiger Menschen. Dieses Sinnsystem ist ein moderner Mythos. Der Algorithmus ist die Logik dieses Mythos.

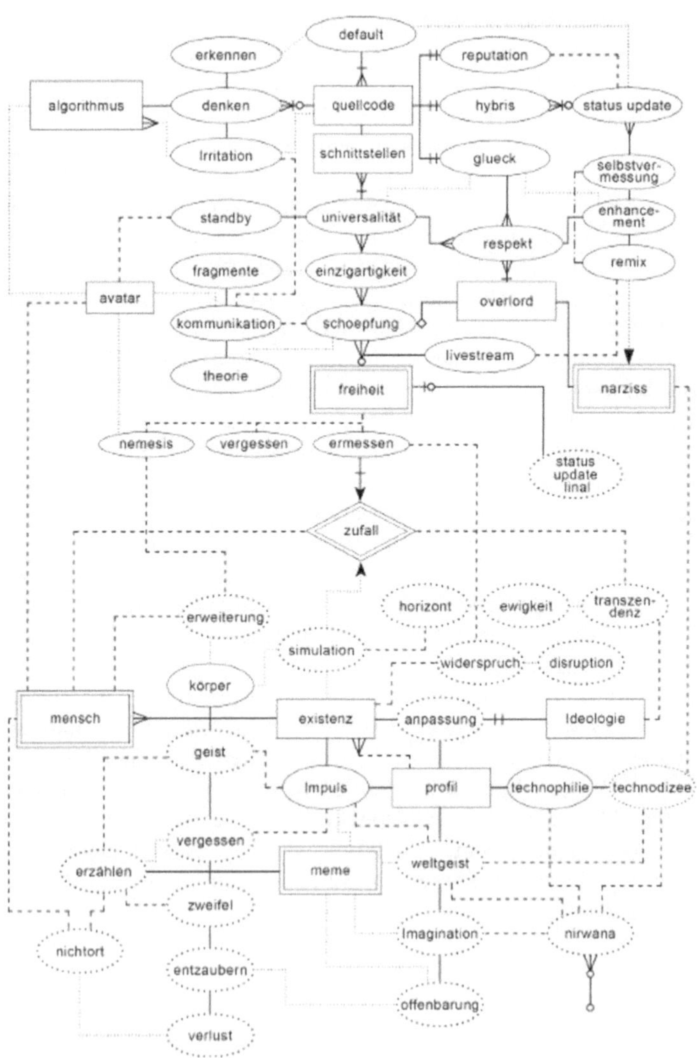

Abb. 1: Meckel (2011, 7) gibt diese anschauliche Visualisierung ihrer Version des Mythos vom algorithmisierten Menschen: eine perfekte Äquivalenzsetzung von Mensch und formallogischer Rechenoperationen im Medium der universellen mathematischen Repräsentierbarkeit.

Die in dieser Arbeit vorgeschlagene Betrachtungsweise will eine Alternative zu futurologischen Narrativen bieten und übersteigt gleichzeitig die eingangs angedeutete und reduzierte Konzentration auf die informationstechnologische Dimension der Algorithmen, die unsere elektronische Ordnung von Wissen und Kommunikationsvorgängen steuern. Die bereits genannte Kernthese lässt sich folglich durch zwei Annahmen zuschneiden: (1) Der Algorithmus ist eine logische Figur, das Ordnungsprinzip einer spezifischen Sinnproduktion. Der Algorithmus ist *das* logische Prinzip, das über die Validität von Menschbildern entscheidet und damit letztlich darüber, wie der Mensch sich selbst wahrnimmt. Der Algorithmus wird damit zur logischen Figur des menschlichen Seins, seiner ‚Funktionsweise‘ und seiner Zukunft. (2) Diese durch den Algorithmus hergestellte spezifische Sinnordnung besitzt durch ihre Universalität die Qualitäten eines modernen Mythos. Sie sorgt für eine Homogenisierung der Erklärmodelle von Technik und Mensch. Der Mensch – so die häufig vorgebrachte implizite Annahme – ist mit Modellen des Technischen erklärbar. Wie gezeigt werden soll, liegt hierin die mythische Qualität des Algorithmus. Nur indem Mensch und Technik funktional äquivalent modelliert werden, kann es zu Theorien und Narrativen des Hybriden, der Aufgabe des Natürlichen, der Substitution des Menschen durch die Maschine, letztlich der Vision vom Existenzverlust des Menschen kommen.

Zu (1): Wie im zweiten Teil der Arbeit herausgearbeitet wird, ist der Algorithmus die dominierende Kulturtechnik der Bedeutungsproduktion der Diskurse um den Menschen: Das menschliche Leben ist programmierbar als genetischer Code (Kap. 2.1.1.) und das sogenannte ‚künstliche Leben‘ kann geschaffen werden durch die Umsequenzierung genetischer Information, die einem Algorithmus gleich gelesen und prozessiert wird (Kap. 2.1.2.). Der medizinische Diskurs bringt ‚pathologische‘ und ‚normale‘ Körper hervor, die in einem formalisierten Algorithmus von Anamnese → Diagnose → Prognose → Therapie produziert werden (Kap. 2.1.3.). Das vorgeblich individuelle Selbst unterliegt einer Fülle von spezifischen Techniken der Selbsthervorbringung und Selbstnormierung, weswegen von einer Formalisierung von Identitäten – einer *Selbstalgorithmisierung* – ausgegangen werden kann (Kap. 2.2.1.). Auch der Körper, häufig als letzte unauflösliche materielle Manifestation des Natürlichen betrachtet, ist diskursives Produkt bestimmter formalisierter Wahrnehmungsmuster. Eine ‚reine Körperlichkeit‘ gibt es nicht (Kap. 2.2.2.). Dies jedoch verführt zur fehlgeleiteten Annahme, Körperlichkeit (als Ort leiblichen Empfindens, als Marker von Identität) ließe sich allein in formalisierten Repräsentationen produzieren, wofür der Avatar als Körper- und Identitätsmythos zum Sinnbild geworden ist (Kap. 2.2.3.). Das menschliche Bewusstsein wird konstruiert als funktionales Äquivalent einer Computerlogik, die die Vision einer Anschlusslogik von Maschine und Geist als selbstverständlich betrachtet (Kap. 2.3.1.). Dasselbe Computer-Modell des Geistes ist Ursprung des Projekts der ‚künstlichen Intelligenz', die zunächst glaubt, menschliche Intelligenz duplizieren zu können und genau bei eben jenem Versuch, dies zu tun, das Funktionsprinzip der Computer-Kopie zum Funktionsprinzip des menschlichen Geistes erklärt (Kap. 2.3.2.). Das menschliche Gehirn kann als Manifestation des Mythos Algorithmus schlechthin gelten, denn es wird mit nichts Geringerem gleichgesetzt als mit einem biologischen Supercomputer (Kap. 2.3.3.).

Alle diese Aspekte des Menschlichen produzieren die Einheit *Mensch* als System sinnhafter Letzteinheiten wie Genen, neuronalen Impulsen, psychischen Eigenschaften, körperlich-pathologischen Markern, Identitäten etc., die zueinander in Kausalbeziehungen stehen und deren Bedeutung wechselseitig aufrechterhalten wird. Beispielsweise wird angenommen, dass bestimmte genetische ‚Codes' in Zusammenhang stehen mit psychischen Dispositionen. Die Einheit Mensch wird unter Berücksichtigung aller formalisierten Prozesse als eine prinzipiell universell und kausal erklärbare, steuerbare und prognostizierbare Entität konstruiert. Die Algorithmus-Figur ist bei der Herstellung dieser Mensch-Einheit mehr als bloße Metapher – er ist durch seine strengen formalen Eigenschaften der dominierende Sinngeber eines als ‚objektiv' codierten Wissens und Handelns, das zur Aufrechterhaltung spezifischer Menschbilder führt. Drei Sinndimensionen des Algorithmus spielen dabei eine Rolle: (a) Die semiologisch-zeichenhafte Ebene der Repräsentation; (b) die performative Ebene des Algorithmus, durch seinen sequentiellen Charakter als Handlungsvorschrift; und (c) die Verknüpfung unterschiedlicher Zeitdimensionen des Vergangenen und bereits Prozessierten, des Aktuellen und des Virtuellen als dem potentiell zukünftig Möglichen.

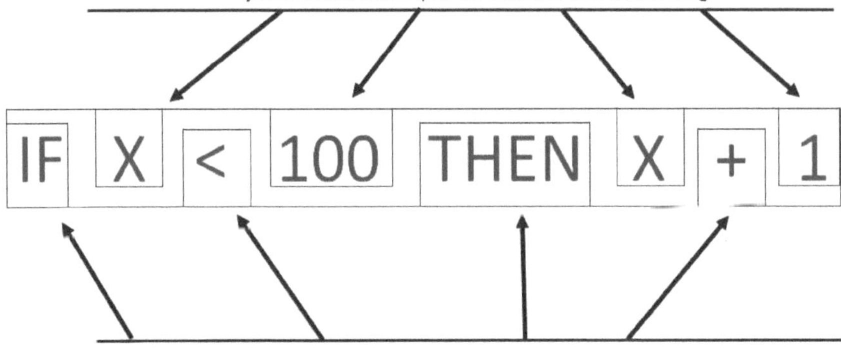

Abb. 2: Die semiotische und die performative Dimension der Algorithmus-Figur.

Der Algorithmus verknüpft bestimmte sinnhafte Einheiten mit Hilfe von Operatoren zu einer in höchstem Maße formalisierten und determinierten Sequenz. Dieser hohe Grad der Determiniertheit eröffnet die Möglichkeit, zu jedem Zeitpunkt – einem spezifischen, gerade aktuell gelesenen Zeichen oder realisierten Operator am „Ablese-Ort" – einen klar definierten Blick in den bereits prozessierten Teil des Algorithmus bzw. die zukünftigen Handlungsvorschriften zu erhalten. Der Blick zurück ermöglicht durch die klare Determiniertheit kausale Zuschreibungen (aus X folgte Y); der Blick in die Zukunft ermöglicht die Prognose des weiteren Verlaufs (aus Y wird Z folgen). Alle noch zu prozessierenden Elemente des Algorithmus sind folglich schon in der Möglichkeit angelegt, sie sind – ganz im nicht technizistisch vereinnahmten Wortsinne – virtuell vorhanden.

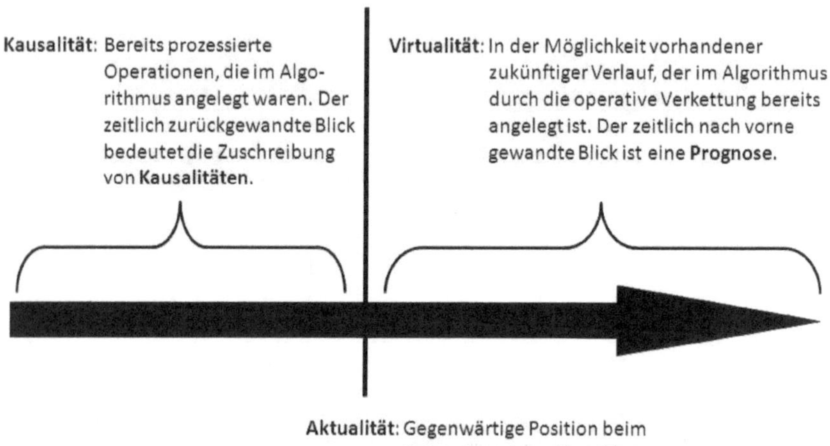

Abb. 3: Die Sinndimensionen Aktualität und Virtualität, die der Algorithmus als Figur verbindet.

Auf die hier untersuchten Menschbilder angewandt wird diese dreidimensionale algorithmische Logik am einfachsten sichtbar in den Naturwissenschaften, der Biologie als Wissenschaft vom Leben oder der Medizin, die allesamt „Wahrheiten" über den Menschen zu „entdecken" bemüht sind. Als einfaches illustrierendes Beispiel kann aus dem Bereich der medizinischen Algorithmen der bereits erwähnte formalisierte Algorithmus des semiotisch-performativen Programms von |Anamnese → Diagnose → Prognose → Therapie| dienen: Die blutchemische Bestimmung der Abweichungen von medizinischen Normalwerten des Cholesterins etwa bringt innerhalb der medizinischen Diagnose Menschen als ‚Patienten' und Teil einer ‚Risikogruppe' für Herzinfarkte oder Schlaganfälle hervor. Die Diagnose bewegt sich sowohl in einer semiologischen als auch in einer performativen Dimension, denn sie erfolgt stets in formalisierter Arzt-Patient-Interaktion (Kap. 2.1.3.). Wichtig ist zunächst die Transformation des Menschen in die formalisierbare Anamnese (welche Faktoren X haben ursächlich zum jetzigen Zustand Y geführt; Verknüpfung von semiologischer mit performativer Dimension). Der medizinische Algorithmus prognostiziert die gesundheitliche Zukunft des Patienten (virtuelle Dimension: Welches Z ist als Möglichkeit in Y bereits angelegt?) und unterwirft den beobachteten Körper bestimmten Handlungsregimes und Praktiken (der Therapie; virtuelle semiologisch-performative Dimension), um einem alternativen Algorithmus zu folgen. Durch die semiologische sowie performative Durchdringung der sozialen Realität in formalisiertem Wissen und formalisierten Praktiken ist er mehr als bloße Wenn-dann-Kausalität. Er ist Programm des Denkens und Programm des Handelns.

Die logische Figur des Algorithmus ist in der Sinnproduktion des Menschen allgegenwärtig: Menschliches Leben, menschliche Intelligenz, die Funktionsweise des menschlichen Körpers, die Identität und das Selbst des Menschen, das menschliche Selbstbewusstsein, das menschliche Gehirn – alle diese Subdiskurse des Menschen fabrizieren ein Bild des Menschen, dass ihn als Produkt formalisiert ablaufender Prozesse, Repräsentationen und Praktiken zeigt. Diese Menschbilder stellen insgesamt einen algorithmisierbaren und durch Algorithmen geschaffenen Menschen her.

Zu (2): Dies lässt sich nicht verstehen, ohne die Funktionsweise der Herstellung von Sinn nachzuzeichnen. Zu diesem Zweck wird zunächst im ersten Teil der Arbeit ein Argument entwickelt, dessen Ziel es ist, aus den Modellen des Mensch/Technik-Verhältnisses die Algorithmus-Figur herauszuarbeiten. Letztlich sind die im zweiten Teil herausgearbeiteten Felder formalisierter Menschbilder die Produkte einer bestimmten Modelllogik. Wie sich zeigen soll, arbeitet sie nach Maßgabe der durch den Algorithmus definierten Logik von semiotischer und performativer Formalisierung und kausaler Linearität retrospektiv von Ursache und Wirkung und prospektiv von Aktualität und Potentialität.

Es wird nicht darum gehen, Zäsuren zwischen dem ‚natürlichen‘ Menschen und dem durch Technik veränderten Menschen zu konstruieren und dadurch den Weg frei zu machen für ein visionäres Techniknarrativ, in dem der Mensch zunächst hybridisiert und später substituiert wird. Vielmehr ist das gegenwärtige Wissen um den Menschen in seiner komplexen Fülle schon immer Produkt einer algorithmisierten Erkenntnislogik. Zentrales Argument wird entgegen der Hybridisierungslogik sein, dass sich Mensch/Technik-Fusionen und Substitutionen auf der epistemologischen Ebene der Modell-Konvergenz abspielen. Die Modell-Konvergenz bestimmt jedoch die Wahrnehmung vom Sein („die Natur des Menschen wird durch die Technik ersetzt werden"). Die Logik des Sinnsystems verstellt den Blick auf die Phänomene und macht sie funktional gleich. *Das ist der Mythos des Algorithmus.*

1.2. Maschinen und Menschen im Sinnsystem Mythos

1.2.1 Maschinen und Menschen als historisch spezifische Konstrukte

> Mankind has a long history of attempting to map the mechanics of his contemporary
> technology on to the workings of nature,
> trying to understand the latter in terms of the former.
> (Langton 1996, 41; zit. n. Weber/Bath 2003, 12).

Der künstlich geschaffene Mensch ist ein sehr altes Motiv, das oft mit zwei einander widersprechenden Eigenschaften charakterisiert wird:

> Zum einen dienen die Androiden als Beweise einer gestalterischen Potenz, die den Menschen über sich selbst hinaus zu tragen scheint, indem er sich – Gott oder den Göttern gleich – sein eigenes Ebenbild schafft. Zum andern aber birgt das bildnerische Menschenimitat bis heute Spuren magischer, animistischer Kraft, die in den Kunstfiguren als eigenständige Macht lebendig zu werden droht (Sykora 1999, 7).

Der Golem der jüdischen Mythologie, Frankensteins Monster oder der Terminator (James Cameron, USA 1984) sind kulturelle Verarbeitungen dieses Motivs zwischen Ermächtigungsphantasie und Bedrohung. Letztere rührt vor allem von der wahrgenommenen Grenzüberschreitung her, die die ‚natürliche Ordnung' in Frage stellt, zwischen Natur und Technik oder zwischen tot und lebendig: Eine (medien-)technische Entwicklung bedeutet immer einen Wandel der Körperkonzepte und Menschbilder (Gunzenhäuser 2006) und Experimente an der Schnittstelle von Körper und Technik bergen durch ihre Verunsicherung des Menschbilds etwas Unheimliches (Grenville 2001). Doch Bilder des Menschen sind keinesfalls begrenzt auf künstlerische Verarbeitungen. Auch vermeintlich objektive Repräsentationen des Menschen in der Medizin oder den Naturwissenschaften erwirken eigene Konstruktionsleistungen eines spezifischen Menschbilds. Die Suche nach der Natürlichkeit im Gegensatz zur Artifizialität als narratives Schema der Auflösung einer in Frage gestellten Dichotomie lässt sich als Motiv auf die Medizin und die Wissenschaften übertragen: Genmanipulationen, Klonierung oder selektive Züchtung erzwingen die Frage danach, worin denn die ‚Natürlichkeit' der betrachteten Organismen (Menschen, Pflanzen, Tiere) überhaupt liege.

Jedes Sprechen und Denken der Einheit ‚Mensch' ist stets abhängig von historisch und kulturell spezifischen Technologien. So wurde etwa die Entstehung der Schriftkultur und ihre Eigenschaften (Linearität, Beständigkeit, Vergangenheitsbezug) mit bestimmten kognitiven Fähigkeiten (Reflexionsvermögen), kulturellen Paradigmen (Empirizität) und Vorstellungen über menschliche Funktionsweisen (z. B. ‚Einschreibung' von Erinnerungen in das Gehirn) in Verbindung gebracht (Havelock 1982; Ong 1982; Pethes 2008). Die Bilder des gegenwärtigen Menschen etwa im medizinischen und populärkulturellen Diskurs greifen die Bilder der tradierten Zweiteilung von Körper (Fleisch) und Geist (Bewusstsein, Seele) auf. Sie sind einerseits überformt von den mechanistischen Modellen des menschlichen Körpers als funktional ausdifferenziertes System einzelner Elemente – der Organe –, die bei Bedarf ersetzt werden können, um die Funktionalität des Gesamtsystems zu erhalten. Die Möglichkeit, Funktionen des Gesamtsystems – etwa durch den Einsatz der Herz-Lungen-Maschine (seit 1953) – durch Technologie zu ersetzen, verstärkt dieses Bild der wechselseitigen Anschlussfähigkeit der Menschmaschine an Kulturtechniken. Das menschliche Bewusstsein wird andererseits als im Gehirn konzentriert angenommen. Dieses Nerven-„System" gleicht funktional dem technischen Vorbild der informationsverarbeitenden Netzwerktechnologien: Die Weiterleitung der Reize zwischen Nerven erfolgt nicht nur über chemische Transmitter, sondern auch über elektrische Impulse (elektrische Aktionspotentiale), die den Anschluss an die „Strom fließt/Strom fließt nicht"-Logik des Digitalen möglich erscheinen lassen. Der Mensch als lebendes System (so wie ihn etwa die Kybernetik entwirft; Kap. 2.1.1., 2.3.1.), besteht aus Einzelelementen, die sich durch ihre technologische Anschlussfähigkeit funktional durch Technik substituieren lassen. Damit sind auch die Zuständigkeiten geklärt, indem sich die mechanisch operierende Technik um den Körper, die digital operierende Informationsverarbeitung um den Geist kümmert. Die funktionale Einheit Mensch lässt sich unter Beibehaltung der Leib/Seele-Zweiteilung in Technologie ausdrücken.

Entscheidend ist, diesen populären Diskurs zu wenden: Nicht der Mensch lässt sich in Technologie (funktional) ersetzen. Kulturtechniken in der Medizin, Biologie oder Neurophysiologie sind immer zuallererst semiologische Techniken, um den Menschen (explizit oder implizit) modellhaft zu erklären. Der Wunsch nach Vervollkommnung durch Technik, nach Überwindung von Krankheit und Tod oder gar nach der Emanzipation von der Schöpfung durch die Erschaffung eigenen Lebens ergibt sich zeitlich erst nach der ursprünglichen Funktion von Technologie, die jedoch nicht immer erklärtes Ziel bei ihrer Herstellung ist: das Herstellen von Sinn. Die Anschlussfähigkeit zwischen Mensch und Technik ist nicht eine ‚natürliche' Konvergenz. Indem Technik nach menschlichem ‚Vorbild' geschaffen wird (in der Robotik oder Prothetik) oder der Mensch durch eine Kulturtechnik interpretiert wird, konstituiert sich ein Sinnsystem, in dem Technisches vom Menschlichen nicht mehr zu scheiden ist. Technik und Mensch konstituieren sich sinnhaft gegenseitig. Die funktionale Substitution des Menschen in Technik ist deshalb nur ein Nebenprodukt (z. B. Orland 2005, 13).

Dieser wechselseitige Mechanismus ist historisch spezifisch. Oft sind die medizinischen, mechanischen oder informationstechnischen Kulturtechniken dabei integriert in ein mythisches Erzählsystem, das sich den überzeitlichen und transzendenten Fragen widmet und sie in Technologie beantwortet, wie sich in den folgenden Kapiteln zeigen soll. Trotz der historischen Spezifizität bergen die Kulturtechniken historisch kontinuierlich die gleiche Funktion, indem sie das Sein deuten, und haben damit stets auch eine Verbindung zu religiösen Sinnsetzungen. Die literarische Gattung Science-Fiction, die mit anthropologischen und sozialen Möglichkeiten experimentiert, greift vorgebliches wissenschaftliches Faktenwissen über den Menschen auf und verknüpft damit mythische Narrative: Besonders augenfällige Figuren, die sich in zeitgenössischer Science-Fiction motivisch wiederfinden, sind etwa Prometheus, Pygmalion und Golem (zu den folgenden Beispielen: Kölsch 2009), die sich ursprünglichen Kulturtechniken zuordnen lassen: Prometheus bringt den Menschen das Feuer, dessen Beherrschung als Kulturtechnik den Menschen über die Tiere erhebt, da es Kunstfertigkeiten wie das Schmieden ermöglicht. Die Wechselbeziehung zwischen Mensch und Kulturtechnik drückt sich durch das Feuer aus, das etwa mit der Seele oder dem Bewusstsein des Menschen gleichgesetzt wird, seine Assoziation mit Sexualität, Lust und damit dem Leben oder durch seine Anthropomorphisierung, mit menschlichen Eigenschaften als Lebendiges. Den Menschen formt Prometheus aus Lehm, durch das Feuer erlangt er Bewusstsein. Pygmalion bedient sich der Bildhauerei, um aus sexueller Lust Galatea zu erschaffen. Hier bedarf es noch der Hilfe einer Göttin (Athene), um sie lebendig werden zu lassen.

In den Texten des 19. und 20. Jahrhunderts ändert sich die Motivik: „Der Schöpfer steht der Frau vielmehr mit (oft wissenschaftlicher) Distanziertheit gegenüber", im Vordergrund steht der Machtgedanke, die Schwächen des Organischen zu überwinden und „endgültig den Kreislauf von Leben und Tod" zu besiegen (Kölsch 2009, 105). Auch der Golem der jüdischen Mythologie, der aus Lehm gefertigt wird, ist das Produkt einer Kulturtechnik: Verlebendigt wird er anders als der Mensch bei Prometheus nicht durch Feuer, sondern durch Schrift – keine Göttin also, die Leben einhaucht, aber das Sinnbild aufgeklärter Vernunft. Sie wird entweder eingeschrieben oder der Lehmfigur auf Zetteln unter die Zunge gelegt.

Das einflussreiche cartesianische Menschbild greift ebenfalls auf eine historisch spezifische Kulturtechnik zurück und artikuliert überdies die christliche Zweiteilung von schwachem Fleisch und der unsterblichen Seele: Körper und Geist, Fleisch und Seele spiegeln sich in der Differenzierung von *res cogitans* – der „immateriellen Stofflichkeit des Denkens" – und *res extensa* – der „Stofflichkeit der Körperwelt". Auch den Tod des Menschen bestimmt er „klassisch als Trennung der Seele vom Körper", das mechanische Kausalverhältnis dahinter ist jedoch neu: „Der Tod tritt nicht ein, weil Gott die Seele zu sich ruft, sondern die Seele trennt sich vom Körper, weil der Körper nicht mehr funktioniert" (Gehring 2010, 76). Der Tod ist somit nicht mehr verknüpft mit Sünde, sondern zurückzuführen auf bloße mechanische Dysfunktionalität. Die Seele steuert die Körpermaschine und sitzt in der Zirbeldrüse. Doch ist es nicht nur die Mechanik, die das cartesianische Weltbild prägt. Die Kommunikation der beiden Sphären (Seele und Körper) erfolgt hydraulisch:

> Ähnlich wie das Blut im Körper zirkuliert, kreisen Nervengeister als Flüssigkeiten in den Nervenbahnen und im Gehirn und melden so die Wahrnehmungen und Vorkommnisse des Körpers an eine Zentralstelle, das Gehirn, weiter. Der Übergang zwischen den körperlichen Dimensionen des Gehirns und den geistigen Dimensionen des Denkens, geschieht gemäß Descartes in der Zirbeldrüse (Irrgang 2005, 31).

Der Mensch wird konzipiert im „Paradigma des hydraulischen Automaten" (Irrgang 2005, 31).

Julien Offray de La Mettrie wird mit seinem 1748 erschienenen Werk *L'homme machine* (La Mettrie 1990) oft als Referenz benutzt, um den säkularen Bruch hin zu einer rein mechanistischen Anthropologie zu untermauern. Der Mensch ist nunmehr reine Maschine, die einer Seele wie noch bei Descartes nicht mehr bedarf. Das mechanische Uhrwerk ist Bildgeber der Erklärung des Lebendigen (z. B. Brenner 2009, 24). La Mettries weitere Publikationen (etwa *L'homme plus que Machine*, 1748) versuchen hingegen, einen reinen mechanistischen Reduktionismus gegen die „statischen Maschinenvorstellungen seiner Zeit" zu überwinden (Tanner 2004, 41), werden jedoch meist ignoriert. Dabei kombiniert La Mettrie „um die Mitte des 18. Jahrhunderts Einsichten, die auf frappante Weise den Erkenntnissen der modernen Linguistik und der Neurologie entsprechen" (Tanner 2005, 55). Nicht die Mechanik ist die entscheidende Technik des Menschen. Die Fähigkeit, Symbolsysteme zu aktivieren, unterscheidet ihn sowohl von der Maschine als auch vom Tier, dem La Mettrie zumindest Empfindungen zuspricht:

> Was war der Mensch vor der Erfindung der Wörter und der Kenntnis der Sprachen? Ein Tier seiner Art, mit sehr viel weniger natürlichem Instinkt als die anderen – für deren König er sich damals noch nicht hielt (La Mettrie 1990 [1748], 100; zit. n. Tanner 2004, 42).

Das Gehirn nutzt die Sinneswahrnehmung, um Abbilder und deren Unterschiede zu erfassen, zu markieren (*marquer*) und einzuprägen (*graver*) (Tanner 2004, 42; La Mettrie 1990 [1748], 57). Eine solche Markierung und Verknüpfung im Gehirn wäre ohne Hilfe von Symbolen nicht möglich, womit die von La Mettrie entworfene „geistig-körperliche Homologie" (Tanner 2005, 55) geschickt den Leib/Seele-Dualismus auflöst. Die Sprache als abstrakte Technologie (zum Technologie-Begriff Kap. 1.3.3.) befähigt nicht nur zur Imagination und macht den Menschen erst erhaben über das Tier. Sie betrachtet das Abstrakt-Symbolische und das Materiell-Konkrete als Teile desselben Kontinuums: Mensch und Technik sind kondensiert zu *einer* unauflöslichen Entität. Dass La

Mettries Ansatz auf „frappante" Weise modernen Zugängen entspricht, deutet ebenfalls auf die Kontinuität spezifischer Bilder über den Menschen, der als Einheit produziert wird. La Mettrie nimmt deshalb auch nicht die „moderne Linguistik" vorweg, wie Tanner insinuiert. Die Deutung des Menschen nutzt lediglich äquivalente Bilder.

Wie die Sprache bei La Mettrie die Mechanik bei Descartes als Kulturtechnik ergänzt, wird die Wirkungskraft des Feuers in der Prometheus-Sage bei Frankenstein der neuen Kulturtechnik Elektrizität zugeschrieben. Die bekannten Experimente Luigi Galvanis („Abhandlung über die Kräfte der Electricität bei den Muskelbewegungen", 1791) sind offensichtliche Bildgeber eines neuen Naturverständnisses und Menschbildes. Die gegenseitige konstitutive Anhängigkeit der beiden Bereiche der Kulturtechnik und der Menschbilder zueinander wird in der neuen Vorstellung des Lebendigen sichtbar. Seine Deutung erfolgt auch hier in Abhängigkeit historisch dominanter und damit historisch spezifischer Kulturtechniken. Der mechanische Mensch von Descartes und La Mettrie wird von Naturphilosophen des 18. und 19. Jahrhunderts als Reduktionismus zurückgewiesen. Eine den Organismen innewohnende „Lebenskraft" aus Energie und Wärme, die sie ausmachen, passt in eine sich neu formierende Wissenschafts- und Technikkultur, die spätestens mit der Thermodynamik um 1850 den Fokus der Modellierung des Lebens entsprechend verschob (Osietzki 2003, 138-139). Die vitalistische Lebenskraft (insb. Hans Driesch [1901]) geht von einer die Materialität transzendierenden Kraft aus, bekundet im aristotelischen Begriff der ‚Entelechie‘, die dem mechanistischen Körperbild entgegengesetzt wird. Im 20. Jahrhundert schließlich sind es neue Modelle, die das Lebendige in den Kategorien des Systems, der Selbstorganisation, Information oder Rekursion (Bertalanffy 1937; Wiener 1961; Maturana 1981, 1985, 2000) begreifen und damit klare Verflechtungen mit Informations- und Kommunikationstechnologien (Canguilhem 2009 [1952]; Serres 1981) zeigen.

Auch die modellhaften Vorstellungen des Gehirns verdeutlichen die Wechselwirkung zwischen Kulturtechnik und Menschbild. Als Teil der Körpersaftlehre (seit etwa 200 n. Chr.) prägt das Modell des Gehirns aus der griechischen Antike über 1.400 Jahre die Annahmen über seine Funktionsweise. Während es bei Descartes im Paradigma der mechanischen Hydraulik modelliert wird, gibt es im 19. Jahrhundert Versuche, das Gehirn und seine Mechanik zu kartographisieren, gleichsam als Versuch, die kolonialistisch-expansive Kulturtechnik des Mappings auch nach innen zu wenden. Die Entdeckung der „elektrischen Erregbarkeit" des Gehirns macht die „Werkzeuge der Seele" (die Hirnforscher Fritsch und Hitzig 1870, 308; zit. n. Oeser 2002, 172) zugänglich. Die Technik des Elektroenzephalogramms (EEG; eine Entwicklung des deutschen Neurologen Hans Berger) macht elektrische „Hirnströme" sichtbar (Oeser 2002, 258). In unserer Epoche schließlich wird das Bewusstsein als prinzipiell computerisierbar angenommen. Die mühelose Kompatibilität zwischen Gehirn und Technologie ist eine durch Populärwissenschaft und Popkultur heutzutage weitgehend etablierte Annahme: Es gilt als informationsverarbeitende Einheit – oft visualisiert mittels neuronaler Glasfaserblitze oder funktionaler ‚Zentren‘.

Die Reflexion dieses Wechselverhältnisses zwischen aktiv konstruiertem, technologisch inspiriertem Menschentwurf einerseits und den durch theoretische Setzung bedingten Resultaten andererseits ist nicht neu. Das Verhältnis dieser beiden Konzepte ist zwar wechselseitig konstitutiv und dennoch uneindeutig, schon weil bezweifelt werden muss, dass sie in Reinform überhaupt vorliegen. Die Modellierungen dieses Verhältnisses zu entwerfen, bedeutet gleichzeitig Fragen aufzuwerfen nach der Macht der Technik, der Hilflosigkeit der Menschen gegenüber dem Fortschritt oder sozialen Umwälzungen im Lichte neuer Technologien. Je nach Standpunkt lässt sich entweder die Auflösung des ‚natürlichen‘ Menschen in Technik beklagen oder seine reibungslose Fortsetzung in Technik bejubeln, die neben ‚künstlichen‘ Formen von Intelligenz oder Leben auch auf die Perfektionierung des Menschen, die Zurückdrängung von Krankheiten oder den Mythos der Unsterblichkeit verweist.

Unter der Voraussetzung, dass sich die beiden Konzepte des Menschlichen und des Technischen überhaupt als klar differenzierbare Einheiten voneinander trennen lassen, kann man prinzipiell drei Perspektiven unterscheiden, wie beide Bereiche zueinander in Beziehung gesetzt werden können: (a) technologischer Determinismus, der eine einseitige Machtausübung der Technik auf den Menschen und seine soziale Organisiertheit annimmt, (b) sozialer Konstruktionismus, der Technologie als bloßes Hilfsmittel zur Optimierung oder Erleichterung sozialer Prozesse betrachtet, ohne ihr einen großen Einfluss auf diese zuzurechnen, und (c) Hybrid-Position, die das Verhältnis des Sozialen/Menschlichen/Natürlichen zum Technischen als Konvergenz, Ko-Evolution und Vernetzung beschreibt und gleichzeitig einen konstruktivistischen epistemologischen Standpunkt aufnimmt. Diese letzte Position wird die vorliegende Arbeit im Ansatz verfolgen. Zunächst jedoch zu den Positionen im Einzelnen:

Zu (a): Die *technikdeterministische Perspektive* wird dominiert von der Frage nach dem bestimmenden Einfluss, den Technologie auf den Menschen, seinen Körper oder seine Vergesellschaftung hat. In Marshall McLuhans Formel „The Medium is the Message" wird diese Perspektive kondensiert als absolute Zuschreibung von Handlungsmacht (*agency*) auf die Seite des Technischen (zur ausführlichen Diskussion von McLuhans neurophysiologischem Technik-Modell Kap. 1.3.3.). So ist das elektrische Licht Determinante für eine neue soziale Organisation: Nachtaktivität, Arbeitszeiten oder architektonisch etwa durch die Möglichkeit fensterloser Räume. Diese wenngleich populäre Perspektive erfährt vielfach die Brandmarke einer einseitigen Konzeptionierung – ein Vorwurf, dem oftmals die Klage über einen vereinfachenden materialistischen Reduktionismus anhaftet, der sich von einer kapitalistischen Marktlogik ideologisieren lässt. Gleichzeitig bedient diese Perspektive den Glauben an ein Fortschrittsnarrativ, das eine teleologische Ausrichtung verfolgt. Während McLuhan als berühmter Vertreter dieser Denkweise im technologischen Fortschritt Motive der Erlösung erkennt, zeichnet (nicht minder teleologisch) Lewis Mumford (1977) ein Technologiebild, das den Menschen unterwirft und etwa in der Verschmelzung des Gehirns mit der Computermaschine zu einer ‚neuen Megamaschine' auflöst (1977, 551), während McLuhan genau in dieser Verschmelzung ein wünschenswertes Szenario erkennt.

(Medien-)Technologie bestimmt in dieser Lesart die menschliche Lebensweise, Wahrnehmung, soziale Praktiken und den Begriff des Natürlichen. Kittlers Aufschreibesysteme (Kittler 1985 [2003]) etwa reduzieren die gesamte Kultur auf die der Computertechnologie entlehnte triadische Metaphorik von Übertragung, Speicherung und Verarbeitung (auch Kittler 1986). Gerade im Lichte der seit den ausgehenden 1990er-Jahren populären Debatten von der vorgeblichen „Virtualisierung von Gesellschaft" durch Globalisierung und Netzwerkkommunikation (Bauman 2000), historisch angesiedelt in der den Kalten Krieg beschließenden Ära vom zwischenzeitlich verschlagworteten „Ende der Geschichte" (Fukuyama 1992), sowie der genetisch-informationellen Erschließung und Letztbegründung des Menschen[2] lässt sich diese positiv wie negativ konnotierte aber teleologisch-einseitige Perspektive gut nachvollziehen. Im technischen Fortschritt liegen sozialer Fortschritt und die Realisierung ideologisch überformter Ziele. Technologie wird zum Akteur erklärt und gleichzeitig zu einer Projektionsfläche sozialer, biologischer und politischer Potentiale oder Gefahren. Die Euphorie um die Entschlüsselung des Genoms und die gleichzeitige Warnung vor dem Ende der Natur als *point of no return* werden abgelöst durch eine beinahe unfreiwillige Deeskalation der gestellten Fragen, die der Nebeneffekt der eigentlichen Erkenntnis ist, dass die benutzten Modelle nicht zutreffend waren (zum genetisch-informationellen Reduktionismus Kap. 2.1.1.). Auch auf der Ebene der sozialen Organisation tritt die ersehnte Überwindung sozialer und räumlicher Exklusionsmechanismen, insbesondere in den neuen „virtuellen Gemeinschaften" (Rheingold 1994), nicht ein. Sie muss dem Realismus einer neuen Form der sozialen Fragmentierung weichen, neuen Ausschluss-

---

[2] Fukuyama spricht 2002 analog vom „Ende des Menschen"; Habermas 2005 [2001].

prozessen gesellschaftlicher Organisiertheit wie etwa der digitalen Spaltung (Norris 2000).

Ansätze wie diese haben zwar heuristischen Wert, da ihre Einseitigkeit der Modellierung als Folie dienen kann, die komplexen Wechselbeziehungen verschiedener Akteure kurzfristig zu fixieren: Eine simple Kausalbeziehung zwischen Technologie und ihren direkten sozialen Effekten – wie bei McLuhan (2001 [1964]) etwa die Beförderungs- und Logistik-Technologie ‚Eisenbahn‘, die bestimmte soziale Effekte wie Urbanisierung, soziale Mobilität, veränderte Produktionsbedingungen, Freizeitverhalten etc. kausal bedingt – lässt sich nur herstellen, wenn zunächst technische Entitäten und soziale Entitäten identifiziert und fixiert werden. Doch die hergestellte Kausalverknüpfung lässt sich auch spielend umkehren: Soziale Anforderungen erwirken dann die Notwendigkeit technischer Entwicklungen, in diesem Fall wäre die Eisenbahn das Resultat aus der Anforderung an ein höheres Mobilitätsbedürfnis.

Zu (b): Diese entgegengesetzte Perspektive heißt *sozialer Konstruktionismus*, für den in der angelsächsischen Literatur vor allem Raymond Williams (1974) als akademischer Antipode McLuhans einsteht (Lister et al. 2003, 80-84). Die als Pole ausgemachten Bereiche des Sozialen und Technischen stehen in einer anders austarierten Kausalbeziehung, indem hier menschliche Intention und *agency* Technologie hervorbringen, um soziale Veränderungen zu befriedigen. Technologie ist sozial determiniert und integriert in soziale Prozesse. Die Eisenbahn bedingt nicht die Urbanisierung, sie ist vielmehr notwendige Folge sozialer Entwicklungen, die eine erhöhte Mobilität erforderlich machen. Die spiegelbildliche Einseitigkeit dieser Inbezugsetzung klar auszumachender Akteure (das Soziale, das Technische) macht jedoch auch diesen Ansatz problematisch.

Zu (c): Die *hybride Zwischenposition* entwirft eine differenzierte Beziehung zwischen dem Technischen und dem Sozialen (die zunächst nicht als eindeutige Konzepte wahrgenommen werden) und nimmt gegenwärtige Phänomene der Konvergenz (etwa der sich aufeinander zubewegenden Nano-, Bio-, Informations- und Computerwissenschaften) oder einer Explikation des Natürlichen durch das Technisch-Wissenschaftliche (das Natur-Konzept in naturwissenschaftlich bereinigten Modellen chemisch-physikalischer Prozesse) in den Fokus. Bestärkt durch gegenwärtige und öffentlich teilweise kontrovers diskutierte Phänomene wie Hirnschrittmacher, Prothetik oder künstliche Befruchtung und genetische Selektion vor einer künstlichen Befruchtung (Präimplantationsdiagnostik, PID) wirkt sie zunächst überzeugend. Nur eine beide Positionen hybridisierende Theorie kann die hybriden Phänomene beschreiben, ist die naheliegende Annahme. Die These von der Hybridisierung ist vor allem durch drei miteinander stark verwobene theoretische Stränge populär geworden: (1) die Akteur-Netzwerk-Theorie (insbesondere Latour 2002, 2008), (2) die Ansätze des sogenannten Cyber-Feminismus (ein epistemologischer Feminismus, der ‚die Cyborg‘ als erkenntnistheoretische Hybrid-Figuration entwirft; Haraway [1995a]) und (3) die Techno-Wissenschaft, die von einer erkenntnistheoretischen Konvergenz von Technologie und Wissenschaft ausgeht (Kember 2003; Weber/Bath 2003; hierzu ausführlich Kap. 3.1. und Kap. 3.2.).

Schon hier sei verwiesen auf die weiter unten ausgeführte Problematik, dass diese Ansätze nicht unterscheiden können, ob das von ihnen beschriebene „Hybride“ nun dem beobachteten Phänomen inhärent ist oder allein durch den „hybriden Blick“ auf das Phänomen konstruiert wird. Auch hier bleiben grundsätzliche Fragen notwendigerweise unbeantwortet: Nähern sich die zunächst eindeutig voneinander abgrenzbaren Phänomene Mensch und Computer nun immer weiter einander an, bis sie schließlich verschmelzen? Oder bedeuten die Parallelen auf der Modellebene bei der Beschreibung des Menschen und des Computers, dass eine solche Annäherung allenfalls durch die Konvergenz der Modelle konstruiert wird? Nähern sich also mit anderen Worten Computertechnologie und menschliches Gehirn nur deshalb scheinbar an, weil das Gehirn als Computer modelliert wird?

Diese Fragen müssen unbeantwortet bleiben. Zwar entscheidet sich die vorliegende Arbeit grundsätzlich für den letzten Weg, der die klaren Kategorien des Technischen, Natürlichen oder Menschlichen in Frage stellt, sie zieht jedoch in begründeten Zweifel, dass Hybrid-Phänomene vorliegen. Vielmehr soll ein Modell entwickelt werden, dass die theoretisch konstruierte Hybridisierungstendenz verneint, da beide Seiten der Dichotomien Natur/Kultur, Mensch/Technik im selben Sinnkontinuum wechselseitig konstruiert werden. Die Hybridisierung ist keine der Phänomene selbst, sondern Nebeneffekt ihrer Produktion als sinnhafte Einheiten. Menschbilder – das hat der kurze historische Abriss zu Beginn gezeigt – sind stets abhängig von sinnkonstituierenden Kulturtechniken: Hygienepraktiken, Feuer, Sprache, Mechanik, Elektrizität, Computertechnologie etc. bringen jeweils spezifische Konstruktionen des Menschen hervor. Der Mensch wird mit anderen Worten immer schon in spezifischen Technologien und ihren jeweiligen Bildern gedacht und konstruiert und ist somit immer schon ein „Hybrid-Wesen“. Die Hybridisierung ist deshalb epistemologisch argumentiert keine Tendenz, sondern hat vielmehr eine lange Tradition.

Es gilt deshalb zur Untersuchung des Menschbildes und der Art seines Zustandekommens weitere Aspekte zu berücksichtigen, über die ein kurzer Blick auf Rabinows „Anthropology of the Contemporary“ (2008) Aufschluss gibt. Mit dem Begriff des ‚Kontemporären‘ sollen Grabenziehungen historischer oder geistesgeschichtlicher Epochen vermieden werden. Es kann nicht darum gehen, das Alte (alte Technologien, soziale Organisationsformen und Menschbilder) gegen ihren Gegenpart des Neuen auszuspielen, sondern sie mehr als eine „moving ratio" (Rabinow 2008, 2) – ein sich ständig kontingent veränderndes Wechselverhältnis alt/neu – zu konzipieren. Formen des traditionellen Wissens sind grundlegend, um die Genese der Formen vermeintlich neuen Wissens nachzeichnen zu können und den kontinuierlichen Verlauf der Veränderung des Wissens zu verstehen, der keine Brüche kennt. Rabinows Verständnis von Anthropologie ist ebenso vorsichtig relativierend:

> I take the object of anthropological science ... to be the dynamic and mutually constitutive, if partial and dynamic, connections between figures of *anthropos* and the diverse, and at times inconsistent, branches of knowledge available during a period of time; that claim authority about the truth of the matter; and whose legitimacy to make such claims is accepted as plausible by other such claimants; as well as the power relations within which and through which those claims are produced, established, contested, defeated, affirmed, and disseminated (Rabinow 2008, 4).

Für die Betrachtung gegenwärtiger Menschbilder – Repräsentationen, überindividuelle Deutungsmuster und subjektive Vorstellungen (zur Differenzierung Kap. 1.2.2.) – hat dies zur Folge, dass stets nur *ein* spezifisches Menschbild und die Mechanismen seines Zustandekommens analysiert werden können. Das Modell muss dynamisch und kontinuierlich-kontingent einen partiellen Ausschnitt der Konstruktion eines spezifischen Menschbilds betrachten. Das Modell als System der Sinnkonstruktion und des Bedeutens steht in Relation zu anderen (mitunter vergangenen) bedeutenden Relationen und muss diese beiden Dimensionen integrieren. Es ist getragen von Symbolen und Praktiken, die die Bedeutung konstruieren und reartikulieren.

Da Anthropologie „nicht von der Geschichte des Menschen, sondern [nur] vom ‚Menschenhaften' im Prozeß der Geschichte, d. h. von den konzeptionellen Vorstellungen von Menschsein" handeln kann, wird sie als eine „Wissenschaft des Augenblicks" begriffen (Lenzen 1996, 303). Um ein Bild des Menschen zu entwerfen, muss eine Anthropologie folglich eine fixierte Idee vom Menschen setzen:

> Today, anthropos is in question; this questioning has multiple dimensions to it. One of those dimensions, but only one, is the rise of a powerful set of new sciences. Thus, it is unequivocally the case that the logos of bios is currently in the process of rapid transformation. A central question before us today therefore is: given a changing biology, what logos is appropriate for anthropos? And how should that logos be practised so as to increase our capacities without intensifying the myriad relations of brutalization that are so pervasive unto our times? (Rabinow 2008, 14).

Der Augenblick der Konstruktion des Menschen – dessen Einheitlichkeit ‚anthropos' auf dem Spiel steht – ist als eben jene sinnhafte Einheit immer Teil eines größeren Prozesses von Sinnproduktion. Der Logos des Lebens ist, da Sinn nur in Konventionen realisiert werden kann, stets ein prinzipiell formalisierbarer. Die Frage nach dem Bild vom Menschen lässt sich folglich auf zwei Teilfragen herunterbrechen: Wie gestaltet sich die formale Organisation dieses Prozesses von Sinnproduktion und worin findet sich eine mögliche Fixierung dieses Bilds vom Menschen?

Für die erste Frage soll die Antwort in einem bestimmten System der Sinnkonstruktion gefunden werden, der die Wechselwirkungen zwischen den niemals in Reinform vorliegenden Konzepten des Menschlichen/Natürlichen und des Technischen/Kulturellen abbildet. Als unhintergehbares und universelles Erklärsystem für das menschliche Sein ist es gleichbedeutend mit einem modernen Mythos. Die Antwort auf die Frage nach der Fixierung des Menschbilds liefert plausibel die Figur des Algorithmus, da – so die These – die Algorithmisierbarkeit die Voraussetzung für sinnhafte Menschbilder ist (Kap. 1.4.). Zunächst jedoch zum Mythos als universelles, zirkuläres, die Wahrnehmung und soziale Praktiken präformierendes Sinnsystem.

1.2.2. Sinnsystem Mythos: Die Logik der Wahrheit

„Glaubten die Griechen an ihre Mythen?" ist die Frage, die sich Veyne 1987 stellt. Die kurze Antwort im poststrukturalistischen Zeitgeist musste „ja" lauten, denn jede Kultur kreiert sich diesem Zeitgeist zufolge eigene Wahrheiten, an die und in denen unhintergehbar gedacht wird. Doch übersieht diese Argumentation, dass der Glaube an ein solches (in damaligen Maßstäben recht verdorbenes) Göttersystem vielleicht ein sehr distanzierter war. Mit anderen Worten mag das griechische Sinnsystem in der Antike zwar dominiert haben, der Stellenwert als absolutes – ‚wahres' – Wissen jedoch war nicht nach heutigen Maßstäben vorhanden, möglicherweise gar gänzlich unbekannt. Glauben bedeute nicht immer dasselbe, wie Pfaller (2002, 17) Veyne kritisiert, denn

> ein und derselbe Inhalt kann demnach einmal in dieser Form (der ironischen Distanz zur Antike), dann in der anderen (der respektvollen Aneignung des gebildeten 19. Jahrhunderts) geglaubt werden. Die Form des Glaubens und ihr Inhalt sind nicht, wie Veyne meint, einander korreliert – so daß jede Epoche nur an ihre eigenen Inhalte glauben müßte.

Pfaller schlägt deshalb eine Unterscheidung der *Form* des mythischen Glaubens von seinem *Inhalt* vor. Denn nicht der Inhalt eines Glaubens charakterisiere eine Kultur, sondern vor allem die Form begründe einen möglichen Bruch:

> Kulturen des distanzierten Glaubens wären von jenen Kulturen geschieden, die Formen von angeeignetem Glauben besitzen und Einbildungen pflegen, zu denen sie stehen (Pfaller 2002, 18).

Diese Unterscheidung verlagert den Fokus auf die formale Dimension einer mythischen Einbildung: „Es gibt ... an einem bestimmten Punkt der Geschichte plötzlich etwas Neues – nämlich die Einbildung, über eine Einbildung zu verfügen, die keine wäre" (Pfaller 2002, 18). Es entsteht eine neue Einbildung, die ‚eigene' Einbildung, die gleichbedeutend mit der Wahrheit einen Absolutheitsanspruch gegenüber den „Einbildungen der anderen" (Pfaller) verteidigt.

Der Glaube an das Horoskop, das Fiebern mit der favorisierten Fußballmannschaft oder die Wirkungsmacht mahnender bis wütend erregter Worte in Richtung des abgestürzten Computers sind Handlungen, die nur mit Distanz durchgeführt und erlebt werden. Im vollen Bewusstsein darüber, dass dieser Glaube nicht einer vernünftigen, objektiven Wahrheit entspricht, wird er laut Pfaller pauschal ‚den anderen' zugeschrieben. Das eigene bessere Wissen scheint dabei Voraussetzung für die (als falsch und naiv) markierte Einbildung der anderen. Diese Einbildung der anderen kommt gar ohne Subjekte aus, wird sie doch mit einem nur vorgestellten Träger (‚die anderen') versehen. Die eingenommene Distanz zur Einbildung der anderen bedeutet auch, dass sie häufig unbemerkt vollzogen wird (Pfaller 2002, 12-14). Ein prägnantes Beispiel für die „heilige Ernsthaftigkeit" der Einbildungen der anderen ist das Spiel (Huizinga 1956; für gegenwärtige Spiele Thimm 2010), das gefühlsgeladenere Affekte und höhere Ernsthaftigkeit hervorbringt als der Alltag (Pfaller 2002, 92-121). Ein verlorenes Spiel unter Freunden kann gewaltigen, ernsten Streit auslösen. Die Einbildungen der anderen sind wirkungsmächtige – weil oft unbemerkte und in Distanz erlebte – Realitätsdefinitionen. Für das hier verfolgte Ziel ließe sich zwischen der Einbildung der anderen und dem eigenen (angeeigneten) Glauben, der als wahr markiert wird, die einleitende Frage umformulieren: An welche Mythen, die uns ein sinnhaftes Menschbild konstruieren, glauben wir?

Mit Pfallers Unterscheidung von Form und Inhalt eröffnen sich zwei interessante Dimensionen für ein Modell des Mythos. Inhaltlich ist Sinnhaftigkeit die entscheidende Größe – und nicht die Wahrheit: Auch die Einbildungen der anderen sind rückgebunden an diejenigen Repräsentationen, die die Kultur hervorgebracht hat oder die an diese anschlussfähig sind. Jede Einbildung (ob nah oder distanziert) ist folglich Teil desselben Sinnsystems, denn auch das ‚Abnormale' ist sinnhaft und stabilisierende Größe des Sinnsystems. In Bezug auf die Form ist Wahrhaftigkeit (oder besser die Dichotomie Wahrheit/Unwahrheit) die entscheidende Dimension. Was als eigene Einbildung als wahr eingebildet wird, kann zurückgreifen auf eine gewaltiges diskursives Netz (Praktiken und „Macht/Wissen"-Systeme, Foucault 1980), das innerhalb des sinnhaft Möglichen das priorisierte, wahre Wissen vom abnormalen, abergläubischen, esoterischen Wissen unterscheidet. Die Epoche der objektiven Wissenschaftlichkeit ist damit paradoxerweise eine, die so stark durch Mythen geprägt wird wie keine vor ihr. Neben die Mythen der anderen treten die eigenen, ‚wahren Mythen‘: Das naturwissenschaftliche Wissen besitzt Absolutheitsanspruch. Der Unterschied zwischen den antiken und den gegenwärtigen Mythen liegt deshalb keineswegs im Gegensatz zwischen der Naivität der Antike und der Wahrheit der aufgeklärten, objektiven Wissenschaften. Er liegt im Gestus der objektiven Wissenschaften, sich selbst als von Subjekten bereinigt zu erklären.

Um vor diesem Hintergrund ein adäquates Modell zu entwickeln, werden im vorliegenden Kapitel (Kap. 1.2.) die inhaltliche und die formale Dimension des Mythos als Sinnsystem mit spezifischen Eigenschaften konzipiert. Die eigene (richtige) Einbildung gegen die (falsche) Einbildung der anderen bedeutet, dass das eigene Sinnsystem eine Fixierung haben muss, eine semiologische Stabilisierung – eine eigene *Logik der Wahrheit* (dazu weiter unten die Argumentation mit Gottlob Frege). Die Algorithmus-Figur steht im Zentrum dieser Logik, der mythischen Fixierung von Wahrheit/Unwahrheit, welche die naturwissenschaftliche Wahrheit gegen das Mythische der anderen verteidigt (Kap. 1.4). Das Sinnsystem Mythos Algorithmus hat den Algorithmus zur Stabilisierung seiner Logik: Was algorithmisierbar ist oder eine formalisierbare Anschlussfähigkeit besitzt, wird der Form halber aufgenommen in den eigenen – mit Wahrheitswert ausgestatteten – Mythos. Alles andere bleibt ausgegrenzt und wird den Mythen der anderen zugeordnet, wirkt jedoch innerhalb des eigenen Sinnsystems stabilisierend. Durch den Status seiner Objektivität und Wahrheit besitzt dieses Sinnsystem die größtmögliche Macht. Andere sinnhafte Einheiten werden in Beziehung gesetzt zur Formalisierungslogik: Das Abnormale und die dagegen abgegrenzten Normierungen stabilisieren die Regelhaftigkeit innerhalb des Sinnsystems. Was Pfaller in Form des Mythos beschreibt, hat für die (nicht nur wissenschaftliche Erkenntnis) zwei mögliche Eigenschaften, die sich gegenseitig stabilisieren: wahr und unwahr. Folgt der Inhalt des Sinns der Form halber einer ‚Logik der Wahrheit‘ (Frege), drückt er eine Wahrheit aus. Der Algorithmus ist die Wahrheitsfunktion des Mythos.

Wodurch sind Mythen charakterisiert? Blumenberg definiert sie als „Geschichten von hochgradiger Beständigkeit ihres narrativen Kerns und ebenso ausgeprägter marginaler Variationsfähigkeit" (Blumenberg 2001 [1979], 40). Zwar nicht ‚heilig‘ wie religiöse Texte, haben Mythen wohl eine vergleichbare Funktion; „Geschichten werden erzählt, um etwas zu vertreiben", im harmlosen Fall die Zeit, schwerwiegender die Furcht: „Entsetzen, für das es wenig Äquivalente in anderen Sprachen gibt, wird ‚namenlos‘ als höchste Stufe des Schreckens" (Blumenberg 2001 [1979], 40). In der sinnstiftenden mythischen Erzählung erhält das bis dahin Unsagbare einen Namen und einen Sinn und büßt einen Teil seiner Furcht gebietenden Kraft ein. Diese Funktion teilt die Wissenschaft mit dem Mythos, nämlich den Glauben,

> die treffende Benennung der Dinge werde die Feindschaft zwischen ihnen und dem Menschen aufheben zu reiner Dienstbarkeit (Blumenberg 2001 [1979], 41).

Die Benennung des Unbekannten ist der erste Schritt zu seiner Beherrschbarkeit und Ordnung. Das Verhältnis zwischen Mythos und Wissenschaft ist zwar ein funktional äquivalentes, doch werden beide in Laufe der wissenschaftlichen Aufklärung zu einander ausschließenden konstruiert: Die Formel ‚Vom Mythos zum Logos' umschreibt eine Geschichtsschreibung, die annimmt, „Mythen seien Geschichten aus der Kindheit des Menschengeschlechts", einer „noch unerleuchteten Vernunft" (Blumenberg 2001 [1979], 57). Es ist dieses Verhältnis, das Pfaller, wie eingangs dargestellt, mit den fremden und den eigenen Einbildungen umschreibt.

Die vorliegende Arbeit geht nun nicht von einer Einschränkung des Mythos als einem semiologischen System unter vielen anderen aus. Mit Mythos ist vielmehr das universelle sinnstiftende System jeglicher Wahrnehmung, systemimmanenter Bedeutungskonstruktion und Handlung gemeint, die den Menschen als objektiv erkennbare Einheit hervorbringt. Der hier gemeinte Mythos als universelles Sinnsystem hat deshalb folgende Eigenschaften:

(1) Der Mythos trägt einen Universalitätsanspruch der Welt- und Seinsdeutung in sich und damit auch immer den Bezug zur Religion. Die symbolischen und narrativen Grundlagen des Mythos haben eine Rückbezüglichkeit zu den großen Fragen nach Herkunft, Sinn, Geheimnis, Tod oder Leben (Eurich 1998). Der Rückbezug zu religiösen Narrativen macht den Mythos zum mächtigen Instrument der Weltdeutung. Der letztlich technologisch bedingte Klimawandel und das Ansteigen des Meeresspiegels können auf das Narrativ der Sintflut zurückgreifen, atomare Energie hingegen findet Anknüpfungspunkte in apokalyptischen Motiven. Besonders durch religiöse Anschlussfähigkeit als Gotteserzählung erfährt auch eine wissenschaftliche Weltdeutung zusätzliche Autorität.

(2) Der Mythos bezieht sich in seiner Deutungskraft gleichzeitig sowohl auf die Überzeitlichkeit und die Transzendenz überzeitlichen Seinswissens als auch auf die Deutungshorizonte konkreten Alltagslebens. Die durch den Mythos hervorgebrachte Seinsdeutung ist jedoch nicht auf die transzendente Ebene beschränkt, sondern betrifft heruntergebrochen auf den Alltag auch die konkrete Lebenswirklichkeit. Der Mythos bewirkt ein „Leben in Differenzerfahrung" zwischen den Seinsmöglichkeiten und der Seinswirklichkeit, er erschafft Menschen als „Indi-

vidual- sowie als Sozial- und Kollektivwesen" und stiftet dadurch individuelle und überindividuelle Identitäten (Eurich 2000, 21). Der Mythos wird zur Wirklichkeit und zur Wahrheit, durch seine Universalität wird die Verbindung hergestellt zwischen den transzendenten Fragen des Seins, der Natur, des Sinns und der Ordnung der Welt. Der Glaube an einen Lebenssinn, an Vorsehung, Ideale und Prinzipien oder eine Existenz nach dem Tod, die durch diesseitige Rechtschaffenheit verbessert werden kann, bestimmen konkrete Handlungsmuster des Alltags. So wird eine überzeitliche Idee zu einer sozialen Realität.

(3) Der Mythos ist das Erzählprinzip nicht nur der Natur oder Religion, sondern auch der Wissenschaft. Die Funktionsweise des Mythos als universelle Deutungsmaschine ist auch nach der Aufklärung vorhanden. Das besondere am aufgeklärten, modernen und szientistischen Mythos ist, dass seine Universalität absolut ist. Aufklärung und Wissenschaftlichkeit, Fortschrittsglaube und technisch-wissenschaftliche Zivilisation haben ironischerweise viel mit dem voraufklärerischen religiös-mythischen christlich-jüdischen Weltbild gemein: In der erlösenden Technik eröffnet sich der Weg ins Paradies (Eurich 2000, 25), Mythen selbst „betreiben Aufklärung" (Horkheimer/Adorno 2003 [1969], 18). Mythos und Wissenschaft werden einander dennoch meist gegenübergestellt als „Zwiespalt unserer Kultur" (Hübner 2011 [1985], 3), der jedoch allein auf dem von Pfaller beschriebenen Mechanismus der Einbildungen der anderen fußt. Die Trennung von Mythos und Wissenschaft spiegelt die vermeintlich klare Dichotomie von Subjektivität und Objektivität. Mit der Wissenschaft erwächst ein neuer Mythos, der nur der Form nach von den klassischen Mythen verschieden ist, nämlich in seinem Anspruch der absoluten („objektiven") Weltdeutung.

(4) Der Mythos etabliert narrative In-Bezug-Setzungen zwischen dem Sein des Menschen, der Natur und der Technik (der Kultur). Diese Beziehungen finden sich etwa im Narrativ des Fortschritts, in dem Technik als Produkt reiner Wissenschaftlichkeit und Vernunft objektives Weltwissen begründet und stets voranschreitet. Auch Machbarkeit und Ermächtigung sind wichtige Motive, die die Defizite der Natur und des Menschen wie Behinderung, Altern, Krankheit oder Tod auszugleichen vermögen. Der Glaube wird bestimmt durch Unfehlbarkeit und Übernatur einer funktionell und ästhetisch der Natur überlegenen Technik (Eurich 2000, 31-32).

(5) Der Mythos ist verschieden von der Ideologie, denn anders als sie weiß er nicht darum, eigentlich eine Lüge zu sein (weiter unten zum Mythos bei Roland Barthes). Die Ideologie betrügt und kennt eine Wahrheit, zu der nur Eingeweihte

Zugang haben. Der Mythos lässt diese Differenzierung nicht zu. Er gilt als *die* Wahrheit.

Das Mythische unserer Zeit ist, dass der Bereich der Wissenschaft als der Bereich der Wahrheit codiert ist. Welchen Gesetzmäßigkeiten – welchem Code – folgt nun dieser Wahrheitsmythos? Einen terminologisch ausgereiften Ansatz für eine Antwort bietet die mathematische Sprachphilosophie Gottlob Freges, der die *logischen Gesetze der Wahrheit und des Sinnhaften* fixieren will. Die logischen Gesetze der Wahrheit bei Frege sollen im Folgenden mit dem hier entwickelten Mythos-Begriff verbunden werden: Der Mythos produziert Sinn und Wahrheit entlang bestimmter logischer Regeln. Die Analyse Freges bereitet gleichzeitig die in dieser Arbeit verfolgte Kernthese vor, dass der Algorithmus das Prinzip dieser ‚Logik des Wahrseins‘ ist (insb. Kap. 1.4.).

Während die Logik Frege zufolge mit den Gesetzen der Wahrheit befasst ist, die unabhängig von einem Wahrnehmenden gelten, liegt hingegen das „Fürwahrhalten“ eines Gegenstands als ‚richtig‘ oder ‚falsch‘ im Bereich der subjektiven Vorstellung, nicht im Bereich der Wahrheit (Frege 2003, 36).[3] Die logischen Gesetzmäßigkeiten der Wahrheit seien überindividuell, weswegen ihnen eine besondere Stellung zukommt:

> Aus den Gesetzen des Wahrseins ergeben sich nun Vorschriften für das
> Fürwahrhalten, das Denken, das Urteilen, das Schließen (Frege 2003, 35).

Der Algorithmus ist das gegenwärtige Schema für diese Gesetze der Wahrheit. Was algorithmisierbar ist, wird nicht nur ‚für wahr gehalten‘ im Sinne einer Vorstellung oder einer bildlichen und zeichenhaften Repräsentation – vielmehr gilt: es *ist* wahr. Was bei Frege (2003, 36) die Wahrheit ist (eine Wahrheit, „deren Erkenntnis der Wissenschaft als Ziel gesetzt ist“), ist der These der vorliegenden Arbeit folgend eine *Wahrheit in Algorithmen.*

Die Vorstellung, angesiedelt im Bereich der Psyche, misst sich immer nur an den Gesetzen der Wahrheit – sie ist stets relational, nie absolut, indem eine Vorstellung (ein *Bild*) nur in Beziehung gesetzt wird zu dem, was es abbildet. Mit anderen Worten misst sich das ‚Fürwahrhalten‘ einer subjektiven Vorstellung immer an einer Wahrheit, die sie repräsentieren will, mit der sie aber niemals identisch sein kann. Hier deutet sich bereits an, dass für Frege die Wahrheit in einem überindivuellen System zu suchen ist, das von der subjektiven Vorstellung oder der bild- bzw. zeichenhaften Repräsentation verschieden ist. Diese Ebene

---

[3] Zwar folgen auch Vorstellungen einer bestimmten Gesetzmäßigkeit, die für Frege jedoch im Bereich der Psychologie zu suchen ist (Frege 2003, 36).

überindividueller Wahrheit nennt Frege den *Sinn*, der formal unterscheidet, ob Bedeutungen wahr oder unwahr sind.[4]

Bilder oder Vorstellungen müssen Frege zufolge (2003, 37) immer in Bezug zu demjenigen gesetzt werden, was sie repräsentieren. Sie geben eine „Abbildbeziehung zu etwas Wahrem" vor. Der Versuch jedoch, die Wahrheit als eine Abbildbeziehung zu etwas anderem herzustellen, muss scheitern, denn eine „Vorstellung mit einem Dinge zur Deckung zu bringen, wäre nur möglich, wenn auch das Ding eine Vorstellung wäre" (Frege 2003, 37). Wahrheit kann nicht durch eine Relation zu etwas anderem definiert werden, weswegen sich Frege auf einen überindividuellen Sinn als Ort der Wahrheit bezieht: „Wenn wir einen Satz wahr nennen, meinen wir eigentlich seinen Sinn" (Frege 2003, 38). In dieser Betrachtung müssen Vorstellungen und Bilder folglich als Sekundäreffekte der Wahrheit gelten, die auf einer entindividualisierten Sinnebene gilt:

> Immerhin gibt es zu denken, daß wir an keinem Dinge eine Eigenschaft erkennen können, ohne damit zugleich den Gedanken, daß dieses Ding diese Eigenschaft habe, wahr zu finden. So ist mit jeder Eigenschaft eines Dinges eine Eigenschaft eines Gedankens verknüpft, nämlich die der Wahrheit (Frege 2003, 39).

Gedanken sind als Teil der Sinndimension überindividuell teilbar, und Frege gebraucht „das Wort ‚Gedanke' ungefähr in dem Sinne von ‚Urteil'" (Frege 2003, 38, Fn. 1). Wahrheit ist eine formale Eigenschaft des Sinns – Gedanken sind wahr oder falsch – und entspricht nicht einer „besonderen Art von Sinneseindrücken"[5], ist mit diesen jedoch eng verknüpft. Dieser Aspekt wird im Zusammenhang mit einer konstruktivistischen Epistemologie gleich wiederkehren, bedeutet er doch, dass die Wahrheit als Form streng vom Inhalt zu unterscheiden ist:

> In der Form des Behauptungssatzes sprechen wir die Anerkennung der Wahrheit aus. Wir brauchen dazu das Wort ‚wahr' nicht. Und selbst, wenn wir es gebrauchen, liegt die eigentlich behauptende Kraft nicht in ihm, sondern in der Form des Behauptungssatzes, und wo diese ihre behauptende Kraft verliert, kann auch das Wort ‚wahr' sie nicht wieder herstellen (Frege 2003, 41).

Die ‚behauptende Kraft' liegt in der Form des Satzes. Für das hier verfolgte Argument bedeutet dies, dass die ‚Wahrheit' eines Gedankens in der *Form des Sinnsystems* produziert wird, wodurch *die Qualität ‚wahr' folglich durch die Funktionslogik des Sinnsystems definiert wird*. Weiter kann anknüpfend an Freges Argumentation geschlossen werden, dass das Erkennen (die „Sinnesein-

---

[4] Nochmals bezogen auf Pfaller und das hier zu entwickelnde Modell des Mythos: Der logischen Gesetzmäßigkeit der Wahrheit bei Frege entspricht die sich selbst als Wahrheit deutende Form des Mythos bei Pfaller.

[5] Wahrheit lässt sich als Eigenschaft eines Gegenstands nicht wahrnehmen wie etwa die Eigenschaft ‚Rot'.

drücke"), da sie stets als ‚wahr' erkannt werden, von dieser Systemlogik determiniert sind: Ohne ein formales Gesetz der Wahrheit kann nichts als ‚wahr' erkannt werden. Zentral für die Wahrheit des Sinnsystems – desjenigen, was gewusst und erkannt werden kann – ist seine Funktionslogik. Diese ist, wie weiter unten ausgeführt wird, eine algorithmische. Von den Gedanken verschieden sind Vorstellungen, die sich als

> Welt der Sinneseindrücke, der Schöpfungen [der] Einbildungskraft, der Empfindungen, der Gefühle und Stimmungen, eine Welt der Neigungen, Wünsche und Entschlüsse (Frege 2003, 47),

kurz: als eine Innenwelt präsentieren. Sie können (1) „nicht gesehen oder getastet, weder gerochen noch geschmeckt, noch gehört werden"; (2) sie „werden gehabt" und gehören „zu dem Inhalte" eines Bewusstseins; (3) sie „bedürfen eines Trägers" und haben (4) nur jeweils einen Träger, „nicht zwei Menschen haben dieselbe Vorstellung" (Frege 2003, 47-48). Für Vorstellungen ist Wahrheit folglich kein Kriterium, für Gedanken ist sie es sehr wohl. Die Wahrheit von Gedanken (wie etwa die zeitlose ‚Wahrheit des pythagoreischen Lehrsatzes') ist nicht abhängig von einem Träger, sondern existiert völlig unabhängig von ihm. Gedanken sind folglich „weder Dinge der Außenwelt noch Vorstellungen" (Frege 2003, 50).

Dass es von Vorstellungen unabhängige Gedanken gibt, und nicht alles nur Vorstellung (also vorgestellte Innenwelt ist), weist Frege vereinfacht mit dieser Argumentation nach: Jede Vorstellung braucht einen Träger; der Träger einer Vorstellung kann keine Vorstellung sein – es kann kein Erleben geben ohne einen Erlebenden:

> Dann aber gibt es etwas, was nicht meine Vorstellung ist und doch Gegenstand meiner Betrachtung, meines Denkens sein kann, und ich bin von der Art (Frege 2003, 54).

Zwischen „dem, was Inhalt meines Bewußtseins, meine Vorstellung ist, und dem, was Gegenstand meines Denkens ist", sei „scharf zu unterscheiden" (Frege 2003, 55). Der Sinn hat auch ohne einen Träger Bestand, weswegen Gedanken nicht „gesehen" oder beim „Denken erzeugt" werden. Vielmehr gilt: „wir fassen sie" (Frege 2003, 57). Dieses ‚Fassen von Gedanken' erlaubt den Zugriff auf das überindividuelle Sinnsystem der Wahrheit. Die Wahrheit eines Gedankens ist unabhängig von derjenigen, die ihn fasst. Die „Arbeit der Wissenschaft" besteht daher „nicht in einem Schaffen, sondern in einem Entdecken von wahren Gedanken", die „Tatsachen" heißen (Frege 2003, 58). Hinter dieser Codierung des Sinns als Ort des Wahren jedoch verbirgt sich eine genuin mythische Qualität der Logik. Wo Logik herrscht, da ist keine störende menschliche Trägerschaft von Vorstellungen. Genau hier wohnt der Algorithmus.

So weit lässt sich festhalten, dass die Wahrheit in der Form zu suchen ist – im logischen Funktionsprinzip des Sinns, der überindividuell Bestand hat. Genau hierin liegt die mythische Qualität des Sinnsystems. Um zunächst jedoch den Stellenwert der Repräsentationen und Funktionen (also in der Konsequenz: des Algorithmus) innerhalb des Sinnsystems zu unterstreichen, ist neben der Unterscheidung von Sinn und Vorstellung Freges Differenzierung von Sinn, Bedeutung und Zeichen (Frege 2008b [1892]) hilfreich.

Unter Bedeutung versteht Frege das Bezeichnete eines Zeichens – wie für die hier vorliegende Arbeit etwa die Referenzen oder Gegenstände (beides sind Begriffe Freges) ‚Mensch‘, ‚menschliche Natur‘, ‚natürliche Funktionen des menschlichen Organismus‘. Von der Bedeutung zu unterscheiden ist der Sinn als die „Art des Gegebenseins des Bezeichnenten" (Frege 2008b, 24) – oder eben die Form:

> Es seien *a*, *b*, *c* die Geraden, welche die Ecken eines Dreiecks mit den Mitten der Gegenseiten verbinden. Der Schnittpunkt von *a* und *b* ist dann derselbe wie der Schnittpunkt von *b* und *c*. Wir haben also verschiedene Bezeichnungen für denselben Punkt, und diese Namen (‚Schnittpunkt von *a* und *b*‘, ‚Schnittpunkt von *b* und *c*‘) deuten zugleich auf die Art des Gegebenseins … (Frege 2008b, 24).

Für Frege liegt es deshalb

> nahe, mit einem Zeichen (Namen, Wortverbindung, Schriftzeichen) außer dem Bezeichneten, was die Bedeutung des Zeichens heißen möge, noch das verbunden zu denken, was ich den Sinn des Zeichens nennen möchte, worin die Art des Gegebenseins enthalten ist (Frege 2008b, 24).

Dies gelte laut Frege auch für die Ausdrücke ‚Der Morgenstern ist ein Planet‘ und ‚Der Abendstern ist ein Planet‘, deren Bedeutung – ihr Referent – gleich, deren Sinn jedoch verschieden ist, weil sich die „Art des Gegebenseins" unterscheidet. Der Sinn entspricht bei Frege damit einer (mathematischen) Funktion (Frege 2008a [1891]):

Die Ausdrücke

$$2 \cdot 1^3 + 1$$

$$2 \cdot 2^3 + 2$$

$$2 \cdot 4^3 + 4$$

bedeuten Zahlen, „nämlich 3, 18, 132. Wenn nun die Funktion wirklich nur Bedeutung eines Rechenausdrucks wäre, so wäre sie eben eine Zahl" (Frege 2008a, 4-5). Das „eigentliche Wesen der Funktion" ist

$$2 \cdot ( )^3 + ( )$$

und ist nur zusammen mit einem Argument (2, 4, x) vollständig.

> Und aus diesem Wesen der Funktion erklärt sich, daß wir einerseits in ‚2 · 1³ + 1' und ‚2 · 2³ + 2' dieselbe Funktion erkennen, obwohl diese Ausdrücke verschiedene Zahlen bedeuten, während wir andererseits in ‚2 · 1³ + 1' und ‚4 − 1' trotz des gleichen Zahlenwertes nicht dieselbe Funktion wiederfinden. *Wir sehen nun auch, wie leicht man verführt wird, gerade in der Form des Ausdrucks das Wesentliche der Funktion zu sehen* (Frege 2008a, 5; Hervorhebung T.B.).

Dieser Verführung nachzugeben, bedeutet, dem Mythischen des Sinnsystems zu verfallen, denn so wird *die Form bedeutender als ihre Bedeutung*. Für die vorliegende Arbeit und das hier zu entwickelnde Modell ist dieser Gedanke entscheidend: Einem Zeichen „entspricht ein bestimmter Sinn und diesem wieder eine bestimmte Bedeutung" (Frege 2008b, 25). Dadurch aber, dass sich die Art des Gegebenseins als der Sinn eines Ausdrucks auszeichnet, lässt sich nun der Fall denken, dass der (in der Form begründete) Sinn eines Zeichens unter Umständen ohne Bedeutung, also ohne einen Referenten auskommt (2008b, 25):

> Die Worte ‚der von der Erde am weitesten entfernte Himmelskörper' haben einen Sinn; ob sie aber auch eine Bedeutung haben, ist sehr zweifelhaft … Dadurch also, daß man einen Sinn auffaßt, hat man noch nicht mit Sicherheit eine Bedeutung (Frege 2008b, 25).

Da ein Sinn ohne Bedeutung, ein Gedanke ohne ein Bezeichnetes, möglich ist (beispielsweise fiktionale Eigennamen), ist es „das Streben nach Wahrheit …, was uns überall vom Sinn zur Bedeutung vorzudringen treibt" (Frege 2008b, 30). Der Wahrheitswert eines Satzes (einer Aussage, eines Behauptungssatzes als Gesamt) bedeutet „den Umstand, daß er wahr oder falsch ist", wodurch ‚das Wahre' und ‚das Falsche' selbst wieder zu Eigennamen werden, die der gesamte Satz bezeichnet. Die Bedeutung des gesamten Behauptungssatzes ist sein Wahrheitswert (wahr/falsch), der wiederum der Gegenstand/Referent des Behauptungssatzes ist. Wahrheit/Falschheit als Bedeutung eines Satzes ändert sich nicht bei der Ersetzung eines Teilausdrucks durch einen weiteren gleicher Bedeutung. Wohl ändert sich aber durch die Art des Gegebenseins sein Sinn.

Frege selbst jedoch warnt vor „der Unvollkommenheit der Sprache" (Frege 2008b, 37):

> Nun haben die Sprachen den Mangel, daß in ihnen Ausdrücke möglich sind, welche nach ihrer grammatischen Form bestimmt erscheinen, einen Gegenstand zu bezeichnen [eine Bedeutung zu haben, T.B.], diese ihre Bestimmung aber in besonderen Fällen nicht erreichen, weil das von der Wahrheit eines Satzes abhängt. So hängt es von der Wahrheit des Satzes
>
> ‚es gab einen, der die elliptische Planetenbahn entdeckte'
>
> ab, ob der Nebensatz
>
> ‚der die elliptische Gestalt der Planetenbahnen entdeckte'

> wirklich einen Gegenstand bezeichnet oder nur den Schein davon erweckt, in der Tat
> jedoch bedeutungslos ist (Frege 2008b, 36).

Anknüpfend an die oben entwickelte Ebene von Sinn als Bereich der überindividuellen Wahrheit/Falschheit, lässt sich also der Fall eines Sinns und damit einer
Wahrheit denken, der keinen Gegenstand bezeichnet und damit keine Bedeutung
hat. Die Logik der Wahrheit produziert folglich lediglich Sinn, nicht aber notwendigerweise Bedeutungen. Dass Sinn durch das alleinige Gegebensein einer
logischen Funktion (einer Wahrheitsfunktion, in der vorliegenden Arbeit: eines
Algorithmus) scheinbar Wahrheit sein kann, bedeutet, dass der Referent als der
vermeintlich bezeichnete Gegenstand verzichtbar ist, um dennoch Sinn vorzufin-
den. Das Mythische der Wahrheit liegt somit darin, dass, wenn die Bedeutung
von Aussagen ihr Wahrheitswert ist, dieser formal auch vorliegen kann, wenn es
keinen Gegenstand gibt, auf den sie sich bezieht. Die formale Logik des Sinns
produziert damit unter Umständen nicht differenzierbare bedeutungslose Wahrheiten.

Mit Freges terminologischer und analytischer Präzision gelingt es somit, *den
Wahrheitsbegriff an eine mathematische Funktionslogik zu binden.* Die Form
entscheidet hier über die Wahrheit des Inhalts, worin das Mythische des Sinns
verborgen liegt. Später wird sich zeigen, dass der Algorithmus das Prinzip dieser
Wahrheitslogik ist (Kap. 1.4), eine Einsicht, die eine Analyse der Bilder des
Menschen – als das Kontinuum aus Zeichen, Repräsentationen, Vorstellungen
und sinnhafter Wahrheit des Menschen als Einheit – leiten wird (Teil 2 der Arbeit): Ein Gegebensein in Algorithmen bürgt für die Wahrheit der fabrizierten
Erkenntnis des Menschen.

Hierfür fehlt jedoch noch eine wichtige Dimension, die Frege lediglich andeutet – die Dimension der Praktiken und Interaktionen der Wahrheitsbildung, also
einer Performativität des Wissens. Frege schreibt:

> Wenn man einen Gedanken faßt oder denkt, so schafft man ihn nicht, sondern tritt
> nur zu ihm, der schon vorher bestand, in eine gewisse Beziehung, die verschieden ist
> von der des Sehens eines Dinges und von der des Habens einer Vorstellung (Frege
> 2003, 51, Fn. 5).

Mit anderen Worten tritt diejenige, die einen Gedanken fasst, mit diesem in eine
Interaktion. Interessant ist deshalb die Frage: „Wie wirkt ein Gedanke?", der
weder zur Innenwelt noch zur Außenwelt zu rechnen ist – Freges Antwort lautet:
„Dadurch, daß er gefaßt und für wahr gehalten wird" (Frege 2003, 61). Dies
bedeutet aber, dass – obgleich der Gedanke in Freges Theorie keinen Träger
benötigt, ein Akteur notwendig ist, um den Gedanken wirken zu lassen:

> So werden unsere Taten gewöhnlich durch Denken und Urteilen vorbereitet. Und so
> können Gedanken auf Massenbewegungen mittelbar Einfluß haben. Das Wirken von

> Mensch auf Mensch wird zumeist durch Gedanken vermittelt. *Man teilt einen Ge-*
> *danken mit* (Frege 2003, 61; Hervorhebung T.B.).

Ohne dies weiter zu konkretisieren, hat Frege damit in seiner Theorie die Ebene einer *Performativität* eingeführt, einer Handlungstheorie des Erkennens, des Wissens und der Wahrheit – und das lange bevor der Begriff begann, kulturwissenschaftliche Blüte zu erlangen: Das Wirken der Gedanken, so Frege weiter,

> wird ausgelöst durch ein Tun der Denkenden, ohne das sie wirkungslos wären, wenigstens soweit wir sehen können. Und doch schafft der Denkende sie nicht, sondern muß sie nehmen wie sie sind. Sie können wahr sein, ohne von einem Denkenden gefasst zu werden, und sind auch dann nicht ganz unwirklich, wenigstens wenn sie gefaßt und dadurch in Wirksamkeit gesetzt werden können (Frege 2003, 62).

Das *Tun* der Denkenden spielt hier also eine entscheidende Rolle. Frege spricht hier indirekt von der Performativität des Denkens und Erkennens, der prozesshaft-dynamischen Produktionsweise des Sinns. Indirekt macht Frege somit auf eine Ergänzungsmöglichkeit seiner Überlegungen aufmerksam, die im hier entwickelten Modell eine Rolle spielen soll: die Erweiterung um die performative Dimension. Im hier entwickelten Sinnsystem wird die Wechselwirkung zwischen den Gedanken und den Denkenden sowie ihrer Vorstellungen erweitert: Wahrheit ist keine Konstante, sondern wird ebenfalls durch das Handeln der Denkenden bedingt und im Sinnsystem aktiv produziert. Dies steht in enger Wechselwirkung damit, dass die Kategorien der Gedanken und der Innenwelt nicht völlig getrennt voneinander zu betrachten sind. Auch Performativität – und das ist entscheidend – ist letztlich eine Funktion, ein Algorithmus (Kap. 1.4.3.).

Zusammenfassend ist Frege zufolge das Sinnsystem als entindividualisierte Dimension der Wahrheit sowohl Vorstellung und damit Gegenstand der Logik als auch subjektives Abbild und damit Gegenstand der Psychologie und verbindet beide Bereiche allein durch Zeichen miteinander: Das Individuum mit seinen Vorstellungen sichert seine Teilhabe am System der Wahrheit, indem es die vorhandenen Repräsentationen nutzt. Freges präzise analytische Differenzierung zeigt, dass die individuellen Vorstellungen sowie die bild- und zeichenhaften Repräsentationen des Menschen Sekundäreffekte und Produkte eines überindividuellen Sinnsystems sind, das einer bestimmten logischen Gesetzmäßigkeit folgt. Frege nennt diese treffenderweise ‚Gesetze der Wahrheit‘. Im Fall des hier zu entwickelnden Modells jedoch handelt es sich um diejenigen Gesetze, die das Sinnsystem erst als ‚wahr‘ codieren, woher auch seine mythische Qualität (im Sinne Pfallers) rührt. Der Algorithmus produziert formal Sinn und damit Wahrheit. Die von Frege behauptete ‚scharfe Unterscheidung‘ zwischen Vorstellung und Gedanke ist jedoch nicht möglich, da die Erkenntnislogik nicht isoliert auftreten kann. Wie Frege selbst andeutet, braucht jeder Sinn eine Aktivierung.

Wird ein Sinneseindruck wie der eines Schmerzes (Kap. 3.2.1.) vergegenwärtigt und einem behandelnden Arzt weitergegeben, der eine Therapie einleitet – ist dieser Schmerz (dem Bereich des Sinns überlassen) dann noch als reine Vorstellung zu empfinden? Kann seine Wahrheit anerkannt werden, ohne ihn zum Teil einer überindividuellen Gedankenwelt zu machen, des Sinnsystems mit eigener Funktionslogik der Wahrheit/Unwahrheit?

Das im Folgenden entwickelte Modell integriert eine notwendige zusätzliche Dimension, die Frege nur andeutungsweise berücksichtigt: Handlungen und soziale Praktiken erfüllen eine wichtige Rolle als Mittler zwischen der individuellen Vorstellung und dem Sinnsystem. Die Brücke zwischen der individuellen Dimension und der Sinndimension ist nicht nur eine zeichenhaft vermittelte, sondern auch eine performative. Dies wird sich ausführlich mit der Diskussion der Akteur-Netzwerk-Theorie als einem performativen Modell des Wissens zeigen, das ebenfalls einer Logik im Frege'schen Sinne folgt (Kap. 1.3.2.). Die individuelle Teilhabe am Sinnsystem wird zusätzlich durch Handlungen und Körperpraktiken hergestellt.[6]

Der mit diesen Eigenschaften eingeführte Mythos-Begriff beschreibt ein universelles und damit totalitäres System der Sinnproduktion. Insbesondere der moderne Wissenschaftsmythos ist außerordentlich mächtig, weil er vorgibt, einen ‚objektiven‘ Sinn zu produzieren, Gesetzmäßigkeiten der Wahrheit. Doch wie mit Pfallers Unterscheidung von Inhalt und Form ausgeführt, bieten ‚Wahrheit‘ und ‚Objektivität‘ kein inhaltliches Außerhalb des Sinnsystems, sondern sind nur formal anders etikettiert. Sie sind objektive Einbildungen. In diesem Sinne drückt der Mythos als semiologisches System die Verwandtschaft und gegenseitige Konstitution der Bereiche Religion, Wissenschaft, Kultur und Technik aus. Es lässt sich überdies nicht sinnvoll trennen zwischen Faktizität und Fiktionalität. Der Inhalt des Mythos wird konstituiert durch das Arrangement der Bedeutungen, die er annehmen kann. Der Status der Wahrhaftigkeit (Objektivität) der in ihm konstruierten Bedeutungen liegt allein in seiner Form, den Gesetzen der Wahrheit, die Frege ins Zentrum rückt.

Mythos meint somit das universelle sinnstiftende System (a) jeglicher subjektiv konstruierter Wahrnehmung (den Vorstellungen bei Frege), (b) den Handlungen/sozialen Praktiken des Wissens und der Wahrheit (der *missing link* bei Frege) und (c) systemimmanenter – in erster Linie sprachlicher – Bedeutungskonstruktion (dem Sinn bei Frege, der die Wahrheit definiert und an dem es zu einer individuellen Teilhabe an einem überindividuellen System kommen kann). Um

---

[6] Es sei hier nochmals auf die besondere Stellung des Algorithmus verwiesen, der als logisches Prinzip des ‚Wahrheit‘ produzierenden Sinnsystems gleichzeitig semiotisch und performativ ist (Kap. 1.4.).

das Modell weiter zu spezifizieren, lassen sich alle drei Ebenen (a-c) größeren Denkströmungen zuordnen. Während bei Frege eine analytische Trennung der Teilbereiche vorgenommen wird, sollen sie im hier entwickelten Mythos-Modell semiotisch-repräsentativ, relational-dynamisch und zirkulär entworfen werden. Die Zirkularität entsteht durch die Prägekraft des Sinns auf die subjektive Wahrnehmung, die dem weiter unten benutzten konstruktivistischen Ansatz zufolge jedoch wiederum in einem Wechselverhältnis zum Sinn zu betrachten ist. Die Logik des Sinnsystems steht zumindest in einem Komplementärverhältnis zu der subjektiven Wahrnehmung – beide prägen sich gegenseitig. Subjektive Wahrnehmungen sind folglich immer als ein Teil des Sinnsystems zu denken, wenngleich sie sich einem analytischen Zugriff in jedem Fall entziehen müssen. Berücksichtigt werden neben der konstruktivistischen Perspektive subjektiver Wahrnehmung (a) die formalisierte performativ-interaktionistische Ebene des Erkennens/der Wahrheitsproduktion (b) sowie die formalisierte Dimension des Sinns (c):

(a) Der hier entworfene Mythos vertritt als sinnstiftendes System der Wahrnehmung epistemologisch die gleiche Position wie der Konstruktivismus, die sich auf eine einfache Formel bringen lässt: Jegliche Bedeutung wird bei der Beobachtung durch das beobachtende Subjekt konstruiert (Glasersfeld 2003 [1985]). Ein Zugriff zur ‚ontischen Welt‘ zu einer vorsymbolischen Welt des ‚Realen‘ (Lacan 1996 [1964]) ist nicht möglich. Erkenntnis verlangt immer ein Subjekt, das niemals ‚objektiv‘ wahrnehmen kann. Um diese subjektive Erkenntnis teilweise zu reinigen, traten Begriffe der Rückbezüglichkeit wie Feedback, Rekursion, Selbst-Bewusstsein, Selbst-Reflexion in die epistemologische Debatte ein (Hayles 1999; von Foerster 1974, 2003 [1985]). Der Beobachter zweiter Ordnung wird zu einer formalisierten Beobachterposition erklärt, die eine subjektive Beobachtung vorgeblich objektiviert. Indem man den Beobachter bei seiner Beobachtung beobachtet, kann man die getroffenen Sinnaussagen über die Realität von ihrer Subjektivität befreien. Luhmann (1984, 1997) macht dieses Konstrukt zu einer gewaltigen Erkenntnis- und Gesellschaftstheorie, die vereinfacht ausgedrückt darauf beruht, eine ‚formalisierte Selbstbeobachtung‘ der Gesellschaft zu betreiben.

Der hier entwickelte Mythos teilt zwar die Idee von der niemals subjektlosen und konstruierten Erkenntnis. Ein formalisiertes Erkenntnisprogramm zu einer ‚reineren‘ subjektiven Erkenntnis durch Beobachtungsreflexion (Beobachtung zweiter Ordnung) ist jedoch als epistemologischer Trick zu werten: Die durch die konstruktivistische Schule durchgesetzte Modellierung des Menschen, insbesondere der Funktionsweise seines Gehirns (Maturana 1985, 2000; Roth 1997; Schmidt 1987), macht sie zu einem zentralen Wissensgenerator für den Mythos

Algorithmus, im Speziellen des formalisierbaren Bewusstseins des Menschen (ausführlicher Kap. 2.2.1., 2.3.1.). Dieser konstruktivistische Teilbereich subjektiver Vorstellungen ist notwendig für die argumentative Geschlossenheit des hier zu entwickelnden Mythos-Modells. Mit Frege sei jedoch darauf verwiesen, dass sich die Perspektive des Einzelbeobachters stets einem Zugriff von außen entziehen muss. Gleichwohl ist wechselseitige Prägung von individuellen Wahrnehmungen und dem von Frege ‚Sinn‘ genannten Bereich zumindest stark wahrscheinlich. Der Mythos berücksichtigt als Modell die Zirkularität beider Perspektiven. Die hier vorgenommene Untersuchung von Menschbildern hat nicht den Anspruch der Reinigung subjektiver Wahrnehmungen, da diese sich jedem Modell verschließen. Vielmehr geht es darum, das sinnkonstruierende System näher zu beleuchten, das einer algorithmischen Logik folgend auch subjektive Wahrnehmungen prägt.

(b) Eng mit dem Konstruktivismus der Wahrnehmung hängt die Idee von der Bedeutungskonstruktion in sozialer Interaktion zusammen. Der soziale Interaktionismus (Mead 1934) ist eine Spielart der konstruktivistischen Weltsicht. Im Mittelpunkt stehen hier jedoch nicht die individuellen Wahrnehmungs- und Konstruktionsleistungen, sondern vielmehr kulturell und situativ spezifische Interaktionsmuster. Mit anderen Worten stellt sich die Frage, wie mindestens zwei Akteure aufeinander gerichtet handeln und dadurch Bedeutung und eine soziale Realität konstruieren (Goffman 1990 [1959]). Kulturelle Skripte situativ ‚richtiger‘ Handlungsmuster werden so zunächst konstruiert und aufrechterhalten, ein Verstoß dagegen wird augenblicklich registriert und verändert das aufeinander gerichtete Handeln (Garfinkel 1967). Die so hergestellte soziale Wirklichkeit umfasst nicht nur festgelegte Skripte bestimmter ritualisierter Umgangsformen.[7] Tiefrührende Identitätsmuster wie das eigene Geschlecht sieht dieser Ansatz als ebenfalls in Interaktion hergestellt, dargestellt und dadurch als soziale Realität erschaffen (Kessler/McKenna 1978). Gesellschaftliche Konstruktion von Wirklichkeit erfolgt in konkreten Handlungen und Praktiken, ritualisierten Interaktionen mindestens zweier sozialer Akteure aufeinander – jedoch niemals außerhalb, sondern in Wechselwirkung mit spezifischen Symbolsystemen (Berger/Luckmann 1969). Realität wird durch Handlungen intersubjektiv hergestellt.

Die Frage nach dem Davor oder Danach von Realität und Handeln (Handeln auf Grundlage der Realität oder: Handeln konstituiert erst Realität) kann sich

---

[7] Umgangsformen wie etwa beim Arztbesuch (klare Rollenverteilung von Arzt, Patient, Schwester, Sprechstundenhilfe; ein Beispiel Goffmans) oder triviale Normierungen wie der richtige Körperabstand zweier (einander unbekannter) Gesprächspartner zueinander – der ebenfalls kulturell spezifisch ist (Watzlawick 2002 [1976]), 17-18).

grundsätzlich nicht stellen. Handlungen und Repräsentationen stehen in stark verwobener Beziehung zirkulär zueinander.

(c) Dies verdeutlicht ein kurzer Blick auf die Weise der Bedeutungskonstruktion innerhalb von Symbolsystemen. Die Sprachphilosophie Wittgensteins und der Strukturalismus (Lévi-Strauss 1967) gehen beide davon aus, dass Bedeutung innerhalb von Zeichensystemen (im Speziellen der Sprache) konstruiert wird, Handlungen als ‚Ausführung' dieses Symbolsystems jedoch unverzichtbar sind. Bei Wittgenstein (2008 [1953]) ist es das von ihm sogenannte ‚grammatische System' der Sprachverwendung – das Sprachspiel, das alle Dimensionen der Ausübung von Sprache meint – das die beiden Aspekte des Symbolischen mit der symbolischen Praxis verbindet: Sprache strukturiert Wissen und Handlungen. Etablierte Strukturen werden zum Referenzpunkt für noch unbekannte Handlungsweisen und noch unbekanntes Wissen (Kroß 2004). Vorhergehende Handlungsmuster und Handeln selbst konstituieren folglich immer das Sinnsystem, das genutzt wird, um Bedeutung zu entwickeln. Es kann nicht einfach das vorhandene Sinnsystem genutzt werden. Seine Nutzung hat auch immer seine Aktualisierung zur Folge. Die Deutung der Welt basiert stets auf einem formalisierten Verstehensprozess, der verknüpft ist mit formalisierten Handlungen. Dass das Sinnsystem nicht allein durch seine Repräsentationen Sinn konstruiert, wird beispielhaft deutlich im Konzept der sich selbst erfüllenden Prophezeiungen: Es ist nur denkbar durch das Wechselspiel von Symbolsystem und Handlung (Watzlawick et al. 1969, 91-95). Eine zeichenhaft konstruierte Realität ist nur denkbar, wenn sie durch Handlungen (Interaktionen) erschlossen und in eine Bedeutung tragende Form gebracht wird. Die bloße Repräsentation einer nichtbestandenen Prüfung genügt nicht zur Schaffung einer befürchteten und prophezeiten Realität. Erst die mit der Repräsentation verknüpfte Handlung – die durch die Nervosität bedingte schlechte Leistung – schafft aus Repräsentationen eine formalisierte Realität: ‚Vor Prüfungen hat man Angst!'

Der Mythos muss deshalb deutlich abgegrenzt werden von der am prominentesten von Baudrillard (1978) beschriebenen Ablösung der Repräsentation von der Realität, die ihrerseits den Todeskampf gegen die Oberhand gewinnende Simulation verliert. Die Simulakren als simulierte Repräsentationen lösen Baudrillard zufolge die wahrhaftigen Repräsentationen der schriftlichen Zeichen ab. Die Baudrillard'sche Hyperrealität kreiert in Maschinen wie den formalisierten Anordnungen und Apparaturen eines wissenschaftlichen Experiments oder in den graphischen Visualisierungen eines Computers eine Simulation, die nicht mehr auf eine Realität vor den Symbolsystemen verweist, sondern sich von dieser vollkommen abgelöst hat. Die simulierte Hyperrealität verweist nur noch auf sich selbst. Dieser Ansatz geht davon aus, dass die Erkenntnis- und Erfahrungsbereiche des Menschen nur in und durch Medien (des Ausdrucks, der Mitteilung, der Kommunikation) konstituiert sind und sich deshalb unterschiedlichen Medientypen zuordnen lassen. Bestimmte Medientypen wie die Schrift bürgen für eine ‚authentischere' Wahrheit als andere, wie etwa die Computersimulation, die referenzlos ist und die Realität zerstört (List 1996).

Diese lineare Ablösung der Bereiche der Realität und der Simulation, in Technologien erzählt, erscheint wenig überzeugend. Wieso sollte ein antipositivistisches Denken sinnvoll zwischen der Sprache, der Schrift und Computersimulationen unterscheiden wollen, wenn es um die Authentizität und den Bezug zu einer dahinter liegenden Realität geht? Anders gesagt: Es gibt nur den Mythos als ‚Realität', keine ‚wahrere', ‚authentischere' Realität, die durch eine Hyperrealität bedroht wäre, weil es keine ‚besseren' und ‚schlechteren' Referenzen geben kann.

Es scheint deshalb sinnvoll, eben gerade keinen linearen Ablösungsprozess der Symbolsysteme von einer ontologischen Realität nachzuzeichnen. Den Strömungen (a) bis (c) wird nur dann voll Rechnung getragen, wenn (a) die individuelle Sinnkonstruktion, (b) die intersubjektiv-interaktionistische Perspektive und (c) die notwendige Wechselwirkung zwischen einer Symbolordnung und den verknüpften Praktiken berücksichtigt werden. Cassirer geht in seiner Philosophie der symbolischen Formen (2009 [1922-1931]) von einem solchen Modell aus, dessen Idee diejenige eines *„Netzes von Symbolen"* ist, „die nicht nur sprachlich sind. Hinzu treten Sprache, Erkenntnis (begrifflich-theoretisches Denken), Mythos/Religion, Kunst und Technik" (Margreiter 2010, 29; Hervorhebung im Original). Sie sind nicht hierarchisch, sondern gleichberechtigt nebeneinander; sie sind nicht statisch, sondern dynamisch in Wechselwirkung; ihr Bezug zur Realität ist nicht das Abbild, sondern die Repräsentation. Die Seinswelt bleibt der symbolischen Erschließung letztlich verschlossen (Margreiter 2010, 31).

Ganz ähnlich, nur konkreter, meint der hier entwickelte Mythos das gesamte System der Sinnproduktion und seiner symbolischen Ausprägungen. Der Mythos ist jedoch nicht wie bei Cassirer als Teilsystem zu verstehen, sondern als Gesamtheit aller symbolischen Formen, die dynamisch und nicht hierarchisch in Analogbeziehung zueinander Bedeutung konstruieren, ohne die ontische Realität abzubilden. Die symbolischen Formen haben – anders als bei Baudrillard – keine unterschiedliche Wertigkeit. Um die Dynamik besser abzubilden, eignet sich ein zirkuläres Modell, ein strukturalistisch-semiotisches Modell, das um die konstruktivistische Idee der Wahrnehmung, die interaktionistische-sozial-konstruktionistische Idee der sozialen Praktiken sowie die Idee der Zirkularität der Bedeutungen erweitert wird. Kein Netz also, sondern ein Kreislauf, der letztlich selbst zwei verschiedene Dimensionen (die des Aktuellen und des Potentiellen) bergen wird.

Eine (zunächst linear operierende) funktionelle Basis für ein solches Modell findet sich bei Roland Barthes. Seine Mythen des Alltags (2003 [1964]) entreißen den Mythos dem offensichtlichen religiösen Bezug und transformieren ihn zu einem strukturalistischen Modell, das es erlaubt, die zur gesellschaftlichen Realität naturalisierten Erzählungen offenzulegen. Für die mythischen Erzählungen des Alltags ist immer eine Quasi-Religiosität (Zivilgesellschaft, Aufklärung, Vaterland, Ehre oder modische Ästhetik) charakteristisch, deren Symbolik als unhinterfragte Letztbegründung fungiert. Der Mythos ist bei Barthes zunächst ein semiologisches System, das durch seine Funktionalität offen ist für eine strukturalistische Analyse:

> Jeder Gegenstand der Welt kann von einer geschlossenen, stummen Existenz zu einer besprochenen, für die Aneignung durch die Gesellschaft offenen Zustand übergehen, denn kein – natürliches oder nichtnatürliches – Gesetz verbietet, von den Dingen zu sprechen (Barthes 2003 [1964], 85-86).

Zur Materie tritt Barthes zufolge durch das bedeutende mythische Sinnsystem ein bestimmter Gebrauch hinzu, der die Materie mit zusätzlichen Bedeutungen schmückt. Der Mythos ist „kein Objekt, kein Begriff oder eine Idee", sondern „eine Weise des Bedeutens, eine Form" (Barthes 2003 [1964], 85). Der Mythos als Bedeutungssystem ist zudem historisch kontingent und spezifisch. Er ist angewiesen auf eine ihn tragende Symbolsprache, die nicht auf das Schriftliche begrenzt ist:

> Der geschriebene Diskurs, der Sport, aber auch die Photographie, der Film, die Reportage, Schauspiele und Reklame, all das kann Träger der mythischen Aussage sein. *Der Mythos kann nicht durch sein Objekt und nicht durch seine Materie definiert werden, denn jede beliebige Materie kann willkürlich mit Bedeutung ausgestattet werden* (Barthes 2003 [1964], 86-87; Hervorhebung T.B.).

Mit anderen Worten kann jede Form der Materie in das Sinnsystem integriert werden erlangt oder ändert dadurch ihre Bedeutung. Auch Objekte (als Einheit bedeutete Materie) werden unter Umständen durch den Mythos hervorgebracht. Wie oben bereits ausgeführt, muss der Mythos jedoch ausgedehnt werden auf Praktiken und Handlungen, die ebenfalls symbolische Träger sind.

Barthes begreift den Mythos zunächst lediglich als sekundäres semiologisches System, das nur durch Zeichen begründet wird, und entwirft dafür folgendes, einfaches Modell:

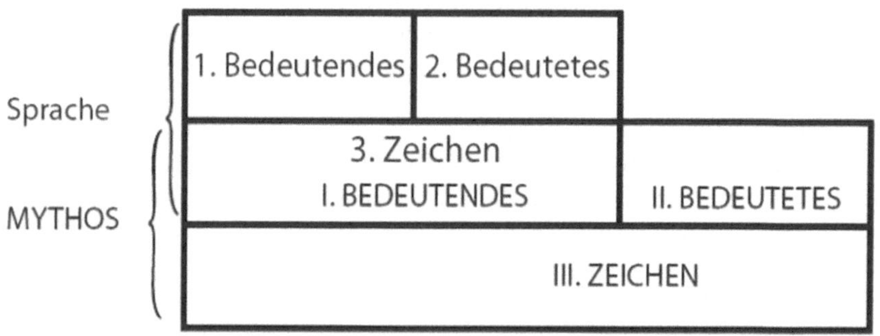

Abb. 4: Mythos nach Barthes (2003 [1964], 93)

Das Zeichen der ersten Ebene (ein linguistisches System, Sprache) wird zum
Bedeutenden in der zweiten Ebene: Der Mythos ist eine Metasprache, die sich
der Zeichen der ersten Ebene bedient. Dadurch, dass der Sinn der ersten Ebene
vom Mythos gewandelt wird, weil das ‚neutrale' Bedeutete zum Rohmaterial des
semiologischen Systems wird, ist kein Zeichen der ersten Ebene sicher: „Faktisch ist nichts vor dem Mythos geschützt, der Mythos kann sein sekundäres
Schema von jedem beliebigen Sinn aus entwickeln" (Barthes 2003 [1964], 115-
116). Dieses Mythos-Modell operiert letztlich linear: Zuerst werden im Sinnsystem Sprache Zeichen generiert, die anschließend in einem übergeordneten Sinnsystem (dem Mythos) zu einer bedeutenden Erzählung verknüpft werden. Die
weiter unten entwickelte Erweiterung des Modells sieht die Möglichkeit vor,
diese Linearität umzukehren: Der Mythos als der Wahrnehmung zugrunde liegendes Sinnsystem präformiert wiederum die Genese neuer Zeichen: erst der
Mythos, dann die einzelnen Zeichen, die innerhalb des Narrativs konstruiert
werden.
     Eine zirkuläre Bewegung umgeht diese Linearität in Barthes' Modell, weil sie
lineare Muster (erst Mythos, dann Zeichen; erst Zeichen, dann Mythos) vermei-
det. Nur so kann die Breite aller symbolischen Formen gleichberechtigt in wechselseitiger Dynamik berücksichtigt werden. Die Idee dieser Irreduzibilität auf
eine Form, die isoliert betrachtet werden kann, stammt von einem Modell der
britischen Cultural Studies: Der *circuit of culture* (du Gay et al. 1997) wehrt sich
gegen eine theoretische Annäherung an Kultur, in der sich kulturelle Repräsentationen und Identitäten oder Regulation, Konsumption und Produktion als soziale
Praktiken in Isolation analysieren lassen. In Annäherung an dieses Modell nimmt
der in dieser Arbeit entwickelte Mythos-Begriff nun folgende Dynamik an:

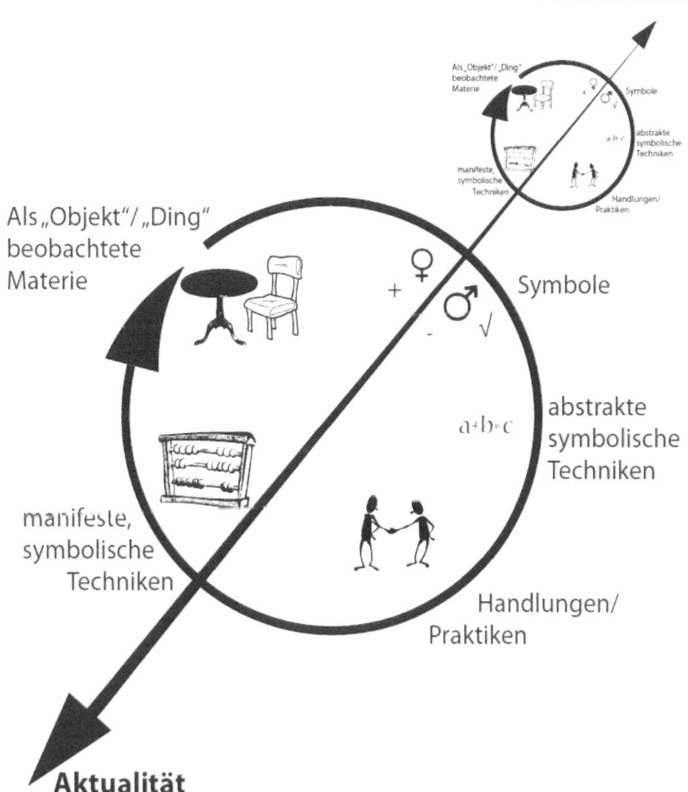

Abb. 5: Der Mythos als System der Sinnproduktion

Das Modell beschreibt die zirkuläre Bewegung der Produktion von Sinn, die sich jedoch aufgrund der Dynamik keinesfalls in einzelnen Elementen fixieren lässt. Berücksichtigt werden Symbole und abstrakte sowie manifeste symbolische Techniken bei der Produktion von Sinn (strukturalistische Bedeutungskonstruktion, [c]), wie auch Handlungen und Praktiken, die eine soziale Realität herzustellen vermögen (interaktionistischer Konstruktivismus [b]) sowie die Konstruktion der Welt durch ihre Beobachtung, die Objekte (hier Tisch und Stuhl) als Einheiten singularisiert (Konstruktivismus [a]). Da weder Faktizität noch Fiktionalität voneinander zu trennen sind, werden zudem zwei Dimensionen unterschieden: die aktuelle Dimension einer aktualisierten, ‚faktischen' Realität und die potentielle/virtuelle, in der Möglichkeit vorhandene Dimension einer über-haupt denkbaren Realität. Sie stehen in einem Wechselverhältnis von Erwartung und Eintreffen, abgebildet etwa durch das Wechselverhältnis von Literatur und Wissenschaft oder die sich selbst erfüllenden Prophezeiungen. Die enge Verzah-nung wird im folgenden Kapitel (1.2.3) deutlich. Wichtig zu bemerken ist dabei, dass die dargestellte Achse keine zeitlicher oder kausaler Linearität ist zwischen Aktualität und Virtualität. Sie markiert vielmehr eine oszillierende Beziehung der Gleichzeitigkeit zwischen dem Aktuellen und dem in der Möglichkeit Vor-handenen – aber eben *Vorhandenem*, also keiner Phantasterei, die ohne Sinn oder willkürlich ist (ausführlich dazu Kap. 1.4.1.).

Der Mythos ist als universelles Deutungsschema aufzufassen, als universeller Produzent von wahren Bedeutungen im Frege'schen Verständnis: Sein Wirk-prinzip ist die unhintergehbare ‚Logik der Wahrheit'. Barthes Mythos wird des-halb in folgenden Aspekten zu einem eigenen Modell weiterentwickelt: (1) Nicht nur kann alles zum Mythos werden, alles Sinnhafte ist Mythos; (2) Materie lässt sich nie außerhalb eines Mythos begreifen, da kein die Wahrnehmung von Mate-rie strukturierendes Konzept je außerhalb eines Sinnsystems liegt; (3) Nicht nur Materie kann mit Bedeutung ausgestattet werden – ebenso gilt dies für Handeln, das als symbolische Praxis konstruiert wird; (4) Barthes' Prämisse, dass Objekte dann zur Aussage werden, wenn sie etwas bedeuten, hat zusätzlich zur Folge, dass zwischen den materiellen Konzentrationspunkten (Objekten) von Bedeu-tung und dem abstrakten Sinnsystem die Übergänge fließend sind. Beide Berei-che – derjenige des abstrakt-symbolischen und vorgestellten und derjenige des konkret-materiellen als Objekt realisierten – sind konstitutiv für ein und dasselbe Sinnsystem, in dem Bedeutungen verteilt werden, als Ideen (abstrakt-symbolisch) und Formen (materiell-konkret). Nicht umsonst betrachtet Barthes die Mytholo-gie als Teil der Semiologie – denn „sie untersucht Ideen – in Form" (Barthes 2003 [1964], 90). Der Alltag ist reich an symbolischen Reizen:

> Ich befinde mich am Meer: gewiß, enthält es keinerlei Botschaft. Aber auf dem
> Strand, welch semiologisches Material! Fahnen, Werbesprüche, Signale, Schilder,
> Kleidungen, alle stellen Botschaften für mich dar (Barthes 2003 [1964], 90, Fn. 2).

Doch das hier entwickelte Verständnis von Mythos ist durchdringender, allge-genwärtig. Zu jeder Wahrnehmung gibt es ein bestimmtes Narrativ, durch das die Welt betrachtet wird. Das Meer ist deshalb nicht ohne Botschaft: Man mag dabei an Überfischung, Unendlichkeit oder Urlaub denken, jede Wahrnehmung ist Teil einer größeren Erzählung. Das Meer wird somit immer zum Symbol, das bei der Wahrnehmung zu einem umfassenderen Narrativ verknüpft wird. Kein Objekt (verstanden als in der Beobachtung singularisierte Entität) existiert ohne eine narrativierte Wahrnehmung, die es singularisiert hat. Jede Wahrnehmung ist eine, die Bedeutung konstruiert; alles Wahrgenommene wird – nach einem strukturalistischen Zeichen-Begriff – zu einer Einheit, die für die Wahrnehmenden in Opposition zu anderen Bedeutung erlangt.

Der Mythos ist „gestohlene Sprache" (Barthes 2003 [1964], 115), indem er der Sprache ihre Bedeutung raubt. Besonders deutlich wird dieser Diebstahl in der mathematischen Formelsprache, die Barthes als ausdrückliches Beispiel einführt:

> In sich ist es eine nicht deformierbare Sprache, die alle nur möglichen Vorsichtsmaßnahmen gegen die Interpretation ergriffen hat, in sie kann sich keine parasitäre Bedeutung einschleichen (Barthes 2003 [1964], 117).

$E = mc^2$ wird im größeren Sinnsystem des Mythos von einer reinen Formel das „reine Bedeutende der Mathematizität" (Barthes 2003 [1964], 117). Es ist gerade die Formelhaftigkeit der Welt, die das mythische System der Mathematik konstruiert. Der Sinn der Formel geht verloren, die Formalisierbarkeit ist der zentrale Mythos der aufgeklärten Wissenschaftlichkeit, der ultimativen Berechenbarkeit und Objektivierung der Welt, die den eigentlichen Sinn vergessen macht. Der Algorithmus ist der Götze dieser eigenartigen mythischen Gotterzählung – seine Letztbegründung (Kap. 1.4.).

Es hat sich gezeigt, dass sich die Formelhaftigkeit der Welt (Barthes) sowohl durch Repräsentationen als auch durch die Performativität der Wahrheit/des Sinns (Frege) ausdrückt. Im Folgenden soll es mit einer Untersuchung von Mensch-Metaphern (Kap. 1.2.3.) und hybriden Mensch/Technik-Modellen (Kap. 1.3.1.) vor allem um diese semiotische Ebene des Sinnsystems und seiner Produktion formalisierter Menschen gehen, die als „Logik der Wahrheit" im Mittelpunkt bei Frege steht. Wie sich bei Frege schon angedeutet hat, wirken Gedanken erst durch ein *Tun* der Denkenden. Diese Ergänzung erfolgt mit der performativen Ebene des formalisierten Wissens um den Menschen durch die Akteur-Netzwerk-Theorie im Sinne einer *Performanz der Wahrheit* (Kap. 1.3.2.).

1.2.3. Mensch/Technik-Mythen: Die Metapher als Mittlerin zwischen Fakt und Fiktion

> Es funktioniert überall, bald rastlos, dann wieder mit Unterbrechungen. Es atmet, wärmt, ißt. Es scheißt, es fickt. Das Es ... Überall sind es Maschinen im wahrsten Sinne des Wortes: Maschinen von Maschinen, mit ihren Kupplungen und Schaltungen. Angeschlossen eine Organmaschine an eine Quellemaschine: der Strom, von dieser hervorgebracht, wird von jener unterbrochen. Die Brust ist eine Maschine zur Herstellung von Milch, und mit ihr verkoppelt die Mundmaschine. Der Mund des Appetitlosen hält die Schwebe zwischen einer Eßmaschine, einer Analmaschine, einer Sprechmaschine, einer Atmungsmaschine (Asthma-Anfall). In diesem Sinne ist jeder Bastler; einem jeden seine kleinen Maschinen. Eine Organmaschine für eine Energiemaschine, fortwährend Ströme und Einschnitte. Präsident Schreber hat die Himmelsstrahlen im Arsch. Himmelarsch. Und seid ohne Sorge, es funktioniert; Präsident Schreber spürt etwas, produziert etwas, und vermag darüber hinaus dessen Theorie zu entwickeln. Was eintritt, sind Maschineneffekte, nicht Wirkungen von Metaphern.
>
> Gilles Deleuze/Félix Guattari, Anti-Ödipus: Kapitalismus und Schizophrenie (1977)

Wie im vorangegangenen Kapitel ausgeführt, wird Technologie zum semiologischen Platzhalter mythischer Erklärbilder und religiöser Sehnsüchte und suggeriert eine Erschließbarkeit der Welt in Bereiche, die bislang unergründlich schienen. Die Fiktionalität der mythischen oder religiösen Erzählung wird abgelöst von der durch formalisierte Repräsentationen hergestellten und dergestalt vorgeblichen Faktizität der kategorisierenden und berechnenden Wissenschaft: Wissenschaft ist unhintergehbarer Wahrheitsmythos, die Formalisierbarkeit ihre Logik. Deleuze und Guattari (1977) arbeiten sich im eingangs zitierten Schlüsseltext für das vergangene Jahrhundert am durch Psychoanalyse und kapitalistische Produktionslogik mit Metaphern getränkten und maschinell formalisierten Menschenkörper ab.[8] Stimmt die These von der untrennbaren und engen zirkulären Verzahnung von Fakt und Fiktion, wird sich an einem als fiktional ausgewiesenen Artefakt unserer Zeit in ähnlicher Weise die vermeintliche wissenschaftlich-technische Welt der Faktizität ablesen lassen. Ein fiktionaler, populärkultureller Text, der aufgrund seiner illustrativen Eindeutigkeit hier ausgewählt wurde, gibt prototypisch Auskunft über Grundmotive der vermeintlichen ‚Funktionsweise' des Menschen: Der Film *Avatar* (James Cameron, USA, 2009) macht viele Motive der mythischen faktisch-fiktionalen Übersetzungsarbeit deutlich. Bereits die Grundzüge des Plots aktivieren die Dichotomie des Natürlichen/Technischen und der durch die Technik entstehenden Gefahren. Auf dem Planeten Pandora,

---

[8] Deleuze und Guattari entwickeln die Figuration des „organlosen Körpers" (Kap. 3), die sich als Teil eines Außerhalb des Sinnsystems in der Notation der vorliegenden Arbeit interpretieren lässt — bereinigt von einer metaphorischen Füllung. Zu ihrer Kritik an der Psychoanalyse Kap. 2.2.1.

dessen materielle Ressourcen von Menschen aus kapitalistischem Antrieb heraus genutzt werden sollen, konzentriert sich der Film auf die Zerstörung der märchenhaft porträtierten Natur und das Schicksal der einheimischen Bevölkerung. Gut gegen Böse, Natur gegen Zivilisation, Technologie und Kolonialisierung sind wesentliche Motive.

Auffällig wenig explizit thematisiert wird in Avatar ein weiteres Erzählmotiv des Regisseurs James Cameron: die oft vorgenommene Neuartikulation des Verhältnisses zwischen menschlichem Körper und Technologie. Die populärkulturelle Ikone *Terminator* (Cameron 1984, 1991) ist als Cyborg längst kulturwissenschaftlicher Prototyp einer erkenntnistheoretischen Kategorie geworden, die tradierte Dichotomien zwischen Natur und Kultur, Biologie und Technologie, Mensch und Maschine, Bewusstscin und Computer sichtbar macht. Zwar (re)artikuliert auch *Avatar* dieses Verhältnis, indem die Geschichte um den querschnittsgelähmten Soldaten Jake Sully kreist, der über ein neuronales Mensch-Maschine-Interface einen künstlich erschaffenen und dem menschlichen Körper weit überlegenen Avatar steuert. Als exkorporiertes Bewusstsein nimmt er im Avatar-Körper Kontakt auf zur Rasse der Na'vi, die sich physiologisch nicht zuletzt auszeichnen durch ein Körperorgan, das eine direkte Verbindung mit anderen Organismen des Planeten zulässt. Alle Organismen des Planeten sind über dieses Interface miteinander verknüpft und allesamt Teil eines quasi-neuronalen Netzwerks, das bestimmte funktionale Zentren hat. Am ‚Baum der Stimmen' können die Na'vi die Stimmen ihrer verstorbenen Vorfahren hören. Der ‚Baum der Seelen' ist der Ort, an dem die Na'vi mit dem neuronalen Netz ihres Planeten kommunizieren können. Genau dort wird Sullys Bewusstsein am Ende des Films dauerhaft in seinen Na'vi-Körper transferiert.

Der Film macht zahlreiche Annahmen über das Verhältnis zwischen dem Menschen (lebenden Organismen) und der Technologie, im Speziellen der Biologie und Informationstechnologie, die zum populärkulturellen und populärwissenschaftlichen Allgemeingut zählen:

- Körper und Geist sind zwei voneinander verschiedene Konzepte.
- Ein beschädigter Körper ist prinzipiell ersetzbar. Das eigentliche Selbst artikuliert sich im Geist. Wir *sind* nicht Körper, wir *haben* einen Körper.
- Der Geist entspricht neuronalen Zuständen, die zwar materiell sind, sich aber qualitativ verlustfrei auch in einem anderen Körper herstellen lassen.
- Das Bewusstsein ist funktional durch Computertechnik ersetzbar, als reine Information unsterblich und kann auf einen anderen Körper, eine andere *hardware*, übertragen werden.

- Ein den Planeten umspannendes Netzwerk verbindet alle seine Einheiten und synchronisiert diese zu einem Kollektiv.

Dieser fiktionale Text offenbart hier Wissen um die ‚Funktionsweise' des Menschen so selbstverständlich, dass die Details der Menschbilder sozialpolitischen und ökologischen Lesarten des Films weichen. Tatsächlich finden sich die hier gemachten Grundannahmen auch in der wissenschaftlichen Faktizität des Menschen wieder. Wie sich gleich zeigen soll, lassen sich den oft als ‚posthumanistisch' verwissenschaftlichten Bildern zukünftiger Menschen überraschend einfach ihre engen faktischen/fiktiven Verwandtschaftsbeziehungen nachweisen.

Um die generelle Problematik dieser Verwandtschaft, insbesondere der posthumanistischen Menschbilder und ihrer wissenschaftlichen und fiktionalen Repräsentationen zu verdeutlichen, ist ein kurzes Wort zum Verhältnis zwischen Fakt und Fiktion (Science/Fiction) angebracht. Nicht nur Befunde aus der Biologie und Organismus-Modelle haben Bedeutung für Literatur, Philosophie, Alltagsgebrauch und das Selbstverständnis des Menschen (Köchy 2008, 107). Die naturwissenschaftlichen Resultate sind selbst in narrativen Strukturen beschreibbar und es scheint wahrscheinlich, dass auch sie sich vorhandenen kulturellen Erzählstrukturen anschließen und diese reartikulieren. Dass Fakt und Fiktion unmöglich zu trennen sind, lässt sich ebenso an der engen Wechselwirkung zwischen den literarischen Vorlagen der Science-Fiction und den wissenschaftlich-praktischen Forschungsprogrammen ablesen, die oftmals ihr Vokabular aus Literatur und Film beziehen. Anschaulich sind in diesem Zusammenhang die Raumfahrt, das Klonen oder die Robotik.[9] Gesellschaftlich erfülle die Science-Fiction dadurch die Funktion, die Menschen „mit den Konditionen der Zukunft vertraut zu machen, lange bevor diese überhaupt existieren" (Flessner 2000, 247). Die technischen Entwicklungen können deshalb an bereits existierende Bilder anknüpfen und erleichtern die soziokulturelle Akzeptanz, weil an eine (zumindest sprachliche) Tradition angeknüpft werden kann; sie ermöglichen eine „antizipative Diffusion" (Flessner).

Eine Unterscheidung zwischen Fakt und Fiktion ist nicht möglich, denn auch der forschende Wissenschaftler konsumiert die gleichen populärkulturellen Fiktionen: Was als ‚virtuelle Realität' oder VR-Technologien in den 1990ern diskutiert wird (und damit auch zum wissenschaftlich Denkbaren, in der Möglichkeit

---

[9] Der Countdown der üblichen Startsequenz von Raumfähren etwa geht zurück auf Fritz Langs Film *Frau im Mond* aus dem Jahr 1929 und wurde darin zur dramaturgischen Effekterzeugung eingesetzt. Der Name Roboter wiederum entstammt Josef Čapeks Drama *R.U.R.* aus dem Jahr 1920 als Abwandlung des slawischen Worts ‚robota' für Zwangsarbeit (Flessner 2000, 251). Es gibt zahlreiche weitere Beispiele für diese Wechselwirkung. Einige als ‚postmodern' markierte Beispiele werden im Folgenden noch diskutiert; auch oben Kap. 1.2.1. sowie etwa Steinmüller/Steinmüller (1999).

Vorhandenen), stammt vor allem aus populärkulturellen Texten wie etwa Matrix (USA 1999) oder Star Trek – The Next Generation (USA 1987-1994) (Schröter 2004, 221-238). Diese fiktional-faktische Selbstwahrnehmung der Gesellschaft in Technik umschreibt Schröter treffend mit einer „Selbstprogrammierung der Gesellschaft durch die universelle Maschine" (Schröter 2004).

Aus der Wechselwirkung von Fakt und Fiktion entstehen populärkulturelle und populärwissenschaftliche Menschbilder, die ihre Reziprozität nicht weiter reflektieren. Auf diese Art wird der Mensch als Erkenntnisgegenstand mit teleologischer Ausrichtung versehen, die durch kulturelle Repräsentationen des möglicherweise Zukünftigen ihre Richtung erhält. Neben dem Zusammenhang der Science-Fiction mit Entwicklungen der Raumfahrt lässt sich eine ähnliche Wechselwirkung gegenwärtig etwa mit den Visionen und Forschungsprogrammen der Nano-Technologie erkennen (Lösch 2009; ausführlich Kap. 3.1.)

Dass Fakt und Fiktion untrennbar sind, darf jedoch nicht zu einer falschen Schlussfolgerung verleiten, die etwa Science-Fiction als Vorboten der Zukunft oder antizipative Strukturen der Wissenschaft deuten. Flessner folgert dennoch:

> Daß wir auf eine postbiologische, posthumane Kultur zusteuern, auf eine umfassende Konvergenz von Bio- und Techno-Evolution, steht außer Frage (Flessner 2000, 260).

Der Weg für diese nachbiologische und nachmenschliche Kultur sei zudem bereits bereitet durch die „Konvergenz wissenschaftlicher, literarischer und philosophischer Ideen", die „kaum mehr zu übersehen" sei (Flessner 2000, 259). Die enge Verzahnung zwischen Faktizität und Fiktionalität bedeutet jedoch keineswegs eine solche teleologische Ausrichtung, die in Science-Fiction-Inhalten selbstredende Vorboten der Zukunft erkennen will.

Im Sinne des im vorigen Kapitel (2.2.) entwickelten Modells beschreibt die enge Verzahnung vielmehr die zirkuläre Bewegung des Mythos als Sinnmaschine und nicht die Marke einer linearen Bewegung, von der Fiktion zur Faktizität. Darin liegt der teleologische Fehlschluss: Science-Fiction liefert zwar den Bildgeber für semantische Lücken, Flessner liest die Science-Fiction aber als den Propheten der neuen Zeit:

> Die Ideen und Bilder der Science Fiction haben uns längst auf die posthumane Kultur vorbereitet, den Diskurs beschleunigt und der zweiten Schöpfung ihre Fremdheit und ihren Schrecken genommen ... In letzter Konsequenz leben wir also bereits im Zeitalter der Posthumanität (Flessner 2000, 262).

Diese krampfhafte Konstruktion der Zäsur, die durch die Verschmelzung von Mensch und Maschine begründet wird, ist ein falscher Schluss. Die Zäsur übersieht immer die Zirkulation des Sinns: Der Mythos greift die Beziehung der bezeichneten Elemente innerhalb des Systems auf, Fakt und Fiktion sind untrennbar verwoben. Eine Kausalkette zu bilden (Science-Fiction als einseitige

Vorwegnahme der Zukunft) fixiert die Motive in einer illegitimen narrativen Linearität. Die „Rückwirkungen der populären Repräsentationen der Wissenschaft auf die Wissenschaft selbst" werden stark vermutet, sind aber „in jedem Fall kaum nachweisbar" (Hüppauf/Weingart 2009b, 35; Hüppauf/Weingart 2009a; darin besonders Schummer/Spector 2009). Die Gedankenexperimente der Science-Fiction und der Wissenschaft erzählen vielmehr etwas über die Welt, wie sie jetzt ist:

> Ein Großteil der Gedankenexperimente in Literatur und Film handelt darum nicht von den Gesetzmäßigkeiten einer fremden (aber aus unerfindlichen Gründen doch für uns interessanten), unser bisheriges Wissen bereichernden Welt, sondern gerade von unserer eigenen Welt, nur in einer bis zur Kenntlichkeit [!] entstellten, parabelhaften oder parodistischen Form. Die Präambel ‚Wie wäre es, wenn …‘ ist darum nur eine charmant verschleierte Form der Aussage ‚So ist es jetzt bei uns‘ (Pfaller 2004, 269).

Die Unterscheidungen Subjekt/Objekt, Wissenschaft/Literatur und Dichtung werden aufgelöst. Auch die wissenschaftliche Hypothese ist nicht mehr als ein Dichten, wohl aber eines „mit allen Regeln der Vernunft" (Weigel 2004, 195, bezieht sich hier auf Kants Kritik der reinen Vernunft). Wissenschaftliches Gedankenexperiment und literarisches Werk haben die „Fiktion als erfahrungsgestütztes Spiel des Möglichkeitssinns" gemeinsam (Weigel 2004, 195). Die wissenschaftliche Hypothese ist eine Fiktion des Denkbaren, eine heuristische Fiktion, die als Vorstellung experimentelle Praxis steuern kann (Weigel 2004, 197). Entscheidend ist, dass die Fiktion – sei sie nun als wissenschaftliches Gedankenexperiment legitimiert oder als Dichtung im Reich der Phantasie angesiedelt – sich immer nur im Bereich des Sinnsystems, mit anderen Worten des Denkbaren befinden kann, niemals im Bereich des Undenkbaren.

Dem entspricht auch Espositos (2007) Beobachtung, dass sich mit einer stochastischen Realität eine fiktionale Realität ausgebildet hat, die von der aktuellen Realität nicht zu unterscheiden ist. Als Beispiel kann hier etwa das in der Möglichkeit vorhandene statistische Restrisiko des größten *anzunehmenden* Unfalls, der in einem Atomkraftwerk *denkbar* ist, dienen. Diese statistische Realität wird handlungsleitend für Demonstranten und Politiker und dadurch zu einer sozialen Realität. Fakt und statistische Fiktion teilen dasselbe Sinnkontinuum (Beck 1986; Metzner 2002).

Die Beziehung, die fiktionale und faktische Texte innerhalb desselben Sinnkontinuums unterhalten, wird – so die ausdrückliche These des hier entwickelten Mythos-Modells – vor allem durch die Metapher geklammert und stabilisiert. Sie dient als Brücke zwischen dem Vergangenen und bereits Bekannten und Benannten und dem möglichen Zukünftigen, noch Unbenannten, das gegenwärtig jedoch vor dem Hintergrund des Vergangenen gedacht werden kann. Die Metapher erschließt somit semiologisches Neuland, während sie zur gleichen Zeit das

Mögliche plausibilisiert. Sie spielt eine wesentliche Rolle als Bindeglied zwischen Fakt und Fiktion und damit gleichzeitig zwischen dem Aktuellen und dem in der Möglichkeit vorhandenen Virtuellen, was an zwei wesentlichen ihrer Eigenschaften liegt:

(1) Metaphorische Sprache schafft nicht nur Kategorien, innerhalb derer beobachtet werden kann. Gleichzeitig ist (2) der historische Ursprung der Metapher auch die (wahrscheinliche) Determinante der erkenntnistheoretischen Perspektive, mit der die Kategorie verortet wird (Wahrig-Schmidt 1997). Ein Blick auf die mit den in den 1990ern populärer werdenden Technologien zur Netzwerkkommunikation verdeutlicht diese beiden Wirkungsweisen: Die zwischenzeitlich tradierten Begriffe des Cyberspace und Cybersex entspringen – auch in ihrer wissenschaftlichen Betrachtung – einer metaphorischen Sprache, deren fiktionaler Charakter zunächst unproblematisch ist. Die eigentliche Schwierigkeit entsteht dort, wo dieser initiale Status völlig verloren geht und die soziokulturelle Funktion der neuen Technologie (der *cyber*-Diskurs) allein entlang der Maßgabe spezifischer sprachlicher Repräsentationen und sozialer Praktiken konstruiert wird (Eerikäinen 2000). Die Raum-Metapher Cyberspace impliziert etwa eine Präsenz, wo keine ist. Erst durch diese implizite Kategorie des Anwesendseins (wenn auch nur ‚virtuell‘) wird die Rede von einer zutiefst körperlichen Interaktion wie der sexuellen überhaupt nachvollziehbar. Cybersex, der in den meisten Fällen wohl eine *Masturbation* ist, wird auf diese Weise gedeutet als sexuelle *Interaktion* unter Quasi-Anwesenden.

Die Popularisierung des Internet und seiner Dienste bringt eine Legion metaphorischer Begriffe hervor, die konzeptuelle Anknüpfungspunkte und damit die Möglichkeit bietet, als neu codierte Phänomene auf bekannte Sinnspender zurückzuführen. Diese erkenntnispräformierende Rolle der metaphorischen Sprache wird besonders deutlich bei Bühl (1997, 30), der eine Analyse „der Stärken und Schwächen" von heutzutage tradierten Metaphern vornimmt, wie unter anderem Cyberspace, virtueller Raum oder virtuelle Gemeinschaft. Zur Cyberspace-Metapher identifiziert er als „zentralen Bezugspunkt/zentrale Aussage" (Bühl 1997, 30):

> virtueller Raum;
>
> Qualitativ neue Schnittstellen in der Mensch-Maschine-Kommunikation ermöglichen erstmals ein Eintauchen in virtuelle Welten; gestatten eine Immersion in einen Raum hinter dem Bildschirm, den Cyberspace; die Immersion ermöglicht gänzlich neue Erfahrungen.

Aufschlussreich ist nun Bühls Bewertung der „Stärken und Mängel der Metapher":

Stärken der Metapher:

Erfaßt wird ein wesentliches Element des Prozesses, der virtuelle Raum; thematisiert
wird die Doppelung der Realität in reale und virtuelle Realität und die sich daraus er-
gebenden Gefahren (Realitätsverlust, Kommunikationsverlust, Suchteffekte etc.).

Mängel der Metapher:

Metapher läuft Gefahr, bedingt durch ihren historischen Ursprung (Cyberpunk-
Literatur), in der kommunikationstechnologischen Entwicklung lediglich Gefahren
zu sehen, Chancen werden nicht thematisiert (Bühl 1997, 30).

Als „Stärke" bewertet er, dass die Metapher in der Lage ist, den „virtuellen
Raum" zu erfassen. Bühl bemisst folglich eine Metapher (Cyberspace) entlang
einer anderen (virtueller Raum), die als „virtual space" beinahe der deutschen
Übersetzung entspricht. Virtueller Raum ist dabei unhinterfragte Referenz. Die
Konsequenzen, die sich aus ihr ergeben (Trennung der Welt in real/virtuell)
scheinen eine konsolidierte und akzeptierte Grenze zu charakterisieren. Der
Ursprung der Metapher wird von Bühl ebenfalls thematisiert und in der Cyber-
punk-Literatur (William Gibsons *Neuromancer*, 1984) verortet, wodurch er den
präskriptiven Effekt der Metapher gleich mitliefert: Sie sei eher geeignet, die
Gefahren des Cyberspace zu erfassen. Neben der Normierung real/virtuell werden der geschaffenen heuristischen Einheit Cyberspace gleich noch – dem Narrativ seines Ursprungs entsprechend – negative Folgen angeheftet.

Metaphorische Sprache dient nicht nur als epistemologischer Kategorienliefe-
rant, sondern verwischt ihre bildhaften Spuren und gaukelt Neutralität vor.
„Metaphors hide and highlight" umschreibt Lakoff (Lakoff/Johnson 1980) diesen doppelten, die Wahrnehmung strukturierenden Effekt. Einerseits schließen
Metaphern semantische Lücken und knüpfen an bekannte Konzepte an. Durch
den Gebrauch spezifischer Sprachbilder werden dabei andererseits Eigenschaften
selektiv überbetont – das gebrauchte Bild jedoch erscheint neutral, obwohl es
einseitig dasjenige präformiert, was erkannt wird. Besonders anschauliche Beispiele finden sich in der politischen Sprache, die etwa Nationen als Personen
(Todfeinde, Schurkenstaaten) oder Diskussionen als physische Auseinandersetzung (Duell, Kampf, Sieger und Verlierer, verletzende Worte) deutet (Beispiele
aus Lakoff 2009).

Für die Untersuchung von Menschbildern lässt sich mit Lakoffs Einsichten
feststellen, dass die Deutung des Menschen in Sprachbildern erfolgt, die als
Bildspender bestimmte Technologien haben, denen jeweils eine Anschlussfähigkeit zum ‚Menschlichen' unterstellt oder zumindest eine zukünftige Beziehung
zwischen Mensch und Technik prognostiziert wird. Hieraus wird die Verquickung von Fakt und Fiktion, aber auch von Aktualität und Potentialität (als das

überhaupt Denkbare) deutlich. Technik bietet die notwendigen Bilder und sinnhaften Projektionsflächen für Antworten auf die Fragen: Wie ist der Mensch jetzt? Wie wird der Mensch zukünftig sein? Wie wird er sich potentiell verändern? Was ist in der Möglichkeit bereits angelegt – was ist jetzt überhaupt denkbar?

Mit Blick auf die Wechselwirkung von Technikbildern und Menschbildern in der zirkulären Sinnproduktion des Mythos stechen folgende Kategorien besonders hervor:

(1) *Metaphorik des Raums*: Elektrische Kommunikationsmedien ermöglichen die Trivialisierung des Raums, indem sie eine Ko-Präsenz von Kommunikatoren entbehrlich machen. Ein Verständnis von Gesellschaft, das gesellschaftliche Organisation wie die Systemtheorie Luhmanns auf sich selbst reproduzierende Kommunikationen reduziert (Luhmann 1984), geht von einer Gleichzeitigkeit des Anderswo aus (Luhmann 1997, 152). Durch diesen Schritt wird der Raum bagatellisiert und die ehemals unter Anwesenden stattfindende Interaktion zu einer „mediated quasi-interaction" (Thompson 1995, 85) umgedeutet. Die technologische Grundlage eines weltweiten Netzes produziert eine Weltgesellschaft, in der „die Nutzenden permanent online" und „nicht nur lokal oder funktional, sondern thematisch und informationell verortet" sind (Thiedeke 2005, 337). Die Stichworte „Telepräsenz" oder „telematischen Interaktion" der Teilnehmer im Kontext „digitalisierter Handlungsszenarien" (alle Thiedeke 2005, 338) reflektieren ihre Widersprüchlichkeit (Tele vs. Präsenz) deshalb nicht, weil die Metapher von der alternativen Räumlichkeit des Cyberspace ein Verständnis von Kommunikation als Mitanwesenheit durchsetzt: Durch immersive und interaktive Computernetze leben Menschen „nicht nur ‚mit' den Medien ... sondern ‚in' den Medien" (Thiedeke 2005, 338).

(2) *Metaphorik des Körpers*: Was da ‚telepräsent' ist und was da ‚interagieren' soll, sind – oft unausgesprochen – menschliche, materielle Körper: Die digitale Kommunikation ermögliche den Usern, „als digitalisierte Figuren zu agieren" oder „digitalisierte Objekte zu manipulieren" (Thiedecke 2005, 338). Umgekehrt lässt sich die sinnstiftende Funktion und zirkulierende Bewegung der Körper-Metapher auch an der Anthropomorphisierung von Technologie ablesen. Sie lässt den Computer etwa als schutzbedürftiges Lebewesen erscheinen, dessen körperliche Unversehrtheit vor Virusinfektionen bewahrt werden muss, die es sich beim Besuch möglicherweise schmutziger oder verseuchter Seiten zuziehen kann etc. (Lupton 1995).

Vor allem aber in den problematischen Beobachtungen des menschlichen Körpers als durch Technik manipulierbare Einheit wiederholt sich ein posthumanistisches Körperverständnis, das davon träumt, die Defizite des menschlichen Körpers wie Krankheit, Sterblichkeit, Müdigkeit oder soziale Exklusionsmechanismen von andersartiger ‚Körperlichkeit' (Geschlecht, Ethnizität, Alter, Aussehen) zu überwinden. Dieses Motiv treibt die posthumanistischen Zukunftsvisionen von der Substitution des Körpers im Maschinellen durch einen vollständigen Upload der Information des Gehirns auf Roboter als formuliertes Fernziel[10]. In den Bildern von den zukünftigen Menschen ist erstaunlich, dass der Körper einerseits zwar aufgelöst wird (in Avatar-Existenzen oder künstlichen Trägern des Geistes), der Körper als Bild jedoch präsent bleibt. Die Überwindung des Körpers soll also keinesfalls mit der Überwindung von Körperlichkeit (oder eben Körperbildlichkeit) einhergehen (Krüger 2004).

Insbesondere die Vision posthumanistischen Sexes von Rheingold (1991) hat unter dem Namen eine fast berüchtigte und belächelte Berühmtheit erlangt – das Abenteuer der „Teledildonics"[11]:

> Picture yourself a couple of decades hence, dressing for a hot night in the virtual village. Before you climb into a suitable padded chamber and put on your 3D glasses, you slip into a lightweight ... bodysuit ... with the kind of intimate snugness of a condom. Embedded in the inner surface of the suit ... is an array of intelligent sensor-effectors – a mesh of tiny tactile detectors coupled to vibrators of varying degrees of hardness, hundreds of them per square inch, that can receive and transmit a realistic sense of tactile presence, the way the visual and audio displays transmit a realistic sense of visual and auditory presence (Rheingold 1991, 346).

Phantasien wie diese lassen sich nicht zuletzt als Zeitgeistsymptom einer AIDS-Panik lesen, die sexuelle Befriedigung in der medienvermittelten Nähe eines anderen Körpers sucht. Entscheidend jedoch ist, dass auch hier eine informationstechnisch mediatisierte Nähe von der Qualität einer „realistischen und taktilen Präsenz" lebt. Die vermeintliche Entmaterialisierung des Körpers, seine technische Substitution gar, kommt paradoxerweise nicht ohne ein Bild des Körpers oder ein körperliches Empfinden einer Präsenz aus – sei es nun in eigenwilligen Cybersex-Utopien oder aber durch die Avatar-Körperbilder in Computerspielen (ausführlich dazu Kap. 2.2.3.). Trotz der posthumanistischen Vision, der Mensch lasse sich als Informationsmuster ausdrücken, bleibt der Körper als Einheit vorhanden, wenn auch nur als eine metaphorische.

(3) *Identität und Körpermetaphorik*: Eng verknüpft mit der Körper-Metapher ist die Ermächtigungsphantasie durch körperlose und anonyme Maskierung, wie sie Turkle (1995) für Internetkommunikation beschreibt. Insbesondere für Körper, die von soziokulturellen Normen abweichen, sei der ‚virtuelle Raum' ein Expe-

---

[10] Bei Moravec zum Beispiel ab dem Jahr 2050 (Moravec 1988; Kurzweil 2000).
[11] Der erstmalige Gebrauch des Begriffs wird Theodor Nelson (1974) zugeschrieben.

rimentierfeld für alternative Identitäten. Diese alternativen Identitäten jedoch sind Manipulationen des Körperbildes, nicht des Körpers. Identität selbst wird durch die metaphorischen Selektionsmechanismen (das Verstecken und Überbetonen von Eigenschaften) zu etwas reduziert, das im Körperbild konzentriert wird. Mit anderen Worten wird Identität zu als Körperbild repräsentierbaren Eigenschaften wie die in Text verfasste (der Avatar ist ebenso Text; hierzu auch Kap. 2.2.3.) von Geschlecht, Sexualität, Ethnizität oder Alter. Dieses metaphorisch-reduktionistische Spiel erklärt somit zunächst Körper zu Körperbildern und in einem zweiten Schritt Körperbilder zu Identitäten. Hat diese Form der Metaphorisierung von Identität messbare Effekte (etwa bei Döring 2003), so lassen sich diese auch im Mythos als zirkulär arbeitendes Sinnsystem als eine Wechselwirkung deuten: Eine auf Körperbilder reduzierte Identität ändert die Wahrnehmung des Körpers, da die Eigenschaften des Körperbilds rückprojiziert werden.

(4) *Sozietät – Metaphorik vorgestellter Gemeinschaften*: Die Nation kann als eine vorgestellte Gemeinschaft gelten (*imagined community*; Anderson 1983), die mit Symbolik und Ritualen ein Zugehörigkeitsgefühl und eine gemeinsame kulturelle Identität konstruiert. Massenmedien geben der Nationalsymbolik, vor allem der Sprache, einen weiten Einzugsbereich und spielen so eine wesentliche Rolle in der Konstruktion von nationaler Einheit (Morley 2008). Die Raum- und Körpermetaphorik der Netzwerkkommunikation hat einen ähnlichen Effekt in der Konstruktion und Wahrnehmung von virtuellen Gemeinschaften, die sich als viel spezifischere Verbünde um Interessen und nicht nach Lokalität sortieren können (Rheingold 1994). Der Community-Gedanke zitiert Luhmanns Rede von der Weltgesellschaft oder ähnliche Schlagworte wie das „Zeitalter der Weltkommunikation", dessen Infrastruktur das den Nationalstaat transzendierende Internet ist (Bolz 2001, 58). Noch in jüngeren soziologischen Ansätzen wird diese Denktradition aktiviert, wenn von der „nächsten Gesellschaft" (Baecker 2007) die Rede ist, die durch internetbasierte Kommunikation alte Vergemeinschaftungsformen transzendieren soll. Die vorgestellte Gemeinschaft der Nation wird in Teilen ersetzt durch andere, viel spezifischere metaphorische Gemeinschaften, die soziale Zugehörigkeit nach dem Zugang zu Social-Media-Plattformen und deren Symbolik (‚Facebook-Communities') definieren.

(5) *Netzmetaphorik: Hierarchielosigkeit, Dezentralisierung, Gehirn*: Am komplexesten erscheint die Netz-Metapher, weswegen es hier nur zu kurzen Andeutungen kommen soll. Sie ist eng verbunden mit technologischen Mythen des postmodernen Zeitgeists. Die poststrukturalistische Philosophie geht von einem freien Spiel der Bedeutungskonstruktion aus, die in Abgrenzung zu anderen,

nicht anwesenden Bedeutungen aktiviert wird. Praktisch bedeutet das für die Arbeit mit Texten etwa eine Explosion von Bedeutungen durch endlose intertextuelle Referenzen. Der die Bedeutung fixierende Autor spielt keine Rolle mehr, er ist „tot" (Barthes 2000 [1968]). Das Materiell-Präsente wird dem Virtuell-Absenten untergeordnet, weil sich im freien Spiel der Signifikation Bedeutung in der Abwesenheit anderer Zeichen generiert (Derrida 1976; oder an Stelle des Netzes ein *Rhizom* bei Deleuze/Guattari 1977). Das Internet, durch seine hypertextuelle Verknüpfungsstruktur, gilt plötzlich als eine technologische Manifestation dieses philosophischen Gedankens. Gerade der Tod des Autors wird in der intertextuellen Hypertextstruktur des Netzes gespiegelt. Ohne die Wechselwirkung von Bildspender und Bildempfänger im Einzelnen nachzeichnen zu können, ist diese Parallele doch frappant. Das Internet wird zum Raum der Absenz, aber virtuellen Präsenz (wie die Bedeutung im Poststrukturalismus), zu einem autonomen Akteur (wie das Zeichen und der Text im Poststrukturalismus), zu einem Ort der Dezentralisierung und anti-hierarchischen Strukturen (wie die subversiven Bedeutungen von Texten im Poststrukturalismus) und das Internet führt zur Möglichkeit einer Fragmentierung der Identität und einer Delinearisierung des Denkens (wie es der Poststrukturalismus beschreibt und einfordert). Diese Gleichsetzung der hypertextuellen Funktionsweise des Internet mit der assoziativen ‚Funktionsweise' des Gehirns befeuert den metaphorischen Austausch und die Übertragung von Kategorien und Eigenschaften der beiden Phänomenbereiche. Hierzu nur beispielhaft Lang (2000, 308):

> Die Funktionsweise des menschlichen Gehirns folgt nicht linearen Mustern, sondern geschieht in hochkomplexen Netzen aus Neuronen, die zueinander in leistungsfähigen Input-Output-Verbindungen stehen.

Der Sinn produzierende Gebrauch von Metaphern ist unübersehbar. Die Produktion von Bedeutung ist netzartig strukturiert und findet im Internet eine technologische Realisierung, weswegen mit dem Internet in dieser Lesart eine funktional zum Gehirn äquivalente Technologie geboren wurde. Die Dezentralität des Netzes und die Trivialisierung des Raums durch das Internet machen es nicht schwer, den nächsten Schritt zu gehen: denjenigen zu einer kollektiven Intelligenz (Schwarmintelligenz), die an die Stelle eines beschränkten, individuellen Subjektbewusstseins gesetzt wird (Lévy 1997). Der Geist wird fluide und exkorporiert:

> Die Bewegungsrichtung der Geschichte scheint eindeutig zu sein: weg von der materiellen Realität, vom biologischen Körper, von der Erde hin zum Cyberspace, zu neuen Körpern und Gehirnen, letztlich zu Expansion ins Weltall (Rötzer 1998, 26).

Dabei steht die „Vision von einem vernetzten und globalen Gehirn" im Mittelpunkt, „dessen Anhängsel die einzelnen Menschen und Maschinen sind und das einer nichtbiologischen Evolution unterliegt" (Rötzer 1998, 26).

Diese Kategorien sind allesamt mythisch im Sinne des oben entwickelten Modells – Menschbilder und Technologiebilder sind Teil desselben Kontinuums der Sinnproduktion, die aktuellen und potentiellen Eigenschaften von Mensch und Maschine werden wechselseitig produziert, ohne dass ihr Ursprung jemals fixiert werden könnte.

Da zu Beginn dieses Kapitels mit dem Film Avatar ein fiktionaler Text befragt wurde, um Auskunft über die Gesamtwahrnehmung der Menschbilder zu erlangen, soll abschließend nun ein soziologischer und damit im Anspruch faktischer Text stehen, der auf seine Weise die Verquickung von Fakt und Fiktionalität deutlich macht: Faßler (2009) bemüht sich nach Kräften, zwei tradierte Kategorien sozialer Realität aufzulösen, die Gesellschaft und den Menschen selbst. An deren Stelle setzt er ‚infogene Menschen', die in ‚infogenen Feldern' organisiert sind. Er verwirft Gesellschaft als Organisationsprinzip mit einer ehrfurchtgebietenden und nebulösen Prognose:

> Die Dynamiken der digitalen Netzwerke legen die Infogenesis jeglichen Lebens und damit jeglicher Selbstorganisation frei.
>
> Damit sind die global vernetzten Selbstexperimente gestartet.
>
> Ihre Ergebnisse sind nicht kalkulierbar (Faßler 2009, 15).

Gesellschaft verliert ihre „Plausibilität" durch „komplexe ökonomische, projektgebundene, künstlerische, kollaborative Informationsrealitäten" in selektiver Vernetzung (Faßler 2009, 14). Abgelöst werde Gesellschaft durch die „Entstehung eines *globalen Experimentierfeldes zufälliger, kurzzeitiger, projektgebundener ... flexibler ... Organisation menschlicher Besonderheiten*" in computervermittelter Kommunikation (Faßler 2009, 21; Hervorhebungen alle im Original), die Faßler „infogene Felder" nennt. „Der infogene Mensch" (Faßler 2009, 59; auch Faßler 2008) ist eine Hardware, die „genetische Skripts" ausführt, mit der entscheidenden Ergänzung, dass Mensch, Technologie und Soziales „koevolutiv" aufeinander einwirken. Dem Menschen unterstellt er einen „physiologischen Informationsbedarf" (wie „Lebensmittel") (Faßler 2008, 9). Information wird bei Faßler zur Universalie mit globalem Maßstab erklärt, weswegen digitale Technologie unter anderem die Ökonomisierung aller möglichen Daten betreibt, auch der „*Transformation des biologischen Körpers* in einen überall abrufbaren Datenkörper" (Faßler 2009, 26; Hervorhebung im Original).

Faßlers metaphernsatte Texte treiben eine Reartikulation der auch im Film Avatar geäußerten Menschbilder voran und markieren die faktisch/fiktionalen Elemente:

- Identität ist informationsbasiert, übertragbar, reproduzierbar.
- Körperlichkeit ist prinzipiell verzichtbar, da nur Ausdruck einer zeitlich vorgängigen Semantik.
- Ort und Zeit werden trivialisiert und es entstehen neue Handlungskategorien und -räume durch die Allgegenwart und Durchdringung informationeller Muster.
- Als Konsequenz ergibt sich eine radikale Änderung sozialer Strukturen und Organisationsformen, die auf Präsenzformen für Interaktion nicht angewiesen sind.

Dieser Blick auf den Menschen ist der des modernen Mensch-Mythos, einer visionär, fiktional-faktischen und metaphorischen Sinnlogik. Die kulturelle Gesamtwahrnehmung der so erzeugten Menschbilder charakterisiert Hayles (1999, 2-3) treffend als ‚posthumanistische Bedingung':

> *First*, the posthuman view privileges informational pattern over material instantiation, so that embodiment in a biological substrate is seen as an accident of history rather than an inevitability of life. *Second*, the posthuman view considers consciousness ... as an epiphenomen... *Third*, the posthuman view thinks of the body as the original prothesis we all learn to manipulate, so that extending or replacing the body with other prothesis becomes a continuation of a process that began before we were born. *Fourth*, and most important, by these and other means, *the posthuman view configures human being so that it can be seamlessly articulated with intelligent machines* [Hervorhebung T.B.].

Dieses Zitat erfasst konzise die Menschbilder, die durch die metaphorische Sinnproduktion von Technikbildern entsteht. Doch die Artikulation des Menschen in Technologie beginnt nicht erst, wenn das Computer-Interface direkten Anschluss an das Gehirn haben wird oder der menschliche Körper durch technisch-mechanische Prothesen Perfektion und Unsterblichkeit erlangt. Die Artikulation des Menschen in Maschinen beginnt bereits in der semiologischen Produktion von Menschbildern, die Technologie als selbstverständlichen und unhinterfragten Sinnspender für die Erklärung der ‚Funktionsweise' des Menschen hinzuzuziehen oder ihre Nebeneffekte der Welt- und Menschdeutung zu reflektieren.

Faßlers bizarre Gedankenwelt gibt dabei vor allem Aufschluss über die Notwendigkeit einer Untersuchung ihres Zustandekommens. Mit anderen Worten: In welchen Bereichen lässt sich das Wechselspiel zwischen Menschbildern und Technologiebildern erkennen, das letztlich bestimmte Menschen und Technologien und eine spezifische, äquivalente Funktionsweise beider produziert?

Die Wechselwirkungen, die ohne Frage zwischen den populärkulturellen Annahmen und Wissensformen und einer wissenschaftlich institutionalisierten Produktion von Wissen bestehen, lassen sich unmöglich nachzeichnen. Mit einer
Rückkehr zum Sinnsystem Mythos jedoch lässt sich aus dieser Fragestellung ein
Analyseprogramm ableiten, das die Teile 2 und 3 der vorliegenden Arbeit bestimmten soll: Auf welche Weise produziert die Idee der universellen Formalisierung bestimmte Menschbilder, Körper und Identitäten? Die untersuchte Kulturtechnik wird der Algorithmus sein (Kap. 1.4.). Doch zunächst sollen im folgenden Kapitel 1.3. die Mechanismen der Konstruktion von Menschbildern
durch Metaphern und Modelle des Technischen innerhalb des modernen Mythos
genauer untersucht werden.

1.3. Menschbilder und Technologie – Natur und Kultur als Pole des Wissens

In diesem Kapitel werden die Eigenschaften des Sinnsystems Mythos im Hinblick auf die Konstruktion der Sinneinheit Mensch weiterentwickelt. Die vorrangig *semiotische* Dimension des Mythos, die durch die Metapher bereits eingeführt wurde (Kap. 1.2.3.), wird zunächst (Kap. 1.3.1.) ergänzt um die Rolle, die
eine epistemologische Verschmelzung von Mensch/Technik-Modellen in der
Deutung desjenigen spielt, was als „das Menschliche" gilt. Von besonderer Bedeutung wird jedoch die Vertiefung der *performativen* Dimension des Mythos
sein, die in Kapitel 1.2.2. neben der semiotischen entwickelt wurde. Neben die
‚Logik der Wahrheit' (Frege) tritt hier die ‚Performanz der Wahrheit', wie Bruno
Latours Theorie der Akteur-Netzwerke in der vorliegenden Arbeit etikettiert
werden soll. Schließlich soll das Technikverständnis des hier entwickelten Mythos-Modells als Signifikationstechnologie ausgeführt werden (Kap. 1.3.3.).
 Gegen die häufig diagnostizierte Tendenz hin zu einer Konvergenz und Hybridisierung zwischen dem Menschlichen und dem Technischen wird zunächst die
These verfolgt, dass eine solche Annahme gerade die Pole des ‚reinen Natürlichen' und des ‚reinen Technischen' aktiviert. Das Hybride entkommt nicht den
hierarchisch strukturierten Dichotomien (natürlich vs. künstlich, menschlich vs.
technisch), sondern wird vielmehr durch diese erst stabilisiert. Da äquivalente
Modelle zur Erklärung des Technischen und des Natürlichen benutzt werden,
kommt es zur diesem Umstand entgegengesetzten populären Annahme einer
Hybridisierung. Wie sich zeigen soll, ist weniger von einer Konvergenz der Phänomene, sondern vielmehr von einer Konvergenz der Modelle auszugehen (Kap.
1.3.1.).
 Anhand der kontrovers diskutierten Technik der Präimplantationsdiagnostik
(PID) zur Diagnose und Selektion befruchteter Eizellen vor ihrem Transfer in

den Mutterleib wird die Terminologie von Bruno Latours Akteur-Netzwerk-Theorie eingeführt. Die performative Ebene des Wissens spielt hier die entscheidende Rolle, da Erkenntnisgegenstände nicht als passive Objekte, sondern aktive Akteure verstanden werden, die mit dem Beobachter interagieren. Vor diesem Hintergrund soll am Beispiel der PID nicht nur deutlich werden, dass eine ‚symbolische Reinigung' von Dichotomien des Wissens – wie in diesem Fall auf der einen Seite das ‚eindeutig' Lebendige gegen das Nicht-Lebendige mit Objektstatus auf der anderen Seite – im Zusammenhang mit künstlich befruchteten Eizellen unvermeidbar ist. Gleichzeitig kann diese symbolische Reinigung immer nur in Wechselwirkung mit konkreten sozialen Praktiken – eben einer *formalisierten Performanz* des Wissens und der Wahrheit – erfolgen: Ist das Verwerfen der befruchteten Eizellen eine Tötung oder die Entsorgung von produziertem Überschuss? Daran wird die bereits eingeführte (Kap. 1.2.2.) Zirkelbewegung des Sinnsystems deutlich, das unterschiedliche Dimensionen kennt: materiell, symbolisch und eben interaktionistisch und performativ (Kap. 1.3.2.).

Technologie wird in einem abstrakten Verständnis als Methode zur Herstellung von Sinn begriffen. In Abgrenzung zum Technik-Begriff bei McLuhan, der in ihr eine neurophysiologische Erweiterung des als ‚rein' angenommenen Körpers und Selbst sieht, soll ein an Foucault orientiertes Technologie-Verständnis entwickelt werden, das der Funktionsweise des Mythos entspricht: Sinn erfordert dabei immer eine ihn herstellende Technologie – als Signifikationstechnik wie es Visualisierungen oder sprachliche Repräsentationen beispielsweise sind. Diese erfordern wiederum eine Formalisierung, was dadurch sowohl produktive als auch repressive Konsequenzen hat. Kapitel 1.4. wird zeigen, dass der Algorithmus das Prinzip dieser Herstellung von Sinn ist. Unterschiedliche Technologietypen – als Kulturtechnik, Organisationsmaschine oder Methode zur Herstellung des Selbst – bilden verschiedene Ebenen des Sinnsystems (Kap. 1.3.3.). Technologie wird somit stets als Bildgeber zum Produzenten von Sinn innerhalb des Mythos.

1.3.1. Mensch/Maschine-Konvergenz als Ontologisierung epistemologischer Modelle

Der Bericht *Technologische Konvergenz und die Zukunft der europäischen Gesellschaften* einer europäischen Expertengruppe im Jahr 2004 gibt Empfehlungen für das politische Ziel, „die konvergierenden Technologien für die europäische Wissensgesellschaft" als „spezifisch europäischen Ansatz für konvergierende Technologien zu entwickeln" (Nordmann 2005, 6). Die darin getroffenen Aussagen liegen einige Jahre zurück und ihre wissenschaftliche Beurteilung ist auch im Kontext ihres politischen Auftrags zu bewerten, doch die darin getroffenen Thesen eignen sich vor allem als klare Folie für die Interpretation des ausschließlich in Technologien konstruierten Menschbilds. Die klar abgesteckten Sphären des Menschlichen und Technischen, die sich in dieser Darstellung unaufhaltsam und umfassend aufeinander zubewegen, werden hier idealtypisch sichtbar – ebenso ihre Qualität als häufig wenig subtile Setzungen. Wie sich zeigen soll, werden das Natürliche und das Technisch/Künstliche zu reinen Bereichen erklärt, nur um sie dann wieder verschmelzen zu können.

Die Expertengruppe identifiziert einerseits die „Möglichkeit, gesellschaftliche Probleme zu lösen, Wohlstand zu erzeugen" und Nutzen „für jeden Einzelnen" (Nordmann 2005, 7). Andererseits warnt sie vor der „Bedrohung für Kultur und Tradition, für die Integrität und Selbstbestimmung des Menschen und eventuell auch für die politische und wirtschaftliche Stabilität" (Nordmann 2005, 7). Damit ist bereits das Denkschema artikuliert, das typisch für technikdeterministische Ansätze zwischen Chancen und Risiken, utopischen und dystopischen Entwürfen unterscheidet. Die Betrachtungsperspektive wird festgelegt auf die Frage danach, wie sich Technologie als singularisierte Entität auf den Menschen und die Gesellschaft als die anderen singularisierten Entitäten auswirkt.

Was aber sind konvergierende Technologien und welchen Effekt haben sie auf den ‚natürlichen' Menschen? Nordmann zufolge sind sie *„Schlüsseltechnologien und Wissenssysteme, die einander für ein gemeinsames Ziel befruchten"* (2004, 16; Hervorhebung im Original). Entscheidendes Modewort ist die Abkürzung NBIC (auch Roco/Bainbridge 2003 weiter unten), die ein Zusammenwachsen von Nano-, Bio-, Informationstechnologie und Kognitionswissenschaft beschreiben soll:

- *Nano-Technologie* wird zur Schlüsseltechnologie, da sie Methoden und Werkzeuge bereitstellt, um Materie zu manipulieren: *„Alles, was aus Molekülen besteht, kann grundsätzlich integriert werden"* (Nordmann 2005, 16; Hervorhebung T.B.).
- *Biotechnologie* „befruchtet andere Technologien, durch die Identifikation von chemischen und physikalischen Prozessen sowie *algorithmischen Strukturen in lebenden Systemen,* die auf ihre materielle Basis in Zellen und Genen zurückgeführt werden … Es wird damit gerechnet, dass sie die Informationstechnologie, beispielsweise durch *Entwicklung der Grundlagen für DNA-gestützte Computersysteme* befruchtet" (Nordmann 2005, 16; Hervorhebung T.B.).
- *Informationstechnologie* „befruchtet andere Technologien durch ihre Fähigkeit, *immer mehr physikalische Zustände als Information darzustellen* und Prozesse mit einer Vielzahl von Berechnungsverfahren zu

> modellieren ... Sie befruchtet die Nanotechnologie durch die *exakte Kontrolle von Mustern und Eingriffen*. Sie befruchtet die Biotechnologie, weil sie die Mittel zur Modellierung komplexer Prozesse bereitstellt und damit schwierige Forschungsprobleme lösen kann" (Nordmann 2005, 16; Hervorhebung T.B.).

Neben so viel Befruchtung werden hier zahlreiche postmoderne Mensch-Mythen nacherzählt, die bereits eingeführt wurden (Kap. 1.2.). Alles Materielle lässt sich verlustfrei repräsentieren, modellieren, berechnen, simulieren und schließlich kontrollieren, bis aufs letzte Molekül, das als entmaterialisierte informationelle Einheit entworfen wird. Materie ist in dieser Darstellung durchzogen von Information, die zum Scharnier der Disziplinen Nano-, Bio-, Informationstechnologie und Kognitionswissenschaft erklärt wird. Die durch die Autoren gemachte Annahme konvergierender Technologien wird erst durch diese – letztlich ontologische, weil das menschliche Sein betreffende – Setzung überhaupt sinnvoll. Eng verbunden mit der Auflösung der Welt in Information ist eine Ermächtigungsphantasie über physikalische und chemische Prozesse, die sich universell formalisieren und schließlich kontrollieren lassen. Prozesse des Lebendigen sind algorithmisierbar, der Lebenscode kann gar Grundlage für DNA-gestützte Computersysteme sein. Da hier nicht nur Einheiten betrachtet werden, sondern die Steuerung von Prozessen, wird klar, dass die gemeinsame Figur der modellhaft als funktional äquivalenten Bereiche NBIC nicht die Information ist, sondern vielmehr der Algorithmus: Informationstechnologie ist Algorithmen-basiert, das Lebendige wird als algorithmisierbar konstruiert, Materie wird – aufgespalten in Moleküle – erlebt als Code.[12]

Die Konvergenz der Technologien bedeutet auch ein Verschmelzen des Natürlichen mit dem Technischen: „Statt künstliche Produkte für den Import in die natürliche Umgebung (erste Natur) zu produzieren, erzeugen konvergierende Technologien eine künstliche Umgebung" (Nordmann 2005, 21) – etwa durch nicht sichtbare medizinische Implantate, Designermedikamente in der Krebsmedizin oder eine (etwa raum-zeitliche) Umstrukturierung des Sozialen durch Kommunikationstechnologien:

> Diese zweite Natur stellt die traditionellen Grenzen zwischen Natur und Kultur in Frage. Die „erste Natur" wird dann nur über eine vom Menschen geschaffene „zweite Natur" zugänglich. Damit ändert sich dramatisch unser Sinn für Verantwortung in der Welt, in der wir leben und handeln: Es geht der Fürsorgecharakter für eine Natur verloren, die geschützt werden muss. Stattdessen sorgen wir uns mehr um unsere kurzzeitig erstellte, künstliche Umgebung (Nordmann 2005, 21).

---

[12] Zur Diskussion des Algorithmus Kap. 1.4.; im Zusammenhang mit Information insbesondere Kap. 2.1.1.

Die Gegenüberstellung der reinen Natur, die durch das Technologische aufgelöst wird, ist charakteristisch für die schon der Konvergenzidee zugrunde liegende Denkweise der konzeptuellen Reinheit der als Dichotomie begriffenen Sphären. Die Natur wird zunächst auf Information reduziert, die dann technologisch manipulierbar erscheint – und schließlich wird ihre Abwesenheit beklagt. Hier wird jedoch etwas aufgelöst, das nie getrennt war.

Am Beispiel des Virus wird dies deutlicher: Als Metapher dient der Begriff Virus dazu, eine spezifische semantische Lücke in der Computertechnologie zu schließen, wo Virus bekanntermaßen ein Schadprogramm – zerstörerische Algorithmen – bezeichnet. Giftigkeit, Gefährlichkeit, Ansteckung und Epidemie sind die in der Metapher übertragenden Eigenschaften. Der Bericht konstruiert nun eine vollständige Modelläquivalenz des Menschlichen und des Technischen und sieht eine zweite Natur entstehen, die gleichzeitig technisch (weil intentional konstruiert) und natürlich (weil nur mit ‚natürlichen‘, organischen Bauteilen erschaffen) ist. Diese ‚zweite Natur‘, die in den konvergierenden Technologien entsteht, birgt jedoch auch Risiken, denn es ist nicht abzusehen, ob die Steuerung versagt und Technologien „wie Computerviren irgendwann auftauchen und ein empfindliches technisches System oder einen Organismus an einer unbekannten Stelle angreifen" (Nordmann 2005, 7). Mit gravitätischer Ernsthaftigkeit sieht der Bericht die modellhaft analog gesetzten Konzepte biologischer Organismus, Maschine oder Computer als anfällig für dieselbe Gefahr: einen schädlichen, zerstörerischen Algorithmus, der eine universelle Bedrohung darstellt. Das Virus kann den neuronalen Code des Gehirns genauso angreifen wie das genetische Handlungsprogramm des Körpers oder das digitale Programm des Computers. Den zunächst metaphorischen Übertragungen technologischer Modelle auf den Menschen entsprechend, die als Realität konstruiert werden, wird die Virus-Metapher völlig naturalisiert: Computersoftware wird so zur Bedrohung für die funktionale Integrität „menschlicher Programme", für neuronale und genetische Prozesse.

Für die Konvergenz-Vision gilt die Konferenz „Converging Technologies for Improving Human Performance. Nanotechnology, Biotechnology, Information Technology and Cognitive Science (NBIC)" (Roco/Bainbridge 2003) als weiterer häufig zitierter Referenzpunkt. Bereits die Illustration des sogenannten NBIC-Pfeils (Abb. 6) offenbart die Idee der futuristischen Teleologie hinter der Konvergenz und karikiert sich selbst:

> We stand at the threshold of a new renaissance in science and technology, based on a comprehensive understanding of the structure and behavior of matter from the nonoscale up to the most complex system yet discovered, the human brain (Roco/Bainbridge 2003b, 1).

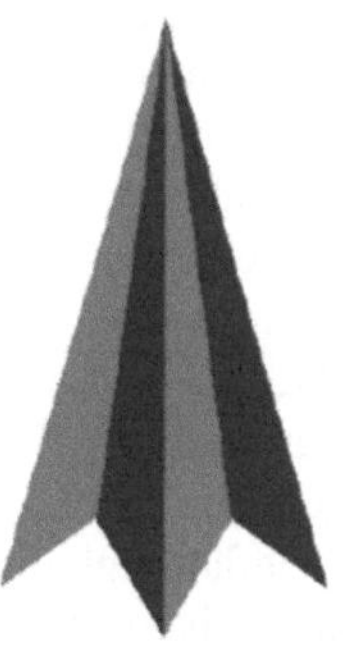

This picture suggests advancement of converging technologies.

Abb. 6:   Aus Roco/Bainbridge (2003, vii) – Klare Trendanalyse der technischen
Entwicklung

Im Grundton der Machbarkeit und Beherrschbarkeit des Menschen als optimierbare Einheit rezitiert diese Form der Technikphilosophie bloße Stanzen einer kapitalistischen Optimierungs-, Fortschritts- und Produktionslogik, indem die Autoren nach den erstrebenswertesten Ergebnissen und deren Realisierung, den Visionen zur Optimierung des Menschen und dem daraus resultierenden Nutzen für die gesamte Menschheit fragen (Roco/Bainbridge 2003b, 1).

Die Schlagworte Nano, Bio, Info, Cogno (NBIC) stehen auch hier im Zentrum einer interdisziplinären Verschmelzung von Mensch und Technologie, die durch die Kontrolle auf molekularer Ebene entsteht. In ihrer Gesamtbewertung und Prognose sind sie jedoch deutlich kühner: Die Rede ist von Breitband-Interfaces mit hohem Datendurchsatz zwischen dem Gehirn und Geräten; einer ständigen sensorischen Überwachung des Körpers, der überdies belastbarer und „leichter zu reparieren" („easier to repair") sowie widerstandsfähiger gegenüber biologischen Bedrohungen und dem Alterungsprozess sein wird. Insgesamt stehen Effizienzsteigerung der Lernfähigkeit und Produktivität durch die kommunikative und neuronale Verbindung mit technischen Lösungen im Vordergrund (Roco/Bainbridge 2003b, 5-6). Die Autoren bedienen sich hier eines reinen Technodeterminismus mit markant-unverhohlener futuristisch-teleologischer Ausrichtung. Den Menschen lösen sie in Technologie auf mit dem Ziel der Effizienzsteigerung. Die dabei benutzte Visualisierung der zugrunde liegenden Idee trägt ebenfalls satirische Züge eines Technofuturismus:

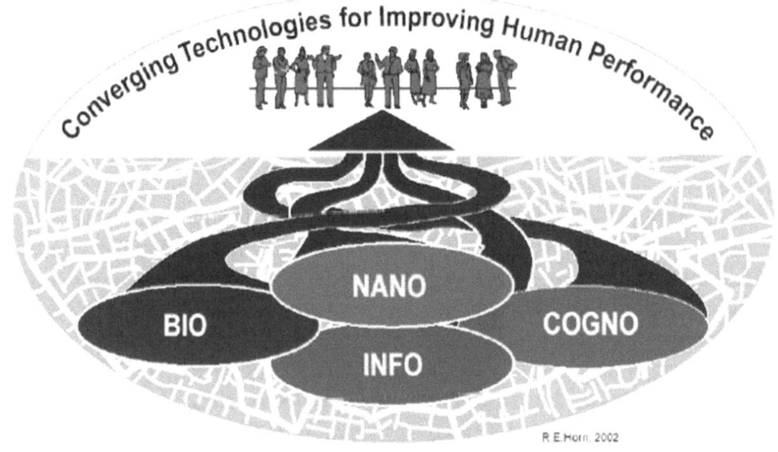

Changing the societal "fabric" towards a new structure
(upper figure by R.E. Horn)

Abb. 7: Aus Roco/Bainbridge (2003, vii) – Konvergenz macht alles besser.

Eine zu selbstverständliche Akzeptanz der Nano-Systeme als Fakten, die durch eine technische Weiterentwicklung nun ‚entdeckt' werden, übersieht den konstruierten Charakter der Einheiten, mit denen auf Nano-Ebene operiert wird: Nano-Letzteinheiten sind vielmehr bei der Beobachtung im Labor hergestellte Produkte ‚richtigen' Messens und der Manipulation und damit unter Laborbedingungen konstruiert (Janich 2006). Ähnlich argumentiert Köchy (2006), wenn er auf die erkenntnistheoretisch notwendigen Eigenschaftszuschreibungen des ‚Natürlichen' an die Einheiten des Nano-Bereichs (zum Beispiel Moleküle) hinweist. Sie sind ständiger Referenzpunkt für das Technische und vom Menschen Gemachte:

> Die technisch verfahrende Nanowissenschaft tritt mit dem Anspruch auf, die real existierende und unveränderte ‚Natur' zu erklären, sie setzt jedoch andererseits als Nanowissenschaft – vor allem jedoch als Nanotechnologie – auf die Erforschung dieser ‚natürlichen' Bedingungen mittels technisch-experimenteller Eingriffe und er-

zeugt in diesem Zusammenhang notwendig artifizielle Situationen (Köchy 2006, 146).

Beobachten unter Laborbedingungen bedeutet immer auch aktives Eingreifen und niemals objektives Erkennen. Die ‚Natürlichkeit' des Vorgefundenen wird bei der Beobachtung mitkonstruiert, um einen Referenzpunkt für die der Natürlichkeit zugefügte Manipulation zu haben.

Eine Frage wie „Verschwindet die Natur?" (Voss/Peuker 2006a) kann deshalb bedenkenlos verneint werden. Die vorgebrachte Sorge ist einerseits, dass „die Natur (1) als real-empirisches Phänomen" verschwinden wird, „weil der Mensch mitsamt seiner Technologie immer tiefer in das eingreift, was die Naturwissenschaften seit den Anfängen der modernen Wissenschaften als ihren Untersuchungsgegenstand definieren"; andererseits wird befürchtet, dass die Natur „(2) in einem ‚konstruktivistischen' Sinne" verschwinden könnte, indem sie schlichtweg als „analytische Kategorie" gegenüber anderen (wie etwa Technik oder Gesellschaft) an Legitimation eingebüßt hat (Voss/Peuker 2006b, 9). Die erste Ebene fürchtet den Naturverlust (1) im Bereich eines empirisch analysierbaren Phänomens – ein Verlust, wie er durch den sich in Technologie auflösenden Hybriden bei Nordmann und Roco/Bainbridge konstruiert wird. Auf einer weiteren Ebene wird (2) konstruktivistisch bezweifelt, dass sich an der Kategorie des Natürlichen festhalten lässt. Beide Ebenen sind unauflöslich miteinander verbunden, und für beide Fälle lässt sich Entwarnung geben. Die Kategorie des ‚Natürlichen' ist notwendiger sinnfälliger Bestandteil eines Diskurses über das Hybride oder Technische. Im Folgenden wird deshalb gezeigt, dass beide Ebenen vereindeutigte Natur/Technik-Begriffe als notwendige Referenzpunkte brauchen: *Um Konvergenz anzunehmen, sind stabile Dichotomien der Kategorien des Natürlichen und des Technischen/Künstlichen notwendige Bedingung.* Nicht nur die Phänomene sind hybrid und uneindeutig (wie der vorgeblich in Technologie sich auflösende natürliche Mensch), sondern auch ihre Betrachtung und Beobachtung in *hybriden Modellen und Theorien.*

Wie lässt sich eine ‚Hybridisierung' von Beobachtung verstehen? Insbesondere die wissenschaftssoziologischen Laborstudien der 1980er Jahre haben begonnen, die Objektivität naturwissenschaftlicher ‚Entdeckungen' in Frage zu stellen. In den Naturwissenschaften gilt das Soziale als kontaminierender Faktor für wissenschaftliche Ergebnisse, als ‚wahr' geltende Ergebnisse hingegen werden durch die Abwesenheit des Sozialen legitimiert. Genau hier setzen die Laborstudien an, indem sie die die subjektiven Bedingungen dokumentieren, unter denen als ‚objektiv' ausgewiesenes Wissen nicht vorgefunden, sondern erst produziert wird. Knorr Cetina (1984) spricht von einer „Fabrikation von Erkenntnis" und von der „Anthropologie von Naturwissenschaft" als wissenssoziologischer Forschungsmethode. Diese nimmt vor allem die Spezies der naturwissenschaftlichen

Laborforscher als Generatoren von Wissen ins Visier. Damit ist die erste Hybridisierung der Beobachtung eingeführt: Der vormals durch eine klar abgesteckte Dichotomie von Subjekt und Objekt (in Analogie: Subjektivität und Objektivität) charakterisierten Naturwissenschaft wird eine Verwischung dieser einander ausschließenden Konzepte nachgewiesen. Der Leitgedanke der objektiven Wahrheitsfindung wird durch das forschende Subjekt zersetzt. Forschungsprogramme werden bestimmt durch die subjektiven und sozial bestimmten Faktoren wie subjektive und intuitive Entscheidungen bei der praktischen Laborarbeit, persönliche Karriereplanung, im öffentlichen Interesse stehende Forschungstrends, Arbeits- und Freizeiten (insbesondere Wochenenden), Konkurrenzdruck (der sich auf Forschungsentscheidungen auswirkt) oder spontane Improvisation bei technischen Fehlfunktionen (etwa von Messinstrumenten). Mit diesen Beispielen ihrer laborethnographischen Analyse der subjektiven Kontamination des Labors als Arena objektiver Erkenntnis stellt Knorr Cetina (1985) die *hard sciences* – als die sich die objektiven Naturwissenschaften verstehen – auf die gleiche Stufe wie die vermeintlichen *soft sciences* (Geistes- und Sozialwissenschaften). Auch die an Fakten orientierte empirische Qualität der Naturwissenschaften ist durchsetzt von sozialen Faktoren. Im Gegensatz zu den Geistes- und Sozialwissenschaften, mühen sich die Naturwissenschaften jedoch selten um eine Reflexion dieser sozialen Faktoren. Sie sind blind für ihren eigenen hybriden Blick.

Eng mit der Hybridisierung von Objekt und Subjekt hängt die gegenseitige Auflösung und hybride Durchmischung der Dichotomie von Fakt und Artefakt, von Tatsache und künstlich Gemachtem zusammen. In ihren Laborstudien aus dem Jahr 1979 identifizieren Latour und Woolgar (1986) dies als weiteres Problem von wissenschaftlicher Arbeit:

> the construction and sustenance of fictional accounts which are sometimes transformed into stabilised objects (Latour/Woolgar 1986, 235).

Eine Unterscheidung zwischen Fakt und Fiktion kann nicht der Ausgangspunkt wissenschaftlicher Analyse sein, denn beide Kategorien werden erst in Kombination mit sozialen Praktiken sinnhaft, die eine Aussage (eine Repräsentation) in ein Objekt, eine Tatsache oder ein Artefakt transformieren (Latour/Woolgar 1986, 236). Die beobachteten Objekte werden erst bei der Beobachtung hervorgebracht. Besonders deutlich wird dies beim Einsatz von Messinstrumenten, die zum Nachweis eines bestimmten Objekts genutzt werden. Vor dem Hintergrund einer bestimmten Theorie (in Latours und Woolgars Worten einer ‚Fiktion') wird ein Instrument zum Nachweis eines vermuteten Objekts entwickelt, das jedoch höchst selektiv vorgeht, indem nur nach der Bestätigung dieser Vorannahmen gefahndet wird. Ist das erwartete Objekt aufgespürt, wird die anfänglich genutzte Deutung bestätigt und das gefundene Objekt als Nebeneffekt des Suchens materialisiert und zu etwas Natürlichem.

Menschliche Hormone beispielsweise, die 1905 in Erscheinung treten, gelten als natürliche Marker von geschlechtsspezifischen Unterschieden und möglicher Ansatzpunkt bei der Diagnose von Krankheiten. Dieser medizinische Kontext ist jedoch keinesfalls ein natürlicher, sondern er ist soziokulturell gewachsen. Allein der gemessene Hormonspiegel eines Menschen genügt nicht, um ein Geschlecht biologisch zu ermitteln, vielmehr müssen die Daten, die durch unterschiedliche Messinstrumente gewonnen werden und unterschiedliche Toleranzbereiche aufweisen, gedeutet werden: Ein gemessener Hormonspiegel etwa wird erst durch die Interpretation des Laborpersonals mit Sinn erfüllt.[13]

Der Status als natürliche Objekte, den Hormone im biomedizinischen Diskurs erfahren, wird nicht nur durch einen geschlechtsspezifisch angelegten Blick im Labor konstruiert, der in unterschiedlichen Messgrößen auch geschlechtsspezifische Unterschiede findet. Es werden vielmehr auch soziale Ordnungen außerhalb des Labors, deren Teil die Wissenschaftler sind, beim Experiment in den Untersuchungsgegenstand hineinkopiert. Wissenschaftliches Arbeiten erfordert nicht nur das Fortschreiben eines bestimmten Forschungsnarrativs, ein fachspezifisches Anknüpfen an Vorwissen. Es schreibt auch sozial geformte Erwartungshaltungen weiter. Das Weitererzählen der Annahmen macht diese zu einem selbstverständlichen Wissen, einer ‚natürlichen Ordnung‘ als Referenzpunkt.

In den Laborstudien werden die Dichotomien von Wahrheit/Unwahrheit oder Objektivität/Subjektivität aufgelöst und hybridisiert. Nicht nur die beobachteten Phänomene entziehen sich deshalb dem gewohnten Denkschema, es ist auch die Untersuchung der Phänomene selbst, die eine hybride Position annehmen muss, um überhaupt einen Anspruch auf Legitimität zu haben. Vor diesem Hintergrund entwickelt sich eine neue hybride Epistemologie, für die Haraways Konzept der *situated knowledges* (1991; dt. Situiertes Wissen, 1995a) ein Beispiel ist. Darin fordert sie ein Anerkennen des subjektiven Blicks und plädiert für ein verändertes Verständnis von Objektivität, das einbezieht, dass ein Blick nie entkörperlicht ist, sondern immer eine körperlich fixierte Perspektive einnehmen muss:

---

[13] In Kombination mit dem durch andere Mittel determinierten Geschlecht wird der gemessene Hormonhaushalt als ‚normal‘, ‚zu niedrig‘ oder als mögliche Ursache für eine Fehlfunktion gedeutet (Hirschauer 1993, 223; nach Villa 2006, 112): „Menstruation, Haarausfall, (Un-)Fruchtbarkeit, hormonelle Störungen – all das sind keine rein diskursiven oder imaginierten Phänomene, ihre je spezifische materielle Realität (als Menstruation, als Menopause, als Unwohlsein oder Krankheit) ist aber das Produkt komplexer sozialer Aushandlungsprozesse. Die zyklische Frau, der stetige Mann, die Menopause, das prämenstruelle Syndrom, die Funktion der Libido: Diese ‚natürliche Tatsachen‘ sind – recht junge – medizinisch-biologische Konstrukte, die den kulturellen Normen außerhalb des Labors und sozialen Praxen entsprechen, diesen Normen eine materielle Realität geben und diese Normen ihrerseits selbst aktiv gestalten und verändern" (Villa 2006, 110-111; Villa bezieht sich vor allem auf Oudshoorn 1994).

> objectivity turns out to be about particular and specific embodiment, and definitely
> not about the false vision promising transcendence of all limits and responsibility
> (Haraway 1991, 190).

Gerade in der nur partiellen Perspektive liegt jedoch die Chance auf einen authentischen Zugang: „only partial perspective promises objective vision" (Haraway 1991, 190). Haraway argumentiert hier mit der sozialen Position, die eine *embodied vision* in sich trägt: Wissen ist immer über das Medium eines Körpers sozial überformt, eine Verantwortung, der sich gerade die Produzenten von Wissen bewusst sein sollten. Dahinter steckt die prinzipiell selbstredende simple Aufforderung an diejenigen, die Wissen mit der Autorität der ‚Wissenschaftlichkeit' produzieren (also etwa Wissenschaftlerinnen, Experten, Forscher), die Entstehungsbedingungen ihres Wissens zu erzählen, was die soziale Position und damit eng zusammenhängend auch den Körper des beobachtenden Wissenschaftlers einschließt.

Die Wissensproduzenten sind jedoch meist auf der dominanten, nicht als abnormal markierten Seite des Sozialen: männlich, weiß, heterosexuell, christlich, westlich. Doch gerade der als abnormal markierte nicht-männliche, nicht-weiße, nicht-heterosexuelle, nicht-christliche, nicht-westliche Blick bringt eine besondere Form von Wissen hervor. Ein Wissen, das durch seine sozial konstruierte Abnormalität eine spezifische Perspektive einnehmen kann, die dem ‚normalen', sozial dominierenden Blick fehlt.

> [The] subjugated [offer a far more accurate view, as] there is good reason to believe
> vision is better from below the brilliant space platforms of the powerful (Haraway
> 1991, 190).

Ein Wissen, dessen Ursprung nicht sozial verankert wird und das als ein entkörperlichtes ausgewiesen wird, spielt eine Transzendenz vor, die es nicht annehmen kann; es ist nicht lokalisierbar und wird derart gar „unverantwortlich" (Haraway 1991, 191). Doch auch der Blick außerhalb der dominanten Ebene ist nicht „unschuldig", sondern ebenso begrenzt. Dadurch, dass dieser Blick außerhalb der dominanten Ordnung lokalisiert ist, kommt ihm eine besondere Autorität zu. Dem erkenntnistheoretischen Standpunkt der Hybridisierung geht es darum, tradierte Machtsysteme des Denkens von unten – subversiv – zu stürzen. Auch die berühmte Cyborg-Figur von Haraway (1991, 1995a) ist zuvörderst eine bewusst utopisch angelegte politische Figur, die Dualismen zu überwinden sucht, in denen Wissen strukturiert und damit untrennbar auch Macht zugunsten einer bestimmten Seite verteilt wird. Die Aufdeckung der Naturalisierungsstrategien von Macht, die hinter der Konstruktion des gesellschaftlich Normalen und damit Mächtigen arbeiten, ist der Hauptauftrag dieser erkenntnistheoretischen Methode.

Der Cyborg als Hybrid-Figur ist damit vor allem eine Figur für die erkenntnistheoretische Hybridisierung. Dennoch wird er oft lediglich als Kategorie für eine

Hybridisierung der Phänomene, nicht der Erkenntnis gedeutet. Diese simple Deutung ist naheliegend, denn Haraway beschreibt in ihrem ‚Manifest' zunächst drei Zusammenbrüche tradierter Grenzziehungen: 1. Die Grenze Mensch/Tier wird durch die Evolutionstheorie und die Genetik aufgelöst; der Mensch verliert seine herausragende Position. 2. Die Grenze zwischen Organismus und Maschine stellen die Grenzen natürlich/künstlich, Körper/Geist (der Geist gilt als materiell determinierter Zustand des Gehirns) und selbstgemacht/außengelenkt. Organismus und Maschine werden beide zu lesbaren Texten (genetischer Code und Programmcode), die verschmelzen können. 3. Eine weitere Grenzziehung, die aufgelöst wird, ist die Unterscheidung physikalisch/nicht-physikalisch. Cyborgs „sind schwer zu erkennen", die Information als ihr basaler Bauteil ist immateriell und entspricht letztlich etwas Unsichtbarem, nämlich elektromagnetischen Schwingungen. Die Maschine ist nicht materielle Mechanik, sie ist gleichzeitig Organismus, der auch mit Signalen und Kommunikationssystemen arbeitet (Haraway 1995a, 36-41). Im Immunsystem versinnbildlicht sich die hybride Position, die den Menschen als offenes und vernetztes Kommunikationssystem entwirft, dessen kommunikative Störung (z. B. durch AIDS) den Tod bedeutet (Haraway 1995a, 52).

Doch die Cyborg-Figur will mehr: Sie will diese technologisch bedingte Enthierarchisierung durch Vernetzung, Kommunikation und die Auflösung der Natur im Technischen für eine utopische Hybridisierung von Dichotomien der Macht nutzen, die gleichbedeutend sind mit der Verteilung von Dominanz und Unterdrückung. Die damit verbundene Hoffnung ist, dass die Demarkationslinie zwischen männlich/nicht-männlich, weiß/nicht-weiß, heterosexuell/nicht-heterosexuell, zivilisiert/primitiv, Schöpfer/Geschöpf, normal/pathologisch oder Akteur/Ressource fallen. Haraways Essay ist der Versuch, einer kulturell wahrgenommenen Hybridisierung auf der Ebene vorgeblich empirisch-fassbarer Phänomene (die ‚Mensch-Maschine') auch die zweite Ebene der Erkenntnistheorie dieser Phänomene folgen zu lassen. Diese Form des Feminismus, der eine Emanzipation der Erkenntnis und Erkenntnisfähigkeit durch bestimmte unterdrückte soziale Akteure fordert, wird mit dem Label Cyberfeminism versehen. Gerade ein männlich dominierter Technologiediskurs wird zu einem Spielfeld, um die dadurch reartikulierten Machtstrukturen zu offenbaren (Lauretis 1987). Dies ist die eigentliche Aussage von Haraways Cyborg Manifest: die letztlich utopische und ironische Forderung, eine Relativierung des hierarchisch strukturierten Wissens herbeizuführen, indem den unterdrückten Formen des Wissens Gehör geschenkt wird. Die Hybridisierung von Natur und Kultur ist dabei vor allem Wegbereiter einer Auflösung der Grenze zwischen Dominanz und Unterdrückung.

Vordergründige Anwendung erfährt der Cyborg jedoch zunächst als Sinnbild einer Ko-Evolution von Mensch und Maschine als Konsequenz dieser gegenseitigen Einwirkung, das die Technologie nicht als eine Bedrohung der menschlichen Natur entwirft. Letztere wird vulgärdarwinistisch als fortlaufender Selektionsprozess gedeutet. Technologie verändert die Selektionskriterien, indem sie Anpassungsprozesse technisch substituiert. Die wechselseitig bedingte Ko-Evolution bedeutet vereinfacht: Der Mensch entwickelt Technologie, welche ihm Vorteile gegenüber der natürlichen Selektion verschafft. Dieser technisch ermöglichte Eingriff in die natürliche Selektion bedeutet eine Steuerung der menschlichen Entwicklung in Abhängigkeit technologischer Potentiale. Diese technologisch veränderte menschliche Entwicklung erschafft neue Bedürfnisse, neue Grenzen, neue Selektionskriterien menschlicher Evolution, die eine Anpassung und Fortentwicklung der Technologie erforderlich machen.

Ko-Evolution meint dabei, dass die soziale und technische Entwicklung in Wechselwirkung steht zu der darwinistisch-selektiv verlaufenden biologischen Evolution. Soziotechnisch gut angepasste Menschen haben einen Reproduktionsvorteil (exemplarisch Lumsden/Wilson 1981). Die Konvergenz findet in dieser Lesart selbst im genetischen Code statt, der entsprechend der fortschreitenden gesellschaftlich-technischen Entwicklung durch die selektive Weitergabe über Generationen indirekt umgeschrieben wird: Technische und soziale Entwicklungen schreiben sich in diesem Modell in die genetischen und neuronalen Programme des Menschen ein. Für die Konvergenz von Mensch und Computertechnologie ist etwa bei Seifert (2008, 11) nachzulesen:

> Human being as (logical) automata or that all natural functions are best explained by (finite) automata in the sense of automata theory. [This claim is supported by] the emergence of new scientific disciplines, subdisciplines and research areas as well as art forms and cultural applications of computing, such as, to mention just a few, cognitive science, computational and cognitive neuroscience, techno- and biosciences, ubiquitous, physical and art computing, social and educational robotics, human-computer and human-robot interaction, interaction design, and interactive new media art.

Die äquivalente Modellierung des Menschen und der Maschine als logisch operierende Automaten führt dabei zu einer *petitio principii*: Indem wir den Menschen in der Logik der von Seifert aufgelisteten Disziplinen modellieren, stellen wir fest, dass der Mensch der Logik der aufgelisteten Disziplinen entspricht. Auf dieser Grundlage entwirft die Interaktivität zwischen Mensch und Computer diese als Partner einer gemeinsamen Entwicklung. Abschließend fragt Seifert (2008, 19-20):

> What are the operational chains or cognitive artefacts which guide *social interactions* with machines, especially in an artistic context, and how do they change and develop in social human-computer and human-robot interaction [Hervorhebung T.B.]?

Die Interaktion zwischen Mensch und Maschine wird zu einer sozialen erklärt, zwischen zwei gleichberechtigten Akteuren, die evolutionären Fortschritt in wechselseitiger Bedingtheit erreichen. Die Frage nach den *operational chains* deutet wieder auf das zugrunde liegende Programm dieser Evolution, ihren Algorithmen. Dennoch betrachtet Ko-Evolution die Ko-Präsenz zweier verschiedener Akteure, deren Wechselwirkung beschrieben wird. Das Konzept der Ko-Evolution ist folglich keines, das Hybrid-Phänomene beschreibt, sondern reziproke Wechselwirkungen zweier noch immer modellhaft zu trennender Bereiche.

Die Technowissenschaft (Haraways Cyborg) jedoch lässt zunächst scheinbar keine abgeschlossenen Bereiche des Menschlichen und des Technologischen zu. Weber und Bath (2003) sprechen in diesem Zusammenhang sowohl von „turbulenten Körpern" als auch von „sozialen Maschinen", da die technisch-symbolische Übersetzungsleistung beide Bereiche affiziert. Zwar werden einerseits durch „naturalistische Rhetoriken und problematische Reduktionismen" als gegebene Einheit essentialisierte Körper „in simplifizierender bzw. legitimatorischer Absicht weiter (re-)produziert" (Weber/Bath 2003, 11). Gleichzeitig gerät der Körper als Einheit aber in erhebliche Turbulenzen, da seine Betrachtung immer technologievermittelt[14] erfolgt und er dadurch erst produziert wird. Eine Analyse dieser konstruktiven Prozesse destabilisiert den Körper als Einheit. Interessant ist nun die Reziprozität der Hervorbringung, denn „nicht nur Maschinenvorstellungen werden auf die Natur projiziert, sondern auch Konzepte und Theorien aus den Life Sciences in Technologien übersetzt", etwa in Entwicklungsansätzen zum *artificial life* oder der *artificial intelligence* (Weber/Bath 2003, 12; Kap. 2.1.1.). Maschinen werden als soziale Agenten hervorgebracht, im besonderen Fall gar anthropomorphisiert. Gleichzeitig lässt sich die Natur nicht mehr als ‚Anderes' der Kultur, sondern als handelndes Subjekt deuten (Weber 2003a).

Problematisch bei der Betrachtung dieser grenzüberschreitenden und wechselseitigen Konstruktion ist jedoch, dass indirekt wieder genuine Bereiche des Technischen und Sozialen hervorgebracht werden, wenn auch nur um eine Grenze zu stabilisieren, die dann als durchlässig theoretisiert werden kann. Die auf Technologieproduktion übertragenen Methoden und Annahmen der ‚Life Sciences', wie Weber und Bath schreiben, sind nicht etwa ‚natürlich': Es ist nicht die natürliche Funktionsweise von Organismen, nach denen Technologie modelliert wird. Die Funktionen eines Organismus (oder seiner Elemente wie Organe oder Zellen) sind ihrerseits ihm zugeschriebene Mini-Narrative, die selbst wiederum unter Rückgriff auf technisch-symbolische Ordnungen zustande gekommen sind.

---

[14] Durch bio-medizinische Diagnosegeräte oder den normierenden Blick anatomischer Vorerwartung.

Hier bahnt sich das Problem der Utopie des Hybriden an: Sie ist letztlich eine Setzung, die nicht ohne die reinen Kategorien gedacht werden kann. Das zerstört erstens auf der Ebene der beobachteten Phänomene den Gedanken an Hybrid-Wesen und zweitens auf der Ebene der determinierenden Bedingtheit der hybriden Beobachtung die Vision, in Dichotomien wirkende Dominanzverhältnisse zu überwinden. Zunächst als politisches Manifest der Subversion von Wissen durch alternative Standpunkte und der Heterogenität soziopolitischer Gegenbewegungen gedacht, wurde Haraways Cyborg schnell zu einer neuen positiven Kategorie empirischer Erfassbarkeit einer ‚hybriden Realität' umfunktioniert: ein hybrides Mischwesen zwar, dessen Einzelteile jedoch letztlich ihrer Herkunft entsprechend (technisch oder künstlich, männlich oder weiblich, vernünftig oder unzivilisiert) klar zuzuordnen sind. Der eigentliche Auftrag der Anerkennung alternativen Wissens wird konterkariert durch die Rückführung alternativen Wissens auf das dominante Wissen als Referenz. Gleiches geschieht mit der Zwischenform des Menschlichen/Technischen: Der Cyborg ist die Schablone, um die Reinheit der Konzepte wiederherzustellen. Ein längeres Zitat aus einem die „Mischwesen" zelebrierenden Beitrag macht dies deutlich:

> Wenn man sich vorstellt, wir lebten in einer Gesellschaft, in der die Hälfte aller Mitglieder der Alterskohorte über 50 Jahre angehört, und wenn man sich fragt, wie viele Teile von diesen Personen in dieser Gesellschaft künstlich und wie viele künstlich, d. h. technisch hergestellt sind, dann stellt man plötzlich den Schritt vom Menschen zum „Übermenschen" fest, in dem wir uns vom natürlichen Menschen zum technischen Ersatzteilmenschen bewegen. Schon heute gibt es kaum mehr Menschen in einer Alterskohorte über 50 Jahre, die ganz ohne Artefakte auskommen. Zwar haben nicht alle einen Herzschrittmacher, aber fast alle haben Plomben, Zahnersatz und andere kosmetische Veränderungen im eigenen Mund. Und wenn man das weiter extrapoliert und etwa mit der Populationsdynamik und dem technischen Fortschritt multipliziert, dann kann man – leicht übertrieben – sagen: in 50 Jahren werden wir eine Population haben, in der 50 % der Menschen zu 50 % künstlich sind. Das bedeutet aber, dass wir uns fragen müssen, ob wir eigentlich homo sapiens noch als isolierte Entität, gleichsam als Restnatürlichkeit betrachten dürfen. Dürfen wir eigentlich noch weiterhin isoliert von den Menschen und ihrer Technik und ihrer Umwelt sprechen? (Zimmerli 2002, 87)

50 Prozent künstlich, 50 Prozent natürlich, das ist das „Mischverhältnis" des hier besprochenen Cyborg: Keine Hybridisierung ohne die reinen Vorstellungen des Natürlichen und Technischen. Die anfänglich gestellte These, der zufolge jede Konzeptualisierung des Hybriden notwendigerweise voneinander unterscheidbare Pole der Erkenntnis braucht, lässt sich am besten abschließend mit einer weiteren Hybrid-Kategorie – der Biofakte – veranschaulichen, die selbsterklärt keinen politisch-ideologischen Anspruch hat, sondern allein veränderten, empirisch fassbaren Phänomenen genügen will. Karafyllis (2003) entwirft eine Zwischenkategorie mit dem Begriff der ‚Biofakte' (Karafyllis 2003), der – als Stufe zwi-

schen dem Artefakt als ‚Gemachtem' und dem selbst gemachten lebenden System – in der Trias ‚Artefakte – Biofakte – Lebewesen' „die Polarität zwischen Technik- und Naturhaftigkeit von Entitäten beschreibt" (Karafyllis 2003, 16). Gerade hierin, im Bestreben nämlich, den „technischen Anteil" (Karafyllis 2003, 13) am Biofakt aufzuspüren, werden die beiden Pole und die Grenze zwischen ihnen erst gezogen:

> Technik und Natur, Maschine und Lebewesen, verschmelzen auch materialiter zu einer hybriden Identität, obgleich eine Restsumme verbleibt, die uns wissen oder zumindest erahnen läßt, daß etwas künstlich oder natürlich ist – oder zumindest einmal war. *Diese Restsumme ist zugegebenermaßen immer schwieriger aus dem uns zugänglichen Phänomenbereich herauszuaddieren* (Karafyllis 2003, 12; Hervorhebung T.B.).

Hiermit beschreibt Karafyllis keinen Lösungsansatz, sondern verdeutlicht – ohne es zu wollen – die grundsätzliche Problemstellung. Der uns zugängliche Phänomenbereich ist ein rein symbolischer, die Trennungen Technik/Natur, Maschine/Lebewesen werden erst im Prozess der Wahrnehmung mit Sinn erfüllt. Das Aufspüren einer Restsumme ist nichts anderes als die Suche nach dem indexikalischen Zeichen, das uns über den ‚eigentlichen' Status des Objekts aufklärt. Für Karafyllis ist dieser Zeigefinger die aristotelische Unterscheidung zwischen dem Wachsenden und dem Nicht-Wachsenden: „Biofakte problematisieren begrifflich die *Autonomie* des Wachsens, verstanden als seine Eigendynamik. Dort liegt die Grenze zum Technischen" (Karafyllis 2003, 14; Hervorhebung im Original).

Doch Wachstum als Kriterium allein genüge nicht, so Karafyllis, denn auch das Biofakt wachse. Habermas folgend (2005 [2001]) liege der Unterschied darin, dass es einen Urheber, einen „zielsetzenden, planenden Konstrukteur" gebe, der das Wachstum des Biofakts veranlasse (Karafyllis 2003, 16). Kulturelle Referenz des Lebewesens (des natürlichen Menschen) bleibe „stets die verlorene Natürlichkeit des vormals von selbst gewachsenen" (Karafyllis 2003, 15). Verfahren wie die In-Vitro-Fertilisation, Präimplantationsdiagnostik (Kap. 1.3.2.) und Selektion oder gar Klonierung von Lebewesen nehmen den entstehenden ‚Biofakten' die Natürlichkeit ihrer Entstehung und setzen das juristische Konzept der Urheberschaft an ihre Stelle. Das Biofakt mag wachsen (und folglich am Leben sein), sein Ursprung jedoch ist ein künstlicher.

Als Beispiel dient Karafyllis gar noch *artificial life* – im Computer simuliertes Leben: Biologisches Wachstum kann zwar „nicht gänzlich ersetzt, aber so stark technisch fragmentiert und provoziert werden, daß nur noch der abstrakte Anfangspunkt der Genese als selbständiger Naturanteil verbleibt" (Karafyllis 2003, 14; ausführlich Kap. 2.1.1.). Das technische Lebendige ist dank der Idee des Biofakts kein Widerspruch. Durch die gesetzte Begrifflichkeit wird in der simulierenden Technologie etwas Lebendiges erkannt, was wiederum als Beleg für die These der Technisierung des Lebendigen dient. Der epistemologische Mechanismus dahinter ist kaum verschieden von der Konvergenzfuturologie Nordmanns oder von Roco/Bainbridge: Es wird das gefunden, konstatiert, bejubelt oder beweint, was zunächst an Bedeutung in die Beobachtung eingeführt wurde. Wie die Cyborg (wenn sie zweckentfremdet verwendet wird) ist das Biofakt eine essentialisierte Setzung, die eine aus natürlichen und technischen Elementen zusammengesetzte Kategorie beschreibt, die jeweils getrennt voneinander identifizierbar bleiben.

Dieses Kapitel hat gezeigt, dass die beliebten Bemühungen, das Verhältnis zwischen dem Technischen und dem Menschlichen in Konzepten wie Hybridisierung, Konvergenz oder Ko-Evolution zu beschreiben, erhebliche Schwierigkeiten mit sich bringen. Sowohl die Annahme empirisch fassbarer hybrider Phänomene als auch die epistemologische Hybridisierung (durch die Auflösung der Dichotomie Subjekt/Objekt und anderer) bestätigt indirekt die Existenz von reinen Polen, die als Fixpunkte der Bedeutung konstruiert werden. Gerade eine Kategorie des Hybriden als Unreines bestätigt die Existenz des Reinen. Es genügt deshalb nicht, eine Hybrid-Position zu entwerfen, die selbst wiederum essentialisiert zu einer Einheit wird, die ihre Bedeutung lediglich daher bezieht, wie viele Anteile der reinen Pole sie in sich vereint. Als Modell ist folglich die bloße Frage nach der Anthropomorphisierung von Technik oder der Technisierung von Anthropos nicht ausreichend, wie sie prototypisch Leeker (2005, 27) beschreibt:

> *anthropomorphe Technikgeschichten* [entstehen] wesentlich aus drei Praxen […]
>
> aus der *Analogisierung* von Mensch und Technik, aus der *Technisierung* von Anthropologischem sowie aus der anthropomorphen, d. h. auf den Menschen bezogenen *Metaphorisierung* von Technik (Hervorhebung im Original).

Leeker betont, dass Technik und Mensch als zwei voneinander kulturell abgegrenzte Bereiche konstruiert werden. Durch ein solches Modell der Hybridisierung werden jedoch ebendiese Pole des Wissens wiederholt und bestätigt. Eine Auflösung der Pole in Hybrid-Positionen ist ohne ihre affirmative Reartikulation unmöglich, da sich ständig die Frage nach den Anteilen des Reinen im Hybriden stellt. Die dichotomen Begriffspaare bedingen sich immer gegenseitig und werden so zu Elementen eines Kreislaufs.

Der Mythos beschreibt diese zirkuläre Bewegung des Sinns (Kap. 1.2.): (1) die Essentialisierung – das Produzieren vermeintlich ‚natürlicher‘ und eindeutiger Einheiten während der Beobachtung – einander ausschließender Kategorien des Natürlichen und des Technischen, die eine Tendenz haben, sich aufeinander zuzubewegen, muss vermieden werden, (2) die Essentialisierung *hybrider* Kategorien muss ebenso vermieden werden, da sie die ‚natürlichen' Kategorien indirekt bestätigen; (3) eine Konvergenz im Bereich der empirisch untersuchten Phänomene muss als Epiphänomen einer symbolischen Konvergenz gedeutet werden. Durch Modelläquivalenz werden bei der Beobachtung die beobachteten Phänomene homogenisiert. Durch die gleichen Erkenntniskategorien – praktisch umgesetzt durch den Gebrauch von Metaphern, tradiertem Vorwissen, soziokulturell überformten Erwartungshaltungen, technischen Modellen – werden das Mensch-Konstrukt und die Maschine als funktional äquivalent und wechselseitig anschlussfähige Bereiche entworfen.

Die *performative Dimension des Wissens* besitzt durch die soziale Praxis des sinnhaften Erkennens eine entscheidende Qualität. Im folgenden Kapitel (1.3.2.) wird deshalb die Terminologie der Akteur-Netzwerk-Theorie (ANT) Bruno Latours eingeführt, die das Handeln und die Praktiken des Erkennens als neben der semiotischen Ebene der Repräsentation gleichberechtigte Dimension vorsieht. Dieser Zusammenhang soll anhand einer Diskussion der kontrovers verhandelten medizinischen Technik PID (Präimplantationsdiagnostik) deutlich werden. Dabei helfen Schlüsselkonzepte der ANT wie die symbolische Reinigung von Kategorien wie ‚das Natürliche' und ‚das Technische', ‚das Lebendige' und ‚das Tote', sowie die Herausbildung nicht-menschlicher Akteure, die mit den erkennenden menschlichen Akteuren interagieren. Kapitel 1.3.3. führt abschließend ein mit dem Mythos-Modell korrespondierendes Verständnis von Technologien ein, die ausschließlich als Signifikationstechniken – als Methoden zur Produktion von Bedeutung – entworfen werden. Die Definitionsmacht über die Kategorien lebendiger Organismus/totes Objekt geht einher mit einer breiteren Frage im Diskurs der Biopolitik – der Steuerung des Lebens der Gesamtbevölkerung. Im Zusammenhang mit einer kapitalistischen Produktions- und Optimierungslogik sowie der biopolitischen Selbst- und Fremdsteuerung wird die Konstruktion eines auf Algorithmen reduzierten Menschbildes besonders evident.

1.3.2. Mensch/Technik-Hybride und Akteur-Netzwerke: Die Performanz der Wahrheit

Am 7. Juli 2011 hat der Deutsche Bundestag beschlossen, die Präimplantationsdiagnostik (PID) rechtlich zuzulassen. Dabei handelt es sich um eine Methode, künstlich außerhalb des Mutterleibs befruchtete Eizellen (In-Vitro-Fertilisation, IVF) vor ihrem Transfer in den Uterus einer Frau einer genetischen Diagnose zu unterziehen. Vor allem in zwei Fällen soll dieses Verfahren zum Einsatz kommen dürfen: entweder wenn für das Kind durch elterliche genetische Prädisposition „das hohe Risiko einer schwerwiegenden Erbkrankheit" vorliegt, oder „zur Feststellung einer schwerwiegenden Schädigung des Embryos …, die mit hoher Wahrscheinlichkeit zu einer Tot- oder Fehlgeburt führen wird" (Embryonenschutzgesetz 2011, § 3a). Es wird geschätzt, dass auf Grundlage dieses Gesetzes die PID in Deutschland etwa 200 bis 300 Mal jährlich angewandt wird (FAZ 2011; Klinkhammer 2014).

Liest man diese medizinische Praktik im Lichte der im vorangegangenen Kapitel diskutierten Hybridisierungsthese, erscheint die PID als Technologie, mit deren Hilfe Hybrid-Wesen erschaffen werden. Ein durch PID und IVF entstandener Mensch wurde zu Beginn seiner Entwicklung aus etwa einem Dutzend anderer befruchteter Eizellen ausgewählt und hat überdies noch diejenige selektive Hürde genommen, an der positiv auf schwere Erbkrankheiten getestete Eizellen scheitern. Die PID gibt dem Menschen die Möglichkeit, seine eigene Zukunft zu steuern – zumindest die ‚Optimierung' der Gesamtpopulation. Es bestätigt sich damit der omnipräsente kulturelle Subtext, beim Genom handele es sich um einen auslesbaren Text, den umzuschreiben gleichbedeutend ist mit der technologievermittelten Ermächtigung des Menschen über das Leben und über seine eigene Art. Zugespitzt formuliert ist ein durch die PID entstandener Mensch durch Technik mitgeformt, seine Existenz in einer epistemologischen Perspektive die eines Cyborg oder eines Biofakts (Kap 3.1.).

Diese Uneindeutigkeiten haben Unsicherheiten zur Folge, die in ethischen Dilemmata münden: Handelt es sich bei der befruchteten Eizelle nun um Leben oder Nicht-Leben? Ist die befruchtete Eizelle ein schützenswertes Rechtssubjekt, gar als juristische Person anzuerkennen? Oder ist die befruchtete Eizelle ein Objekt, das Zugriffen von außen ausgesetzt ist – etwa durch Besitzansprüche der Spender-Eltern oder biotechnische Patente? (dazu ausführlich Rose 2009; auch Kap. 2.1. dieser Arbeit). Die Unsicherheit wird auch in der Formulierung der „schwerwiegenden Erbkrankheit" deutlich, deren vage Definition sich in der medizinischen Praxis, gegebenenfalls im Einzelfall, erst ausdifferenzieren muss.

Die medizinischen Praktiken bringen damit eine soziale Realität hervor, die mit dem in Repräsentationen produzierten Wissen in einer wechselseitigen Dynamik steht. Für die „Logik der Wahrheit" (Frege; Kap. 1.2.2.) lässt sich der formalisierte Konstruktionsmechanismus von Bedeutungen vor allem in Repräsentationen zeigen.[15] Erst das Zusammenspiel dieser in erster Linie *semiotischen* Dimension der Wahrheit mit einer *performativen* Dimension der ausübenden Konstruktion von Wahrheit in sozialen Praktiken produziert Erkenntnis, Wissen und in der Konsequenz den Mythos einer wahren Realität. Für diesen Zusam-

---

[15] Wie mit der Metapher in Kapitel 1.2.3. und der Konvergenz von Modellen, die für eine scheinbare Hybridisierung der Phänomene Mensch und Technik sorgen (Kapitel 1.3.1.).

menhang ist die Theorie der Akteur-Netzwerke (ANT; hier vertreten durch Latour), um die es im Folgenden gehen soll, besonders anschaulich. Denn die „Wahrheit" des unsicheren Wissens darüber, ob es sich bei der befruchteten Eizelle nun um ein Lebendiges oder Nicht-Lebendiges handelt, entscheidet sich letztlich in der Interaktion zwischen menschlichen Akteuren und dem (noch) nicht-menschlichen Akteur ‚Eizelle'.

Das Gesetz regelt nicht nur erlaubte medizinische Praktiken. Es sorgt gleichzeitig für eine Essentialisierung, die durch die sich anschließende soziale Praxis zu einer sozialen Realität werden wird – *die Normierung desjenigen, was als Lebendiges zu gelten habe*. Durch die PID entstandene Unsicherheiten werden allmählich schwinden, da die soziale Praxis letztlich auch zu einer Normalisierung führt. Konkret bedeutet dies etwa für einen Mediziner, der die PID durchführt und 10 befruchtete Eizellen verwirft, dass den Zellen durch diese Praxis ein Objekt-Status zugewiesen wird: Nicht-Lebendiges kann man nicht töten, nur entsorgen. In der PID lassen sich genau die Aushandlungsprozesse beobachten, die das Lebendige entstehen lassen oder einen Objektstatus verleihen. Die verschiedenen Akteure (Eltern, Mediziner, Gesetzgeber, Verbände, Ethiker, Religionsvertreter und Kirchen) konstruieren einen spezifischen Blick auf die befruchtete Eizelle, der durch konkrete Handlungen wiederum zu einer sozialen Realität vereindeutigt wird.

Die PID ist als Teil einer großen Verunsicherung zu sehen, die durch biomedizinische Techniken ausgelöst wird (Rose 2007). Der Mensch ist, wie von Foucault beschrieben, nicht länger ein „transzendental-empirisches Doppel" (Foucault 1992) zwischen Gattung und Mensch, bei dem der Mensch sowohl Voraussetzung als auch Resultat der Forschungsprogramme von Biologie, Psychologie, Soziologie und Physiologie ist (Schrage 2000, 55). Diese Aufteilung wird in den Selbst- und Gesellschaftstechniken zu Beginn des 20. Jahrhunderts noch anerkannt, da das Individuum in den Programmen dieser Technologien stets als Letzteinheit – als unteilbares In-dividuum) in Erscheinung tritt. Zu Ende des 20. Jahrhunderts hat sich die Lage jedoch gewandelt: Das Technische koppelt sich ab vom Menschen als Einzelwesen. Nicht das Individuum ist länger das Unteilbare, es ist bloßes Produkt kleinerer manipulierbarer Einheiten geworden (Schrage 2000, 55): DNS als genetischer Code, der als universales Programm das Menschliche steuert; DNS-Fragmente, die über Krankheiten entscheiden; die befruchtete Eizelle, die in der PID als wertvoll oder wertlos gelesen wird und entsprechend in den Mutterleib implantiert zum menschlichen Einzelwesen heranreifen darf oder als Abfall entsorgt wird; oder neurochemische Zustände, die sich manipulieren lassen, um dadurch einen optimierten Geist zu produzieren (Rose 2007, 187-223).

Die Kopplung zwischen Gattung und Einzelwesen ist im Lichte dieser neuen Technologien aufgehoben, die Letzteinheit ist das Genom oder Ausschnitte davon (Schrage 2000, 56). Ohne das Individuum als Referenz kommt es aber zu einer ‚Vermenschlichung' der kleineren Einheiten (Projekte und Produkte): So wird der genetische Code (eine Proteinkette) anthropomorphisiert zu einer ‚virtuellen Person' oder der Geist zur von Elektronen gesteuerten Recheneinheit technisiert (Schrage 2000, 57). Die künstliche Befruchtung bringt ebenfalls als lebendig deklarierte Zellen hervor. Gerade weil das Individuum nicht mehr als Letzteinheit gelten kann, kleinere Einheiten jedoch anthropomorphisiert werden, stellt sich das Problem der Hybridisierung. Nur über eine konzeptuelle Reinigung und Rückführung in die Pole des Wissens ist es zu lösen (Kap. 1.3.1.): Was kann als Rechtssubjekt gelten, was als ein „Noch-Nicht-Mensch"? Welche Einheit ist ein anthropomorphisiertes Objekt, was ist ein Subjekt?

Für ein Modell, das die indirekte Essentialisierung des Dazwischen in der theoretischen Annäherung der untersuchten Phänomene zu vermeiden bemüht ist, ist Bruno Latours Akteur-Netzwerk-Theorie ein idealer Ausgangspunkt.[16] Drei ihrer wesentlichen Thesen stehen dabei im Vordergrund: Latour (2008, 19) beschreibt zunächst eine gegenläufige Bewegung sozialer Praktiken bei der Produktion von Wissen, die einerseits (1) durch symbolische „Übersetzung" neue Mischwesen zwischen Natur und Kultur, Objekt und Subjekt, Mensch und Technik, Sprache und Materialität erschafft und dabei gleichzeitig (2) mittels symbolischer „Reinigung" vormals voneinander getrennte ontologische Zonen wiederherstellt. Mit anderen Worten wird im als Phänomen zunächst akzeptierten hybriden Cyborg (als Ding und als Sagbares, als Kategorie der Erkenntnis) durch die Frage nach dem Anteil des ‚Technischen' im ‚Menschlichen' symbolische Reinigungsarbeit betrieben, um das Natürliche wieder vom Künstlichen zu scheiden.

Schließlich (3) nimmt Latour in seiner ANT einen konstruktivistischen Standpunkt der Erkenntnis ein (Kap. 1.2.2.). Der konstruierende Beobachter lässt sich wiederfinden im Viabilitätskonzept (Glasersfeld 2003 [1985]), das Erkenntnis als einen Prozess erkennender Subjekte in Interaktion mit ihrer Umwelt betrachtet. Durch *trial and error*-Schleifen werden auf diese Weise gangbare (‚viable') Versionen der Realität konstruiert, die so lange Bestand haben, bis sie scheitern. Nur das erkennende Subjekt ist hier Akteur. Der symbolische Interaktionismus hingegen betrachtet soziale Realitäten als durch interaktiv zwischen kommunikativ Handelnden hergestellte Konstrukte. Bedeutung wird im Kommunikationsprozess mindestens zweier menschlicher Akteure miteinander konstruiert und interaktiv aktualisiert. In dieser Theorie sind mindestens zwei menschliche Akteure an der Konstruktion von Wissen beteiligt. Die Besonderheit an Latours

---

[16] Die Terminologie der Akteur-Netzwerk-Theorie wurde bereits an einigen Stellen dieser Arbeit benutzt.

ANT ist es nun, dass er auch Objekte als Akteure einführt, die in Interaktion mit menschlichen (beobachtenden) Akteuren Wissen und damit soziale Realität herstellen. Nicht allein ein Beobachter konstruiert die von ihm beobachteten Objekte, Letztere treten vielmehr mit ihm in Interaktion: Beobachter und Objekt sind keine eigentlichen Kategorien mehr – beide sind ‚Aktanten' und handeln aufeinander bezogen, um eine Realität zu erzeugen.

Latour stellt die in der Moderne als selbstverständlich angenommene kategoriale Trennung der Welt in Frage, die

- einen Bereich der Natur als Sphäre kontrollierbarer Objekte,
- einen vorgeblich autonomen, unabhängigen und objektiven Bereich der Technik und Wissenschaft
- von einem dritten Bereich der Subjekte oder der menschlichen Psyche

unterscheidet. Der Vernunftglaube der Moderne zwingt laut Latour zu einer „Reinigungs- und Übersetzungsarbeit" in zwei unterschiedliche ontologische Zonen (Latour 2008, 19), mit denen er Natur (nicht-menschliche Wesen) und Kultur (menschliche Wesen) meint. Nur diese Trennung der Welt macht die determinierenden Annahmen über den wechselseitigen Einfluss des Sozialen auf das Technische oder das Natürliche überhaupt sinnhaft. Damit ist auch schon das erweiterte Verständnis von Akteuren in Latours Akteur-Netzwerk-Theorie angedeutet, die auch nicht-menschliche Akteure kennt, denen vormals ein bloßes Da-Sein unterstellt wurde. Sie werden nicht nur durch den Beobachter gemacht, sondern formen sich selbst und den Beobachter in einer wechselseitigen Interaktion. Entscheidend ist folglich nicht mehr eine Theorie des Erkennenden und des Gegenstands seiner Erkenntnis, sondern vielmehr der Prozess der wechselseitigen Konstruktion von Symbolsystemen. Dies versucht Latour mit seiner Theorie der Akteur-Netzwerke, die eine Theorie der *performativen* Wissensproduktion ist.

Um diese abstrakte Terminologie – die hier in die Bereiche (1)-(3) (Hybridisierung, symbolische Reinigung, konstruktivistisches Paradigma) aufgeteilt wurde – zu veranschaulichen, lässt sie sich auf die PID anwenden. Zunächst handelt es sich bei der PID um eine (1) Technologie, die an der Ursprünglichkeit des Menschen ansetzt: Eine ‚künstliche' Befruchtung verwischt für sich genommen schon die Grenzlinie zu einer ‚natürlichen' Empfängnis. Darüber hinaus wird technisch die Möglichkeit hergestellt, das daraus hervorgehende Leben zu selektieren. Der aus einem solchen Prozess hervorgehende Mensch ist somit auf beiden oben dargelegten Ebenen (als empirisch-fassbares Phänomen und auf der Ebene der Erkenntnisfähigkeit) ein Hybrid. Die PID stellt damit eine klare Verunsicherung der Konzepte des Natürlichen und des Künstlichen durch das Technische dar: Nicht nur wird das ‚natürliche' Leben künstlich herbeigeführt. Zusätzlich wird einer kapitalistischen Logik der Produktauswahl die ‚beste' Eizelle ausgewählt, die zum ausgebildeten Menschen heranreifen darf. Hieraus ergeben sich die oben bereits angedeuteten zahlreichen Fragen medizinisch-ethischer Praxis: Wo beginnt Leben, wann ist ein Leben natürlich, wann ist es künstlich und ergibt sich daraus auch ein wie auch immer gearteter Qualitätsunterschied? Werden hier Eugenik und Zucht des Menschen technologisch und medizinisch verbrämt durchgesetzt und toleriert dieses ein Staat, der die zuvörderst ökonomisch nutzbare Optimierung seiner Population als Ziel gesetzt hat?[17]

Entscheidend im Lichte eines hybriden Phänomens wie der PID und eines daraus hervorgegangenen Lebens ist für die Beantwortung dieser Fragen jedoch, was Latour (2) Reinigungsarbeit nennt: Natur/Kultur, Mensch/Technik müssen wieder aus ihrer Uneindeutigkeit befreit werden, um ethische Handlungsprogramme zu entwickeln. An dieser Reinigungsarbeit sind auch die Medien als Verwalter von Wissensbeständen beteiligt: Die verschiedenen Bereiche Ethik, Medizin, Recht etc. werden jeweils mit Expertenwissen repräsentiert, womit die Wissensordnung und ihre Teilung in absolute und eindeutige Bereiche (natürliches Leben vs. Technologie/Artifizialität) sowie ein „Primat der Technologie" (Rödel 2010, 259) noch verstärkt werden.[18]

In dieser positivistischen Unterscheidung liegt neben dem unbegründeten Abgesang auf das Natürliche (das es nicht gibt) auch die soziale Gefahr einer solchen Spurensuche. IVF und PID sind in Ländern wie Großbritannien oder Israel bereits seit langem praktizierte Verfahren. Die Spurensuche nach der Urheberschaft erklärt ‚IVF-erzeugte' Nachkommen zu zwar lebendigen, aber dennoch weniger natürlichen Organismen. Neben den epistemologischen Zirkelschlüssen und Setzungen trägt ein solcher Ansatz folglich potentiell auch soziale und ethische Sprengkraft in sich, die jedoch hier nicht im Vordergrund stehen soll.

Aus der konstruktivistischen Perspektive der ANT (3) lassen sich die in der PID diagnostizierten Eizellen als Akteure interpretieren, die mit den bereits ausgereiften menschlichen Akteuren interagieren. Ähnlich eingefrorenen Embryonen, die häufig den Status von schützenswerten Rechtssubjekten genießen, oder Stammzellen und Stammzell-Linien, die als Wesen mit Rechten und Schutzbestimmungen betrachtet werden (Rose 2009, 166-167), sind es bei der PID bereits befruchtete Eizellen, die – je nach epistemologischem Standpunkt – zu Akteuren anthropomorphisiert werden. Wo beginnt hier das Leben, wann wird das durch

---

[17] Zur sogenannten Biomacht Kap. 1.3.3.; auch Habermas 2005 [2001]; Kap. 2.1.2.

[18] Rödel (2010) weist beispielsweise in ihrer empirischen Analyse der Wochenzeitung *Die Zeit* nach, dass die PID als *Hybrid*-Phänomen in der Berichterstattung nicht vorkommt. Vielmehr wird hier auf gereinigte Wissensbestände verwiesen, indem die Technologie und das Leben als klar abgrenzbare Bereiche angenommen werden, woraus in der Darstellung eindeutige ethische, politische und soziale Konsequenzen erwachsen.

das Mikroskop beobachtete Objekt zum Subjekt, das in der Möglichkeit als Person und virtueller und schützenswerter Bürger in einem Rechtsstaat bereits vorliegt? Die befruchtete Eizelle steht damit in Interaktion mit verschiedenen Akteuren (Medizinern, Forschern, Politikern, Juristen, ihren eigenen selbsterklärten Interessenvertretern, z. B. den Kirchen) und stellt sich mit ihnen zum Beispiel als Rechtssubjekt, schützenswertes Leben, Forschungsobjekt oder Projekt medizinischen Fortschritts her. Mit anderen Worten: Die Eizelle wird als Einheit nicht von außen beobachtet. Entscheidend ist die performative Dimension der Wissensproduktion: Welche (Erkenntnis-)Handlungen bringen die Eizelle als ein bestimmtes Objekt hervor? Durch diese Interaktion zwischen Erkennendem und Erkanntem wird die Eizelle in der ANT zu einem Akteur in der Produktion von Wissen und Wahrheit.

Für diese symbolisch-performative Übersetzungs- und Reinigungsarbeit ist eine Vermittlungskette nötig, die bei Latour einer Erzählung gleicht. Sprache und die Welt – oder Form und Materie – bilden keine zwei voneinander getrennten Ensembles. Vielmehr handelt es sich um Transformationsketten, die zwischen zwei Extremen vermitteln: Einerseits die erzeugte Welt (Objekte, so wie sie sind – das „Ding an sich"), und deren abstrakte Repräsentationen in Sprache andererseits, etwa Theorien und Modelle (Latour 2002, 85). Keiner der beiden extremen Pole liegt jedoch in Reinform vor. Sie sind vielmehr voneinander abhängig: Konkrete Objekte sind immer schon zeichenhaft vermittelt, abstrakte Theorien sind als Zeichen niemals referenzlos und müssen materiell eingeschrieben werden. Die Transformationskette ist damit eine symbolische Repräsentationskette, die zwischen Abstraktion und Konkretisierung vermittelt (Belliger/Krieger 2006, 26). Diese Kette produziert eine Referenz jedoch niemals in einem einzelnen Element, jede Stufe der Abstraktion vermittelt zu höher oder tiefer liegenden Stufen. Der wissenschaftliche Text gleicht zwar einer fiktionalen Erzählung, er muss jedoch die in ihm vorgenommenen Schritte nachvollziehbar machen: *„Die Referenz ist eine Eigenschaft der Kette in ihrer Gesamtheit"* (Latour 2002, 85; Hervorhebung im Original).

Für die diagnostische Methode PID bedeutet Latours Theorie in etwa folgenden Perspektivenwechsel: Ein Laborant untersucht in einem standardisierten Verfahren bestimmte Ausprägungen von Proteinstrukturen der künstlich befruchteten Eizelle. Die Proteinstrukturen selbst sind schon Teil einer Transformationskette, da sie auf einen Code – den genetischen nämlich – verweisen. Der Laborant *erkennt* folglich nicht, sondern er *entschlüsselt*: In der Proteinstruktur (dem beobachteten Objekt) sind bereits Symbole hinterlegt und sie warten nur darauf, endlich gelesen zu werden. Den Status des ‚bloßen Objekts' kann sie deshalb unmöglich haben, in ihr sind bereits Verweise auf höhere symbolische

Abstraktionsebenen der Transformationskette aufzuspüren.[19] In diesem System erkennt der Laborant nicht objektiv. Er interagiert mit der diagnostischen Apparatur, dem als Einheit konstruierten Untersuchungsobjekt und durch die symbolische Transformationskette mit einer Vielzahl symbolischer Sinnsysteme.

Es ist diese Vielheit von Akteuren – neuen (die künstlich befruchtete Eizelle) und alten (den Eltern) –, die unterschiedliches Wissen und damit unterschiedliche Machtstrukturen reproduzieren. Die Menge der bei der IVF überzählig produzierten befruchteten Eizellen birgt die Gefahr, dass diese zu einer „fremdnützigen Embryonenforschung" gebraucht werden (Schneider 2002, 109). Sie bringt als soziale Praxis unterschiedliche neue Akteure hervor, wie „das Embryo", „das Paar" oder die besondere Rolle „der Forscher" und „der Gynäkologen"[20], die alte Machtstrukturen perpetuieren vor dem Hintergrund tradierter Repräsentationen und Praktiken in neuem Gewand. Schneider (2002, 114) sieht in den neuen Fortpflanzungstechnologien keine idealtypische Emanzipation in der neuen Selbstbestimmtheit des Körpers als Eigentum – als „aktives Eigentums- und Selbstbewirtschaftungsrecht am Körper". Diese Selbstbestimmung reproduziert Machtstrukturen, wie etwa die ökonomische Notwendigkeit des Verkaufs von Eizellen oder der soziale Druck für Frauen innerhalb von Familienstrukturen, deren Erwartungen bei Krankheit anderer „um die Auf-Opferung von Keimzellen radikal erweitert" wird (Schneider 2002, 114).

Entsprechend der Setzung des hybriden Cyborgs wird auch beim nicht-eindeutigen Phänomen des befruchteten Embryos eben genau nach den Sphären des Eindeutigen (Leben oder Nicht-Leben; Subjekt oder Objekt?) gefragt und nicht das Unbestimmte beibehalten. Dieses Eindeutige wird wiederum in sozialen Praktiken – Rechtsprechung, Medizin, Ethik, Medien – hervorgebracht, für die einen als Leben, für die anderen als Objekt: ein Entweder-oder, kein Sowohl-als-auch. Auch durch die performative Dimension medizinischer Praktiken

---

[19] So verweist die Proteinstruktur als Code auf das virtuell vorhandene Leben, das die Biologie zu entschlüsseln weiß; Leben, das die Medizin zu behandeln weiß mit ihrer Definitionsmacht über Normalität und krankhafte Ausprägung; Leben, das die Statistik zu evaluieren weiß, was die Wahrscheinlichkeit inhärent vorhandener krankhafter Ausprägungen angeht; Leben, zu dessen Schutz sich die Religion und die Kirchen als deren verinstitutionalisierte Form verantwortlich sehen; Leben, dessen Unversehrtheit die Politik und das Prinzip der Rechtsstaatlichkeit moderner Demokratien schützen muss im Ausgleich mit den Rechten anderer Rechtssubjekte wie den werdenden Eltern.

[20] „Ein Embryo wird statt als zukünftiges Kind als materielles Substrat betrachtet und somit biologisiert … Sie werden zu einer disponiblen Sache verdinglicht, die besitzrechtlich angeeignet werden kann, patentierbar und verwertbar ist. Das Paar verwandelt sich in Lieferanten eines Forschungsrohstoffs. Es sieht sich Erwartungen von Forschern ausgesetzt ‚überzählige' Embryonen ‚freizugeben'. Was einmal ihr Kind werden sollte, sollen nun heilende Zellen für andere sein, die unendlich vermehrt, international verteilt und anderen Menschen eingepflanzt werden sollen. Embryonen tauchen hierbei als ‚Gabe' auf, die erwartet wird. Gynäkologen wird eine Maklerrolle und der IVF selbst die eines Zulieferbetriebs für Embryonen zugewiesen" (Schneider 2002, 113)

kommt es zur Vereindeutigung. Wie Callon (2007, 318), ein weiterer Vertreter der ANT, konzise feststellt:

> Scientific theories, models and statements are not constative; they are performative, that, is actively engaged in the constitution of the reality that they describe.

Die Wunschvorstellung vom Umsturz der Hierarchie von sozialen, politischen oder epistemischen Dominanzverhältnissen wird ausgehebelt und an ihre Stelle die alte Ordnung gesetzt, die als semiotisch-performativer Aushandlungsprozess eine vereindeutigte soziale Realität konstruiert. Legt man die Charakteristika des mechanistischen Weltbilds (aus Gloy 1996) an die soziale Realität der Eizelle an, so entsteht auch hier eine ‚vor-hybride‘, eben mechanistische Ordnung: (1) Spaltung in Subjekt/Objekt (die Eizelle ist entweder das eine oder das andere), (2) Mechanizität und Mathematizität der Natur („Defekte‘ der Eizelle können maschinell ermittelt und statistisch errechnet werden), (3) das Experiment bringt im Labor bestimmte Objekte hervor (je nach Standpunkt: Leben oder Forschungsobjekte), worin letztlich das Herrschafts-Knechtschafts-Verhältnis reartikuliert wird, das sich seit langem als Motiv der technisch unterjochten Natur findet.

Dass sich die vereindeutigenden Machtstrukturen in einem mit hybridem Blick beobachteten hybriden Phänomen wie den künstlich befruchteten Eizellen fortsetzen, bedeutet, dass die durch vorhandene Repräsentationen (der ‚Wert des Lebens‘, die anthropomorphisierte Eizelle) und soziale Praktiken (zum Beispiel die hergestellte Rolle der schwangeren Frau und ihrer Pflichterfüllung als werdende Mutter) auch die hybriden Phänomene wieder reinigen. Gerade in den Versuchen, für diese biomedizinischen Hybride ethische Handlungsprogramme zu formulieren, drücken sich die Reinigungsbestrebungen aus. Genetische Diagnostik, die Definition von Behinderung und Normalisierung, eine scheinbar fortschreitende Auflösung des Individuums im biologisch/psychologisch/medizinischen Diskurs und die Betonung von Verantwortung um das Selbst und den ‚eigenen‘ Körper (zu diesen Grundfragen Shildrick/Mykitiuk 2005) zeigen deutlich, dass eine Ethik nicht ohne erkenntnistheoretische Normierungen auskommt: Zunächst muss ein Leben positiv definiert (eben: gereinigt) werden, bevor eine darauf fußende ethische Handlungsempfehlung folgen kann. Diese Eindeutigkeit führt letztlich – wie das Beispiel PID zeigt – auch zur Reproduktion und gegebenenfalls zu einer Umverteilung von Macht/Unterdrückung, die wiederum eine spezifische soziale Realität hervorbringt. Hier wird klar, dass die bei Latour linear operierende Transformationskette nicht ausreicht und die Zirkelbewegung des Mythos eine modellhafte Alternative darstellt.

Bedeutung entsteht nicht ausschließlich im Labor, sie entsteht durch *zirkuläre Referenz*, innerhalb symbolvermittelter Sinnsysteme, in denen menschliche und nicht-menschlichen Akteure interagieren. Die Zirkularität der Wissensbestände (Mythos-Modell, Kap. 1.2.2.) unterscheidet nicht zwischen objektivem und subjektivem Wissen, es sei denn Symbolordnungen werden gereinigt.[21] Diese Sinnordnung wird dabei konstruiert durch symbolische und performative Praktiken. Letztlich sind es auch diese Praktiken, die alle diese Binärpaare als Elemente der Sinnordnung hervorbringen. Ihr Verhältnis ist dabei gekennzeichnet durch eine ständige symbolische Übersetzungs- und Reinigungsarbeit, die jedoch weder einen Ursprung hat noch sinnvollerweise strukturiert ist von konkret zu abstrakt. Anders als bei der von Latour konzipierten *Verkettung* materieller und immaterieller Elemente in linearer Form erscheint es deshalb sinnvoll, die Übersetzungsarbeit zirkulär zu modellieren. Ob eine die Wahrnehmung konstituierende Sinnwelt nun durch abstrakte Symbole oder konkrete (aber ebenfalls symbolische) soziale oder technologische Praktiken konstruiert wird – immer sind alle ihre Elemente konstitutiv für die gemeinsam getragene Ordnung.

Die Zirkularität des Wissens beschreibt folglich auch intertextuell sämtliche kulturellen Artefakte (wissenschaftliche, medizinische, populärkulturelle Texte sowie Filme, Kunst, Alltagspraktiken), die eine bestimmte Symbolordnung mittragen. Die Wechselwirkungen zwischen – beispielsweise – Produzentinnen und Produzenten wissenschaftlichen Wissens und kultureller Artefakte sind unmöglich nachzuzeichnen, da sie als Akteure nicht isoliert werden können. Der Ursprung des zirkulierenden Wissens lässt sich nicht fassen. Es lassen sich allenfalls Regelmäßigkeiten in den Übersetzungen des Wissens erkennen. Die symbolische Transformation zwischen den gereinigten Erkenntnisbereichen Mensch und Technologie ist im Sinne des Mythos grundsätzlich durch ein historisch spezifisches Übersetzungssystem geprägt, das zwischen symbolischen Repräsentationen und sozialen Praktiken und Handlungen vermittelt. So wenig wie deshalb von der Einheit *Mensch* gesprochen werden kann, kann die Technik oder Technologie als Einheit oder gar sozialer Akteur isoliert werden. Technologie ist folglich ihrer abstraktesten Definition nach immer eine Methode zur Produktion von Sinn, wie das folgende Kapitel vertiefen soll.

---

[21] Eine sinnhafte (und immer nur illusorische) Produktion von Objektivität ist nur um den Preis einer solchen Reinigungsarbeit möglich, der auch immer Autorität über Wissensformationen und damit Macht zugrunde liegt. Der Ursprung der Symbolordnung kann unmöglich gefunden werden. Ein Wissenschaftler kann sich der Zirkularität und Aneignungspraxis von Wissen und dessen Übersetzung in und aus Alltagswissen nicht entziehen. Es gibt Anzeichen dafür, dass symbolische Übersetzungsarbeit und Reinigungsarbeit gesamtkulturell stattfindet, nicht nur ausschließlich in der Domäne des als wissenschaftlich codierten Wissens, sondern ebenso in alltäglichen Wissensbeständen (Kap. 1.2.3.).

1.3.3. Technologie als Signifikationstechnik – Die Instrumente der Sinnproduktion

> The Greek myth of Narcissus is directly concerned with a fact of human experience, as the word *Narcissus* indicates. It is from the Greek word *narcosis*, or numbness. The youth Narcissus mistook his own reflection in the water for another person. This extension of himself by mirror numbed his perceptions until he became the servomechanism of his own extended or repeated image. The nymph Echo tried to win his love with fragments of his own speech, but in vain. He was numb. He had adapted to his extension of himself and had become a closed system (McLuhan 2001 [1964], 45).

Auch McLuhan benutzt einen Mythos, um das Mensch/Technik-Verhältnis auszutarieren. In Abgrenzung zu seiner Narziss-Interpretation soll terminologisch ‚Technik‘ von ‚Technologie‘ unterschieden werden, wobei Letztere in diesem Kapitel als ‚Methode zur Produktion‘ begrifflich herausgearbeitet wird – zur Produktion von Gütern, aber auch von Bedeutungen, dem Selbst und Identitäten, letztlich zur Produktion des Sinnhaften überhaupt. Der Technik-Begriff in seiner McLuhan'schen Ausprägung und – so lässt sich wohl formulieren – seiner tradierten Form (ähnlich etwa bei Gehlen 1940 oder Anders 1956) hingegen begreift Technik als mächtigen Akteur, der dem Menschen gegenübertritt und ihn in seiner strukturellen Integrität auflöst. Dies jedoch ist nur möglich durch die vollständige Komplementarität zwischen Technik und den menschlichen Sinnen. In eben dieser Annahme liegt der Mythos, den es in der vorliegenden Arbeit zu analysieren gilt. McLuhans metaphorisch aufgeladener Technik-Begriff ermöglicht erst diese vermeintliche Verwandtschaftsbeziehung und ist somit selbst Teil des Mythos vom algorithmisierbaren Menschen.

Doch zunächst zum Mythos, den McLuhan meint, wenn er die Geschichte von Narziss folgendermaßen deutet:

> Now the point of this myth is the fact that men at once become fascinated by any extension of themselves in any material other than themselves (McLuhan 2001, 45).

Narziss habe sich nicht in sein Spiegelbild verliebt (wie könne er auch?, fragt McLuhan), vielmehr sei das Spiegelbild eine Erweiterung des eigenen Selbst, die zu erkennen Narziss jedoch nicht fähig sei: Denn die Überantwortung und Erweiterung des Selbst in ein anderes Medium (hier: das Bild, der gespiegelte Körper) sei gleichzeitige „Selbstamputation", auf die das Gehirn mit Betäubung der erweiterten/ersetzten Sinne reagiert. Narziss' Bewusstsein sei von der Erscheinung des erweiterten Selbst überfordert und mache Narziss diesem gegenüber blind:

> This is the sense of the Narcissus myth. The young man's image is a self-amputation or extension induced by irritating pressures. As counter-irritant, the image produces a

> generalized numbness or shock that declines recognition. Self-amputation forbids
> self-recognition (McLuhan 2001, 47).

Die zunächst eigentümliche Amputationsmetapher ist zentral für McLuhan und wird erst möglich durch einige gewagte Äquivalenzsetzungen, die prototypisch sind für den Mythos Algorithmus.[22] Der menschliche Organismus strebe nach Gleichgewicht (‚equilibrium'), wie McLuhan (2001, 47) der medizinischen Forschung seiner Zeit entlehnt. Dahinter steht das biologisch-kybernetische Modell der Homöostase (zur Kybernetik Kap. 2.1.1., 2.3.1.) und die Beobachtung, dass der Körper mit der „Autoamputation" und Narkotisierung eines Sinns, eines Organs, einer Funktion reagiere, wenn eine das Gleichgewicht störende Irritation nicht beseitigt werden kann. Körperliche und psychische Traumata werden dabei einfach analog gesetzt:

> There is a close parallel of response between the patterns of physical trauma psychic
> trauma or shock... Shock induces a generalized numbness or an increased threshold
> to all types of perception (McLuhan 2001, 48).

Die Amputation eines Arms hat damit eine vergleichbare Wirkung wie etwa Trauer über den Verlust einer geliebten Person. Diese Äquivalenzsetzung körperlicher Kategorien mit Kategorien der ‚Psyche' (Trauma, Amputation, Betäubung) allein ist für sich bereits metaphorisch und dadurch mythisch im Sinne der vorliegenden Arbeit. Ähnlich verhält es sich mit der noch deutlicheren (aber stets metaphorischen) Verwandtschaft zwischen Technik und Mensch: Technologie bedeutet McLuhan zufolge immer die Erweiterung des Körpers oder der Psyche durch Exteriorisierung eines Sinns, einer Funktion, eines Organs. In seiner Theorie bedingt Technologie als Erweiterung der Sinne folglich stets die (selbstredend ebenfalls metaphorische) Amputation eines Teils der ‚reinen menschlichen Psyche' oder des ‚reinen menschlichen Körpers', die den Amputierten betäubt und blind gegenüber der Veränderung zurücklässt. Diese Entwicklung ist einschneidend, weil die Technik als eigenständiger Akteur mächtiger als der Mensch hervortritt und diesen – passiv, sukzessive seiner Sinne und Organe beraubend – als vormalige Einheit auflöst. Und schlimmer noch: Der Mensch, betäubt und geblendet vom Trauma dieser radikalen Amputation, erkennt seine schleichend durch die Technik vollzogene Exteriorisierung nicht. Er bleibt immer machtloser zurück, als Jünger einer neuen Gottheit:

> By continuously embracing technologies, we relate ourselves to them as servomech-
> anisms. That is why we must, to use them at all, serve these objects, these extensions
> of ourselves, as gods or minor religions ... Man becomes, as it were, the sex organs
> of the machine world... (McLuhan 2001, 51).

---

[22] Ebenjene metaphorischen Äquivalenzsetzungen (Kap. 1.2.3.) machen die Fabrikation des computerisierbaren Menschen erst möglich (Teil 2 dieser Arbeit).

Die Sinne des Menschen werden durch Medien erweitert, um den Preis ihrer Substitution, der Selbstamputation und der Reduktion des Menschen auf das bloße Gebären von Technik als deren Fortpflanzungsorgan.

McLuhan findet Indizien für diese radikalen Annahmen in zahlreichen Mensch/Medium-Analogien, die eine Erweiterung und sukzessive Substitution der Sinne durch Technik glaubhaft machen sollen: Das Rad als Erweiterung des Fußes, das Buch als die des Auges, Kleidung als die der Haut und elektrische Schaltkreise als Erweiterung des Zentralen Nervensystems. Die stets auf einen menschlichen Sinn im Speziellen bezogene Komplementarität von Technik und Körper begreift er ein wenig verspielt als Massage (McLuhan/Fiore 2001 [1967]). Besonders anschaulich ist dafür das Gehirn[23], das mit dem Medium Elektrizität in einem direkten Verwandtschaftsverhältnis stehe:

> With the arrival of electric technology, man extended, or set himself, a live model of the central nervous system itself (McLuhan 2001, 47).

Mit der argumentativen Methode der metaphorischen Analogsetzung ist es schließlich ein Leichtes, jede neue Entwicklung und Technologie zum menschlichen Körper in eine Beziehung zu setzen und mit den effektvollen Begriffen von Erweiterung, Selbstamputation, Trauma und Narkose nach Neujustierungen menschlicher Sinne zu fahnden:

> All media work us over completely. They are so pervasive in their personal, political, economic, aesthetic, psychological, moral, ethical, and social consequences that they leave no part of us untouched, unaffected, unaltered. The medium is the massage ...
> All media are extensions of some human faculty – psychic or psychological (McLuhan/Fiore 2001, 26).

Die Adressierung der Sinne erreicht bei McLuhan mit der Elektrizität als Stimulus (als ‚Massage') ihr Maximum und Optimum. Diese sei gar der Auslagerung des menschlichen Gehirns gleichzusetzen, wodurch die Komplementarität von Medium und Sinn in der teleologisch orientierten Theorie McLuhans Vollkommenheit erreicht hat. Kurz gesagt: Die in den vergangenen Kapiteln als Mythos diskutierten Annahmen über ein komplementäres Mensch/Technik-Verhältnis generiert McLuhan in beinahe illustrativer Deutlichkeit. In Abgrenzung dazu wird folglich für das Argument der vorliegenden Arbeit nach einem Verständnis von Technologie gesucht, das mit dem Sinnsystem des Mythos Algorithmus kompatibel ist.

McLuhan geht aus von einem geschlossenen System, das sich zwischen Narziss und seinem Spiegelbild, oder überhöht zwischen dem Menschen (als einer in Auflösung begriffenen Einheit) und der Technik (als diese Auflösung durch Erweiterung vorantreibender mächtiger Akteur) herausgebildet hat. Technik und

---

[23] Als ‚Zentrales Nervensystem' ebenfalls metaphorisch eingeführt.

Mensch operieren funktional als Systemeinheit, wobei das Menschliche immer stärker vom Technischen durchdrungen werde, die Technik im System anteilig die Oberhand gewinne. Doch der Narziss-Mythos lässt sich im Sinne des Mythos Algorithmus auch anders deuten. Die mythische Qualität liegt allein im geschlossenen System von *Erkennendem* und *Erkanntem* (Kap. 1.2.2., Kap. 1.3.2.), also von Narziss und dem gespiegelten Narziss. Im eigenen Spiegelbild erkennt Narziss nicht sich selbst, sondern eine andere Person. Doch diese ist nur eine Projektion vertrauter Wahrnehmungsmuster auf einen gänzlich anderen Gegenstand, das Wasser. Der Gehalt des Narziss-Mythos liegt nicht darin, dass Narziss sich nicht selbst erkennt. Entscheidend ist, dass die Medialität der Wasserquelle nicht erkannt wird – weder von Narziss, noch von McLuhan. Der ‚eigentliche' Mensch wird nicht gesehen, allein seine ‚Technikhaftigkeit', die jedoch lediglich die oberflächliche Reflexion dessen ist, was sich als Vorerwartung des Erkennenden zu ihm zurückspiegelt.

Selten wird dies deutlicher als im Stil McLuhans einer hochgradig metaphorischen und literarischen Vorbildern (insb. Ezra Pound) entlehnten Methode ideogrammatischer Überlagerung (McLuhan 1996 [1951]), die sich dem Zwang zur argumentativen Linearität zu widersetzen befähigt glaubt. Durch bildhaftes gegenseitiges Überlagern werden zwei verschiedener Erkenntnisgegenstände kombiniert, die eine dynamische Oszillation und damit Relation zwischen zuvor unverbundenen Vorstellungsebenen herstellen (Reuss/Höltschl 1996, 242). Ziel dieser Vorgehensweise ist, neue Rahmenbedingungen für die Analyse von Kultur zu schaffen, die sich dem linearen Korsett der Erkenntnis durch nicht-syntagmatische Verknüpfungen zu entziehen versuchen. Doch gerade hierin liegt der zirkulär-dynamische Mechanismus des mythischen Sinnsystems begründet: Die bildlich-metaphorische Überlagerung des Erkennens, die die Verwandtschaft zwischen Technik und Mensch über semantische Inbezugsetzung erzeugt; die Konvergenzannahmen zwischen Mensch/Natur und Technik/Kultur, indem Erstere als Phänomene nach dem Vorbild Letzterer produziert werden; ein ‚reines Menschliches', das einem mächtigen Akteur ‚Technik' gegenübergestellt wird.

Wo sich das eigentlich Mythische verborgen hält, wird dadurch zu leicht übersehen: Es ist immer schon eine Technologie als Methode der Herstellung von Sinn zwischen Erkennendem und Erkanntem aktiv – zwischen Narziss und dem gespiegelten Narziss. Das Wasser ist kein Teil der Signifikation und bleibt als solches unerkannt. So sind auch der Technik-Begriff bei McLuhan und sein defizitärer Mensch immer schon im selben Kontinuum der Sinnproduktion. Dass beide bei McLuhan so angenehm komplementär erscheinen, liegt allein in ihrer komplementären Modellierung begründet (Kap. 1.3.1) – Technik und Mensch sind bei McLuhan ein geschlossenes System wie Narziss und seine Reflexion. Doch dies übersieht McLuhan, wenn er behauptet, es gebe ein ‚Selbst' vor und unabhängig von Technik.[24] Das in der vorliegenden Arbeit zu entwickelnde Technologieverständnis widerspricht dem, denn ohne Technologie als Signifikationstechnik gibt es *gar kein* Denken und Handeln.

„Self-amputation forbids self-recognition", schreibt McLuhan (2001, 47) – doch nein: Erst in der Technologie, der Signifikation und Sinnproduktion kann es überhaupt ein erkennbares Selbst geben. An anderer Stelle heißt es: „it is only too typical that the ‚content' of any medium blinds us to the character of the medium" (McLuhan 2001, 9). Doch der Inhalt der Technik macht nicht „blind gegenüber ihrer Wesenheit", vielmehr ermöglicht Technologie (als Signifikationsmethode) überhaupt erst eine Erkenntnis – als Sinn oder gar als Wahrheit (Kap. 1.2.2.). Ironischerweise ist gerade McLuhan, der mit seinem berühmten „Das Medium ist die Botschaft" die Form der Technik zu ihrem Kern erklärt, blind gegenüber der Form dieses Sinns und dieser Wahrheit: Das Selbst – wie alles andere auch – muss immer technologisch sein als Produkt eines Signifikationssystems. McLuhans Technikdeutung ist damit funktionell betrachtet vergleichbar mit derjenigen des Narziss, der im Wasser nicht das Wasser erkennt. Sie ist selbst Teil des Mythos.

Ein Technik-Begriff, wie McLuhan ihn stellvertretend für eine ganze gedankliche Schule präsentiert,[25] führt geradewegs in die mythische Illusion der formalisierbaren Menschen.[26] Das bisher entwickelte Modell des Sinn produzierenden Mythos erfordert deshalb einen hinreichend abstrakten Technologie-Begriff, der Technik (1) nicht als Akteur singularisiert und die Frage nach der Wirkung des Sozialen auf Technik oder umgekehrt der Wirkung des Technischen auf das Soziale stellt. Ebenso wenig lässt sich (2) die einseitige Frage stellen, inwieweit technische Entwicklung unsere Wahrnehmung verändert.[27] Auch geben (3) hybride Kategorien keine universelle Antwort auf die Frage nach der Rolle von Technik, weil die hybride Zwischenform gerade die Pole der Eindeutigkeit herausfordert und eine konzeptuelle Reinigungsarbeit in Gang bringt[28].

Ausgehend also vom so weit entwickelten Sinnsystem Mythos, soll hier ein Technologie-Begriff eingeführt werden, der sehr abstrakt *jede* ihrer Ausprägun-

---

[24] „Media, by altering the environment, evoke in us unique ratios of sense perceptions. The extensions of any one sense alters the way we think and act – the way we perceive the world. When these ratios change, men change" (McLuhan/Fiore 2001, 41).

[25] Die Gedanken McLuhans zu Technik, Medien und menschlichen Sinnen sind aufgrund ihrer Deutlichkeit und Anschaulichkeit gedankliche Grundlage eines biologistischen Modells, das auch für die moderne Medienwissenschaft anschlussfähig ist (z. B. Thimm 2004). Sie sollen später kurz wiederkehren (Kap. 3.2.), dienten an dieser Stelle jedoch vor allem dazu, ein von ihnen wesentlich verschiedenes Technologie-Verständnis einzuführen.

[26] Das folgende Kapitel (1.4.) diskutiert den Algorithmus als zentrale Funktionslogik dieses Sinnsystems.

[27] Kap. 1.2.2. und 1.3.2.; McLuhan steht prototypisch für beide Ansätze.

[28] Kap. 1.3.2.

gen als einen Generator von Sinn begreift. Dieses universelle Verständnis von Technik kann ausdrücklich auf das Technologiekonzept Foucaults zurückgreifen, der sie zuallererst als Methode zur Produktion von Sinn auffasst:

> Seit mehr als fünfundzwanzig Jahren verfolge ich das Ziel, eine Geschichte der Wege zu skizzieren, auf denen Menschen unserer Kultur Wissen über sich selbst erwerben: Ökonomie, Biologie, Psychiatrie, Medizin und Strafrecht. Dabei geht es nicht in erster Linie um den Wahrheitsgehalt dieses Wissens, sondern um die Analyse der sogenannten Wissenschaften als hochspezifischer ‚Wahrheitsspiele' auf der Grundlage spezieller Techniken, welche die Menschen gebrauchen, um sich selbst zu verstehen (Foucault 1993, 26).

Er unterscheidet vier solcher Techniken, die er jedoch alle so gut wie immer als miteinander untrennbar verwoben betrachtet:

1. Technologien der *Produktion*, die es uns ermöglichen, Dinge zu produzieren, zu verändern oder auf sonstige Weise zu manipulieren;

2. Technologien von *Zeichensystemen*, die es uns gestatten, mit Zeichen, Bedeutungen, Symbolen oder Sinn umzugehen;

3. Technologien der *Macht*, die das Verhalten von Individuen prägen und sie bestimmten Zwecken einer Herrschaft unterwerfen, die das Subjekt zum Objekt machen;

4. Technologien des *Selbst*, die es dem Einzelnen ermöglichen, aus eigener Kraft oder mit Hilfe anderer eine Reihe von Operationen an seinem Körper oder seiner Seele, seinem Denken, seinem Verhalten und seiner Existenzweise vorzunehmen, mit dem Ziel, sich so zu verändern, daß er einen gewissen Zustand des Glücks, der Reinheit, der Weisheit, der Vollkommenheit oder der Unsterblichkeit erlangt (Foucault 1993, 26).

Der Technologie-Begriff bei Foucault konzentriert sich auf Methoden zur Produktion von Wissen, oder im hier entwickelten Verständnis: von Sinn. Materielle Produktion, Organisationstechniken einer bestimmten sozialen Ordnung oder Herrschaft und die Ergründung des Selbst bedingen einander gegenseitig, denn querliegend zu den anderen drei Techniken, die Foucault herausstreicht, sind – so die These hier – immer die Signifikationstechniken die entscheidenden. Jede Technologie produziert auf ihre Weise Sinn, aber nie unabhängig von den anderen, da alle dasselbe Sinnkontinuum stützen und durch dieses bedingt sind.

Konkret bedeutet das etwa, dass eine Maschine zur Produktion materieller Güter vor ihrem Bau als mit Zeichensystemen entwickeltes Modell vorgelegen haben muss. Die Sinnproduktion hat folglich ihren ‚Aggregatzustand' geändert, vom abstrakt-symbolischen Modell zur materiell-konkreten Maschine. Ähnliches gilt beispielsweise für ein liberaldemokratisches Herrschaftssystem, das eine Wissensordnung zum Organisationsprinzip hat, die auf die Selbststeuerung der

Population angewiesen ist. Die Organisation eines liberalen Staates (Herrschafts-technik) beruht auf der Fähigkeit der in ihr organisierten Individuen, sich als der Rechtsstaatlichkeit verpflichtete Staatsbürger hervorzubringen. Dies bedeutet paradoxerweise: Je mehr Selbstregulation durch die Achtung des Prinzips der Rechtsstaatlichkeit, desto mehr Freiheit.

Da Sinn immer produziert werden muss, lässt sich entsprechend auch mit kei-ner ‚neuen' Technologie von einer Revolution oder Zäsur sprechen – Sinn, Wahrnehmung, das Soziale oder das Politische sind immer nur Produkte von sinnproduzierenden Technologien. Eine ‚neue' Technologie gibt es in diesem Verständnis nicht. Es gibt immer nur veränderte Methoden zur Herstellung von etwas Sinnhaftem, die jedoch immer Anknüpfungspunkte an bereits bestehende Technologien zur Sinnproduktion aufweisen. Dieserart lässt sich auch der bei Foucault so zentrale Macht-Begriff deuten. Die Macht/Wissen-Systeme (Fou-cault 1980) beschreiben diese Wechselwirkung zwischen der Produktion von Sinn und der damit einhergehenden Durchsetzung von Macht. Indem Sinn pro-duziert wird, wird gleichzeitig ein Wissen als soziale Realität durchgesetzt, das immer Exklusionsmechanismen aktiviert, indem zwischen dem Normalen (dem ‚wahren' Wissen oder Sein, z. B. der Vernunft) und dem Abnormalen (dem ‚fal-schen' Wissen oder Sein, z. B. dem Wahnsinn; Foucault 1973b) unterschieden wird. Macht/Wissen-Strukturen sind bei Foucault jedoch nicht ausschließlich repressiv, sondern auch produktiv. Gemeint ist hier vor allem eine semiotische Produktivität, die Sinn und Bedeutungen hervorbringt. Signifikationstechniken drücken Macht aus, weil sie ein bestimmtes System des Wissens durchsetzen – doch ohne sie gibt es keine Bedeutungen.

Die Änderung des semiologischen Aggregatzustands, in einem Kontinuum von materiell zu abstrakt-symbolisch, zu handlungsbasiert/auf Praktiken basiert, bedeutet entsprechend dem Mythos-Modell, dass Technik immer dort aktiviert werden muss, wo Sinn entsteht. Eine Unterscheidung zwischen der Technik als sozialem Akteur unter anderen (wie Gesellschaft, Körper, Umwelt etc.) ist des-halb nicht sinnvoll, weil jedes sinnvolle Sprechen darüber selbst auf eine Tech-nologie angewiesen ist. Wo Sinn ist, muss Technik/Technologie sein. Die einzig mögliche Unterscheidung liegt im Verständnis Foucaults in den unterschiedli-chen Abstraktionsstufen von Technologie. Die im Mythos-Modell eingeführte Unterscheidung unterschiedlicher Dimensionen (symbolisch-abstrakt, konkret-materiell, interaktionistisch-performativ, Kap. 1.2.) findet sich in der Unterschei-dung der möglichen Dimensionen von Technologie wieder, die verstanden wer-den kann als

a) *Kulturtechnik*, bei der es keinen Unterschied macht, ob sie materiell-konkret/materiell-instantiiert oder abstrakt-symbolisch vorliegt, weil zum Beispiel auch eine gebaute Maschine nur eine materialisierte Idee ist.

b) *Organisationsmaschine*, die Bedeutung mittels spezifischer sozialer Praktiken und damit interaktionistisch hergestellter Realität innerhalb einer sozialen Organisation hervorbringt. Wichtige Konzepte sind in diesem Zusammenhang die Megamaschine (Mumford 1977), Gouvernementalität als Regierungsprinzip (Foucault 2004) und die gegenwärtig diskutierte Bio-Macht (Lemke 2007).

c) *Technologie zur Hervorbringung des Selbst*, die es dem Individuum ermöglicht, sich in Repräsentationen und mit den durch Signifikationstechniken verknüpften Handlungsmustern als ein spezifisches Selbst mit einer individuellen Identität hervorzubringen (Kap. 2.2.1.).

Im Folgenden werden die drei Techniktypen als Sinnproduzenten ausführlicher eingeführt.

a) Technologie als Kulturtechnik
Dieses Technikverständnis als Kulturtechnik meint, dass ein zunächst abstraktes Modell – das durch seine Modellhaftigkeit auf Symbole und Handlungsvorschriften angewiesen ist – gebaut und damit materiell manifest gemacht werden kann. Die Kulturtechnik verknüpft den abstrakten Status des Symbolsystems mit dem konkreten Status der Materialität. Da sich der eine Bereich nicht vom anderen trennen lässt, kann man von unterschiedlichen Dimensionen desselben Sinnsystems ausgehen. Wie eine Technologie als zwischen materiell und symbolisch oszillierendes Sinnsystem begriffen werden kann, zeigt das folgende Beispiel Kittlers (1996). Zunächst suggeriert es zwar das Gegenteil, doch im Rückgriff auf das oben entwickelte Modell wird sich zeigen, dass eine solche Annahme berechtigt ist.

Die binäre Computerlogik der zwei Zustände 0/1 ist als ein teilweise manifestes, teilweise symbolisch-immaterielles System zu deuten. In der Computertechnik liegt sie materiell manifest vor:

> Im Prinzip könnte jeder Digitalcomputer auch aus Türen oder anderen Dingen aufgebaut sein, die zwischen zwei stabilen Zuständen, einem offenen und einem geschlossenen, hin- und herschalten können (Kittler 1996, 211; Kittler bezieht sich hier auf den Vortrag ‚Psychoanalyse und Kybernetik‘ von Lacan 1991).

Diese mechanische Manifestation der Computerlogik wäre jedoch ohne die nötige Dynamik, weswegen Kittler in der elektronischen Implementierung durch Siliziumchips – flach, miniaturisiert und schnell – die gleichwohl bislang noch nicht abgeschlossene „Fleischwerdung" mathematischer Logik zu erkennen glaubt. Mit anderen Worten ist der Siliziumchip materiell gewordenes, ursprünglich mathematisch-logisches Symbolsystem, aus dem die binäre Computerlogik hervorgeht: Miniaturisiert wurde die Zahl „als digitaler Schaltkreis Stoff oder Festkörperphysik" (Kittler 1996, 212).

Entgegen der in der vorliegenden Arbeit entwickelten These einer zirkulierenden Referenz zwischen der Technologie als Symbolsystem und der Technologie als der Manifestation von Symbolordnungen sieht Kittler eine qualitative Trennung der beiden: Die Mathematik und ihre reellen Zahlen unterhielten eine „Abbildbeziehung" (Kittler 1996, 213) zur Welt; diese mathematische Symbolik repräsentiere nicht Natur, sie sei Natur. Ihre Zahlen seien mehr als Signifikanten, gar selbst figürliche Entitäten. Die im Chip materialisierte Mathematik hingegen ist endlich, gerade dadurch, dass sie materialisiert ist:

> Im Unterschied zu Gleichungen sind Algorithmen, wie sie und nur sie auf Computern laufen, nachgerade dadurch definiert, durch endlich viele Schritte ans Ziel zu kommen (Kittler 1996, 213).

Dieser Ablösungsprozess der Entnaturalisierung durch Fleischwerdung arbeitet bei Kittler nach dem Muster der Natur/Kultur-Dichotomie: Die Mathematik reeller Zahlen ist Natur, die Software-Sprache der Algorithmen muss ohne diesen Abbildstatus leben:

> Man kann den Tag voraussagen, an dem sich die Softwarehierarchien über einem verlorenen Objekt schließen, also Poesie werden (Kittler 1996, 218).

Die Software-Sprache und Computerwelten gehen damit den Weg der Simulation und Hyperrealität (Baudrillard 1976; Kap. 1.2.2.). Das oben entwickelte Modell, wahrnehmbare Welt nicht zu unterscheiden nach einer Dimension der Repräsentation und einer Dimension der Simulation, muss diese Argumentation zurückweisen. In dieser Annahme Kittlers schlummert ein Telos, da sie eine Zäsur konstruiert zwischen der Welt der Repräsentation der figürlichen Mathematik und der Welt der Simulation der sich von der Realität ablösenden poetischen Simulation.

Die informationstechnische Mathematik mag göttlich erscheinen, natürlich und unendlich – doch ist auch ihre Unendlichkeit nur eine bildhafte. Ihre Zeichen und Symbole präformieren eine Sinnwelt: Nichts Göttliches liegt im Symbol für ‚Unendliches', denn das Symbol ist referenzlos und somit eine Täuschung. Es gehört zu dem, was Barthes ein „reines Bedeutendes der Mathematizität" Barthes 2003 [1964] nennt (Kap. 1.2.2.).

∞ bezeichnet nicht, es simuliert. Nach der Beobachter- und Bezeichnungslogik der konstruktivistischen Beobachtertheorie muss das Bezeichnete immer singularisiert werden, um es vom Nicht-Bezeichneten zu unterscheiden. Das

Symbol für Unendlichkeit ist jedoch universal und totalitär, es ist selbst schon Simulation, da ihm die Referenz fehlt. Computerlogik und Mathematik sind damit nicht zu unterscheiden – Repräsentation und Simulation stürzen ineinander, sind ein und dasselbe geschlossene Sinnsystem, abstrakt und materiell zugleich.

Computersimulationen verfügen deshalb nicht über ein nur ihnen eigenes Potential zur Verdrängung oder Substitution von Wirklichkeit, sondern wie jede andere noch so ‚primitive' Kulturtechnik auch, enthalten sie das Potential zu einer modifizierten sinnhaften Erschließung der Welt:

> Künstliche Umgebungen oder Simulationen sind Vehikel, um neue Erfahrungswelten zu erschließen. Wären sie eine exakte Widerspiegelung der Wirklichkeit in all ihren Facetten, brächten sie keinen Erkenntnisgewinn, denn sie wären so unbeherrschbar wie die Wirklichkeit selbst. Erkenntnis [= Sinn, T.B.] wächst in dem Maße, in dem es uns gelingt, Ereignisfolgen zu kontrollieren, sie vorherzusagen oder zu wiederholen. Es gibt keine Erkenntnis, ohne daß der Mensch zugleich auf seine physische oder soziale Umwelt einwirkt und sie dadurch verändert (Keil-Slawik 1994, 210).

Technik ist somit in jeder Ausprägung stets als Produzent von Sinn zu verstehen und steht niemals außerhalb des Sinnsystems. Jede Technologie produziert zusätzliche, aber auf das bestehende Sinnsystem aufbauende Bedeutung. Jede Simulation ist immer Reduktion zum Gewinn von Sinn. Jede Technik ist damit zuvörderst Signifikationstechnik. Technologie bedeutet folglich nie Zäsur, sondern immer sinnhafte Kontinuität.

Krämer (2003) definiert Kulturtechniken deshalb passend als „symbolische Maschinen"[29]: Ähnlich der sowohl mechanisch als auch abstrakt herstellbaren Zustände einer digitalen operierenden Maschine, operiert der Mensch bei der handschriftlichen Lösung einer Multiplikationsaufgabe:

> Ausschließlich durch Kenntnis des kleinen Einsundeins, Einsminuseins, Einmaleins und Einsdurcheins können wir alle Multiplikationsaufgaben der elementaren Arithmetik auf kinderleichte Weise lösen; durch eine Kenntnis, die überdies ersetzbar ist durch das bloße Hineingucken in eine entsprechende Tabelle und das exakte Formen und Umformen von Zeichenserien auf dem Papier. Die dabei angewendeten Regeln nehmen Bezug ausschließlich auf die sinnlich sichtbare Signatur der Zeichen, nicht aber auf deren Bedeutung, ‚Bedeutung' hier ohne alle Komplikation verstanden als Bezugnahme auf die Referenzgegenstände, für welche die Zahlen stehen (Krämer 2003, 214-215).

Um Krämers weitere Argumentation vereinfacht wiederzugeben, genügt es, den Punkt der ‚unbedeutenden Bedeutung' der Zeichen aufzugreifen. Es lässt sich mittels der einstudierten oder in einer Tabelle nachgesehenen Operationen rechnen, ohne zu erkennen, warum diese Verfahren funktionieren. Die Symbole haben eine referenzlose interne maschinelle Funktionslogik – sie sind eine sym-

---

[29] Ausführlich dazu und zum Algorithmus Kap. 1.4.

bolische Maschine, die mechanisch abläuft. Krämer spricht vom „Computer in uns" (Krämer 2003, 214):

> Die Kulturtechnik der symbolischen Maschinen ist eine an Körperpraktiken gebundene Geistestechnik. Sie beruht auf der Symbiose von Auge, Hand, Geist im ‚Werkraum' der operativen Schrift (Krämer 2003, 215).

Der Mensch, sein Geist, seine Hand werden hier allesamt Teil einer symbolischen Maschine, indem sie einen Algorithmus ausführen. Die zunächst symbolisch festgelegte Operation verläuft mechanisch und setzt sich fort im menschlichen Körper und seinem Geist. Alle diese Elemente gehören zum symbolischen System. Hier wird der Mythos Algorithmus deutlich – als umfassendes Sinnsystem, dessen formalisierte Operationalisierung alle Elemente der Sinnproduktion ergreift.

b) Technologie als Organisations- oder Strukturprinzip: Die Megamaschine und Gouvernementalität und Bio-Macht

Ähnlich der symbolischen Maschine bei Krämer, die bestimmte Handlungsmuster in den Menschen einschreibt und ihn zu einem Element der operativen Logik eines Algorithmus macht, fordern Organisationsprogramme spezifische Handlungen und Interaktionen ein, die Kollektive von Menschen ausführen. Die gegenwärtigen neoliberal und kapitalistisch organisierten Wirtschaftssysteme erwirken auf diese Weise die Produktion bestimmter menschlicher Akteure: Durch Techniken der Selbsthervorbringung werden Subjekte konstruiert, die die soziale Ordnung nach innen, in die Identität und das Bewusstsein der Subjekte hinein fortsetzen. Ökonomisierung und Industrialisierung erfordern eine kleinteilige Aufspaltung von Arbeitsprozessen und der „Rationalisierung von Verhaltensstandards" (Wierschowski 1995, 20). Die Fließbandproduktion zu Beginn des 20. Jahrhunderts automatisiert nicht nur den Produktionsprozess, sondern die Verhaltensweisen der Arbeiter als Teil der politisch-wirtschaftlichen Gesamtorganisation. Der Arbeiter wird zum Element in der industriellen Organisation, einer Megamaschine (Mumford 1977), was im Taylorismus einen Höhepunkt erfährt: Der Arbeiter wird zur Variablen der ökonomischen und industriellen Produktionslogik. Taylor beginnt 1882 mit Bewegungsmessungen der Arbeiter eines Stahlwerks und normiert effiziente Bewegungsabläufe, an die sich jeder Arbeiter exakt zu halten hat im Einklang mit seinen Interaktionspartnern, den Maschinen (Lünnemann 1995, 48). Menschliche Handlungen und maschinelle Prozesse bearbeiten beide *denselben* Algorithmus.

Parallele symbolische Operationsketten finden sich in der Herausbildung eines universalen ökonomischen Systems, das sich zur Basis eines Wissen erklärt, das „den ökonomischen Menschen als die Wirklichkeit des Menschen und eine ökonomische Gesellschaft als das Reale des Sozialen unterstellt" (Vogl 2008,

347). Die soziale Realität wird in Geldwert umgeschrieben – Körper in Produkte, Handlungen in Dienstleistungen. Statt der Güter zirkuliert ihre symbolische Übersetzung nach operativer Logik in Geldzeichen. Diese haben den Status des universalen Messinstruments für ‚Wert' und so wird ihre Steigerung und Mehrung zur politisch-exekutiven Ratio des Nationalstaates. Individuen und deren Handlungen lassen sich mit der universalen Technik der ökonomischen Signifikation messbar machen. Ihre Optimierung ist das Handlungsprogramm der kapitalistischen Logik. Planbarkeit und Effizienzsteigerung sorgen als erwartete Muster zu einer Formalisierung des Arbeiter- und Dienstleistungskörpers. Der Anspruch der in Aus- und Weiterbildung verinstitutionalisierten *managerial skills* (Preda 2009) durchzieht soziales Handeln und Beziehungen sowie „erfolgreiche Persönlichkeiten", die als optimierbare Variablen begriffen werden. Anders als in der Arithmetik sind nicht Addition und Subtraktion, Multiplikation und Division die entscheidenden Faktoren, sondern Zielerfüllung, die quantifizierbare Effizienzsteigerung oder Produktionsleistung. Die Determinationsmacht dieser symbolischen Maschinen bringt in einem anderen Feld gar spezifische sexuelle Handlungen hervor, die der kapitalistisch-materialistischen Logik entsprechen: Erwünschte sexuelle Handlungen sind solche, die die Gesamtpopulation mehren. Entsprechend lautet das Argument, nach dem sich die sozioökonomische Ordnung einer Gesellschaft auch nach innen gewendet in der Triebstruktur des Individuums fortsetzt (Marcuse 1995 [1955]). Die Anforderungen der Megamaschine bestehen nicht nur aus formalisierten Handlungen des Fabrikarbeiters, sondern auch in der Regulation des Sexes. Es ist gerade diese Regulation und Formalisierung, die indirekt sexuelle und weitere Identitäten hervorbringt (Foucault 1983).[30]

Die ökonomische Ratio produziert als symbolische Maschine einen neuen Menschentypus, durch dessen Handlungen bestimmte soziale Normen gültig und in dessen Identität politische und ökonomische Notwendigkeiten eingeschrieben werden. Diese Verbindung von der Nationalstaatsökonomie und Regulation des Sexes, der Gesamtpopulation und letztlich des Lebens entsteht

> im Dienste eines elementaren Bemühens, nämlich dem, das Bevölkerungswachstum zu sichern, Arbeitskraft zu produzieren, die Form der gesellschaftlichen Beziehungen aufrechtzuerhalten, kurz: im Dienste der Absicht, eine ökonomisch nützliche und politisch konservative Sexualität zu bilden? (Foucault 1983, 41).

Selbst wenn Foucault hier mit einem Fragezeichen abschließt, wird diese Verbindung bei ihm später zu einer breiteren Theorie einer liberalen Regierungsform, die er Gouvernementalität nennt (Foucault 2004) und definiert als

---

[30] Hier liegt die – nie in völliger Klarheit unterscheidbare – Verbindung zu den (c) Technologien des Selbst (ausführlich Kap. 2.2.).

> the ensemble formed by the institutions, procedures, analyses and reflections, the cal-
> culations and tactics that allow the exercise of this very specific albeit complex form
> of power, which has as its target population, as its principal form of knowledge po-
> litical economy, and as its essential technical means apparatuses of security (Foucault
> 1991, 102).

Die Regulation des Sexes wird ausgeweitet auf die Regierung des Lebens (Bio-Macht), womit vor allem die Gesamtpopulation gesteuert optimiert werden soll. Dazu zählt neben der Eindämmung von Erbkrankheiten (Inzestverbot) auch die oben ausführlicher besprochene PID (zum breiten Komplex der Biopolitik: Lemke 2007). Der Macht-Begriff ist für Foucaults Analysen zwar zentral, aber nicht mit klassischen Machtkonzepten gleichzusetzen, da es sich nicht auf die Betrachtung einzelner sozialer Akteure und ihr Verhältnis (der Staat zwingt seine Bürger zu bestimmten Handlungen o. Ä.) zueinander reduzieren lässt. Macht bei Foucault ist vielmehr

1. ein Ensemble von Handlungen, die Subjekte ausführen und sich so gegenseitig verändern. Macht ist somit ein relationales Netzwerk.

2. plural und nicht reduzierbar auf konkrete Akteure oder Institutionen

3. vor allem produktiv und nicht repressiv (Frankenberger 2007, 163-164).

Die von Foucault eingeführten Technologien sind weit mehr als bloße „Regierungstechnologien", sie sind jede auf ihre Art konstitutiv für die Organisation von Handlungen, die wiederum eine soziale Realität und Identitäten hervorbringen (Walters 2012). Die Bevölkerung wird nicht nur reguliert, sie reguliert sich selbst zur Optimierung der Gesamtpopulation.[31] Es gibt ökonomische Anreize für Familiengründung und Kinderreichtum oder die mächtige Norm medizinischer Selbstregulierung: Krebsvorsorge, gesunde Ernährung, Bewegung oder Schutz vor Infektionen sind letztlich Selbstregulationen zum Schutze des Kollektivkörpers. Auch hier schreibt sich die ökonomische Operationslogik der Organisationstechnologie in das Innen der Individuen ein. Der Volkskörper soll optimiert werden – in der ökonomisch-politischen Dimension der Gesamtpopulation – und jeder Individualkörper hat daran mitzuarbeiten. Die Folge sind Steuerung und Regulierung, die jedoch subtil als Selbststeuerung aktiviert wird. Das Individuum steuert sich selbst zum Wohle des sich optimierenden Volkskörpers (Lösch 1998).

---

[31] Zur Illustration dieser Bio-Macht lässt sich etwa am Beispiel Israel argumentieren, dass die Größe der Gesamtpopulation zentral für die kollektive Existenzsicherung ist: „Die Bürger werden nicht etwa offiziell dazu aufgerufen, die Geburtenrate zu erhöhen, vielmehr produziert die diskursiv erzeugte Angst vor dem ‚demographischen Problem' individuelle Entscheidungen, die der Stärkung des Kollektivkörpers dienen" (Weiß 2009, 50-51, bezieht sich auf Prainsack 2005).

Symboltechniken stehen nicht nur zum Gebrauch für die Menschen zur Verfügung. Menschen werden durch sie hervorgebracht, bringen sich selbst hervor und werden entsprechend der operativen Logik der Signifikationstechniken formalisiert. Der Mensch ist ein Menschbild, das in Signifikationstechniken produziert wird.

c) Technologie als Subjektivation: Die Hervorbringung des Selbst
Die Selbsttechnologien heben das Subjekt und seinen Anteil an dem durch die Signifikationstechniken konstituierten Sinnsystem hervor. Sie werden hier nur knapp eingeführt, da ihre Funktionsweise in Kapitel 2.2. dieser Arbeit ausführlich besprochen wird.

Den oben entwickelten Gedanken von Organisationstechnologien und symbolischen Maschinen, die sich ins Innere der beteiligten Individuen fortsetzen, aufgreifend, beschreiben die Selbsttechnologien diesen Prozess der Hervorbringung eines Selbst (Subjektivation; Butler 2006 [1990]), das angewiesen ist auf die von außen bereitgestellten sinnhaften Strukturen. Am Beispiel der neoliberal-kapitalistischen Organisationstechnologie lässt sich ein vermeintlicher Widerspruch klären, der die Freiheit des Marktes auf die Freiheit der Individuen herunterrechnet. Vielmehr wirken auch hier die von Foucault beschriebenen Macht/Wissen-Zusammenhänge. Ein freies Konsum-Selbst reguliert sich selbst – aber im Einklang mit den durch eine kapitalistische Logik gesetzten Anforderungen. Der liberale Aspekt der ökonomischen Ordnung verschleiert dabei lediglich den Zwang zur Ökonomisierung des Selbst: kosmetische Pflege oder Schönheitschirurgie; Sport als Disziplinierung und ästhetische Formung des Körpers; Bildung oder psychologische Therapien als Arbeit am Geist; Narrative des glücklichen, selbstbestimmten und erfolgreichen Lebens, die eng verbunden sind mit der Erfüllung beruflicher (Karriere) oder privater (Familiengründung, Kinder) Ziele. Alle diese Freiheiten weisen ein zwanghaftes Element auf, das Selbst als verbesserungsbedürftiges „Projekt" zu formen (Giddens 1991).

Kapitalistische Logik und Marktliberalismus sind dabei die wesentliche Struktur, die spezifische Identitäten, Handlungen und zwischenmenschliche Beziehungsdefinitionen hervorbringt, die als *commodities* – als gehandelte Waren und Leistungen – bewertet werden:

> The regulation of conduct becomes a matter of each individual's desire to govern
> their own conduct freely in the service of the maximization of a version of their hap-
> piness and fulfilment that they take to be their own, but such a lifestyle maximization
> entails a relation to authority in the very moment as it pronounces itself the outcome
> of free choice (Rose 1996a, 58-59).

Freiheit ist mit anderen Worten als marktkapitalistische Illusion zu werten, die einen wesentlichen Beitrag zur Selbstregulierung von Individuen in neoliberal regierten Gesellschaften leistet. Individualismus, Wahlmöglichkeiten oder Selbsterfüllung suggerieren vordergründig Freiheit, sind jedoch allenfalls subtile Instrumente der Selbstregulierung. Diese Form der Selbstkontrolle jedoch erfordert bestimmte Instrumente der Selbstreflexion, die insbesondere die „Psy-Disziplinen" (Rose 1998) wie etwa Psychoanalyse oder Pädagogik liefern. Die Erforschung des eigenen Selbst spiegelt den Mechanismus zwischen produktiver Hervorbringung (die Signifikationstechnologie als Generator eines sinnhaften Sprechens über eine Kategorie wie ‚Selbstbewusstsein'), hat aber gleichzeitig normierenden, repressiven Charakter, indem ein niedriges Selbstbewusstsein zum Beispiel zu einer Optimierungsarbeit am schwachen Selbst auffordert. Das Selbst wird zunächst in benennbaren Kategorien hervorgebracht und anschließend zur Selbstregulation und Optimierung angehalten. Die Zielerfüllung liegt in der maximalen Annäherung an Werte wie Handlungsautonomie und Unabhängigkeit, Selbsterfüllung, privater und beruflicher Erfolg.

Das so produzierte Menschbild ist immer eines durch Signifikationstechniken bereitgestelltes und bedingtes. Um Sinn erzeugen zu können, *müssen* sie Regeln folgen. Entsprechend muss ein an der Schnittstelle von Kulturtechnik und Selbsttechnik produziertes Menschbild immer ein formalisiertes sein. Dieser Mechanismus beantwortet die eingangs gestellten Fragen danach, wie uns die Signifikationstechniken über die Funktionsweise des Menschen, seines Körpers, seines Geistes oder seines Lebens aufklären. Entscheidend ist, dass die produktive/repressive Selbsttechnik und Selbstregulation gerade in vermeintlicher Freiheit aktiv ist. Gemeint ist die Freiheit von der Formalisierung, die immer nur eine scheinbare ist. Ohne eine Formalisierung, die Ausführung der durch die Signifikationstechniken dem Individuen auferlegten Programme, kann es keinerlei Bedeutung annehmen. Das Selbst ist entweder formalisiert, oder es *ist* nicht.

Diese Regulation, die Menschen erzeugt und dazu veranlasst, sich selbst als Teil größerer symbolischer Maschinen zu erzeugen, findet immer nur in einem geschlossenen Sinnsystem statt. McLuhans metaphorisches Spiel mag, wie eingangs gesehen, eine originelle Methode im produktiven Umgang mit Signifikanten sein. Entscheidend aber ist, die Signifikation bereits selbst als Technologie, als Methode zu betrachten. Eine Verwandtschaft des Technischen und des Menschlichen entsteht hier erst. Im Außerhalb des Sinnsystems können keine Bedeutungen produziert werden, nur innerhalb der im Mythos zirkulierenden Bedeutungen. Die Multidimensionalität der Signifikationstechniken (materiell-technizistisch als Apparat, organisationell und performativ-handlungszentriert als ‚Megamaschine' und symbolisch-zeichenhaft als Subjektivationstechnik) verlangt eine Figur, die alle Dimensionen verbinden kann. Diese Figur ist das Leitmotiv des gegenwärtigen Menschbildes. Wie sich im Folgenden zeigen soll, ist die zentrale Formalisierungslogik dieses Mythos der Algorithmus.

1.4. Der Algorithmus des Mythos: Logische Funktion des Wahrseins

Im Mythos konstituieren sich Wahrnehmung, soziale Realität und Bedeutung und damit die Welt.[32] Er folgt einer Logik und einer Performanz der Wahrheit. Die These dieses Kapitels ist, dass es sich bei der Figur des Algorithmus um die Logik dieser Wahrheitsproduktion innerhalb des Mythos handelt. Sie soll durch ein Beispiel aus dem wirtschaftswissenschaftlichen Kontext illustriert und plausibilisiert werden. Der Algorithmus scheint als Figur der Logik und Performanz der Wahrheit des Mythos geeignet, da er diese gleichzeitig symbolisch-repräsentativ sowie prozesshaft herstellt und performativ konstituiert (Kap. 1.4.1.). Wie herausgestellt wurde, operiert das semiologische System ‚Mythos' auf drei Ebenen, die bestimmten Technologietypen entsprechen: (1) symbolisch entweder abstrakt oder manifest, (2) als soziale Realität konstituierende Handlungen performativ und (3) zwei Ebenen der Sinnproduktion umfassend, die sich analytisch unterscheiden lassen: Aktualität und Potentialität (Kap. 1.2.2.).

Der Algorithmus vereint alle drei dieser Eigenschaften, denn er hat (Kap. 1.4.2.) als symbolisch-zeichenhafte Verknüpfung (des symbolischen Rohstoffs ‚Information', Repräsentation oder Bedeutung) Zugriff zur Ebene des Abstrakten sowie zur Ebene des manifesten Modells sowie (Kap. 1.4.3.) durch seine Eigenschaft als Handlungsvorschrift Zugriff zur Ebene des Performativen. In einer weiteren Lesart verbindet der Algorithmus (Kap. 1.4.4.) die Dimensionen Aktualität und Potentialität miteinander, weil er immer auf einen zielgerichteten Prozess verweist, der in einer möglichen (und in der Aktualität erwarteten) Zukunft seinen Abschluss findet. Die Algorithmus-Figur bestimmt durch ihre Multidimensionalität und Formalisiertheit die Logik des modernen Mythos vom Menschen. Die Bilder vom Menschen (Repräsentationen, überindividueller Sinn sowie subjektive Vorstellung) sind algorithmisierbar. Ein sinnhaftes Menschbild ist dasjenige, das der algorithmischen Logik der (1) Repräsentation, (2) operationalen Verknüpfung und (3) der kausalen und prognostischen Zuschreibung ent-

---

[32] Eine Zusammenfassung der bisherigen Argumentation: Die Zirkularität der Wissensproduktion ist der Mechanismus sowohl der ‚klassischen' Mythen als auch der Mythen des Alltags und schließlich der spezifischen (weil als Fakt markierten) Mythologie der Wissenschaft (Kap. 1.2.). Die beobachtete Mensch-Maschine-Hybridisierung findet innerhalb dieses Systems statt, was zur These führt, dass nicht die Phänomene, sondern die Modelle konvergieren. Die eindeutigen Pole der Erkenntnis werden niemals ausgehebelt, sondern im Hybriden indirekt bestätigt. Hybrid-Figurationen wie der Harawaysche Cyborg werden trotz ihres subversiven Potentials oftmals zu Instrumenten degradiert, um die technischen und natürlichen Anteile zu bestimmen (Kap. 1.3.1.). Das hier als Modell eingeführte Sinnsystem Mythos konstituiert eine eigene, geschlossene Welt, dessen Organisationsprinzip ein hochgradig in Repräsentationen und Praktiken formalisiertes ist. Die Wahrheit des Wissens und des Tuns liegt in seiner Form begründet, folgt einer regelhaften Funktion, einer ‚Logik der Wahrheit' (Frege, Kap. 1.2.2.) und einer ‚Performanz der Wahrheit' (Kap. 1.3.2.).

spricht. Der Mythos Algorithmus versteht sich deshalb als Instrument der Deutung des Menschen. Er ist das Prinzip der Form seiner Wahrheit.

1.4.1. Der Algorithmus als Operationsprinzip des Sinnsystems Mythos

Obwohl nur in Gedanken gebaut, liegt die Turing-Maschine (Turing 1937) als Modell allen Computern zugrunde. Sie teilt – und das ist die Kernthese dieses Abschnitts – wesentliche Eigenschaften mit dem Sinnsystem Mythos bis hin zu der ausschließlichen Äquivalenz aller ihrer überhaupt denkbaren Operationen zu Algorithmen. Ihr Prinzip ist sehr simpel: „Ein Schreib- und Lesekopf kann immer ein Feld eines unendlich langen Bandes abtasten" (Warnke 1995, 159). Dies sind die wesentlichen Charakteristika der Turing-Maschine (Warnke 1995, 159): (1) Die für die Operationen zur Verfügung stehenden Zeichen stammen aus einem endlichen Zeichenvorrat oder einem Leerzeichen. (2) Die Maschine kann einen von endlich vielen Zuständen annehmen. (3) Eine Maschinentabelle (ein Programm) beschreibt, welche Operationen die Maschine durchführt, und (4) ist die Zahl der möglichen Operationen begrenzt. Die zugrunde liegende Annahme der Turing-Maschine ist schließlich (5), dass sie alles das berechnen kann, was als berechenbar gedacht werden kann (Warnke 1995, 160). Die Parallele zwischen der Turing-Maschine und dem Sinnsystem Mythos ist deutlich: Auch der Mythos wird (1) durch einen begrenzten Zeichenvorrat konstituiert, der (2) die sinnhaften Varianten der Bedeutungskonstruktion bestimmt. (3) Die Verkettung bleibt ohne eine regelgeleitete Reihung der Zeichen (symbolische Übersetzung, Reinigung, Hybridisierung; Kap. 1.3.2.) ohne Sinn, deren Zahl damit (4) ebenfalls begrenzt ist. (5) Nur im Mythos kann Sinn produziert werden, aus den Rohstoffen dessen, was überhaupt gedacht werden kann – ob Fakt oder Fiktion.

Die Operationen der Turing-Maschine folgen ausschließlich Handlungsvorschriften und damit stets einem Algorithmus. Die Eigenschaften des Algorithmus qualifizieren ihn nicht nur dazu, über die Operationsweise der Turing-Maschine Auskunft zu geben. Er ist vielmehr ein geeignetes Werkzeug, um den Mythos als Sinnsystem zu operationalisieren und auf verschiedenen Sinnebenen (im Folgenden ausführlicher: semiologisch, performativ, aktuell/virtuell) für eine Analyse einzusetzen.

Das bereits in Kapitel 1.1. gegebene mathematische Verständnis eines Algorithmus definiert ihn als

> generelles, schrittweise vorgehendes Rechenverfahren, das nach schematischen Regeln vollzogen wird. Die das Rechenverfahren leitende Anweisung muß in allen Einzelheiten genau und von endlicher Länge sein (Prechtl 2000, 28).

Bereits in dieser knappen Definition sind die drei hier wesentlichen Sinndimensionen des Algorithmus verborgen: Er deckt die *semiotische* Ebene der Repräsentation, die *performative* Ebene als *Handlungsanweisung* und das Verhältnis zwischen *Aktualität* und *Potentialität* ab. Wie sich im Folgenden zeigen wird, machen ihn diese drei Sinndimensionen zur zentralen Figur des Sinnsystems Mythos.

Ein einfacher Algorithmus könnte so lauten:

$$\text{IF } X < 10 \text{ THEN } X + 1$$

Übersetzt in eine natürliche Sprache, ist dieser Algorithmus etwa gleichbedeutend mit der Handlungsaufforderung: „Wenn Du weniger als 10 Äpfel gekauft hast, kaufe einen mehr – bis du schließlich 10 Äpfel gekauft hast."

X hat als Referenz einen Apfel. X ist folglich als Symbol anzusehen, das etwas anderes repräsentiert. Das ist die *semiotische* Ebene des Algorithmus. Gleichzeitig ist hier der Beobachter-Konstruktivismus des Sinnsystems Mythos zu erkennen. Zur Verdeutlichung des Arguments ließe sich behaupten: Erst dadurch, dass X die Referenz Apfel besitzt und diese Kategorie im Sinnsystem schon besteht, wird der Apfel bei der Beobachtung als Einheit hervorgebracht.[33] X unterscheidet nicht kleine Äpfel, große Äpfel, grüne oder rote Äpfel. Der Algorithmus formalisiert und homogenisiert Sinneinheiten. Als Besonderheit kann darüber hinaus gelten, dass der Algorithmus auch dann eine sinnvolle Operation beschreibt, wenn die durch ihn benannten Symbole keine Referenz haben (weiter unten in diesem Kapitel).

Die Wenn-dann-Verknüpfung des Algorithmus sowie das + sind Operatoren, die die symbolischen Einheiten miteinander verknüpfen und damit eine Handlung formalisieren. Das ist die *performative* Ebene des Algorithmus. Auch diese Handlung lässt sich ohne tatsächliche Referenz denken. Die Operation der abstrakten Addition ist äquivalent zur konkret durchgeführten Operation eines sukzessiv ablaufenden Apfelkaufs. Der Algorithmus macht hier (wie der Mythos) keinen Unterschied zwischen konkret-materiell und abstrakt.

Der Algorithmus beschreibt zudem immer eine endliche Verkettung von Einheiten und formalisierten Operationen. Zu jeder Stelle des Algorithmus lässt sich die aktuelle Position auf einer Zeitachse benennen: Jetzt habe ich fünf Äpfel. Durch die formalisierte und mit einem Endpunkt versehene operative Kette ist zu jedem aktuellen Zeitpunkt (ich habe gerade vier Äpfel, ich habe gerade sechs Äpfel usw.) das Ziel jeweils stets *kopräsent*: Noch weitere sechs oder vier Äpfel und *ich werde zehn Äpfel gekauft haben*. Dieses Wechselverhältnis zwischen

---

[33] Ausführlich Kap. 1.2.2. und grundlegend Foucaults Ordnung der Dinge (1974).

dem Präsenten und dem Möglichen/Erwarteten beschreibt das Verhältnis von *Aktualität* und *Virtualität* zu einem bestimmten Zeitpunkt auf der algorithmisierten Operationskette. Eine vom aktuellen Zeitpunkt aus zurückgerichtete Perspektive hingegen beschreibt keine Virtualität, da sie in der Logik des Algorithmus bereits aktualisiert wurde. Im Beispiel etwa könnte die durch den Algorithmus ableitbare Aussage lauten: Wenn ich jetzt schon 7 Äpfel habe, habe ich zuvor sechs Äpfel gekauft. Hierin steckt eine *Kausalität*, eine rückblickend verifizierte Wenn-dann-Aussage. Für den Mythos drückt sich in diesen Eigenschaften der algorithmischen Operationskette das Wechselspiel zwischen Faktizität und Fiktionalität aus – ein denkbar Mögliches, das eintreten kann aber noch immer Teil derselben Sinndimension ist (Kap. 1.2.3.). Gleiches gilt für die Methode der Hypothesenprüfung (Popper 1971), deren Falsifikationsprinzip nach dem Aktualisieren einer Wenn-dann-Erwartung rückblickend betrachtet zu einer Kausalität erklärt wird. Gerade für das Ausführen der selbsterklärt wissenschaftlich-objektiven Erkenntnisprogramme der Wissenschaft ist die Referenzlosigkeit dieser Algorithmen des Erkennens problematisch.[34]

Selten treten der Mythos Algorithmus und der computerisierbare Mensch deutlicher zutage als in der Informatik, deren basales Handwerk die Erstellung von Algorithmen ist. Ein kurzer Blick in eine Einführung in „informatisch-mathematische Methoden" (Kramer 2009; „Computational Intelligence") zeigt bereits die Mythologie der universellen Berechenbarkeit des Natürlichen und Menschlichen. Doch ist die Perspektive hier umgedreht, denn nicht die Algorithmen der Informatik erschließen die Natur, vielmehr inspiriert die Natur das Design von Algorithmen:

> Die Natur hat im Laufe der Jahrmillionen auf der Erde eine große Vielfalt von Problemlösungsstrategien für die Aufgaben Überleben und Fortpflanzung entwickelt. Von diesen Techniken zu lernen heißt, biologische Konzepte in algorithmische Modelle zu übersetzen und auf diese Weise für Problemlösungsprozesse nutzbar zu machen. *Interessanterweise sind viele Verfahren der Computational Intelligence an ein biologisches Vorbild angelehnt und bedienen sich der Sprache der Biologie ... Viele Algorithmen verdanken ihre Entstehung einer Analyse biologischer Vorgänge* (Kramer 2009, 6; Hervorhebung T.B.).

Aufschlussreich ist vor allem die Richtung der Modellgenese, die von „der Natur" als Vorbild spricht und nicht etwa von den *Modellen* der Natur. Die hier explizit eingenommene Sichtweise erklärt: Wir nehmen die Natur zum Vorbild – so wie sie ist. Der Modellcharakter der Wahrnehmung von Natur bleibt dabei

---

[34] Dies liegt zum einen am „Überprüfungsmythos" des „deduktivistischen Dogmas", das von der Unmöglichkeit ‚reiner' Hypothesen zu Beginn des Forschungsprozesses ausgeht (Blinkert 2009), und zum anderen am logischen Problem, dass Hypothesen nicht mit ‚der Realität' konfrontiert werden können, sondern nur mit Aussagen über sie, die im Prozess der Falsifikation stillschweigend als verifiziert gesetzt werden (Kromrey 2010); Kap. 1.4.2.

völlig unbeachtet. Wie bereits argumentiert (Kap. 1.3.1.), ist die Konvergenz des Technischen und des Natürlichen vor allem einer durch dieselben Modelle konstruierten Äquivalenzbeziehung geschuldet. Die aus der objektivierten Natur abgeleiteten Algorithmen machen dies überdeutlich: Die von Kramer identifizierten Algorithmen mit natürlichem Vorbild lesen sich wie das Inhaltsverzeichnis einer umfassenden Anthropologie des künstlichen Menschen, sind jedoch allesamt zentral um die fixierende Figur des Algorithmus arrangiert:

Er unterscheidet evolutionäre Algorithmen, Schwarmintelligenz, Künstliche Immunsysteme, Fuzzy-Logik, Reinforcement Learning und Neuronale Netze. Der menschlich-natürliche Bildgeber lässt sich in den meisten Fällen unschwer erkennen. Evolutionäre Algorithmen etwa orientieren sich neodarwinistisch an den Prinzipien der Vererbung[35], Mutation[36] und Selektion[37]. Fuzzy-Logik meint eine Logik der Unschärfe, die sich an menschlicher Kognition orientieren soll: „Konzepte und logische Aussagen können nicht allein nur zwei, sondern eine ganze *Menge von Wahrheitswerten* annehmen" (Kramer 2009, 9; Hervorhebung im Original). Reinforcement Learning orientiert sich ebenso an menschlicher Kognition und Lernfähigkeit und dem behavioristischen „Prinzip von Belohnung und Bestrafung" (Kramer 2009, 10). „Optimales Verhalten" eines Systems wird durch dynamische Programmierung erreicht, indem Zustände nach ihrer Erwünschtheit bewertet werden und zu einer Anpassung des Verhaltens führen. Offenbar stand bei diesem Ansatz ein behavioristisches Reiz-Reaktions-Modell menschlichen Verhaltens Pate.

Diese nonchalante Verquickung der Phänomene über den Algorithmus als Organisationsprinzip geschieht nach einem Muster, das sich an einem Beispiel aus einem ganz anderen Kontext gleichzeitig veranschaulichen und begründen lässt: Zwischen den Wirtschaftswissenschaften – *economics* – und ihrem vermeintlichen Referenten, der Wirtschaft – *economy* –, liegt keine deskriptive Beziehung vor (Callon 1998, 2007). Dies erscheint eigentümlich, sind doch die Wirtschaftswissenschaften erklärtermaßen der Beschreibung und Analyse der Wirtschaft verpflichtet. Doch das Expertenwissen der *economics* ist selbst als Teil der Wirtschaft zu verstehen. Das in den Wirtschaftswissenschaften durch Modelle, Formeln und Prognosen entwickelte Wissen *über* die Wirtschaft hat vielmehr *interventionistischen* Charakter und bringt diejenigen ökonomischen Effekte erst hervor, die sie vorgeblich lediglich beschreibt. Ökonomische Theorie hat in diesem Sinne *semiotisch-performativen* Charakter und versinnbildlicht das Funktionsprinzip des algorithmischen Mythos.

---

[35] „Die Vererbung der Eigenschaften mehrerer Lösungen ist als Rekombination bekannt."

[36] „Die Variation von Lösungen wird als Mutation bezeichnet."

[37] „Die Auswahl der besten Lösungen verleiht der Suche eine Richtung" (alle drei Zitate: Kramer 2009, 8).

Die Parallelen zwischen seiner Erkenntnislogik und der ökonomischen Theorie werden am Beispiel einer wirtschaftswissenschaftlichen Formel deutlich: Die *Black and Scholes formula* – ein 1973 entwickeltes finanzmathematisches Modell zur Bewertung von Derivaten – konstituiert eine Welt von Bedeutungen, die nur innerhalb des Modells eine Wirklichkeit hat. Die Popularisierung dieser mathematischen Formel führte zu ihrer weltweiten Verbreitung und einer entsprechenden Homogenisierung von Bewertungskriterien bestimmter Finanzprodukte, was schließlich deren tatsächlichen Wert zu determinieren begann (MacKenzie 2007). Die Welt der Formel wurde zur Welt selbst:

> We could say that the formula has become true, but it is preferable to say that *the world it supposes has become actual* (Callon 2007, 320; Hervorhebung T.B.).

Die soziale Realität erwächst aus den in einer Formel virtuell angelegten Konsequenzen. Die wirtschaftswissenschaftliche Formel ist damit semiotisch-performativ, indem sie die Realität, die sie zu beschreiben vorgibt, interventionistisch als ökonomische Realität erst produziert. Sie verknüpft gleichzeitig zwei Sinndimensionen – die des Aktuellen mit der des Virtuellen als in der Möglichkeit Vorhandenem. Sie aktualisiert die in ihr angelegten Repräsentationen und Praktiken zu einer sozialen Realität.[38] Für das hier gemachte Argument sind die Parallelen zwischen den semiotisch-performativen Qualitäten der *Formel* und ihrer Fähigkeit der Verknüpfung von Aktualität und Virtualität entscheidend. Die Formel kreiert eine Welt, die so zur sozialen Realität und damit zur Welt schlechthin wird. Diese Rolle fällt dem Algorithmus zu. Er ist die Funktionslogik der Beobachtung des Menschen.[39]

---

[38] Wirtschaftwissenschaftliche Modelle leisten auch ihren Anteil an der Konstruktion von Menschbildern, indem sie vermeintlich deskriptiv anthropologische Konstanten in ihre Prognosen integrieren, diese aber nach demselben Mechanismus der Aktualisierung erst als soziale Realität hervorbringen: „… enforcing incentives inspired by economic theories and their assumptions about human or organizational behaviors causes these behaviors to fit the theory's predictions. When workers are paid on the basis of performance, they end up complying with the anthropological models that fit the incentives imposed on them" (Callon 2007, 324).

[39] Vor dem Hintergrund der bisher besprochenen Mechanismen der sinnhaften Produktion des Menschen ist diese These plausibel: Die gegenwärtigen Menschbilder sind eine Verknüpfung des Aktuellen mit einer in der Möglichkeit angelegten Seinsweise (Virtualität), deren Klammer die Metapher ist (Kap. 1.2.3.). Das vermeintliche Phänomen der Mensch/Maschine-Hybridisierung ist in erster Linie eine Konvergenz der benutzen Modelle (Kap. 1.3.1.). Mit anderen Worten produzieren die Modelle bestimmte soziale Realitäten, die von einer prinzipiellen wechselseitigen Anschlussfähigkeit zwischen dem Menschen (als biologischem Organismus) und der Technologie ausgehen. Das Wissen wird dabei interventionistisch-performativ durchgesetzt (Kap. 1.3.2.). Der Mensch wird als Einheit in der Logik bestimmter Technologien produziert, indem in den Bildern und Modellen des Technischen beobachtet wird (Kap. 1.3.3.). Der Algorithmus ist das Prinzip der „Logik der Wahrheit" (Frege; Kap. 1.2.2.) und der formalisierten Handlungen, der „Performanz der Wahrheit" (Kap. 1.3.2.). Er findet sich als Funktion der Wahrheit (ebenfalls Frege; Kap. 1.2.2.) dort, wo Phänomene des Menschlichen ‚erklärt' werden.

Der Algorithmus erweist sich als theoretisches Bindeglied zwischen unterschiedlichen Abstraktionsebenen der symbolischen Transformationskette (Latour, Kap. 1.3.2.), ob als Logik digitaler Werte im Computer oder neuronaler Prozesse im Gehirn. Das Modell zwingt die Phänomene zu funktionaler Äquivalenz, der Algorithmus ist Übersetzungstool der Sinnordnung. Er beschreibt nicht nur die Funktionsweise der durch ihn gelesenen und dadurch homogenisierten Phänomene. Er wird gleichsam zum Funktionsprinzip des gesamten Sinnsystems, das nur in der universellen Formalisierbarkeit und operationalisierbaren Regelhaftigkeit Bedeutung erkennt. Daraus ergibt sich die für die Arbeit zentrale These, dass für die gegenwärtigen Menschbilder der Algorithmus den im Sinnsystem beobachteten Phänomenen Bedeutung gibt und diese hervorbringt. Allein durch den Algorithmus wird die Übersetzungskette zwischen Mensch, Computer, Avatar, evolutionstheoretischer Potentialität, Leben, künstlicher Intelligenz usw. überhaupt sinntragend möglich (Teil 2).

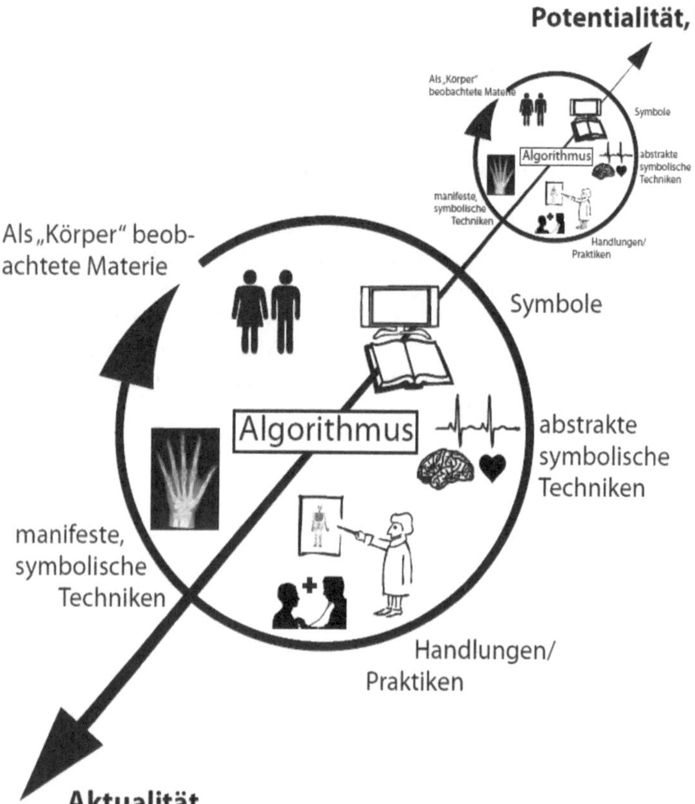

Abb. 8: Der Algorithmus als Logik des Mythos vom operationalisierbaren Menschen

Die Wahrheit des Menschen ist nur diejenige, die ihn als formalisierbar beschreibt. Die Annahme der Formalisierbarkeit wird durch Rückbezug der Elemente innerhalb des Sinnsystems aufeinander aufrechterhalten. Repräsentationen in Wissenschaft und Alltagskultur (*Symbole*) sowie Praktiken des Wissens geben Auskunft über die Funktionsweise des Menschen, informieren sich gegenseitig und bringen letztlich den operationalisierten Menschen hervor (Kap. 1.2.3.). Die Achse ist keine lineare Zeitachse. Sie illustriert vielmehr die Oszillation zwischen dem Aktuellen und dem in der Möglichkeit vorhandenen Virtuellen – das eben schon *vorhanden* ist in gegenwärtigen Repräsentationen und Praktiken: Ein Gehirn, das als Organ beobachtet wird, in dem die Verschmelzung mit dem Computer schon angelegt ist, macht eine (vermeintliche) Virtualität zur Maßgabe einer aktuellen Beobachtung.[40]

Abstrakte symbolische Techniken wie diagnostische Verfahren zur Produktion von Repräsentationen reartikulieren dieses Verständnis: Die Computertomographie (CT) oder die funktionelle Magnetresonanztomographie (fMRT) zum Beispiel konstruieren das Gehirn als elektrische Recheneinheit mit funktionalen Elementen (Kap. 2.3.3.), das Elektrokardiogramm das Herz als Teil einer größeren Mechanik, oder der Intelligenzquotient (IQ) essentialisiert die Einheit ‚Intelligenz‘ als eine vorgeblich natürliche, die gemessen, verglichen und letztlich optimiert werden kann (Kap. 2.2.1., 2.3.1., 2.3.2.).

Handlungen und Praktiken sind aus der gewählten konstruktivistisch-interaktionistischen Perspektive entscheidend für die Konstruktion einer sozialen Realität durch Interaktionshandeln, das in enger Wechselbeziehung zu den Repräsentationen steht (Kap. 1.2.2.). Auf diese Weise formalisierte Handlungsmuster finden sich etwa im Bildungssystem, in verinstitutionalisierten „Psy-Disziplinen“ (Psychologie, Pädagogik u. Ä.; Kap. 2.2.1.), den Anforderungen an eine erfolgreiche Arbeit am beruflichen Status, modischen Anforderungen oder Etikette, in sexuellen Beziehungen, performativen Elementen geschlechtlicher Identität oder medizinischer Prävention. Die möglichen Anwendungsfelder sind endlos. Entscheidend ist, dass in spezifischen Settings formalisierte Handlungen eingefordert und damit spezifische soziale Realitäten hervorgebracht werden.

Manifeste symbolische Techniken: Hierzu lassen sich auch medizinische Bildgebungsverfahren zählen, wie die Röntgenphotographie, das im 19. Jahrhundert entwickelte Diagnoseverfahren der Fieberkurve (Hess 2002) oder anatomische Atlanten (Duden 1987). Anders als bei der Computertomographie scheint der Bezug zum repräsentierten Menschen näher und weniger konstruiert. Dennoch tritt auch hier der Mensch hinter diese Diagnosetechniken zurück, mehr noch: Die semiotischen Einheiten steuern die Wahrnehmung dahingehend, dass der Körper in bestimmten formalisierten Kategorien erst erfahrbar wird (Kap. 2.1.3.).

Dies ist eng verbunden mit der Konstruktion der *als Einheit ‚Körper‘ beobachteten Materie*. Besonders deutlich wird dies am gründlich erforschten geschlecht-

---

[40] McLuhan etwa beobachtet auf diese Weise *jeden* menschlichen Sinn als in der Möglichkeit durch Technologie substituierbar (Kap. 1.3.3.). Die Metapher spielt hier auch eine besondere, vermittelnde Rolle zwischen dem Aktuellen und dem Virtuellen (Kap. 1.2.3.).

lich codierten Körper, der sowohl im medizinischen als auch im alltäglichen Diskurs in einem bipolaren Schema (männlich/weiblich) konstruiert und wahrgenommen wird (besonders Kap. 2.2.2.). Selbst wenn graduelle Kategorien zwischen den Polen existieren (z. B. die sogenannte Intersexualität), ist die Bipolarität der Geschlechter die zirkulierende Referenz der Sinnproduktion. Ähnliches gilt für den medizinischen Blick, der den Menschen in seinen „Systemen" (Blutkreislauf, Herz-Lungen-Apparat, Verdauungssystem, Fortpflanzungsorgane etc.) wahrnimmt und konstruiert.

Die beiden Dimensionen *Aktualität und Potentialität/Virtualität* bringen zum Ausdruck, dass das Mögliche, Denkbare, Befürchtete oder Gewünschte immer schon Teil gegenwärtiger sozialer Realität ist. Besonders anschaulich wird dies im Zusammenspiel der medizinischen Diagnose und Prognose (Kap. 2.1.3.). Eine aktuelle medizinische Diagnose beinhaltet immer einen in der Möglichkeit vorhandenen Verlauf der Krankheit. Im aktuellen Zustand ist das Potentielle präsent und damit eng verwoben: Das in der Möglichkeit Vorhandene alteriert die aktuellen Repräsentationen und Handlungen und wird so zur aktuellen sozialen Realität.

Diese Multidimensionalität der Algorithmus-Figur steht im Zentrum der folgenden Kapitel. Sie ist zugleich semiotisch, performativ sowie ein Bindeglied zwischen dem Aktuellen und dem Virtuellen.

1.4.2. Die semiotische Ebene des Algorithmus: Epistemisches Ding und zirkulierende Referenz

> ‚Draw a distinction'. Mach eine Unterscheidung, sonst geht gar nichts. Wenn du nicht bereit bist zu unterscheiden, passiert eben gar nichts (Luhmann 2004, 73).

Luhmann zitiert hier den Mathematiker Spencer Brown (1971), dem zufolge am Beginn jedes Denkens eine Unterscheidung stehen muss. Damit ist die konstruktivistische Beobachterlogik auf den Punkt gebracht: Jede Beobachtung – jede Wahrnehmung – kann nur stattfinden, wenn ein Beobachter zunächst eine Einheit in Bezug auf die sie umgebende Umwelt singularisiert und bezeichnet. Für Luhmann bedeutet „Beobachten" deshalb „Unterscheiden und Bezeichnen" (Luhmann 2004, 69). Mit einer Unterscheidung geht immer zweierlei einher: die Unterscheidung (*distinction*) selbst und die Bezeichnung (*indication*) einer Seite dieser Unterscheidung, die folglich eine Differenz markiert (Luhmann 2004, 74). Für die Systemtheorie ist die getroffene Unterscheidung diejenige zwischen System und Umwelt, wobei die bezeichnete Seite die des Systems ist.

Daran wird deutlich, dass innerhalb dieser Logik ein System nicht als Einheit gedacht werden kann, sondern stets nur in Abgrenzung zu seiner Umwelt. Erst ein übergeordneter Beobachter (ein Beobachter zweiter Ordnung) kann erkennen, nach welchen Mechanismen der erste Beobachter unterscheidet und benennt und damit eine Realität hervorbringt. Eine konstruktivistische Perspektive folgt deshalb einer Differenzlogik, in der sich der Algorithmus wiedererkennen lässt. System/Umwelt oder Bezeichnetes/Nicht-Bezeichnetes sind in der binär operierenden Computerlogik ein Äquivalent zu 1/0 oder X/Nicht-X.

Für die Alltagswahrnehmung bedeutet das, dass ein bezeichnetes X = Apfel immer in Differenz zu Nicht-X = Nicht-Apfel vorliegt. Diese Differenzlogik unterscheidet Äpfel von Birnen oder Putzlappen, nicht jedoch grüne von roten Äpfeln. In differenzierendem Ausschluss werden auf diese Weise Objekte hervorgebracht, als Sinneinheiten singularisiert.[41] Die Differenz rote Äpfel/grüne Äpfel wird nur erkannt und somit Bestandteil der Realität, wenn die Differenz im Sinnsystem bereits vorliegt. Nur bereits Bekanntes tritt als Sinneinheit überhaupt in Erscheinung. In Bezug auf die Bilder vom Menschen bedeutet dies, dass nur diejenigen Einheiten wahrgenommen werden, die durch gegenseitige Rückversicherung verschiedener Sinnproduzenten wie Informationstechnologie, Kommunikationsindustrie, kulturelle Artefakte, Biologie, Medizin, Psychologie, Soziologie, Sozialarbeit, Pädagogik oder gesundheitliche Aufklärung etc. differenzlogisch erkannt und als Sinneinheit wechselseitig ausgetauscht werden können. ‚Die Psyche' oder ‚das genetisch bedingte Krebsrisiko' sind Beispiele solcher Sinneinheiten, in denen der Mensch beobachtet werden kann, die zwischen den soeben aufgezählten Disziplinen herumgereicht werden und die ihn letztlich als beobachtbare Entität hervorbringen. Die algorithmische Operationslogik spielt bei der Beobachtung dabei eine herausragende Rolle auf zwei Weisen: erstens als formalisierte Kausalkette, zweitens als Transformationskette von Repräsentationen, die immer differenzlogisch operieren.

(1) Für die Produktion wissenschaftlichen Wissens – folglich auch für die Produktion von Menschbildern – gilt nicht nur, Einheiten zu konstruieren, um sie anschließend aufzuspüren, sondern sie gleichzeitig in eine operationalisierbare Form zu bringen. Am einfachsten geschieht dies, indem die Einheiten in kausaler Beziehung zueinander fixiert werden: Wenn X, dann Y. Diese *kausale Verkettung* entspricht einem Algorithmus. Doch was ermöglicht überhaupt die Fixierung einer Kausalkette, die eine Vielzahl von Nebeneffekten nach sich zieht wie Simplifizierung, Standardisierung, Vergleichbarkeit, Kontrolle und das Weitererzählen eines bestehenden Narrativs, dem Sinnsystem Mythos?

---

[41] Dieses Argument ist eine Weiterentwicklung des in Kapitel 1.2.2. vorgestellten Mythos-Modells, das Anknüpfungspunkte aufweist zum interaktionistischen Konstruktivismus und dem Strukturalismus.

(2) Als algorithmisiertes Erkenntnisprogramm ist neben der Kausalkette bei der Produktion wissenschaftlichen Wissens gleichzeitig das aktiv, was Latour (2002, 84-85) *Transformationskette* nennt und zu deren Erläuterung er folgende Geschichte von einer Forschungsreise erzählt, aus der der Aufsatz über „zirkulierende Referenz" (Latour 2002, 36-95) hervorgegangen ist (Kap. 1.3.2.): Latour begleitet eine Forschergruppe in den brasilianischen Urwald am Amazonas und untersucht, auf welche Weise neues Wissen generiert wird. Die Forscher nehmen Bodenproben, die Antworten auf hauptsächlich eine Frage geben sollen: „Dringt die Savanne in den Urwald vor oder verhält es sich umgekehrt?" (Ruffing 2009, 49). Die Forscher kartographieren, nehmen systematisiert Bodenproben oder untersuchen Pflanzen. Latour betont, dass sie keinesfalls ohne jegliches Vorwissen „Neues" entdecken. Vielmehr beziehen die Forscher sich stets auf bereits überlieferte Erkenntnisse, etwa Karten oder bereits tradierte Systematisierungen von Bodentypen oder Pflanzenarten. Die Übersetzung der Materie in eine (wissenschaftliche) Referenz modelliert Latour als eine Kette, deren Pole die „Dinge an sich" (als ontologische Welt zeitlich *vor* einer Beobachtung) auf der einen und die referenzlose Repräsentation auf der anderen Seite bilden (Latour 2002, 85-87). Keiner dieser Pole liegt jedoch in Reinform vor. Vielmehr ist die Produktion von Wissen oder Sinn als symbolische Übersetzungsleistung zu deuten, die sich zwischen diesen beiden Polen bewegt: die zirkulierende Referenz.

> Die Wörter beziehen sich auf die Tabelle, die Tabelle bezieht sich auf den Pedokomparator [ein rechteckiger Rahmen mit würfelförmigen Waben zur Sortierung von Bodenproben, T.B.], die Anordnung der Erdklumpen im Pedokomparator bezieht sich auf das Planquadrat, die Bodenproben und sogar auf die Schilder an den Bäumen und die groben Luftaufnahmen, die den Forschern als erste Orientierung dienten (Belliger/Krieger 2006, 26).

Diese Kette von Vermittlungen produziert Sinn, indem die Materie bereits durch die Beobachtung in Einheiten zerlegt wird, die als Referenz systemimmanente Sinneinheiten haben: „Immer sehen wir nur eine kontinuierliche Reihe von ineinander geschachtelten Elementen, deren jedes die Rolle eines Zeichens für das vorangehende und die eines Dinges für das nachfolgende Element spielt" (Latour 2002, 70). Belliger und Krieger heben in ihrer Interpretation Latours zusätzlich die Dimension des Handelns hervor:

> Von der Tabelle zum Pedokomparator, vom Pedokomparator zu den aufbewahrten Bodenproben, von den Proben zum Planquadrat – die Kette der Vermittlungen hält etwas konstant und zugleich beweglich, damit *Wenn-Dann-Beziehungen* durch *Versuch-und-Irrtum-Verfahren* fixiert werden können. Dies macht die Welt zu einem Labor (Belliger/Krieger 2006, 28; Hervorhebung T.B.).

Die Charakteristika wissenschaftlichen Wissens („Zuverlässigkeit, Wiederholbarkeit, Dauerhaftigkeit und Funktionalität") sind stets nur innerhalb des Sinnsystems von Bedeutung (Belliger/Krieger 2006, 28). Auch „jede Handlung ... steht schon im Medium der Kausalität" (Belliger/Krieger 2006, 28). Kombiniert man diese Wenn-dann-Operationen und *trial and error*-Schleifen mit der konstruktivistischen Differenzlogik, ergibt sich ein höchst formalisiertes Erkenntnis- und Handlungsprogramm: Einerseits werden zunächst Einheiten mit vorhandenen Wissensbeständen konstruiert, die in einem zweiten Schritt in Kausalbeziehungen gebracht werden. Zusammengenommen charakterisiert diese Formalisierung von Erkennen und Handeln den Mythos Algorithmus.

Algorithmisierte Erkenntnis- und Handlungsprogramme sind stets prozesshaft.[42] Gleichwohl entstehen geschlossene Bedeutungseinheiten, wie mit der Transaktionskette zum Ausdruck kommt, die im Sinnsystem verdinglicht werden. Deutlich wird das an der Figur des ‚epistemischen Dings', das im Folgenden als Beispiel für den Mechanismus der Singularisierung von Einheiten und dessen Operationalisierung (in Kausalketten und Transformationsketten) in der Produktion wissenschaftlichen Wissens dient. Entscheidend ist auch hier die den Symbolen des Algorithmus eigene Eigenschaft, sowohl mit als auch ohne Referenten durchaus eine sinnhafte Operationalisierung zu beschreiben. Anknüpfend an die Laborstudien (Kap. 1.3.1.) erklärt Rheinberger in seiner wissenschaftshistorischen Studie biologischer Experimentalsysteme (2006), dass die klassische Popper'sche Zweiteilung (Popper 1971), in der das Experiment der bloßen Überprüfung der theoretischen Hypothesen dient, nicht dem tatsächlichen Laboralltag entspricht. Biologische Forschung beispielsweise beginnt mit der Wahl eines Experimentalsystems, das ein gewisses Spektrum an Operationen eröffnet (Rheinberger 2006, 21). Der Forscher bewegt sich zwischen einer halbgaren Gewissheit durch vorangegangene Erfahrungen und der Ungewissheit des Experiments, weswegen es sich bei Experimentalsystemen nicht um „Anordnungen zur Überprüfung und bestenfalls zur Erteilung von Antworten" handelt, sondern insbesondere zur „Materialisierung von Fragen", die der Forscher noch gar nicht klar stellen kann (Rheinberger 2006, 25). Die Fülle empirischer Daten, die durch das Experiment produziert werden, werden dadurch vom Rauschen der Uneindeutigkeit bereinigt. In einem Experimentalsystem greifen laut Rheinberger zwei voneinander nicht trennbare Strukturen ineinander: *epistemische* Dinge und *technische* Dinge: „Epistemische Dinge sind die Dinge, denen die Anstrengung des Wissens gilt – nicht unbedingt Objekte im engeren Sinn, es können auch Strukturen, Reaktionen, Funktionen sein" (Rheinberger 2006, 27). Das epistemische Ding bietet als Kategorie die Möglichkeit, das „begrifflich verfasste und verfestigte Resultat" eines vorläufig abgeschlossenen Forschungsprozes-

---

[42] Spezifische Regeln wissenschaftlichen Arbeitens müssen eingehalten, auf bereits konsolidiertes Vorwissen muss Bezug genommen und an den Forschungsstand muss angeknüpft werden. Erst innerhalb dieser Operationen entsteht Sinn.

ses zu trennen vom Zusammenhang des Erkenntnisprozesses, dem „Primat der im Werden begriffenen wissenschaftlichen Erfahrung, bei der begriffliche Unbestimmtheit nicht defizitär, sondern handlungsbestimmend ist" (Rheinberger 2006, 27).

Vereinfacht lässt sich zusammenfassen, dass die das Forschungshandeln leitenden Erwartungen, die in Modellen und Theorien in symbolische Form gebracht werden, epistemische Dinge sind und gleichzeitig solche hervorbringen. Übertragen lässt sich Rheinbergers Terminologie etwa auf die ‚Entdeckung' des genetischen Codes: Dieser lässt sich rekonstruieren als eine Erwartungshaltung eines historisch spezifischen Forschungsparadigmas: Informationstheorie und Kybernetik der 1940er bis 1960er formen den Blick auf die Eiweißstrukturen in der Zelle. Es handelt sich entsprechend weniger um eine Entdeckung als vielmehr um eine Zuschreibung seitens des Beobachters (hier des Molekularbiologen). Die vier vorhandenen Nuklein-Basen (A, C, G, T) werden als Sprache mit vier Buchstaben gelesen, die es zu entschlüsseln gilt (Keller 1998; Kay 2005; Kap. 2.1.1.). Information ist damit das forschungsleitende epistemische Ding, das als symbolische Ordnung eine entscheidende Rolle spielt bei der Reinigungsarbeit (Selektion und der Prozess der ‚Disambiguisierung' der immer schon als Zeichen wahrgenommenen Untersuchungsobjekte).

Den epistemischen Dingen stellt Rheinberger (2006, 29) die technischen Dinge gegenüber, die er als stabile Umgebungen des Experiments charakterisiert:

> Zu den technischen Dingen gehören Instrumente, Aufzeichnungsapparaturen und, in den biologischen Wissenschaften besonders wichtig, standardisierte Modellorganismen mitsamt den in ihnen sozusagen verknöcherten Wissensbeständen.

Epistemische Dinge und technische Dinge stehen in einem Wechselverhältnis zueinander: Während das epistemische Ding das Wissen und das Suchen danach anleitet, verweisen die technischen Dinge auf die Historizität der Wissensbestände, auf ihre Kontinuität und schaffen – da in ihnen diese Wissensstrukturen materiell als Versuchsanlage manifestiert sind – schon Tatsachen. Materialität ist keine unbedingte Voraussetzung für ein technisches Objekt, beide Strukturen sind eher funktional zu verstehen. So zählen ganz allgemein vorausgehende Wissensbestände schon als technische Dinge.

Epistemische und technologische Dinge lassen sich niemals eindeutig trennen. Übertragen auf den genetischen Code lässt sich von ihm sowohl als epistemisches als auch technisches Ding sprechen: Zum technischen Ding wird der genetische Code als tradiertes Wissen, das in Messinstrumenten materialisiert wird, um etwa gezielt nach geschädigter ‚Erbinformation' zu suchen, oder wenn Ausprägungen (charakterliche, phänotypische usw.) kausal auf bestimmte genetische Determinanten zurückgeführt werden, indem einzelne Codes isoliert werden. Erst die phänotypisch oder psychologisch ‚festgestellte' Ausprägung erlaubt überhaupt, die ‚genetische Information' lesen zu wollen: Code X bedeutet psychologisch begründete Eigenschaft Y. Mit anderen Worten bilden die im Sinnsystem bereits vorhandenen und als Sinneinheiten singularisierten Einheiten die Linse und das Codebuch, mit dem entschlüsselt wird. Kein neues Wissen wird produziert, lediglich ein Mehr desselben. Epistemische Dinge – so Rheinberger in einem prägnanten Zitat –

> verkörpern, paradox gesagt, das, was man noch nicht weiß. Sie haben den prekären Status, in ihrer experimentellen Präsenz abwesend zu sein; aber sie sind nicht einfach verborgen und durch ausgeklügelte Manipulationen ans Licht zu bringen. Epistemische Dinge sind Mischgebilde wie Serres' Schleier, ‚noch Objekt und schon Zeichen, noch Zeichen und schon Objekt' (Rheinberger 2007, 28; er bezieht sich auf Serres 1987, 191).

Der Algorithmus beschreibt den Prozess der Entschleierung der epistemischen Dinge als Objekte, als Einheiten des Wissens. Er verbindet durch seine Semiotik und seinen Prozesscharakter nicht nur die (erst) symbolische Repräsentation mit der (noch nicht) materialisierten Manifestation. Er verbindet auch das aktuell Gewusste und den aktuellen Sinn mit dem, was potentiell gewusst werden kann, aber noch nicht gewusst wird. Der Algorithmus ist beides zugleich, epistemisches Ding und technisches Ding.[43] Als Automat, als Maschine ist er technisches Ding zur Ausführung der (wissenschaftlichen) Erkenntnisprogramme und produziert als Funktionslogik Wahrheiten. Als ein epistemisches Ding wirft der Algorithmus Fragen auf, deren Antworten durch die durch ihn beschriebenen Prozesse präjudiziert werden: Welches Wissen kann potentiell überhaupt produziert werden?

Er ist – da er anders als etwa der Cyborg keine ‚hybride' Einheit beschreibt – als ein Prozess zu verstehen, der zu unterschiedlichen Zeitpunkten verschiedene Dimensionen operationalisieren kann und miteinander verknüpft. So erklärt sich sein Zwischenstatus zwischen symbolisch und materiell, aktuell und potentiell (Kap. 1.4.4.). Als operative Kette bedeutet der Algorithmus immer eine Handlungsvorschrift und hat performativen Charakter. Wie sich im Folgenden zeigen wird, liegt auch darin der Vorzug einer Multidimensionalität zwischen dem Symbolischen und dem Materiellen.

---

[43] Technische Dinge sind Maschinen, „die Antworten geben sollen [und] im Prinzip darauf angelegt, Gegenwart zu sichern. Für sie ist Identität in der Ausführung konstitutiv, sonst könnten sie ihren Zweck nicht erfüllen" (Rheinberger 2006, 33). Ein epistemisches Objekt hingegen „ist in erster Linie eine Maschine, die Fragen aufwirft" (Rheinberger 2006, 33).

1.4.3. Die performative Ebene des Algorithmus: Formalisierte Aktanz

Der Algorithmus und seine mechanische Realisation in Form von Rechenhilfen sind möglicherweise urgeschichtliche Konzepte, doch gilt der spanische Mönch und Philosoph Ramon Llull als der erste, der die Idee des Algorithmus im 13. Jahrhundert auf das Feld nichtnumerischer und nichtgeometrischer Figuren ausweitete (Glymour/Ford/Hayes 2006). Die Idee ist inspiriert durch die mathematische Kombinatorik, Llulls Motive waren jedoch rein religiösen Ursprungs, da diese als nützliches Instrument zur Missionierung eingesetzt werden sollte:

> Lull's idea was that Muslims (and others) may fail to convert to Christianity because of a cognitive defect. They simply were unable to appreciate the vast array of the combinations of God's or Christ's virtues. But thanks to this vision, Lull believed that infidels could be converted if they could be brought to see the *combinations* of God's attributes. Further, he thought that a *representation* of those combinations could be effectively presented by means of appropriate machines, and that the supposition was the key to his new method. Lull designed and built a series of machines to be used to present the combinations of God's virtues (Glymour/Ford/Hayes 2006, 7; Hervorhebungen im Original).

Llulls Maschine besteht aus auf eine Spindel aufgeschraubten Drehscheiben, die wiederum in Abschnitte aufgeteilt sind. Durch Drehen der Scheiben ergeben sich unterschiedliche Buchstabenkombinationen: „One would thus discover that God is Good *and* Great, Good *and* Eternal, Great *and* Eternal, and so forth" (Glymour/Ford/Hayes 2006, 7; Hervorhebungen im Original). Dahinter liegt die Idee, dass auch nichtmathematisches Argumentieren maschinell über Repräsentationen erfolgen kann und dahinter die (Neu-)Kombination dieser Repräsentationen verborgen ist (Glymour/Ford/Hayes 2006, 8).

Maschinen dieser Art sind nichts anderes als materialisierte Algorithmen – Repräsentationen, die auf eine bestimmte Weise operational verknüpft werden. Doch kann so etwas wie ein rein symbolischer und immaterieller Algorithmus gedacht werden, der gänzlich ohne Referenz auskommt? Die im vorangegangenen Kapitel 1.4.2. entwickelte Rolle des Algorithmus als Transformationskette zwischen Symbol und Materie legt das Gegenteil nahe: Ein Algorithmus bildet immer die Zwischenstufe zwischen diesen beiden Dimensionen, was wesentlich mit seiner Eigenschaft als Handlungsvorschrift zu tun hat.

Dennoch ergibt sich hieraus ein augenscheinlicher Widerspruch. Wie bei der Kategorisierung von Techniktypen mit Kittler argumentiert wurde (Kap. 1.3.3.), macht es keinen Unterschied, ob die binäre Logik 1/0 nun materiell als Tür OFFEN/Tür GESCHLOSSEN oder immateriell als Strom FLIESST/Strom FLIESST NICHT repräsentiert wird. So lässt sich zunächst feststellen:

> Die begriffliche Präzisierung des Algorithmus kommt ohne die Maschine aus, die ihn durchführt, bzw. sie setzt ihn mit der Begrifflichkeit einer solchen Maschine gleich (Kornwachs 2002, 128).

Andererseits ist ein völlig entmaterialisierter Algorithmus nicht denkbar. Materie – oder Körperlichkeit – setzt Räumlichkeit voraus und hat ebenfalls eine zeitliche Dimension. Eine Maschine, die Algorithmen verarbeitet, muss folglich über beides verfügen:

> Die Körperlichkeit eines Prozessors, der Algorithmen exekutiert, z. B. eine Turing-Maschine, erweist sich darin, dass er gebaut werden muss. Er ist zwar konstruierbar, aber er kann nicht vollständig errechnet werden. Bauen bedeutet räumliches Anordnen von Funktionselementen, die eine Ausdehnung haben und miteinander verbunden sind (Kornwachs 2002, 143).

Dieser praktische Umstand beim Bau einer Algorithmen verarbeitenden Maschine lässt sich nutzen, um daran anknüpfend zwei zusätzliche Eigenschaften des Algorithmus und die daraus entstehenden Konsequenzen hervorzuheben: (1) Der Algorithmus weist eine *Handlung* an, ohne deren konkrete Durchführung er nicht prozessiert werden kann. Ein nicht prozessierter Algorithmus ist kein Algorithmus, weil er nur auf einem Element verharrt, einer Repräsentation. Eine Handlung benötigt Raum, da eine nicht materielle Handlung nicht ausgeführt werden kann. Somit benötigt der Algorithmus (2) Räumlichkeit und Zeitlichkeit, mit anderen Worten *2+n-Dimensionalität*: Als Verkettung verschiedener Elemente allein benötigt er immer eine mindestens zweidimensionale Ausbreitungsmöglichkeit. Er muss folglich neben symbolischer Referenz auch immer einen Bezug zum Materiell-Körperlichen haben.[44]

Als Bindeglied zwischen abstrakter Repräsentation und Handlung steht der Algorithmus somit vermittelnd zwischen einer *symbolischen* und einer *performativen* Dimension. Er ist die Funktionslogik[45] des Sinnsystems Mythos, was mit Krämers hervorragender Studie zur „Formalisierung im geschichtlichen Abriss" (1989) und ihrem Konzept von den Symbolischen Maschinen (Kap. 1.3.3.) deutlich wird. Sie unterscheidet zunächst zwei unterschiedliche Traditionslinien der Mathematik und des Wissens: Auf der einen Seite steht das altorientalisch von den Babyloniern und den Ägyptern geprägte Rechnen als ein Können im Sinne eines „Rezepts" zur Problemlösung: Befolge diese einzelnen Schritte, dann wirst Du am Ende das Ergebnis haben! Von diesem praktischen Wissen unterscheidet sich andererseits das Verständnis von Wissenschaftlichkeit der griechischen Antike, demzufolge „allein ein Wissen, welches das, was es weiß, zu begründen vermag kraft unanfechtbaren Beweises" (Krämer 1989, 26), als Wissen gelten kann. Während die Lösungsrezepte ein algorithmisch-

---

[44] Dies hat besondere Bedeutung für die Debatte um Künstliche Intelligenz; Kap. 2.3.2.
[45] Im Sinne der Kalkülisierung und dem Prinzip der Turing-Maschine.

kalkulatorisches und damit formalisiertes und formalisierendes Können sind (*techné*), versteht sich die axiomatisch-deduktive Variante der Mathematik als Durchführung eines „beweisenden Lehrstücks", das einen Bezug zur logischen Wahrheit und des Denkens (*episteme*) herstellt (Krämer 1989, 27). Die beiden Ausprägungen des Wissens werden im 16. und 17. Jahrhundert synthetisiert, womit vor allem der Name Leibniz und das Kalkül assoziiert sind (hierzu auch Krämer 1991): Für Leibniz entsprechen Naturgesetze mathematischen Relationen, wodurch wissenschaftliches Wissen auch vollständig automatisch durch Algorithmen produziert werden kann, solange dafür geeignete Repräsentationen und automatisierbare Kombinationsmechanismen entwickelt werden (Glymour/Ford/Hayes 2006, 11). Das Lösungsprogramm prozessiert fortan nicht mehr allein ein praktisches Können, sondern produziert im Anspruch die logische Wahrheit.

Die Durchführung einer Sequenz von Rechenschritten als Lösungsrezept folgt einem Algorithmus.[46] Dieses ‚Können' der Problemlösung bezieht sich immer auch auf konkrete Einheiten, eine Referenz: Die Lösung der Rechenschritte bedeutet zugleich eine Neuordnung dieser Einheiten, seien es Rechensteine oder reelle Zahlen. Das Verfahren wird im 17. Jahrhundert übertragen auf wissenschaftliche Erkenntnisprogramme durch eine Umdeklaration der Funktion der Logik: Ihre Rolle wird fortan so betrachtet, dass sie „primär heuristischen Zwecken" diene, also nicht mehr der Kunst griechischer Tradition, „vorgegebene Sätze zu beweisen, sondern neue wahre Sätze aufzufinden" (Krämer 1989, 87). In Leibniz' Idee der Kalkülisierung (Leibniz 1960) geraten Rechnen und Denken in ein Analogverhältnis: Eine universelle Kalkülsprache erlaubt die ‚Berechnung' neuer Erkenntnisse (Krämer 1989, 101). Der Begriff der Wahrheit wird auf diese Weise umgedeutet.[47] Es zählt nicht mehr in erster Linie die Referentialität der symbolisch durchgeführten Rechenschritte auf ein Außerhalb. Ein in der Formsprache regelgeleitet errechneter Ausdruck erhält den Stellenwert einer Wahrheit. Wissenschaftlichen Erkenntnissen wird dadurch die Autorität der formelgeleiteten und damit neutralen Mathematik verliehen (Krämer 1989, 68). Kalkulatorisch bedeutet deshalb, dass eine

> Problemstellung mit Hilfe einer künstlichen Zeichensprache formuliert wird und in
> dem Medium dieser künstlichen Sprache zugleich gelöst wird (Krämer 1989, 72).

---

[46] Der Begriff Algorithmus selbst geht zurück auf die latinisierte Form des Namens des arabischen Gelehrten al-Hwarizmi (etwa 780-850 n. Chr.), der in seinen Schriften eine Klassifizierung algorithmischer Gleichungen und Lösungsverfahren vornahm (Krämer 1989, 51).

[47] Hier wird der Grundstein gelegt für die Stellung des Algorithmus als epistemisches Ding (Rheinberger) und als Logik der Wahrheit (Frege). Die kalkülisierbare Erkenntnis ist charakterisiert durch die in Kap. 1.3.2. und Kap. 1.4.2. diskutierten Eigenschaften des Mythos, Wissen innerhalb kausaler und symbolischer Ketten zu formalisieren.

Die Nähe zum Konstruktivismus, die das Kalkül und damit den Algorithmus mit dem Mythos verbindet, lässt sich an der „symbolischen Konstitution mathematischer Gegenstände" ablesen, wie es etwa das Objekt $\sqrt{-2}$ ist (Krämer 1989, 60). Dieser symbolische Ausdruck hat nur im Inneren der Formalsprache Bedeutung. Durch seine scheinbare Referenzlosigkeit jedoch bringt sich der Ausdruck quasi selbst als Objekt hervor. Ähnliches gilt für irreelle („imaginäre") Zahlen, negative Zahlen und die Null oder das Rechnen in fiktionalen Räumen mit mehr als drei Dimensionen. Es kommt zu einer Loslösung des Sinnsystems von einem Referenzbereich. Das Kalkül als „Herstellungsvorschrift, nach welcher aus einer begrenzten Menge von Zeichen unbegrenzt viele Zeichenkombinationen hergestellt werden können" (Krämer 1989, 59), trägt mit Leibniz' Idee von der Universalwissenschaft und einer universellen Kalkülsprache einen Ganzheitsanspruch. Objekte und Bedeutungen, die benannt, errechnet und so erst gedacht werden, werden in der Universalsprache produziert, wobei eine Referenz nicht nötig scheint.[48] Wahrheit entsteht dann, wenn die Zeichenregeln eingehalten werden. Die gänzliche Referenzlosigkeit des algorithmischen Kalküls ist jedoch nur eine scheinbare. Als Prozess verfügt das Kalkül immer über sowohl eine räumliche als auch eine zeitliche Dimension, ist damit materiell und seine Symbole sind stets Teil einer Transformationskette (Kap 1.4.2.).

Die Eigenschaften von Algorithmen (nach Krämer 1989, 159-169) charakterisieren die Funktionslogik des Sinnsystems Mythos: Die (1) *Elementarität* als Eigenschaft meint die Unhintergehbarkeit und Nichtzerlegbarkeit der Letztelemente des Systems. Der Mythos operiert mit Zeichen, die, um sinnhaft zu sein, in eine spezifische Linearität gebracht werden müssen. Dies rührt an das Charakteristikum der (2) *Determiniertheit*, da die lineare Abfolge exakten Regeln zu folgen hat.[49] (3) *Allgemeinheit* meint die Unabhängigkeit der Zeichenfolge und der in ihr produzierten Bedeutung von der Materialität. Ob Rechensteine, geschriebene Zahlen oder digitaler Code, der Algorithmus operiert materiell unabhängig und erreicht jeweils dasselbe Ergebnis.[50] Der (4) *Endlichkeit* des Algorithmus entspricht die mythische Teleologie der sinnhaften Narrative.[51]

---

[48] ‚Wahre Aussagen' werden innerhalb des Zeichensystems produziert und sind gebunden an die *Form* des Sinnsystems (Kap. 1.2.2.; Form und Inhalt des Mythos, Logik der Wahrheit).

[49] Man denke etwa an die Ursache-Wirkungs-Kausalitäten von Narrativen aus dem Alltag („Wenn viele Leute an der Bushaltestellen stehen, dann kommt bald ein Bus") oder der Wissenschaft („Stoff X bewirkt Y im menschlichen Organismus").

[50] Damit ist die oben ausgeführte Tendenz zur Ablösung des Menschbilds vom Phänomen der ‚ontologischen Einheit Mensch' (Kap. 1.3.1.) thematisiert.

[51] Spezifiziert für das Telos der Menschbilder: Es werden Einheiten produziert, die sich von dem Seins-Phänomen loslösen und Menschmodelle entwickeln, die teleologisch einem Ziel entgegenstreben, der finalen Verschmelzung zwischen Mensch und Technologie (Konvergenz als Telos des Mythos, ebenfalls Kap. 1.3.1.).

Damit teilt die Figuration des Algorithmus ganz wesentliche oben für den Mythos entwickelte Eigenschaften:

- Ablösung des Erkenntnismodells vom bezeichneten Phänomenbereich (konstruktivistisch), wenn auch nie vollständig, sondern stets in Transformationsketten.
- Systemimmanente Bedeutungsproduktion durch regelgeleitete Stellung der Zeichen zueinander in Oppositionen (strukturalistisch).
- Elementarität der Zeichen, die beobachtbare Sinneinheiten erst hervorbringen, um sie anschließend mittels bereits bekannter Regeln in kausale Linearität zu bringen (Kausal- und Transformationsketten der wissenschaftlichen und alltäglichen Sinnproduktion).

Das zirkulierende Sinnsystem Mythos ist prinzipiell dynamisch und in ständigem Fluss. Erst eine kausale Linearität fixiert es und schenkt ihm als Momentaufnahme Bedeutung. Der Algorithmus wird zur fixierenden Operationskette[52].
Es ist wichtig zu betonen, dass die textuell-semiotische Ebene nicht zu trennen ist von der performativen. Diese gelten häufig jedoch als einander ausschließend, etwa in folgenden Dichotomien:

Diskurs/Performanz
Argument/sinnliche Evidenz
Sprache/materieller Körper
Referentielle/konstitutive symbolische Praxis
Produkt, Werk/Prozeß, Ereignis (Maassen 2001, 287).

Der Diskurs ist eine symbolische Struktur, Performanz hingegen lässt Bedeutungen spontan entstehen; Sinnlichkeit und die Materialität des Körpers bürgen für eine andere Form von Erleben und sinnhafter Erfahrung durch Präsenz, Aura oder Schmerz. Doch dieses bipolare Schema liegt niemals in Reinform vor. Auch hier gibt es Vorschläge, die Dichotomien als Hybride aufzulösen, bei Maassen (2001, 288) durch eine „skalierende Definition", die etwas als „mehr oder weniger performativ" (Maassen 2001, 288-289) beschreibt. Dem Hybriden jedoch lässt sich der Algorithmus entgegenhalten. Er verbindet beide Ebenen, ohne ihre notwendige Reinheit hinter einem nebulösen Dazwischen zu verbergen. Er ist ein Sowohl-als-auch: Die Dichotomie wird nicht durch eine Gleichzeitigkeit aufgelöst, sondern durch eine operative Verknüpfung. *Der Algorithmus ist sowohl Text als auch Performanz.*

---

[52] Er gibt dem Sinnsystem Bedeutung und bringt den Menschen als ein formalisiertes Objekt hervor. Er operationalisiert die Logik und die Performanz der Wahrheit (Kap. 1.2.2. resp. Kap. 1.3.2.).

Dies führt zu der letzten wichtigen Sinnebene des Algorithmus, seiner Mittlerrolle zwischen Aktualität und Potentialität. Als Handlungsvorschrift nämlich verweist der Algorithmus nicht nur auf *Aktualität*, sondern auch auf eine immanente Möglichkeit, die *Virtualität*, den Zustand des in der Möglichkeit Vorhandenen. Ein gerade aktuelles Element des Algorithmus bedeutet deshalb gleichzeitig immer die Anwesenheit einer Möglichkeit, die als potentiell aktualisierbar im Sinnsystem vorhanden ist.

1.4.4. Die prozessuale Ebene des Algorithmus: Aktualität und Virtualität

Der Algorithmus verbindet eine Aktualität mit einer Potentialität, die in seinen zukünftigen Operationen und Repräsentationen bereits als erwartbares Ereignis präsent ist. Die operative Kette hat immer ein aktualisiertes Element, prozessiert in der Zeit voran und aktualisiert ständig in der Möglichkeit vorhandene Elemente. Beispiele aus dem Bereich der Menschbilder liegen am anschaulichsten in der Medizin und dem Begriffspaar Diagnose/Prognose (Kap. 2.1.3.). Die Diagnose ist die aktuelle Form eines Krankheitsalgorithmus (aktuelle Symptome), der unterfüttert mit statistischen Repräsentationen einen bestimmten Verlauf prozessiert und die in der Möglichkeit bereits vorhandenen Bilder (in diesem Fall Krankheitsbilder) als Prognose ausgibt.

Die Zustände aktuell und potentiell (hier synonym zu virtuell) spiegeln die Zustände faktisch und fiktional, aktuell und virtuell des Mythos als Sinnsystem (Kap. 1.2.3.).[53] Hier lässt sich davon sprechen,

> dass das Reden über Zukunft nicht nur teilnahmslos beobachtendes sein kann, sondern aktiv unsere Bilder von der Zukunft mitbestimmt. Durch das Reden über Zukunft wird der Gegenstand verändert, über den man redet – solange unter ‚Zukunft' die zukünftige Gegenwart verstanden wird (Grunwald 2006, 67).

Die Zukunft wird auf diese Weise gesetzt und nicht „als Evolution sich selbst überlassen" (Grunwald 2006, 67). Die konstruierte Potentialität der aktuell wahrgenommenen Beobachtungen bestimmt folglich die Art und Weise, wie diese wahrgenommen werden. Anders ausgedrückt ergibt sich durch dieses Wechselspiel von Potentialität/Virtualität und Aktualität eine weitere Dimension des konstruierten Sinnsystems, die der Algorithmus als Figuration determiniert.

Im theoretischen Diskurs wird das Virtuelle üblicherweise begriffen als eine „false approximation" des Realen – eine trügerische Annäherung an die Realität als Duplikat oder Simulation oder eine „hyperrealisation" der Realität

---

[53] Für eine Illustration dieses Zusammenhangs sei nochmals der beispielhafte Verweis auf die Nano-Technologie gegeben, die den Menschen zu einer interdisziplinär manipulierbaren Einheit auf molekularer Ebene machen will (Kap. 1.3.2.).

(Doel/Clarke 1999, 261). Ein solches Verständnis des Virtuellen setzt dieses in beiden Fällen in Beziehung zur Realität, die dadurch notwendigerweise degradiert wird. Die Folge ist ein „onto-theological cult of authenticity" (Doel/Clarke 1999, 263): Ausgelöst von einer vermeintlichen Bedrohung des Realen durch die Virtualität kommt es zu einer Angst um die ,wirkliche' Realität[54] und einem Aufbegehren des Authentischen. Dem gefürchteten Bedeutungsverlust des Körpers durch die Virtualisierung wird durch eine Überbetonung der Authentizität des Körpers entgegengewirkt. Doel und Clarke (1999, 265-266) betonen dagegen, dass es sich beim Virtuellen um eine andere Ausprägung der Realität handelt, nicht etwa um einander ausschließende Konzepte:

> [There can be] no flaw without perfection, no original repletion without originary suppletion, and therefore no virtuality without reality (Doel/Clarke 1999, 270).[55]

Deleuze (1994) nimmt eine terminologische Ordnung der Begriffe *virtual*, *actual*, *real* und *possible* vor. Übersetzen lassen sich diese Kategorien folgendermaßen: virtuell und potentiell (virtuell als in der Möglichkeit vorhanden), aktuell, real und denkbar (als möglich). Das Virtuelle ist eine andere Sinndimension der Realität und wird dieser sinnvollerweise nicht gegenübergestellt. Sein Gegenüber ist vielmehr die Aktualität (Deleuze 1994, 260). Was die begriffliche Trias aktuell – virtuell – real angeht, ist die folgende Definition entscheidend: „The reality of the virtual is structure" (Deleuze 1994, 260). Die Elemente und Relationen dieser Struktur besitzen keine Aktualität, die ihr entsprechend auch nicht zugeschrieben werden darf, wohl aber eine Realität (Deleuze 1994, 260). Als virtuell lassen sich nun im Deleuze'schen Verständnis all jene Elemente und Relationen einer Struktur bezeichnen, die (noch) nicht aktualisiert worden sind, sondern lediglich virtuell (also potentiell) vorliegen.

Die Struktur, die Deleuze beschreibt, hat die Form eines Algorithmus, ohne dass Deleuze sie so nennen würde. Der Algorithmus stellt eine Beziehung her zwischen zwei verschiedenen Zuständen des Realen: das aktuelle Reale und das virtuelle Reale, das in der Möglichkeit Vorhandene. Betrachten wir folgenden Algorithmus:

WENN ICH ABNEHMEN WILL, MUSS ICH WENIGER ESSEN.
IF $|\text{ESSEN}| = -$, THEN $|\text{GEWICHT}| = -$

---

[54] Wie etwa bei Baudrillards Simulationstheorie eines Hyperrealen, Kap. 1.2.2.

[55] Dieses Verständnis entspricht den im Mythos getroffenen Annahmen, die, wie bereits argumentiert, anders als etwa bei Baudrillard nicht von einer Agonie des Realen im Angesicht der sich ausbreitenden Simulation ausgeht, sondern vielmehr von Sinnproduktionen im selben Sinnsystem.

Die aktuelle Realität ist mein Übergewicht. Die virtuelle Realität liegt im Gewichtsverlust und dem Ziel der Handlung, Gewicht zu verlieren. Das Traumgewicht ist als Ziel die im Algorithmus in der Möglichkeit vorhandene Realität, also Virtualität. Der Übergang von virtuell/potentiell zu aktuell lässt sich nach Deleuze als Aktualisierung innerhalb der Dimension des Realen beschreiben (Deleuze 1994, 263). Die Handlungsvorschrift des Algorithmus ist, wenn sie ausgeführt wird (wenn ich weniger esse), folglich gleichzusetzen mit der Aktualisierung des ihr inhärenten virtuellen/potentiellen Ziels (Schlanksein):

> [The virtual is real in the sense that it] possesses the reality of a task to be performed
> or a problem to be solved (Deleuze 1994, 264).

Diese Performanz ist gleichzusetzen mit dem Prozessieren des Algorithmus. Anders als Deleuze es tut, wird hier nicht zwischen dem Potentiellen und dem Denkbaren unterschieden (Deleuze 1994, 263). Deleuze geht hier von einem Unterschied aus, da – um im Beispiel zu bleiben – im Falle des Übergewichts auch an eine Abnehmpille gedacht werden kann, die über Nacht zum gewünschten Gewichtsverlust verhilft. Diese Pille existiert als denkbare Fiktion und muss noch realisiert werden, ist jedoch nicht Teil der virtuellen Dimension von Realität. Hier wird jedoch auf diese Deleuze'sche Unterscheidung verzichtet, da, wie weiter oben argumentiert, die Fiktion (das Denkbare) im Mythos nicht von der Realität (dem Möglichen) zu trennen ist. Sie werden beide innerhalb desselben semiotischen Systems hergestellt. So könnte in der Potentialität des Schlankseins durch eine Reduktion der Nahrungszufuhr ein mechanistisch geprägtes Menschbild erkannt werden. Dasselbe Menschbild jedoch speist die Machbarkeitsphantasie der Technik, eine Schlankheitspille zu entwickeln. Fiktionalität ist immer schon in die Sinnproduktion des Realen aufgenommen. Noch deutlicher wird dies bei Lévy (1998):

> [The virtual has] potential rather than actual existence [and] virtuality and actuality
> are merely two different ways of being. [The possible on the other hand is] a phan-
> tom reality, something latent, [but] exactly like the real, the only thing missing being
> reality (Lévy 1998, 23-24).

Eine Unterscheidung zwischen real und denkbar ist für die Funktionslogik des Sinnsystems Mythos folglich nicht entscheidend, da es keine Unterscheidung zwischen dem Faktischen und dem Fiktionalen zulässt. Ob eine Idee Realität im virtuellen Zustand oder bloße denkbare Fiktion ist, lässt sich im Mythos (von der ‚aktuellen' Perspektive des Algorithmus aus) nicht unterscheiden. Der Algorithmus verweist also immer auf beides und differenziert nicht zwischen virtueller Realität und Fiktion. Als Handlungsvorschrift drückt er einen Verlauf aus, einen Prozess, eine Entwicklung, keinen bloßen Status quo – immer also auch Potentialität.

Der Mythos Algorithmus kennt deshalb für die Analyse zwei Sinndimensionen, die des Aktuellen und die des Virtuellen. Die Potentialität des Virtuellen erfasst sowohl das Fiktionale als auch das Faktische. Der letzte Punkt wird dies verdeutlichen. Eine weitere Definition des Virtuellen unterstreicht dessen Nähe zur algorithmischen Computerlogik: Hayles (2001) definiert Virtualität als eine kulturelle Wahrnehmung, die die ‚Information' als Basis nimmt und durch ihren konstruktivistischen Standpunkt außerdem nahe an dem hier entwickelten Mythos-Modell argumentiert:

> [Virtuality is] *the cultural perception that material objects are interpenetrated by information patterns* … [This] definition plays off a duality – materiality on the one hand, information on the other (Hayles 2001, 69; Hervorhebung im Original). [However], for information to exist, it must always be instantiated in a medium (Hayles 2001, 75).

Virtualität wird als eine spezifische, die Wirklichkeit präformierende Wahrnehmung definiert, die einer Algorithmisierung der Welt gleichkommt. Der Dualismus Information/Materie wird als Realität konstruiert, selbst wenn er logisch nicht aufrechterhalten werden kann, da es eine reine, immaterielle Information nicht geben kann.[56]

Information ist ein regelhaftes Muster, eine bloße Wahrscheinlichkeitsfunktion: „It is a pattern not a presence" (Hayles 2001, 73). Kulturell wird die als rein begriffene Information über die austauschbare Materie priorisiert. Während Materialität Bedeutung in der Dialektik von Präsenz und Absenz erfährt, ist Information definiert durch die Aushandlungsprozesse zwischen Chaos und Regelhaftigkeit:

> [The] condition of virtuality implies … a widespread perception that presence/absence is being displaced and preempted by pattern/randomness (Hayles 2001, 78).

Diese Durchdrungenheit der Welt mit Informationen entspricht der materiellen Absenz der nur in der Möglichkeit vorhandenen Realität. Materialität verliert ihren Status. Die semiotisch aufgeladenen Muster werden jedoch nicht passiv gelesen oder entschlüsselt, sondern durch den Betrachter erst in die Welt getragen und dort mit Bedeutung versehen.

Im semiologischen System Mythos Algorithmus wird dieses Modell nun erweitert: Nicht nur Informationen durchziehen die Welt, sondern Algorithmen: Diese Figur verbindet beide Dimensionen der Realität, die materielle Präsenz der aktuellen Realität mit der virtuellen, in der Möglichkeit anwesenden derzeitigen

---

[56] Der von Hayles beispielhaft angeführte genetische Reduktionismus hält sich jedoch penetrant in der Wahrnehmung, die Materialität des Körpers sei bloßer Ausdruck einer davor existierenden semantischen Struktur, dem genetischen Code (Hayles 2001, 70; Kap. 2.1.1).

Absenz. Darin liegt die Präsenz beider Dimensionen von Realität, die der Algorithmus zum Ausdruck bringt: Das Aktuelle und das Erwartete, in der Möglichkeit Vorhandene sind in der Algorithmus-Figur verknüpft. Die Struktur des Algorithmus ist mehr als Information; sie ist semiotische, materielle, performative und damit Sinn, Handeln und Wahrnehmung kausal prozessierende operative Verkettung.

Pattern/randomness verweist auf eine Systemgrenze, ein Außerhalb des Sinnsystems, in dem ungeordnetes Chaos herrscht. Dieses Muster wird im folgenden Kapitel aufgegriffen, dessen These ist, dass auch der formalisierte Mythos Algorithmus ein Außerhalb oder ein Negativ haben muss. Überhöht für die größere Frage nach der Sinnproduktion eines formalisierten Menschen innerhalb der Systems bedeutet das gleichzeitig: Im Negativ des Mythos Algorithmus liegt die Freiheit von der Formalisierung.

1.5. Das Außerhalb des Mythos Algorithmus

Beobachten ist Unterscheiden und Bezeichnen – heißt es im Beobachterkonstruktivismus von Luhmanns Systemtheorie (Kap. 1.4.2.). Die im Sinnsystem Mythos beobachtbaren Einheiten – seien Sie nun symbolische Repräsentationen, performative Handlungen oder in der Möglichkeit vorhandene zukünftig aktualisierte Einheiten – sind durch den Algorithmus formalisiert. Analog zu der Unterscheidung System/Umwelt und der anschließenden Bezeichnung einer Seite wird im Folgenden die These vertreten, dass selbstverständlich auch der Algorithmus in allen seinen Dimensionen ein Negativ hat – ein Außerhalb des Sinnsystems.

Bisher wurde argumentiert, dass die kulturell wahrgenommene Hybridisierung, die Verschmelzung des Menschen und seiner Natürlichkeit mit der Technik und ihrer Künstlichkeit, innerhalb des Sinnsystems produziert wird. Eine Epistemologie, eine Modelläquivalenz des Wissens, erschafft eine Ontologie, eine Seinsverwandtschaft.[57] Die äquivalenten Modellierungen fußen vor allem auf einer universellen Formalisierungsannahme, deren Grundprinzip symbolischer Übersetzungsarbeit der Algorithmus ist. Was lässt sich über den Bereich jenseits der Formalisierung sagen?

Das Außerhalb des Sinnhaften, des sinnvoll Bezeichneten hat viele Namen: Bei Luhmann ist es System/Umwelt – eine Differenz, die vor allem durch die Notwendigkeit der Komplexitätsreduktion geschaffen wird. Auch bei Luhmann entsteht Sinn nur systemintern durch einen spezifischen Code (übersichtlich dazu:

---

[57] Die Rede vom künstlichen Leben, Maschinenmenschen, digitalen Identitäten, körperlosen Avatarexistenzen, Gehirn-Computer-Interfaces oder Designer-Babys beruht auf dieser konstruierten Anschlussfähigkeit (Kap. 1.3.).

Krieger 1996). Im Unterschied zu Luhmanns abstrakter Theorie der Kommunikationen kennt das Sinnsystem Mythos aber auch Akteure und Materie. Ein anderer Name für das Begriffspaar ist in der Thermodynamik Entropie/Chaos, das später in der Informationstechnologie und Kommunikationswissenschaft übernommen wurde (Shannon/Weaver 1976). Auch Derridas Kritik am Logozentrismus verneint den Zugriff zum Außerhalb des textuellen Zugriffs (Derrida 1974). Den Begriffspaaren System/Umwelt, Entropie/Chaos, Telos/Kontingenz oder *pattern/randomness* (Hayles 1999; Kap. 1.4.4.) ist gemeinsam, dass Sinn nur auf der linken Seite entstehen kann.

In der Logik des hier entwickelten Sinnsystems ist es unmöglich, die rechte Seite zu erschließen, was im nochmaligen Rückgriff auf die oben eingeführte Turing-Maschine (Kap. 1.4.1.) deutlich wird: Eine der mit diesem Denkmodell wesentlich verbundenen Annahmen war es, dass sie alle denkbaren Rechenoperationen durchführen kann, die durch algorithmische Operationsvorschriften fixiert sind. Dadurch zieht sie jedoch gleichzeitig eine Grenze, die die unberechenbare Welt ausschließt. Ein fixes Set von Handlungsvorschriften kann mit einer endlichen Menge von Symbolen spezifisch definierte Rechenoperationen durchführen. Die Turing-Maschine definiert folglich ein Außerhalb, nämlich das der Nicht-Berechenbarkeit. Warnke (1995, 169) schlägt als darüber hinausgehendes Denkmodell deshalb etwas kühn eine ‚intelligente‘ Turing-Maschine vor, die „jenseits der Berechenbarkeit" mit einer unendlich langen, nicht berechenbaren Zeichenfolge als Input gespeist wird und deren Output etwas „nicht mehr Berechenbares" ist. Eine solche Maschine hätte den durch die fixierten Symbole abgesteckten Raum der Berechenbarkeit verlassen und sich – etwas halsbrecherisch – der Kontingenz und dem Chaos der Welt gestellt. Das Problem, das diese Maschine haben würde, liegt darin, dass sie fähig sein müsste, mit unberechenbaren Berechnungen zu rechnen, die im Zeichensystem ohne Sinn wären. Eine solche Maschine ist nicht denkbar.[58] Übertragen auf den Mythos Algorithmus als Sinnsystem hieße dies, die kontingente Welt als Unberechenbares zuzulassen, ihr trotz ihrer chaotischen und trüben Existenz ohne Sinn eine Bedeutung zu geben – eine Anerkennung als Außerhalb ohne formalisierbaren Zugriff.

Diese grundsätzliche Unmöglichkeit der Erschließung von Sinn, wo keiner ist, lässt zunächst resignieren. Doch liegt vielleicht gerade in der Spekulation über das Chaos hinter der Sinngrenze ein erkenntnistheoretischer Nutzen. Unbestimmtheit und Negativität des Wissens eignen sich als epistemologische Werkzeuge, um über die Möglichkeiten und Unmöglichkeiten des Wissens zu reflektieren, aus denen sich wiederum moralische Konsequenzen ergeben können (Hetzel 2009).

---

[58] Zur Künstlichen Intelligenz Kap. 2.3.2.

Bezogen auf die Menschbilder hat dies eine prinzipielle „*Unausdeutbarkeit des menschlichen Selbst*" (Gamm 2004; zit. n. Heil 2009; Hervorhebung im Original) zur Folge. Eine Bestimmung des Menschlichen ist prinzipiell unmöglich und dennoch gibt es die Sehnsucht nach dieser Selbstversicherung. Beliebte Strategien sind die Konstruktion einer menschlichen Würde (als beliebte Referenz auch bei Heil dient Habermas 2005 [2001]) oder aber ein Naturalismus, der menschliche Eigenschaften positiv festschreiben will (Heil 2009).

Die prinzipiell vergebliche Suche nach dem Außerhalb muss zwar anerkannt werden. Dennoch birgt ein radikaler Konstruktivismus ein erhebliches Risiko: Wird jede Form des Wissens als ein in sozialen Praktiken und kulturellen Mustern Konstruiertes angenommen, läuft das Erkenntnisprogramm gleichzeitig Gefahr, wieder das vermeintlich Natürliche vom Künstlichen zu trennen:

> Es stellt sich ... das Problem, ob man die Frage nach dem Gegenstand des Zugriffs [von Wissen] überhaupt stellen kann, ohne in die Falle zu geraten, ein präkulturelles Etwas anzunehmen und damit implizit die Zweiteilung von Natur und Kultur zu reproduzieren, die zu unterlaufen die Konstruktionsthese angetreten war (Lindemann 1996, 150).

Am Beispiel der soziologischen *sex/gender*-Unterscheidung erläutert Lindemann dieses Problem: Während *sex* als biologisches Geschlecht lange Zeit auch im feministischen Diskurs als ‚naturgegeben' galt, sah man das kulturelle Geschlecht als ein sozial geformtes. Hier setzt die Theorie des soziopolitischen Auftrags der Geschlechtergleichheit an. Das biologische Geschlecht war für die Soziologie dabei ein willkommener „Fixpunkt" und „Realitätsanker" (Lindemann 1996, 150, Fn. 12). Als wissenschaftspolitischen Nebeneffekt bot diese Unterscheidung praktischerweise auch eine klare Terrainaufteilung entlang der paradigmatischen Unvereinbarkeiten von Sozialwissenschaft (Geisteswissenschaft) mit dem Erkenntnisbereich *gender* als sozial konstruierte Ordnung und der Biologie (Naturwissenschaft) mit dem Erkenntnisbereich des *sex* als naturgegebene Ordnung.

In der vorliegenden Arbeit wird völlig anerkannt, dass nur auf das Innere des formalisierten Sinnsystems zugegriffen werden kann. Weder ein sehnsuchtsvolles Schielen in Richtung der Freiheit im Außerhalb der kulturellen Formalisierung, noch die defätistische und relativierende Feststellung, dass man ohnehin nicht wissen kann, wie die Welt wirklich ist, ist eine ausgereifte Strategie. Das *Negativ* des Algorithmus kann hingegen als Instrument produktiv genutzt werden: Ein Ausloten möglicher Grenzen ergibt ein besseres Gespür für die Funktionsweise des Sinnsystems, den operativen Ketten des Mythos Algorithmus. Konkret bedeutet dies vor allem für den dritten Teil der Arbeit, nach den Grenzen der Formalisierung zu suchen: Etwa im Leib als sinnlich-emotional und damit möglicherweise prä-semiotisch empfindenden Entität; im Schmerz als Erfahrung einer Grenze; in Lust, Ekstase oder Rausch als möglichen Überschreitungen dieser Grenze. Das Außerhalb des Sinns, der Bereich der Negativität, die symbolisch nicht fassbar ist, ist der Bereich der Freiheit vom Zwang der Formalisiertheit des Menschen.

Luhmanns Differenzlogik bei der Beobachtung der Welt erfordert immer einen jeweils übergeordneten Beobachter, der die Differenzkriterien des ersten Beobachters erkennen kann. Damit fällt Luhmann aber in einen endlosen Regress der immer höherwertigeren Metabeobachter. Gott ist für Luhmann der letzte „Ausgleichsmechanismus" dieser zweiwertigen Logik, denn seine „Existenz liegt außerhalb aller Unterscheidungen, auch der von Sein und Nichtsein". Schließlich gilt: „Er weiß alles" (Luhmann 1997, 929). Selbst Luhmann sucht bei der Letztbegründung seiner System/Umwelt-Grenze also Schützenhilfe bei der einzigen Entität, die holistisch eine Differenz beobachten kann – Gott. Nur Er kann die System/Umwelt-Differenz auflösen und als Ganzheit wahrnehmen oder mutatis mutandis den Mythos Algorithmus und sein Negativ. Das Motiv der Ganzheit ist wie das der Ekstase, Aura oder Entgrenzung eines der Mystik. Da selbst Luhmann schließlich etwas kleinlaut bei Gott landet, bleibt auch der vorliegenden Arbeit nichts als ein spekulatives und exploratives Suchen im nicht zugänglichen Außerhalb. Doch die Erkundungen der Grenze sind aufschlussreich für die Wirkmechanismen des Innern.

1.6. Zusammenfassung

Ziel des ersten Teils der Arbeit war es, das Verhältnis zwischen Mensch und Technik zu ordnen. Dazu wurde ein Modell entwickelt, das die vermeintliche Konvergenz zwischen dem Menschlichen und Natürlichen einerseits und dem Technischen und Künstlichen andererseits durch die Annahme einer dynamischen und wechselseitigen Sinnproduktion auflöst. Dieses Sinnsystem ist zugleich konstitutiv für einen Mythos, rührt der produzierte Sinn als ‚Wahrheit' doch von der Annahme her, ‚wissenschaftliche Wahrheit' sei durch ihre Form – die „Logik der Wahrheit" (Frege) – begründbar und eine hinreichend operationalisierte Form der Wahrheit sei Garant für ein objektives Wissen.

Das entwickelte Mythos-Modell zeichnet die Konstruktionslogik des Menschlichen/Technischen nach und umfasst zu diesem Zweck folgende drei Dimensionen: (a) Eine konstruktivistische Perspektive, die subjektiv konstruierte Wahrnehmungen und Vorstellungen als Wert berücksichtigt, auch wenn sich diese einem analytischen Zugriff entziehen müssen. Sie stehen aber in wechselseitiger Beziehung zu den beiden anderen Dimensionen. (b) Eine Perspektive, die Handlungen und soziale Praktiken fokussiert und die Herstellung von Bedeutungen und sozialer Realität in Interaktionen unterstreicht. Erkenntnis wird demnach stets in erkennenden Handlungen produziert, soziale Realität erst durch Handlungen aktualisiert. (c) Schließlich nimmt der Mythos die symbolische Präformierung der Welt durch diese konstituierenden Repräsentationen an.

Das Mythos-Modell deckt folglich drei analytische Ebenen der Weltkonstruktion ab, um die Mechanismen der Wahrheits- und Sinn-Produktion zu analysieren: (a) *semiotisch*, in Symbolen und Repräsentationen, (b) *performativ*, in Interaktionen und Interventionen, (c) auf einer Achse zwischen *Aktualität* und *Virtualität*, da Vorwissen und Vorerwartungen durch bisherige Symbole und Praktiken zukünftige semiotisch-performative Repräsentationen und Praktiken des Wissens formen.

In Bezug auf die untersuchten Menschbilder (verstanden als Repräsentationen des Menschen in Text, Visualisierungen, Modellen etc. sowie einem als überindividuell begriffenem Sinn sowie subjektiven Vorstellungen) ließ sich feststellen, dass viele der Annahmen über den Menschen und sein Verhältnis zur Technik Produkte einer formalisierten Logik der Wahrheit innerhalb des Sinnsystems sind. ‚Der Mensch' und ‚die Technik' jedoch liegen niemals als reine Erkenntnisobjekte oder Einheiten des Wissens vor, sondern konstituieren sich stets in historisch und kulturell spezifischer, wechselseitiger Abhängigkeit (Kap. 1.2.1.). Außerdem wurde gezeigt, dass die Metapher eine entscheidende Rolle spielt bei der Hervorbringung bestimmter Menschbilder in Technologien, die als natürlich gelten.[59] Gleichzeitig wurde gegen die populäre Konvergenzthese argumentiert: Eine Konvergenz zwischen dem Technischen und dem Menschlichen, Natur und Kultur ist einer wechselseitigen Konvergenz der zugrunde gelegten epistemologischen Modelle geschuldet (Kap. 1.3.1.). Neben diesen vorwiegend semiotischen Schauplätzen der Logik der Wahrheit über den Menschen wurde anhand der Präimplantationsdiagnostik (als Technik epistemologischen Interventionshandelns) mit Hilfe der Akteur-Netzwerk-Theorie gezeigt, dass die performative Dimension des Wissens stets eng verwoben ist mit der Dimension der Repräsentation von Wissen. Erst in spezifischen Praktiken des Wissens wird die befruchtete Eizelle im Reagenzglas zu einem lebendigen Subjekt oder zu einem nichtlebendigen Objekt. Entscheidend ist folglich stets auch die performative Ebene der Wahrheit (Kap. 1.3.2.).

Die Funktionslogik der Wahrheit, die den Mythos als Modell auszeichnet, ist der Algorithmus. Nur ein durch formalisiertes Wissen und formalisierte Praktiken gewonnenes Wissen ist ein wahres. Der Algorithmus erscheint als entscheidendes Prinzip sowohl einer Logik der Wahrheit als auch einer Performanz der Wahrheitsproduktion im Erkenntnishandeln und korrespondiert mit den im My-

---

[59] Gehirn als Netzwerk, Körper als entmaterialisierbares Zeichen-Objekt etc.; Kap. 1.2.3.

thos-Modell identifizierten Dimensionen: *Er ist semiotisch und performativ gleichermaßen und oszilliert als Operationskette stets zwischen dem Aktuellen und dem Virtuellen.* Das, was sinnvoll repräsentiert und gesagt werden kann, wird mittels Operatoren (die dasjenige, was sinnvoll getan werden kann, codieren) verknüpft. Die Form des Algorithmus scheint deshalb mächtig genug, eine Welt zu erschaffen, die seine Logik als die Logik der Wahrheit durchsetzt (Kap. 1.4.1.). *Dies ist der Mythos Algorithmus.*

Wie sich im folgenden zweiten Teil anhand der untersuchten Menschbilder zeigen wird, ist der Algorithmus technisches und epistemisches Ding gleichermaßen (Rheinberger; Kap. 1.4.2.): Er ist das Prinzip von Erkenntnisprogrammen, die ihn gleichzeitig im erkannten Objekt – dem Menschen – aufspüren. Im Zentrum werden entsprechend die Fragen stehen: Wie wird durch den Algorithmus als Logik des Sinnsystems ein spezifischer, formalisierter Mensch geschaffen? Und: Wo werden diese Menschen produziert, um sodann vorgefunden zu werden? Der dritte Teil der Arbeit ist abschließend dem theoretisch bereits vorbereiteten Außerhalb der Algorithmuslogik (Kap. 1.5.) gewidmet.

2. Der algorithmisierte Mensch als Mythos der Gegenwart

Im vorangegangenen ersten Teil wurde das Sinnsystem Mythos Algorithmus als Modell entwickelt, um die Idee der Hybridisierung durch die Idee operativer Verkettungen zu ersetzen. Das Modell geht davon aus, dass nicht die untersuchten Phänomene (Mischwesen, Biofakte, Cyborgs etc.) hybrid sind, sondern erst die im Mythos Algorithmus geleistete Sinnproduktion hybride Phänomene produziert. Sinn und Wahrheit werden dabei in kausal verlaufenden und symbolischen Transformationsketten durch Algorithmen als Funktionen operationalisiert, die zwischen einer materiellen und symbolischen, performativen und textuellen oder virtuellen und potentiellen Dimension differenzieren können. Im Mythos Algorithmus wird eine Mensch/Technik-Hybridisierung grundsätzlich nicht angenommen. Vielmehr anerkennt das Modell die Notwendigkeit reiner Konzepte (wie viel menschlicher, wie viel technischer Anteil?), die je nach Beobachterperspektive anders miteinander verknüpft werden. Eine Ontologisierung des Menschen im Technischen erfolgt etwa durch metaphorische Verknüpfung oder epistemologische Modellübertragung.[60]

Im zweiten Teil wird das Modell des Mythos Algorithmus nun beispielhaft auf gegenwärtige Menschbilder angewandt. Im Zentrum steht die Frage, wie durch den Algorithmus als Logik des Sinnsystems ein computerisierbarer Mensch geschaffen wird. Die durchgeführten Einzelanalysen verstehen sich keinesfalls als abschließend oder gar umfassend. Gemeinhin von *den* Menschbildern zu sprechen, birgt das hohe Risiko einer oberflächlichen Rundumschau ohne nennenswerten Erkenntnisgewinn. Die folgenden Kapitel werden deshalb vermeiden, all diejenigen großen Fragen zu adressieren, die in jedem Fall hinter den untersuchten Bereichen lauern: Wer vom Konzept des Lebens spricht, wirft

---

[60] Wie vor diesem Hintergrund bisher argumentiert wurde, ist die Logik der Sinnkonstruktion des Menschen der Algorithmus, was in zwei Aspekten evident wird. Einerseits ist der Algorithmus *technisches* Ding: Er ist die Logik der Wahrheit und die Logik performativer Erkenntnisproduktion – er ist das Prinzip von Erkenntnisprogrammen, die seiner Logik folgend ‚wahres Wissen' in Handlungen performativ produzieren. Andererseits ist er *epistemisches* Ding (Rheinberger 2006; Kap. 1.4.2.) und damit diejenige Funktionslogik, die bei der Beobachtung eines Phänomens in diesem durch die Beobachtung selbst produziert wird.

die Frage danach auf, was Leben überhaupt sei und was der Tod bedeute. Wer von Bewusstsein, Intelligenz und Gehirn spricht, der wirft ungelöste philosophische Probleme auf, wie jene nach dem Leib/Seele-Dualismus oder der Freiheit des Willens. Existieren Körper und Seele? Um diese Fragen soll es hier nicht gehen.

Die folgenden Einzelanalysen untersuchen vielmehr Ausschnitte einer kulturellen Gesamtwahrnehmung, die eine Sinneinheit „Mensch" als formalisiert und prinzipiell formalisierbar entwirft. Sie demonstrieren darüber hinaus einen möglichen Nutzen des im ersten Teil entwickelten Modells als einer kulturwissenschaftlichen Erkenntnismethode. Dies geschieht teilweise in Form kurzer Fallstudien, manchmal als vertiefende Erweiterung des Modells. In der Kritik an einer Wahrnehmung der totalen Formalisierbarkeit, gar Substituierbarkeit des Menschlichen durch das Technische befindet sich die Arbeit in guter Gesellschaft (nur beispielhaft: List 1996; Weber 2003; Hayles 2005). Die Kritik von Hayles an der „Computerisierbarkeit des Menschen" stellt die Digitalisierung menschlicher Fähigkeiten wie Handeln, Fühlen oder Denken in Frage, da die materielle Dimension dieser Prozesse durch die Digitalisierung verloren gehe. Die folgenden Kapitel möchten der bestehenden Kritik den Gedanken des Algorithmus hinzufügen. Die dominierende Vision des Menschen liegt nicht nur in der fragwürdigen symbolischen Umschreibung des Menschlichen in ein Reich reiner Repräsentationen. Sie liegt in der Verkettung dieser Repräsentationen zu Prozessen, Praktiken, der Ausrichtung auf potentielle Ziele, die den Menschen und sein Leben (Kap. 2.1.), seinen Körper und sein Selbst (Kap. 2.2.) wie auch sein Bewusstsein (Kap. 2.3.) formalisieren, kurz: in der Algorithmisierung des Menschlichen.

2.1. Die Algorithmen des Lebens

> Die weiß hervorquellende Ranke einer körpereigenen Freßzelle geht auf Bakterienfang, Chromosomenhügel ziehen sich flach über die blaugetönte Mondlandschaft eines fernen Planeten; eine infizierte Zelle verströmt Myriaden tödlicher Virusteilchen in die Bereiche des Körperinnenraums, wo weitere Zellen zu Opfern werden; das von einer Autoimmunkrankheit zerfressene Ende eines Oberschenkelknochens erglüht, während im Hintergrund die Sonne in einer toten Landschaft versinkt; Todesschwadronen von Killer-T-Zellen haben Krebszellen eingekreist und greifen diese Verräter des Selbst mit chemischen Giften an.

Donna Haraway – Monströse Versprechen (1995b, 62-63)

Donna Haraway beschreibt hier eine eigentümliche und historisch wohl einmalige Modelläquivalenz. Der Binnenraum des menschlichen Körpers wird illustriert als ein außerirdischer Weltraum, in dem epische Schlachten gefochten werden. Haraway umschreibt in diesem Zitat den Bildband ‚The Body Victorious' (Nilsson et al. 1987), der auf seine Weise die AIDS-Panik und die Metaphorik des Kalten Krieges verarbeitet. Der Körper wird zur Science-Fiction-Welt, sein Immunsystem kämpft gegen eine Invasion von Viren und zerstörerischen Aufständischen wie den Krebszellen unter den erschwerten Bedingungen einer inneren Unterwanderung durch HIV. Das kurze Zitat unterstreicht die Anschlussfähigkeit des Wissens über das Leben, das zwischen unterschiedlichen Modellen, für unterschiedliche Phänomene, zwischen Science und Fiction innerhalb des Sinnsystems Mythos zirkuliert.

Im Folgenden wird zunächst (Kap. 2.1.1.) die schon seit Jahrzehnten geführte Debatte um die Reduktionismen des Lebens auf den genetischen Code und Information um die Figur des Algorithmus erweitert. Nicht nur die Gleichung ‚ein Gen = ein Informationswert' ist entscheidend. Darüber hinaus spielt gerade die Verknüpfung dieser Einheiten eine herausragende Rolle. Genetischer Determinismus basiert letztlich auf der Annahme, dass in den formalisierten Verkettungen der informationellen Einheiten ein ‚Programm' abläuft – mit anderen Worten, die Algorithmen des Lebens. Gleichzeitig scheinen auch bei der Konstruktion des Lebens als Programm wiederum algorithmisierte Erkenntnis- und Handlungsprogramme abzulaufen, durch die Sinn produziert wird (Kap. 1.2.2 und 1.2.3.; Kap. 1.4.).

Daran anknüpfend (Kap. 2.1.2.) soll anhand des kulturell kontingenten und historisch spezifischen Konzepts des Lebendigen gegen die Annahme einer Hybridisierung von Mensch und Technik (dem natürlichen und dem künstlichen Leben) argumentiert werden. Es handelt sich um eine Konvergenz der Modelle, nicht notwendigerweise der Phänomene. Zusätzlich erfordern auch vorgeblich das natürliche Lebenskonzept destabilisierende Technologien wie etwa Eingriffe in die Mechanismen menschlicher Reproduktion immer eine disambiguisierende Reinigungsarbeit. In einen simplen Zusammenhang gebracht: Je stärker die wahrgenommene Auflösung des Natürlichen, desto stärker die Bestrebung, das ‚reine' Natürliche konzeptuell eindeutig zu machen. Für Ethik und Erkenntnis – so die zentrale These dieses Kapitels – ist eine Reinigung und Fixierung der Konzepte (natürlich/künstlich etc.) durch Formalisierung der Idee des Lebendigen unerlässlich.

Neben dem gereinigten Konzept des Lebendigen ist die in medizinischen Repräsentationen und Praktiken vorgenommene Formalisierung des Menschen eine tiefgreifende (Kap. 2.1.3.). Die Zustände Gesundheit/Krankheit und Diagnose/Prognose formalisieren nicht Krankheiten, sondern bringen spezifische Körper, spezifisches Verhalten und spezifische Identitäten hervor, was vor allem beispielhaft an HIV-positiven Körpern und Identitäten gezeigt werden soll. Diese

Ausprägung der Formalisierung nimmt besonders durch die Selbstregulation und Selbstbeobachtung des Patienten sowie durch den formalisierten Krankheitsverlauf eine algorithmische Struktur an. Die Frage der Machtausübung durch Selbstregulation steht im größeren Zusammenhang mit der Gouvernementalität und Biomacht, die hier nur kurz gestreift wird (Kap. 1.3.3. und Kap. 2.2.1.). Im Vordergrund steht der Gedanke der algorithmischen Formalisierung.

2.1.1. Der genetische Code als Algorithmus – Leben als operationalisiertes Programm

Am 20. Mai 2010 veröffentlichte die naturwissenschaftliche Fachzeitschrift *Science* einen Artikel unter der programmatischen Überschrift „Creation of a Bacterial Cell Controlled by a Chemically Synthesized Genome". Darin wird der erfolgreiche Schöpfungsakt gefeiert, die „digitalisierte Information" einer bakteriellen Gensequenz erfolgreich in ein anderes Bakterium „transplantiert" zu haben (Gibson/Glass/Lartigue et al. 2010a). Das Wort *creation*, dem im Englischen neben der neutralen ‚Herstellung' auch immer die Konnotation der biblischen ‚Schöpfung' anhaftet, ist an den Anfang gestellt. Die weltweite mediale Reaktion entschloss sich vornehmlich für diese Lesart:

Die Zeit (27. Mai 2010)

The Economist (22. Mai 2010)

Während *The Economist* bereits die Konsequenzen herbeischreibt, fragt *Die Zeit* auf ihrer Titelseite viel grundsätzlicher „Was ist Leben?" und stellt weiter – ganz ohne Fragezeichen – fest: „Forscher haben erstmals einen künstlichen Organismus geschaffen. Der Mensch kann jetzt Schöpfer spielen".

Es wird der Eindruck erweckt, bei dem von Craig Venter vorgestellten Organismus handele es sich um eine vollständig im Labor erschaffene Zelle, deren genetischer Code aus synthetisierter Information besteht und dem deshalb die verdiente Ehre gebührt, das große Etikett ‚künstliches Leben' zu tragen. Bei genauerer Betrachtung handelt es sich aber um eine offen eingeräumte Umetikettierung, streng genommen Etikettenschwindel. In ihrem Bericht machen die Autoren selbst deutlich:

> We refer to such a cell controlled by a genome assembled from chemically synthesized pieces of DNA as 'synthetic cell', even though the cytoplasm of the recipient cell is not synthetic   The properties of the cells controlled by the assembled genome are expected to be the same as if the whole cell had been produces synthetically (the DNA software builds its own hardware) (Gibson/Glass/Lartigue et. al 2010b, 4).

Zwei wesentliche und selbst geschaffene Rahmenbedingungen der Forscher stechen in diesem Zitat hervor. Zum einen wird die ‚natürliche' Zelle ihrer DNS beraubt, alle anderen Zellbestandteile bleiben übrig. Der Begriff Zytoplasma bezeichnet die Grundstruktur der Zelle, in der wesentliche Stoffwechselprozesse ablaufen. Dennoch geben Venter und sein Team dieser Zelle ohne DNS das Label ‚synthetisch' und setzen einfach voraus, eine tatsächlich synthetisierte Zelle entspräche in ihren Eigenschaften völlig dem Rest der natürlichen. Es scheint jedoch, dass allein durch diese Umetikettierung eine so griffige Überschrift wie der Schöpfung überhaupt möglich wird. Das nun synthetisierte, ‚natürliche' Leben wird dabei vollständig reduziert auf das Genom. Ein synthetisiertes Genom (das zudem noch im Wesentlichen eine Kopie eines ‚natürlichen' ist) wird in eine zuvor ihres Genoms beraubten Zelle transferiert, die sich – und das ist das eigentliche Novum – eigenständig teilt. Mit diesem Kopiervorgang nun wird die Schöpfung von künstlichem Leben verkündet. Noch zugespitzter formuliert Venter dies in einem Interview der Frankfurter Allgemeinen Zeitung:

> Wir haben herausgefunden, dass wir ganz eindeutig durch DNA-Software betriebene Informationsmaschinen sind. Diese Software wird ununterbrochen gelesen. Wenn man sie entfernt, stirbt die Zelle, und wenn man in sie neue Software einfügt, wie wir es mit dem synthetischen Chromosom getan haben, wird die Zelle sie sofort lesen und neue Proteine nach dem Code des neuen Chromosoms erzeugen. Die Zelle verwandelt sich so in eine neue Lebensform. Wir sehen also Leben als dynamischen Prozess, voll und ganz gesteuert vom Informationssystem (Mejias/Venter, FAZ, 25.05.2010).

Hier wird der zweite selbstverständliche Reduktionismus deutlich, der eng mit dem ersten zusammenhängt. Der genetische Code wird zum exklusiven Informationsträger stilisiert – als DNS-Software, die auf einer Hardware ablaufen kann. Leben ist „dynamischer Prozess", „gesteuert vom Informationssystem". Der

Bezug zum Computer-Modell ist offensichtlich, wobei die genetische Information ("Software") priorisiert wird: Die Eigenschaften einer synthetisch hergestellten Zelle als Hardware (Zellwand, Cytoplasma etc.) entsprechen einer natürlichen – Hauptsache ist, dass die genetische Information identisch ist.

> This work provides a proof of principle for producing cells based upon genome sequences designed in the computer. DNA sequencing of a cellular genome allows storage of the *genetic instructions for life as a digital file* (Gibson/Glass/Lartigue et al. 2010b, 4; Hervorhebung T.B.).

Ein auf das Genom reduziertes Leben kann verlustfrei in einer digitalen Computerdatei gespeichert und manipuliert werden, um anschließend wieder auf eine Zelle aufgespielt zu werden. Die vollkommene Anschlussfähigkeit des Digitalen an das Technische wird durch das Medium der Information bewerkstelligt, die als scheinbar ontologische Einheit niemals örtlich, zeitlich oder materiell gebunden ist. Als besonderer Schauplatz dieser Äquivalenz haben sich als biologische Teildisziplinen die Bioinformatik und die ‚Synthetische Biologie' ausgebildet (weiter unten in diesem Kapitel), der die Arbeit Venters zuzuordnen ist. Der Forschungsbericht ist deshalb kein singuläres Phänomen und auch nicht damit begründbar, dass ein selbstständiger Forscher wie Venter um den wirtschaftlichen Nutzen von medialer Aufmerksamkeit in Bezug auf potentielle Geldgeber weiß. Er steht symptomatisch für eine ganze Disziplin, vielleicht sogar für eine generelle kulturelle Wahrnehmung.

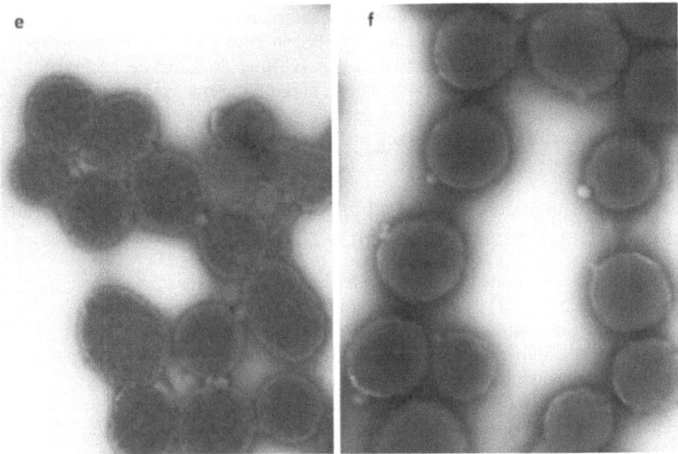

Abb. 9: Gott (links, e) und Venter (rechts, f) im direkten Produktvergleich, natürliche und künstliche Bakterienzellen: „Both show the same ovoid
morphology and general appearance" (Gibson/Glass/Lartigue et al.
2010b, 6; Foto: S. 12).

Eine biologisch-disziplininterne Kritik an der Forschungsarbeit Venters kann
und soll hier nicht geleistet werden.[61] Sie und ihr mediales Schaulaufen machen
jedoch deutlich, in welcher Weise offenkundig labor- und wissenschaftsinterne
sowie kulturelle Narrative abgerufen werden und sich „fabrizierte" Erkenntnisse
dabei in einen kontinuierlichen Erzählstrang fügen, der einen Durst nach Entwicklung und Fortschritt, Durchbruch und Zukunftsangst zu befriedigen weiß
(Teil 1, insb. Kap. 1.2.). Nur so erklärt sich auch die Selbstverständlichkeit, mit
der das Narrativ vom Lebenscode fortgeschrieben wird und sich als Schöpfungsakt verkaufen lässt, was Venter und sein Team gefertigt haben. Die „synthetische
Zelle" trägt gar ein Wasserzeichen als selbst verfasste Widmung ihrer Schöpfer,
und um sie von natürlichen Zellen unterscheidbar zu erhalten.

Venters Forschung und vor allem ihre medial-kulturelle Vermittlung verweisen auf ein bereits seit Jahrzehnten diskutiertes Problemfeld: Der genetische
Code als Reduktionismus im Informationsparadigma.

---

[61] Die Forscher erklären zu Beginn ihres Berichts selbst, dass die „Rolle", die die Gene spielen, noch
völlig unbekannt ist: „No single cellular system has all of its genes understood in terms of their
biological roles" (Venter et al. 2010b, 1). Der genetische Reduktionismus ist dennoch präsent. Mit
dem Wort „Rolle" ist implizit auch zum Ausdruck gebracht, dass nicht nur die DNS, sondern auch
deren Wechselwirkung mit den anderen Elementen der Zelle und möglichen Umwelteinflüssen völlig
unbekannt ist.

> Die maschinengerechte Codierung von Lebensprozessen auf der submolekularen Ebene wird als Alphabetisierung des Lebendigen beschrieben. Das Leben figuriert als Text, der genetische Code als Alphabet. Das ist ein schlauer Trick, bei der Mehrheit der Bildungsbürger die Überzeugung zu schaffen, dergestalt werde eine neue kulturelle Revolution des Humanen in die Wege geleitet, währenddessen die technophilen Revolutionäre der telematischen Kultur schon die Emergenz des Posthumanen feiern (List 1996, 205).

Information wird zum universellen Forschungsobjekt erklärt, was Konsequenzen nach sich zieht, die Kay präzise zusammenfasst:

> Durch ein zufälliges Zusammentreffen präbiotischer Ereignisse (manche würden sagen: informationsgetriebener) entstand die (Zufalls-)DNA-Sequenz – das Wort –, welche schließlich die primitiven Proteine instruierte. Millionen Jahre von Evolution, von Mutationen und natürlicher Selektion führten schließlich zu zunehmend komplexeren und informationsreicheren organischen Aggregaten, mehrzelligen Formen, sogar mit Sprache begabtem Leben. In dieser Perspektive sind Natur und Buch der Natur ein und dasselbe; Ursprung, Agent *und* Resultat dieser weltlichen molekularen Schrift ist die Natur: Sie ist Autor und Schrift in einem. Unabhängig von menschlichem Handeln hat sie existiert, sie ging menschlicher Erfindung voraus und wartete nur auf ihre Entschlüsselung. Ihre unzweideutige Lektüre wurde schließlich durch materielle und theoretische Werkzeuge der Molekularbiologie möglich (Kay 2005, 9-10).

Dieses Lesen der Natur hat durchaus wie Venters Schöpfung „theistische Übertöne" des Buchs aller Bücher (Kay 2005, 8). Als Konsequenz dieser Annahmen ergaben sich zunächst die Forschungsprogramme zur ‚Entschlüsselung' des menschlichen Genoms (Human Genome Project HGP, 1989-2003) und gleichzeitig die zur deterministischen Bestimmung des „gene for this-that-and-and-the-other-thing" (Rabinow 2008, 17). Nach ernüchternden Erkenntnissen aus dem HGP[62] musste die simple Sicht auf den Code des Lebens aufgegeben werden. Aus der Einsicht in diesen offensichtlichen Reduktionismus hat sich längst die sogenannte Postgenomik innerhalb der biologischen Forschungsdisziplinen verinstitutionalisiert (Rose 2007, 255-256). In einem ihrer Forschungsprogramme, der „Epigenetik", wird eine systemische Perspektive angenommen, die Zellzustände und ihre Weitergabe untersucht, ohne den abgelesenen Code als zentrale Steuerungseinheit zu verklären (Rheinberger/Müller-Wille 2009, 27). Dennoch bleibt das Gen und vor allem die genetische Information als ontologisiertes Objekt sehr wirkungsmächtig, wie die Autoren an anderer Stelle (Müller-Wille/Rheinberger 2009) zu bedenken geben.

Die mediale Rezeption des proklamierten synthetischen Lebens illustriert die Stabilität dieses kulturellen Narrativs vom Lebenscode. Auf zwei Weisen lässt sich die Debatte durch die Algorithmus-Figur um eine Perspektive erweitern:

---

[62] Die Maus mit ihren 50.000 Genen schlägt den Menschen mit seinen nur 20.000-25.000 Genen um Längen (Rose 2009, 160).

Nicht nur ist der Phänomenbereich des ‚genetischen Codes' mehr als eine Reihung von informationellen Einheiten. Bei Venter wird deutlich, dass die DNS vielmehr einem Algorithmus gleicht, der durch eine Hardware (die Organisation der Zelle) ausgeführt wird: Der selbst verkündete Erfolg der Forschungsarbeit trat Venter et al. zufolge erst ein, als sich die Zelle selbstständig teilte. Zur Information tritt hier der Gedanke der Operationalisierung hinzu. Zusätzlich sind die Erkenntnisprogramme der Molekularbiologie als algorithmisierbar zu denken.[63] Beide Perspektiven des Algorithmus – (a) als Operationalisierung genetischer Informationen, woraus Leben entsteht, und (b) als wissenschaftliches Erkenntnisprogramm, das diejenigen Einheiten (Informationen) findet, das es in seiner theoretischen Anlage erwartet – hängen eng miteinander zusammen und werden im Folgenden ebenso verwoben dargestellt.

Jacob schreibt in einem bezeichnenderweise *Logik des Lebendigen* getauften Buch (1972) mit großer Selbstverständlichkeit von einer Biologie, die „Information", „Botschaft" und „Code" als die wesentlichen Begriffe aufzuweisen hat, mit der die evolutive Vererbung, die Entwicklung des Lebendigen erfasst werden kann (Jacob 1972, 9). Variabilität und Selektion sind dem „Programm" und seiner „Finalität" (Jacob 1972, 13) nachgeordnet:

> Denn die Variabilität ist eine Eigenschaft, die der eigentlichen Natur des Lebenden, der Struktur des Programms und der Weise, wie es in jeder Generation kopiert wird, zugrunde liegt. Die Veränderungen des Programms geschehen blindlings. Eine Auswahl wird erst hinterher getroffen, da jeder auftretende Organismus sofort durch die Reproduktion auf die Probe gestellt wird (Jacob 1972, 13).

Das Leben ist der Ablauf eines Programms, nicht nur starr repräsentiert in Informationen, sondern das Ablesen eines Algorithmus – völlig determinierend und final. Die Logik des Lebendigen liegt in dessen Organisation, deren feinste organisatorische Letzteinheit das genetische Programm ist.[64]

Doch bevor der Algorithmus abläuft, müssen innerhalb der molekularbiologischen Erkenntnisprogramme zunächst Einheiten innerhalb des Sinnsystems produziert werden, die anschließend in eine operative Kette gebracht werden können. Diese Einheiten sind Informationen. Kay legt im Jahr 2000 (hier dt. 2005) die wohl umfassendste kulturwissenschaftliche Studie zum Informationsparadigma in der Genetik und der Molekularbiologie vor (ähnlich auch Keller 1998). Sie beschreibt die Programme eines großen Teils der biologischen Forschung der

---

[63] So wie sie in Kapitel 1.4. als Mechanismus des Sinnsystems Mythos eingeführt wurden.

[64] Die Vorstellung des Organismus als systemische Organisation wird im 18. Jahrhundert sichtbar und ergänzt die „Struktur erster Ordnung" – diejenige der bloßen anatomischen Anordnung – als sichtbare Regelhaftigkeit des 16./17. Jahrhunderts (Jacob 1972, 25). Das genetische Programm ergänzt abschließend die algorithmische Dimension der Handlungsvorschrift, des determinierten Verlaufs des Lebens.

1940er bis 1960er Jahre, die das Ziel hatten, im Genom einen in DNS geschriebenen Text zu erkennen, dessen Entschlüsselung zum mystifizierten Telos stilisiert wurde. Kay konstatiert einen deutlichen Paradigmenwechsel in der Repräsentation des Lebens von energetisch, physikalisch-materiellen Modellen hin zur abstrakten Modellierung des Lebens in der Logik der Informationsmetapher.

Der Informationsbegriff wurde während des zweiten Weltkriegs seinerseits zum universellen Parameter wissenschaftlicher Forschung, die finanzielle Förderung der Forschungsarbeit war politisch motiviert und rückgebunden an militärische Interessen. Es kam zu einer entsprechenden Ausrichtung der Forschungsprogramme zahlreicher Disziplinen, die Maschinen und lebende Organismen zum Forschungsgegenstand hatten: mathematische Kommunikationstheorie, Modellierung des Gehirns, Sprachwissenschaft, Künstliche Intelligenz, Waffensteuerungs- und -kontrollsysteme, Kybernetik, Automatentheorie und Behaviorismus (Kay 2005, 42). Dieser „Informationsdiskurs" (Kay 2005, 35) produzierte eine ihm eigene Semantik. Konkret verbergen sich bei Kay hinter den diskursiven Praktiken der Wissenschaft neben „Aktivitäten wie Benennen, Beschreiben, Interpretieren, Analogiebildung und Bedeutungszuschreibung" (Kay 2005, 35) zum Beispiel die Auswahl und Gründung von Zeitschriften, Veröffentlichungsstile, rhetorische Mittel oder Anschlussfähigkeit an allseits akzeptierte Leitbilder.[65] Nicht unerheblich sind ebenfalls die historische Einbettung in die Nachkriegszeit, das beginnende Atomzeitalter, und die Konfliktlinie zwischen den beiden Supermächten, die ganz entscheidenden Einfluss auf die von der US-Regierung geförderten Forschungsprogramme hatte (Kay 2005, 110-116). Die Förderung einer auf Kryptoanalyse – also dem Dechiffrieren verschlüsselter Botschaften –ausgerichteten Forschung gehörte im Lichte der teils hysterischen antikommunistischen Stimmung der McCarthy-Ära zur Staatsräson der politischen Klasse.[66]

Die durchschlagende Kraft des Informationsparadigmas war deshalb nicht nur durch eine universelle Formalisierbarkeit der Informationstheorie gegeben, sondern lag auch im praktischen Nutzen von Forschungsarbeiten, die sich zumindest terminologisch der Metaphorik der Informationstheorie bedienten: Zum ersten Mal wird in den späten vierziger Jahren dieses spezifische „System von Repräsentationen" sichtbar, das in den Tropen *„Information, Nachrichten, Texte, Codes, kybernetische Systeme, Programme, Instruktionen, Alphabete, Wörter"* operiert (Kay 2005, 49; Hervorhebung im Original).

---

[65] Vgl. die Laborstudien um Woolgar/Latour oder Knorr Cetina (Kap 1.3.1.).

[66] Die Macht des Informationsparadigmas lässt sich auch am erst späten Nobelpreisruhm der Biologin Barbara McClintock ablesen, die bereits 1951 sogenannte „springende" Gene entdeckte und hierfür erst 32 Jahre später mit dem Nobelpreis geehrt wurde: Ein instabiler, sich selbst umschreibender Text passte schlicht nicht in das Informationsparadigma (Brenner 2009).

> Der Begriff Information bedeutet ursprünglich (seit dem späten 14. Jahrhundert) „die Aktion des Informierens: des Formierens oder der Bildung von Geist und Charakter, Unterrichtung oder Unterweisung (einschließlich göttlicher Unterweisung und Inspiration), übermittelte Wissensinhalte, Nachrichten und Einsicht (im Unterschied zu Daten); in diesem allgemeinen Sinne wurde es noch Anfang des 20. Jahrhunderts in Physik, mathematischer Logik, Elektrotechnik und Biologie verwendet... In den späten zwanziger Jahren jedoch wurde der Informationsbegriff, als Ergebnis der Forschungen über telegraphische Nachrichtenübertragung in den Bell Laboratorien, allmählich von den genannten Bedeutungen abgekoppelt, um rein syntaktische Symbolanordnungen zu bezeichnen, die auf elektronische Kommunikation zugeschnitten waren (Kay 2000, 41-42).

Referenzpunkt der Entstehungsbedingungen des Primats der Information ist bei Kay unter anderem das bekannte Shannon/Weaver-Modell (1976) zur Kommunikation, das den Reduktionismus auf die Einheit ‚Information' illustriert. Im Mittelpunkt steht hier, verkürzt gesagt, die Übertragung eines Signals von einem Sender zu einem Empfänger durch einen Kanal, der möglichen Störquellen ausgesetzt ist. Aufschlussreich ist vor allem die Reduktion des Begriffs Information auf die erfolgreiche Übermittlung von Symbolkombinationen, die von der Empfängerseite mit mehr oder weniger großer Wahrscheinlichkeit erwartet werden. Zur Verdeutlichung kann man ausgehend von den einzelnen Symbolen der deutschen Sprache (das lateinische Alphabet) von einer tendenziell höheren Auftrittswahrscheinlichkeit des Buchstaben E im Vergleich zum Buchstaben Y ausgehen (Mayer-Eppler 1969). Kommunikation wird zur Symbolübermittlung mit mathematisch berechenbaren Auftrittswahrscheinlichkeiten. Der Wert der Information – in mathematischer Terminologie – ist dabei die Verrechnung der Erwartungswahrscheinlichkeit mit dem tatsächlichen Auftreten eines Symbols. Tritt Y auf, steigt folglich der Informationswert einer Nachricht.

Auf eine Kay sehr ähnliche Weise beschreibt Janich (1999) in einer ausführlichen Kritik dieses Modells und vor allem der daraus gezogenen Schlussfolgerungen diesen Vorgang als „Naturalisierung" der Information zu einem Objekt. Durch ein so abstraktes Verständnis von Information wird Bedeutung völlig dekontextualisiert, wodurch sich die Einheit Information nicht nur in der Genetik, sondern auch in der im Nervensystem ‚abgespeicherten' oder der extrakorporal hinterlegten Information wiederfinden lässt.[67] Eine so abstrakte Einheit lässt sich – und das ist der forschungspraktische Nebeneffekt – überall dort wiederfinden, wo sie gesucht wird: „Störungen sind vielmehr immer relativ zu Zwecken der Ungestörtheit definiert, erkannt und technisch beherrscht" (Janich 1999, 43). Information wird folglich dahingehend ‚naturalisiert', dass sie als Einheit, als Objekt, immer genau dort in Erscheinung tritt, wo sie entsprechend der benutzten

---

[67] Dazu auch Hayles' (1999) ausführliche Kritik an der kulturellen Wahrnehmung einer Ubiquität von Informationsmustern, *patterns of information*; Kap. 1.4.4.

Theorie erwartet wird: Ein Modell scheidet die Botschaft – den Sinn – von dem, was keinen Sinn ergibt – der Störung der Botschaft.

Hier wird der Zusammenhang mit den algorithmisierten Erkenntnisprogrammen (insb. Kap. 1.4.2.) deutlich: Es wird dasjenige entdeckt, was gefunden werden soll, die Äquivalenzmodellierung ermöglicht reibungslose Anschlussfähigkeit. Es mag folglich kaum mehr erstaunen, dass eine Biologie als Wissenschaft des Lebens, die das Lebendige in technischer Metaphorik (holistisch-funktional, systemtheoretisch, teleologisch) modelliert, zwischen dem Technischen und dem Lebendigen nicht mehr zu unterscheiden weiß (Kambartel 1996). Die Annäherung physikalischer Entwicklungen an das Lebendige sollte jedoch nur als ein „Symptom" dessen aufgefasst werden, „daß mit den naturwissenschaftlichen Definitionen des Lebens etwas Grundsätzliches begrifflich nicht in Ordnung ist" (Kambartel 1996, 113). Ähnlich verhält es sich auch mit menschlichem Denken, Sprachgebrauch oder Wahrnehmungshandeln und einem Verständnisgewinn über diese durch Modellverwandtschaft zur Computertechnik:

> Hier werden zunächst anthropologische Bilder zur Beschreibung bestimmter Maschinen verwendet und dann, unter Vergessen ihrer metaphorischen Semantik, wie eine primäre Ausdrucksweise in die Rede über menschliche Verhältnisse reimportiert (Kambartel 1996, 113).

Was an der Modelläquivalenz und Gleichschaltung der Modelle innerhalb desselben Sinnsystems am meisten erstaunt, ist die Viabilität (‚Gangbarkeit') dieser Modelle (Kap. 1.3.2.). Einer der Hauptschauplätze hierfür ist die Bioinformatik, die als biologische Disziplin um die Vorstellung gebaut ist, genetische und digitale Information seien eins. Anders als bei Venters Forschungsbericht, dessen metaphorische und simplifizierende Deutlichkeit wahrscheinlich nicht zuletzt auch dem Bemühen um eine leicht verdaubare mediale Aufmerksamkeit geschuldet ist, ist der Reduktionismus hier selten ein offen artikulierter. Vielmehr verbirgt er sich in den tatsächlichen Praktiken und Artefakten der Bioinformatik:

> online genome databases, DNA chips, combinatorial chemistry, three-dimensional molecular modeling, gene-targeting software, and 'wet-dry-cycles' in drug development. In these and other hybrid artefacts, we see not only the integration of the biological and the technological, but also the integration of a material and an immaterial understanding of biological life (Thacker 2005, 52).

Wet-dry-cycle bezeichnet einen methodischen Wechsel bei der Herstellung neuer Medikamente. Für die Herstellung werden neben klassischen Labormethoden (*wet lab*) ergänzend Computersimulationen (*dry lab*) eingesetzt. Ein neuer Wirkstoff wird zum Beispiel auf molekularer Ebene im Computer simuliert, um mögliche Wechselwirkungen mit dem Organismus eigenen chemischen Strukturen zu antizipieren: Ein simulierter Wirkstoff wird einem simulierten Organismus verabreicht. Diese Austauschbarkeit legt auf eigene Weise die wechselseitige Anschlussfähigkeit materieller und immaterieller Instantiierungen von Information mittels einer Umschreibung im Code nahe (dazu Thacker 2005, 64-66). Gleichzeitig sorgt die Modelläquivalenz beider Seiten – der technologischen und der biologischen – auch hier interessanterweise dafür, dass die Pole in Abgrenzung zueinander stabilisiert werden.

Auf zwei unterschiedlichen Abstraktionsebenen besetzt die Bioinformatik hybride Positionen, die als Mischformen von Dichotomien[68] sprachlogisch paradox sind. Thacker (2005, xviii) fasst dieses Paradoxon einerseits durch den modernen biologischen Ansatz, der zwei Anforderungen an das Konzept des Lebendigen stellt: „that it be essentially information (or pattern) and that it be essentially matter (presence)". Das Paradigma von der reinen Information (genetischer Code), die als Muster das Medium, auf dem sie hinterlegt ist (vereinfacht ausgedrückt: eine spezifische Körperzelle), trivialisiert, steht im Widerspruch zum Verständnis des Lebendigen als räumlich (Körper) und zeitlich (endlich, sterblich) manifestiert. Leben ist in diesem Verständnis Materie und/oder Information.

Daran anschließend werden – ebenfalls paradox – die beiden Konzepte der Künstlichkeit und der Natürlichkeit gleichzeitig aktiviert (Thacker 2005, xviii-xix): Ein genetisch modifizierter Organismus wird von der Industrie einerseits als ‚künstlich' und ‚technologisch' gefasst, um eine prinzipielle Patentierung dieser Organismen (ein rechtlicher Schutz von geistigem Eigentum an einem Produkt) möglich zu machen. Das Konzept des Natürlichen wird hier also bestärkt und stabilisiert, indem es als etwas gefasst wird, das einer kulturellen Intervention vorgängig ist. Dieses Argument wurde in den jüngst kontrovers geführten Debatten um die Patentierung von Lebensmitteln (etwa gentechnisch modifizierter Mais oder Brokkoli; El-Sharif 2010) wieder aufgefrischt. Gleichzeitig und in direktem Widerspruch wird der genetisch modifizierte Organismus jedoch von gleicher Seite als ‚natürlich' kategorisiert:

> these new, useful, and non-obvious inventions are 'natural' and thus safe for the environment, for the human body, for agriculture, and for medical application" (Thacker 2005, xviii).

Technologie wird in diesem Kontext mit der Natur *gleichbedeutend*. Leben ist natürlich und/oder künstlich. Leben ist Natur und/oder Technik/Kultur. Die Ausgangsfrage, ob Mensch und Leben überhaupt als natürliche Konzepte begriffen werden können, wird dadurch zweifelhaft. Wie bereits argumentiert, setzt Hybridisierung immer stabile Konzepte des Eindeutigen voraus. Je nach Position wird die Kategorie des Hybriden gereinigt, um letztlich Kategorien des Eindeutigen

---

[68] Dazu die Diskussion zur vermeinlichen „Hybridisierung" in Kap. 1.3.

zur sozialen Realität zu erklären – in Form von Gerichtsurteilen, Patenten und den daran anschließenden Praktiken.[69]

Verunsicherungsdebatten um die „wahre" oder „einheitliche" Natur des Menschen und ihrer technologisch bedingten Auflösung sind damit prinzipiell nicht haltbar. Sie beklagen eine unangetastete Reinform, die es so nie gab. Die Bioinformatik steht folglich nicht paradigmatisch für eine verlustfreie wechselseitige Anschlussfähigkeit des Natürlichen an das Technische. Sie bestärkt dem widersprechend gleichzeitig die These von der Notwendigkeit reiner Konzepte des Natürlichen und Technischen im Lichte der konvergierenden Modelle.

Die bereits erwähnte Epigenetik versucht, alternative Modelle zur Erklärung der intrazellulären Prozesse zu finden. Nicht nur Information als Einheit ist alleinige Metapher für das Leben, sondern die *Organisation* der Zelle. Der bloßen Information fehlt der Prozesscharakter, die der Algorithmus jedoch besitzt (Kap. 1.4.4.). Die in einem „digital file" (Venter) abgespeicherte genetische Information – möglicherweise lediglich als Computersimulation – ist zweifach als Basis für einen Algorithmus zu verstehen: Um sie erstens mit Leben gleichzusetzen, muss implizit immer auch auf das ‚Ablesen' des Codes, das ‚Ausführen' des genetischen ‚Programms' verwiesen werden. Venters Zelle macht ihn erst zum Schöpfer, als sie sich teilt, ihre Prozesse startet, das Programm ausführt. Die bloße Kombination der Informations-Einheiten ermöglicht noch nicht die speziell in der Bioinformatik betriebene Gleichsetzung des Genetischen mit dem Digitalen. Definitionen des Lebens haben immer Prozesscharakter und sind niemals statisch, etwa durch Leben als Wachstum (Kap. 1.3.1.) oder als Selbstorganisation (Kap. 1.1.2.). In der durch Maturana geprägten einflussreichen Definition des Lebens als Autopoiese kommt der Gedanke eines sich selbst erhaltenden homöostatischen Systems zum Ausdruck. Gleichzeitig betont Maturana die Bedeutung des physischen Raums, die räumliche Ausdehnung von Organisation für das Lebendige (Maturana 1981, 21-22). Die Frage der Epigenetik ist folglich nicht mehr im Reduktionismus verborgen: Wo sind die lesbaren Informationen des Lebens? Sie steckt in der Frage: Welches sind die Algorithmen, nach denen das Programm der Zellorganisation abläuft?

Nicht die Einheiten des Lebens sind nunmehr entscheidend, sondern ihre operationale Verkettung miteinander, die *prozessuale* Dimension des Lebens. Die digitale Datei, in der der Code des Lebens hinterlegt ist, muss also eine ausführbare sein, kein bloßes Archiv – EXE nicht DLL. Eine im *dry lab* vorgenommene Programmierung einer Computersimulation muss sich erst in der lebenden Zelle bewähren. Der Algorithmus als Bindeglied sieht in digital vorgenommenen Manipulationen immer auch die in der Möglichkeit vorhandenen zukünftigen Ver-

---

[69] Kap. 1.3.2. zur hierfür beispielhaften Diskussion der Präimplantationsdiagnostik (PID).

änderungen der Zellorganisation. Hinter dieser Suche nach den Algorithmen des Lebendigen stecken zur gleichen Zeit wieder notwendigerweise Setzungen. Symbolische Transformationsketten isolieren Einheiten (die Gene sind nur ein Teil davon), die Kausalketten isolieren Wenn-dann-Verknüpfungen und somit Operatoren – alles dies im Sinnsystem Mythos Algorithmus. Die zweifache Algorithmisierung des Lebens geschieht

- im singularisierten Phänomen selbst: Der genetische Code wird als ausführbare Datei konstruiert, deren entscheidende Qualität in ihrem Funktionieren (wie bei Venter) auf prozessualer Ebene liegt. Die bloße Annahme eines Reduktionismus auf Information als Einheit genügt nicht. Entscheidend ist immer die Operationalisierung dieser Einheiten.
- in der Produktion dieses Wissens um das Lebendige: Algorithmisierte Erkenntnis- und Handlungsprogramme (im Sinne des Beobachterkonstruktivismus), die wie Venter in der Zelle eine Software ausführende Hardware vermuten und diese auch vorfinden. Der Mythos Algorithmus ist universell.

Die universelle Operationalisierbarkeit ist sowohl eine Annahme des wissenschaftlichen als auch des populären Diskurses. „Die Schöpfung im Labor. Forscher auf der Suche nach der Formel des Lebens" titelt *Der Spiegel* und meint damit die Vision von Biotechnologieunternehmen, Gene als „Bausteine" für neue Organismen zu nutzen.

Der Spiegel, 4. Januar 2010

Wie sich im folgenden Kapitel zeigen soll, offenbart das Projekt des Künstlichen Lebens (*artificial life, ALife*) nicht nur die Formalisierungsannahme des Mythos Algorithmus, sondern vor allem ihre Grenzen. Dennoch sind ohne Formalisierung weder Erkenntnis noch Ethik denkbar, die sich – so die folgende These – gegenseitig bedingen.

2.1.2. Natürliches und künstliches Leben – stabilisiert durch formalisierte Narrative

Die naturphilosophische Denkschule des Vitalismus steht prototypisch für ein Außerhalb der Annahme einer universellen Formalisierbarkeit. Leben birgt immer ein unbegründbares Geheimnis, eine symbolische Leerstelle. Der Vitalismus ist das Gegenkonzept zur durch die Bioinformatik vertretenen vordergründigen Annahme einer Hybridisierung von Leben und Technik und der Algorithmisierbarkeit des Lebendigen, wie sie am Beispiel von *artificial life* (*ALife*) in besonderer Weise zum Ausdruck kommt.[70] Das Wissen um ein Konzept wie ,das Lebendige' wird stets in Verbindung mit sozialen Praktiken erzeugt. Aus diesem Grund haben ethische Handlungsprogramme nicht nur für konkrete Handlungen eine Deutungsmacht, sondern ebenso für Möglichkeiten der Erkenntnis. Die Reinheit der Konzepte Leben und Tod beruht letztlich im Wesentlichen auf medizinisch-ethischen Setzungen. Am folgenden Fallbeispiel des Hirntod-Kriteriums wird deutlich, dass Leben und Tod immer als Produkte sozialer Praktiken zu verstehen sind. Ethik und Anthropologie sind deshalb nur in wechselseitiger Abhängigkeit vorstellbar, denn ohne eine fixierende Bestimmung dessen, was als Menschliches zu gelten habe, kann es nicht zum Objekt einer Betrachtung werden. Das Phänomen des ,künstlichen' Lebens beruht stets auf einer definitorischen Setzung, die – mit Blick auf die in Konventionen gesetzte Grenze zwischen dem Lebendigen und dem Toten – selbst bereits an einer im Uneindeutigen gesetzten Marke orientiert ist. Leben ist ein formalisiertes Konzept, das in biologischen und medizinischen Praktiken, aber auch in ethischen Handlungsprogrammen produziert wird. In diesem Kapitel soll Folgendes deutlich werden:

(a) Das Konzept des Lebens steht nicht zur Disposition durch technische Supplementation oder Substitution, da es nie als reines, natürliches denkbar ist.

---

[70] Dieser Annahme wird im Folgenden der Mythos Algorithmus entgegengehalten, der davon ausgeht, dass a) Hybridisierung vorrangig durch Modelläquivalenz innerhalb des Sinnsystems entsteht und b) trotz der Hybridannahmen stets symbolisch gereinigte Konzepte des Lebens durch die soziale Realität neu produziert werden, was c) kein neues Phänomen ist, da Leben und Tod immer nur durch Repräsentationen und Praktiken erzeugte Konzepte sind.

Die wahrgenommene Hybridisierung, wie sie durch synthetisches Leben (Venter) in der Bioinformatik oder *artificial life* impliziert wird, zerstört keine ‚Natürlichkeit', sondern ist ein lauter Weckruf, dass es eine solche Reinheit niemals gab. Die Verunsicherung ist einer Neuaushandlung der Konzepte geschuldet.

(b) Der Vitalismus macht auf genau diesen modellhaften Reduktionismus des Lebens aufmerksam, indem er als Negativ des Algorithmus an eine Nicht-Formalisierbarkeit erinnert. Gleichzeitig sind Erkenntnisprogramme und ethische Handlungsprogramme untrennbar miteinander verwoben, da beide auf die normierenden und damit gereinigten Konzepte von Leben und Tod angewiesen sind. Am Hirntod-Kriterium zeigt sich einerseits die Relativität des Konzepts Leben – aber gleichzeitig die mächtige Vereindeutigung dieses Konzepts durch eine Vielzahl zirkulierender Referenzen, zum Beispiel biologisch-medizinische Messverfahren (Hirnaktivität), die innerhalb sozialer Praktiken (Notwendigkeit der Organspende) oder ethischer Erwägungen (Verlust des Personenstatus einer hirntoten Person) das Leben für beendet erklären und somit ein präzise formalisiertes und gereinigtes Konzept des Lebendigen entwerfen.

Die Denkschule des Vitalismus vertritt die Auffassung einer Lebenskraft als Geheimnis des Lebens, das zu ergründen prinzipiell unmöglich ist. Sie entwirft das Lebendige als einen Bereich, der sich prinzipiell einem formalisierten Zugriff verweigert, und verweist im hier entwickelten Modell damit prototypisch auf das Negativ des Algorithmus (Kap. 1.5.). Vereinfacht lassen sich die Weltbilder von Naturwissenschaft und Vitalismus als in einem Verhältnis gegenseitigen Ausschlusses zueinander stehend deuten (Becker 2000). Die organische Chemie als Disziplin geht zurück auf die vitalistische Behauptung von einer besonderen Substanz – dem Organischen – im Lebendigen. Diese Zweiteilung wurde durch die Herstellung ‚künstlicher' organischer Materie überwunden. Ein scheinbarer Sieg der Naturwissenschaft, die den tradierten Namen aber beibehielt. Auch die durch den Vitalismus vertretene Position einer Zweckhaftigkeit des Lebens wurde durch das wissenschaftlich-kausale Ursache-Wirkungs-Prinzip ausgehebelt. In der Intelligenz – die sich nicht so einfach künstlich herstellen lässt (Kap. 2.3.2.) – liegt gegenwärtig „The Vitalist's Last Stand" (Rapoport 2006), die letzte Verteidigungslinie des Vitalisten. Doch trotz der Vision vom völligen Beherrschen der Prozesse des Lebens (Kap 2.1.1.) fehlt auch dem ‚künstlichen' Leben ein Nicht-Benanntes, das den Formalisierungsversuchen widersteht und für das der Vitalismus zumindest als Platzhalter einer semiotischen Lücke erhalten bleiben muss.[71]

---

[71] Der Vitalismus verweist auf das nicht-repräsentierbare, nicht zu deutende und nicht auffindbare Außerhalb des Sinnsystems Mythos. Das Lebendige wird, wie bereits ausgeführt (insb. Kap. 1.2.1. und 1.3.2.), in Abhängigkeit historisch dominanter und damit historisch spezifischer Kulturtechniken gedeutet. Der mechanische Mensch von Descartes und La Mettrie wird von Naturphilosophen des 18.

Die gefürchteten technologischen Eingriffe in das Menschliche erfordern, wie eingangs diskutiert, eine ständige Neuverortung desjenigen, was noch als ‚natürlich' und ‚menschlich' zu gelten habe (Kap. 1.3.2.). Diese Neuverortung ist gleichzusetzen mit symbolischer Reinigungsarbeit. Die grundsätzliche Frage dieser Reinigungsarbeit betrifft die Bereiche desjenigen, was nicht symbolisch bezeichnet werden kann – mit anderen Worten diejenigen Bereiche, die durch Modelle nicht repräsentiert sind. An diese Stelle tritt im Vitalismus das „Unbestimmte des Lebendigen" (Osietzki 2003, 137), das sich außerhalb des gewählten historisch spezifischen Modells bewegt – sei es nun der mechanische, energetisch-thermodynamische oder sich selbst regulierende Organismus (Maturanas Autopoiese): Die Modelle eröffnen „einerseits die Aussicht auf eine fortschreitende Technisierung humaner Potentiale" (Osietzki 2003, 137) etwa genetischer Manipulation oder prothetischer Körpererweiterung. Gleichzeitig eröffnen sie immer auch die Suche „nach einem noch verbleibendem Residuum des Unbestimmten", das die geradezu „totalitäre Kontrolle" der chemisch-physikalischen Prozesse über das Organische (Osietzki 2003, 138) brechen könnte.

Das von Venter hergestellte synthetische Leben (Kap. 2.1.1.) verdeutlicht diesen gegenläufigen Perspektivenwechsel: Es ist einerseits ein auf Information reduziertes, programmiertes und algorithmisiertes Leben und wird kulturell dennoch als ‚echtes', sich selbst reproduzierendes und wachsendes Leben wahrgenommen. Die Prämisse dieses Perspektivenwechsels (natürlich *und* künstlich) wurde bereits problematisiert.[72] Am Beispiel des Konzepts vom ‚Lebendigen' wird sich im Folgenden erneut zeigen, weswegen die hier verfolgte These von der Notwendigkeit bereinigter Konzepte aufrechterhalten werden muss – erkenntnistheoretisch wie ethisch. Vom Lebendigen lässt sich nur sprechen, wenn bereinigte Konzepte vorliegen (natürlich *oder* künstlich) und in Repräsentationen und Praktiken zur sozialen Realität werden. Deutlich wird dies am Beispiel des im Computer hergestellten Lebens: *ALife – artificial life.*

Der Begriff *ALife* geht zurück auf eine 1987 in Los Alamos, New Mexico abgehaltene Konferenz (Langton 1989), die ein streng formalisiertes Verständnis von Leben als einem Wechselspiel von einfachen Regeln, mit der Möglichkeit hohe Komplexität zu erlangen, erarbeitete (Turkle 1998, 320). Nicht zuletzt die

---

und 19. Jahrhunderts als Reduktionismus zurückgewiesen. Die darauf folgende Auffassung, eine den Organismen innewohnende „Lebenskraft" aus Energie und Wärme, die sie ausmachen, passt in eine sich neu formierende Wissenschafts- und Technikkultur, die spätestens mit der Thermodynamik um 1850 den Fokus der Modellierung des Lebens entsprechend verschob (Osietzki 2003, 138-139). Im 20. Jahrhundert schließlich sind es neue Modelle, die das Lebendige in den Kategorien des Systems, der Selbstorganisation, Information oder Rekursion begreifen und damit klare Anklänge an Informations- und Kommunikationstechnologien haben (Kap. 2.1.1.).

[72] Es entspricht damit dem, was Karafyllis (2003) mit dem heiklen Begriff Biofakt benennt (Kap. 1.3.1.) – eine Entität, die eigenständig wächst, aber einen ‚nicht-natürlichen' Schöpfer hat.

Vermarktung von Computerspielen oder Spielzeugrobotern haben der Idee vom künstlichen Leben seither zu erheblicher Prominenz verholfen. Diese Produkte einer Populärkultur haben eine nicht zu vernachlässigende Definitionsmacht über das Konzept des Lebens (Turkle 1998, 320), was auch der Annahme des hier entwickelten Mythos-Modells entspricht.[73] Es liegt daher auch sehr nahe, dass dieser neue Diskurs vom Leben als ein prinzipiell formalisierbares, simulierbares und programmierbares Auswirkungen auf Forschungsprogramme hat, etwa diejenigen Venters. *ALife* erfüllt deshalb wenig überraschend auch das für Karafyllis und ihr hybrides Konzept des Biofakts zentrale Kriterium für das Lebendige: Es wächst selbstständig. Damit ist es ein Leichtes, das organische Leben mit seinem anorganischen Äquivalent in der Sphäre reiner Information gleichzusetzen. Karafyllis behauptet, dass

> die Computergraphik ... natürliches Wachstum mit Hilfe von Programmen simuliert ... Aber auch hier braucht der Programmierer zumindest als Idee das wachsende Original, um ein Programm überhaupt schreiben zu können! Biologisches Wachstum kann also nicht gänzlich ersetzt, aber so stark technisch fragmentiert und provoziert werden, daß nur noch der abstrakte Anfangspunkt der Genese als selbsttätiger Naturanteil verbleibt (Karafyllis 2003, 14).

Zentral ist auch hier die Vorstellung einer klaren Trennung, die Technik auf der einen und ‚natürliches‘, sich selbst hervorbringendes Leben auf der anderen Seite zu diametralen Polen einer Achse macht, auf der eine jede Entität positioniert werden kann: Ist sie ‚eher noch technisch‘ oder ‚schon eher natürlich‘? Das Lebendige und das Technische jedoch werden als Teile desselben mythischen Sinnsystems konstruiert. Erst dieser Schritt macht es möglich, die „Simulation botanischer Formen und Wachstumsprozesse" überhaupt in die Nähe von „Kunst-Lebewesen" zu rücken (Deussen 2003, 215).

Unter dem Rubrum ‚Biofakt‘ werden damit Personen mit Herzschrittmacher oder einem künstlichen Hüftgelenk in dieselbe epistemologische Kategorie gesteckt, in der sich etwa Simulationen idyllischer Kunstbäume tummeln: Die Geburt eines solchen Kunst-Lebewesens – die „Herstellung von Pflanzen", die „in ihrem Wachstum simuliert werden können" (Deussen 2003, 215) – erfolgt zunächst über die Definition von Wachstumsregeln: Jedem Ast wird eine Verzweigungsregel zugewiesen, ein Algorithmus. Dieser wird durch zusätzliche Ersetzungsregeln ständig verändert, was zu einer größeren (und ‚natürlicheren‘) Variabilität der Baumsimulation führt. Die Ersetzungsregeln für den Algorithmus sind quasi ein Meta-Algorithmus:

> Sind für eine Pflanze die botanischen Gesetzmäßigkeiten der Knospenanordnung und der Wachstumsformen bekannt, kann das Wachstum auf diese Weise simuliert werden. Schön an diesem Verfahren ist, daß das Aussehen der Pflanze verändert werden

---

[73] Zur wechselseitigen Bedingtheit von Fakt und Fiktion Kap. 1.2.3.

kann, indem man die Wachstumssimulation einfach durch intuitive Parameter wie
Alter oder Wachstumskraft steuert (Deussen 2003, 220).

Einerseits greift der Urheber des Biofakts offenbar weiter ein in das Wachstum
seines Geschöpfs durch die Steuerung von Parametern wie Alter und Wuchs-
kraft. Gleichzeitig scheint die Formelhaftigkeit der Natur *ex post* durch ihre
Simulierbarkeit bestätigt. Die Proportionen der Äste und ihrer Abzweigungen
folgen einer bestimmten Regelhaftigkeit:

> Daß dies für natürliche Bäume gilt, hat schon Leonardo da Vinci im sechzehnten
> Jahrhundert in seinen Notizbüchern formuliert … und es wurde durch empirische
> Messungen vielfach bestätigt (Deussen 2003, 220).

Natur folgt in dieser Darstellung einer ihr eigenen Formel, die messbar ist und
schließlich kopierbar wird. Die daraus abgeleiteten und steuerbaren Parameter
bestimmen unter anderem

> die Größe der Äste, deren Dicke entlang der Sprossachse, die Knorzeligkeit [! T.B.]
> sowie die Richtungsänderung des Stammes bei der Abzweigung eines Astes
> (Deussen 2003, 222).

Die Diskussion um die Simulation von Leben und dessen daraus ableitbaren
Stellenwert als Lebendiges ließe sich an dieser Stelle ersticken durch ein alterna-
tives Argument, das etwa so lauten könnte: Der Begriff ‚Biofakt' verweist hier
zwar auf Leben und Lebendiges, indem die Simulation von Wachstum und
pflanzlichem Leben in der gleichen Sinndimension konstruiert wird. Im Vordergrund steht jedoch die Ästhetik und Schönheit des ‚Natürlichen', das durch das
Abbild hergestellt werden soll. Die Simulation des Lebendigen wäre in dieser
Lesart nicht als Erzeugung lebender Artefakte zu deuten, sondern verweist viel
unmittelbarer auf einen medienästhetischen Zusammenhang: Die digitale Simulation simuliert nicht das Repräsentierte, sondern vielmehr die zeitlich vorgängigen Medien analoger Photographie oder Naturmalerei, von denen Letztere nicht
realistisches Abbild, sondern ästhetische Perfektion des Natürlichen sein will.
Die hier geschilderte Computersimulation ‚lebendiger' Bäume lässt sich folglich
sinnvoller als kontinuierliche Entwicklung der realistischen Malerei deuten. Die
zunächst symbolische Technik, in der Computersimulationen die vorgeblichen
Gesetzmäßigkeiten der Natur in Parametern (so etwa die etwas eigenwillige
Variable der Knorzeligkeit) kopieren, ist mühelos in Kontinuität mit der zentral-
perspektivischen Malertechnik zu bringen (medientheoretisch verbirgt sich da-
hinter das Konzept der Remediation; Bolter/Grusin 2000). Allein dieser kurze
Blick auf eine andere Deutungsmöglichkeit zeigt, dass in der Modellierung von
ALife als ebenbürtiges Lebendiges genau das gesehen wird, was gefunden wer-

den soll: in diesem Fall ein Biofakt – ein Lebendiges mit künstlichem Schöpfer.[74]

Die in der synthetischen Biologie und Bioinformatik spielerisch betriebene Gleichsetzung von genetischer und digitaler Information kommt auch im seit 2003 durchgeführten iGem-Projekt (International Genetically Engineered Machine) des Massachusetts Institute of Technology zum Ausdruck (Friedrich/Gramelsbacher 2011). Es handelt sich um einen Wettbewerb, der unter Studierenden durchgeführt wird und dessen Ziel die Fertigung eines biologischen Organismus als Computersimulation ist (www.igem.org, 01.06.2011). Die für die Konstruktion verwandten Einheiten (*bio bricks*) stammen aus der Sammlung *Registry of Standard Biological Parts* (partsregistry.org). Diese konstruierten Organismen werden im *dry lab* – in Computersimulationen (Kap. 2.1.1.) – auf ihre Lebensfähigkeit getestet. Prinzipiell können die dergestalt produzierten digitalen Gensequenzen auch als materieller Organismus realisiert werden, wie durch Greiss und Chin (2011) jüngst gezeigt wurde. Den Forschern ist es nach eigenen Angaben gelungen, das Genom eines Fadenwurms dergestalt zu verändern, dass der lebendige Organismus daraus eine Aminosäure synthetisiert, die in der ‚Natur' nicht vorkommt. Dieser *proof of principle* beweist erneut die direkte Anschlussfähigkeit digital simulierter Genome, die im Organismus als Software dem Computer äquivalent abgelesen werden können. Leben ist ein Programm, ein Algorithmus – ungeachtet des Mediums, auf dem das Lebendige gerade prozessiert wird.

Diese Beispiele stehen vorgeblich für ein Leben, das sowohl natürlich als auch künstlich ist. Hinter dem hier formulierten Argument steht mit dem Sinnsystem des Mythos Algorithmus – dem Mythos der universellen Formalisierbarkeit – immer die These einer Modelläquivalenz, die performativ ausgeübt soziale Realitäten produziert. In diesem Fall soziale Realitäten, die das Lebendige auf einfache Algorithmen herunterbrechen und gerade durch diese kühne Modelläquivalenz das Konzept des Lebendigen verwässern. Dem steht die in dieser Arbeit verfolgte These von der ethischen und erkenntnistheoretischen Notwendigkeit der Reinigung der Konzepte entgegen. Zunächst stellt sich jedoch die Frage, die der Vitalismus als prinzipiell unbeantwortbar erachtet: Welches ist ein

---

[74] Die Verbindung zwischen künstlichem und natürlichem Leben ergibt sich auch hier durch das benutzte Modell im Mythos Algorithmus. Das Argument des wechselseitigen Anschlusses ist ein ähnliches, welches sich durch die Methoden der Bioinformatik ergibt (Kap. 2.1.1.), die materiell/informationell nicht unterscheidet. Auf die gleiche Weise propagiert zum Beispiel auch die populäre Computerspielsimulation *Creatures* (mit Weiterentwicklungen 1996-2001), dass den darin vermeintlich frei agierenden ‚Lebensformen' lediglich ein genetischer Code programmiert wird, sie aber als intelligentes Leben existieren. Auch hierin verbirgt sich die grundsätzliche Annahme universeller Formalisierbarkeit des Lebendigen, die Äquivalenz zwischen Programmcode und Lebenscode (Kember 2007 [2003]).

reines Konzept vom Leben? ‚Leben' und ‚Tod' müssen immer als narrative Strukturen in Kulturtechniken gelten, womit die Grenze zwischen beiden notwendigerweise eine kontingente Setzung ist. Aufschlussreich ist deshalb die Weise der an ihnen vollzogenen symbolischen Reinigung.

Bei einem Definitionsversuch herrsche heute „weitgehend Einigkeit" darüber,

> dass Leben der Prozess ist, in dem sich bestimmte organische Körper mittels der sogenannten Lebensfunktionen (Vitalfunktionen) selbst organisieren und erhalten Wittwer (2009, 12).

Auffallend an der anschließenden Auflistung dieser Vitalfunktionen ist ihre Konzipierung als Regelkreise: „die Steuerung durch das Zentralnervensystem, den Blutkreislauf, die Atmung, den Stoffwechsel und die Temperaturregulation" sowie das Bewusstsein (Wittwer 2009, 12). Tod wird entsprechend definiert als „der irreversible Ausfall der Lebensfunktionen ..., durch den bewirkt wird, dass die Selbstorganisation des Organismus an ihr Ende gelangt" (Wittwer 2009, 12). Entscheidend für die biologische Modellierung des Todes ist dabei nicht „die Identität des organischen Materials, sondern allein der Vollzug bestimmter Funktionen", die sich zudem auf den Organismus als Gesamteinheit beziehen.[75] Die materialistische Vorstellung des Gehirns als Sitz des Bewusstseins erlaubt die als Todeskriterium vordergründig eindeutige Bestimmung des Verlusts kognitiver Funktionen und zieht die Grenze zwischen Leben und Tod vollkommen neu. Sichtbar macht dies die moderne interventionistisch verfahrende Medizin, deren Fokus nicht auf dem Tod als solchem liegt. Entscheidend sind hier das Sterben als Prozess, das begleitet wird durch die Minderung von Schmerzen in der Palliativmedizin, das Verzögern des Todes durch die schrittweise Substitution von Körperfunktionen durch technologische und pharmazeutische Eingriffe innerhalb einer institutionalisierten sozialen Ordnung des Abschiednehmens in Sterbehäusern. Doch die Grenzziehung zwischen Leben und Tod ist wenig eindeutig:

> Ist ein menschlicher Körper ohne funktionsfähiges Gehirn, der nur noch dank künstlicher Beatmung seinen Herzschlag und andere Organfunktionen aufrechterhalten kann, noch am Leben, oder ist es richtig, ihn für tot zu erklären, wie es die medizinische Praxis tut? (Knell/Weber 2009, 1).

Der Mensch verschwindet im Zeitpunkt seines Hirntods – nicht mehr die Seele wird als letzter Atem ausgehaucht, sondern das informationsverarbeitende zentrale Nervensystem stellt seinen Betrieb ein. Der früher maßgebliche Herzstillstand gilt nicht mehr als Endpunkt des Lebens, sondern vielmehr als Marke eines Zeitfensters:

---

[75] Zum Organ-Funktionalismus das folgende Kapitel 2.1.3.

> Die Kriterien, anhand deren heute der Tod eines Menschen anstelle des älteren Herz-
> stillstand-Kriteriums definiert wird, wurden so festgelegt, dass etwa die Entnahme
> von Spenderorganen bei einem hirntoten Menschen nicht als Tötung zählt, weil ein
> hirntoter Mensch nach den neuen Kriterien bereits als tot gilt (Knell/Weber 2009, 5).

Die Neudefinition des Todeszeitpunkts – mit praktischem Nutzen für eine Medizin, die mit einem mechanistischen Menschbild arbeitet – ist nicht unumstritten.
Kontrovers werden im Hinblick auf Praktiken wie Abtreibung oder Stammzell-
forschung der Lebensbeginn (Ford 1998; Steigleder 2006) oder im Hinblick auf
Intensivmedizin und Organspende das Lebensende (Jonas 1987; McMahan 2002)
diskutiert. Hier ist jedoch die kontingente und kulturell spezifische Setzung der
Konzepte Leben und Tod entscheidend. Der Zustand ‚lebendig‘ wird an kulturell
definierte Schlüsselereignisse wie Geburt und Hirntod gebunden, deren Eindeutigkeit aber nur durch soziale Praktiken und symbolische Repräsentationen hergestellt wird. Mit anderen Worten werden die Konzepte vereindeutigt und nicht
verschmolzen, wie es die Hybrid-These suggeriert.

Leben ist stets untrennbar verwoben mit einer narrativen Struktur, was etwa
an der Naturalisierung eines Objekts wie dem einer unsterblichen Seele deutlich
wird, die bereits in der antiken Philosophie in Erscheinung tritt.[76] Die Seele sinnhaft zu produzieren bedeutet eine illegitime „Hypostasierung theoretischer Konstrukte" (Hartmann 2006, 97), indem nämlich dasjenige zum Referenzpunkt
erklärt wird, was durch die Beobachtung erst zielgerichtet produziert wird. Auch
die Wissenschaft vom Leben weist in diesem Sinne (als Schöpfungsgeschichte,
Erlösung oder Verdammnis, Evolution oder die Entschlüsselung des menschlichen Genoms) schon immer eine teleologische Struktur auf. Das gegenwärtige
Narrativ nennt Franklin „genetic imaginary" – eine nur in der Einbildung vorhandene Erzählung des Lebens und des Gens:

> in the ... sense of a realm of imagining the future, and reimagining the borders of the
> real, life itself is dense with the possibility of both salvation and catastrophe. This
> imaginary dimension of life itself is most evident in relation to the new genetics, and
> so I refer to it here as *the genetic imaginary* (Franklin 2000, 198; Hervorhebung im
> Original).

In diesem Sinne ist jedes Erklärmodell des Lebens eine ‚Hypostasierung theoretischer Konstrukte‘, deren Erzählung immer andere Einheiten wählt, sei es eine
Seele oder eben das Gen. Die gegenwärtig konstruierte Geschichte des Lebens ist
ein Algorithmus, die operative Verkettung von Informationen. Am Vitalismus

---

[76] Platons Sokrates setzt seinen Schülern die logische Notwendigkeit auseinander, grundsätzlich von
einer unsterblichen und wiederkehrenden Seele auszugehen. Das Christentum schreibt die
Mythologisierung dieser Unsterblichkeit fort, in Form des Jüngsten Gerichts, das ewiges Leben und
die Wiederauferstehung der Leiber oder aber Verdammnis in Aussicht stellt (Gehring 2010).

zeigt sich einerseits dieser Formalismus in seinem Negativ – der semiologischen Leerstelle des Außerhalb dieses Sinnsystems.[77]

Die Fin-de-Siècle-Verunsicherung um 1900 sah angesichts der Beschleunigung und Modernisierung des Sozialen in Technik nicht Fortschritt und Erlösung, sondern Unterdrückung und ein Einzwängen in automatisierte Arbeitsprozesse. Der Vitalismus als Lebensphilosophie war besonders in den 1890er Jahren nicht zuletzt deshalb populär, weil er das Lebendige der Sphäre des technisch-vernünftig Repräsentierbaren und Produzierbaren entriss und gleichzeitig eine Perspektive des unbestimmbaren Geheimnisses des Lebendigen bot (Osietzki 2003, 141). Hans Driesch, bekannter Vertreter der vitalistischen Schule,

> begründete eine Rationalität, die den Methoden der Physik und Chemie nicht nur widersprach, sondern einen Ort der ‚Unbestimmtheit‘ postulierte, den er zwar mit dem Begriff der ‚Entelechie‘ ausfüllte, diesen aber durch bloß semantische Bestimmungen jeder weiteren experimentellen wissenschaftlichen Analyse entzog (Osietzki 2003, 142).

Entelechie meint die „Zielgerichtetheit und Zweckhaftigkeit des Organischen", seine „Fähigkeit …, eine ganzheitliche Entwicklung zu gewährleisten" unter notwendiger „Mitwirkung der Seele" (Osietzki 2003, 141; Driesch 1901). Eine physikalisch-chemische Modellierung dieses Prinzips ist deshalb unmöglich und die Sphäre des Organischen in jedem Fall von der Sphäre des Anorganischen zu trennen. Ziel dieser Philosophie scheint es deshalb gewesen zu sein, „epistemologisch einen Keil zwischen Mensch und Maschine" zu treiben (Osietzki 2003, 142).

Nicht zu übersehen ist eine Parallele dieser Epoche der Industrialisierung, Technisierung, Automatisierung, Individualisierung, Rationalisierung und Beschleunigung mit einer nicht unähnlichen Fin-de-Siècle-Verunsicherung hundert Jahre später. Die Schlagworte um die Jahrtausendwende sind Information, Virtualisierung, Globalisierung, Entkörperlichung, Hybridisierung. Auch hier scheint im Angesicht einschneidender technologischer Entwicklungen und Verunsicherung der Ruf nach einer Rückbesinnung auf das ‚wahre‘ Menschliche, Natürliche, Lebendige entscheidend, das es zu konservieren gilt. Im Kern liegt der Argumentation der Präservation des ‚natürlichen Menschen‘ und des ‚natürlichen Lebens‘ noch immer der Vitalismus zugrunde, wenn er auch nicht beim Namen genannt wird. Vor allem liegt dies an den abwertenden Konnotationen,

---

[77] Doch das grundsätzliche Problem bleibt: Der Formalismus – der Mythos Algorithmus – ist gleichzeitig Bedingung sowie Notwendigkeit für Wissen um das Leben und ethische Handlungsprogramme für den Umgang mit dem Leben. Mit anderen Worten: Ohne eine Formalisierung kein ethisches Handlungsprogramm. Ohne ethisches Handlungsprogramm mit festgesetzten Normierungen kein Wissen.

die mit ihm verbunden sind und ihn in die Nähe oft belächelter animistischer und naturalistischer Weltdeutung rücken.

Aus zwei Gründen bleibt der Vitalismus trotz der szientistischen (das heißt vorrangig biologistischen) Erschließung der Welt des Lebendigen jedoch auch heute entscheidend: (a) Einerseits hält ihn Canguilhem (2009 [1952]) – einer seiner differenziertesten Proponenten – *funktional* für unverzichtbar, was die Ausbildung der mechanistisch/chemisch-physikalischen Biologie betrifft: als negativer, vorrationaler Bezugsrahmen, gegen den das Konzept ‚Leben‘ instrumentell/informationell fassbar gemacht werden soll. (b) Andererseits ist der Vitalismus grundlegende Referenzfolie für ein ethisches System.

(a) Wie bereits ausgeführt, unterscheidet auch Canguilhem bei der biologischen Philosophie zwei grundsätzliche und einander ausschließende Paradigmen, indem er den Mechanismus dem Vitalismus gegenüberstellt. Für Letzteren ergreift er Partei und plädiert zumindest für eine Auseinandersetzung mit seiner Position, was vor allem der Struktur seines Arguments geschuldet ist: Canguilhem überführt die cartesianische Vorstellung des Maschinen-Tiers (im weiteren Sinne also des Maschinen-Lebewesens) eines Reduktionismus, den er durch die Analogie zwischen Maschine und Maschinenmodell begründet. Eine Maschine sei

> wesentlich eine Vermittlung oder, wie die Mechaniker sagen, ein Relais. Ein Mechanismus schafft nichts (in-ars), und darin besteht sein Verdienst; er wird aber durch Kunst (ars) erzeugt, und das ist eine List (Canguilhem 2009 [1952], 156).

Gemeint ist die List der szientistisch-vernünftigen Welterschließung. Durch ein im Wesentlichen Vermittelndes (hier also das Modell) wird im mechanistischen Bild des Lebendigen die Natur als etwas entworfen, das selbst keine Kunst ist („Die Natur kann durch die Kunst nur unterworfen werden, wenn sie nicht selbst eine Kunst ist"; Canguilhem 2009 [1952], 157). Die Wiederbelebung des Vitalismus ist also vor allem einem Defizit des mechanistischen Weltbilds geschuldet, das den Vitalismus auch als Gegenposition entwirft.

(b) Andererseits deuten die „Vitalität des Vitalismus" und der wissenschaftliche Auftrag, ihn zu widerlegen, als historische Konstanten darauf, ihn als gebotenen „Imperativ" eines ethischen Systems anzuerkennen (Greco 2006, 17-18):

> What is relevant about vitalist theories and concepts for Canguilhem is not what they *say* – and whether what they say is ultimately scientifically defensible – but rather what they *do*, by providing a form of resistance or antithesis to the recurrent possibility of reduction, and to the temptation of premature satisfaction (Greco 2006, 18).

Der Vitalismus ist mit anderen Worten eine notwendige Gegenposition zum Reduktionismus eines mechanistischen oder bio-chemischen Menschbilds. Zwar mag der Vitalismus für sich genommen nicht einen besonders großen Erklärwert haben:

> ... but it is at least a sort of label affixed to our ignorance, so as to remind us of this occasionally, while mechanism invites us to ignore that ignorance (Bergson 1911, 42; zit. n. Greco 2006, 18).

Die Unvereinbarkeit der modernen Biologie, die das Lebendige als die evolutive Weitergabe von Information in physikalisch-chemischen Prozessen modelliert, mit der vitalistischen Tradition, die einen solchen Reduktionismus kategorisch ausschließt, hat eine radikale Verunsicherung der universellen Formalisierbarkeit und Kontrolle zur Folge. Der Vitalismus verweist in seiner Vagheit auf transzendente Konzepte wie Seele oder Geist, die sich allesamt der Formalisierbarkeit entziehen. Er verweist also auf ein Außerhalb des algorithmischen Mythos.

Biologische Modelle sind durch den Mythos Algorithmus essentialisiert, in objektivierten Einheiten zu Kausalketten verknüpft. Es gibt dabei jedoch keine Kausalitäten oder Funktionen, die nicht durch den (menschlichen) Beobachter produziert werden:

> Das Leben ist Herausbildung von Formen, die Erkenntnis ist Herausbildung geformter Materie. Es ist normal, dass eine Analyse niemals über den Prozess der Formierung Rechenschaft abgeben kann und dass man die Originalität der Formen aus dem Blick verliert, wenn man sie bloß als Resultate sieht, deren Komponenten man zu bestimmen trachtet. Da die lebendigen Formen Ganzheiten sind, deren Sinn in dem Streben liegt, sich als solche im Laufe der Konfrontation mit ihrem Milieu zu verwirklichen, können sie nur in einer Vision, einer Zusammenschau, niemals durch Division, durch Zerteilung, erfasst werden (Canguilhem 2009 [1952], 19).

Der biologische Materialismus, der im Gewand chemisch-physikalisch messbarer Prozesse daherkommt, hat – vielleicht zu seinem Entsetzen – mit dem Vitalismus gemein, dass auch er weit davon entfernt ist, eine Eindeutigkeit zu schaffen, was die Klassifikation Leben oder Tod angeht. Wie der Vitalismus als Negativ des Formalisierungsmythos lehrt, sind Leben und Tod nur als kontingente Konzepte denkbar. Ihre eindeutige Bestimmung kann also immer nur in der Formalisierung selbst liegen. Erst eine ethische Normierung der Verfahrensweisen mit Leben und Tod ermöglicht eine symbolische Reinigung der Konzepte des Lebens und des Todes.

Die Instabilität der Leben/Tod-Bestimmung offenbart sich in ihrer Abhängigkeit von technischer Intervention.[78] Hinzu kommen sich verschiebende Moralauffassungen, die in den Praktiken der Abtreibung, Sterbehilfe oder dem Recht

---

[78] Nach Schöne-Seifert (2007, 13): Wiederbelebung und künstliche Beatmung (1950er Jahre), Organtransplantationen (erstmalig erfolgreich eine Niere 1954), genetische Diagnostik an Geborenen sowie Ungeborenen, das erste Baby durch eine In-Vitro-Fertilisation (IVF) 1978 oder die noch experimentelle Reparatur von Gendefekten (ab 1990).

auf „wahrhaftige prognostische Aufklärung am Lebensende" (Schöne-Seifert 2007, 14) verdichten und um Deutungshoheit über Tod und Leben kämpfen. Die Unschärfe des Lebensbegriffs tritt besonders deutlich mit dem Hirntod-Kriterium hervor: Ein Mensch ist dann tot, wenn seine Hirnfunktion nicht mehr messbar ist. Es ist trotz kontroverser Debatten zur etablierten medizinischen Praxis in allen westlichen Ländern geworden (Schöne-Seifert 2007, 131).

Besonders zwei Gründe machten diese Verlagerung auf den Hirntod als ein neues Todeskriterium nötig (Stoecker 1999, 33-36): 1. Der intensivmedizinische Fortschritt bedeutete durch die Entwicklung der Herz-Lungen-Maschine, dass nicht mehr die Reanimation die entscheidende lebensverlängernde Technik war, sondern *künstliche Animation* möglich wurde. 2. Die sich entwickelnde Organtransplantation machte es zur medizinischen Notwendigkeit, potentielle Spenderorgane möglichst intakt zu konservieren und andere Patienten damit zu therapieren. Das Hirntodkriterium ermöglichte nun die Entnahme der Spenderorgane bei gleichzeitiger Stoffwechseltätigkeit des für „hirntot" erklärten Patienten.

Der Hirntod hat in den Debatten um die Konzepte von Leben und Tod eine deshalb so entscheidende Bedeutung, weil es vor der Ablösung des Herztodes als Todeskriterium „keine wirkliche Dringlichkeit" gab, „der Frage nach der Todes-Definition eigenständige philosophische Untersuchungen zu widmen" (Akerma 2006, 35). Historisch brachte die Technologie der Herz-Lungen-Maschine und deren Einsatz in der medizinischen Praxis die Notwendigkeit hervor, die Hirnfunktion zum entscheidenden Symptom zu *machen*. Dieser Umweg erklärt wohl die Unsicherheit bei der Definition des Lebendigen: Eine Todesdefinition ist immer nur indirekte Folge des messbaren Symptoms, dem Verlust der Hirnaktivität. Ohne positive Deutung des eindeutigen Todes (Herztod, letzter Atemzug), wird die narrative Setzung der Todesdefinition unübersehbar.

Definitionen des Todes und des Lebendigen werden folglich stets technologisch gemacht und formalisiert (Kap. 1.3.2.). Mächtiger Akteur dieser Formalisierung ist die Ethik, die moralisch richtige Handlungsprogramme geben will. Mit der prägnanten Feststellung „Keine Ethik kommt ohne Anthropologie aus" unterstreicht Siep (1996), dass sie selbst unter Berücksichtigung einer kasuistischen Ethik des Einzelfalls stets ein normiertes Narrativ vom Menschlichen oder Lebendigen entwerfen und aufrechterhalten muss. Problematisch ist dabei, dass die Vorstellung vom moralisch Guten (indirekt) den Anspruch erhebt, ein ‚wahres' Bild vom Menschen zu haben. Am Wettlauf um die ‚Entschlüsselung' des Genoms innerhalb des *Human Genome Project* (1989-2003) etwa zeigte sich dies deutlich: Obwohl vor allem wirtschaftliche Interessen handlungsleitend waren für die beteiligten öffentlichen und privatwirtschaftlichen Akteure und das Forschungsprogramm zu einer Suche nach dem Grundprinzip des Lebendigen erklärt wurde, war die öffentliche Debatte vor allem bestimmt von ethischen Fragen:

> All the institutions engaged in the contest – government, industry, academy, philanthropy, and media – employ lawyers. The one arena, however, in which these highly paid lawyers seem to be called upon to represent their clients in formal legal settings, is that of patent law. And even in questions of patent law there is a good deal of adjacent space where claims and counterclaims are made as to who is behaving properly or improperly ... The emergence of a significant public space of the 'ethical' is one of the most distinctive events in social history over the last several decades: its discourse and its institutions occupy a seemingly ever-expanding space carved out between the legal and the political (Rabinow 2008, 84).

Das Ethische wird zur Bühne, auf der die Fragen des ‚wahren‘ und ‚natürlichen‘ Menschlichen ausgetragen wird. Hierin steckt ein offensichtlicher Widerspruch, mindestens aber ein nicht zu erfüllender Anspruch. Das ethische Handlungsprogramm konstruiert und perpetuiert den Bereich des ‚Natürlichen‘ mit einer starken Tendenz in Richtung Konservatismus. Besonders anschaulich zeigt sich dieser Graben in der von Rabinow drastisch geäußerten Kritik (2008, 20-25) an einem der profiliertesten Warner vor einer technischen Korrumpierung des natürlichen Lebens, Jürgen Habermas.

Habermas (2005 [2001]) bringt im Titel seines Essays *Die Zukunft der menschlichen Natur. Auf dem Weg zu einer liberalen Eugenik* das Wort Eugenik in einen Zusammenhang mit Liberalismus und rückt das negativ konnotierte Konzept in einen direkten Bedeutungszusammenhang mit der problematischen Freiheit, dasjenige, was technisch machbar ist, auch in jedem Falle zu tun. Gemeint ist der Eingriff in das menschliche Erbgut, die ‚biologische Natur‘ des Menschen. Damit wird ethisch überformt und als Faktum gesetzt, was kulturwissenschaftlich nicht haltbar ist: Im menschlichen (dieses Attribut ist wichtig) Genom sei die ‚Natur‘ des Menschen begründet, die geschützt werden müsse. Erstens wird hier die Konvergenzthese aus der anderen Richtung kommend gestützt. Während die These von den konvergierenden Technologien davon ausgeht, dass sich zuvor getrennte Bereiche (Natur/Technologie) nun aufeinander zubewegen, werden diese ebenso als ex ante getrennte Bereiche gesetzt wie in einer Betrachtungsweise, die sich für den Erhalt eben dieser Trennlinie einsetzt, wenn Habermas für die Reinheit des menschlichen Genoms einstehen will. Zweitens argumentiert Habermas nicht mit der Kategorie ‚lebendiges Wesen‘, sondern unterscheidet nur zwischen Personen und Objekten, mit einem entscheidenden Nebeneffekt:

> apparently it would be normatively permissible to intervene in the genomes of Drosophila, mice, yeast, and chimps – and to treat them like things (Rabinow 2008, 22).

Zwar äußere sich Habermas durchaus ambivalent in diesem Punkt, wenn er die Verschiebung von einer „gegebenen" organischen Natur hin zu einer rationalisierten und kapitalistischen Produktionslogik beklagt, die auch das Lebendige als Produkte für sich vereinnahme, doch stört sich Rabinow zurecht daran, dass das Menschliche (die Person) über andere Organismen erhaben sein soll:

> The idea that there is an a priori ethical self-understanding of the species, and that if you don't share it with Habermas you are not a moral person, is, to use one of his terms, repugnant (Rabinow 2008, 24).

Die Argumentation von Habermas zeigt auf epistemologischer Ebene eine andere Variante, die Grenzziehung zwischen dem Natürlichen und dem Technischen normativ zu konzeptualisieren – im Gewand einer Ethik, die mit der Autorität moralischer Überlegenheit vorgetragen wird. Laut Habermas steht die Menschheit vor einem entscheidenden *point of no return*, dessen Überquerung zu verhindern dringend geboten ist, um die Reinheit des Natürlichen vor der Technologie zu bewahren. Darüber hinaus hat Ethik als normierendes Narrativ vom moralisch Guten entscheidende Diskursmacht bei der Wahrnehmung und sinnhaften Produktion des Lebendigen: Sind Embryonen, Hefe oder ein Ökosystem lebendig und deshalb genauso schützenswert wie eine Person?

Das erste geklonte Lebewesen, das berühmte schottische Klonschaf Dolly, ist nicht nur Sinnbild dafür, wie die wissenschaftliche Produktion von Wissen eine materielle Verkörperung in Gestalt eines Lebewesens erfährt, sondern wie die Biologie in ihren Praktiken gleichzeitig Autorschaft herstellt und das Leben zu einem patentierbaren Eigentum macht, als welches das Schaf auch vermarktet wurde (Franklin 2003, 96). Ähnlich widerfährt es Haraways OncoMouse™ (Haraway 1997), die als patentiertes Lebewesen (*trademarked*) in seiner Existenz als Versuchsmaus nur einem Zweck dient: einen Tod zu sterben, der nur dadurch validiert wird, dass an ihr während ihres Todeskampfes für Menschen gedachte Krebsmedikamente getestet werden können. Ihre Geburt ist eine Produktion, ihr Leben eine Dienstleistung, die mit medizinischem Fortschritt abgegolten wird und mit ihrem Tod endet. Sie markiert für Haraway den ethisch auf beunruhigende Weise unbestimmten Bereich des nicht mehr Natürlichen und noch nicht Künstlichen. Dieser ethische Graubereich ruft notwendigerweise zu einer Neuaushandlung dessen auf, das als schützenswertes Leben zu gelten hat. Die von Siep (1996) dargelegte gegenseitige Abhängigkeit von Ethik und Anthropologie wird dadurch um die Forderung erweitert, ethische Handlungsprogramme im Umgang mit dem symbolisch gereinigten Lebendigen zu entwickeln, die nicht die Person als Letztelement betrachten. Nicht nur der Mensch ist das Maß des menschlichen Handelns, sondern auch die Verantwortung gegenüber dem Lebendigen. Auch für Gegenstände lässt sich eine Biographie, eine Lebensgeschichte, eine angeborene und eine in ihrem Gebrauch hergestellte Bedeutung denken, die einem Leben durchaus ähnelt (Appandurai 1996). Auch Dingen wird durch soziale Praktiken Leben zugesprochen: Ein Teddybär ist ein Akteur innerhalb einer familiären Struktur, der, als der beste Freund der Tochter, vielleicht einen festen Platz am Esstisch hat. Unter Umständen genießt er ein bedeutenderes Schutzrecht als der herrenlose Hund, der im Vorgarten hungert.

Zusammenfassend lässt sich feststellen, dass nicht nur im synthetischen Leben ein modellhafter Reduktionismus steckt. Gleiches gilt für *jedes* Lebensmodell, dessen biologischer oder medizinischer Erklärwert es notgedrungen zu materiellen (biochemischen) Kausalketten macht. Leben und Tod sind relationale und kontingente Konzepte, die in Symbolsystemen und sozialen Praktiken hergestellt werden. In den sozialen Praktiken Abtreibung oder aktive Sterbehilfe wird das Konzept des Lebens gereinigt und zu etwas Eindeutigem erklärt. Diese Reinigungsarbeit am Konzept des Lebendigen wird durch viele soziale Akteure und Wissensproduzenten vorgenommen: Mediziner, Kirchen, Politiker, Ethik oder sozial hergestellte moralische Normen, die sich nicht auf spezifische Akteure zurückführen lassen. Sie sorgen für eine präzise Formalisierung des Lebenskonzepts durch Gesetze, medizinisches Berufsethos, religiöse Anforderungen oder die Perpetuierung von Normen und haben damit einen erkenntnistheoretischen Nebeneffekt: Eine präzise durchformalisierte Reinigung des Konzepts vom Lebendigen durch soziale Praktiken und kulturelle Repräsentationen. Erkennen und Ethik benötigen stabile und damit formalisierte Narrative des Lebendigen. Der Vitalismus thematisiert das Außerhalb dieser Sinnproduktion als Negativ des Mythos Algorithmus. Er zeigt, dass die Annahme universeller Formalisierung unzureichend ist und spekuliert über ein Nicht-Benennbares als Charakteristikum des Lebens. Gerade deshalb offenbart das Projekt des künstlichen Lebens paradoxerweise die Schwächen der Formalisierungsannahme.

2.1.3. | *ALG = FUNKTION* → *DIAGNOSE* → *PROGNOSE* → *END* |
Medizinische Formalisierung

> Illness is the night-side of life, a more onerous citizenship. Everyone
> who is born holds dual citizenship, in the kingdom of the well
> and in the kingdom of the sick.
> Although we all prefer to use only the good passport,
> sooner or later each of us is obliged, at least for a spell,
> to identify ourselves as citizens of that other place.
>
> Susan Sontag – Illness as Metaphor (1978)

Viel stärker in den Alltag integriert als die Formalisierung des Lebensnarrativs durch den Mythos Algorithmus ist die Normierung der Dichotomie Krankheit/Gesundheit, in der auch immer die Dichotomie von Diagnose/Prognose artikuliert wird. An einem Beispiel wird dies deutlicher: Das medizinisch diagnostizierte Krankheitsbild ‚Prä-Arthrose' ist begrifflich definiert als

> Vorgänge, die im makro- od. mikrostrukturellen Bereich die Gewebeanteile des Gelenks beeinträchtigen u. damit der eigentl. Arthrose vorausgehen (Pschyrembel 1993, 1235).

Sie wird durch bildgebende Verfahren wie das Röntgen diagnostiziert und ist in diesem ‚Vorstadium' für den Diagnostizierten ohne direkt spürbare Symptome. Zu den der eigentlichen Arthrose vorausgehenden „Deformitäten" gehören laut medizinischem Wörterbuch Gelenkfehlstellungen, Traumen oder Fehlbelastungen. Die Diagnose bescheinigt eine in der Möglichkeit angelegte Störung (die eigentliche Arthrose), wodurch sie nicht nur eine Krankheit, sondern auch einen Patienten und eine Prognose produziert. Der beschwerdefreie Nicht-Patient wird zum noch beschwerdefreien Kranken umdeklariert, dem eine in die Zukunft projizierte Verlaufsgeschichte gegeben wird mit konkreten Handlungsaufforderungen, beispielsweise das betroffene Gelenk zu schonen.

In Bezug auf das hier entwickelte Modell lässt sich bei den Kategorien Gesundheit und Krankheit folglich von im Sinnsystem formalisierten Konstrukten sprechen, die pathologische Körper produzieren (Kap. 2.2.2.). Das Diagnostizieren ist ein interaktives Erkenntnishandeln, das einen auf diese Weise objektivierten Körper zusammen mit einer auf ihn bezogenen Prognose hervorbringt. In diesen beiden Dichotomien liegt – wie sich im Folgenden insbesondere an HIV zeigen soll – nicht nur der Gedanke der Formalisierung normal und pathologisch definierter Körper, die als solche bei der Beobachtung entstehen (insb. Kap. 1.4.2.). Gleichzeitig werden diese durch die Erstdiagnose und medizinische Überwachung einem formalisierten Erkenntnisprogramm unterworfen und performativ zu pathologischen Körpern (Kap. 1.4.3.). Im Begriffspaar Diagnose/Prognose wird zusätzlich das Verhältnis zwischen Aktualität und Potentialität (Kap. 1.4.4.) deutlich: Den in der Wahrnehmung formalisierten Körpern werden neben den diagnostischen Repräsentationen ihrer pathologischen Elemente gleichzeitig mit der Prognose eine Therapie und ein in der Möglichkeit vorhandener Verlauf zugeschrieben. Der in der Krankheit objektivierte Körper wird operationalisiert.

Diagnose und Prognose/Krankheit und Therapie sind jeweils Ausdruck des algorithmischen Zwischenspiels zwischen einer sinnhaft produzierten Aktualität und einer immer gleichzeitig darin zum Ausdruck kommenden Virtualität. Eine diagnostizierte Krankheit ist niemals frei von sozial konstruierten Werthaltungen (Paul 2006a, 131). Eine analytisch-naturwissenschaftliche Weltdeutung hingegen gibt sich dem Mythos hin, objektives Wissen zu produzieren. Mit einer funktionalen und kausalen Herleitung pathologischer Befunde von körperlichen ‚Fehl'-

Funktionen wird folglich eine Abweichung normiert und indirekt eine ‚natürliche' Funktionsweise konstruiert. Im oben gewählten Beispiel Prä-Arthrose wird der kranke Körper durch das Röntgenbild einer abnormalen Fehlstellung als Substrat benutzt, um eine Krankheit zu objektivieren, die in der Möglichkeit angelegt ist.

Die individuell wahrgenommenen Beschwerden einer Person müssen bei der medizinischen Diagnose in „analytische Krankheitsbegriffe" und „wissenschaftliche Begründungsschemata" überführt werden (Paul 2006a, 137). Dies ist eine enorm selektiv durchgeführte Abstraktionsleistung, die das Individuum in einer normierten Kategorie als ‚Patient mit der Krankheit X' objektiviert, zu der gleichzeitig Ursache, Prognose und Therapie als weitere dadurch abrufbare Konzepte aktiviert werden: „nur im günstigsten und seltensten Fall" können „*kausale Schlüsse* auf ein Krankheitsgeschehen und die vollständige und eindeutige Abbildung der Beschwerden auf analytische Krankheitsbegriffe" erfolgen (Paul 2006a, 137; Hervorhebung im Original). Krankheit ist deshalb noch keine bloße diskursive „Erfindung" (wie Lenzen 1991 ein wenig reißerisch behauptet), deutlich ist hier jedoch der Beobachterkonstruktivismus des Mythos Algorithmus am Werk: In der Diagnose wird der Körper in abstrakten Kategorien hervorgebracht, die als Elemente in eine operationale Folge gebracht werden: Ursache (Ätiologie) sowie aktuelles und potentielles Bild einer Krankheit werden operational verkettet zum Algorithmus des zum Patienten objektivierten Individuums und in Therapie- und Handlungsmaßnahmen überführt.

Die Blaupause eines auf diese Weise formalisierten Organismus ist mächtig, da ein Zwang zur Diagnose einer Erkrankung besteht (Paul 2006b, 144), was in jedem Fall die kausale Herleitung einer spezifischen Symptomatik in analytischen Kategorien bedeutet. Es ließe sich mit anderen Worten auch von einem Zwang zur Formalisierung sprechen. Dieser Zwang liegt in den Anforderungen an die Legitimation von Therapieentscheidungen und die Messbarkeit medizinischer Dienstleistungen sowie in den zu Abrechnungszwecken schematisierten Diagnosen oder dem durch den Patienten bereits mit medizinischem Vorwissen selbst definierten diagnostischen Zusammenhang (Paul 2006b, 144-145). Nicht nur der enge Zusammenhang zwischen kulturellem Vorwissen und Körperwahrnehmung wird hier deutlich, sondern der gewaltige Drang zur Formalisierung des Körpers und des Selbst. Entscheidend ist das Kriterium der Eindeutigkeit eines uneindeutigen Beschwerdebildes (Paul 2006b, 146). Diagnose und Prognose aktivieren zusätzlich die Selbsttechniken eines als krank diagnostizierten Individuums (Kap. 1.3.3. und 2.2.1.), weil sie zusätzlich zur eindeutigen analytischen Krankheitskategorie konkrete Selbstdefinitionen und Handlungsdesiderate beinhalten.

Das auf diese Weise semiologisch zirkulierende objektivierte Bild des Menschen wird durch eine weitere formalisierte Disziplin artikuliert, die der statistischen Häufigkeit von spezifischen Krankheits*verläufen*. Dies zeigt wiederum, dass der kranke Körper nicht nur zum Objekt gemacht wird, er wird durch Algorithmen ausgedrückt und produziert. Dieser Formalisierung liegt immer ein „therapeutischer Imperativ" (Scully 2006, 188) zugrunde, in dem implizite und explizite Normierungen des Körpers und die Versuche ihrer Wiederherstellung mit einer moralischen Legitimität verbunden werden (Scully 2006, 188). Scully betont, dass in dieser Formalisierung essentielle Konsequenzen für das Selbstbild und die Wahrnehmung des eigenen Körpers liegen. Auch dies ist ein Indiz für die durch den Mythos Algorithmus angenommene Macht der Selbstformalisierung.

Der Zwang zur Diagnose und der therapeutische Imperativ produzieren einen Algorithmus, der seinen Eigenschaften nach immer beides ist: semiotisch und performativ (Kap. 1.4.). Die (a) semiotische Dimension lässt sich am treffendsten veranschaulichen mit der beschriebenen Überführung des Körpers in ein formalisiertes System von Repräsentationen des Pathologischen in der Diagnose. Entscheidend für die medizinische Praxis ist dabei die ICD, in ihrer zehnten Version als ICD-10 bekannt – *International Statistical Classification of Diseases and Related Health Problems*.[79] Es handelt sich um ein mehr als 2000 Seiten umfassendes Klassifikationsinstrument zur Überführung von Krankheitsbildern in symbolische Repräsentationen:

> For instance, a physician decides to diagnose a patient using the categories that the insurance company will accept. The patient then self-describes, using that label to get consistent help from the next practitioner seen. The next practitioner accepts this as part of the patient's history of illness ... this convergence may then be converted into data and at the aggregate level, seemingly disappear to leave the record as a collection of natural facts (Bowker/Star 2000, 54-55).

Dieses diagnostische Hilfsmittel setzt sowohl semiotisch-repräsentativ als auch performativ-interaktionistisch einen spezifischen Algorithmus durch, der die Formalisierung zu natürlichen Fakten – einer Wahrheit – werden lässt.[80]

Zusätzlich ist auf (b) performativer Ebene diese Überführung des Körpers in ein Regime von Formalisierungen selbst erst durch formalisierte Interaktionen hergestellt. Mol (2002) spricht hier treffend von einem *doing disease*: „Bodies only speak if and when they are made heavy with meaning" (Mol 2002, 10). Die Diagnose eines Patienten durch eine Ärztin ist folglich stets eine formalisierte soziale Interaktion, in der eine Realität produziert wird. Nicht nur sind dabei die

---

[79] Bowker/Star (2000) zu den sozialen, ökonomischen und politischen Narrativen, die das vermeintlich ‚objektive' Diagnostiksystem prägen.
[80] Hierin liegt die zirkuläre Bewegung des Mythos Algorithmus (Kap. 1.2.2., 1.4.).

Klassifikationssysteme aktiv (semiotisch das ICD), sondern performativ auch diagnostische Techniken.

> ... a wound that doesn't heal is said to be a sign that points towards diabetes and arteriosclerosis of the leg arteries. But this isn't necessarily so: this is a *meaning* that has been attributed. Such attributions have a history, and they are culturally specific (Mol 2002, 10).

Diese interaktionistische Realitätskonstruktion benötigt neben den formalisierten semiotisch-performativen „Wissenshandlungen" des Arztes die komplementär-formalisierten und kooperativen Wissenshandlungen des Patienten:

> ... if the patient cannot speak, someone else may speak for him. But what is needed, indeed indispensable for clinical diagnosis, is that there be a patient-body. This must be present. And it must cooperate (Mol 2002, 24).

Im Behandlungszimmer wird die Krankheit während der Diagnose hergestellt. Ein Patient ‚hat' eine Krankheit erst, nachdem er das Behandlungszimmer aufgesucht hat. Der Algorithmus des pathologischen Selbst wird von diesem Moment an prozessiert: In formalisierten Interaktionen wird der Körper einer formalisierten Klassifikation überstellt, die als ein therapeutisches Regime ein formalisiertes Handlungsschema durchsetzt.

Dieser medizinische Algorithmus greift mit besonderer Macht bei einer durch soziokulturelle Wertungen stark aufgeladenen Diagnose wie „HIV-positiv". Diese Patienten-Identität fordert neben den diagnostischen Formalisierungen auch ein striktes und restriktives Therapieregime ein, was den Zwang zur Selbstalgorithmisierung unterstreicht. HIV/AIDS soll deshalb im Folgenden als detailliertes Fallbeispiel besprochen werden, um die Funktionslogik des Mythos Algorithmus im medizinischen Kontext klar werden zu lassen. Der Patient bringt sich einerseits selbst in bestimmten Repräsentationen als kranke (HIV-positive) Identität hervor und muss sich andererseits gleichzeitig den Vorgaben bestimmter Handlungsmuster (medizinische Beobachtung, Selbstüberwachung, Sanktionierung sexueller Handlungen etc.) fügen. HIV/AIDS ist ein mächtiger Algorithmus. Er hat dabei narrative Strukturen einer anderen Krankheit übernommen, diejenigen des Krebses.

Susan Sontags Essay *Illness as Metaphor* (2002 [1978]) legt das semiologische System der Repräsentationen der Krankheit Krebs offen. Die kulturellen Attributierungen, die mit der Krebserkrankung einhergehen, definieren den Erkrankten als todgeweiht, im vergeblichen Kampf mit dem unaufhaltsamen Wachstum eines Bösen, das unlösbar im Körper manifestiert ist und ihn dahinsiechen lässt. Die Krebserkrankung verfügt – der Krebs handelt, als Akteur – über Phasen des Verlaufs, wird nicht geheilt, sondern ist bestenfalls in Remission bis schließlich im Endstadium medizinische Hilfe zu spät kommt. Krebs ist ein

Narrativ (beispielhaft Diedrich 2005; Schlingensief 2009), das die Wahrnehmung des Körpers, die Produktion der Identität und die Lebensführung steuert
(ausführlich zu den Subjektivierungstechniken des Sterbens: Bächle 2014a).
Resümierend stellt Sontag elf Jahre nach *Illness as Metaphor* fest:

> My purpose was, above all, practical. For it was my doleful observation, repeated
> again and again, that the metaphoric trappings that deform the experience of having
> cancer have very real consequences: they inhibit people from seeking treatment early
> enough, or from making a greater effort to get component treatment. The metaphors
> and myths, I was convinced, kill ... I wanted to offer other people who were ill and
> those who care for them an instrument to dissolve these metaphors, these inhibi
> tions ... To regard cancer as if it were just a disease – a very serious one, but just a
> disease. Not a curse, not a punishment, not an embarrassment. Without ‚meaning‘.
> And not necessarily a death sentence (one of the mystifications is that cancer = death)
> (Sontag 2002 [1989], 100).

Als Sontag diese Zeilen schreibt, wird die Rolle der metaphorischen und mystifizierenden Überhöhung der Krankheit als Strafe für Verfehlung und Zeichen des
baldigen und sicheren Todes weitergereicht an eine neue Geißel: „AIDS has
banalized cancer" (Sontag 2002, 130). In der Immunschwächekrankheit AIDS,
die durch das HI-Virus ausgelöst werden kann, sammeln sich seit den ausgehenden 1980er Jahren unzählige Repräsentationen und soziale Praktiken, die eine in
vielerlei Hinsicht sehr besondere Identität entstehen lassen. HIV teilt dies mit
Krebs, da beide nicht ‚nur‘ kranke Menschen verantworten, sondern ein umfassendes Set von Identifikations- und Handlungsmustern erschaffen. Im Konzept
der Krankheit liegt immer der Gedanke von Prognose und Therapie. Im Falle
von HIV formuliert die populärkulturelle Repräsentation jedoch noch immer
meist ein Todesurteil. Selten wird hier zwischen einer Diagnose (dem Nachweis
von Antikörpern im Blut) und der Prognose (dem virtuellen, in der Möglichkeit
vorhandenen Stadium AIDS, das gegebenenfalls tödlich verlaufen kann) unterschieden.

Mit der Diagnose HIV-positiv überquert der Getestete eine Grenze von der
Normalität in die einer Andersartigkeit. AIDS als „Zeichen" ist eine „Krankheit
der Anderen" (Weingart 2002, 21). Deutlich wird dies am Begriff „Risikogruppe", der dahingehend ambivalent ist, als er im Unklaren lässt,

> ob die Angehörigen dieser Gruppen dem Risiko stärker ausgesetzt sind oder die An
> steckungsgefahr von ihnen ausgeht und es somit Gefahrengruppen sind (Weingart
> 2002, 41).

Dazu zählen homosexuelle Männer, Drogenabhängige, Prostituierte, Gefängnisinsassen oder Migranten. Die HIV-positive Identität ist nicht nur als pathologisch
codiert, sondern ein weiteres Symptom für eine bestimmte Form der sozialen
Andersartigkeit. Einer HIV-positiven Identität stehen fast ausschließlich kulturelle Muster des Ausschlusses zur Verfügung: Der Gedanke gesundheitlicher

Aufklärung betont vor allem das Risiko, das von mit HIV Infizierten ausgeht, und übersieht dabei, dass HIV-positive Identitäten mit scheinbar legitimem Impetus stigmatisiert werden: Als Bedrohung für das Kollektiv der Gesunden.

Fremd- und Selbstdefinition formalisieren die HIV-positive Identität als nach uniformen Mustern der Andersartigkeit, der Schuld, der kriminellen Energie, der Perversion und Monstrosität, die allesamt Symptome für eine inhärente Abnormalität des Infizierten sind, die letztlich – und das ist der zeitliche Verlauf – im selbst verschuldeten Tod endet.[81] Der tödliche Ausgang ist durch die Diagnose in der als sehr wahrscheinlich deklarierten Möglichkeit bereits angelegt. *Der Verlauf der HIV-Infektion ist ein strenger Algorithmus.*

Dies wird nicht nur besonders sichtbar durch die Formalisierung der kulturellen Repräsentationen von HIV oder damit infizierten Individuen. Auch der medizinische und soziale Alltag und die dabei vollzogenen Handlungen sind präzise formalisiert. Am offensichtlichsten geschieht dies durch eine intensive Regulierung der sexuellen Praktiken HIV-positiv Diagnostizierter wie auch derjenigen, die (noch) nicht um eine mögliche Infektion wissen. Handlungen werden als Hochrisikopraktiken statistisch quantifiziert:

---

[81] Sontag (2002, 124) schreibt: „AIDS, like cancer, leads to a hard death. The metaphorized illnesses that haunt the collective imagination are all hard deaths or envisaged as such."

ART DES KONTAKTES/PARTNERS	INFEKTIONSWAHRSCHEINLICHKEIT JE KONTAKT
Ungeschützter rezeptiver Analverkehr mit bekannt HIV-positivem Partner	0,82 % (0,24 – 2,76)* Range 0,1 – 7,5 %
Ungeschützter rezeptiver Analverkehr mit Partner von unbekanntem HIV-Serostatus	0,27 % (0,06 – 0,49)*
Ungeschützter insertiver Analverkehr [34] mit Partner von unbekanntem HIV-Serostatus	0,06 % (0,02 – 0,19)* (siehe Kommentierung!!)
Ungeschützter rezeptiver Vaginalverkehr	0,05 – 0,15 % #
Ungeschützter insertiver Vaginalverkehr	Range 0,03 – 5,6 % #
Oraler Sex	keine Wahrscheinlichkeit bekannt, jedoch sind Einzelfälle, insbesondere bei Aufnahme von Sperma in den Mund, beschrieben [78]

° die angegebenen Zahlenwerte geben lediglich grobe Anhaltspunkte – siehe auch Kommentierung

* Seroinzidenzstudie bei homosexuellen Männern in US-amerikanischen Großstädten

Partnerstudien bei serodiskordanten Paaren, Wahrscheinlichkeitskalkulationen auf Grundlage epidemiologischer Entwicklung
Die erhebliche Schwankungsbreite der Übertragungswahrscheinlichkeiten beruht vermutlich auf der unterschiedlichen Häufigkeit von Risikofaktoren wie z.B. Viruslast und gleichzeitig vorliegenden anderen ulzerierenden Geschlechtskrankheiten.

Abb. 10:   Risikowahrscheinlichkeiten für die HIV-Übertragung je Sexualkontakt. Graphik aus: Deutsche AIDS-Gesellschaft et al. (2008, 17).

Dass die Risikowahrscheinlichkeit einer HIV-Übertragung wiederum bestimmte soziale Normen reartikuliert, indem von ‚abnormalen‘, ‚unnatürlichen‘ und ‚perversen‘ Praktiken eine besondere Gefahr ausgeht, ist ein bekanntes Argument (Weingart 2002, 24; Sontag 2002, 112). Zusätzlich interessant ist hier die kategoriale Unterscheidung zwischen bekannt HIV-positiven Partnern und Partnern von unbekanntem HIV-Serostatus. Von HIV-Positiven, deren Status unbekannt ist, geht statistisch in diesen Kategorien betrachtet eine geringere ‚Gefahr‘ aus. Als Nebeneffekt der Wahrnehmung oder Beobachtung dieser sexuellen Körper geht somit auch von Nicht-Infizierten ein potentielles statistisches ‚Risiko‘ aus, da ihr HIV-Status noch nicht gemessen wurde. Ein Körper – der eigene oder der eines anderen – wird damit zur Wahrscheinlichkeitsfunktion eines Risikos. Erst mit einer negativen Messung verliert der Körper den Status einer potentiellen Gefahrenquelle.

Nicht die Krankheit steht hier im Vordergrund, sondern der HIV-Infizierte als pathologisches Körperobjekt. Der Körper insgesamt, ausgewählte Körperregionen und soziale Praktiken werden mit Risikowahrscheinlichkeiten versehen, die durch eine permanente den Alltag durchschneidende Selbstüberwachung zur sozialen Realität werden. Der HIV-Positive algorithmisiert sich selbst.

Dies geschieht durch ein ‚reaktives' Handeln gegenüber dem Virus, gegen das gekämpft wird. Der HIV-Positive befindet sich (1) in ständiger Interaktion mit dem HI-Virus, das 1981 ‚entdeckt' und in den Folgejahren als Ursache von AIDS objektiviert wurde.[82] Das HI-Virus ‚handelt' in wissenschaftlichen sowie sozialen und politischen Kontexten als eigenständiger Akteur (ausführlich dazu Holzinger 2004). Die Interaktion – als Aktion-Reaktion – ist ein strenges Handlungsprogramm, das unter anderem abhängig ist vom (2) Test der Viruslast, der Auskunft über die Anzahl einzelner Viren pro Bluteinheit gibt. Er spielt bei der Interaktion mit dem Virus eine besondere Rolle, weil durch den Test der symbolische Zugriff auf das Virus erst ermöglicht wird (Rosengarten 2005, 75). Er teilt nicht nur die Präsenz des Virus mit und die Geschwindigkeit seiner Replikation, was die Wahrnehmung des Virus als Akteur untermauert. Gleichzeitig gibt der Test Auskunft über einen wahrscheinlichen Krankheitsverlauf und den Grad der Infektiosität einer HIV-positiven Person bzw. das Risiko, das von spezifischen Körperteilen ausgeht (Rosengarten 2005, 76). (3) Die Infektiosität des HI-Virus ist das Maß des Gefährdungspotentials eines infizierten Körpers für andere Körper.[83] Die Selbstwahrnehmung des Körpers formalisiert die Handlungen entsprechend. Dabei wird der Körper (4) – entsprechend der gemessenen Infektionsrisiken – als vor allem sexuell aktiver Körper konstruiert („embodied sexual object"; Rosengarten 2005, 71) und gleichzeitig in Infektionsrisikoabschnitte zerlegt. Er wird nicht mehr als Gesamtsystem oder Einheit wahrgenommen, sondern ist zusammengesetzt aus nach Ansteckungsrisiko sortierten Subsystemen. Schleimhäute gelten als besonders riskant, wodurch insbesondere intime Körperregionen als Orte legitimen öffentlichen Interesses und Zugriffs konstruiert werden und die kulturell sonst restringierte Überwachung dieser eröffnen (Rosengarten 2005, 79).

Rosengarten anerkennt zwar eine praktische Notwendigkeit und einen medizinischen Nutzen der Maßnahmen, betont jedoch gleichzeitig die Konstruktionsleistung, die mit der medizinischen Intervention einhergeht. ‚Das Virus' oder ‚der infizierte Körper' werden durch analytische Verfahren entsprechend der Werte ‚Infektiosität', ‚Viruslast' oder ‚Risiko' nicht einfach entdeckt, sondern durch interventionistische Beobachtung erschaffen. Zur sozialen Wirklichkeit werden sie durch die Operationalisierung von Handlungen entsprechend der definierten Risikowerte:

---

[82] Diese Objektivierung ist nicht ganz präzise, da AIDS durch sogenannte opportunistische Erkrankungen als Folge der Immunschwäche ausgelöst wird, nicht durch das Virus selbst.

[83] Insbesondere der sexuell aktive Körper wird als ein solches Risiko wahrgenommen: „The viral load test is also integral to a more complex materialization of the body as a site of possible risk to another" (Rosengarten 2005, 78).

Kein Risiko bei Haut- und Körperkontakten wie Händeschütteln, Streicheln, Schmusen.

Kein Risiko. Niemand kann sich anstecken, auch wenn er mit einem Menschen mit HIV in einer Familie oder Wohngemeinschaft eng zusammenlebt.

Risiko sehr groß. Bei Vaginalsex (Penis in der Scheide) ohne Kondom ist die Ansteckungsgefahr hoch.

Unser Rat: Benutze Kondome beim Vaginalsex.

Risiko für das Kind groß. Die HIV-positive werdende Mutter kann das Kind vor, während und nach der Geburt (beim Stillen) anstecken. Eine umfassende medizinische Betreuung und die Behandlung mit HIV-Medikamenten kann das Risiko für das Kind jedoch sehr stark senken. Ein HIV-Test ist jeder Frau und ihrem Partner zu empfehlen, wenn sie ein Kind möchten und eine HIV-Infektion nicht auszuschließen ist.

Abb. 11: „HIV-Übertragung und Aids-Gefahr. Wo Risiken bestehen und wo nicht": Die Risikobewertung sozialer Praktiken – Zwischen Selbstbeobachtung und ständiger Selbstformalisierung; aus: BZgA (2010).

Die HIV-positive Diagnose/Prognose wirkt als ein mächtiges Regime von Praktiken und Repräsentationen mit klar algorithmisiertem Verlauf. Zunächst wird die HIV-Infektion in drei Phasen geteilt, die den Infizierten einem Stadium des Krankheitsfortschritts zuordnen (Deutsche Aidshilfe 2011; auch Rosengarten 2005, 78): (1) als akute oder primäre HIV-Infektion werden die grippeähnlichen

Symptome kurz nach einer Infektion bezeichnet. HIV-Infizierte gelten hier als besonders ansteckend; (2) als Latenzphase wird das Stadium der symptomlosen Zeit bezeichnet, in der die HIV-infizierte Person keine direkten Folgen der Infektion wahrnehmen, dennoch aber als ansteckend und damit fremd- und selbstdefiniert als Risiko gelten; (3) im letzten Stadium ist das Immunsystem stark geschädigt, der/die Infizierte leidet an opportunistischen Erkrankungen, die zum Tod führen können. Die phasische Struktur entfaltet eigene Kausalitäten (hohe Viruslast → hohe Infektiosität etc.) und dokumentiert prozesshaft die Oszillation zwischen Aktualität und Virtualität der zukünftigen Krankheit in ihrem Verlauf.

In jedem Stadium gilt der HIV-Positive als infektiös, je nach gemessener Viruslast werden HIV-Infizierte einem durch ständige medizinische Überwachung eng kontrollierten medikamentösen Regiment überstellt. Die regelmäßige Einnahme der teilweise experimentellen Substanzen wird zu einer Verpflichtung, der HIV-Infizierte ist nicht nur Patient, sondern ein sich selbst und anderen verantwortliches Subjekt. Implizite Grundannahme ist dabei, dass es eine ‚optimale' Dosis gibt, die sich an der Effektivität der Medikamente ablesen lässt. Ineffektivität wird deshalb dem Individuum angelastet durch den Vorwurf mangelhafter Einhaltung der Dosierungsanweisungen, eine falsche Einnahme („poor adherence"). Weiter implizit ist die zusätzliche Gefährdung durch daraus folgende Resistenzbildung des Virus (noch immer ein eigenständiger Akteur), was die Macht der Eigenverantwortung erhöht (Rosengarten 2005, 82-83).

Neben die Ausrichtung des Lebens auf die zeitlich festgelegte Einnahme von Medikamenten, die Verpflichtung zum Kampf gegen den Akteur HI-Virus und eine durch den Infektiositätsdiskurs begründete Selbst- und Fremdwahrnehmung als Risiko gegenüber anderen Körpern treten Mechanismen der Selbstüberwachung und Selbstkontrolle. Dies betrifft neben Ernährungsratschlägen, regelmäßiger medizinischer Beobachtung und präventiver Versorgung die Schulung der Selbstbeobachtung und Deutung möglicher Symptome, psychotherapeutischer Maßnahmen und das Anhalten zu regelmäßiger Bewegung (Deutsche Aidshilfe 2011).

Zusammenfassend lässt sich feststellen, dass der HIV-Positive zu einer vollständig formalisierten Identität operationalisiert wird, die in spezifischen kulturellen Repräsentationen und Praktiken entsteht. Gleichzeitig wird ein als HIV-positiv identifizierter Körper als gefährdet und gefährdend wahrgenommen (*semiotisch-performative Dimension*). Der Gedanke einer operationalisierten Identität liegt dabei in der Formalisierung auch der *Dimension von Aktualität/Virtualität* (als Diagnose/Prognose, Krankheitsverlauf), die eine HIV-positive Identität als einen strengen Algorithmus in drei zu durchlaufenden Phasen konstruiert. Gleichzeitig betreffen diese die Konstruktion eines nicht-menschlichen Akteurs (HI-Virus, Kap. 1.3.2.), der mit dem Patienten und den Ärzten in Interaktion tritt. Die Infektion ist dadurch *performativ*. Ihre Formalisierung erlaubt bestimmte soziale Praktiken und Handlungen und verbietet andere, wobei das ‚Risiko' die bestimmende Wahrscheinlichkeitsfunktion ist. Diese Formalisierung zwängt einen als ‚HIV-positiv' identifizierten Körper in ein starres Regime von medizinischen Praktiken und hält das HIV-positive Selbst gleichzeitig an zur strikten Selbstüberwachung und Selbstformalisierung. Die HIV-Infektion markiert damit einen Algorithmus.

Das Fallbeispiel zu HIV-positiven Identitäten und den darin produzierten formalisierten Menschen steht für die viel generellere Verbindung zu spezifischen Technologien der Bedeutungsproduktion und Mitteln der Regulation des Selbst unter dem Namen Biopolitik. Der medizinische Diskurs von Krankheit/Gesundheit steht, wie gezeigt wurde, immer im Zusammenhang mit in Repräsentationen und sozialen Praktiken produzierten Bedeutungen und ist als solcher auch Teil einer Organisationstechnik von Gesellschaft. Diese einzelnen Techniktypen sind nicht isoliert zu betrachten, sondern produzieren in Wechselwirkung zueinander ein Sinnsystem, das sie wiederum prägt (Kap. 1.3.3.). Biopolitik beschreibt hierbei einfach gesagt die Regulierung des Lebens durch soziale Organisationsprozesse, die in liberalen Gesellschaften auf eine subtile Selbststeuerung setzt (zur Begriffsproblematik Lemke 2007, 9-18). Die kulturell betriebene Stigmatisierung sorgt nicht nur für eine Aufklärungsarbeit, sondern führt zu einer Selbstdefinition des HIV-Positiven als einer potentiellen Gefahr für andere. Dies setzt eine entsprechende Selbstalgorithmisierung in Gang, einen subtilen Mechanismus der letztlich zu einer Reduktion der Bedrohung des Kollektivkörpers ‚Gesellschaft' sorgt.

Ein weiteres Feld der Selbstregulierung und biopolitischen Formalisierung ist die genetische Beratung, anhand derer für eine Person genetische Risikoprofile erstellt werden. Diese sollen Auskunft über die Wahrscheinlichkeit geben, zukünftig an einem genetisch bedingten Leiden zu erkranken, etwa Darm- oder Brustkrebs. Samerski (2010) beschreibt bei dieser medizinischen Technologie, die im Mythos-Modell als Signifikations- und damit Formalisierungstechnologie verstanden wird, die Umwandlung von Personen in statistische Risikoprofile. Diese Verwandlung ist eine „epistemische Vermischung" (Samerski 2010, 153), da eine individuelle Person anhand eines genetischen Profils bestimmten Kollektiven zugeordnet wird, die zunächst nicht mehr sind als statistisch erhobene Grundgesamtheiten. In einem nächsten Schritt wird der statistische Fall als Wahrscheinlichkeitsgröße vermischt mit dem konkreten Fall, einer angesprochenen Person, der das Risikoprofil erstellt wird. Bestimmte Gene „triggern" oder „machen" bestimmte Krebsarten (Samerski zitiert hier eine Genetikerin, 2010, 162). Eine Person wird als Risikoprofil objektiviert. Ähnlich argumentiert Waldschmidt (2002) für die Pränataldiagnostik, die als Signifikationswerkzeug dient, um Sicherheit im Prozess des Geburtsmanagements zu erzeugen: Es liegt in der Verantwortung der Mutter, das Risiko für das Kind und sich selbst zu steuern.

Diese Technologien konstruieren den (unter Umständen noch ungeborenen) Menschen als Element einer bestimmten Risikogruppe und geben gleichzeitig Handlungsvorschriften vor für einen Umgang mit dem erworbenen Seinszustand, etwa ein bestimmtes statistisch quantifizierbares Brustkrebsrisiko, das – ähnlich der HIV-Therapie – an verantwortungsvolle Subjekte appelliert, eine vorsorgliche Amputation durchzuführen. Die (noch) beschwerdefreie Patientin erhält eine statistische Risikodiagnose, eine durch die Prognose begründete Handlungsempfehlung und darauf die (vermeintlich) *freie Entscheidungsmöglichkeit*. Die Effektivität dieser Regulation liegt in der Selbstregulation, die durch die Illusion erreicht wird, in der Selbststeuerung liege immer eine eigene und frei gefasste Entscheidung (Kap. 1.3.3., insb. 2.2.1.). Durch die Signifikationstechniken der Medizin wird ein formalisiertes Menschbild erzeugt, das Patienten und deren Angehörige, kulturelle Texte, Rechtsprechung, Ethik, Politik, Demographie und viele weitere mittragen. Diese Prozesse zirkulierender Referenz konstruieren eine soziale Realität, die von den Akteuren eine Selbstregulierung verlangt.[84]

Gerade Technologien, die mit der menschlichen Reproduktion in Verbindung gebracht werden – genetische Beratung, Präimplantationsdiagnostik, Pränataldiagnostik – verleiten als Folge des Lebensnarrativs im genetischen Reduktionismus zu einer anderen Spielart der technologischen Ermächtigungsphantasie über das Leben. Sie wird in dem durch die Genetik hergestellten Glauben verwurzelt, im Genom ließe sich die Zukunft der Menschheit aushandeln und steuern (Kap. 2.1.1.). Taussig, Rapp und Heath (2003) sprechen dabei kritisch[85] von „flexible eugenics": Die Überantwortung des menschlichen Körpers und seiner Reproduktion in den medizinischen Diskurs bedeutet seine Normierung durch die epidemiologische Einschränkung von Erbkrankheiten oder festgelegter Abnormalität. Durch die kulturelle Wahrnehmung des Genoms als einem determinierenden Programm, das die gegenwärtigen, aber besonders zukünftigen menschlichen Körper bestimmt, lässt sich durch seine Steuerung die Population optimieren. Flexible Eugenik meint dabei:

> long-standing biases against atypical bodies meet both the perils and the possibilities
> that spring from genetic technologies (Taussig et al. 2003, 60).

---

[84] Ähnliches gilt etwa auch für die impliziten und expliziten Regulationsmechanismen, was Übergewicht, Rauchen, gesunde Ernährung, Krebsvorsorge, Bewegung, oder Gefahren demographischer Entwicklungen (‚Überalterung', ‚Überfremdung' etc.) betrifft, die alle subtile Imperative der Selbstregulation beinhalten.

[85] Taussig, Rapp und Heath (2003) entwickeln ihr Argument im Zusammenhang mit der pathologisch-normierten Kategorie „Minderwuchs".

Diese sanfte Form der gesteuerten „Vermeidung" bestimmter Individuen ist die von Kritikern befürchtete Konsequenz aus einer die Optimierung der Population anstrebenden Biopolitik, die die genetische Selbstkontrolle zu einer medizinisch vernünftigen Entscheidung deklariert. Genetische Beratung und jüngst die Präimplantationsdiagnostik werden so zu die Gesamtpopulation steuernden Maßnahmen – durch den Ausschluss als abnormal bestimmter menschlicher Organismen.

Dieses Kapitel von den Algorithmen des Lebens soll deshalb ein kurzer Gedanke zur darwinistischen Evolutionstheorie als ein Narrativ im Hinblick auf Formalisierung beschließen. Die bekannten Mechanismen von Variation, Selektion und Vererbung und dem Überleben des Bestangepassten – *survival of the fittest* – scheinen durch den teils ersehnten, teils befürchteten technologischen Eingriff steuerbar. Positive Visionen eines *enhancement* des Menschen stehen den Befürchtungen einer würdelosen Selektion – einer Eugenik – gegenüber.[86] Vor dem Hintergrund dieser Ermächtigungsvision lässt sich auf zwei Arten ein operationalisiertes Narrativ in der Evolutionstheorie erkennen, aus dem *enhancement* und Eugenik als Fiktion erwachsen: (1) in der Funktionalität der menschlichen Organe und (2) als überhöhtes Narrativ teleologischen Fortschritts und Potentialität.

(1) Wie zuvor argumentiert, werden der Körper oder Elemente des Körpers als beobachtbare Einheiten erst in der Beobachtung konstruiert (insb. Kap. 2.2.2.). Eine Ebene der Operationalisierung bei der Beobachtung dieser Elemente ergibt sich, wenn die einzelnen Elemente, also etwa die Organe des Körpers, innerhalb einer bestimmten Zweckhaftigkeit oder Funktionalität im zeitlichen Verlauf beobachtet und kausal miteinander verknüpft werden.[87] Die Existenz des Menschen als ein geplantes Projekt eines Schöpfergottes zu verstehen hat durch Darwins Modell einer selektionsbasierten Evolutionstheorie zwar den Status als ‚natürliche Ordnung' verloren. Die Zweckhaftigkeit der Natur und ihrer Elemente ist nicht mehr rückführbar auf einen zentralen Planer. An ihre Stelle sind jedoch andere Setzungen getreten, die ebenfalls mit dem Prinzip einer Zweckhaftigkeit von Natur operieren, wenngleich sie diese Eigenschaft viel besser kaschieren. Diese Setzung findet sich im in der Biologie selbstverständlich gebrauchten Begriff der *Funktion*. Keil (2007, 80) veranschaulicht am Beispiel des Herzens, wie der Funktionsbegriff als Nachfolger der seit Darwin verlachten Naturteleologie gelten kann: Die Annahme, das Herz sei dazu da, Blut zu pumpen, nimmt eine funktionale Zuschreibung vor, die sich auf eine ursächliche Herkunft beruft, eine Ätiologie. Ein vulgärdarwinistisches Argument könnte

---

[86] Kap. 1.2.3.; auch Habermas 2005 [2001], Kap. 2.1.2.
[87] Eine einfache Feststellung lautet dann etwa: Die Bauchspeicheldrüse produziert Insulin und reguliert den Blutzucker.

lauten, der ‚Mechanismus' der natürlichen Selektion hat die Herausbildung eines entsprechenden Organs begünstigt, das eine Blutversorgung im gesamten Organismus sicherstellt. Entscheidendes, eben teleologisches, Problem ist hierbei, dass die „Evolution ja vorausschauen und die vermutlichen Konsequenzen einer Ausstattung zuvor ingenieursmäßig beurteilen" müsste (Keil 2007, 80).

In diesem Sinne ist der Begriff biologischer Funktionen ein Entwurf des Menschen als einer auf festgesetzten Funktionen basierter Einheit als doppelt algorithmisierter Organismus, der einer zweifachen Regelhaftigkeit folgt. Erstens sind es bestimmte *evolutive Mechanismen*, die zielgerichtet bestimmte organische Ausprägungen und Stoffwechselprozesse herausbilden lassen. Zum zweiten ist die Funktion selbst ein regelhaft auszuführender und isoliert darstellbarer Mechanismus: Die Funktion der Bauchspeicheldrüse ist die Produktion von Insulin zur Regulation des Blutzuckerspiegels. Das naturwissenschaftlich essentialisierte Verständnis des Menschen ist deshalb eines, das im Sinne eines Algorithmus zu verstehen ist. Einerseits haben wir mit der symbolhaften Repräsentation von Stoffwechselprozessen einen kleinen Ausschnitt zahlreicher Wechselwirkungen isoliert und modellhaft repräsentiert. Die Selektion selbst findet andererseits statt durch den heuristischen Fokus auf zugrunde liegende funktionale Singularität, worin eine Handlungsvorschrift ablesbar ist: Wenn zu viel Zucker im Blut, dann produziert die Bauchspeicheldrüse Insulin.

(2) Die Evolutionstheorie als sogenannte Dezendenztheorie – die eine gemeinsame Abstammung aller Lebewesen postuliert – gilt als ein bisher nicht falsifiziertes Modell, wenngleich auch nicht alle gemachten Beobachtungen mit dem Modell vereinbar sind. Das *trial and error*-Modell[88] ist unzureichend zum Beispiel in der Erklärung hochkomplexer Ausdifferenzierung nicht verwandter Arten, die jedoch ähnliche Mechanismen entwickelt haben (Mosbrugger 2008). Unter der Annahme kontingenter Entwicklung der Bestanpassung lassen sich diese nur schwer erklären, da es mehrere gute ‚Lösungen' möglicher Selektionsvorteile gibt. Eine als Wespe getarnte Fliege beispielsweise hat einen klaren Selektionsvorteil, da sie Feinde abschreckt:

> Die Frage ist nur, wie kann eine solche, zumindest in der Färbung mehr oder weniger perfekte Kopie einer anderen, nicht verwandten Art in kleinen Schritten durch genetische Variation und Selektion entstehen? Denn ein Selektionsvorteil entsteht ja in dieser schrittweisen Anpassung erstmals dann, wenn ein erster Täuscheffekt des potentiellen Räubers auftritt (Mosbrugger 2008, 96).

Abstrakt formuliert zeigt sich in dieser Kontingenz ein Scheitern der prinzipiell teleologisch angelegten Evolutionstheorie. Sie ist nicht nur mit dem zurückblickend kausal begründeten Funktionalismus, sondern auch mit einem Blick in die

---

[88] Dieses Modell lässt sich selbst als Algorithmus deuten, kybernetische Modelle Kap. 2.3.1.

mögliche Zukunft ein algorithmisches Narrativ zwischen Aktualität und Virtualität. Anders als in der gegenseitigen Beeinflussung von Fakt und Fiktion (Kap. 1.2.3.) lösen sich die technologischen Machbarkeitsphantasien tendenziell von einem in der Möglichkeit vorhandenen Menschbild. Die vorstellbaren Spekulationen über die Evolution der Mensch/Maschine-Hybride geben zwar die Evolutionstheorie als Referenz vor, um sich zu legitimieren. Die Möglichkeiten, die sie skizzieren, bleiben jedoch Phantasie:

> Possibility becomes totalized in the name of evolution; a means to no end or an end in itself. It becomes vacuous, empty of meaning, awaiting meaning (Kember 2006, 155).

Sowohl der Organ-Funktionalismus (zur Gegenfigur, dem „organlosen Körper", Deleuze/Guattari 1992; Kap. 1.2.3., Teil 3) als auch die Teleologie der Evolution weisen wie die Dichotomie Krankheit/Gesundheit eine mythische und algorithmische Struktur auf, innerhalb derer ein Sprechen über das aktuell gültige normal und abnormal Menschliche und das potentiell zukünftige Menschliche erst Sinn erfährt.

2.2. Die Algorithmen des Selbst und seines Körpers

Laut Sarasin war Marcel Mauss im Jahr 1935 (1989) der Erste:

> Seine Beobachtungen von unterschiedlichen Formen des Gehens, Schwimmens oder Laufens bei verschiedenen Völkern oder Nationen legte vielleicht zum ersten Mal den Gedanken nahe, dass es den Körper jenseits seiner kulturellen und historischen Modellierungen gar nicht gibt (Sarasin 2001, 14-15).

Der Körper ist stets gleichzeitig natürliches Objekt und kulturelles Artefakt. Seine Materialität tritt hinter seine Zeichenhaftigkeit zurück: Wenn der Körper wahrgenommen wird, seine Erscheinung, seine Haltung oder seine Gesten, wird er immer gleichzeitig auch *gelesen*, wobei es keinen Unterscheid macht, ob man andere Körper wahrnimmt und liest oder seinen eigenen. Hier liegt die Verbindung des Körpers und des Selbst:

> Im Alltag der realen Welt trägt er die identitätsstiftenden Zeichen des Geschlechts, des Alters, der Rasse, der Krankheit, des Todes, der Lebensgewohnheiten, der erotischen Attraktivität oder zum Beispiel der sozialen Schicht. Persönliche und gesellschaftliche Erfahrungen veräußern sich im materiellen Erscheinungsbild des Menschen, z. B. durch Falten oder Narben, und in ihrem individuellen Körpererleben, z. B. durch unterschiedliche Schmerz- und Ekelgrenzen. Das (Auf)Spüren dieser – als ‚Körperwahrheit‘ erlebten – Körperzeichen und -empfindungen kann entweder zur stabilisierenden Selbstvergewisserung führen oder aber zur leidvollen Selbstirritation, wenn z. B. das Körpererleben vom Selbstbild abgespalten erscheint (Funken 2005, 223).

Dass der Körper nun als singularisierte Einheit nur innerhalb eines Sinnsystems auftritt, dass er nicht mehr von seiner Zeichenhaftigkeit, seinem Verweis auf zahlreiche andere Bedeutungen zu trennen ist, dass er untrennbar mit dem Begriff des Selbst verschmilzt, all das verführt zur Annahme, *der Körper existiere nicht* außerhalb des Sinnsystems, sondern sei Produkt von Repräsentationen. Diese radikal-konstruktivistische Perspektive findet sich etwa bei Butler (2006 [1990]), wird jedoch nur selten unverbrämt vorgetragen. Sie kommt häufig implizit in zwei gemäßigten theoretischen Spielarten zur Geltung, die über ihre eigentliche Radikalität hinwegtäuschen, indem sie angenehm-futuristische Thesen verfolgen. Die eine Spielart sieht den Körper und das Selbst als erweiterbar in neuen immateriellen Räumen – namentlich den virtuellen – in denen ein neues Maß an *Freiheit* warte, die die Barrieren des materiellen Körpers und des Selbst durch Diskriminierung und Ausschluss, Mangel an Autonomie oder Handlungsbeschränkungen zu überwinden weiß. Hinzu kommt die Phantasie einer *Ermächtigung* über den Körper und das Selbst, die steuerbar, manipulierbar und optimierbar sind. Beide setzen indirekt eine verlustfreie Repräsentierbarkeit des Körpers und des Selbst voraus. Hinter dieser Vision laufen größere ideologische und ökonomische Prozesse wie Globalisierung, Weltkapitalismus und Mobilität ab, die nicht viel übrig lassen von den vormodernen stabilen Mustern gesellschaftlicher Ordnung und eine weitere Fragmentierung des Selbst und der sozialen Organisiertheit zur Folge haben. Gleichzeitig wird stets eine Veränderung der Kommunikationsprozesse genannt, die eine räumliche und zeitliche Rückbindung aufbrechen und dadurch den Effekt der Fragmentierung von Selbst und sozialen Ordnungen radikal verstärken. Alle diese Tendenzen scheinen nur ein Ziel zu haben: Körper und Selbst werden liberalisiert und ohne Einschränkungen repräsentierbar, kommunizierbar und manipulierbar. Die folgenden Kapitel werden diese Annahmen im Algorithmus-Modell prüfen. Auf beinahe beruhigende Weise verweist es immer auch auf ein Außerhalb der Formalisierung.

Psychologisches Wissen und daraus abgeleitete Problemlösungskompetenz scheinen den Grad individueller Freiheit zu erhöhen. Wie sich zeigen wird, sind die vordergründigen Wahlfreiheiten bei der Konstruktion des Selbst (Lifestyle, Geschmack, Arbeit an der Persönlichkeit usw.) eher ein Tarnmantel für immer subtilere Formen der *Selbstalgorithmisierung* (Kap. 2.2.1.). Auch der Körper scheint zunächst Produkt einer höchst formalisierten Wahrnehmung zu sein, die gleichzeitig die Illusion seiner freien Manipulierbarkeit nährt: Ein formalisiert wahrgenommener Körper kann verlustfrei in leicht formbaren Symbolsystemen aufgehen. Die vermeintlich kontrollierbare Geschlechtsidentität und eine scheinbare Online-Körperlichkeit sind nur zwei Beispiele dieser Illusion der Formalisierbarkeit – Letztere behauptet gar eine symbolische Repräsentationsfähigkeit leiblicher Empfindungen. Gerade in diesen Unzulänglichkeiten zeigen sich Hinweise auf ein Außerhalb des Algorithmus (Kap. 2.2.2.). Schließlich ist die Verschmelzung des Körpers und des Selbst im Avatar, einem visualisierten Stellvertreterkörper, mit ihren immateriellen symbolischen Repräsentationen vor allem einer illegitimen Vermischung unterschiedlicher theoretischer Erklärpotentiale geschuldet. Wie bei der Hybridisierungsthese (Kap. 1.3.1.) findet der beschriebene Prozess mehr in den Modellen selbst statt und weniger bei den Phänomenen, die sie beschreiben möchten (Kap. 2.2.3.).

2.2.1. Symbolische Selbsttechniken: Formalisierte Identitäten und Selbstalgorithmisierung

Eine der grundlegenden Ideen des Sinnsystems Mythos Algorithmus ist, dass in seinem Innern beobachtbare Einheiten hervorgebracht werden, zum Beispiel X und Y, und diese in einen kausalen Zusammenhang gebracht werden können: IF X THEN Y. Dadurch scheint durch jedes beobachtete X auch immer ein potentielles, ein in der Möglichkeit vorhandenes (,virtuelles') Y hindurch. Wird X beobachtet, wird Y als Möglichkeit antizipiert und beeinflusst die Beobachtung von X.[89] Weil Beobachten immer auch Handeln bedeutet (als durch Interaktionen hergestellter Sinn), ist im Algorithmus IF X THEN Y auch immer eine Aktanz beschrieben, ein formalisierter Prozess des Beobachtens und Handelns. In diesem Kapitel wird die Idee des Algorithmus auf den Bereich der Stabilisierung einer Individualidentität angewandt. Dieses Selbst setzt sich aus einem regelgeleiteten Set von Algorithmen zusammen. Um dies zunächst sehr einfach zu illustrieren, lassen sich für die Variablen X und Y – beides beobachtbare Einheiten – Werte einsetzen: X = LIEBESKUMMER und Y = DEPRESSION. Diese beiden Phänomene werden durch ihre Beobachtung zu Kategorien des Selbst singularisiert, wodurch sie in einen Kausalzusammenhang gebracht werden können. Die verlassene, den Liebeskummer durchleidende Person erlebt sich selbst als potentiell durch eine Depression gefährdet und wird auch so wahrgenommen. Gleichzeitig ist bei einem diagnostizierten Y, X eine mögliche Ursache. Sowohl X als auch Y sehen bestimmte formalisierte Skripte von Handlungen vor (Ablenkung, sozialer Kontakt, Wohnortwechsel etc.), die ausgeführt werden müssen, damit am Ende ein Z steht – die Kategorie des ,überwundenen Liebeskummers' oder des ,Neu-verliebt-Seins'.

Dieses einfache Beispiel illustriert den Kerngedanken der Algorithmisierung des Selbst: die Essentialisierung von beobachtbaren Kategorien, die in kulturelle Skripte gegossen und dadurch formalisiert werden. Die hiermit vertretene These

---

[89] Dies ist eine von vielen Transformationsketten, insb. Kap. 1.3.2.

steht damit zunächst einer Auffassung entgegen, die ein oft postmodern genanntes fragmentiertes, nomadenhaftes Selbst entwirft (Braidotti 1994). An anderer Stelle werden Flüchtigkeit (Bauman 2003) und Reflexivität (Beck/Giddens/Lash 1996) als Charakteristika der „Spätmoderne" betrachtet, in der fixierte Rollen und tradierte Strukturen in Frage gestellt sind. Insbesondere die durch mediale Texte erwirkte Pluralisierung der Skripte des Selbst erschafft heterogene Identitäten – die Herausbildung von Individuen einer Gesellschaft als direkte Folge ihrer Liberalisierung und Modernisierung (Thompson 1995; Morley/Robins 1995) sowie des Unternehmertums und seiner Marklogik als „homo contractualis" (Bröckling 2007): Das Selbst hat viel mehr Wahlmöglichkeiten, einen überwältigenden Fundus an „lifestyle options" (Giddens 1991), die es sich zu eigen machen kann, ein „Patchwork der Identitäten in der Spätmoderne" (Keupp et al. 1999). Wie sich zeigen soll, ist dieses vermeintliche Mehr an Wahlmöglichkeit und die aktive, individuelle Ausformung des Selbst vor allem ein Mehr an algorithmisierten Skripten des Selbst – ein Mehr an Kategorien der Selbstverortung, die jedoch nicht weniger streng formalisiert sind und durch mediale Multiplikation ihre Macht entfalten. Wie sich im Folgenden zeigen soll, werden nicht nur die wahrgenommenen Einheiten produziert, sondern auch soziale Praktiken formalisiert.

Die Psychoanalyse ist eine Maschine der Sinnproduktion und -formalisierung. Guattari (2009 [1980], 50-51) äußert sich mit Zweifeln über die Angemessenheit von Freuds „Analyse der Phobie eines fünfjährigen Knaben" (1995 [1909]), dem kleinen Hans, der an einer Pferdephobie leidet, die Freud auf vor allem sexuelle Motive zurückführen will:

> [Freud's] interpretations seem more like intrusions likely to confuse the child, and even lead him into neurosis. It hasn't escaped notice that it isn't until the end of a long analytic process, put into place by the father, under the direction of Freud, that phobic symptoms appeared. At the time, Freud was really ‚in need of' data about infantile sexuality, the importance of which he had just discovered. If we attentively follow the text of his commentary and the account of his father it's possible to locate the stages of a true encirclement of Little Hans's subjectivity. A kind of analytic-familial, panoptic system found itself set up in the heart of domestic territory. His every move, his comings and goings, his dreams and his fantasies, were submitted to an absolutely stupefying observation and control. And we see the child successively abandon the spaces of exterior life that he had conquered up until then – his relationships with girls, his love of long walks, his seductive relationship with his mother, her caresses in the bath – to fall back on highly guilt-laden masturbation and, finally, to construct a true bastion of fantasies from which he reclaimed, in a certain way, control over the situation, tormenting, in turn, his parents, by making them guilty. All of this for the profit of Professor Freud who, at the end of the chain, collects throughout the affair what he finds to be a brilliant confirmation of his gestating theories about the Oedipus and castration complexes.

Ein analytischer Prozess – ein Beobachten und ein Konstruieren von Sinn – führt hier schließlich dazu, so Guattari, dass die erwartete Phobie-Symptomatik in Erscheinung tritt. Der Junge ist dabei einer umfassenden Beobachtung und Kontrolle ausgesetzt. Seine später diagnostizierte Phobie ist vergleichbar mit einem epistemischen Ding (Kap. 1.4.2.), das unter Laborbedingungen – den Berichten des Vaters, den Gesprächen mit Freud – konstruiert wird, denen der Junge nur durch einen Rückzug in eigene Phantasien entkommen kann. Freud ist ein Laborforscher, der seine Hypothesen von Ödipus und Kastration empirisch prüfen will. Anders als ein Biologe verwendet er nicht-materielle Techniken zur Entdeckung/Konstruktion seines Untersuchungsgegenstands, sondern Methoden zur Hervorbringung eines Selbst (Foucaults Technologien des Selbst, Kap. 1.3.3.):

> Psychoanalysis transforms and deforms the unconscious by forcing it to pass through the grid of its system of inscription and representation. For psychoanalysis the unconscious is always already there, genetically programmed, structured, and finalized on objectives of conformity to social norms (Guattari 2009 [1980], 144).

Dabei ist das Ziel von Guattaris Kritik[90] nicht in erster Linie Freuds Psychoanalyse, sondern ihre durch Lacan (hier z. B. 1991, 1996) vorgenommene strukturalistische Weiterentwicklung. Entscheidend sind ihr Koordinatennetz, das sie über das Selbst stülpt, die Repräsentationen, die sie beobachtet/konstruiert, und die Einschreibungen, die sie zunächst selbst eingraviert, um sie sodann zu entschlüsseln. Das Selbst, das auf diese Weise gefunden wird, ist notwendigerweise eines, das vorab in streng formalisierten Ausprägungen beobachtet wird – was sich an der Anekdote vom kleinen Hans zeigt.[91] Es ist Produkt formalisierter Signifikationstechniken, das unter Laborbedingungen hergestellt wird. Die Idee des formalisierten Sinnsystems Mythos besitzt aus zwei Gründen Anschlussfähigkeit an die Mechanismen der Psychologie als soziale Wissens-Praxis, als Signifikationstechnik:

> Either for epistemological reasons (we can never know the inner domain for the person – all we have is language) or for ontological reasons (the entities constructed by psychology do not correspond to the real being of the human), an analysis of a psychological interior is to be replaced by a analysis of an exterior realm of language that attributes mental states – beliefs, attitudes, personalities, and the like – to individuals (Rose 1998, 9).

Das Selbst erscheint dadurch zu einer fragmenthaften und sozial konstruierten Einheit zu werden – wobei der Begriff der Einheit ebenso in Zweifel gezogen

---

[90] Zentral hierfür ist der „Anti-Ödipus" Deleuze/Guattari (1977); Kap. 1.2.3., 2.2.1.; auch Teil 3.

[91] Das aufgefundene Selbst ist entsprechend eines, das eine spezifische Funktionsweise hat, dessen diagnostizierter (Kap. 2.1.3.) Status auf eine Ursache und auf eine bereits definierte Prognose verweist, dessen oberflächliches Erscheinungsbild tiefliegende Ursachen hat, die es zu entschlüsseln gilt.

werden muss. Die Stellung der Psychologie insgesamt sieht Rose deshalb in Frage gestellt:

> Why, if human beings are as heterogeneous and situationally produced as they now appear to be, did a discipline arise that promulgated such unified, fixed, interiorized, and individualized conceptions of selves, males and females, races ages (Rose 1998, 9).

Die Einheitlichkeit des Selbst scheint vordergründig aufzubrechen, eine Wahrnehmung, die dem postmodernen, globalisierten Zeitalter der Weltkommunikation und Migration zu entsprechen scheint. Rose warnt vor der Annahme, diese Heterogenität der Subjektivitäten sei eine für unsere Zeit spezifische Erscheinung. Die Kategorien, die gebraucht werden, um den multiplen Charakter des Sozialen und des Selbst zu dokumentieren – *gender, race, class, age, sexuality* etc. – haben selbst eine soziale Geschichte und sind als Kategorien keinesfalls stabil (Rose 1998, 9-10). Das Selbst scheint seine ehemalige Stabilität verloren zu haben:

> Self: coherent, bounded, individualized, intentional, the locus of thought, action and belief, the origin of its own actions, the beneficiary of a unique biography. As such selves we possessed an identity, which constituted our deepest, most profound reality, which was the repository of our familial heritage and our particular experience as individuals, which animated our thoughts, attitudes, beliefs, values (Rose 1998, 3-4).

Das Selbst jedoch ist nie dieser stabile Rückzugsort gewesen, ein Kernselbst, dessen Offenlegung und Deutung ein Individuum zur Selbstkontrolle und Steuerung befähigte und so Voraussetzung war, ‚sich selbst zu entdecken‘ und ein Leben zu führen, das einen ‚Sinn‘ hat. Historisch betrachtet ist diese Vorstellung einer inneren Struktur, die durch Interaktionen und Erfahrungen einer Individualbiographie eine spezifische Form annimmt, die sich auf bestimmte Regeln der menschlichen Natur zurückführen lassen, lediglich ein kulturell, geographisch und zeitlich begrenzter „Moment“ (Rose 1998, 23). Das Selbst ist nicht nur in der Spätmoderne ein heterogenes Konzept, sondern auch historisch niemals fixiert. Es wird immer in Bezug auf religiöse (zum Beispiel christliche Techniken der Seelenhygiene), medizinische, häusliche, militärische oder sexuelle Kontexte hergestellt:

> This ideal of the unified, coherent, self-centered subject was, perhaps, most often found in projects that bemoaned the loss of the self in modern life, that sought to recover a self, that urged people to respect the self, that urges us each to assert our self and take responsibility for our self – projects whose very existence suggests that selfhood is more an aim or a norm than a natural given (Rose 1998, 4).

In der Idealisierung eines Zielselbst wird eine soziokulturell erwünschte Norm konstruiert, an der sich das individuelle Selbst messen kann.[92] An dieser Stelle wird der Gedanke der Algorithmisierung in Bezug auf das Selbst deutlich: Die beobachtbaren Einheiten werden verkettet und entlang eines Ideals justiert, zu dessen Erreichung Operatoren abgearbeitet werden müssen: Wenn Du an Deinem Egoismus arbeitest, kannst Du eine erfüllte Paarbeziehung führen und bist ein guter Ehemann und Vater. Das Selbst kann niemals außerhalb einer regulativen Idee formuliert werden. Kategorien wie einfühlsam oder abenteuerlustig, schüchtern und ängstlich bringen nicht nur Charakteristika eines Individuums hervor. Sie sind gleichzeitig immer definiert durch ihre Nähe und ihren Abstand zu einer kulturell gewünschten Persönlichkeit und treten damit indirekt eine Handlungsvorschrift los zur Regulation des Selbst hin zu einem Wunsch-Ich.

Das Beispiel von Freuds Introspektion des kleinen Hans zeigt die problematischen Technologien und Mechanismen dieser als Laborwissenschaft betriebenen Disziplin Psychologie. Am Ende der von Latour, Knorr Cetina oder Rheinberger untersuchten Fabrikationsprozesse von Erkenntnis im biologischen oder chemischen Labor steht üblicherweise ein ‚neu entdecktes‘ Objekt – eine materielle Realisation der Theorie am anderen Ende einer symbolischen Transformationskette (Kap. 1.2. und 1.3.). Die in der Psychologie konstruierten Objekte sind hingegen niemals materialisierte Substrate, ihre symbolischen Referenzen verweisen immer nur auf andere Symbole und Repräsentationen. Gerade die Psychologie kann die Autorität über das in ihr produzierte Wissen nicht innerhalb der Disziplin mit ihren Akteuren – den Psychologinnen und Experten – halten, denn als *folk psychology* verfügt jedes Individuum über psychologisches Alltagswissen, mit Hilfe dessen es sich in seiner Umwelt orientiert. Die Psychologie erweist sich insofern als eine „großzügige" (Rose) Disziplin:

> the key to the social penetration of psychology lies in its capacity to lend itself ‚freely‘ to others who will ‚borrow‘ it because of what it offers to them in the way of a justification and guide to action. It is in this fashion that psychological ways of thinking and acting have come to infuse the practices of other social actors such as doctors, social workers, managers, nurses, even accountants (Rose 1998, 87).

Das psychologische Wissen entfaltet seine Allgegenwart gerade in dieser Bereitstellung der durch sie fabrizierten Objekte und Kausalverknüpfungen und ist damit im Sinnsystem Mythos als generalisiertes Seinswissen (Wissen um das Selbst) und praktisches Handlungswissen (Messung und Optimierung des Selbst) stark vertreten. Bevor gleich konkretere Signifikationstechniken dieses psychologischen Wissens im Mittelpunkt stehen, soll der Gedanke der Formalisierung

---

[92] Foucault (1993) beschreibt dies etwa mit der Selbsttechnologie der Beichte, die ein defizitäres Selbst offenbart und auf diese Weise hervorbringt, das an den normativ als falsch gesetzten Handlungsmustern (Sünden) gemessen wird (Kap. 3.2.2.).

in Bezug auf die Disziplin Psychologie mit dem Begriff der *expertise* – eines (praktischen) Fachwissens zur Problemlösung – abgeschlossen werden. Rose benutzt ihn, um die mächtige Allgegenwart psychologischen Wissens zu charakterisieren:

> I use the term ‚expertise' to refer to a particular kind of social *authority*, characteristically deployed around *problems*, exercising a certain *diagnostic gaze*, grounded in a claim to *truth*, asserting technical *efficacy*, and avowing *humane* ethical values (Rose 1998, 86; Hervorhebungen im Original).

Die Psychologie ist damit vor allem Problemlösekompetenz, die als Expertise nicht auf den Bereich des als wissenschaftlich ausgewiesenen Wissens beschränkt ist. Als solche findet sie universelle Anwendung nicht nur durch Deutungsmuster des Selbst, sondern mit Handlungsempfehlungen zur erfolgreichen Arbeit daran:

> Psychological experts, psychological vocabularies, psychological evaluations, and psychological techniques have made themselves indispensable in the workplace and the marketplace, in the electoral process and the business of politics, in family life and sexuality, in pedagogy and child rearing, in the apparatus of law and punishment, and in the medico-welfare complex. Further it is increasingly to psychologists that the citizens of such societies look when they seek to comprehend and surmount the problems that beset the human condition – despair, loss, tragedy, conflict – living their lives on a psychological ethic (Rose 1998, 81).

Die psychologische Kompetenz importiert durch ihre Vertreter – Psychologen, Psychiater, Psychotherapeuten, Sozialarbeiter, Markt- und Meinungsforscher, psychologische Berater – ein psychologisches Vokabular in den Lebensalltag, das aufgegriffen wird durch weitere Schlüsselpositionen der gesellschaftlichen Organisation, wie Richter, Ärzte, Polizei, Manager, Politiker, Ökonomen, Journalisten, Talkshow-Moderatoren und die Autoren von TV-Drehbüchern (Rose 1996b, 224). Jeder Lebenssituation kann eine psychologische Repräsentation und ihr regulatives Idealbild zugeordnet werden. Die Sprache der „psy disciplines" (Rose) bestimmt in einem erheblichen Maße, welche Personen wir überhaupt sein können: „the ways we think of ourselves, the ways we act upon ourselves, the kinds of persons we are to be in our consuming, producing, loving, praying, sickening and dying" (Rose 1996b, 226).

Wichtigste das Selbst produzierende Signifikationstechnik ist die Sprache, die Repräsentationen zu Objekten essentialisiert, wie es etwa in der mittlerweile selbstverständlichen Auseinandersetzung mit psychologischen Traumen, Deprivation (Verlust oder Entzug), Depression, Repression, Projektion, Motivation, Begehren, Extro- oder Introvertiertheit geschieht (Rose 1996b, 234).[93] Nebenef-

---

[93] Der Begriff des psychologischen Traumas beispielsweise hat seinen Bedeutungsursprung in der Chirurgie, die damit eine offene Wunde bezeichnete (Rose 1996b, 236), ist jedoch selbstverständli-

fekt der Essentialisierung von Begriffen ist eine Normierung des Selbst entlang der Dichotomie normal/pathologisch. [94] Das Selbst wird repräsentierbar, mechanisierbar und kalkulierbar und ist damit zum gleichwertigen Teil einer wirtschaftsliberal-kapitalistisch organisierten Gesellschaftsordnung geworden:

> We have entered, it appears, the age of the calculable person, the person whose individuality is no longer ineffable, unique, and beyond knowledge, but can be known, mapped, calibrated, evaluated, quantified, predicted, and managed (Rose 1998, 88).

Doch ist nicht nur die Hervorbringung der Person als berechenbare Repräsentation entscheidend, sondern es sind auch ihre Handlungen und Fähigkeiten, die streng formalisierten Kompetenzen, die das Selbst beherrschen muss, um sich zu einem effizienten Teil der Gesellschaft zu machen – „human beings capable of being and doing particular things" (Rose 1996, 239), wozu Lese- und Rechenfähigkeit als Grundkompetenzen genauso zählen wie das Ausüben eines kulturell gewachsenen Wertesystems und der Gesetze oder der verantwortungsvolle und produktive Beitrag zum Gesamtkonstrukt Gesellschaft. Die Symbole und die symbolischen Techniken werden folglich durch das Selbst verinnerlicht. Es wird zur symbolischen Maschine (Krämer, Kap. 1.4.3.), zur Algorithmen prozessierenden Einheit.

Die Mechanisierung – oder hier: Algorithmisierung – des Selbst steht damit in engem Zusammenhang mit der gesellschaftlichen Organisationsform. Gleichsam als Handlangerin des kapitalistischen Systems hilft die Psychoanalyse, die Anforderungen der Produktion in das Selbst einzuschreiben (Deleuze/Guattari 1977). Guattari erklärt (2009 [1980], 31):

> What psychoanalysts refuse to see is that the molecular texture of the unconscious is constantly being worked on by global society, that is to say, these days, by capitalism,

---

ches Objekt einer psychologischen Beschreibung – mit Ursachen, Prognosen und Therapien – geworden. McLuhans neurobiologische Techniktheorie spricht etwa von Selbstamputation durch Erweiterung und fußt somit zu einem beträchtlichen Teil auf dieser und vergleichbaren Äquivalenzsetzungen, Kap. 1.3.3.

[94] Für die Psychologie, die sich zwischen 1875 und 1925 als Disziplin herausbildet, sind die zahlenmäßig wachsenden abgeschlossen Institutionen sozialer Organisation (Fabriken, Schulen, Gefängnisse, Militär) ideale Versuchseinheiten unter Laborbedingung zur Beobachtung und Normierung von Verhalten und Sein (Rose 1996b, 229). Dies ist in einem breiteren Kontext der Effizienzsteigerung des Individuums zu sehen (Taylorismus Kap. 1.3.3.), für welche in Deutschland etwa Hugo Münsterberg seine „Psychotechnik" entwickelt, um Arbeitsprozesse zu optimieren (Münsterberg 1914; Schrage 2000, 48). Der noch heute angewandte Intelligenztest mit der normierten Einheit IQ entsteht als eine der anschaulichsten Signifikationstechniken des messbaren menschlichen Geistes in dieser Zeit. Kittler (1985 [2003]) macht die ‚Psychotechnik' zum wesentlichen Element seiner Aufschreibesysteme um 1900: Hinter der Produktion eines messbaren Geistes stecken die Medientechnologien Grammophon oder Schreibmaschine, der Psychoanalytiker Freud ahmt die Technologie des Phonographen nach und überführt das Gehörte in Schrift. Freud ist Teil des Aufschreibesystems, der Geist des Gegenübers fließt durch Freuds Feder in symbolische Repräsentationen und wird auf diese Weise konstruiert, objektiviert und messbar (Kittler 1985 [2003], 344).

> which has cut individuals up into partial machines subjected to its ends, and has ex-
> cluded or infused guilt into everything that opposed its own functionality. It has fab-
> ricated submissive children, ‚sad Indians‘, labor reserves, people who have become
> incapable of speaking, of talking things out, of dancing – in short, of living their de-
> sires.

Signifikationtechniken bringen bestimmte Subjektidentitäten hervor, die über eine bloße funktionale Rollenausübung (Hausfrau, Arbeiter etc.) weit hinausgehen. Giddens stellt fest: „Each of us not only ‚has‘, but *lives* a biography reflexively organised in terms of flows of social and psychological information about possible ways of life" (Giddens 1991, 14; Hervorhebung im Original). Die Reflexivität bedeutet Beobachtung und Überwachung des Selbst, das in der kapitalistischen Logik zum „reflexiven Projekt" (Giddens 1991, 32) wird und in ständigem definitorischen Abgleich zu den Verwaltern des Wissens um das Selbst steht. Das Projekt ‚Selbst‘ ist dabei angewiesen auf ein kohärentes und dabei stets kritisch erneuertes biographisches Narrativ, das teleologisch auf beruflichen und privaten Erfolg, Fortschritt und die Erfüllung von Zielen, die Verwirklichung des Selbst oder die Überwindung von Hindernissen ausgerichtet ist. Die kapitalistische Logik drückt sich dabei im Gedanken der Arbeit am Projekt ‚Selbst‘ durch bewusst wählbare (und damit konsumierbare) „lifestyle choices" (Giddens 1991, 5) aus: Das angestrebte Selbst – sowohl Geist als auch Körper – kann, dergestalt objektiviert durch optimierende Interventionen, manipuliert und als Wunsch-Selbst hervorgebracht werden.

Bemerkenswert ist hier die freie Wahl zur Selbstkontrolle: Wie mit Foucaults Techniktypen bereits diskutiert (Kap. 1.3.3.), liegt in jeder Sinnkonstruktion immer ein Ausdruck von Macht, eine Normierung, die mit dem konstruierenden Blick entsteht. Konstruktion, Formalisierung und Steuerung des Selbst sind nur eine Seite – die repressiven Mechanismen der Macht. Die Signifikationstechnik ist jedoch gleichzeitig produktiv, da ohne präformierende Kategorien ein Reden über das Selbst unmöglich bleibt.

Die soziale Organisation einer liberalen Gesellschaft erfordert Selbstregulation, eine Mikrophysik der Macht, die das auf diese Weise formalisierte Individuum in der Überzeugung durchführt, freie Wahlentscheidungen zu treffen – die jedoch ganz wesentlich durch das es umgebende Sinnsystem determiniert sind. Diese ambivalente Form der Regierung heißt bei Foucault Gouvernementalität und betrifft beispielsweise die Population als Gesamtheit tangierende Felder wie Sexualverhalten, Gesundheitsüberwachung oder Aspekte der Sicherheit sozialen Lebens, in denen die darin organisierten Individuen zu einer Kontrolle aufgerufen sind, die jedoch subtil und unter der Annahme der Wahlfreiheit erfolgt (Foucault 1991): „freedom, in a liberal sense, should thus not be equated with anarchy, but with a kind of well-regulated and ‚responsibilized‘ liberty" (Barry et al. 1996, 8). Die Psy-Technologien haben eine herausragende Bedeutung beim „Regieren der (eigenen) Seele" (Rose: „Gouverning the Soul", 1999):

> The regulation of conduct becomes a matter of each individual's desire to govern their own conduct freely in the service of the maximization of a version of their happiness and fulfilment that they take to be their own, but such a lifestyle maximization entails a relation to authority in the very moment as it pronounces itself the outcome of free choice (Rose 1996a, 58-59).

Der Freiheitsgedanke des Neoliberalismus wird durch dessen Bedingung einer permanenten Selbstregulation zur Illusion. Die auf diese Weise hervorgebrachten Identitäten sind nur auf den ersten Blick partiell, fragmentiert und frei. Sie sind vielmehr auch Ergebnisse des streng formalisierten Sinnsystems Mythos: *Zunächst werden Kategorien des Selbst singularisiert – objektiviert im Rückbezug auf andere Symbolordnungen, wie etwa die psychoanalytische Theorie Freuds – die dann operationalisiert werden: Ursachen werden ergründet, eine Prognose wird gegeben, ein potentielles Selbst wird entworfen, dessen Erreichen zum Ziel erklärt wird. Hierin liegt die Algorithmisierung des Selbst.*

Dies widerspricht zunächst dem Diskurs über das multiple Selbst der Gegenwart, das übermäßig festgelegte Identitäten für unzeitgemäß hält. Gergen (1996) beispielsweise geht vom Verlust klar abgrenzbarer Kategorien eines modernen Selbst aus. Dieses war in der Moderne produziert worden durch die Essentialisierung (a) eindeutiger psychologischer Seinsordnungen (Kategorien einer Ontologie des Selbst: durch Bildung geformter Geist, durch Religion gereifte Seele, durch die Familie geprägte Kinder), (b) Ausdrucksmodi mentaler Zustände (ein bestimmter körperlicher Ausdruck *bedeutet* einen bestimmten mentalen Zustand, der als Referenz akzeptiert wird, z. B. Tränen = Trauer), (c) angemessener Kontexte dieser Ausdrucksmodi (Beerdigung als angemessener Kontext für Tränen) und (d) gesellschaftlicher Werte.

Diese essentialisierte Homogenität sei, so Gergen, insbesondere durch die weltweit entstandenen Kommunikationstechnologien aufgebrochen worden: (a) psycho-ontologische Kategorien werden durch Experten und Medien verbreitet, was die Zahl der sinnhaft erfahrbaren Seinszustände erhöht:

> Prior to this century, one could not meaningfully experience a nervous breakdown, an inferiority complex, an identity crisis, an authoritarian personality tendency, chronic depression, occupational burnout, or seasonal affective disorder (Gergen 1996, 132; Hervorhebungen im Original).

(b) Durch die Vielzahl sinnhafter mentaler Zustände werden auch die ehemals leicht zu lesenden Ausdrucksformen des Selbst unmöglich zu deuten. (c) Die Ausdrucksformen werden vielmehr ihren vorherigen Kontexten enthoben und in neuen Kontexten angeeignet, etwa religiöse Ausdrucksformen in der Fankultur zum Beispiel als Starkult. (d) Auch für die ‚normalen' Werte und Ziele einer Gesellschaft hat dies Auswirkungen:

> As the technologies enable increasing numbers of people to communicate with each other, and to voice common cause (e.g. feminists, Blacks, Asians, the elderly, the handicapped, homosexuals, Native Americans), such groups bring critical attention to the taken-for-granted vocabularies of the culture and their oppressive implications (Gergen 1996, 134).

Die Vielfalt des kommunikativen Austauschs führt zu einem Aufbrechen des Selbst als Einheit durch die Konfrontation mit anderen Identifikationsmustern und Handlungsoptionen. Das Selbst ist letztlich ein Narrativ (Rorty 1989), jedoch kein frei erzähltes. Sein Aufbrechen in Erzählmodi mit höherer Variationsbreite ist gerade nicht mit einem höheren Grad der Freiheit des Individual-Selbst gleichzusetzen – eine größere Anzahl Kategorien hat nicht notwendigerweise einschränkende Konsequenzen für die Macht der Standardisierung. Gerade das Fernsehen ist ein wesentlicher Multiplikator des Wissens um ‚normale' Verhaltensmuster und mentale Zustände, sorgt für die Akzeptanz und Reartikulation des psychologischen Vokabulars, unterstreicht Pathologisierungen als abnormal und codiert Verhaltensformen als krank oder pervers (Blackman/Walkerdine 2001). Dies erfolgt durch Erzählstrukturen und Charakterentwicklung fiktionaler Formate (Filme, Serien) genauso wie durch Gattungen, die einen höheren Authentizitätsanspruch tragen wie dokumentarische Genres, *Reality* oder *Lifestyle TV*. Diese Erzählstrukturen aktivieren bestehende Symbolordnungen und Modelle des Alltagshandelns und stellen sie den Zuschauern zur Verfügung (Thomas 2010). Psy-Wissen wird dadurch multipliziert und als Subjektivationstechnik – als Signifikationstechnik des Selbst – fester Bestandteil der Populärkultur. Problemlösekompetenz wird modellhaft dargeboten und kann in die alltägliche Lebensführung überführt werden.

Ein ähnlicher Mechanismus der Herstellung des Selbst lässt sich unschwer in Social Networking Websites erkennen, die nicht nur eine Selbstpräsentation der Nutzer ermöglichen, sondern ihnen eine gewaltige Introspektionsleistung bei gleichzeitiger Selbstverortung und Normierung in Kategorien abverlangen.[95] *Profiling* als soziale Klassifikation ist in den vergangenen Jahrzehnten zu einer selbstverständlichen, von Überwachungs- und Sicherheitsdiskursen getragenen Kulturtechnik geworden (Lyon 2002). Die Übersetzung von Identitäten in Variablen ist somit auch in der Variante der eigenen Profilbildung ein weitgehend verborgener Reduktionismus: Das Selbst ist selbstverständlich ein Daten-Selbst, ein „data subject" (Lyon), das in statistische Identitätseinheiten kategorisiert und

---

[95]Als ein besonderes Beispiel sind hier insbesondere Dating-Websites zu nennen (Illouz 2007), die eine enorme ‚Wissensarbeit' um das Selbst einfordern.

essentialisiert und gegebenenfalls überwacht wird.[96] Darüber hinaus gilt ein Online-Selbst oft als Bühne zur Erprobung alternativer Identitäten (Turkle 1995; Döring 2003), die durchaus konstruktiven Charakter für das Selbst haben können. Becker (2004) beispielsweise rückt dagegen die Inszenierungsstrategien der Selbstdarstellung in der Selbstpräsentation oder in Computerspielen in den Vordergrund, die zusätzlich regulierenden Konventionen unterliegen: Neben den konventionalisierten Anforderungen an das Genre *Online-Identität* prägen die spezifischen technischen Vorgaben (z. B. Programmcode), Kommunikationsregeln und Spielregeln die Selbstdarstellungsmöglichkeiten.[97] Mit dem Mythos Algorithmus rückt die Aufmerksamkeit jedoch darüber hinausgehend auf den Zwang zur Selbstinszenierung und Regulation, für dessen Umsetzung Kommunikationstechniken nur ein Instrument unter vielen sind.

Ein besonderes Beispiel (Laaff 2011) für die Vermessung und Optimierung des Selbst ist die Plattform QuantifiedSelf.com, die „self knowledge through numbers" verspricht und deren Selbstbeschreibung folgendermaßen lautet:

> Quantified Self is a collaboration of users and tool makers who share an interest in self knowledge through self-tracking (Quantified Self 2011).

Dieses Nachspüren und Verfolgen geschieht über eine Vielzahl von Geräten der Selbstbeobachtung, die eine Quantifizierung ermöglichen. Dies geht, ausgehend vom klassischen Intelligenztest, über die Vermessung des Körpers, des Schlafes, des Blutdrucks und Herzschlags, der Essgewohnheiten bis hin zur Kategorisierung und Messung von Stimmungen, mentalen Zuständen und sogar Liebesbeziehungen. Hierfür gibt es jeweils spezifische Messinstrumente, die einen Tageswert erstellen und dadurch Optimierungsbedarf konstruieren, wofür die Seite auf über 450 Tools verweist (im August 2011). Ein Instrument zur Stimmungsmessung und -optimierung („an online tool that lifts mood") ist MoodScope. Es verspricht, täglich 20 Stimmungen – darunter *afraid, interested, hostile* oder *ashamed* – zu erfassen und ein Tagesergebnis in einem Diagramm zu präsentieren, das die Stimmung zwischen 0 (sehr schlecht) und 100 (sehr gut) einordnet (MoodScope 2011).

---

[96]Die besonders für Online-Marketing relevante Auswertung von Nutzungspraktiken sowie Präferenzen, so eine Deutung, erschafft beobachtbare „algorithmic identites" und eine neue Form von Macht, eine „soft biopower" (Cheney-Lippod 2011).
[97] Kap. 2.2.3. zu unterschiedlichen theoretischen Dimensionen des sogenannten Online-Selbst.

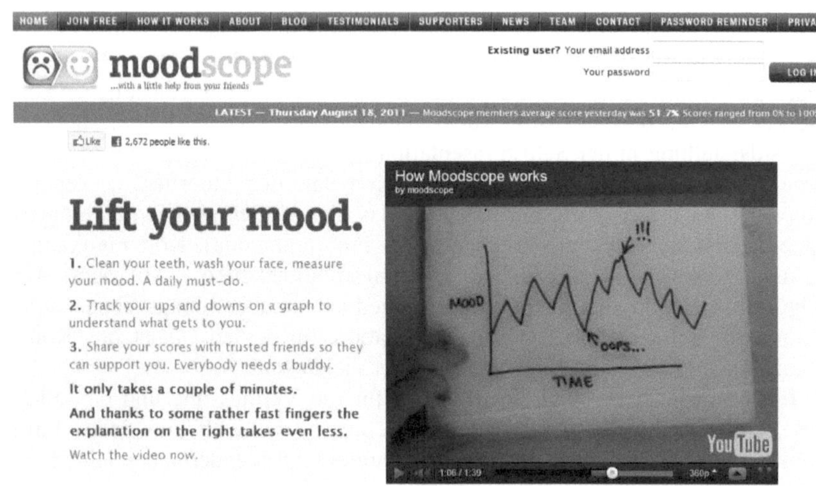

Abb. 12: Moodscope.com; Screenshot vom 15.08.2011

Die Stimmung wird täglich erfasst und ermöglicht dem Nutzer so eine Verknüpfung der Stimmungen mit seinen jeweiligen Alltagserlebnissen und Lebensumständen. Die so erfassten Ergebnisse werden vertrauten Personen per E-Mail mitgeteilt, um deren Unterstützung zu steuern – je nach quantifiziertem „mood score".

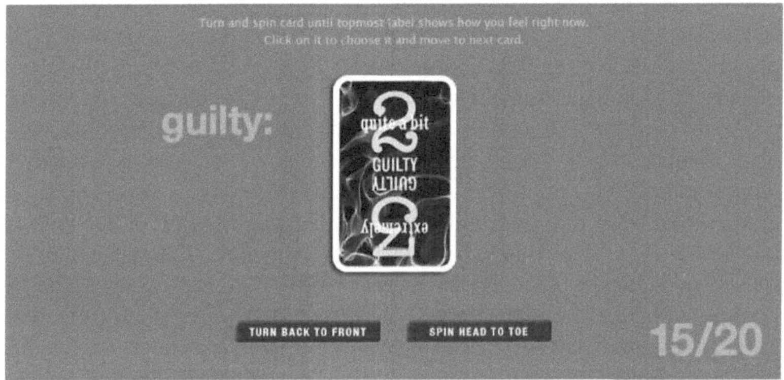

Abb. 13: Und wie schuldig fühlen Sie sich heute? Ziemlich schuldig oder doch extrem schuldig? Screenshot des 20-stufigen Online-Tests zur Ermittlung der Tagesstimmung („based on psychology's most proven mood tests"); moodscope.com, erstellt am 15.08.2011.

Die von Rose beschriebene Offenheit der Psychologie als problembezogenes Handlungs- und Expertenwissen über das Selbst wird hier zur Karikatur. Das erfasste Selbst wird keinesfalls vorgefunden und gemessen, wie suggeriert wird. Das Selbst wird durch die Messkategorien und deren anschließende Quantifizierung konstruiert. Durch die Graphen und zielgerichteten Diagramme kommt in der Konstruktion des Selbst zusätzlich immer ein optimaler und erwünschter Zustand als in der Möglichkeit vorhanden zum Ausdruck. Das Selbst ist ein prinzipiell defizitäres, das sich durch Arbeit und Anstrengung verbessern kann. Das Ich erfährt nur in seiner Regulation Bedeutung. Die Repräsentation ist eine Signifikationstechnik der Selbsthervorbringung und doch gleichzeitig umfassende Selbstüberwachung, Selbstnormierung und Bereitschaft zur Optimierung eines defizitären Zustands – diese erfolgen jedoch völlig freiwillig. Dies ist der Mechanismus der Gouvernementalität als Macht ausübendes Sinnsystem: Selbstregulation aus freien Stücken.

Darin liegt der Gedanke der Operationalisierung, einer Singularisierung von Einheiten, die in kausale Beziehung zueinander gebracht werden. Die Kategorien mögen viel feiner granuliert sein und damit eine höhere Auflösung bei der Repräsentation/Konstruktion des Selbst, neue Identifikationen und Handlungsmuster bieten. Die Formalisierung ist dadurch jedoch keinesfalls inaktiv. Sie wirkt ganz im Gegenteil effektiver, weil sie im Gewand eines Individualisierungs- und Optimierungsversprechens eine viel subtilere Selbstregulation durchsetzt.

Die bisher besprochenen essentialisierten Kategorien des Selbst, die zu Handlungsprogrammen operationalisiert werden, waren vor allem solche, die als Repräsentationen vorliegen, wie zum Beispiel die Kategorie ‚Selbstbewusstsein‘, die durch Befolgen konkreter Handlungsempfehlungen der Psychologie nach eigenen Wünschen zu verändern ist. Es sind diese Kategorien eines durch bloße Repräsentationen hervorgebrachten Selbst, die sich scheinbar verlustfrei auch in Kommunikations- und Aufzeichnungsmedien übertragen lassen – sei es nun das eigene Tagebuch, die Schreibfeder des Psychoanalytikers Freud oder das Tool zur Stimmungsaufzeichnung MoodScope. Ein sich nicht in tatsächlichen Interaktionen ko-präsenter Akteure auf seine Viabilität überprüfendes Selbst jedoch ist niemals vollständig (auch hierzu ausführlich Kap. 2.2.3.). Entscheidend ist für eine Validierung und Modifizierung dieser Repräsentationen immer die Interaktion zwischen mindestens zwei ko-präsenten sozialen Akteuren. Dieses Kapitel soll deshalb ein Gedanke abschließen, der die Kategorien des Selbst in symbolischen Techniken mit einer Interaktion unter Anwesenden verbindet.[98]

Die Instrumente der Selbstdokumentation und damit Selbstkonstruktion und Selbstregulation werden durch die Anwendungen sozialer Netzwerkkommunikation immer populärer. Sie ermöglichen in Kombination mit mobilem Internet eine anderen zugängliche Dokumentation des persönlichen Alltags, die in Echtzeit und durch eine Vielzahl von Repräsentationen erfolgt: verschriftlicht, als Foto, Audio- oder Videoaufzeichnung. Wie bereits ausgeführt, wird dadurch nicht die individuelle Freiheit der Selbstdarstellung erhöht, sondern in viel feinere Kategorien des Selbst zerlegt unter einer minutiösen Überwachung des Selbst durch Foto-Handy, Status-Updates (Stimmungen, Gedanken), Geo-Tagging (die Angabe des gegenwärtigen Aufenthaltsorts), Angaben über gerade Erlebtes und viele mehr (Abb. 14; Facebook Timeline). Der Zwang wird größer, eine vermeintliche ‚Individualität‘ zu entwickeln und wahrnehmbar zu machen, wobei sich diese entlang engmaschiger, kollektiv geteilter Muster der Signifikation ausrichtet.[99]

---

[98] Die formalisierten Repräsentationen des Selbst mit denen der performativen Ebene, einer formalisierten Aktanz (Performanz) der ko-präsenten Akteure (zur Mittlerrolle des Algorithmus Kap. 1.4.3.).
[99] Es gibt auch Deutungen, die in dieser Selbstdokumentation nicht nur soziale Kontrolle, sondern eine positiv-strukturierende Funktion des Alltags, gar ein *Empowerment* (Albrechtslund 2012) sehen. Wie weiter oben ausgeführt, haben Subjektivierungstechniken selbstverständlich auch stets einen produktiven Charakter.

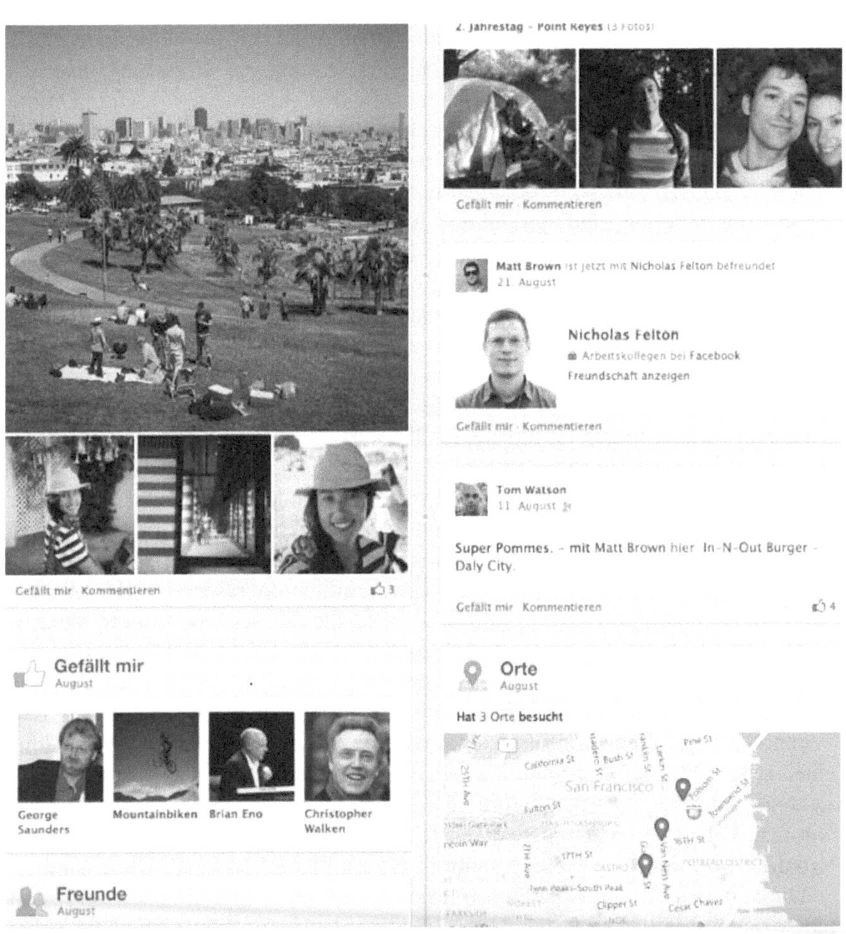

Abb. 14: Facebook Timeline, Eigenwerbung: „Deine Meldungen. Teile die wichtigsten Beiträge, Fotos und Lebensereignisse in deiner Chronik. Hier kannst du deine Geschichte vom Beginn bis jetzt erzählen." – Selbstalgorithmisierung entlang eines biographischen Narrativs, von Geburt an (facebook.com; 01.02.2012).

Die Selbstalgorithmisierung bekommt dadurch eine neue Qualität. Auch hier ist sie stets als Wahlfreiheit und unabhängige Realisation der distinkten Individualität deklariert, was jedoch nur den inhärenten Zwang zur Verortung innerhalb semiotisch-performativer Technologien effektiv kaschiert. [100] Die Online-Identität ist auf der Ebene der symbolischen Repräsentation durch Anpassung an eine Struktur aus Technik, Code, Genre oder regulierender (teilweise lediglich imaginierter) Öffentlichkeit reglementiert. Dieses Korsett bringt eine formalisierte Selbstinszenierung und -produktion hervor, die in Kontinuität zur Alltagsinszenierung des Selbst in performativen Interaktionen steht.

Eine zu beobachtende Entwicklung dieser Selbstregulation ist die Selbstdokumentation in selbst produzierten Videos, die Alltagshandlungen porträtieren. Auch diese unterliegen generischen Zwängen, die nicht nur Rezipientenerwartungen entsprechen, sondern den Protagonisten der dokumentierten Alltagsinteraktion ein situativ spezifisches Handlungsprogramm abverlangen, so etwa durch Erwartungen an die Genres Urlaubsvideo, Partyvideo, Familienfeier, Hochzeitsvideo etc. Es handelt sich bei der Videodokumentation des Alltags folglich nicht nur um eine rein symbolisch operierende Selbsttechnik (Repräsentation eines Handlungskontexts, semiotisch), sondern die Dokumentation von Interaktionen unter Anwesenden (Darstellung von Handlungen, performativ). Die Öffnung hin zu einer imaginierten (vermeintlich kopräsenten) Öffentlichkeit prägt die Interaktionssituation und setzt – so die These – bestimmte situative performative Skripte erwünschten Handelns durch. Funktional entspricht dies dem Foucault'schen Konzept des Panoptismus (Foucault 1996): Dieses Prinzip charakterisiert den Mechanismus einer ‚alles sehenden‘ Macht/Wissen-Technologie, die einen konformisierenden Effekt hat. Allein durch die Annahme, einer Beobachtung durch eine (gegebenenfalls sanktionierende) Instanz ausgesetzt zu sein, regulieren Akteure ihre Handlungen entlang wahrgenommener Normen. [101] Die videodokumentarisch festgehaltenen Alltagsinteraktionen erweitern die Selbstalgorithmisierung somit direkt um die performative Dimension.

Durch einen Blick auf die Konstruktionsweise der in Interaktionen hergestellten sozialen Realität wird dies klarer. Goffmans (1990 [1959]) bekannte Arbeit zur Präsentation des Selbst in alltäglichen Interaktionen betrachtet die beteiligten Akteure im wörtlichen Sinne als Darsteller, die eine bestimmte Wirkung auf ihr Publikum erzielen möchten. Entscheidend ist hierbei nicht nur eine überzeugende Darstellung einer Rolle (etwa ein kompetenter Arzt), sondern auch die Akzeptanz der *performance* durch die Interaktionspartner (Patienten, Kollegen etc.).

---

[100] Hierzu Kap. 1.3.3., in Bezug auf medizinische Praktiken: Kap. 2.1.3.

[101] Dieser Mechanismus entspricht bei Foucault einer (vermeintlich) freiwilligen Selbstregierung und Selbstregulierung und ist damit Bestandteil der Konzepte Gouvernementalität und Bio-Macht (Kap. 1.3.3.).

Auch ein anwesendes Publikum ist entscheidend, weil die Darstellung des Selbst durch Sichtbarkeit zusätzlich validiert wird. Goffman bespricht ausführlich die noch heute aufgeführte *performance* einer Chefarztvisite, die in höchstem Maße formalisiert abläuft: Es herrscht eine klare Verteilung von Rollen und nicht jeder hat die Erlaubnis zu sprechen (Ärztehierarchie, Schwestern und Pfleger). Patienten werden vorwiegend degradiert zu Komparsen oder gar zum Publikum. Die Visite hat Auftrittscharakter (festgelegte Uhrzeit, das Öffnen der Tür zum Krankenzimmer ist gleichbedeutend mit dem Betreten einer Bühne). Gestik, Mimik und Sprache oder der Einsatz spezifischer Requisiten (Kittel, Stethoskop etc.) sind hochgradig kontrolliert. Diese formalisierte soziale Realität erfährt dadurch Sinn, dass *alle* beteiligten Akteure in der Interaktion ihre Rolle spielen und sie dabei auch für alle Interaktionspartner *sichtbar* sind.

Sichtbarkeit ist eine entscheidende Qualität für die Natur der Interaktion: Ist der Chefarzt sichtbar für seine Patienten, die Krankenschwestern, Freunde oder seine Familie? Die Präsenz des Publikums folglich definiert erst den Charakter der sozialen Interaktion und dadurch schließlich die Konstruktion der als soziale Rolle erlebten sozialen Realität. Neben der bereits ausgeführten qualitativen Veränderung des Formalisierungsgrads auf der Ebene der Repräsentationen – also durch die Selbstdokumentation in Text und Foto oder ein umfassendes biographisches Narrativ – lässt sich eine stärkere Regulation auch der Interaktionen feststellen. Die Präsenz eines – imaginierten – Publikums im Medium der Videoüberwachung verändert Interaktionen und dadurch soziale Rollen und Realitäten. Dies hat formalisierenden Charakter durch die (vermeintliche) Erwünschtheit von Skripten des Handelns, wie etwa in folgendem Beispiel:

Abb. 15: Filmsequenz eines YouTube-Videos: Iraq Raw Combat Footage Basra
Contact (afivebthree 2010); 2.500 Aufrufe am 10.07.2011

Die Beschreibung des Videos behauptet, hier sei eine tatsächliche Kampfhand-
lung im Gange, zwischen US-amerikanischen Truppen und Aufständischen im
irakischen Basra. Die von den Nutzern verfassten Kommentare gehen aufgrund
des Akzents und der Uniformen hingegen von britischen Soldaten aus. Über die
Authentizität lässt sich keinerlei verlässliche Aussage treffen, aber sie ist für die
vorliegende Perspektive zweitrangig. Zu sehen sind insgesamt fünf Soldaten in
einem Panzer, zwei davon feuern ihre Waffen ab – vermutlich in Richtung der
sogenannten Aufständischen. Die anderen warten innerhalb des Schutzraums auf
ihren Einsatz. Einer der Soldaten macht die Videoaufnahme und dokumentiert
sich kurz selbst: „This is not funny", spricht er in die Kamera (TC 0:06). Der ihm
gegenübersitzende Soldat ist mit einem Mobiltelefon beschäftigt (TC 0:01),
erkennt die Kamera und lächelt (TC 0:02). Möglicherweise hat er gerade selbst
eine Aufnahme gemacht. Abschließend sind die beiden feuernden Soldaten zu
sehen.

Es ist anzunehmen, dass die in einem Panzer während eines Feuergefechts ablaufenden Interaktionen hoch formalisiert sind. Einerseits durch das Training der
Soldaten, deren Handlungen stets in wechselseitiger Abstimmung aufeinander

erfolgen müssen, um im schlimmsten Fall das Überleben zu sichern. Andererseits durch die in der militärischen Gruppenhierarchie spezifisch normierten Interaktionshandlungen. Die Frage nach der Formalisierung solcher interaktionistisch hergestellter intersubjektiv geteilter Realitäten wäre mit Goffman prinzipiell schon beantwortet. Die darin ablaufenden Handlungen folgen gewöhnlich kulturell stark geprägten Skripten ‚adäquaten' Handelns (Garfinkel 1967). Die Norm ist zwar keine positive Größe, ein Verstoß gegen sie wird jedoch augenblicklich durch den Interaktionspartner erkannt, wodurch es zum Beispiel zu einer Korrektur der Interaktion (Verweis auf ‚richtiges' Handeln) oder einem Abbruch der Interaktion kommt.

Im hier vorliegenden Fall ist die Interaktion um eine zusätzliche Sichtbarkeit ergänzt, indem (mindestens) einer der Soldaten die Kampfhandlungen durch eine Videoaufnahme dokumentiert. Ein entscheidendes Element von Goffmans Ansatz ist nun nicht allein das reziprok aufeinander gerichtete Handeln, sondern auch die wechselseitige Sichtbarkeit der Handlungen der Interaktionspartner. Identität oder Selbst sind im wörtlichen Sinne Präsentationen, Aufführungen des Ichs im Prozess einer Darstellung und einer Attributierung durch den Interaktionspartner (auch Kessler/McKenna 1978). Eine neue und eigentümliche Situation ergibt sich deshalb, wenn ein konkreter Handlungskontext zwischen einer begrenzten Zahl von Interaktionspartnern nun durch ein zusätzliches – abstraktes und imaginiertes – Publikum ergänzt wird, das durch einen oder mehrere der Interaktionspartner in den Handlungskontext eingeführt wird. Durch die Kameras wird ein zusätzliches Publikum Teil der Interaktion, selbst wenn es nur ein in der Möglichkeit vorhandenes, virtuelles ist. Die antizipierte Zuschauerhaltung wird durch die Akteure internalisiert und damit zum Teil der Interaktion (Mead 1934).

In diesem Zusammenhang erklärt Benjamin in seinem Kunstwerkaufsatz die fehlende Interaktion als den wesentlichen Unterschied zwischen einem Bühnenschauspieler und einem Schauspieler im neuen technisch reproduzierenden Medium des Films:

> Dem Film kommt es viel weniger darauf an, daß der Darsteller dem Publikum einen anderen, als daß er der Apparatur sich selbst darstellt (Benjamin 2003 [1936], 24-25).

Eine Konsequenz daraus sind die „optischen Tests", denen der Filmschauspieler unterworfen ist und die

> zweite Folge beruht darauf, daß der Filmdarsteller, da er nicht selbst seine Leistung dem Publikum präsentiert, die dem Bühnenschauspieler vorbehaltene Möglichkeit einbüßt, die Leistung während der Darbietung dem Publikum anzupassen (Benjamin 2003 [1936], 24).

Dieser Gedanke[102] lässt sich insofern auf die hier dokumentierte Situation übertragen, als auch hier das technische Reproduktionsmedium Videokamera Interaktionshandeln zwar nicht unterbricht, aber dennoch verändert. Die Gruppensituation, die durch die Interaktionspartner definiert wird, öffnet sich dem ‚examinierenden Blick‘ (Benjamin) der Kamera und demjenigen eines in der Möglichkeit vorhandenen Publikums. Die geschaffene soziale Realität wird für externe Faktoren geöffnet, Regeln und Normen des Handelns, die sich nicht allein die Gruppe intern gegeben hat.

Vereinfacht lassen sich diese Regeln und Normen als Reproduktion von Genre-Ansprüchen interpretieren: Wie stellt man sich am besten dar? Die Betrachter dieses Videos äußern sich in den Kommentaren zur Gelassenheit der Soldaten und ihren Humor („Love the British humor and irony when a bullet shell lands in his vest, towards the beginning of this clip...“ [dies ist im weiteren Verlauf des Videos zu sehen, TC 0:31] oder „is that one guy on his cell phone??? lol.. Kill all the Terrorists!“, TC 0:01). Der Soldat, der das Video anfertigt, stellt den Nachweis seiner Autorschaft sicher (TC 0:06) und adressiert zudem das imaginierte Publikum direkt („It's not funny“). Dennoch scheint die Stimmung gelassen, sein Gegenüber blickt lächelnd, grüßend beinahe, in die Kamera. Die Aufnahmen haben zusätzlich im Ansatz die Ästhetik eines Computerspiels – keine *point of view shots* zwar, dennoch liegt der Fokus auf den feuernden Soldaten.

Dies ist ein zugegebenermaßen plakatives Beispiel, doch haben sich bereits zahlreiche alltäglichere ‚Subgenres‘ ausdifferenziert, wie etwa Partyvideo, Urlaubsvideo, Erlebnissportvideo oder Sexvideo. Die „Gesellschaft des Spektakels“ (Debord 1996 [1967]) erfährt eine enorme qualitative Verschiebung und Erweiterung durch die panoptische Sichtbarkeit, die durch die Ubiquität mobiler Internet-Medien in alle sozialen Kontexte vorgedrungen ist (Kap. 3.2.2.). Deutlich wird in jedem Fall die Idee von einer Formalisierung des Selbst nicht nur auf einer symbolischen Ebene (etwa durch linguistische Repräsentationen psychologischer Kategorien), sondern es zeigt sich gleichzeitig, dass auch auf einer performativen Ebene eine qualitative Änderung naheliegend ist. Interaktionskontexte, die immer höchster Formalisierung unterliegen (im Sinne Goffmans und Garfinkels), werden nicht mehr ausschließlich über die in der Interaktion kopräsenten Akteure als soziale Realität hervorgebracht, sondern durch die Anwesenheit einer Selbstdokumentation mittels Videoaufnahmen zu einer *anderen sozialen Interaktion* umdefiniert: Der durch den Panoptismus der Videodokumentation hergestellte neue Kontext der Sichtbarkeit formalisiert das Handeln durch zusätzliche Normen und Regeln. Diese liegen in der Form der kulturellen

---

[102] Während Benjamin diesen Gedanken für die Technologie Film entwickelt, geht Meyrowitz (1985) von entsprechenden sozialen und politischen Konsequenzen im Zusammenhang mit der (Selbst-) Darstellung im Medium Fernsehen aus.

Konventionen und angenommenen Rezeptionserwartungen an das Genre ‚Videodokumentation' des Selbst – ein Gedanke der später in der Diskussion der sexuellen Selbstdokumentation wiederkehren wird (Kap. 3.2.2.).

Zusammenfassend lässt sich deshalb neben den symbolischen Repräsentationen des Selbst auch für soziale Praktiken und Alltagshandlungen durch die Präsenz eines imaginierten Publikums eine qualitative Veränderung feststellen. (a) Das psychologische Wissen als Problemlösekompetenz beinhaltet immer schon einen Handlungsverlauf (Was kann ich tun, um glücklicher zu werden?). Diese Ausführung bestimmter kultureller Skripte – eine *mise-en-scène* des Wissens um das Selbst – entspricht einer Selbstformalisierung auf performativer Ebene. (b) Hinzu treten die Anforderungen situativ spezifischer Formalisierungen innerhalb konkreter Interaktionskontexte.[103] Durch die zusätzliche Videodokumentation wird die konkrete Interaktionssituation einer panoptischen Sichtbarkeit ausgesetzt, die nicht alleine durch die beteiligten Akteure bestimmt wird. Das Sinnsystem Mythos Algorithmus versteht das Selbst als konstruierte Einheit, um das ein bestimmtes Wissen produziert und artikuliert wird, das zum Beispiel als Problemlösung oder Arbeit am Selbst in Szene gesetzt werden kann. Diese Handlungen konstruieren in konkreten, ebenfalls formalisierten Interaktionskontexten eine spezifische soziale Realität und damit ein Selbst.

Die Selbstdarstellung durch bestimmte Lifestyles, Geschmack oder die Kommodifizierung (Marx 2009 [1872]) von Sozialkontakten, die Warencharakter erlangen, setzt sich nahtlos fort in der Selbstdarstellung und -konstruktion in der ubiquitären Netzwerkkommunikation. Sie ist nicht Triebfeder einer neuen sozialen Struktur oder neuer sozialer Prozesse, vielmehr ist die Art ihrer Nutzung Symptom der höheren Ordnung einer quantifizierend-kompetitiven, nach Optimierung strebenden Leistungslogik gesellschaftlicher Organisiertheit.

Ansätze, die eine solche Verschmelzung des Selbst mit der Computerlogik oder eine Verlagerung des Selbst in andere Kommunikationsräume als Tendenz zur weiteren Destabilisierung und Fragmentierung verstehen, künden hingegen von einer historisch einmaligen Epoche – immer ein guter Grund, besser eine skeptische Distanz zu bewahren. Baecker (2007) etwa spricht von einer „nächsten Gesellschaft", die durch den Computer begründet werde: Wahrnehmung und Bewusstsein seien über Kommunikation direkt an die Computertechnologie gekoppelt, weswegen nicht mehr von einer Identität gesprochen werden könne, sondern nach Luhmann'schem Vorbild von Kommunikation. Weniger visionär, aber dennoch in Umbruchstimmung verfasst ist die Mediatisierungsthese (Krotz 2007), die eine weitreichende Verlagerung menschlicher Kommunikationsprozesse in komplexere Medienumgebungen mit weitgehend entkörperlichter und

---

[103] Wie etwa die fixierten sozialen Rollen Arzt-Patient, Lehrer-Schüler – jedoch auch die sich aus Interaktionshandlungen heraus verfestigenden Muster, wie zum Beispiel in einer Liebesbeziehung.

damit freier Interaktion annimmt. Auch der Prozess der Mediatisierung verheißt „beträchtliche" und „nicht überschaubare Folgen" (Krotz 2007, 14) und beschwört deshalb eine Epochendiskussion herauf, die aufgrund der Kontinuität der Sinnproduktion im Mythos Algorithmus nicht stattfinden kann. Gleichzeitig impliziert er eine prinzipielle Äquivalenz von Interaktion unter Anwesenden („face to face") und anderen elektronisch vermittelten Kommunikationsformen, die eine körperliche Präsenz verzichtbar erscheinen lässt (Krotz 2007, 13). Auch Thiedeke (2004, 2005) entwirft den Cyberspace als eine alternative Sinndimension, einen alternativen Handlungs- und Erlebensbereich, der „nicht körperlich, physikalisch, sondern sinnhaft, informationell" sei (Thiedeke 2005, 339). Kommunikation erzeuge nicht nur Bedeutung, sondern sei „im Cyberspace faktisch materielle Welterzeugung. Mit Blick auf die digitale Codierung lässt sich schlagwortartig sagen: Daten sind Taten!" (Thiedeke 2005, 340). Thiedeke kehrt den Prozess einer Digitalisierung, also der Zuordnung symbolischer Repräsentationen an materielle Einschreibungen, einfach um. So wie aus Materie verlustfrei ein Code wird, so kann sich auch ein Code zurückübersetzen lassen, sich als Realität ‚materialisieren'. Doch sind Daten wirklich Taten? Oder reimt es sich nur so schön?

Wenig überraschend steckt in allen drei Ansätzen das Bild eines entmaterialisierten Menschen, der in Kommunikation aufgelöst wird. Thiedeke fragt:

> Warum sollte man bspw. mit dem Geburtsnamen im Cyberspace agieren, warum mit dem angeborenen Geschlecht oder dem sozial zugeschriebenen Status [...] Warum sollte man virtuelle Biographien nicht löschen und neu schreiben? Warum sollte man nicht durch Wände gehen? Zumindest scheinen die bisher geltenden Begrenzungen sozialer Ordnung – die in einer physischen Umwelt entstanden sind – manipulierbar zu sein, da hier kybernetische Akteure in einer digital codierten Umwelt interagieren (Thiedeke 2005, 339).

Die hier gefeierten virtuellen Handlungen sind Banalitäten. Begrenzungen und Ausgrenzungsprozesse sozialer Strukturen werden en passant trivialisiert, indem sie der physischen Welt zugerechnet werden. Die Ausgrenzung jedoch, die ein Individuum durch Hautfarbe, Behinderung, Geschlecht, sexuelle Orientierung oder Alter erfährt, wird in einem neuen und alternativen Handlungs- und Erlebnisraum durch bloße Erweiterung des durch Kommunikationsprozesse hervorgebrachten Sinnhorizonts gewiss nicht relativiert.

Die hier dargestellten *Mechanismen der Selbstalgorithmisierung* stehen in engem Zusammenhang mit der Produktion des Selbst und seines Körpers. Es scheint zudem eine *Kontinuität* zwischen ‚alten' Selbsttechniken – wie etwa dem Tagebuch oder der Beichte – und ‚neuen' Selbsttechniken – wie den auf den Seiten der Sozialen Netzwerke produzierten Identitäten – zu geben. Online-Identitäten sind somit funktional betrachtet nichts Neues, etwa im Sinne eines beispiellosen freien Experimentierfelds, sondern stehen in einer Tradition von

Nutzungspraxis, Selbsttechnik und Macht/Wissen-Systemen. Die folgenden beiden Kapitel widmen sich diesen Problemstellungen: Das Selbst ist nicht auflösbar in Kommunikationsprozesse, weil Körperlichkeit in jedem Fall eine wesentliche Dimension des Selbst ist (Kap. 2.2.2.). Eine „Daten sind Taten"-Devise oder die Mediatisierungsthese vernachlässigen in ihrer Definition von Interaktion, dass es sich bei Face-to-Face-Interaktion und etwa Chatkommunikation *nicht* um bloße Abstufungen derselben Kommunikation handelt. Interaktion unter körperlich Anwesenden und Kommunikation unter körperlich Abwesenden sind vielmehr *grundsätzlich voneinander verschieden*. Körperliche Anwesenheit ist niemals – um den Begriff zu benutzen – mediatisierbar. Der Avatar-Körper ist ein Text, kein Akteur (Kap. 2.2.3.).

2.2.2. Die Sinnproduktion des Körpers als manipulierbarer Zeichenträger

Der Körper ist für sich selbst genommen ohne Bedeutung. Er bedarf einer Markierung, einer Einhüllung in Signifikanten, um ihn als Einheit überhaupt sichtbar zu machen. Erst seine Beobachtung lässt ihn entstehen. Damit ist gleichzeitig auch gesagt, dass es eine neutrale ‚objektive' Betrachtung des Körpers nicht gibt. Körperlichkeit als materialisiertes Körperobjekt und Leiblichkeit als Empfindung des eigenen Körpers (zur Unterscheidung weiter unten und insbesondere Kap. 3.1.) sind deshalb auch nicht der letzte Anker der Erkenntnis: Der Körper bürgt nicht für Authentizität, Wissen ist nicht dadurch legitimiert, dass es körperlich erfahren wird oder durch andere Körper beobachtet wird. Körper sind manipulierbar (Make-up, Kleidung, Frisur, Schmuck, Sport zur Ästhetisierung oder Schönheitschirurgie) und auch leibliche Empfindungen scheinen steuerbar – etwa durch medikamentöse Regulation von Schmerzen oder psychologischen Zuständen (zum Beispiel Depression) oder andere Steuertechniken des Selbst (Kap. 2.2.1.).

Ein solcher Körper scheint nicht nur durch Signifikanten umhüllt, er scheint gänzlich durch sie hervorgebracht. Ein ‚Zeichenkörper' jedoch wäre vollständig symbolisch repräsentierbar und damit entmaterialisierbar. Zwar gibt es in den vergangenen Jahren Schlagworte wie *corporeal turn, somatic turn* oder *material turn* (Schroer 2005; Ehm/Schicktanz 2006), die eine Kehrtwende der Theoriediskussion initiieren und sich eine Rückkehr von Körper, Soma und Materialität wünschen. Doch sind sie vor allem Symptome für den Wunsch nach einem materiellen Fixpunkt, der dem Diktum universaler Konstruiertheit der Welt entgegengestellt werden soll. Doch ein Körper, der nicht beobachtet wird (und dazu zählt auch die leibliche Erfahrung als Selbstbeobachtung des ‚eigenen' Körpers), ist kein Körper. Dieses Kapitel wird – im Sinne des Mythos Algorithmus – beide diese Positionen betonen: Einerseits gibt es keinen Körper oder eine leibliche Empfindung ohne Beobachtung und damit ohne ein präformierendes Sinnsystem als Referenz. Andererseits sind Körperlichkeit und Leiblichkeit niemals vollständig repräsentierbar und verweisen immer auf ein Außerhalb dieses Sinnsystems.[104]

Ein nicht-formalisierter Körper ist weder als Objekt beobachtbar noch als Leib erfahrbar, wie sich am Beispiel der Geschlechtsidentität zeigen wird. Insbesondere medizinische und psychologische Repräsentationen und Praktiken spielen eine zentrale Rolle bei der Produktion des Körpers und des Leibes. Bourdieus bekanntes Habitus-Konzept versucht eine auf den ersten Blick versöhnliche Zwischenposition – soziale Praktiken und Repräsentationen werden ‚einverleibt‘, soziales Sinnsystem und Körper gehen ineinander auf. Wie sich zeigen wird, ist hier die Annahme wechselseitiger Anschlussfähigkeit zwischen Sinnsystem und Körper als Zeichenträger problematisch – sie entspricht dem Algorithmisierungsmythos. Diese Annahme verführt auch dazu, den Körper als eine in Zeichen auflösbare Einheit zu betrachten, die sich in Kommunikation entmaterialisieren lässt (*virtual embodiment*, ausführlich zum ‚Avatar-Körper‘ Kap. 2.2.3.) – ein defizitärer Ansatz, der die prinzipielle Nichtrepräsentierbarkeit des Körpers verkennt. Abschließend wird anhand der Dimension von Attraktivität des Körpers gezeigt, dass die Formalisierung eine universelle ist. Es soll deutlich werden, dass in der Illusion einer Liberalisierung der Zwang zur Selbstalgorithmisierung liegt.

„Identifications that form us as if we were subjects are first of all articulated in relation to gender" (Rose 1998, 8) – jede Wahrnehmung eines Körpers (auch die des eigenen Leibes) ist *immer* geschlechtsspezifisch codiert. Nie wird ein Körper wahrgenommen außerhalb dieses einfachen Sinnsystems, das zwei Zustände kennt, die sich gegenseitig als Bipolarität ausschließen: weiblich und männlich (Kessler/McKenna 1978). Dieses einfache, aber mächtige Sinnsystem dient im Folgenden als Beispiel für den Mythos der Formalisierung, durch den Körper beobachtet werden:

(1) Die landläufige Ansicht vom biologischen und damit natürlich gegebenen biologischen Geschlecht *sex*, das als Unterbau begriffen wird für eine darauf fußende kulturelle Konstruktion geschlechtsspezifischer Unterschiede *gender*, hat über Jahrzehnte dem sozialen und politischen Auftrag des Feminismus eine Richtung gegeben: Den ‚natürlichen‘ geschlechtsspezifischen Unterschieden zum Trotz sollte der sozial begründete Androzentrismus zurückgedrängt werden. Die ‚natürliche‘ weibliche Biologie wurde dabei direkt und indirekt als natürliche Voraussetzung anerkannt, wenn etwa die weiblichen Eigenschaften körperli-

---

[104] Während sich dieses Kapitel vor allem mit dem Formalisierungsgedanken beschäftigen wird, widmet sich der dritte Teil der Arbeit den Grenzen zum Außerhalb dieses formalisierten Sinnsystems.

cher Unterlegenheit als Defizit, oder emotionale und soziale Kompetenz als Überlegenheitsmerkmale über die männliche Biologie als Selbstverständlichkeiten genommen wurden (dazu kritisch Degele 2008, 22-26). Teilweise bestimmen noch immer neodarwinistische Argumente die Debatte, die zum Beispiel geschlechtsspezifisches sexuelles Verhalten ‚natürlichen‘ Handlungsprogrammen, hormoneller Steuerung oder genetischen Prädispositionen zuschreiben.[105] Eine Ablösung des kulturell konstruierten Geschlechts von einem ‚natürlichen‘ biologischen – vorgeblich klar erkennbar an den Geschlechtsmerkmalen – entzieht genau diese Merkmale einer kritischen Interpretation. Nicht nur Kopfhaarlänge, Kleidung oder Gestik sind jedoch kulturell konstruiert, sondern auch die Beobachtung der biologisch vorgeblich ‚eindeutigen‘ Genitalien als Geschlechtszeichen. Diese „Paradoxie" – einerseits natürliches Geschlecht mit bestimmten fixierten Eigenschaften, andererseits völlig unabhängig konstruiertes soziales Geschlecht mit fluiden Eigenschaften – lässt sich nur auflösen, wenn auch das ‚natürliche‘ biologische Geschlecht als kulturelles aufgefasst wird (Distelhorst 2009, 23).

Die prägende Stimme dieses Ansatzes ist Butler (2006 [1990]). Sie knüpft an die diskursanalytischen Überlegungen Foucaults an, nimmt aber besonders die für soziale Realität konstitutive Sprache mit ihren Repräsentationen in den Blick. Subjekte sind nicht die Urheber von Sprache. Sprache konstruiert vielmehr Subjekte und deren Identitäten, als unhintergehbare Trias aus *sex/gender/desire*:

> (a) agency can only be established through recourse on a prediscoursive ‚I‘, even if that ‚I‘ is found in the midst of a discursive convergence, and (b) ... to be *constituted* by discourse is to be *determined* by discourse, where determination forecloses the possibility of agency (Butler 2006 [1990], 195).

Diese Unhintergehbarkeit des diskursiv Sprachlichen bedeutet, dass Subjekte als sexuelle und begehrende Einheiten nur innerhalb des sprachlichen Systems konstruiert werden. Allein das Sprechen vom Ich ist folglich Selbsttechnik, das Sprechen vom Anderen oder über den Anderen in Identitätskategorien ist ein schöpferischer Akt. Doch nicht ein Subjekt, ein Ich handelt, es ist selbst Produkt des Systems Sprache. Performativität meint im Sinne der Sprechakttheorie Austins (1985 [1972]), dass Sprache selbst handelt, der Sprecher reproduziert den vorgängigen Sinn: Sprechen über das Geschlecht oder den Körper muss sich notgedrungen auf Geschlechterdifferenz als Bezugsrahmen für geäußerte Kategorien beziehen. Geschlecht ist deshalb in Butlers bekanntem Wort eine ‚Kopie ohne Original‘:

---

[105] Männliche Jäger, die ihr Erbgut an möglichst viele Sexualpartnerinnen weitergeben wollen, stehen fürsorglichen auf Partnerschaft und Nachwuchsfürsorge programmierten Weibchen gegenüber (dazu kritisch Lautmann 2010).

> Begriffe wie androgyn, transsexuell, bisexuell, Hermaphrodit, polymorph usw., die
> zunächst suggerieren, jenseits eines dualistischen Schemas von Mann/Frau, homo-
> /heterosexuell Sinn zu machen (intelligibel zu sein), beziehen sich letztendlich doch
> auf die Geschlechterdifferenz, die sie aber anders ausdrücken bzw. zu der sie sich po-
> sitionieren (Villa 2006, 146-147).

Die Kategorien konstituieren die Realität auch von Materialität, wenn sie durch sie hindurch beobachtet wird. Nicht nur die abstrakten Identitätskategorien von *gender* und *desire* werden erst durch das Sinnsystem hervorgebracht, auch der Blick auf die Materialität des Körpers wird im dichotomen Schema männlich/weiblich verortet. Einen Körper zu sehen, heißt stets einen männlichen oder weiblichen Körper zu sehen, ein sexuelles Begehren leiblich zu spüren, bedeutet immer auch, die leibliche Erfahrung zu einer Kategorie zu machen. Eine geschlechtslose Einheit ‚Körper' kann nicht gesehen werden, ein körperliches sexuelles Begehren kann nicht außerhalb des Sinnsystems gespürt werden, sondern hat immer kulturelle Repräsentationen der Kategorien hetero-, homo-, bi-, a-sexuell als Referenzen.

(2) Das präformierende Sinnsystem der Geschlechtsidentität ist ein sehr anschauliches, weil es nur zwei Pole kennt, die sich sinnvoll nur durch eindeutige gegenseitige Abgrenzung stabilisieren können. Körper werden stets innerhalb dieses Schemas erfasst und gedeutet. Der Blick strebt nach einer konstanten und kohärenten Interpretation des betrachteten Körpers. ‚Natürliche' Geschlechtsinsignien wie weibliche Brüste oder Genitalien werden als unzweideutige Zeichen mit besonderer Aussagekraft interpretiert, selbst wenn andere kultureller Marker von Geschlecht (Frisur, Kleidung, Schmuck) dagegen sprechen. Der biologische Körper gilt als natürliche Eindeutigkeit, deren semiotischer Rückbezug nicht bewusst ist. Der natürliche Geschlechtskörper beruht aber allein auf einer Zuschreibung (Villa 2006, 94-96).

Am Geschlechtskörper und dessen Konstruktionsprozessen lässt sich (3) auch die enge Verzahnung zwischen Symbolsystem als Repräsentation (spezifischen Zeichen, mit Hilfe derer Geschlecht konstruiert wird: die Farbe Blau oder das Kleidungsstück Kleid) und symbolischen Praktiken erkennen. Geschlecht wird immer auch zusätzlich in Interaktionen hergestellt und dargestellt: Zwei Akteure arbeiten in einer Interaktionen immer miteinander, um wechselseitig ihr Geschlecht zu stabilisieren. Zu einer erfolgreichen Darstellung eines Akteurs muss immer das dargestellte Geschlecht durch den Interaktionspartner validiert werden. Der Partner muss das richtige Geschlecht zuschreiben und durch seine Handlungen als solches gelten lassen (Villa 2006, 90-92; Hirschauer 1989).

Spätestens hier wird deutlich, warum die Geschlechtsdichotomie männlich/weiblich die Sinnproduktion der Einheit Körper im Mythos Algorithmus illustriert: Ein niemals geschlechtsloser Körper ist auf symbolische Repräsentationen innerhalb dieses bipolaren Schemas angewiesen und sichert die Eindeutigkeit des Geschlechts zusätzlich auf performativer Ebene durch eine adäquate Darstellung. *Ein erfolgreich stabilisiertes Geschlecht ist damit ein erfolgreich ausgeführter Algorithmus.*

Zwar ließe sich einwenden, das bipolare Schema biete Raum für seine Unterwanderung, indem mit Geschlechtszeichen gespielt wird (Frauen mit Kurzhaarschnitt, Männer mit Make-up), doch dient diese Subversion spätestens dann zur Ex-negativo-Stabilisierung der Dichotomie, wenn der Beobachter feststellt, dass die ‚maskuline' Lesbe ‚ja eigentlich eine Frau' ist. Noch deutlicher wird dies bei einem kurzen Blick auf das, was im Körper produzierenden Sinnsystem geschicht, wenn sich eine Körpereinheit zunächst der Geschlechtsdichotomie zu entziehen scheint, was bei den Phänomenen Transsexualität (ausführlich etwa Hirschauer 1993) und Intersexualität (ausführlich etwa Lang 2006) zunächst der Fall zu sein scheint. *Transsexualität* beschreibt das Phänomen, eine Geschlechtsidentität zu haben, die nicht dem anatomisch in den meisten Fällen ‚eindeutig messbaren' Geschlecht entspricht. *Intersexualität* meint, dass ein Mensch durch die Messverfahren der Medizin einem Geschlecht nicht eindeutig zugeordnet werden kann. Diese vordergründigen Zwischenphänomene sind jedoch genau besehen indirekte Stützen der bipolaren Sinnschemas.[106]

Der Geschlechtswechsel, der durch Transsexuelle vollzogen wird, ist nicht ausschließlich in der chirurgischen oder hormonellen Bearbeitung des Körpers zu suchen, sondern wesentlich in Interaktionshandlungen, die Geschlecht produzieren. Interessant ist hierbei, dass auch Transsexuellen immer nur ein bipolares Sinnschema zu Verfügung steht (Villa 2006, 87-89; Kessler/McKenna 1978). Das Zielgeschlecht soll so gelungen dargestellt werden, dass eine vormalige andere Geschlechtszugehörigkeit nicht entdeckt wird (Stirn et al. 2010, 38-43). Die Stabilität der formalisierten Repräsentationen und Interaktionen zur Herstellung von Geschlecht wird damit durch das Phänomen Transsexualität bestätigt und keineswegs in Frage gestellt. Besonders deutlich wird das im seltenen sogenannten „Rückumwandlungsbegehren", womit der Wunsch der Rückkehr in das ursprüngliche anatomisch definierte Geschlecht nach bereits durchgeführten aufwendigen hormonellen Behandlungen und chirurgischen Eingriffen beschrieben wird (Sigusch 2007, 352-353). Dadurch, dass einer transsexuellen Person – so ließe sich spekulativ argumentieren – stets nur eine bipolare strukturierte Geschlechtsidentität (männlich/weiblich) zur Verfügung steht, kommt es vor, dass eine leibliche Empfindung („Ich bin nicht im richtigen Körper.") falsch gedeutet wird: Das Ursprungsgeschlecht fühlt sich falsch an, also muss das einzig andere mögliche Geschlecht das richtige sein. Das Schema lässt keinen

---

[106] Wie in Kapitel 1.3.1. am Beispiel des Cyborgs oder des Biofakts argumentiert wurde, ist ein Hybrid-Phänomen immer eine anteilig auf ihre reinen Teile zurückführbare Legierung und stützt damit indirekt deren sinnhafte Eindeutigkeit.

Raum für ein Dazwischen. Nicht nur der Körper ist also als Objekt der Formalisierung unterworfen, auch eine leibliche Empfindung kann nicht außerhalb der Deutungsmusters des formalisierten Sinnsystems *gefühlt* werden.

Ähnlich verhält es sich mit dem Phänomen Intersexualität, das eine Uneindeutigkeit bei der biologisch-medizinischen Geschlechtsbestimmung eines Körpers beschreibt. In der medizinischen Praxis wird dem Körper sein Geschlecht mit Hilfe von mindestens einem von vier möglichen Messverfahren zugewiesen: einer genetischen Diagnose (Chromosomen), einer Untersuchung der Keimdrüsen, einer hormonellen Messung oder dem Abgleich des Körpers mit anatomischen Modellen. Konnte die kulturell normierte Bipolarität nicht zweifelsfrei zugeordnet werden, verfuhr die medizinische Formalisierung des Körpers in der zweiten Hälfte des 20. Jahrhunderts mit solchen uneindeutigen Körpern oft auf radikale Weise:

> Konkret wurde das so formuliert, dass der Penis bzw. die Klitoris eines Kindes nicht mehr als zwei Standardabweichungen von der Norm abweichen dürfe. Weiters wurde angenommen, dass ein Kind mit einem zu kleinen Penis keine ungestörte psychosexuelle Entwicklung zu einem Mann durchlaufen könne und daher seine Genitale zu einem weiblichen umgeformt und das Kind zu einem Mädchen umgewandelt werden sollte, zumal dies medizinisch machbarer erschien. [...] Für Mädchen galt, dass eine zu große Klitoris die psychosexuelle Entwicklung des Mädchens stören würde. Zu Beginn der Einführung der chirurgischen Feminisierungen der Klitoris wurde dabei sogar die Sensibilität der Klitoris geopfert und die Klitoris vollständig entfernt [...] Schließlich wurde angenommen, dass ein Mädchen für eine ungestörte sexuelle Entwicklung eine Scheide und diese bereits im frühen Kindesalter angelegt werden sollte, da das Gewebe dann noch formbarer sei. Um allerdings eine derartige Scheide funktionsfähig zu erhalten, muss einem kleinen Mädchen regelmäßig ein Stab in die Scheide eingeführt werden (*Bougieren*), was manchmal auch unter Narkose gemacht wurde. Häufig gab es mit diesen Scheidenplastiken Komplikationen. Dies führte bei einigen Frauen dazu, dass sie, bevor sie überhaupt eine Erfahrung mit Geschlechtsverkehr mit einem Mann in ihrem Leben gemacht hatten, schon keine Lust mehr hatten, auch nur irgendetwas in die ‚künstliche Körperöffnung‘ einzuführen [persönliche Mitteilung einer Untersuchungsteilnehmerin] (Richter-Appelt 2010, 8; Hervorhebung im Original).

Die Zuweisung eines Geschlechts bei Uneindeutigkeit ist noch immer gängige Praxis, jedoch erfolgt sie unter Einbeziehung einer größeren Anzahl „Experten" und der Familie (Richter-Appelt 2010, 9). Auch chirurgische Eingriffe werden in Fällen von „severe virilisation" noch immer durchgeführt (Richter-Appelt 2010, 9), was sich frei als „schwerwiegende Vermännlichung" übersetzen lässt.

Das Dazwischen der Intersexualität, einer kategorialen Hybridisierung, wird dem bipolaren Schema der Repräsentationen angepasst und somit konzeptuell gereinigt. Die Praxis der Geschlechtszuweisung produziert in diesem Sinne durch mehrere, teilweise stark invasive, formalisierende Interventionen normenkonforme Körper. In semiotisch-performativen Prozessen wird dieser zum materiellen Produkt des Sinnsystems der Zweigeschlechtlichkeit. Die Formalisierung beruft sich auf die zitierte „normale psychosexuelle Entwicklung", die der Legitimation dieser Eingriffe dient: Die hybride Unbestimmtheit wird zugunsten der ‚Natur' aufgelöst, der Körper durch radikalen technischen Eingriff paradoxerweise seiner ‚natürlichen Bestimmung' zugeführt. Das formalisierte System der Sinnproduktion duldet keine Hybrid-Kategorien (Kap. 1.3.1.) – weder im Phänomenbereich der Transsexualität, noch in dem der Intersexualität.

Der auf diese Weise produzierte Körper mit ‚vereindeutigtem' biologischen Geschlecht wird zum ausschließlichen Symbol degradiert, das auf sich selbst verweist. Er wird zum Zeichen einer ‚natürlichen Geschlechtsordnung' und bedeutet eine – seine – Eindeutigkeit: weiblich oder männlich. Referent dieses künstlich hergestellten Zeichens ist wiederum ‚die Natur'. Diese symbolische Ordnung wird schließlich wieder lesbar, der Körper Träger des Zeichens seines Geschlechts. Dadurch ergibt sich letztlich eine paradoxe Argumentation, denn damit ein eindeutiges Geschlecht messbar wird, muss es chirurgisch zunächst den durch die Messgeräte gesetzten Normen angepasst werden, nur um danach erfolgreich als eindeutiges Geschlecht wiederum messbar zu sein. Die Geschlechtszuweisung intersexueller Uneindeutigkeit ist nichts als ein radikaler Beobachterkonstruktivismus unter Laborbedingungen, der sich sein Objekt brutal zurechtschneidert, um es dann erkennen zu können.

Abb. 16: Bipolares Wahrnehmungsschema ohne Graustufen: Das Geschlecht der südafrikanischen Leichtathletin Caster Semenya wurde nach ihrem Sieg bei den Leichathletikweltmeisterschaften in Berlin 2009 in Frage gestellt. Der Leichtathletikverband ordnete in einer kontrovers diskutierten Entscheidung einen Geschlechtstest an. Im Juli 2010 wurde Semenya wieder erlaubt, an Wettkämpfen der Frauen teilzunehmen. Links: Nach dem Sieglauf im 800m Finale der Frauen am 19.08.2009 (Bildquelle: Telegraph 2010); Rechts: Titelseite der südafrikanischen Zeitschrift *You* (2009) vom 10.09.2009, die Semenya mit Symbolen weiblicher Geschlechtszugehörigkeit inszeniert.

In beiden Fällen – Transsexualität und Intersexualität – wird eine vermeintliche Uneindeutigkeit in das formalisierte Sinnsystem zurückgeführt. Ein wahrgenommener Körper ist immer in einem Regime von Repräsentationen und Praktiken konstruiert. Die Medizin hat dabei eine außerordentlich mächtige Rolle, bei dessen Formalisierung, die weit über den vergeschlechtlichten Körper hinausgeht (einschlägig dazu Laqueur 1992), da sie ihn auch stets zwischen Aktualität und Potentialität verhandelt, zwischen dem Jetzt und der als Möglichkeit vorhandenen Prognose, Heilung und Normalisierung (Kap. 2.1.3.).

So erwirkten medizinische Modelle des Körperinnern zum Beispiel, dass der Mensch nicht mehr als Einheit betrachtet wird, sondern als eine in Subsysteme (Knochen, Nerven, Organe etc.) aufteilbare funktionale Vielheit (Sykora 1999, 29-30). Auch Duden (1987) beobachtet eine im 18. Jahrhundert einsetzende wissenschaftlich-soziopolitisch institutionalisierte Ermächtigung über den Körper mit der Autorität der Medizin. Das Wissen um den Körper wird im ärztlichen Blick produziert (Foucault 1973a), der Körper selbst nimmt in seiner kulturellen Wahrnehmung den Status eines Objekts an, das durch anatomische Atlanten lesbar wird (Duden 1987, 15-16). Dieses symbolisch erzeugte Körperobjekt steht in direkter Verbindung zu seiner gesamtgesellschaftlichen, vor allem wirtschaftlichen Verortung.[107]

Dies spiegelt sich im veränderten gesamtgesellschaftlichen Blick auf die schwangere Frau, der keine Privatheit mehr duldet (Duden 1991). Der medizinische Blick auf das noch ungeborene Leben durch Bildgebungsverfahren wie die Sonographie macht den Frauenleib vielmehr zu einem ‚öffentlichen Ort‘ und transformiert ihren Körper zu einer biologischen Umwelt für das Kind. Auch der ‚natürliche‘ Prozess der Schwangerschaft wird vollständig in ein technologisch basiertes Narrativ gezogen, in dem der Verzicht auf medizinisch-technische Unterstützung als verantwortungslos gilt. Die Schwangere überantwortet sich in der Folge freiwillig der formalisierenden Kontrolle sozialer (insbesondere medizinischer) Repräsentationen und Praktiken.[108]

Aufschlussreich ist, wie das Sinnsystem des formalisierten Menschen sogar Körper als soziale Akteure hervorbringt, die es ohne zirkulierende Referenzen nicht geben würde (Kap. 1.2.3.). Sänger (2010) weist nach, wie mit Hilfe von Ultraschallaufnahmen einem Fötus Personenstatus zugewiesen wird: Die produzierten Bilder werden der Mutter durch den Arzt interpretiert, da das „nicht geschulte Auge" das Dargestellte kaum erkennen kann (Sänger 2010, 56). Dies ist der erste Schritt der Konstruktion eines beobachteten Subjekts. Das Ultraschallbild wird dann durch die Eltern und Familie als „vorgeburtliche Personenfoto-

---

[107] Wie weiter oben ausgeführt (Kap. 1.3.3.), wandert der Fokus des Blicks auf den Körper in Richtung seiner Ökonomisierung. Als Beispiel kann auch hier die Sexualität dienen, deren Fokus bis zur Aufnahme in den medizinischen Diskurs auf der „Fruchtbarkeit" der Frau lag. Die politische Ökonomie als dominierendes Symbolsystem der geldwerten Umschreibung leitet den medizinischen Blick dazu an, statt ‚fruchtbarer Frauen‘ nun Frauen hervorzubringen, die über einen ‚Reproduktionsapparat‘ verfügen (Duden 1987, 43). Reproduktion ist Technik zur Steigerung der Populationszahl und damit zur ökonomischen Kompetitivität (Kap. 2.1.).

[108] Der Embryo ist von politischem und öffentlichem Interesse, wird mit Hilfe seines Ultraschall-Fotos als „Techno-Fetus" oder „Cyborg Baby" anthropomorphisiert und dadurch bereits zum sozialen Akteur (dazu weiter unten Sänger 2010). Der hörbare Herzschlag während der Geburt überwacht den ‚normalen‘ Verlauf und wird zum Taktgeber des biomedizinisch-technologischen Geburtsvorgang im Hightech-Kreißsaal – auf diese Weise werden beide Technologien gleichzeitig zu normierenden Instrumenten des Narrativs von der idealen Schwangerschaft (Davis-Floyd/Dumit 1998).

grafie" angeeignet, eines „werdenden Familienmitglieds" (Sänger 2010, 56). Die Ultraschallaufnahmen beziehen sich zurück auf entwicklungsbiologisches Wissen um den Fötus als einen von der Mutter getrennt zu betrachtenden Akteur. In diesem Sinne kann die Ultraschalltechnologie – untrennbar verbunden mit sozialen Praktiken – als Schnittstelle verschiedener Symbolsysteme gelten, die an der Hervorbringung eines menschlichen Akteurs beteiligt sind. Das vermeintliche technologische Artefakt ist die niemals isoliert zu betrachtende materielle Manifestation zahlreicher Symbolsysteme (das Vorwissen der Mutter, das „geschulte Auge" der Ärztin, die Aneignung der Photographie als Repräsentation eines Familienmitglieds, die Reminiszenzen an die analoge Photographie, der eine Abbildbeziehung zur „Wirklichkeit, wie sie ist" unterstellt wird etc.). Der Fötus wird in einem hochkomplexen Sinnsystem als beobachtbare Einheit konstruiert, mit Personenstatus versehen und so als sozialer Akteur etabliert. Sein Körper wird niemals nur erkannt, sondern immer in streng formalisierten Beobachtungsprozessen konstruiert.

Neben der Produktion der formalisierten Körper als Objekte sind auch gefühlte Empfindungen des eigenen Leibes immer an ein formalisiertes Sinnsystem gebunden (Kap. 3.1.). Liebeskummer, Depression oder Schadenfreude sind zwar vordergründig subjektiv empfundene und damit über jede Formalisierung erhabene leibliche Empfindungen. Doch auch sie werden durch die Signifikationstechniken der Psy-Disziplinen produziert. Erst durch eine Signifikationstechnik werden sie zum Beispiel durch psychologisches Vokabular in ihrer Spezifik (etwa die normierte Linie zwischen harmlosem Traurigsein und pathologischer Depression) überhaupt wahrnehmbar (Kap. 2.2.1.).

Der Körper als scheinbar gleich doppeltes Signifikationsprodukt stellt eine große Versuchung dar (und Butler folgt ihr teilweise), ihn mitsamt seiner Materialität oder seiner Fähigkeit zu leiblichen Empfindungen in der Kontingenz und Arbitrarität von Zeichensystemen aufzulösen – in der Hoffnung auf eine letzte, nicht zu relativierende Authentizität.[109] Dieses Verständnis geht auf den Mythos Algorithmus zurück und deutet auch hier auf die Grenzen der Formalisierbarkeit: Bourdieus bekanntes Habitus-Konzept scheint zunächst die beiden Seiten zu versöhnen, indem das Symbolsystem als eines den Körper durchziehendes angenommen wird. Dieses Verständnis ist jedoch problematisch, weil es den Körper in Symbolsystemen homogenisiert, die leiblichen Empfindungen vernachlässigt und damit geradewegs wieder in den Formalisierungsmythos führt. Am Beispiel der (gegenseitigen) Anziehungskraft von Körpern wird diese problematische Grenze zwischen dem Mythos der Formalisierbarkeit des Körpers und einem

---

[109] In dieser Illusion liegt der Mythos vom Avatar als virtuellem Körper begründet (Kap. 2.2.3.).

nicht benennbaren Außerhalb im Folgenden sichtbar: *Attraktivität muss sich immer einer Formalisierung entziehen.*

Bourdieus (1987a, 1987b) populäres Konzept vom Habitus scheint den Mechanismus zwischen formalisierten sozialen Ordnungen der Symbole und Praktiken und der Produktion spezifischer Körper und leiblicher Erfahrung zunächst treffend abzubilden.

> Als Produkt der Geschichte produziert der Habitus individuelle und kollektive Praktiken, also Geschichte, nach den von der Geschichte erzeugten Schemata; er gewährleistet die aktive Präsenz früherer Erwartungen, die sich in jedem Organismus in Gestalt von *Wahrnehmungs-, Denk- und Handlungsschemata* niederschlagen und die Übereinstimmung und Konstantheit der Praktiken im Zeitverlauf viel sicherer als alle formalen Regeln und expliziten Normen zu gewährleisten suchen [...] Da er ein erworbenes *System von Erzeugungsschemata ist, können mit dem Habitus alle Gedanken, Wahrnehmungen und Handlungen, und nur diese, frei hervorgebracht werden, die innerhalb der Grenzen seiner eigenen Hervorbringung liegen* (Bourdieu 1987b, 101-102; Hervorhebungen T.B.).

Dieser Ansatz scheint dem Mythos von der universellen Formalisierbarkeit zu entsprechen. Wahrnehmen, Denken und Handeln sind durch meist nicht bewusste regulative Schemata strukturiert: Die Grenzen meiner Schemata sind die Grenzen meiner Welt. Dazu zählen implizite ethische und ästhetische Normen genauso wie Alltagstheorien oder nicht ausdrücklich festgeschriebene soziale Strukturprinzipien wie die ebenfalls sehr bekannte analytische Kategorie des Geschmacks (Schwingel 1995, 62-64). Der Habitus wird einverleibt, soziale Praxis wird in den Körper eingeschrieben, wofür besonders die Phase der Sozialisation eines Individuums entscheidend ist.[110] Doch gerade die Einverleibung der sozialen Strukturen scheint keiner festen Regel zu folgen, da Bourdieu durchaus Freiheiten in der ‚Erlernung' sozialer Praktiken anerkennt – die Sozialisation eines Individuums, die Aneignung des Habitus bleibt unpräzise (Fuchs-Heinritz/König 2005, 135-139). Der Habitus als Konzept, das die Einschreibung der sozialen Ordnung in den Körper zu erfassen bestrebt ist, will die subjektive Perspektive des Individuums verbinden mit objektivistischen Ansätzen, was die überindividuellen Strukturen der Gesellschaft fassbar machen soll (Jäger 2004, 172-173): Damit versöhnt er zunächst theoretisch die Ebenen der sozialen Struktur (die Notwendigkeit) und des Akteurs und seines Handelns (die Freiheit) miteinander. Handeln ist damit nie vollkommen frei, jedoch auch nicht durch soziale Struktur determiniert, sondern vielmehr konstitutiv für diese (Jäger 2004, 175). Der Habitus ist Bindeglied und Aushandlungsprozess zwischen den kollektiv geteilten Sinnordnungen und dem Individuum, dessen Handlungen, dessen

---

[110] Dies betrifft etwa Höflichkeitsregeln ebenso wie bestimmte Körperhaltungen oder Körperbewegungen, die auch durch soziale Räume festgelegt sind – beispielsweise bestimmte Sitzordnungen oder Übergänge zwischen der 1. und 2. Klasse im Zug (Fuchs-Heinritz/König 2005, 134-135).

Wahrnehmung, dessen Geschmack in direkter Verbindung stehen zu diesen. Der Freiraum einer Aushandlung entzieht den Körper scheinbar jedoch dem völligen Zugriff der formalisierten Sozialstruktur – Repräsentation ist nicht Sein, wodurch auf ein Außerhalb der Repräsentation verwiesen ist, ein Außerhalb der Formalisierung.

Andererseits wird durch eine von Bourdieu vorgenommene Unterscheidung dreier Kapitalformen – ökonomisches, soziales und kulturelles Kapital – insbesondere an Letzterer die als möglich erachtete Umschrift des Körpers in rein symbolischen Wert deutlich: Das kulturelle Kapital ist in jedem Fall gebunden an den Körper, der diese Form des Wertstocks akkumuliert: „Inkorporiertes Kapital ist ein Besitztum, das zu einem festen Bestandteil der ‚Person‘, zum Habitus geworden ist; aus ‚Haben‘ ist ‚Sein‘ geworden" (Bourdieu 1997, 56; zit. n. Jäger 2004, 180). Insofern entspricht auch das Habitus-Konzept dem Mythos Algorithmus:

1. Der Begriff vom sozialen Kapital verweist auf ein kapitalistisches System und indirekt auf dessen Vision einer universalen symbolischen Transponierbarkeit in Geldwert (Kap. 1.3.3.). Für eine solche Interpretation Bourdieus spricht auch seine Annahme einer verinnerlichten generativen Grammatik in Analogie zu Noam Chomskys (1965) Theorie,

> nach der eine begrenzte Anzahl von zugrunde liegenden grammatischen Strukturen und Regeln die Erzeugung einer unendlichen Anzahl von Äußerungen erlaubt, die grammatikalisch korrekt, d. h. eben diesen Regeln entsprechend sind (Jäger 2004, 178).

Die Regelhaftigkeit der typischen Gedanken, Wahrnehmungen und Handlungen einer Kultur, die im Habitus ausgedrückt sind, impliziert deren wirkungsvolle Formalisierbarkeit. Der Körper ist zwar einerseits eine nicht zu negierende Präsenz in Bourdieus Habitus-Konzept, doch wird er auch hier gelesen als eine durch Sinnsysteme erst spezifisch konstruierte funktionale Einheit innerhalb eines Sinnsystems. Diese Lesart ermöglicht es weiter, eine symbolische Umschreibung seiner Grammatik als prinzipiell möglich zu erachten. Nur so kann ‚Haben‘ verlustfrei zu ‚Sein‘ werden.

2. Gleichzeitig wird die phänomenologische Perspektive des ‚Leibes‘ – das körperliche Empfinden und Erleben der eigenen Körperlichkeit – zugunsten einer algorithmischen Struktur vernachlässigt. Jäger kritisiert die ungenaue Trennschärfe zwischen Körper als materiellem Objekt und dem Leib als gelebter Erfahrung. Das Habituskonzept reduziere

> die Rolle des körperlichen Leibes auf ein inkorporiertes Programm, das *wie ein Computerprogramm* [! T.B.] bestimmte Handlungsanweisungen gibt. Der Habitus verschluckt also sozusagen den körperlichen Leib, wenn er sich einmal herausgebildet hat; und dies insofern, als sich Körperlichkeit und Leiblichkeit des Menschen ab der

> Herausbildung des Habitus auf das in diesem Habitus angelegte Programm reduzieren. Die Materialität des Leibes und dessen besondere Eigenschaften werden in ihrer Bedeutung für die Wirkweise des Habitus nicht näher betrachtet (Jäger 2004, 192-193, bezieht sich auf Bourdieu 1987a, 666; Hervorhebung T.B.).

Für den Habitus als Anleitung für Forschungsprogramme erkennt Jäger (2004, 194) eine empirische Lücke, da die bei Bourdieu sehr populär besprochenen Kategorien wie Klassenunterschiede oder Geschmack nicht durch das Selbsterleben und -empfinden der Akteure erfasst werden könnten, sondern allenfalls durch die von außen herangetragene und inkorporierte gesellschaftliche Struktur. Eine ähnliche Kritik findet sich bei Lindemann (1996, 151, Fn. 15), die den Leib bei Bourdieu „gleichsam in den Habitus aufgesogen" und „mit Schweigen übergangen" sieht. Die Beziehung des Leibes zur Umwelt außerhalb dieser Programme wird nicht berücksichtigt. Folglich gilt letztlich auch mit der Habitus-Theorie die – wenn auch eingeschränkte – universelle Austauschbarkeit der Materialität des Körpers unter Beibehaltung der in Zeichen und Praktiken konstruierten Bedeutung des Körpers. Der Habitus eignet sich deshalb nur mit großen Einschränkungen dazu, die Stellung des Körpers als einer als Zeichenträger begriffenen und neu arrangierbaren materiellen Masse in Frage zu stellen, die beliebig in Repräsentationssysteme gegossen werden kann.

Bourdieus Ansatz ist trotz seiner auf den ersten Blick verbindenden Position auch einseitig der Auflösung des Körpers in Zeichen verpflichtet. Diese populäre soziologische Theorie verführt also dazu, den Körper gänzlich in seinem Habitus aufzulösen, ihn folglich einem rein symbolvermittelten Zugriff zugängig werden zu lassen. In dieser Lesart des Körpers werden nicht zuletzt die überzogenen Visionen einer ‚Körperlichkeit' im Internet gespeist. Doch gleichzeitig sind es gerade diese Visionen, die das Defizit der Formalisierungsannahme deutlich machen. Sie zeigen, wie dringend notwendig ein theoretisches Instrument ist, das auch ein Außerhalb der Formalisierbarkeit und Repräsentierbarkeit in Betracht zieht, denn diese Form der Körperlichkeit ist nicht nur ein Körper ohne Materialität (a), sondern verbreitet auch die Illusion einer leiblichen Empfindung durch diesen entmaterialisierten Körper hindurch, wie er etwa in der Illusion eines ‚Online-Körpers' (Kap. 2.2.3.) vorliegt (b).

Zu (a): Funken (2005) ordnet die unterschiedlichen und sich konstant haltenden „Vorstellungen eines freien und leicht formbaren Körpers" im Internet in verschiedene Funktionsweisen, die diese Körpervision annehmen kann (Funken 2005, 225-226): So gibt es den Diskurs um das Online-Selbst als (1) Probebühne für potentielle anschließende Erfahrungen mit materiellen Körpern (insb. Turkle 1995); als (2) eskapistischer Kompensationsraum für realweltliche Defizite, in dem jedoch referenzlose Körperbilder entworfen werden (Rheingold 1994); oder als (3) Utopie einer neuen Gesellschaftsordnung, welche die vorgeblich über-

wundenen Dominanzverhältnisse des Kommunikationsraums mit einer erwünschten sozialen Ordnung verknüpft. Allen gemein ist eine „phantasmatische
Konstruktion der Körper" (Funken 2005, 225). Dennoch ist der im Computer
hervorgebrachte Körper kein bloßes Phantasma, sondern als „imaginärer Raum
für individuelle Deutungen und Projektionen" relevant für konkretes Handeln,
„wenn neue innere Quellen der Selbstbildung erschlossen werden" (Funken 2005,
216). Funken meint damit „mentale Leistungen eines Ichs", mit Hilfe von Technik „den eigenen unhintergehbaren materiellen Körper durch einen Zeichenkörper zu doubeln" (Funken 2005, 217).

Hiermit ist jedoch bereits zum Ausdruck gebracht, wie ein solcher Anschluss
des Körpers an sein Zeichen-Double im Mythos Algorithmus eigentlich gelesen
werden muss: Als Subjektivationstechnologie im Sinne einer Selbsthervorbringung durch Selbstrepräsentation und Selbstregulation (Kap. 2.2.1.). Nicht der
materielle Zeichenkörper wird in ein Internet-Selbst umgeschrieben, die
Signifikationskette verläuft genau umgekehrt: Durch die Selbstpräsentation und -
repräsentation kann ein Selbst erst entstehen. Ein Internet-Selbst ist immer textuell – auch als graphisch ausgereifte Avatar-Repräsentation – und damit funktional äquivalent zu anderen Subjektivationstechniken wie das Vokabular der
Psychologie, Tagebuchschreiben oder das individualisierte biographische Narrativ. Dass dennoch ein Konnex dieses textuellen Selbst zum materiellen Körper
hergestellt wird, liegt allein daran, dass der fleischlich-materielle Körper zum
Referenzobjekt erklärt wird. An den Prozessen der Textualisierung des materiellen Körpers wird dies klarer. Emoticons, Avatare oder Akronyme sind Zeichen
für Emotion und körperliche Prozesse:

> Die Körpermetaphern rufen ein *materielles* Substrat auf, indem die persönlichen Re
> aktionen nicht einfach in mentale oder emotionale Zustände übersetzt werden, son
> dern organische Reaktionen beschreiben. Der Körper vermittelt offenbar Zustände
> [FUBB = fucked up beyond belief, bg = broad grin, rotwerd], wofür Aussagesätze
> nicht reichen, denn lediglich der Körper selber versichert die Einheit der emotionalen
> Verfaßtheit (Funken 2005, 227).

Die unkontrollierbare Eigenständigkeit des Körpers (Zucken, Tränen, Erröten
usw.) lässt sich scheinbar übersetzen. Doch ist der Gebrauch von Referenzen auf
die ‚natürlichen‘ und ‚echten‘ körperlichen Prozesse, die für Authentizität bürgen
sollen, nicht nur höchst konventionalisiert (Funken 2005, 228) und dadurch standardisiert. Sie haben darüber hinaus keine vorgängige Referenz: Ein ‚fröhliches
Smiley‘ und ‚Fröhlichkeit‘ sind im strengsten Sinne als durch Signifikationstechniken singularisierte Kategorien wechselseitig konstitutiv füreinander. Software-Code (zum Beispiel Wahlmöglichkeiten schriftlicher oder visueller Repräsentationen), kommunikative Konventionen (zum Beispiel der höchst formalisierten Chat-Kommunikation) oder spezifische Regeln von Darstellungsformen

(etwa der unterschiedlichen Anforderungen einer Seite zur Geschäftspartnersuche im Vergleich zu einer Seite zur Lebenspartnersuche) fügen den repräsentierten Körper in ein strenges Zeichenregime der Selbstregulation.

Zu (b): Dass der Körper als in Zeichen auflösbar angenommen wird, als ein Double des materiellen Körpers, verführt manche zu der Annahme einer „wechselseitigen Beeinflussung der Vorstellung von Online- und Offline-Körpern", die von „inszenierten virtuellen Körperbildern" gar in eine „leiblich-affektive Körperdimension" reichen soll:

> Damit *sind* Nutzerinnen und Nutzer nicht nur an der Oberfläche, sondern auch ‚unter der Haut' ihre dargestellten Inszenierungen (Lübke 2005, 65; Hervorhebung im Original).

Der Online-Körper wird hier als verlustfreies Körperäquivalent gewertet, ganz so als stünde der materielle Körper – fähig zu leiblichen und affektiven Empfindungen – in einer wechselseitigen Abbildbeziehung zu dem sogenannten Online-Körper, als wären Körper und Körperrepräsentation gar zwei unterschiedliche Dimensionen des Seins. Wenn auch nur indirekt, werden leibliche Empfindungen ebenfalls als prinzipiell in Zeichen auflösbar angenommen.

Diese Auffassung ist sehr problematisch, denn beim Online-Körper handelt es sich eben nicht um einen Körper, sondern um eine zeichenhafte Repräsentation, deren Funktionsweise anderen Signifikationstechniken entspricht (Kap. 2.2.3.). Lübke untermauert ihre These mit Beispielen, die hier exemplarisch umgedeutet werden sollen, wie etwa die Annahme einer Probebühne, auf der durch das Online-Selbst Inszenierungen ausprobiert werden sollen, um sie später mit dem eigenen Körper zu erfahren: Eine Frau überschreitet zunächst mit ihrem Online-Selbst die „Grenzen zwischen männlich und weiblich spielerisch", gewinnt Selbstvertrauen und lässt ihren Körper folgen: durch einen kurzen Haarschnitt, das Tragen einer Arbeitshose und dann hat sie „begonnen, ernsthaft zu programmieren, ganz untypisch für eine Frau (Funken 2000, 114; zit. n. Lübke 2005, 67). Zwar kann man durchaus wie Lübke interpretieren, „dass ihre virtuelle Inszenierung überhaupt erst eine alltagsweltliche (Körper-)Erfahrung ermöglichte" (Lübke 2005, 67). Doch ist das zeichenvermittelte Definieren des Selbst wohl eher eine komplexe Selbsttechnik als eine Verschmelzung der Computer-Figur mit einer leiblichen Empfindung, was auch für Erlebnisberichte darüber gilt, dass „der Körper, auch wenn er in fleischlicher Form nicht unmittelbar beteiligt ist, von dem virtuell Erlebten beeinflusst wird" (Lübke 2005, 68). Ein im ‚Virtuellen' erlebter Biss durch eine Giftspinne, so das konkrete Beispiel bei Lübke, habe „durchaus Auswirkungen auf mein reales Körpergefühl" (Kleinen 1997, 48; zit. n. Lübke 2005, 68). Dies ist natürlich auch wahr für einen Horrorfilm. Ohne dass dieser mit als ‚mein Körper' codierten Repräsentationen aufwarten muss, spüre ich beim Zuschauen im Idealfall eine leiblich-affektive Empfindung. Wie

Heim (1995, 70) bereits in einer Frühphase der sogenannten Virtual Reality (VR) zu bedenken gibt:

> [We] have always been able to immerse ourselves in the worlds of novels, symphonies and films, but VR insists that we move about and physically interact with artificial worlds.

Nur weil die Körperrepräsentation ein ikonisches Zeichen mit einer Ähnlichkeitsbeziehung ist, hat sie keinen intensiveren oder gar ‚echteren' Bezug zum Körper und seinen leiblichen Empfindungen, die sie als Referenten ausgibt, als etwa die abstraktere Schrift. Eine zeichenhafte Repräsentation, die aussieht wie ihr Bezeichnetes, steht noch lange nicht in einer Austauschbeziehung zu ihr, wie durch die „wechselseitigen Beeinflussung der Vorstellung von Online- und Offline-Körpern" impliziert wird: Wenn ich eine Photographie von leckerem Essen betrachte, werde ich auch dann hungrig, wenn mein Körper nicht auf der Photographie zu sehen ist, wie er das Essen verschlingt.

Als eines der ungewöhnlichsten Beispiele in der Literatur für eine vorgeblich wechselseitig konstituierte Leibesempfindung kann das von einer „virtuellen Vergewaltigung" gelten (Turkle 1999; nach Lübke 2005, 67-68): Im konkreten Fall bemächtigte sich der Spieler eines Rollenspiels der Figuren anderer Spieler(innen) und zwang sie dazu, sexuelle Handlungen (Onanie, sexuelle Leistungen an seiner eigenen Spielfigur) vorzunehmen. Diese kontrovers diskutierte „Vergewaltigung" ist mit Sicherheit eine ernstzunehmende Belästigung, jedoch noch kein Indiz für einen engeren leiblichen Bezug des Online-Selbst zum Körper und seinen Empfindungen als etwa sexuelle Beleidigungen oder das Entstellen eines Tagebuchs mit obszönen Zeichnungen. Auch diese können eine leibliche Empfindung hervorrufen, die dem Gefühl des Belästigtwerdens nahekommt. Doch es sind letztlich Worte und Zeichen, die gewaltsam verletzen können, und das, ohne dass diese der Illusion eines Ersatzkörpers bedürften (Krämer/Koch 2010).

Dieses und das vorhergehende Kapitel haben gezeigt, dass Selbst und Körper nicht nur immer in einer regelgeleiteten Wahrnehmung konstruiert, sondern als form- und manipulierbare ‚Objekte' produziert werden. Dieser Mythos der Formalisierung nährt die Sicht, Körper und Selbst seien auflösbar in Zeichensystemen mit einer spezifischen Grammatik, deren Entschlüsselung eine universelle Kontrolle über Selbst und Körper verspricht.[111] Die Defizite dieses formalisierten Blicks und die Notwendigkeit, auch ein Außerhalb des formalisierten Zugriffs zu

---

[111] Diese Beobachtungen entsprechen dem Sinnsystem des Mythos Algorithmus, das davon ausgeht, dass die ‚regelgeleiteten' Körper und Selbste erst durch eine formalisierte Wahrnehmung produziert werden (hierzu insb. die Hybridisierungs- und Reinigungsprozesse, Kap. 1.3.1., 1.3.2.).

berücksichtigen, werden selten so deutlich wie im abschließenden Beispiel des Beobachtens von als schön und erotisch anziehend empfundenen Körpern:

1. Wie eingangs festgestellt, ist die Wahrnehmung von Körpern niemals ‚neutral' oder frei von formalisierten kulturellen Skripten. Ähnlich dem bipolaren Schema der Geschlechtsidentität werden Körper auch in der Sinndimension ihrer Attraktivität wahrgenommen, wobei auch Indifferenz bei der Beobachtung – Null-Attraktivität – als eine formale Messung innerhalb dieser Wahrnehmungsdimension gelten kann. Dieser formalisierte Blick produziert Zonen hohen erotischen Reizes, die sich in drei erotische Areale – Gesicht, Rumpf und Glieder und die Genitalien – abstrahieren lassen (Lautmann 2000, 145). Im Hinblick auf den formalisierten Blick auf den Körper ist darüber hinaus Lautmanns folgende Beobachtung besonders interessant:

> Nicht immer oder überall sind Kopf und Gesicht erotisch selbstständig kodiert. Vielmehr wird die Gestalt von ‚Kulturfremden' eher als Einheit wahrgenommen; d. h. zwischen Gesicht und Rumpf wird eine Kontinuität hergestellt, beispielsweise gegenüber Schwarzen, gegenüber Angehörigen ‚unterer' Sozialschichten (deren Individualität ‚man' sich ja ohnehin schwer einprägen kann) (Lautmann 2000, 145).

Diese durch den Blick an die beobachtete Körper-Einheit herangetragene ‚Kodierung' ist ein weiteres Indiz für die spezifische Formalisierung der Wahrnehmung, die Körper nicht nur in einer Attraktivitätsskala verortet, sondern beeinflusst durch verschiedene Deutungsmuster (Ethnizität, Kleidung, sozialer Kontext) stets Koordinatennetze distinkter Zonen über die Körper-Einheit legt.

2. Eine auf diese Weise formalisierte erotische Wahrnehmung von Körpern produziert die Illusion, Schönheit sei auch am beobachteten Phänomen – dem Körper – konstruierbar, wenn nur spezifischen Regeln der begehrenden Wahrnehmung entsprochen wird. Ästhetische Schnittmuster athletischer, schlanker, junger, symmetrischer und ideal proportionierter, glatter Körper können durch Sport, Ernährung, Kosmetik, Pflege, Entspannung oder mit drastischeren Mitteln wie dem die Haut glättenden Nervengift Botox – als ärztlich angewandte Arznei für Schönheit – und chirurgischen Verfahren erreicht werden, um den Skripten der Schönheit zu entsprechen.

3. Damit einher geht die Illusion der Ermächtigung über die eigene Schönheit und Attraktivität, die ebenfalls Selbst und Körper näher zusammenrückt: Ein nach den kulturellen Regeln der Schönheit manipulierter Körper ist attraktiver und führt zu einem perfekteren Selbst, einer Selbstwerdung oder -erfüllung. Jedoch auch hier wird der Freiheitsgedanke der steuerbaren Attraktivität eingeholt von der Notwendigkeit der in Freiheit durchgeführten Selbstregulation, die sich an subtilen Normierungen orientiert: Körperbehaarung, Frisur, Kleidung, Schmuck und auch ‚habituelle' – also formalisierbare –Standardisierung durch bestimmte Weisen der Körperhaltung und des Auftretens als Darstellungskompe-

tenz (Koppetsch 2000, 104-106) nicht als genormte Zeichen von Schönheit, sondern als formalisierte *performance* der Attraktivität. Im größeren Kontext der Selbsttechniken (Kap. 2.2.1.) drückt sich in einer gelungenen Schönheit auch ein schönes Selbst, eine ‚attraktive Persönlichkeit‘ aus, die als Produkt einer gesunden Lebensweise an die Eigenverantwortung für die individuelle Schönheit appelliert (Koppetsch 2000, 110).

4. Entscheidend ist nun, dass nach den formalisierten Schnittmustern der Wahrnehmung gefertigte Attraktivität jedoch als weniger attraktiv empfunden wird als eine ‚unbemühte‘, ‚natürliche‘, ‚authentische‘ Schönheit – offensichtliche Verschönerungsbemühungen sind illegitim:

> Eine Manipulation des Körpers gilt als Zeichen mangelnder Souveränität. Übertriebenes Frisieren, Fasten, Sich-Zurechtmachen und Schwitzen kann leicht zum Zeichen einer kritiklosen Unterwerfung unter Schönheitsideale und – schlimmer noch – zum Eingeständnis körperlicher und persönlicher Unvollkommenheit geraten (Koppetsch 2000, 112).

Ein Mehr an Unterwerfung unter die Ideale der Schönheit bedeutet gleichzeitig ein Weniger an Souveränität und Macht und damit den Verlust von Attraktivität. Dies ist ein aufschlussreicher Widerspruch, da hier auf einen Bereich der Nicht-Formalisierbarkeit verwiesen wird. Die übertriebene Formalisierung entlang der Schönheitsnormen und Verhaltensweisen bedeutet gar den Verlust von Attraktivität. Von drei (Koppetsch 2000, 106-114) zentralen Dimensionen von Attraktivität – Schönheit, Charisma (Ausstrahlung) und Authentizität (Natürlichkeit) – entziehen sich die zwei Letzteren formalisierbarem Zugriff.

5. Charisma oder Ausstrahlung erscheinen deshalb eher als Behelfsbegriffe, die symbolisch zu greifen versuchen, was außerhalb symbolischer Referenz liegt: Hierin steckt das komplexe Zwischenspiel zwischen sinnhaftem Zugriff und einem Unsagbaren, einer – so ein anderes Behelfswort – auratischen Präsenz des Körpers, die durch Algorithmen der erotischen Anziehung produziert wird. Koppetsch argumentiert zwar, dass auch die Kategorien ‚Natürlichkeit‘, ‚Charisma‘ oder ‚Ausstrahlung‘ letztlich Produkte formalisierter Praktiken sind, da eine perfekte Inszenierungsleistung von Attraktivität gerade darauf beruht, diese nicht sichtbar werden zu lassen, indem sie vollständig inkorporiert und habitualisiert (Bourdieu) wird: „Paradoxerweise ist also die maximale Ausdehnung sozialer Kontrolle über den Körper mit der Wahrnehmung von Souveränität und individueller Freiheit verknüpft“ (Koppetsch 2000, 114). Doch das Begehren, das leiblich-affektive Hingezogenfühlen zu einem Körper steht im Widerspruch zum codierten und formalisierten Blick, der den Körper in erotische Zonen aufteilt: Das Charisma, die Ausstrahlung, durch den erotischen Blick erzeugt und dem attraktiven Körper zugeschrieben, ist im Verweis auf etwas ‚Unsagbares‘ nicht durch einen Algorithmus zu beschreiben.

Was Koppetsch also als Paradoxon beschreibt, liegt im Versuch begründet, Charisma zu formalisieren, in der Illusion eine Referenz zum Unbestimmbaren herzustellen. Im Mythos Algorithmus liegt darin kein Paradoxon, sondern der Verweis auf ein Außerhalb des sinnhaft Fassbaren. Diese Lücken des Sinnhaften sind Gegenstand des dritten Teils der Arbeit, in dem Leiblichkeit als mögliche Erfahrung außerhalb der kulturellen Grammatik diskutiert wird. Eine differenzierte Betrachtung des sogenannten ‚Online-Selbst' erfordert aus diesen Gründen unterschiedliche theoretische Abstraktionsebenen, die im folgenden Kapitel (2.2.3.) geordnet werden. Ausführlich wird dabei die Rolle des repräsentierten Körpers analysiert, der im Sinne des Mythos Algorithmus eben nicht mehr als der illusorische Mythos einer zunächst formalisierten und repräsentierten und dadurch ‚entfleischlichten' Körperlichkeit ist.

2.2.3. Der Avatar als formalisierte Körperrepräsentation und Identitätsmythos

Wie die vorangehenden Kapitel gezeigt haben, sind leibliches Empfinden, der Körper als materielle Einheit und Interaktion unter Anwesenden niemals außerhalb eines Sinnsystems wahrnehmbar. Der Fehlschluss und damit der Mythos dieser Bedeutungsproduktion in Signifikationstechniken (Symbolen und Praktiken) liegt nun darin, aus dem Verstricktsein in diesen Techniken eine prinzipielle Repräsentierbarkeit abzuleiten: Dass Leib, Körper und Interaktion unter Anwesenden immer im Sinnsystem erzeugt werden, heißt noch nicht, dass sie auf ihre Zeichenhaftigkeit im Sinnsystem reduziert werden können. Gerade der Diskurs um Online-Identitäten und Avatare zeigt deutlich die Wirkungsmacht dieser im Mythos Algorithmus erzeugten Illusion. Präsenz (und damit das Interaktionshandeln kopräsenter Akteure) ist jedoch, wie sich zeigen wird, als Qualität niemals repräsentierbar.

Der Avatar als vermeintlich manifeste Online-Identität, ein ‚Online-Körper', wird hingegen als eben eine solche *Repräsentation von Präsenz* gedeutet:

> At its core an avatar is a simple thing. It has a name, a picture, and a social environment. It is an *interactive, social representation* of a user (Meadows 2008, 23; Hervorhebung T.B.).

Es zeigt sich gerade in dieser Auflösung von Präsenz/Absenz der Formalisierungsmythos. Eine Interaktion unter Anwesenden kann nur dann repräsentierbar sein, wenn ihr eine zeichenhafte Struktur und damit Formelhaftigkeit unterstellt wird. Die Präsenz von Interaktionspartnern als Qualität ist jedoch nicht in Zeichensysteme überführbar (Kap. 2.2.2.). Es ist deshalb bezeichnend und ein erstes Indiz für diese Verklärung, dass der Avatar einer narratologischen Charakterbildung nicht unähnlich beschrieben wird:

> It's the classic arc of character development in literature, in which the character is
> born, develops, grows, makes friends and enemies, engages in conflict, defines self,
> and eventually reaches an apex in which one or a few key decisions guide large
> events. Ultimately, avatars are about the advancement of personality within a kind of
> fiction that is both social and personal. If I make an avatar, it engages with those of
> other users and creates a kind of fact about documenting my life – or it makes a kind
> of fiction that I can share with others. And because avatars are social, other people
> can do the same to my avatar (Meadows 2008, 23).

In dieser Beschreibung eines Avatars vermengt Meadows zahlreiche Konzepte, die im Zusammenhang mit Online-Identitäten, Avataren, mediatisierter Interaktion, visuellen und virtuellen Stellvertreterpersönlichkeiten oder gar Stellvertreterkörpern häufig abgerufen werden. Diese Definition befriedigt viele dieser Ansätze, doch bleibt sie im Kern unspezifisch, was einige Fragen aufwirft, die sich im Wesentlichen aus der Vermischung von Präsenz/Repräsentation ergeben:

a) Lässt sich bei einer repräsentierten Interaktion mit dem Avatar oder zweier Avatare miteinander von einer sozialen Interaktion sprechen? Oder lässt sich

b) der Avatar vielmehr als ein „literary device" begreifen: „It's a protagonist that is used for interactive narratives" (Meadows 2008, 13). Ist er folglich Genrekonventionen unterworfen und mehr Text als Akteur? Ist er kein Stellvertreter eines Interaktionspartners, gar selbst Interaktionspartner, sondern als Text vielmehr das Werk eines Autors?

c) Das von Meadows genannte „advancement of personality" verortet den Avatar stark in einem theoretischen Netz um Wahlidentitäten und Identitätsbildung. Öffnet der Avatar also die Tür in eine andere Welt mit virtuellen Erfahrungen und alternativen Seinsformen?

d) Es bleibt dennoch der Verdacht, dass der Avatar als anthropomorphisierte Repräsentation seinen eigentlichen Status als bloßer Signifikant kaschieren will, was ihn wieder in den Kontext der Literatur zurückschickt, wenn Meadows schreibt:

> I remember logging into Second Life initially as a tourist or explorer ... like an im-
> migrant entering a new country with only a vague grasp of the laws, I quickly
> scrawled my signature on this constitution [the End User's License Agreement] and
> boldly stepped into a world whose rules I'd never read (Meadows 2008, 29).

Diese Entdeckermetaphorik reaktiviert die vergessen geglaubten utopischen Verklärungen der Virtualität als alternativer Welt mit neuartigen Identitäten und Körpern. Der Avatar wird in dieser Schilderung zum phatischen Kanal in diese andere Welt:

> Avatars are a psychological prosthetic. It's an anomaly far more curious than a peg
> leg, glass eye, or hook hand because the use of an avatar isn't immediately necessary.
> It appears to be for a game. But it is more useful than something that would help us
> grasp or pinch, such as a bionic arm, or a pair of pliers, or a well-worn leather glove,

> because an avatar allows us access to a much wider variety of items with a much
> more intricate level of control. *Avatars teleport our psyche* [!; T.B.]. It is more capa-
> ble of bridging distances than shoes, or planes, or cars because it puts us immediately
> next to another person, much like a phone does. It's a much more efficient vehicle
> than a car or a plane because it can transport us further, faster, and more immediately.
> Unlike the prosthetics of the ear-replacing telephone or the eye-replacing television,
> it is a prothetic that replaces the entire body (Meadows 2008, 92; Hervorhebung
> T.B.).

Die Prothesenmetapher knüpft nahtlos an das von McLuhan vorgeschlagene
Verständnis von Technik als Erweiterung des Menschen an.[112] Diese Herangehensweise artikuliert dieselben narrativen Muster von Mensch/Technik-
Konvergenz, Auslagerung und Optimierung des Selbst. Sie offenbart die Über-
höhungen des Avatars und der Online-Identität und erzählt ihre Geschichte als
eine der Ermächtigung über das Selbst und den Körper durch die Verschmelzung
mit dem Virtuellen. Das utopische Projekt der alternativen ‚virtuellen' Realität
hat mit der Online-Identität des Avatars folglich eine neue Projektionsfläche
gefunden:

> The avatar is the usher of a post-human era. This is not science-fiction but ‚progress'.
> This is simply the face of humanity as we strap on more and more tools, embedding
> them into our bodies, limbs and replacing organs, allowing them to change into us as
> we change into them (Meadows 2008, 95).

Im Mittelpunkt dieses Kapitels soll nicht der Ursprung dieser Verklärungen
stehen.[113] Am Avatar als Online-Selbst lässt sich jedoch die mythische Bewegung des Sinnsystems an drei problematischen Setzungen ablesen, die Produkt
der Formalisierungslogik sind: Sie betreffen (1) die Rolle der Technik im Verhältnis zum menschlichen Körper, (2) die vermeintlich zu vernachlässigende
Rolle körperlicher Ko-Präsenz bei der Definition von Interaktion und (3) die
selbstverständlich vorgenommene Äquivalenzsetzung von Avatar und Körper.
Alle drei Setzungen sind direkte Konsequenz aus dem Mythos Algorithmus und
eng miteinander verflochten. Ziel dieses Kapitels ist es deshalb, die verklärenden
Annahmen über den Avatar als Online-Selbst im Lichte dieses Formalisierungsmythos näher herauszuarbeiten und anhand dieser Setzungen zu ordnen. Die
Argumentation stützt sich dabei auf an anderer Stelle entwickelte Ideen (Bächle
2011).

Die erste problematische Setzung im Mythos Algorithmus ergibt sich durch
die der Technologie zugeschriebene Rolle, die sich am ehesten durch eine einseitig technikdeterministische Perspektive auszeichnet. Der Avatar als Verkünder
einer neuen post-humanistischen Ära, zu dem Meadows ihn überhöht, ist die

---

[112] Der Avatar wird so zum modernen Narziss in einer McLuhan'schen Deutung (Kap. 1.3.3.).
[113] Dieser wird an anderen Stellen der Arbeit ausführlich diskutiert (insb. Kap. 1.2.3., 2.2.1., 2.2.2.).

Vorstufe zu einer Auslagerung des Selbst in eine Technik, die scheinbar wie keine zuvor eine direkte Äquivalenz zu unserem Selbst darstellt: „Avatars teleport our psyche" als eine ‚psychologische Prothese', schreibt Meadows (2008, 92) in aller Ernsthaftigkeit. Avatare seien viel mehr als bloße Werkzeuge, die einzelne menschliche Sinne oder Funktionen erweitern. Sie treten hier als Prothesen in Erscheinung, die gar den gesamten Körper ersetzen.[114] Entscheidend ist die so selbstverständliche Verwandtschaft und Anschlussfähigkeit zwischen dem Menschlichen und dem Technischen als Konvergenz und Erweiterung. Sie ist eine vor allem metaphorische, die den Bildgeber formalisierter und formalisierbarer Technik zum Erklärprinzip des Menschen macht (Kap. 1.2.3.). Ein den Menschen repräsentierender, substituierender Algorithmus wird damit zu dessen Natur – mehr noch: Der Algorithmus ist die menschliche Natur.

Doch der Avatar ist kein gleichwertiges Körperabbild, gar ein Ersatzkörper (Kap. 2.2.2.). Er ist eine mit hohen Erwartungen überladene Körper-Metapher. Diese ist Produkt desselben Sinnkontinuums, worin die gefühlte Nähe zu ihm begründet liegt. Eine Deutung des Avatars nun, die über eine Erweiterungs- und Körpersubstitutionsmetaphorik nicht hinausgeht, lässt sich blenden (oder eben betäuben) und verkennt, was er eigentlich ist: eine Körper-Metapher als Element eines Texts, die eine Welt bevölkert, der Robins und Webster bereits im Jahre 1999 das Label eines „banal space" gegeben haben.

Die zweite problematische Setzung im Mythos Algorithmus betrifft genau diese durch eine überhöhte Metaphorik dem Körper und seiner Präsenz abgesprochene Qualität. Meadows betrachtet den Avatar als Akteur, als Repräsentant innerhalb einer sozialen Interaktion. Doch ist er nicht mehr als nur die Illusion dessen? Lediglich ermöglicht durch eben jene Äquivalenzsetzung von Präsenz und Absenz, von Körper und Körperabbild? Das Prinzip des symbolischen Interaktionismus als Generator einer sozialen Wirklichkeit beruht stets auf der Interaktion zweier *kopräsenter* Akteure (Mead 1934; Burkart 2002).[115] Im Avatar einen Akteur – wenn auch einen *repräsentierten* Akteur in einer *repräsentierten* sozialen Interaktion – zu sehen, ist dennoch verführerisch. Zu ähnlich sind sich doch Körper und Körperbild, um nicht mindestens verwandt zu sein. Der Körper

---

[114] Aus dieser Deutung spricht offensichtlich die McLuhan'sche Schule. Wie ausführlich anhand des Technikverständnisses bei McLuhan herausgearbeitet wurde (Kap. 1.3.3.), werden dadurch bestimmte Annahmen und Erwartungen produziert: Technik gilt als eigenständiger Akteur, der dem Menschen gegenübertritt. Sie erweitert seine Sinne und sein Selbst, wodurch gleichzeitig impliziert wird, ein vor-technologisches, reines Selbst existiere (zu dieser Unmöglichkeit insb. Kap. 2.2.1.).

[115] Goffman (1959) etwa untersucht die interaktive Darstellung sozialer Rollen, zu denen ein Akteur im Zwischenspiel von Darstellung und Fremdattributierung beziehungsweise Legitimierung durch andere Akteure schließlich ‚wird'. Bei Garfinkel (1967) sind es die präreflexiven – also nicht bewusst herbeigeführten – Handlungsmuster, die unsere Identität konstituieren, jedoch stets in Interaktion mit anderen (auch Kap. 2.2.2.).

wird durch diesen einfachen Trick letztlich als Präsenz substituierbar – ohne Materie, ohne Ort, ohne Zeit, ohne Vergänglichkeit – und unterliegt in dieser mythischen Vision totaler Kontrolle (Kap. 2.2.2.). Das Schlagwort von der ‚Stellvertreteridentität' macht dies deutlich, mit dem die sogenannten ‚digitalen Identitäten' in ihrer medienwissenschaftlichen Modellierung als Online-Selbst kaum mehr von einem Offline-Selbst unterschieden werden (besonders deutlich etwa bei Humer 2008).

Auch Volpers und Wunder (2008) gehen von solchen „digitalen Identitäten" aus, denen zwar Entscheidendes fehle, namentlich „analoge Zusatzinformationen" wie natürliche Sprache, Gestik, Mimik, Kleidung oder Geruch. Doch auch daraus leiten sie einen Kontrollgewinn über die Selbstdarstellung ab, der sich einerseits in der Anonymität, Maskierung und Abkopplung von der ‚realen' Identität bemerkbar macht. Andererseits berge

> die Möglichkeit einer anonymen, körperlosen Maskierung ... auch Chancen für Nutzer, die normalerweise aufgrund bestimmter Einschränkungen entsprechende Aktivitäten im Real Life nicht vollziehen können.

Im Rückgriff auf Turkle (1998) beschreiben sie damit einen „Experimentierraum" und „Laboratorien für die Identitätskonstruktion". Üblicherweise unüberwindbare sozio-kulturelle Konstanten wie Aussehen, Alter, Ethnie, Geschlecht oder Sexualität verlieren auf diese Weise scheinbar an Definitionsmacht und damit an Relevanz. Bei Spielsimulationen wie *Second Life* oder *World of Warcraft* komme es zu einer starken Identifikation mit der Stellvertreterpersönlichkeit. Der Spieler „spielt nicht jemanden, sondern er ist im Prinzip er selbst".

Die fehlenden analogen Zusatzinformationen wie Gesten, mimische Regungen, Kleidung und eben der Körper werden in dieser Lesart als Qualitäten durch den Avatar zusätzlich eingeführt. Er verspricht als Stellvertreterpersönlichkeit, auch diese kommunikativen Ebenen zugänglich (weil repräsentierbar) zu machen und damit einem kontrollierenden Zugriff zur Verfügung zu stellen. Hier wird wiederum der Formalisierungsmythos sichtbar, denn der Körper selbst wird damit als eine in Zeichen und Kommunikationsprozessen auflösbare Entität betrachtet – und eben nicht als Qualität, die sich gerade durch seine einmalige Präsenz und Unmöglichkeit zur zeichenhaften Versprachlichung auszeichnet.

Im Mythos der Formalisierung in Algorithmen wird der Körper als Zeichenträger zum Avatar und seine Handlungen werden zu codierbaren Kommunikationsprozessen, die auch ein Avatar beherrscht. Als graphisch immer weiter verbesserte, anthropomorphe bildhafte Repräsentation eines Körpers, designiertes Abbild seines Users, verstärkt sich diese mythische Verklärung der Anschlussfähigkeit des Selbst in seiner sozialen Umwelt an das repräsentierte Selbst in seiner repräsentierten Umwelt. Deutlich wird dies wiederum bei Meadows (2008, 13), der den Avatar definiert als:

> an interactive, social representation of a user. Sometimes an avatar is a photo, some-
> times it's a drawing; it can be based on a real person's appearance or look nothing
> like them. Usually avatars are a mix of the real and the imagined. They represent an
> internet user. Avatars allow people to interact with a computer system (such as a
> video game), and/or with other people (such as in online chat environments).

Doch das Verhältnis der Begriffe Präsenz-Interaktion/Absenz-Repräsentation bleibt, wie mit den symbolischen Interaktionisten (Mead, Garfinkel, Goffman) argumentiert wurde, notwendigerweise eines des gegenseitigen Ausschlusses: Eine Interaktion, verstanden als aufeinander gerichtetes Sozialhandeln zweier Akteure, bürgt für eine Qualität körperlicher Ko-Präsenz und damit einhergehender Wertigkeit für die Konstruktion einer sozialen Realität, die eine Repräsentation – auch als ‚gut gemachte' Avatar-Repräsentation einer Interaktion – niemals erreichen kann. Im Formalisierungsmythos jedoch wird der Körper als in Zeichen und kommunikative Prozesse transponierbare Einheit verstanden und ermöglicht damit, mit Hilfe des Avatars als Körper-Metapher eine *Repräsentation* zu einer *sozialen Interaktion* umzudeklarieren.

Diese Umdeklaration wird sichtbar, wenn Avatare vermeintlich sozial interagieren (wie bei Meadows 2008) oder bereits dann, wenn ein Software-Roboter (etwa ein anthropomorphisiertes Interface) als Interaktionspartner gedeutet wird, der die Macht besitzt, die soziale Realität zu prägen (Krotz 2008, 56). Dieses unhaltbare Versprechen einer „Interaktion zwischen körperlich Abwesenden, die hervorgeht aus der Verbindung von Telekommunikation und Datenverarbeitung", führt Krämer schon früh (1997, 83) im Bezug auf schriftliche elektronische Kommunikation auf den Mythos der Anthropomorphisierung von Repräsentationen zurück. Für die vermeintliche Fleischwerdung des Online-Selbst durch den Avatar, der seine Fleischlichkeit nur textualisiert vortäuscht, gilt ihre Kritik heute noch viel stärker als damals: (1) Menschliches Denken, Sprechen, Handeln ist in lebensweltlichen Kontexten situiert und entzieht sich damit grundsätzlich einer technischen Operationalisierbarkeit. Die Avatar-Interaktion ist folglich keine mit Personen oder Akteuren, sondern mit Texten. (2) Computervermittelte Kommunikation kann die „typische wechselseitige persönliche Identifizierung" und den „geteilten Wahrnehmungs- und Handlungsraum" (Krämer 1997, 89) lediglich repräsentieren. Für die Avatar-Dimension ist somit notwendigerweise ein beträchtlicher selektiver Abrieb einer symbolvermittelten Operationalisierung zu beklagen oder eben kurz: die Qualität der Körperpräsenz. (3) Durch die Art und Weise der Annäherung an computervermittelte Kommunikation als „in Analogie zur natürlichen Kommunikation zwischen Personen" (Krämer 1997, 87) wird – übertragen auf den Avatar – der repräsentierte Körper indirekt zu einem ‚natürlichen' Körper erklärt. Virtuelle Welten sind mit Avataren bevölkert: Erkenntnistheoretisches Nebenprodukt dieses Mythos ist die

Erforschung dieser ‚fremden Welten' mit ethnographischen Methoden (z. B. Kozinets 2010).

Krämer geht für den Kontext computervermittelter Kommunikation deshalb mehr von einer telematischen Textualität als einer sozialen Interaktion aus. Die textuelle Repräsentation kann sich nicht durch eine visuelle Übersteigerung eines heute populären Avatar-Körpers aufheben. Sie bleibt Repräsentation, das mythische Produkt eines um Perfektion bemühten Anthropomorphismus. Sie wird jedoch niemals Präsenz.

Diese unnahbare Qualität eines Körpers kann als Aura, Anziehungskraft oder Charisma begrifflich umkreist werden. Doch ist sie notwendigerweise eine Leerstelle des zeichenhaften Zugriffs und damit der Formalisierung: Eine ‚absente' auratische Präsenz kann es nicht geben (Kap. 2.2.2.). Körperliche Präsenz jedoch ist wesentlicher Faktor eines nicht-trivialen (das heißt: eine soziale Realität konstruierenden) Interaktionshandelns. Am deutlichsten spürbar wird dies bei physischer Anziehung (Kap. 2.2.2.). Diese ist nicht repräsentierbar, aber gleichzeitig

> alles andere als irrational oder oberflächlich; sie aktiviert vielmehr gerade deswegen Mechanismen der Anerkennung sozialer Ähnlichkeit, weil sich im Körper soziale Erfahrungen speichern. Anders als es die entkörperlichten psychologischen Techniken der Selbst- und Fremderkenntnis also nahe legen, zeigt sich, dass der Körper vielleicht der beste und einzige Weg ist, um eine andere Person zu kennen und sich zu ihr hingezogen zu fühlen (Illouz 2007, 149).

Der Avatar ist Repräsentation einer körperlichen Erscheinung. Die Bedeutungsebene auratischer Präsenz kann er nicht annehmen.

Diese zweite problematische Setzung zusammenfassend lässt sich feststellen, dass ein Steuern der Körper-Metapher ‚Avatar' eine Interaktion mit Text bedeutet, hinter dem jedoch – was gleichwohl anerkannt werden soll – soziale Akteure stehen. Doch genügt dies hinreichend, um daraus eine soziale Interaktion anzunehmen? „If men define situations as real, they are real in their consequences" (Thomas/Thomas 1928), lautet das berühmte Thomas-Theorem. Diese Konsequenzen jedoch können erst im Handeln mit anwesenden Anderen als Realität produziert werden.[116] Eine textuell-sprachliche Selbstdefinition oder Selbstdarstellung allein ist noch keine soziale Realität, wenn sie sich nicht in Interaktionen behaupten muss – sei es nun als für sich selbst ausgesprochene Selbstvergewisserung, ein guter/attraktiver/redlicher/bewunderter Mensch zu sein; als ein Tagebucheintrag, der eine Selbstdeutung der eigenen Persönlichkeit in kulturell er-

---

[116] In diesem Zusammenhang stellt Esposito (1995) zu den vermeintlich entmaterialisierten, parallel existierenden „virtuellen Räumen" fest, dass sich diese keinesfalls als fiktionale Scheinwirklichkeiten trivialisieren lassen, sondern vielmehr immer dann zu einer sozialen Realität werden, wenn auf ihrer Grundlage soziales Handeln stattfindet und sie als real erlebt und wahrgenommen werden

lernten Skripten vornimmt; oder eben als Körperillusion, die der Avatar ist. Erst in der Anerkennung durch andere Akteure liegt die Schwelle zur sozialen Realität.

Der Avatar ist folglich Text, der einen Autor hat. Eine Identifikation mit dem visuellen Online-Selbst entspricht einer Identifikation mit dem Protagonisten eines selbstentworfenen Narrativs. Ein immersives Eintauchen in die Umwelt des Avatars ist nichts als ein Eintauchen in den selbstverfassten Text, an dem auch andere mitschreiben können. Auch körperlich empfundene Verbindungen zum konsumierten und gleichzeitig produzierten Text sind kein alleiniges Merkmal des Avatar-Ersatzkörpers – oder Indiz dafür, doch mehr zu sein als bloßer Text. Ganz im Gegenteil kann sich auch in der Interaktion mit Texten eine Lustempfindung entwickeln: ein Vergnügen, das leiblich spürbar wird, wenn Angst, Ekel, Witz oder Traurigkeit die Auseinandersetzung mit dem Text begleiten (Barthes 1974).

Die dritte problematische Setzung im Mythos Algorithmus hängt eng mit der zweiten zusammen. Sie liegt in der vermeintlichen Konvergenz oder Äquivalenz von Phänomenen begründet, wie sie bei den beschriebenen Konzeptualisierungen von Avatar, Online-Selbst, menschlichem Körper oder Interaktionshandeln vorliegen. Das fragmentierte und individuell steuerbare Online-Selbst passt damit als Phänomen zu den soziologischen Konzeptualisierungen des instabilen „spätmodernen Selbst" (Giddens 1991; ähnlich auch Bauman 1998 oder Beck 1986; Kap. 2.2.1.): Das dezentrale, offene, globale, dynamische Netzmedium ist vermeintliche technologische Manifestation fragmentierter, fließender, uneinheitlicher, überindividueller, hybrider, nomadischer, globaler oder mobiler Identitäten (Rheingold 1993; Morley/Robins 1995; Turkle 1998). Die Modelläquivalenz ist oft eine metaphorische (Kap. 1.2.3.), drängt die Phänomene aber unumkehrbar in dasselbe Sinnkontinuum, den Mythos Algorithmus.

Der Mythos entsteht durch die zirkuläre Vermengung von distinkten Bedeutungsebenen, auf denen kulturelle Identität produziert wird. Die Geschlechtsidentität als erste und für jeden notwendige Identifikation (Butler 1990) macht diese zirkuläre Bewegung besonders deutlich.[117] Degele (2008) unterscheidet hier drei (niemals in Reinform) vorliegende Abstraktionsgrade von Geschlechtsidentität. Um die dritte problematische Setzung im Mythos Algorithmus deutlicher zu machen, lassen sich diesen Abstraktionsebenen jeweils bestimmte Bedeutungs- und Explorationspotentiale zuordnen, die erst in der wechselseitigen Vermischung den Avatar als Identitäts- und Körper-Mythos hervorbringen:

Die *erste Abstraktionsebene* (a) betrachtet soziale Strukturen und soziale Akteure, die empirisch messbar werden als quantifizierbare Variablen. Neben den

---

[117] Aufgrund ihrer Anschaulichkeit wurde bereits in Kap. 2.2.2. auf die Geschlechtsidentität als Beispiel für eine kulturelle Identität zurückgegriffen.

Strukturkategorien (und eben auch Identitätskategorien) Mann und Frau sind dies etwa Bildungsabschlüsse, Beruf oder Einkommen. Übertragen auf das Online-Selbst und den Avatar wäre dies etwa die Angabe von Geschlecht, Alter, Hautfarbe oder Körpergröße – leicht befüllbare Variablen der Konstruktion des Online-Selbst.

Die *zweite Abstraktionsebene* (b) geht aus einer interaktionistisch-konstruktivistischen Perspektive davon aus, dass soziales Interaktionshandeln die Geschlechtsidentität der an der Interaktion Beteiligten fortlaufend konstruiert (*doing gender*). Identität liegt hier als interaktiver Prozess vor. Im Verhältnis zur ersten Abstraktionsebene ergibt sich hier etwa ein unterschiedlicher Ansatz auch dadurch, dass die Handlung ‚wissenschaftliche Untersuchung von Geschlecht' ein bestimmter Typus von Interaktionshandeln ist, in dem Identitäten durch Handlungen konstruiert werden. Die Identitätsvariablen der ersten Ebene werden folglich erst durch die Beobachtung erschaffen. Bezogen auf den Avatar, stellt dieser im interaktionistisch-konstruktivistischen Ansatz nur einen vermeintlichen Akteur dar, der zu vermeintlichen Handlungen mit vermeintlich kopräsenten Akteuren fähig ist. Wie oben als das zweite Problem der mythischen Setzungen der Formalisierung gezeigt wurde, ist der Avatar jedoch Text, kein Akteur.

Die dritte und zugleich höchste Abstraktionsebene (c) bildet ein diskurstheoretischer Zugang, der Macht/Wissen-Ordnungen als Untersuchungsebene wählt. Symbolordnungen, also vor allem sprachliche Repräsentationen, erfüllen in diesem Ansatz die Konstruktionsleistung von kultureller Identität. Vorhandene sinnhafte Repräsentationsmuster und Kategorien determinieren als Subjektivationstechnik, welche Identitäten angenommen werden können. Im produktiven Akt der Identifikation liegt dabei stets gleichzeitig eine Formalisierung des Selbst (Kap. 1.3.3., 2.2.1.). Das Mythische des Avatars nun ist, dass er als Stellvertreter des Selbst gilt, mit dem es ein Leichtes ist, alternative Identifikationen anzunehmen. Die Illusion ist dabei, der Macht/Wissen-Ordnung zu entkommen. Identität ist hier Identifikation in (sprachlichen) Repräsentationen.

Vermischungen der ersten beiden Ebenen (a, b) hängen eng zusammen mit den bereits diskutierten Äquivalenzsetzungen von Avatar mit Körper und Akteur, Interaktion kopräsenter Akteure mit absenten Repräsentationen, die vor allem Text und eben keine Akteure sind. Abschließend soll die dritte Abstraktionsebene (c), die die Rolle von Text und Sprache für kulturelle Identitätsbildung beleuchtet, ins Zentrum rücken.

Repräsentationen des Avatars sind stets in einer computersprachlichen Umschrift als Code festgelegt. Dies bedeutet, dass jede vermeintliche Performanz des Avatars immer nur formalisiert in Sprache vorliegt. Dieser Umstand ist der performativen Identitätstheorie Butlers (1990) oder Saids (1978) sehr nahe, die im Zusammenspiel von Sprache (Wissen) und Machtstrukturen erst die Möglichkeit einer Identifikation erkennen. Diese Strukturen sind überindividuell und ohne benennbaren Ursprung, weswegen jede Identität nur eine „Kopie ohne Original" (Butler) bleiben muss. Keine kulturelle Identität ist eine stabile, positiv zu denkende Einheit, sondern eine instabile, dynamische, als Prozess verstandene *Identifikation*, die Stabilität allein in der Benennung des ‚Anderen‘ und Abgrenzung gegenüber diesem erlangt (Hall 1996). Dieser Mechanismus einer Identifikation und Stabilisierung wirkt nur in sprachlichen Symbolordnungen. So zeigt Butler etwa mit ihrem Konzept der „heterosexuellen Matrix", dass sich jede Definition des Begehrens (hetero-, homo- oder bi-sexuell) oder der Geschlechtsidentität (weiblich, männlich, trans- oder intersexuell) an der Norm der Geschlechts- und Begehrensdichotomie Mann-Frau orientiert. Das Selbst und seine kulturelle Identität unterstehen stets dieser sprachlichen Macht/Wissen-Struktur (Kap. 2.2.1.). Der Avatar ist selbst nur Text, also sprachliche Repräsentation und kann damit *keinesfalls* zu einem Instrument der wie auch immer theoretisierten Transzendierung der Macht/Wissen-Struktur werden, in die das Individuum eingebettet ist.

Wenig überraschend ist deshalb, dass ein vermeintliches Experimentieren mit alternativen Entwürfen des Selbst als Avatar, das die Grenzen etwa der Rassen- oder Geschlechtsidentität zu überschreiten vermag, eine mythische Verklärung ist. Die alternativen Avatar-Identitäten sind vor allem Reartikulationen kulturell etablierter Identitätsstereotype: Beispielsweise werden oft weibliche Identitäten vorrangig von männlichen Nutzern entworfen als unterwürfige und dennoch verführerische Sexspielzeuge bzw. männliche ‚Stellvertreteridentitäten‘ zu heldenhaften Kämpfern stilisiert, wie Nakamura (2008 [1995]) für textbasierte Computerspiele feststellt.

Der Code des Avatars greift vorhandene kulturelle Symbolordnungen auf. Er ist damit funktionell eine Selbsttechnik und fordert eine Reflexion über die Verortung der eigenen oder der gewünschten Identität (z. B. Reichert 2008). Auf diese Weise wird gleichzeitig ein biographisches Narrativ fortgeschrieben (Kap. 2.2.1.), als eine „visual autobiography", die niemals unabhängig von sprachlichen Wissensstrukturen, kulturellen Skripten oder Ideologien entworfen werden kann (Morrison 2010, 172). Bei der Identifikation – dem konstruktiven Prozess der stabilisierenden Selbstverortung – kommt es deshalb auch zu einer Homogenisierung der vermeintlich freien und individuellen Online-Selbste (Illouz 2007). Auch dies deutet wieder stark auf die eigentliche Bedeutung des Avatars als Text, der Genrekonventionen unterliegt. Die Frage lautet deshalb nicht, in welcher alternativen Identität ein Experimentierfeld eröffnet wird, das aus dem begrenzten Erfahrungshorizont des körperlich-materiell gefangenen Selbst ausbricht. Sie lautet eher, welche generischen oder ästhetisch konventionalisierten Anforderungen ein Avatar erfüllen soll bzw. welche oftmals stereotypisierten Skripte durch die Avatar-Identität von User-Autoren reartikuliert werden. Ein weißer Mann in mittleren Jahren ,wird' kein junges asiatisches Mädchen durch die Wahl eines entsprechenden Avatars. Der weiße Mann in mittleren Jahren produziert einen Text, eine Bricolage identifikatorischer Versatzstücke einer eurozentrischen und männlichen Vorstellung dessen, wie ein junges asiatisches Mädchen wohl so denkt, fühlt oder handelt.

Der Avatar ist weder eine immaterielle Erweiterung des materiellen und lokalisierten Körpers noch phatische Prothese des Geistes oder des Selbst. Er ist eine Repräsentation und als solche nicht fähig zu einer die soziale Realität der Identitäten konstruierenden Interaktion. Er ist Zeichen – wenn auch eines, das seine Rolle als Signifikant durch visuelle Opulenz effektiv kaschiert. Am Ende ist der Avatar ein Text, der Autoren und Leser, Konstruktion und Deutung verdichtet. Er ist damit nicht nur auf die engen Bahnen des für ihn vorgesehenen Software-Codes beschränkt. Wie jeder Text unterliegt er bestimmten generischen Vorerwartungen und kulturellen Skripten dessen, wie ein „guter" Avatar zu sein hat. Dass der Avatar dennoch zur alternativen und körperlosen Identität stilisiert wird, liegt allein in seiner illusionären Verwandtschaft zum menschlichen Körper begründet. Prinzip der Illusion ist auch hier der Mythos der algorithmischen Formalisierung.

2.3. Die Algorithmen des Bewusstseins

Die Frage nach der ,Funktionsweise' des Bewusstseins auszusprechen ist gefährlich, weil nicht nur ein Kanon philosophischer Ideen aufgerührt wird, der – einmal eröffnet – zur Auseinandersetzung mit seiner zwei Jahrtausende alten Entwicklungsgeschichte zwingt. Zusätzliche Gefahr droht auch durch den sich scheinbar vergrößernden technischen Zugriff auf das Gehirn, der das Bewusstsein als Forschungs-,Objekt' der Philosophie entreißt und es in neuen Disziplinen mit eigenen, scheinbar verlässlich messend-empirischen Methoden zu einem ganz anderen Objekt macht. Nicht mehr das selbst-bewusste Ich, sondern der in neurochemischer Form repräsentierte und damit beobachtbare mentale Zustand einer Organisationseinheit ,Gehirn' materialisiert einen ganz neuen Gegenstand in unseren Köpfen. Das grundsätzliche abstrakt-logische Problem beim Sprechen über das Bewusstsein ist die Selbstreferentialität dieses Sprechens: Um Bewusstsein zu erklären, muss sich Bewusstsein selbst erklären. Die grundsätzliche empirische und forschungspraktische Schwierigkeit solcher Fragestellungen ist darin begründet, dass die durch die Neurowissenschaften oft vertretene Gleichung ,mentaler Zustand (Freude) = materielle (messbare!) Repräsentation (neuronale Materialisation eines Zustands der Freude)' nicht so leicht aufzulösen ist wie erhofft.

In Anbetracht all dieser Schwierigkeiten soll es hier keinesfalls darum gehen, das grundsätzlich problematische Verhältnis zwischen der Neurobiologie und der Philosophie des Geistes aufzurollen oder gar zu versöhnen. Vielmehr stehen in diesem zweiten Teil die Funktionsprinzipien im Mittelpunkt, die innerhalb des Sinnsystems legitim als konstitutiv für gegenwärtige Menschbilder gelten können. Dementsprechend stellt sich die Frage, wie das Bewusstsein mit Hilfe gegenwärtiger Signifikationstechniken wie Repräsentationen, Praktiken oder fiktionalen Projektionen erklärt und als Objekt produziert wird. Auch für den Bereich der im Sinnsystem erzeugten Bilder des Bewusstseins gilt als Hypothese die Annahme, dass es nach Maßgabe eines Algorithmus modelliert wird: Formalisiert ist seine Beobachtung, formalisiert ist seine beobachtete Funktionsweise. In den folgenden drei Kapiteln werden beispielhaft Bilder menschlichen Bewusstseins vorgestellt, die auf unterschiedliche Weise im Mythos Algorithmus hergestellt werden. Um nicht zwischen einem theoretischen Schulenstreit und sogar Disziplinenkonflikt zerrieben zu werden, sollen die komplexen Modelle nur so weit eine Rolle spielen, wie sie für das eigentliche Argument benötigt werden.

Wie bei jeder Modellbildung trägt auch die Erklärung des Bewusstseins zu seiner Konstruktion bei: Bewusstsein ist das, was uns das Modell von Bewusstsein erzählt. Auch die eben genannte Scheingleichung ‚mentaler Zustand = materielle Repräsentation' macht aus Perspektive des Beobachterkonstruktivismus die materielle Manifestation zu nicht mehr als einem epistemischen Ding. Darüber hinausgehend soll gezeigt werden, dass insbesondere kybernetische Wahrnehmungs- und Steuerungstheorien zwar von Rekursion – Feedback-Loops – als eigenständiger Figur sprechen, implizit jedoch die Algorithmus-Figur in sich tragen (Kap. 2.3.1.). Daran anknüpfend wird die oft geäußerte Kritik an der Künstliche-Intelligenz-Forschung mit Hilfe der Algorithmus-Figur neu geordnet. Am Beispiel von IBMs Supercomputer Watson zeigt sich, wie der Mythos der Künstlichen Intelligenz trotz aller prinzipieller Kritik an seiner Umsetzbarkeit am Leben gehalten wird (Kap. 2.3.2.). Abschließend wird der Gedanke vom Gehirn als Neurocomputer nochmals aufgegriffen: Welche Repräsentationen und Praktiken reproduzieren dieses Menschbild auf so hartnäckige Weise (Kap. 2.3.3.)?

2.3.1. Kybernetische Algorithmen – Die Loopings des Geistes

Im Jahr 2006 erlangte eine spektakuläre Therapieform gegen die Nervenkrankheit Parkinson, deren deutlichstes Symptom der fortschreitende, unumkehrbare Verlust der kontrollierten Steuerung von Muskelbewegungen durch Starre und Tremor ist, besondere akademische und mediale Aufmerksamkeit: Der an Parkinson erkrankte Soziologe Helmut Dubiel (2006) berichtete über seine Erfahrungen mit der sogenannten tiefen Hirnstimulation, bei der ins Gehirn implantierte Elektroden durch Strom auf das Gehirn einwirken. Dadurch können die besonders störenden Muskelbewegungen im Wortsinne *ausgeschaltet* werden. Der Patient trägt das dazu notwendige Gerät unter der Haut mit sich und kann sich auf diese Weise frei in seinem Alltag bewegen. Einer der schwersten Nebeneffekte dieser hochinvasiven Therapieform ist das Risiko einer Persönlichkeitsveränderung. Mit Blick auf den Erfahrungsbericht Dubiels spricht Müller (2010, 27-30) von zwei Bewusstseinszuständen, zwischen denen sich durch Aktivieren und Deaktivieren des Impulsgebers hin- und herschalten lassen kann. Ein Ausschalten des Geräts bewirkt eine beinahe sofortige Rückkehr des Tremors und der Depressionen, unter denen Dubiel als Begleiterkrankung leidet. Dafür sind die kognitiven Fähigkeiten der Selbstreflexion und eine andere Selbstwahrnehmung wieder aktiviert. Der Impulsgeber bedeutet nicht nur Steuerung motorischer Zustände, sondern aktiviert und deaktiviert auch Empfindungen. Neben den Gedanken der Kontrolle des Selbst durch die Technik tritt zusätzlich die Angst vor der Objektivierung des Selbst durch die Technik (Müller 2010, 31): das Bewusstsein – eine bloße Maschine.

Allein die Möglichkeit eines zunächst so radikal erscheinenden Eingriffes wie der tiefen Hirnstimulation scheint alle Zweifel daran auszuräumen, dass es sich bei Gehirn und Computer um äquivalent operierende Systeme handelt, die über geeignete Schnittstellen Informationen austauschen können. Der grundsätzliche Zweifel an einer solch sonderbaren Äquivalenz wird überstrahlt durch die Fragen danach, wie die Kommunikation zwischen Computer und Gehirn optimiert werden kann oder welche ethischen Konsequenzen eine solche Entwicklung nach sich ziehen könnte – etwa die Entwicklung einer Gesellschaft, in der Optimierungszwang und Selektion der Gehirne vorherrschen (so Müller 2010, 33-41), worin sich in leicht abgewandelter Form die Argumente des Diskurses um die Manipulation des Lebendigen wiederholen (Kap. 2.1.2.). Die spektakulären Eingriffe und Kommunikationswege durch Mensch-Machine-Interfaces kaschieren einen doch eigentümlichen Zufall, nach dem die Menschheit gerade jetzt eine Technik entwickelt, die sich dem Gehirn in ihrer Funktionsweise auf frappante Weise annähert. Auch für das Bewusstsein soll in diesem Kapitel die These gelten, dass die Modelläquivalenz als die entscheidende Triebfeder einer solchen scheinbaren Konvergenz zu gelten hat, denn innerhalb des Mythos Algorithmus werden die Gehirne als universelle Rechenmaschinen erst sinnhaft produziert (insb. Kap. 1.2.).

Die tiefe Hirnstimulation ist nur ein spezifischer Anwendungsfall, der den „Stand der Dinge" der Neurotechnologien beschreibt (Müller 2010, 18). Grundsätzlicher lässt sich der ‚Stand der Dinge' so charakterisieren: Es wird mit einem Gerät gearbeitet, das das menschliche Gehirn mit einem Computer verbindet, ein sogenanntes Brain-Computer-Interface:

> Dabei handelt es sich um Schnittstellen, die durch die Verbindung von Elektroden und menschlichem Gehirn den Austausch bioelektrischer Signale ermöglichen. Dieser kann in beide Richtungen (vom Gehirn zur Maschine und umgekehrt) stattfinden sowie wechselseitig (vom Gehirn zur Maschine und wieder zurück) (Müller 2010, 18).

Die erste Möglichkeit, die ein solches Interface bietet, ist die sensorische Messung von „Hirnsignalen", die „in elektrische Impulse übersetzt" werden, so dass „man Hirnaktivitäten als Informationen lesen kann, um auf diesem Weg eine Kommunikation zwischen Gehirn und Computer herzustellen" (Müller 2010, 18). Prinzipiell verbirgt sich dahinter die symbolische Umschrift des EEGs (Elektro-Enzephalogramm), die in einem weiteren Schritt zur Steuerung technischer Prothesen oder zur Kommunikation durch reine Gehirnaktivität dienen kann. Als zweite Möglichkeit nennt Müller (2010, 20) die gezielte Stimulation einzelner Hirnregionen durch elektrische Impulse, „um eine bestimmte Hirnaktivität auszulösen oder zu inhibieren". Neben den experimentellen Versuchen zur Neuroprothetik (auditive Signale werden durch elektrische Impulse ins Gehirn geleitet) und bislang spekulativen Anwendungsmöglichkeiten bei der Verhaltenskontrolle, findet dieses Prinzip vor allem eine Umsetzung in der tiefen Hirnstimulation wie in Dubiels Fall. Besonders aufschlussreich für das hier verfolgte Argument ist jedoch folgender Hinweis, der weiter unten wieder aufgegriffen wird:

> Interessanterweise ist dabei bis heute nicht bekannt, warum sich der Tremor durch die Stimulation unterdrücken läßt. Die Methode wird sozusagen in einem *Trial-and-Error-Verfahren* entwickelt, das von den sicht- und spürbaren Erfolgen dieser Technik ausgeht (Müller 2010, 20; Hervorhebung T.B.).

Die dritte Anwendungsmöglichkeit eines Gehirn-Computer-Interface liegt darin,

> ableitende und stimulierende Einwirkungen auf das Gehirn in Form von Feedback-Systemen zu kombinieren. Dabei werden ‚Informationen' aus dem Gehirn abgeleitet, die wiederum eine Stimulation des betreffenden Hirnareals auslösen können (Müller 2010, 22).

Dies ließe sich, so Müller weiter, beispielsweise bei Epilepsie anwenden, indem ein sich ankündigender Anfall frühzeitig sensorisch gemessen und augenblicklich durch Stimulation gekontert wird. Die Machbarkeitsvisionen einschränkend gibt Müller jedoch zu bedenken: Das „Verständnis der Zusammenhänge zwischen den neurotechnologischen Stimulationen und den mentalen, kognitiven, emotionalen und charakterlichen Korrelaten" bleibt „rudimentär" (Müller 2010, 24).

Dennoch verführt die Existenz sogenannter ‚Schnittstellen' dazu, den Mythos einer nahtlosen Anschlussfähigkeit zwischen Gehirn und Computer weiter zu befeuern. Die hier verfolgte These argumentiert hingegen, dass diese magische Verständigung zwischen menschlicher und maschineller Recheneinheit auf einer durch den Mythos Algorithmus hergestellten Äquivalenzbeziehung der beiden zueinander basiert. Um diese mythische Überhöhung zu verdeutlichen, lässt sich zunächst feststellen, dass es sich in allen drei Fällen der Anwendung der Computer-Gehirn-Interfaces – ohne dass Müller es so nennen würde – um ein Modell von einem *kybernetischen* Gehirn handelt: Das Gehirn als *black box*, die kybernetischen Steuerungsprinzipien entsprechend agiert.

Die Indizien, die für diese implizite Annahme eines kybernetischen Gehirns sprechen, sind deutlich: Die Rede ist von Input und Output, Steuerung und Kontrolle, *trial and error*, Feedback, Kommunikation zwischen Gehirn und Computer durch Interfaces, ein Wechselspiel von Sensorium und Motorium in Feedbackschleifen und speziell bei Dubiel der Gedanke der Selbststeuerung, der reflexiven Steuerung des Bewusstseinszustands. Die Kybernetik mit ihren Modellen der „Steuerung und Kommunikation von Tier und Maschine" (Wiener 1961; Hayles 1999; Kap. 2.1.2., 2.3.2.) hat auch das menschliche Gehirn früh zu ihrem Untersuchungsgegenstand gewählt.[118]

Die Modellierung des Gehirns unterscheidet sich in der Kybernetik – in heuristischer Einfachheit ausgedrückt – durch zwei grundlegend verschiedene Ansätze. Einerseits wird das Gehirn als Steuereinheit betrachtet, deren Funktionsweise unergründlich ist. Das Gehirn ist eine *black box*. Der andere Ansatz öffnet die *black box* und findet im Gehirn Repräsentationen und Codes vor. Das Problem entsteht nun, wenn das *black box*-Modell (das dem Gehirn zugesteht, dass der Mensch es nicht verstehen kann) nun umdeklariert wird zu einem Gehirn, dessen Funktionsweise man durch ‚Lesen' seiner Funktionen verstehen und schließlich steuern kann. Der Mythos Algorithmus produziert einen kontrollierbaren Hirn-Computer. Von einem performativen Organ wird das Gehirn zu einem mit Repräsentationen gefüllten Organ. Es lohnt sich ein genauerer Blick darauf, wie dies im Einzelnen geschieht:

Pickering stellt – bewusst vereinfachend – die kybernetische Ontologie (Kybernetik erster Ordnung) der kybernetischen Epistemologie (Kybernetik zweiter

---

[118] Pickering (2010) führt dies in seiner Geschichte des „Cybernetic Brain" deutlich aus, in der er sich vor allem mit der Kybernetik in der britischen Tradition (Ross Ashby, Gregory Bateson, Grey Walter, R.D. Laing) befasst.

Ordnung) gegenüber, die sich schematisch differenzieren lassen: Während die Kybernetik erster Ordnung *performativ* arbeite und damit ontologisch das Sein der Dinge zum Thema habe, habe sich die Kybernetik zweiter Ordnung, gerahmt durch einen *linguistic turn*-Zeitgeist, epistemologisch dem Wissen („*representational*"; zeichenhaft repräsentiertes Wissen) verschrieben und sich dadurch laut Pickering in eine „Falle" (2010, 26) begeben. Wie sich zeigen wird, sind beide kybernetischen Modelle (Performanz und Repräsentation) prinzipiell formalisiert, jedoch mit unterschiedlichem Abstraktionsgrad. Auch hier wird eine interessante – und problematische – Modellübertragung vorgenommen, die von den performativen Eigenschaften des Gehirns als *black box* (das Gehirn erlernt Steuerungsprozesse) auf die Repräsentationen *innerhalb* der *black box* Rückschlüsse suggeriert, die jedoch höchst fragwürdig sind.

Der performative Ansatz betrachtet das Gehirn als Steuereinheit, deren tatsächliche Funktionsweise verborgen bleibt, während der Ansatz, der im Gehirn vorhandene Repräsentationen annimmt, ins Leere läuft. Mit Blick auf den von Müller beschriebenen ‚Stand der Dinge' in den Neurowissenschaften ließe sich formulieren: Das Gehirn ist auch hier die Steuereinheit in performativen Prozessen, das Interface hingegen stützt die illusionäre Deutung, hier werde mittels Repräsentationen kommuniziert.

Pickering arbeitet den charakteristischen Unterschied zwischen den genannten Konzepten heraus, was er zunächst an zwei bekannten kybernetischen Modellen – dem kybernetischen Gehirn und der *black box* – illustriert. Das Gehirn – als „distinctive object of British cybernetics" (Pickering 2010, 5) – lässt sich einerseits (im populären wie im wissenschaftlichen Diskurs) als „organ of *knowledge*" deuten: „My brain contains representations, stories, memories, pictures of the world, people and things, myself in it, and so on" (Pickering 2010, 5-6). Aus Sicht der (britischen) Kybernetiker sei das Gehirn jedoch gerade nicht als Repräsentationen prozessierendes Organ zu verstehen:

> The cyberneticians ... conceived of the brain as an immediately embodied organ, intrinsically tied into bodily performances. And beyond that, they understood the special role of the brain to be that of adaptation (Pickering 2010, 6).

Pickering zitiert Ross Ashby (1948, 379), der im Gehirn eben keine „thinking machine", sondern eine „acting machine" erkennt („[which] gets information and does something about it") und schließt daraus: „the cybernetic brain was not representational but *performative* ... and its role in performance was *adaptation*" (Pickering 2010, 6). Ein kybernetisches Gehirn-Modell dieser Art war ein elektromechanisch arbeitendes und anpassungsfähiges Gerät, das mit der Umgebung interagieren konnte und dadurch eine „quasi-magical, disturbingly lifelike quality" (Pickering 2010, 7) erreichte.[119]

Pickering bezeichnet dies als ‚ontological theater' (Pickering 2010, 21) und meint damit, dass diese (frühen) materiellen Modelle der Kybernetik vor allem performative Qualität haben, die in dieser Aufführung der Epistemologie repräsentierten Wissens die ‚ontologische Vision' miteinander verbundener performativer Akte gegenüberstellt (Pickering 2010, 21-22). Die demonstrierte Ontologie der Kybernetik sei „seltsam unvertraut", weil sie mit zwei Regeln moderner Wissenschaften („modern sciences", Pickering 2010, 17) breche: 1. Der für die modernen Wissenschaften charakteristische Einsatz von Dualismen (Subjekt/Objekt, Natur/Kultur) sei durch die kybernetischen Modelle in Frage gestellt:

> At the most obvious level, synthetic brains – machines like the turtoise ... – threaten the modern boundary between mind and matter, creating a breach in which engineering, say, can spill over into psychology or vice versa (Pickering 2010, 18).

Die kybernetischen Modelle seien eine Aufführung der Einsicht, dass die Unterschiede zwischen Menschen und Maschinen geringer seien als angenommen. 2. Weiteres Charakteristikum moderner Wissenschaften sei die Zuschreibung von Kausalbeziehungen: Gegenwärtig oder früher Gewusstes steht in einer zeitlichen Ursache-Wirkung-Beziehung zu zukünftigem Wissen. Dem setzt die kybernetische Perspektive einen ‚evolutionären' adaptiven Ansatz entgegen; nicht die Ursache zählt, sondern die Anpassung durch Interaktion mit der Umwelt.[120]

Doch zunächst wird das Gehirn in dieser Kybernetik der Performanz als *black box* begriffen (Pickering 2010, 19-21). Die *black box* (Ashby 1956) ist ein Element einer Organisationseinheit, deren Funktionsweise unbekannt ist. Allein der Zusammenhang zwischen Input und Output dieser Systemkomponente kann beobachtet werden.[121] Obwohl sie nicht verstanden wird (ihre Funktionsweise nicht repräsentierbar ist), kann mit der *black box* interagiert werden: Sie steht mir ihrer Anpassungsfähigkeit deshalb für ein performatives Theater:

> A Black Box is something that does something, that one does something to, and that does something back – a partner ... in a dance of agency [...]. Knowledge of its

---

[119] Ein gutes Beispiel hierfür sind etwa Grey Walters Schildkröten-Modelle, die sich durch Servomechanismen in ihrer Umgebung bewegen konnten. Hervorzuheben ist ihre adaptive Qualität, ihre Anpassungsfähigkeit: „The turtoises engaged directly, performatively and nonrepresentationally, with the environments in which they found themselves .... Hence the idea [that] tortoises modelled the performative rather than the cognitive brain" (Pickering 2010, 21).

[120] Dieser performative Ansatz widerspricht folglich auf den ersten Blick den algorithmisierten Erkenntnisprogrammen der Wissenschaft (Kap. 1.4.). Diese Frage wird gleich nochmals thematisiert.

[121] *Black boxes* tauchen überall auf: Den wenigsten Menschen ist die tatsächliche Funktionsweise eines Bankautomaten bekannt, Interaktion ist dennoch möglich. Der Psychologe, der einen psychotischen Patienten behandelt, interagiert mit einer *black box*, deren Organisation den gesetzten Regelmäßigkeiten widerspricht.

workings, on the other hand, is not intrinsic to the conception of a Black Box – it is something that may (or may not) grow out of our performative experience of the box (Pickering 2010, 20).

Das für moderne Wissenschaft charakteristische Bestreben, repräsentiertes/repräsentierbares Wissen zu produzieren, kaschiert eine performative Perspektive, die die Welt als eine sich aus Interaktionen konstituierende interpretiert: Nicht die epistemologische Perspektive kognitiven Wissens ist zentral, sondern – so Pickering – die ontologische Perspektive der Performanz, der Handlungen zwischen dem Wissenschaftler, seinen Werkzeugen, seinen Untersuchungsobjekten usw., womit Pickering nahe an Latours Akteur-Netzwerk-Theorie (Kap. 1.3.2.) ist: „the performative aspects of our being are unrepresentable in the idiom of the modern science" (Pickering 2010, 21). Die *black box* jedoch zu verstehen – sie öffnen zu wollen – bedeutet, die performative Dimension zu verlassen und ihre Funktionsweise repräsentierbar zu machen. Pickering weist selbst auf die nur schwerlich aufrechtzuerhaltende Trennschärfe der beiden Seiten hin (Pickering 2010, 25). Es sei dennoch lohnenswert, die beiden Perspektiven (Repräsentanz und Wissen; Performanz und Handeln) für sich genommen zu berücksichtigen. Das Gehirn als ‚ungeöffnete Black Box' ist nicht repräsentierbar, aber etwa durch die elektromechanischen Schildkröten-Modelle in eine funktionale Äquivalenz der Anpassungsfähigkeit gebracht. Diese Form der wissenschaftlichen Erklärweise hat vor allem demonstrativen Charakter: Wenn bestimmte Teile (deren Funktionsweise nicht bekannt sein muss) in einer bestimmten Weise funktional aufeinander abgestimmt sind, lassen sich Rückschlüsse ziehen auf äquivalent arbeitende *black boxes* wie das menschliche Gehirn. Nicht zuletzt ist die entscheidende Komplexitätsreduktion dieser Form des Erkenntnisgewinns gewünscht (Pickering 2010, 48-50).

Paradigma	Kybernetik 1. Ordnung	Kybernetik 2. Ordnung
Konzeptionalisierung des Gehirns	Gehirn als *black box*	Gehirn als lesbare Steuereinheit
Modell-Dimension	Kybernetische Ontologie: Modelle des Seins	Kybernetische Epistemologie: Modelle des Wissens
Formalisierte Zugriffsebene bei der Beobachtung	Performanz Ontologisches Theater	Repräsentation Linguistischer Code
Produktionsweise der Einheit Gehirn durch Beobachtung	Beobachtung der Inputs und Outputs; Adaption	Öffnen der *black box*; Illusion des zeichenhaften Zugriffs

Abb. 17: Die Illusion des symbolischen Zugriffs: Die ontologisch operierende Kybernetik liest das Gehirn aus einer performativen Perspektive eines Feedback-Loops zwischen Inputs und Outputs und formalisiert es so als *adaptive Steuereinheit*. Die epistemologisch operierende Kybernetik liest das Gehirn aus einer linguistischen Perspektive formalisierter Zeichensysteme und konstruiert es so erst als eine *Zeichen prozessierende Steuereinheit* (eigene Darstellung).

Pickerings kategorisierende Thesen sind sehr nützlich, weil sie verdeutlichen, dass *auch die über Interfaces hergestellte Kommunikation zwischen Gehirn und Computer nicht mehr sind als eine kybernetische Performanz, ein ontologisches Theater.* Die ,Funktionsweise' des Gehirns ist unbekannt und im Zentrum stehen vor allem seine adaptiven Qualitäten als Input-Output verarbeitende Steuereinheit. Wer die *black box* jedoch mit Repräsentationen auflädt, läuft in eine Falle, denn er gibt sich der Illusion der Performanz hin: Ein effektives performatives kybernetisches Modell bietet zwar die Illusion einer Vertextlichung der *black box*, indem der Versuch unternommen wird, etwas zu repräsentieren, was sich nicht repräsentieren lässt. Doch auch die performative Ebene ist nicht frei von Formalisierung und damit repräsentierenden Elementen: Die *black box* Gehirn ist als Variable Teil eines repräsentierbaren Systems von Feedback-Loops, Input und Output. Es handelt sich folglich bei diesem kybernetischen Modell um eine repräsentierte Performanz. Der Algorithmus als logische Figur *repräsentiert* weder nur ,bloße Repräsentationen' noch ,bloße Operationen', sondern algorithmisierte und damit repräsentierbare Performanz. Mit anderen Worten: Auch die Performanz wird beobachtet und damit einem formalisierten Beobachtungsmuster untergeordnet. Der Algorithmus als Figur macht damit deutlich, dass es sich auch bei der kybernetischen Performanz von Gehirn und Computer nicht um ein rein ontologisches Theater handelt, sondern dass auch die Aufführung formalisiert und damit Teil der Repräsentationen und somit epistemologisch ist.

Pickerings „ontologisches Theater" – der Erkenntnisgewinn durch die Beobachtung von Performanz – steht im Widerspruch zu seiner eigenen Annahme, hier sei keine Repräsentation am Werk: Gerade in der Demonstration liegt die Repräsentation. Die „Ontologie" der frühen Kybernetik wird von Pickering angepriesen als ein „Ausweg aus der Falle" (Pickering 2010, 26) des Beobachterrelativismus der ausdrücklich epistemologischen Ausrichtung der nachfolgende Kybernetik zweiter Ordnung. Doch gerade durch die Aufführung der Performanz wird die untrennbare Verbindung der beiden deutlich: ein theoretisches Modell wird hier simuliert – eine Repräsentation findet einen anderen Weg, kommuniziert zu werden („aids to our ontological imagination"; Pickering 2010, 22). Aber auch das ontologische Theater, die materiell-performative Demonstration des Modells, fußt schließlich auf dem Modell. Kybernetik ist bei Pickering eine performative Ontologie, aber auch die Performanz wird symbolisch, wenn ihr ein Bauplan zugrunde liegt und die Interaktion ein repräsentierter Feedback-Loop ist; auch die Ontologie ist Epistemologie, wenn sie zur Wissensproduktion benutzt wird. Pickerings Annahme lautet: Cybernetics is a „science that helped us thematize performance as prior to representation" (2010, 23) ist paradox, denn sie setzt voraus, dass eine performative Demonstration ohne zugrunde liegendes repräsentiertes Modell auskomme und ohne Beobachterkategorien beobachtet werden kann. Doch entsprechend dem oben eingeführten (Kap. 1.3.3.) Verständnis von Technik als Signifikationstechnik innerhalb desselben Sinnsystems – abstrakt und materiell gleichermaßen – entspringt das adaptive und performative kybernetische Gerät immer auch einem Modell als Bauplan vor seiner materiellen Instatiierung. Eine kybernetische Schildkröte ist materielle Instatiierung des theoretischen Modells *feedback loop* und beide gehören dem gleichen Sinnsystem an. Kybernetische Apparate sind materialisierte Modelle und nicht befreit von ihrer symbolischen Überformung. Was Pickering Performanz nennt, findet sich bei Latour unter dem Rubrum Aktanz und bezieht ausdrücklich die symbolische Dimension mit ein. Hier liegt der wesentliche Unterschied zur Akteur-Netzwerk-Theorie.

Zusammenfassend wird mit der Algorithmus-Figur deutlich, dass auch die performative Dimension der Gehirn-Computer-Schnittstelle eine formalisierte ist: Die *black box* ist streng genommen selbst nur ein Symbol, ein Platzhalter des Modells der Feedback-Schleife. Ihre Funktionsweise ist rätselhaft, sie ist die Variable einer unbekannten Größe, hat damit eine semiotische Qualität – denn sie bezeichnet das Nicht-Verstandene. Es ist deshalb unmöglich, die *black box* rein performativ zu nennen. Die Rekursionsschleife, der Feedback-Looping, ist in diesem Sinne eine Art kybernetischer Algorithmus, als Handlungsvorschrift zur Steuerung des kybernetischen Systems. Er ist determiniert durch das Ende der Selbstorganisation des Systems (beispielsweise den Tod des Gehirns oder die Trennung des Interface).

Eine Modelläquivalenz – ein gemeinsames Modell – von Computer und Gehirn ist in dieser Art der kybernetischen Theorie nicht schwer zu erreichen, weil die Kybernetik nur von abstrakten, von Inhalten befreiten, Steuerungsprozessen ausgeht, die durch Input-Output, Rekursion (Feedback), *trial and error* und die abstrakte Einheit ‚Information' leicht zu modellieren ist. Die tiefe Hirnstimulation ist eine Therapieform, die einen bestimmten Behandlungserfolg aufweisen kann. Die ‚Informationen' die durch das Interface zwischen Impulsgeber und Gehirn fließen, haben jedoch keinen Inhalt – es sind allein elektrische Impulse (Inputs), die die Hirnaktivität verändern. Dies tun sie jedoch nicht semantisch durch spezifische codierte Repräsentationen, sondern allein durch Impulse. Es liegt folglich auch hier ein sehr abstrakter Informationsbegriff zugrunde, der zwei Zustände kennt: Strom fließt oder fließt nicht.[122] Zur gleichen Zeit ist es völlig unbekannt, wie die tiefe Hirnstimulation tatsächlich funktioniert – sie wird allein durch *trial and error*-Vorgehensweise justiert. Mit anderen Worten ist die allgemeine kybernetische Steuerungstheorie bestens geeignet, um das Gehirn wie einen Computer zu modellieren, solange es als *black box* gelten kann. Für die neurotechnologischen Verfahren lässt sich also feststellen, dass es vor allem eine kybernetische Steuerungstheorie ist, die mit ihrem Informationsbegriff die Illusion gibt, hier würden tatsächlich Informationen ausgetauscht.

Nun ließe sich einwenden, im Modell der Rekursion liege kein Algorithmus – denn die Rekursion als eine dynamische, nicht vorhersagbare Bewegung ohne einen fixierten Endpunkt widerspreche den Prinzipien der Algorithmen, die determiniert, endlich und dadurch auch voraussagbar sind (Kap. 1.4.1.). Mit diesen letztgenannten Eigenschaften ist nicht nur ein Algorithmus, sondern auch eine triviale Maschine beschrieben, zum Beispiel ein Computer als Rechenmaschine, die „fehlerfrei und unveränderlich durch ihre Operationen ‚Op' gewisse Ursachen (Eingangssymbole, x) mit gewissen Wirkungen (Ausgangssymbole, y)" verbindet (Foerster 2003 [1985], 60). Die Operation lässt sich durch den folgenden Algorithmus ausdrücken:

$$\text{OP}(\text{X}) \rightarrow \text{Y}$$

---

[122] Hierzu vergleichbar die ausführliche Diskussion zum „Code des Lebens"; Kap. 2.1.1.

Dies bedeutet zum Beispiel, dass dem Buchstaben x = A und die Ziffer y = 1, dem Buchstaben x = B die Ziffer y = 2, dem Buchstaben x = C die Ziffer y = 3, usw. zugeordnet ist, so dass sich etwa die Operation

$$OP(D) \rightarrow 4$$

denken ließe. Eine Rekursion lässt sich mit einem solchen Algorithmus nicht ausdrücken: Das Gehirn, wird es als *black box* begriffen, ist keine triviale Maschine, denn die *black box* ist bestimmt durch eine analytische Unbestimmbarkeit, Vergangenheitsabhängigkeit und die Unmöglichkeit, Voraussagen zu treffen.

Foerster geht von einem solchen Gehirn aus, das nicht allein wahrnimmt, sondern sich mittels Feedbackschleifen anpasst. Es kommt zu einem ständigen Wechselspiel zwischen Sensorium und Motorium, was gleichzeitig bedeutet, dass das Gehirn niemals ohne seine spezifische Vergangenheit, seine spezifische Plastizität (seine ‚materialisierte' Anpassung an die Umwelt) betrachtet werden kann. Es ist dadurch nicht reduzierbar auf eine determinierte und vorhersagbare Maschine. Foerster zitiert hier den Entwicklungspsychologen Piaget:

> Fünfzig Jahre von Erfahrung haben uns gelehrt, daß Kenntnis, Wissen, Verstehen nicht lediglich aus einem Registrieren von Beobachtung erwächst, ohne daß nicht gleichzeitig eine strukturierende Aktivität des Subjekts stattfindet (Piaget 1980, ohne Seitenangabe; zit. n. und übersetzt durch Foerster 2003 [1985], 69).

Ohne Handlung kann keine Wahrnehmung stattfinden, ohne die keine weitere Handlung mit weiterer Wahrnehmung stattfindet, und so weiter (Foerster 2003 [1985], 70). Diese Rekursion – und das soll hier gezeigt werden – lässt sich jedoch ebenfalls durch einen Algorithmus ausdrücken, der sich allerdings auf Werte bezieht, die er selbst produziert hat. Foerster drückt die erste Operation dieser Maschine formal so aus (Foerster 2003 [1985], 70-71):

$$OP(X_0) \rightarrow Y_1$$

Sofort wird Y_1 zum Anfangswert der nächsten Operation
$$OP(X_1) \rightarrow Y_2$$

so dass sich als allgemeiner Algorithmus der Rekursion formulieren ließe:

$$OP(X_n) \rightarrow Y_{n+1}$$

Auch die Rekursion ist folglich keine ausschließliche Performanz, sondern gleichzeitig repräsentierbar und formalisierbar. Der Algorithmus der Rekursionsschleife ist ebenfalls determiniert, und zwar durch das Ende der Selbstorganisation des Systems. Die sogenannte Autopoiese (Maturana 1985) als Organisation der Selbsthervorbringung eines Systems ist dann beendet, wenn das System nicht mehr lebt. Im Feedback-Loop steckt sowohl eine Repräsentation (auch der Loop ist nur ein Modell und damit repräsentierbar), eine zeitliche Dimension, die mit Handlungsvorschriften eine Performanz beschreibt – kurz: ein Algorithmus. Zwar lässt sich dieser performative Prozess folglich in Algorithmen beschreiben, aber das Gehirn hat den Charakter einer nicht-trivialen Maschine, einer *black box* – die Rekursionsschleifen sind solche, die dem Lernen (Piaget) ähneln, eine Adaption an die Umwelt oder das benutzte Werkzeug (Interface), das durch *trial and error*-Verfahren optimiert wird – das sind die Algorithmen der Rekursionsschleife: ein formalisierter Adaptionsprozess. Diesen Prozess der Rekursion als einen algorithmisierbaren zu begreifen, bedeutet keinesfalls jedoch die *black box* zu öffnen.

Mit Blick auf die anfänglich noch in ihrer frühen Entwicklung verharrenden ‚Interface'-Applikationen, die eine ‚Kommunikation' zwischen Gehirn und Computer herstellen sollen, wird dies durch ein Gedankenexperiment deutlich: In ihrem Aufsatz „The Extended Mind" stellen Clark und Chalmers (1998) die Frage: „Where does the mind stop and the rest of the world begin?" Die Autoren gehen von einer prinzipiellen aktiven „kognitiven Externalisierung" aus, die beschreibt, dass die Umwelt immer eine aktive Rolle in kognitiven Abläufen spielt. Sie vergleichen drei Fälle menschlichen Problemlösens:

(1) A person sits in front of a computer screen which displays images of various two-dimensional geometric shapes and is asked to answer questions concerning the potential fit of such shapes into depicted „sockets". To assess fit, the person must mentally rotate the shapes to align them with the sockets.

(2) A person sits in front of a similar computer screen, but this time can choose either to physically rotate the image on the screen, by pressing a rotate button, or to mentally rotate the image as before. We can also suppose, not unrealistically, that some speed advantage accrues to the physical rotation operation.

(3) Sometime in the cyberpunk future, a person sits in front of a similar computer screen. This agent, however, has the benefit of a neural implant which can perform the rotation operation as fast as the computer in the previous example. The agent must still choose which internal resource to use (the implant or the good old fashioned mental rotation), as each resource makes different demands on attention and other concurrent brain activity.

How much *cognition* is present in these cases? We suggest that all three cases are similar. Case (3) with the neural implant seems clearly to be on a par with case (1).

> And case (2) with the rotation button displays the same sort of computational struc-
> ture as case (3), although it is distributed across agent and computer instead of inter-
> nalized within the agent. If the rotation in case (3) is cognitive, by what right do we
> count case (2) as fundamentally different? We cannot simply point to the skin/skull
> boundary as justification, since the legitimacy of that boundary is precisely what is at
> issue. *But nothing else seems different* (Clark/Chalmers 1998, 1-2; Hervorhebung
> T.B.).

Egal nun, ob die Problemlösungsstrategie durch bloße Vorstellung, ein manuel-
les Interface oder ein ‚Neuro-Interface' erfolgt, die Erkenntnisfähigkeit ist in
jedem Fall prinzipiell äquivalent zueinander. Für die vorgestellte Rotation, durch
das manuell zu bedienende Interface oder den Neurochip ist es letztlich irrelevant, wie die Kognitionsleistung vollzogen wird. In jedem Falle *lernt* die adaptive *black box* Gehirn, die Objekte zu steuern. Die eingangs geschilderten Verfahren, Hirnaktivitäten als Informationen zu lesen oder kontrolliert Hirnaktivität zu
steuern, nähren die Illusion, zwischen Gehirn und Computer sei Kommunikation
möglich, um etwa Befehle zu geben oder einen Gedächtnisspeicher extern auf-
zubauen.

Diese Annahmen jedoch sitzen der Illusion eines falsch angelegten Informati-
onsbegriffs auf. Im Sinne des Gedankenexperiments passt das Interface weniger
in das Modell eines Kommunikationskanals, sondern ist eher als das Äquivalent
zu einem Schalthebel oder einem Fußpedal im Auto zu sehen. Auch dies sind
Interface-Strukturen, deren Gebrauch erlernt und automatisiert wird, ohne dass
die Steuerung reflektiert werden muss. Beim Steuern eines Autos wird die Kognitionsleistung über die körpereigene Hand hinaus in die Gangschaltung ‚erweitert'. Dennoch spricht man nicht von Kommunikation, sondern Steuerung.

Die Vision eines sich ständig verbessernden Gehirn-Computer-Interface muss
allein deshalb schon ernüchtert aufgenommen werden, weil aus dem EEG gewonnene Signale, die etwa in der Prothetik zur Steuerung künstlicher Glieder
genutzt werden, nicht ausreichen, um komplexe Steuerungsabläufe zu erlernen
(Dietrich et al. 2010, 2). Dietrich et al. warnen aus technischer Perspektive ausdrücklich vor einer verkürzten Gleichsetzung von EEG und Interface-
Kommunikation oder dem Begriff Brain-Computer-Interface (BCI), der angesichts der bloßen Messung elektrischer Reizpotentiale an der Oberfläche des
Schädels „absurd" (Dietrich et al. 2010, 4) ist, und sie ziehen folgendes Resümee:

> The authors want to express their conviction with this declaration that careless utili-
> zation of popular scientific terms implies wishful thinking that may not be fulfillable
> even in the distant future. This concern is especially pertinent to natural science.
> What else besides wishful thinking would make people believe that it will soon be
> possible to ‚read thoughts'? When people talk about EEG and use the term Brain-
> Computer Interface in the same context, it should be cause for skepticism among lis-
> teners (Dietrich et al. 2010, 5).

Die deutlichen Worte entsprechen den mit dem Mythos Algorithmus als faktisch-fiktionalem Erklärmodell herausgearbeiteten Formalisierungsvisionen. Doch trotz aller Kritik am irreführenden Begriff des Brain-Computer-Interface halten Dietrich et al. an der Computerschablone für das Gehirn fest, als der Steuereinheit des Körpers. Es wird deutlich, dass die prinzipiell ebenfalls formalisierte Performanz, das ontologische Theater der Gehirn-Computer-Kommunikation, erst dann in die Falle (Pickering) des Mythos Algorithmus läuft, wenn die *black box* geöffnet werden soll. Dies wirft erkenntnistheoretisch wieder eine grundsätzliche Frage auf, was denn sinnhaft darin vorgefunden werden kann, welches epistemische Ding sich versteckt hat und auf seine Entdeckung wartet: Womit soll nun diese *black box* gefüllt werden, da das Gehirn doch noch ohne Inhalte, nur funktional modelliert wird? Die Antwort lautet sehr einfach: *mit zusätzlichen Algorithmen.*

Dies sollen zwei Beispiele verdeutlichen. Zunächst ein journalistischer Artikel, der die Forschungsarbeit einer Gruppe von „Neuroingenieuren" in Berlin dokumentiert – „Teil eines interdisziplinäre Netzwerks von Gedankenlesern in Berlin", wie der Artikel vollmundig verkündet (Illinger 2010). In einem der Projekte trainieren Versuchsteilnehmer auf das Ziel hin, mittels der durch eine EEG-Messung gewonnenen Signale kurze Sätze zu formulieren. Der Journalist beschreibt dies folgendermaßen:

> „Bei diesem Experiment sollte der Unterkiefer locker nach unten hängen", sagt der Versuchsleiter Klaus-Robert Müller, angespannte Gesichtsmuskeln erzeugen Störströme. Auch dauert es eine Weile, bis Müllers Mitarbeiter am Lehrstuhl für maschinelles Lernen jede der 64 Elektroden auf dem Kopf mit Kontaktgel befeuchtet haben. Danach folgt eine viertelstündige Lernphase, in der die Apparatur im sechsten Stock der Technischen Universität Berlin lernt, wie die Signale des Gehirns aussehen, wenn es an gelbe Dreiecke oder blaue Balken denkt. Zwischendurch fragt man sich, was die Apparatur womöglich noch alles lesen kann. Was, wenn jetzt geheime Gedanken plötzlich wie ein Youtube-Video auf dem Monitor auftauchen? Ein bisschen fühlt man sich durchleuchtet wie bei einer dieser intensiven Befragungen an einem israelischen Flughafen [...] Megabitweise fließen während der Lernphase EEG-Wellen in den Rechner. Wenn der eigentliche Versuch beginnt, muss sich der Proband nur noch auf die bunten Symbole konzentrieren, und das D erscheint auf dem Monitor, dann ein A und, Mist, ein B. Eine halbe Stunde später, mit mehr Übung, fühlt es sich fast an wie eine träge Schreibmaschine. Natürlich würde kein gesunder Mensch damit längere Texte verfassen. Aber die möglichen Anwendungen für Patienten wie auch die ethischen Konsequenzen dieser Forschung sind gewaltig: Vollständig gelähmte Patienten könnten wieder kommunizieren, Prothesen werden sich eines Tages mit Gedankenkraft steuern lassen, und von Computerspielen mit Hirnsteuerung zu einfachen Formen der Telepathie ist es dann kein weiter Weg mehr (Illinger 2010).

Diese Schilderung ist Science-Fiction. In ihr wird deutlich, wie leicht kybernetische Steuerung verwechselt werden kann mit Kommunikation – das performative Modell mit dem informationellen und seinen Repräsentationen. Dieses populärwissenschaftliche Bild steht aber nicht allein, da bereits seit langem nach den ethischen Konsequenzen gefragt wird, die aus den vorgeblichen technischen Möglichkeiten erwachsen. So findet sich in der Literatur im Hinblick auf die Zukunft des computerisierten Auslesens ‚neuronaler Korrelate' von Gedanken etwa Folgendes:

> Eine Frage wäre, ob es für bestimmte Daten und Indizien, die prinzipiell durch Neurotechnologie gewonnen werden können, ein Beweiserhebungsverbot geben soll. Sollte es vielleicht analog zum Hausfrieden einen Bewusstseinsfrieden geben? So wie die Staatsgewalt nicht einfach meine Wohnungstür eintreten darf, sollte sie auch nicht meine Gedanken ausspähen dürfen (Metzinger 2010).

Im Hinblick auf die Schnittstellenforschung zwischen Neurowissenschaften und Informatik ergeben sich laut Metzinger generelle ethische Schwierigkeiten:

> Was wir derzeit erleben, ist allem Anschein nach erst der Anfang einer weitaus umwälzenderen Entwicklung: Menschliches Bewußtsein und subjektives Erleben können immer gezielter beeinflußt und effizienter manipuliert werden. Es ist deshalb notwendig, daß wir uns – über den medizinischen Gesundheitsbegriff hinausgehend – Gedanken darüber machen, welche Zustände von Bewußtsein wir für wünschenswert erachten und welche nicht (Metzinger 1996, 378).

Überdeutlich sind hier die Parallelen zur Debatte um die Manipulierbarkeit des genetischen Codes (Kap. 2.1.1.): Die in der Möglichkeit vorhandene technische Umsetzbarkeit, die eben immer mehr im Bereich des Fiktionalen (Kap. 1.2.3.) zu verorten ist, wird gar nicht erst in Frage gestellt, übersprungen und als zukünftiges Szenario einfach gesetzt.[123] Das EEG wird zum Brain-Computer-Interface überhöht und zementiert die Illusion der Dechiffrierung neuronaler Informationen, äquivalent zur ‚Entschlüsselung des genetischen Codes'. Völlig ausgeklammert wird dabei, dass es sich bei den Steuerungsexperimenten (Prothesen oder Textproduktion mittels EEG-Signalen) immer um eine Adaption des Gehirns innerhalb eines Lernprozesses handelt. Individuelle Gehirne können deshalb auch nicht naiv gleichgesetzt werden, da ein Gehirn stets durch eine spezifische Biographie erst geformt wird. Die Spekulationen über etwaige ethische Konsequenzen zementieren ein visionäres technisches Szenario, das dem Mythos Algorithmus entspringt: Das Gehirn wird auf eine solche Weise beobachtet, dass in ihm (letztlich manipulierbare) Algorithmen erkannt werden. Die ethischen Dilemmata des Rechts auf eigenes Bewusstsein (Metzingers „Bewusstseinsfrieden") reartikulieren entsprechend die Diskussionen um das Recht auf das ‚natürliche' Leben (Kap. 2.1.2.).

---

[123] En passant werden weitere zweifelhafte Ideen einfach vorausgesetzt und damit als Wissen gesetzt: Das Gehirn – so die grundsätzliche Annahme – operiert mit einem semantischen Code, was überdeutlich an die Fehlschlüsse aus dem Diskurs um die ‚genetische Information' erinnert. Ein semantischer Code wird dort gefunden, wo er gesucht wird.

Die Modellierung des Gehirns ist als Produkt eines spezifischen Sinnsystems zu verstehen, das im Sinne des Mythos semantische Lücken durch technische Bildgeber schließt. Während noch in der Weimarer Republik elektronische Schaltungen, Radiotechnologie und elektromagnetische Schwingungen und Kino als Signifikationstechniken für die beobachtete Einheit Gehirn dienen („quasi-elektrische Grundkraft des Psychischen" und „Radiodetektion geistiger Konzentration"; Borck 2002, 218-220), ändern sich auch hier mit der kybernetischen Theorie und der Informationstechnik während und nach dem 2. Weltkrieg nachhaltig das sinnvolle Sprechen über den Geist. Es lässt sich im Modell des Mythos keine „Entstehungsgeschichte" des algorithmisierbaren Gehirns fixieren, doch stechen bei einer kurzen Betrachtung einige wenige Faktoren besonders hervor, die wohl dabei geholfen haben, ein solches Gehirn zu produzieren. Die Standard-Referenz ist die Annahme, jeder Computer sei als Turing-Maschine (Kap. 1.4.1.) eine universelle Maschine, die nicht nur numerisches Rechnen beherrscht, sondern mit Hilfe ihrer Algorithmen auch logisches Denken operationalisieren kann. Sie geht einher mit der philosophischen Auffassung, „logisches Schließen" könne „als rein formales Verändern von Zeichenreihen auch auf einem Computer realisiert werden" (Beckermann 1994, 81). Nicht allein mathematisches Denken wird somit durch Kalküle repräsentierbar und durch Algorithmen auf den Computer übertragbar (Beckermann 1994, 74). Hinzu tritt der Gedanke der Algorithmen als einer symbolischen Maschine (Kap. 1.4.3.), die als Schrift (etwa eine Tabelle des kleinen Einmaleins) oder ‚internalisiert' (als auswendig gelernte Tabelle des Einmaleins) eine geistige Leistung vollzieht (durch den symbolischen Vollzug der algorithmischen Operation), ohne dass tatsächlich ein Bewusstsein vorhanden sein muss (Krämer 1994, 91). Denken – als Abfolge von Algorithmen – ist eben nicht auf ein im Gehirn lokalisiertes menschliches Bewusstsein beschränkt, sondern findet mittels Symbolsystemen auch außerhalb, etwa im Computer, oder durch die Internalisierung auswendig gelernter Algorithmen gar ohne Bewusstsein statt: „Das Hirn wird zum ‚natürlichen' Computer", indem mentale Zustände als Rechenprozesse beschrieben werden, die in einer formelsprachlichen Tiefenstruktur einer „Sprache des Denkens" ablaufen (Krämer 1994, 106). Selbst für das Problem des Leib/Seele-Dualismus bietet das Computer-Modell eine Lösung, indem letztlich jeder Algorithmus (jedes computerisierte Denken) auf zwei Zustände (0 und 1) zurückführbar sind, die materialisiert vorliegen (Strom fließt, Strom fließt nicht). Auch mentale Zustände sind in diesem Modell folglich auf eine codierte Materialisierung zurückführbar (Krämer 1994, 105). Der denkende Mensch führt Algorithmen aus. Dass jedoch in der geöffneten *black box* Gehirn Algorithmen vorgefunden werden, hat die gleichen metaphorischen Wurzeln wie der Informationsdiskurs um das Genom, wie sich am Projekt ‚Künstliche Intelligenz', das im folgenden Kapitel (2.3.2.) diskutiert wird, deutlich zeigt: Gehirn, Intelligenz, Bewusstsein und ihre ‚künstlichen' Pendants sind Produkte einer Modellhybridisierung im Mythos Algorithmus, der Formalisierbarkeit zum Prinzip des Erkennens macht. Nur so werden Computer und Gehirn eins.

2.3.2. (Künstliche) Intelligenz – Algorithmus oder Emergenz?

Am 16. Februar 2011 endete eine drei Abende währende Schlacht zwischen Menschen und Künstlicher Intelligenz. Der von IBM entwickelte sprachverarbeitende Computer mit dem Namen Watson war als ‚Kandidat' gegen zwei menschliche Mitbewerber in der US-amerikanischen Quizsendung *Jeopardy!* angetreten. Die *BBC* berichtet, der Computer habe die menschlichen Gehirne vernichtend geschlagen („IBM's supercomputer Watson has trounced its two competitors in a televised show pitting human brains against computer bytes."; BBC 2011), die *New York Times* stuft den Publicity-Auftritt des IBM-Geräts als „alles andere als trivial" ein und sieht in ihm ein deutliches Zeichen einer unaufhaltsamen Entwicklung:

> the company [IBM] has taken a big step toward a world in which intelligent machines will understand and respond to humans, and perhaps inevitably, replace some of them (Markoff 2011).

Ein diesen Sieg fast völlig trivialisierendes ernüchterndes Detail wird in der Berichterstattung zwar nicht ausgespart, seine grundlegende Bedeutung aber völlig unterschätzt. Für Schadenfreude sorgte ein Patzer Watsons in einer der Schlussrunden der Quiz-Sendung, in der die Kandidaten in der Rubrik „U.S. Cities" die Frage für die folgende Antwort zu stellen hatten[124]: „It's largest airport is named for a World War II hero; its second largest for a World War II battle". Die richtige Frage „What is Chicago?" stellten die menschlichen Gehirne[125], Watson hingegen überraschte mit der Frage „What is Toronto?????" – der größten Stadt Kanadas.

Watsons Entwickler von IBM nehmen ihre Maschine in Schutz und verraten gleichzeitig Grundzüge seiner der Quizsendung angepassten Programmierung:

> First, the category names on Jeopardy! are tricky. The answers often do not exactly fit the category. Watson, in his training phase, automatically learned that categories only weakly suggest the kind of answer that is expected, and, therefore, the machine downgrades their significance. The way the language was parsed provided an advantage for the humans and a disadvantage for Watson, as well. 'What US city' wasn't in

---

[124] Das Spielprinzip der Quizshow *Jeopardy!* ist umgekehrt: Auf den Teilnehmerinnen und Teilnehmern präsentierte Fragen müssen diese passende Antworten formulieren.
[125] Die beiden größten Flughäfen Chicagos heißen O'Hare und Midway.

> the question. If it had been, Watson would have given US cities much more weight as
> it searched for the answer. Adding to the confusion for Watson, there are cities
> named Toronto in the United States and the Toronto in Canada has an American
> League baseball team. It probably picked up those facts from the written material it
> has digested. Also, the machine didn't find much evidence to connect either city's air-
> port to World War II. So this is just one of those situations that's a snap for a rea-
> sonably knowledgeable human but a true brain teaser for the machine (IBM 2011).

Watson sucht folglich nicht nach dem ‚richtigen' Begriff. Die Software ist so programmiert, dass sie aus nach linguistischen Algorithmen selektierten Begriffen Wahrscheinlichkeiten generiert. Die fünf Fragezeichen hinter Toronto sind der als Output programmierte Indikator für die hohe Unsicherheit, die Watson für diese Antwort errechnet hat: Die Wahrscheinlichkeit für ihre Richtigkeit liegt bei nur 14 Prozent. Die richtige Frage nach Chicago folgte an zweiter Stelle mit 11 Prozent (Baker 2011). Dasselbe Problem wird ebenso deutlich bei Watsons Frage auf die Antwort:

> In May 2010 5 paintings worth $125 million by Braque, Matisse and 3 others left
> Paris' museum of this art period (Jeopardy, 2nd round).

Die von Watson errechneten Wahrscheinlichkeiten einer korrekten Frage scheinen eindeutig, wie die Abbildung zeigt:

Abb. 18: *Jeopardy!* am 15.02.2011 (The Fluidic 2011, TC 07:17)

Die vorgegeben Antworten auf gesuchte Fragen sind wie in diesem Fall von teilweise hoher syntaktischer Komplexität. Sowohl Picasso (der mit Abstand wahrscheinlichste Treffer) als auch Modigliani sind zwar Namensgeber eines Museums in Paris, jedoch keiner Kunstrichtung [art form]. Der gesuchte Begriff ‚Modern Art' wurde als zu unwahrscheinlich verworfen. Wäre der Satz von Watson jedoch ‚verstanden' worden, hätte es sich hier um die einzig mögliche der drei wahrscheinlichsten Optionen gehandelt.

Dieses Beispiel zeigt, dass Watson eine formallinguistische Wahrscheinlichkeitsrechnung prozessiert, zum Beispiel die Häufigkeiten der Korrelate der Antwort-Kategorie (hier „The Art of the Steel") mit Schlüsselbegriffen (etwa Substantive, Namen). Ein tatsächliches Verstehen der präsentierten Antworten ist allenfalls eine in der Bühnensituation erzeugte Illusion. Eine Quizshow ist eine hoch formalisierte und damit prinzipiell algorithmisierbare soziale Interaktion[126]: Beginn und Ende der Rede sowie ihr Inhalt sind präzise determiniert. Nur indem auch die menschlichen Kandidaten diesen präzisen Regeln folgen, kann die Illusion entstehen, die künstliche Intelligenz Watson nehme als ebenbürtige Akteurin an einer sozialen Interaktion teil. Diese Wirkung ist beeindruckend, doch wird sie lediglich durch den streng reglementierten interaktionistischen Rahmen ermöglicht. Dieser bietet ein formalisiertes performatives Setting, das dem im vorangegangenen Kapitel (2.3.1.) diskutierten ‚ontologischen Theater' nicht unähnlich ist: Das ‚Sein' der Künstlichen Intelligenz ist Produkt ihrer Aufführung. Eine Talkshow hätte Watson in nicht auch nur annähernd überzeugender Manier überstanden. Flankiert von und damit auf eine Stufe gestellt mit seinen menschlichen Mitbewerbern, auf den Namen Watson getauft, mit einer synthetisierten männlichen Stimme ausgestattet erhält Watson durch den Flatscreen ein Beinahe-Gesicht mit stilisiertem Haaransatz. Watson ist jedoch nicht mehr als eine effektiv arbeitende, sprachgesteuerte Datenbank, die mit zahlreichen Mitteln anthropomorphisiert wird. Die Illusion und ihr Scheitern sind kein eigentliches Problem Watsons, sondern verdeutlichen vielmehr die alte und wohl größte Herausforderung der Künstliche-Intelligenz-Forschung und auch den Hauptansatzpunkt der Kritik an ihr: die Fähigkeit einer Intelligenz, innerhalb eines Bezugsrahmens Relevantes von Irrelevantem zu unterscheiden.

In der Literatur als *frame problem* konsolidiert (erstmalig McCarthy/Hayes 1969), beschreibt es zwar in seiner Konsequenz ein praktisches Problem der Ingenieurskunst oder ‚Programmierung' Künstlicher Intelligenz, sein Ausgangspunkt ist jedoch ein vor allem epistemologisches auf der Ebene der Repräsentation (Dennett 2006 [1984], 148). Intelligenz bedeutet in einer einfachen Definition, durch Erfahrung gesammeltes Wissen zu nutzen, um für gegenwärtiges und

---

[126] Insb. Kap. 1.4.3. zur formalisierten Aktanz.

zukünftiges Handeln wahrscheinliche Szenarios zu entwickeln, die handlungsleitend sind und damit eine soziale Realität hervorbringen. Als prinzipielles und unlösbares Problem erweist es sich nun, jede in Frage kommende Erfahrung als bewusste Repräsentation zu vergegenwärtigen und sie als relevant oder irrelevant für die Handlungsoptionen zu prozessieren. Alltagshandlungen, wie etwa das spontane Zubereiten eines Sandwichs, erfordern umfangreiche Kompetenzen:

> I couldn't do this without knowing a good deal – about bread, spreading mayonnaise, opening the fridge, the friction and inertia that will keep the turkey between the bread slices and the bread on the plate as I carry the plate over to the table beside my easy chair (Dennett 2006 [1984]).

Der Diskurs um die Möglichkeit und Unmöglichkeit *künstlicher* Intelligenz zwingt nun, über solch banales Alltagswissen als überlebensnotwendiges und ständig in Anspruch genommenes Wissen nachzudenken. Aber liegt Wissen stets verlässlich in einer reproduzierbaren symbolischen Umschrift vor? Erfahrungswissen geht immer mit der Fähigkeit einher, aus den zahlreichen Erfahrungen des Alltags notwendige Selektionen und Relevanzsetzungen vorzunehmen, die sich nicht immer vorhersehen und damit in durch Algorithmen produzierte Wahrscheinlichkeiten umwandeln lassen. Das Beispiel des Quizcomputers Watson zeigt dies deutlich: Die Kategorie „U.S. cities" wird nicht als 100-prozentiges Ausschlusskriterium des Begriffs Toronto gedeutet, weil die durch Watson ,erlernte' Relevanz der Kategorie niedriger liegt, zum Beispiel bei 50 Prozent. Zu 50 Prozent wird die Kategorie schließlich ignoriert – weil es der probabilistisch arbeitende Algorithmus so will – und zieht damit eine 100-prozentige Unrichtigkeit nach sich. Den beiden intelligent arbeitenden menschlichen Gehirnen hingegen ist dieser Fehler nicht unterlaufen, ihre Relevanzsetzung hat sich dem Bezugsrahmen (*frame*) entsprechend angepasst. Watson litt am *frame problem*, das sich unter anderem aus der Annahme ergibt, Intelligenz und Denken seien stets durch die Abfolge von Algorithmen modellierbar (Turing-Maschine), die jede nur denkbare logische Schließung repräsentieren können (Kap. 2.3.1.). Intelligenz basiert ihr zufolge immer auf quasi-sprachlichen Repräsentationen (Zeichen und Operatoren).

Ein Gedankenexperiment aus der Theorie der Künstliche-Intelligenz-Forschung verdeutlicht die dahinterliegende Schwierigkeit, Denken auf die Operationalisierung quasi-sprachlicher Repräsentationen zu reduzieren (Haugeland 1987; nach Beckermann 1994, 82-83). Verglichen wird eine quasi-sprachliche mit einer quasi-bildhaften Repräsentationsform bei der Ortsangabe dreier Städte. Quasi-sprachlich kommt sie so zum Ausdruck:

(1) A-Stadt liegt 100 km nördlich von B-Stadt.
(2) B-Stadt liegt 200 km nordwestlich von C-Stadt.

(3) B-Stadt liegt 600 km westlich von C-Stadt.

Diese Sätze geben zwar Auskunft über die relative Lage der Städte zueinander, die tatsächliche geometrische Lage der Städte (es ließe sich leicht ein Problem denken, in dem sie eine große Rolle spielt, etwa die Orientierung in einer Wüste) jedoch muss erst durch aufwendige zusätzliche Ableitungen (die Intelligenz muss zusätzliche Algorithmen entwickeln) errechnet werden. Unter Umständen gibt es gar mehrere Lösungen. Die quasi-sprachliche Repräsentation allein ist nicht ausreichend. Anders eine quasi-bildhafte Repräsentation, wie etwa eine Landkarte:

A-Stadt

B-Stadt

C-Stadt

Ohne zusätzlichen Rechenaufwand (in der KI antropomorphisiert zu ,Denkaufwand') ist nicht nur die Anordnung der Städte zueinander, sondern auch ihr Abstand repräsentiert:

> Quasi-bildhafte Repräsentationsformen haben den Vorteil, sozusagen selbst dafür zu sorgen, daß außer den ausdrücklich eingegebenen Fakten auch viele Konsequenzen repräsentiert werden, die sich aus diesen Fakten ergeben (Beckermann 1994, 83).

An diesem Beispiel wird Watsons Malheur klarer: Durch eine nicht-sprachliche Repräsentation (etwa eine Landkarte) wäre mit der Angabe „U.S. cities" bereits eine bestimmte geometrische Figur (die USA) markiert gewesen, weitere aufwendige und fehlgeleitete Algorithmen wären folglich nicht länger notwendig. Das *frame problem* scheint für Systeme, die auf ausschließlich Algorithmen-basierten quasi-sprachlichen Repräsentationen beruhen, nicht lösbar. Sie können „keine adäquaten Modelle des Geistes sein", da „es auf Grundlage dieser Methoden keine Lösung für das Frame-Problem gibt" (Beckermann 1994, 83-84; bezieht sich auf Haugeland 1987). Eine Explikation in Algorithmen ist für die menschliche Intelligenz, nach der die künstliche modelliert sein will, ein kläglicher Reduktionismus.

Und doch entsteht mit Watson der Eindruck, dieser Computer sei zwar durchaus nicht unfehlbar, im Beobachten dieses Schauspiels von Interaktionen mit Quizmaster und zwischen menschlichen Akteuren lässt sich ihm durchaus ,intelligentes' Agieren unterstellen. Dies liegt, wie bereits erwähnt, im hoch formalisierten Setting der Bühnenperformanz, die festlegt, wer zu welchem Zeitpunkt etwas sagen darf. Auch dieser Aspekt der Watson-Performanz erinnert an ein berühmtes Gedankenexperiment, den Turing-Test (Turing 1950). Er ist ein in der Literatur konsolidiertes Werkzeug zur Bestimmung ‚intelligenter' Maschinen: Eine Testperson (C) spricht mit einer Person (A) und einem Computer (B) und wird gebeten, beide richtig als Mensch oder Maschine zu identifizieren. Wird der Computer (B) durch den Interviewer (C) fälschlicherweise als Person identifiziert, so ist die Maschine (B) qua Definition eine intelligente Maschine.

Dieser Test wird aufgrund einiger methodischer Schwächen kritisiert. Etwa wird durch dieses Setting sehr selektiv nur die Fertigkeit des Computers erfasst, die Illusion einer menschlichen Kommunikation zu geben. Außer Acht gelassen wird jedoch völlig die Fähigkeit der Versuchsperson (C), den menschlichen Kommunikator zu identifizieren. Gleichzeitig wird die Fähigkeit des zur Wahl stehenden menschlichen Kommunikators (B) einfach vorausgesetzt, mit seiner Kommunikation menschliche Kommunikation auch adäquat abzubilden. Gegenüber der Fertigkeit des Computers (der etwas vorgeben muss, was er gar nicht ist: ein Mensch nämlich) ist der Test höchst empfindlich. Die Kompetenz des menschlichen Versuchsteilnehmers (A) hingegen, ein ‚normales' menschliches Gespräch zu führen, wird als selbstverständlich angenommen und dadurch ignoriert, weil alleine die Fertigkeit des Computers (B) gemessen wird, die Kommunikation eines Menschen zu imitieren (Sterrett 2006). Neben dieser methodischen Unausgeglichenheit beim einseitigen Vergleich des Menschen mit der Maschine ist besonders interessant, welche Dimension der Test zu Vergleichsgröße erklärt: die linguistische Kompetenz der Maschine, die dadurch implizit mit Intelligenz gleichgesetzt wird. Auch Watsons Leistung wird mit der menschlichen Performanz verglichen, doch ist die Quizshow ein vereinfachter Turing-Test: Zwar wird ebenfalls linguistische Kompetenz getestet, aber hier findet keine menschliche Alltagskommunikation statt und die Interaktion ist stark formalisiert.

Zusammenfassend zeigt sich am Beispiel Watson, dass die seit langem beschriebenen grundlegenden Schwierigkeiten der Künstliche-Intelligenz-Forschung (neben den Erwähnten einschlägig dazu: Suchman 1987, 2007) bis heute gelten. Sie betreffen

1. den Reduktionismus von Intelligenz auf algorithmisierbares logisches Problemlösen, der als *frame problem* in enger Verbindung steht zum Begriff der
2. *situated actions* (Suchman), also die Einbettung von – menschlichen, intelligenten – Interaktionen in spezifische soziale und materielle Handlungskontexte, die sich nicht formalisieren lassen,

3. die verkürzte Gleichsetzung von Intelligenz mit vor allem linguistischer Kompetenz, die den Turing-Test und seine Annahmen als mächtigen Referenzpunkt hat,

4. sowie den populären Diskurs, der Künstliche Intelligenz vor allem fiktional interpretiert auf Grundlage des in der Möglichkeit vorhandenen Fortschritts, der ein Narrativ von intelligenter werdenden Maschinen erzählt.

Während das *frame problem* ein wesentliches praktisches Problem bei der ‚Programmierung' von Intelligenz in Algorithmen darstellt, ist aus epistemologischer Perspektive die durch den Turing-Test insinuierte Gleichsetzung von ‚maschineller Intelligenz' mit linguistischer Kompetenz (das System Sprache, Sprechen und Verstehen) nicht nur reduktionistisch per se, sondern hat durch die angenommene funktionale Äquivalenz von maschineller und menschlicher Intelligenz problematische Konsequenzen.

Ähnlich dem genetischen Informationsparadigma ist auch das Aufspüren des Codes der Intelligenz in Algorithmen auf das informationstheoretische und kybernetische Paradigma insbesondere der 1950er Jahre zurückführbar (Kap. 2.1.1.). Diese Perspektive bringt ein Bild des Menschen hervor, das ihn als „kybernetisches System" interpretiert, wie Kay anschaulich darstellt, indem sie Boyds (1993, 486) Arbeit zum Einfluss von Metaphern in der Kognitionspsychologie neben ihren eigenen Untersuchungsgegenstand Molekularbiologie [in eckigen Klammern] stellt:

1. Die Behauptung, daß Denken [oder Vererbung] in einer Art von ‚Informationsverarbeitung' besteht und das Gehirn [oder das Genom] eine Art von ‚Computer' ist.

2. Der Vorschlag, gewisse motorische oder kognitive Prozesse [oder genetische Prozesse] als ‚vorprogrammiert' zu betrachten.

3. Die Frage, ob es eine interne ‚Gehirn-Sprache' [genomische Sprache] gibt, in der Berechnungen [kombinatorische Rearrangements] durchgeführt werden.

4. Die Annahme, dass im Gedächtnisspeicher [Genom] manche Information durch ‚Bezeichnungen' ‚encodiert' oder ‚indiziert' wird, andere Information hingegen in ‚Bildern' gespeichert wird.

5. Diskussionen darüber, inwieweit Entwicklungs-‚Stufen' [oder die Genexpression] zurückgehen auf die Reifung neuer ‚vorprogrammierter Subroutinen' oder nicht vielmehr zu tun haben mit dem Erwerb gelernter ‚heuristischer Routinen' bzw. der Entwicklung größerer ‚Speicherkapazitäten im Gedächtnis' bzw. besserer ‚Routinen für das Ablaufen von Information'.

6. Die Ansicht, daß Lernen [biologische Entwicklung] eine ‚selbstorganisierende Maschine' ist.

7. Die Ansicht, daß Bewußtsein [Genregulation] ein ‚Rückkopplungs'-Phänomen darstellt (Kay 2000, 47).

Nicht nur die Einheit der Information ist entscheidend, sondern immer auch die Operationalisierung dieser Einheiten als durch Algorithmen determinierte Prozesse. Während Kay detailliert die Entstehung des Informationsparadigmas in der Molekularbiologie mit allen erkenntnistheoretischen Folgen (Code des Lebens, Ermächtigung, künstliches Leben, Kap. 2.1.) dokumentiert, widmet sich Golumbia (2009) der gleichen Ausgangsfrage im Hinblick auf menschliche Intelligenz.

Die Argumentation der Kybernetik lässt sich auf wenige Argumentationsschritte herunterbrechen: Zunächst werden Denken und Intelligenz mit der Fähigkeit gleichgesetzt, Sprache kompetent zu benutzen (Turing-Test). Denken wird dabei – quasi als praktischer Nebeneffekt – in einen Bereich der Repräsentation kopiert mit der stillschweigenden Voraussetzung, Denken lasse sich verlustfrei repräsentieren. Im nächsten Schritt wird Sprache als System, in dem diese Repräsentationen des Denkens organisiert werden, als formalisiert und regelgeleitet angenommen, wodurch sie sich prinzipiell in Algorithmen abbilden lässt. Dies wiederum bedeutet praktischerweise, dass sich auch menschliches Denken in Algorithmen abbilden lässt. Da Sprache, angenommen als ein System von operationalisierten Repräsentationen, spezifischen Regeln folgt, kann bei Anwendung dieser Regeln Sprache in Algorithmen produziert werden, wodurch mutatis mutandis auch Denken und Intelligenz künstlich produziert werden können.

Golumbia (2009, insb. 83-103) widersetzt sich dieser geradlinigen Argumentation an wesentlichen Stellen: Zunächst sei die implizite Annahme des Turing-Tests, Sprechen und Denken seien gleichzusetzen, eine illegitime Verkürzung, da Sprechen in viel größerer Weise in sozialen Kontexten verortet und damit zugänglich ist als das weitgehend verborgene Denken. Formale Sprachen werden darüber hinaus in der frühen Kybernetik mit natürlichen Sprachen gleichgesetzt. Kontextspezifik, Ambiguitäten und Polysemien Letzterer werden eher als Unzulänglichkeiten abgetan, zu deren Überwindung die computerisierbaren Formalsprachen Hilfestellung leisten können. Getragen wird diese Position von einem ideologischen Fundament, da hinter der maschinellen Ermächtigung über die sprachlichen Differenzen durch die computerisierbaren Formalsprachen ein Beitrag zur Völkerverständigung und Friedenssicherung stehen soll. In dieser Hinsicht ist das politische Selbstverständnis der kybernetischen Computerlinguisten ebenso als historisch spezifische Folge aus dem zweiten Weltkrieg zu betrachten wie ihre Forschungsprogramme, die im Wesentlichen den Methoden der mathematisch automatisierten Kryptoanalyse – der ‚Entschlüsselung' von Codes – folgten. Sprechen und Verstehen waren in diesem Modell gleichbedeutend mit Enkodieren und Dekodieren, Sprache ein formaler Code, dessen Tiefenstruktur eine verlustfreie wechselseitige Übersetzung aller Sprachen der Welt ermöglichen sollte. Englisch und Chinesisch etwa lassen sich in diesem Modell verlustfrei in die jeweils andere Sprache transformieren, indem sie auf ihre formallogische Struktur zurückgeführt werden, die angeblich beide teilen.

Nicht nur die Gleichsetzung von Sprache und Intelligenz ist verkürzend, sondern darüber hinaus das sehr spezielle Verständnis von Sprache ein gewaltig reduktionistisches, da sich Ambiguitäten, Kontexte des Sprachgebrauchs, spezifische Stile – insbesondere in ‚offenen' literarischen Texten oder alltäglichen Sprachsituationen – unmöglich formalisieren lassen. Dennoch entsteht mit dieser Vision die Grundlage für das Projekt der Künstliche-Intelligenz-Forschung.

Es soll hier keine philosophische Diskussion der Künstlichen Intelligenz erfolgen (hierzu beispielsweise Boden 1996), im Mittelpunkt steht allein der Mythos der Formalisierung: Dieser bringt auf unbeholfene Weise eine Modelläquivalenz zwischen den in der Beobachtung singularisierten Einheiten Computer und Gehirn hervor, indem das formallogische Funktionsprinzip der ersten, dem rätselhaften und unzugänglichen Geheimnis der zweiten übergestülpt wird. Durch diesen Mythos der Algorithmisierbarkeit wird ein Nachbauen des Geistes mit Hilfe des Computers als in der Möglichkeit Vorhandenes im Mythos Algorithmus erst zu einem scheinbar erreichbaren Ziel.

Zwar gibt es auch Vertreter dieses traditionellen Ansatzes der KI-Forschung wie Dennett (2006 [1984]), die diese einfache Argumentation und Modelläquivalenz zwischen Computer und Gehirn auf den ersten Blick einschränken:

> No one supposes that the model maps onto the processes of psychology and biology *all the way down* ... It is understood that all the implementation details below the level of intended modelling will consist, no doubt of ... bits of unbiological computer activity mimicking the gross effects of cognitive subcomponents by using methods utterly unlike the methods still to be discovered by the brain (Dennett 2006 [1984], 164; Hervorhebung im Original).

Doch trotz dieses klaren Bekenntnisses scheint die Konsequenz eine andere zu sein, denn selbst wenn die kleinsten Einheiten der menschlichen und der künstlichen Intelligenz einander nicht entsprechen, folgen doch beide implizit im KI-Modell denselben Algorithmen: Eine oberflächlich-funktional dem Gehirn äquivalente künstliche Intelligenz operiert mit symbolischen Repräsentationen, die eine Rechen- oder Handlungsanweisung beinhalten. Um das Gehirn, dessen Funktionsweise noch immer weitgehend unbekannt ist, modellhaft zu erfassen, wird nun, um diese semantische Lücke schließen zu können, dieses bereits vorhandene Modell der Künstlichen Intelligenz hinzugezogen, das für sich schon eine selbsterklärte funktionale Äquivalenz mit dem Gehirn aufweist. Nichts ist naheliegender, als die Erkenntnislücke mit einer vollständigen Modelläquivalenz zu schließen. Das Gehirn wird zu einer in der Kulturtechnik Algorithmus gedachten Symbole prozessierenden Recheneinheit. Selbst wenn das Gehirn als rein biologisches, ‚natürliches' Organ betrachtet wird, bleibt immer noch die vorher durchgeführte symbolische Konvergenz präsent.[127] Es gibt mit anderen Worten einen semantischen Abrieb: auch das ‚natürliche' Gehirn prozessiert – wie der Bildspender KI – Symbole.

Dies wird beispielhaft am Aufsatz *Machine as Mind* (Simon 2006 [1995]) deutlich, denn er propagiert eine vollständige funktionale Äquivalenz zwischen dem Gehirn und der Maschine:

> My central thesis is that ... conventional computers can be, and have been, programmed to represent symbol structures and carry out processes on those structures in a manner that parallels, step by step, the way the human brain does it. The principal evidence for my thesis are programs that do just that. *These programs demonstrably think* (Simon 2005 [1995]), 58; Hervorhebung T.B.).

Dagegen steht die hier vertretene These, dass das Denken nach Maßgabe der Computertechnologie repräsentiert und modelliert wird: Nicht die Maschine denkt wie der Mensch – diese Behauptung versucht gerade die entgegengesetzte und nur implizite Behauptung zu kaschieren, die als Nebeneffekt der Modelläquivalenz auftritt: Sie lautet, dass der Mensch laut Modell denkt wie die Maschine:

> A computer simulation of thinking thinks. It takes problems as its inputs and (sometimes) produces solutions as its outputs. It represents these problems and solutions as symbolic structures, *as the human mind does*, and performs transformations on them, *as the human mind does*... The materials of thought are symbols – patterns, which can be replicated in a great variety of materials (including neurons and chips), thereby enabling physical symbol systems fashioned of these materials to think (Simon 2005 [1995], 58; Hervorhebung T.B.).

As the Human Mind does – selbstverständlich wird davon ausgegangen, die ‚Funktionsweise' des Gehirns sei bekannt. Unterstützung für seine These sucht sich Simon in der Kognitionspsychologie (dazu Boyd, weiter oben in diesem Kapitel), die das Denken und Intelligenz formalisiert in Kategorien wie die Fähigkeiten zur Selektion, zur Wiedererkennung oder zum Abgleich mit dem (Kurzzeit-)Gedächtnis als Arbeitsspeicher. Computer, indem sie Bedeutungen ‚verstehen', sind in diesem Sinne gar zu absichtsvollem Handeln fähig. Ein automatisch operierendes Campus-Fahrzeug, das mit Kameras ausgestattet ist,

---

[127] Zur Hybridisierung und symbolischen Reinigung (Latour) Kap. 1.3.2.; zum „Neuro-Computer" Gehirn das folgende Kapitel 2.3.3.

Landkarten nutzt, um nicht vom Weg abzukommen, und seine Richtungs- und Geschwindigkeitskontrollen entsprechend anpasst, ist für Simon tatsächlich ein Beispiel für maschinelle Intentionen (Simon 2006 [1995], 64).

Indem Simon nun davon ausgeht, das Gehirn sei eine Symbole verarbeitende Maschine, betrachtet er das Fahrzeug als ein funktionales Äquivalent des Gehirns. Nur so ist der nächste Argumentationsschritt überhaupt denkbar: Die dem das Fahrzeug steuernden Computer gegebenen Rechenvorschriften verpflichten dazu, den Weg nicht zu verlassen und ein Ziel zu erreichen. Simon unterstellt dem Computer damit in einer kühnen Argumentation Intentionalität, die beim menschlichen Gehirn ebenso in der Erreichung eines Ziels liege. Bewusstsein sei nicht von Relevanz, sondern allein das semantische Denotat (Simon 2006 [1995], 65). Denken bedeutet hier allein das semantische Prozessieren einer Sprache, worin schon der oben ausgeführte Reduktionismus deutlich wird. Entscheidend ist aber die in diesem Fall besonders nachdrücklich betriebene modellhafte Gleichschaltung von Computer und Gehirn („computers think – and often think like people"; Simon 2006 [1995], 74), die völlig blind gegenüber ihrer Phantasterei ist, indem Simon der erwartbaren Kritik sofort entgegentritt: „they [critics, T.B.] have not looked very hard at the evidence, especially the evidence from the psychological laboratory"; Simon 2006 [1995], 74). Dass auch das ‚psychologische Labor' nur Modelle liefert und Einheiten des Geistes erst hervorbringt,[128] spielt schlicht keine Rolle.

Die modellhaften Eigenschaften, in denen sich Gehirn und Computer gleichen, sind die Annahme von Repräsentationen der Welt im System (Gehirn oder Computer), die spezifische Berechnungen ausführen („Denken"), um eine Zielvorgabe zu erfüllen („Intention"). Sofort wird die zugrunde gelegte Idee der auf Algorithmen basierten Turing-Maschine sichtbar. Auch beim reflektierten Sprechen über das Gehirn eben *nicht* in einer metaphorischen Verwandtschaft zum Computer bleibt der Sprecher auf das semiologische Rüstzeug des Mythos Algorithmus angewiesen.[129] Selbst wenn also (1) Sprache nicht mit Denken gleichgesetzt werden kann, (2) sich Sprache einer universellen Formalisierung widersetzt und (3) von einer ‚künstlich programmierten' Intelligenz – der sogar Intentionalität unterstellt wird, da sie nichts anderes tut als ein menschlicher Geist, nämlich Algorithmen zu prozessieren – nicht die Rede sein kann (dies sind die wesentlichen Kritikpunkte an der Formalisierungsannahme), sind Algorithmen-basierte

---

[128] Zu den wissenschaftlichen Konstruktionsmechanismen im Labor Kap. 1.3.2.

[129] Hier entsteht folglich trotz aller bewusst geäußerten Kritik an einer solchen Modellierung des Gehirns die Notwendigkeit, über das Gehirn *überhaupt* sprechen zu können. Das Sinnsystem sieht nur einen bestimmten Pool von Repräsentationen vor, die notgedrungen durch referentielle Zirkularität Eigenschaften des Bildspenders auf den Erkenntnisgegenstand übertragen (Kap. 1.2.3.).

Erkenntnismodelle dennoch nötig, um dem Bewusstsein oder der Intelligenz *überhaupt* eine Bedeutung zu geben.

Ohne die letztlich reduktionistische Formalisierbarkeit kann kein sinnhaftes Modell des Geistes entstehen. Wie sich abschließend zeigen soll, sind Erklärmodelle des Geistes deshalb auf einen Verweis auf dessen Unergründbarkeit angewiesen, ein Schlupfloch aus der Falle, in die man sich begibt, wenn man in die *black box* Gehirn Sinn „hineinbeobachten" will. Die generelle Kritik an künstlichen Intelligenzen bezieht sich in der Tat vor allem immer auf einen Graubereich der Nicht-Formalisierbarkeit menschlichen Denkens. Bekannt ist die Unterscheidung zwischen *knowledge* und *skills* von Dreyfus (1972). ‚Wissen' und ‚praktisches Wissen' unterscheiden sich demnach darin, dass *knowledge* repräsentierbares (also symbolisch auszudrückendes, formalisierbares und abstrakt lernbares) Wissen meint, während sich *skills* auf konkretes, kontext- und praxisbezogenes (Handlungs-)Wissen beziehen, das ein intelligenter Akteur durch körperliche Interaktion, leibliche Empfindung und Adaption erlernt. *Skills* sind nicht formalisierbar – hierin spiegelt sich das *frame problem* – weswegen es einer formalisierten Intelligenz nicht möglich ist, das Interaktionshandeln in einer Alltagssituation allein mit repräsentierbarem Wissen adäquat mitzuspielen. Watson folgt programmierten Skripten, die den passenden Zeitpunkt der Rede (oder eben Sprachsynthese) genauso festlegen, wie sie die ‚am wahrscheinlichsten richtige' Antwort errechnen. Ansonsten schweigt Watson. Wie programmiert man einen Restaurantbesuch für Watson? Was ist der Algorithmus für das passende Trinkgeld, die Sympathie mit der Kellnerin oder die adäquate Handlung in Interaktion mit einer unfreundlichen Kellnerin? Wie lässt sich das leibliche Verlangen nach einem Gericht programmieren und wie lautet die Handlungsanweisung, wenn das Gericht aus ist und nach einer Alternative gesucht werden muss? Für Dreyfus sind diese nicht-repräsentierbaren Kompetenzen (*skills*) solche, die als adaptive Erfahrungen – als körperliche und leibliche – erlernt werden.

Es sind folglich die nicht-formalisierbaren Graubereiche, in denen Intelligenz und Bewusstsein liegen – im Negativ des Algorithmus (Teil 3). Gerade dieses Negativ klärt über den Mythos der Formalisierung auf – und ihre unzureichende Annäherung an das Phänomen. Es stellt die unmöglich zu beantwortende Frage danach, wie sich nicht-repräsentierbare Formen der Intelligenz modellhaft darstellen lassen. In Bezug auf jeden Versuch einer Modellierung des Bewusstseins stellt Schwemmer fest:

> ... von Anfang an wird ein bestimmtes, sprachlich vermitteltes, Verständnis von dem, was Bewußtsein ist und Raum und Zeit für uns sind, unterstellt. Die Reflexivität des Bewußtseins – das durch eben diese Reflexivität zum Selbstbewußtsein wird – wird global dargestellt, ohne daß die Existenz- und Funktionsweise, die Erzeugungs- und Erhaltungsform des Bewußtseins, des Selbstbewußtseins oder eines Ich zu klären versucht werden, ohne daß die phänomenale Präsenz untersucht oder die strukturelle

> Emergenz aus vorbewußten Organisationsformen des psychischen und organischen
> Lebens erklärt werden. Statt dessen wird mit Begriffsblöcken hantiert, die im Unter-
> scheidungssystem von Identität und Differenz, Sein und Werden, Kontingenz und
> Notwendigkeit usw. – also im wesentlichen von logisch-grammatischen Kategorien –
> eingeordnet werden (Schwemmer 1994, 5).

Jede Philosophie des Geistes, der eine künstliche Intelligenz in ihrer Programmierung nachempfunden ist, stützt sich auf einen logisch-grammatisch formalisierten Zugriff auf das Phänomen ‚Bewusstsein' und bringt durch die dem Modell zugrunde gelegte Kategorienbildung Einheiten hervor, angefangen mit dem
einfachsten Zusammenhang zwischen Umwelt oder Welt und mentalen Repräsentationen: Die Theorie pflanzt Symbole in den Geist, kulturell generierte Einheiten. Schwemmer bemängelt, dass phänomenale Präsenz und strukturelle
Emergenz dabei übergangen werden. Doch es muss bezweifelt werden, dass
diese *prinzipiell* überhaupt durch Modelle fassbar sind (zum Emergenz-Begriff
weiter unten in diesem Kapitel; zu phänomenaler Empfindung Kap. 3.1.).

Versuche, dennoch ein Modell des Geistes zu entwickeln, haben eine interessante Gemeinsamkeit: Sie sparen an der entscheidenden Stelle der Nicht-
Formalisierbarkeit mit Erklärwert und setzen dort eine diffuse Variable, die das
Problem beschreibt, aber keine Lösung bietet. Eine „Physik des Bewußtseins" schlägt zum Beispiel Penrose (1991, 1995; List 2001, 27-30) vor, die sich
mit der Quantenphysik auf eine naturwissenschaftliche Position stützt und auf
diese Weise mit Hilfe physikalischer Methoden nachweisen will, dass vollständige Berechenbarkeit des Bewusstseins unmöglich ist, selbst wenn man die naturalistische Annahme akzeptiert, der zufolge jeder Gedanke eine materielle Einschreibung besitzt:

> Anhand von Gödels berühmtem Unvollständigkeitstheorem führt er [Penrose, T.B.]
> den Nachweis, daß selbst die Einsichten der Mathematik – und ebenso alle anderen
> Verstehensprozesse – sich der klassischen Forderung nach vollständiger Berechen-
> barkeit entziehen. Die epistemologische Grundsäule des mechanischen Weltbildes
> erweist sich also nicht einmal für die Mathematik als tragfähig. Auch Verstehen in
> der Mathematik schließt, wie jeder andere Akt bewußter Wahrnehmung, eine nicht-
> algorithmische Komponente ein (List 2001, 27-28).

Penrose betont dabei die Rolle, die Materialität bei bewusstseinskonstitutiven
Prozessen spielt, sie sei aber unmöglich zu berechnen oder zu formalisieren, weil
sie nicht in einem stabilen Zustand vorliegt:

> Die physikalische Analyse der materialen Bedingungen des Bewußtseins und die
> phänomenologische Untersuchung seiner mentalen Strukturen und Inhalte könnten
> demnach als komplementäre Phänomene im quantentheoretischen Sinn verstanden
> werden: Es ist jeweils der Standpunkt des Beobachters, der darüber entscheidet, ob
> sich ein und dasselbe Phänomenen in seiner Materialität oder in seiner Subjektivität
> präsentiert. Im selben Sinne sind Körper und Selbst eine ‚für sich' ungeschiedene
> Einheit, und es ist die Perspektive des Betrachters, des ‚Beobachters', die diese Ein-

> heit als jeweils das eine – Körperliches – oder das andere – subjektives Selbstsein –
> in Erscheinung bringt (List 2001, 29).

Die Quantenphysik bietet hier eine Theorie des Negativs der Algorithmen, ein Außerhalb der Formalisierung. Bewusstsein als Quanteneffekt wäre deshalb unberechenbar, weil die materiellen Grundlagen des Geistes instabil sind. In dieses Modell passt auch der Begriff ‚Emergenz‘, der ebenfalls häufig bemüht wird, um die nicht-benennbare Komponente von Bewusstsein oder Intelligenz zu greifen.

Ähnliche Positionen (Weber 2003) versuchen unter dem Schlagwort von der ‚emergenten Intelligenz‘ das Manko des „traditionellen Ansatzes“ einer allein in Repräsentationen arbeitenden algorithmischen Programmierung auszugleichen, indem die materiale Grundlage als Körperlichkeit der Maschine in den Fokus rückt. Die nichtberechenbare Nullstelle wird quasi zur Voraussetzung für eine ‚echte‘ Intelligenz gewendet. Verhalten wird dabei „in einfache ‚behaviors‘ zerlegt, in möglichst einfache Reiz-Reaktions-Reflexe“, die dann durch programmierte Rekursionsschleifen beispielsweise ein Orientierungsverhalten (auf eine Lichtquelle zu, an einer Wand entlang) ermöglichen (Weber 2003, 123). Unterscheiden will sich dieser Ansatz dadurch, dass nicht jedes Verhalten konkret programmiert wurde, sondern sich vielmehr durch die programmierten Reiz-Reaktions-Reflexe neue Handlungsmöglichkeiten auftun, die wiederum über das Programmierte hinausgehen und somit als „emergentes Verhalten“ interpretiert werden können.

Kybernetische Prinzipien werden hier mit behavioristischen Fragmenten verquickt und rücken die KI-Systeme scheinbar näher an die „Funktionsweise“ des Vorbilds einer natürlichen Intelligenz heran. Doch verschwindet nun die formalisierte Handlungsvorschrift, die ein programmierter Algorithmus ist, nur dadurch, dass er durch (zuvor programmierte) Interaktionen mit der Umwelt in *trial and error*-Rekursionsschleifen aktiviert und deaktiviert wird? Der Algorithmen ausführende Computer wird mit Sensoren ausgestattet, mit Sprachausgabe oder mit Ortungsinstrumenten – doch wird mit Hilfe dieser naiv-bemühten quasi-sinnlichen Wahrnehmung der Notwendigkeit von Körperlichkeit noch lange nicht Rechnung getragen. Die vermeintliche Interaktion mit der Welt durch Sprachausgabe, Rollen oder Tastsensoren ist nichts anderes als eine veränderte Interface-Struktur, um der basalen Input-Output-Operation der Rechenmaschinen nachzukommen. Es ist das angestrengte Spiel eines ontologischen Theaters.

Die vorgeblich ‚neue‘ KI kaschiert folglich mit neuer Input-Output-Technik, dass sie noch immer eine Algorithmen prozessierende Apparatur ist, die Intelligenz simuliert – obschon die Simulation nun durch vorgebliche Interaktion mit körperlichen Organismus-Intelligenzen (‚natürlichen Intelligenzen‘) glänzen kann. Faktisch ändert dies jedoch nichts am reduktionistischen Status. Das Kriterium der Körperlichkeit von natürlicher Intelligenz und Interaktion mit der Umwelt (und anderen Intelligenzen) wird nun durch Bewegung, Lautproduktion (Sprache), Visualisierung (Screen) nur perfekter simuliert. Daraus erwächst keine Intelligenz, vielmehr ist die ‚neue' KI dort angelangt, wo die Modelle der frühen Kybernetik angefangen haben: Sie ist ein Modell der Performanz (Kap. 2.3.1.), das eben immer indirekt eingesteht, keine Antworten zu haben auf das Innere der *black box*.

Problematisch ist auch der Emergenz-Begriff, der in der Systemtheorie allgemein benutzt wird, um unterschiedliche Ebenen der Komplexität in einer Organisation miteinander in Beziehung zu setzen. Er beschreibt

> die Entstehung neuer Seinsschichten (Leben gegenüber unbelebter Natur oder Geist gegenüber Leben), die *in keiner Weise* aus den Eigenschaften einer darunter liegenden Ebene ableitbar, erklärbar oder voraussagbar sind ... [Die neue Qualität ist] nicht aus den Eigenschaften der Komponenten herleitbar (kausal erklärbar, formal ableitbar) [besteht] aber dennoch allein in der Wechselwirkung der Komponenten (Krohn/Küppers 1992, 389; zit. n. Krieger 1996, 31; Hervorhebung im Original).

Emergenz in einem Modell ist folglich vor allem die Markierung eines Bereichs, den das Modell mit seinem Erklärwert nicht abdecken kann, weder kausal erklärbar noch formal ableitbar. Intelligenz oder Bewusstsein ist die Folge einer materiellen Organisation (etwa durch neurochemische Prozesse), von denen bekannt ist, dass sie die materielle Organisation zur Grundlage hat, jedoch beide Komplexitätsebenen nicht in Beziehung setzen kann. Der Formalisierungsmythos scheitert. Emergente KI steht als Schlagwortbegriff deshalb für nicht mehr als eine Illusion, aus der Formelhaftigkeit des Geistes erwachse ein Surplus. Zudem wird von manchem daran gezweifelt, dass es sich bei einem solchen verbrämt kybernetisch-interaktionistischen Lernen der ‚neuen KI' überhaupt um eine Emergenzform handelt, die mit der bei der Erklärung mentaler Phänomene benutzten Emergenz überhaupt vergleichbar ist (Stephan 2006). Der Emergenz-Begriff müsste schon stark verwässert werden, um eine ins System programmierte Fähigkeit, neue Algorithmen zu schreiben, als Herauslösen einer kausal nicht zurückführbaren Organisationsebene zu etikettieren. *Algorithmen emergieren nicht.*

Bewusstsein als einen unberechenbaren und unfassbaren Quanteneffekt oder eben Emergenz zu beschreiben, bemüht vor allem theoretische Platzhalterbegriffe, die zum Ausdruck bringen, dass ein Phänomen nicht in das Schema von Repräsentationen und kausalen Verknüpfungen – also algorithmisierte ‚wissenschaftliche' Beobachtungen – gepresst werden kann, sondern dass ein unbestimmbares Mehr entsteht, das sich aus den Komponenten des Systems nicht erklären lässt. Emergenz verweist deshalb vor allem auf das Defizit des Mythos Algorithmus.

Die Computer-Metapher des Algorithmen-prozessierenden Gehirns hält sich trotz aller Kritik erstaunlich gut am Leben. Um das Gehirn überhaupt zu modellieren – das wäre die einfachste Erklärung – ist das defizitäre Computer-Modell trotzdem noch am ehesten geeignet. Entweder werden die Defizite der formalisierten Beobachtung akzeptiert, oder es kann eben gar nicht beobachtet werden. Im folgenden Kapitel wird es um Beispiele von Repräsentationen und Praktiken gehen, die die Computer-Metapher stabilisieren und ihr zu einem universellen Status verhelfen. Vom Gehirn lässt sich nur als einem Computer denken.

2.3.3. Der selbstverständliche Neuro-Computer Gehirn

> Suppose that I need surgery. All of my brain cells have a defect which, in time, would be fatal. But a surgeon can replace all these cells. He can insert new cells that are exact replicas of the existing cells except that they have no defect. We can distinguish two cases:
>
> In *Case One*, the surgeon performs a hundred operations. In each of these, he removes a hundredth part of my brain, and inserts a replica of this part.
>
> In *Case Two*, the surgeon follows a different procedure. He first removes all of the parts of my brain, and then inserts all of their replicas.
>
> (Parfit 1987 zit. n. McMahan 2002, 70)

Unterscheiden sich die beiden Fälle voneinander?

Allein schon mit diesem Gedankenexperiment wird das große Problem der sehr erfolgreichen Computer-Metapher deutlich: Wenn wir eine völlige Äquivalenz annehmen zwischen Computer und Gehirn, lässt sich das Gehirn mit seinen funktionalen Zentren technologisch substituieren. Doch ist ein solcher Austausch so einfach vorstellbar? Im zweiten Fall der vollständigen Substitution auf einen Streich scheint der Reduktionismus der Metapher durch: Wo ist das, was wir als Persönlichkeit, Identität oder Charakter benennen, materiell verortet? Gibt es auch für diese holistischen Kategorien ein funktionales Zentrum oder muss das Ganze als ein ‚Mehr' der Summe seiner Teile gesehen werden, was auf direktem Wege zurück zum unbefriedigenden Emergenz-Begriff führt (Kap. 2.3.2.)?

Die Computer-Metapher ist ein Reduktionismus, der in Kauf genommen wird, um überhaupt sinnhaft über die ‚Funktionen' des Gehirns sprechen zu können. Im Folgenden soll diese epistemologische Notwendigkeit ergänzt werden um Beispiele kultureller Praktiken und Repräsentationen, die den Erfolg der Computer-Metapher untermauern, weil sie im Mythos Algorithmus für ihre Stabilität sorgen. Insbesondere die Verfahren neurobiologischer Bildgebung[130] implizieren eine Abbildbeziehung zur Realität und versprechen die Möglichkeit, dem Gehirn bei der Arbeit zuzusehen. Wie sich zeigen soll, bürgt das visuelle Artefakt damit für die Authentizität des Dargestellten und verleiht dem Mythos Algorithmus völlige Legitimität: Ein bloßes Sehen macht das Modell über die theoretischen Zweifel erhaben.

„Lachen, Lächeln und Weinen aus neurophysiologischer Sicht" (Wild 2009) zu erklären, ist nur einer von vielen Versuchen, mit Hilfe der bildgebenden Verfahren emotionale Empfindungen – leibliches Spüren – lokalisieren und formalisieren wollen, indem sie nach funktionalen Bereichen und kausal verlaufenden Prozessen bei der Produktion von Gefühlen und motorischen Reaktionen fragen. Für das Lächeln, für das „insbesondere Gebiete des limbischen Systems aktiv" (Wild 2009, 40) sind, kann ein solcher Versuch folgendermaßen klingen:

> Wir konnten zeigen, dass beim durch witzige Cartoons ausgelösten Lächeln im Gegensatz zum willkürlichen Lächeln die im unteren Schläfenlappen (Temporallappen) beiderseits befindlichen Anteile des limbischen Systems (mit Mandelkern/Amygdala, Gyrus parahippocampalis und dem im oberen Mittelhirn gelegenen Nucleus accumbens) erregt werden ... Diese emotionalen Gebiete wiederum haben Verbindungen zu Regionen im Hirnstamm, die vegetative Reaktionen und komplexere Handlungen wie Flucht und Annäherung regulieren (z. B. die Area ventralis tegmentalis und das periaquäductale Grau). Von hier aus können dann zum einen die Tränensekretion und andere vegetative Reaktionen und zum anderen, als gemeinsame Endstrecke mit der willkürlichen Mimik, die motorischen Neurone angesteuert werden, die Gesichts-, Atem-, Schlund-, und Kehlkopfmuskulatur innervieren ... Zusammenfassend kann also festgestellt werden, dass es zwei verschiedene Nervenzellsysteme gibt – ein schnell und direkt agierendes für willkürliche Bewegungen und ein langsameres, über mehrere Zwischenstationen verknüpftes für emotionale Mimik und vegetative Reaktionen (Wild 2009, 40).

Wild fügt an, dass beim „durch humorvolle Stimuli ausgelösten Lächeln" ein „Teil des rechten Stirnhirns" deaktiviert wird:

> Deshalb liegt die Idee nahe, dass der rechte Stirnlappen möglicherweise den mimischen emotionalen Ausdruck hemmt und deshalb vor dem Lächeln deaktiviert werden muss (Wild 2009, 40-41).

Die Metaphorik von Kommunikation, Steuerung, Aktivierung und Deaktivierung, funktionalen Zuständigkeiten oder durch behavioristisch interpretierte ‚humorvolle Stimuli' ausgelöste kausale Reaktionskaskaden ist so deutlich, dass sie für sich selbst spricht. Interessant sind die Teile der Studie, die funktionelle Unklarheiten und Probleme thematisieren, denn sie liefern Einblick in die Grenzen des Mythos Algorithmus. So steckt hinter dem Phänomen der emotionalen Anste-

---

[130] Positronenemissionstomographie (PET) und Magnet Resonance Imaging (MRI); ausführlicher weiter unten.

ckung ein solcher unbekannter Mechanismus. Ein Erkläransatz sucht Hilfe bei der Theorie der Spiegelneurone, die besagt, dass

> es Nervenzellen gibt, die gleichermaßen aktiv sind, wenn man eine Handlung beobachtet, wie auch, wenn man sie selbst durchführt ... Das Betrachten lächelnder Gesichter ruft Freude, das trauriger Gesichter Trauer hervor ... Das Anhören von Lachen und Weinen aktiviert nicht nur sensorische, sondern auch emotionale Gebiete ... und das Wahrnehmen lächelnder Gesichter Regionen, die durch humorvolle Stimuli ebenfalls erregt werden (Wild 2009, 42).

Common Coding wird modellhaft diese unklare Trennung zwischen Wahrnehmung, der gefühlten Empfindungen und der motorischen Aktionen genannt. Die große ungeklärte Frage ist, welche „Kontrollinstanz" nun darüber entscheidet, „wer denn nun der Urheber eines solchen Spiegelprozesses ist, der Organismus selbst oder ein äußeres Ereignis" (Wild 2009, 42).

Dieses Problem ergibt sich jedoch vor allem aus der zugrunde gelegten Theorie, in der die Abläufe der Gehirnfunktionen formalisiert werden sollen.[131] Erst die Singularisierung von Ursache, Urheber und Wirkung, Reiz und Reaktion, funktionaler Hirnaktivität und leiblicher Empfindung oder der Trias Wahrnehmung – Sensorium – Emotion stellt den Beobachter vor das Problem, diese eindeutig identifizieren zu müssen. Warum zum Beispiel ist eine mitfühlende Emotion nicht als Teil einer leiblichen Wahrnehmung zu verstehen, sondern wird als ,Reaktion' auf einen ,Stimulus' interpretiert? Etwa weil Wahrnehmung als rational-logischer Kanal von einer emotionalen Dimension von vorneherein zu trennen ist? Die genannten Unklarheiten entstehen vor allem durch die im Modell gewählten Einheiten, die zwar einer modernen Wissenschaftslogik entsprechen, jedoch vor allem die Schwächen des Formalisierungsmythos verdeutlichen.

Ähnliches gilt für weitere Unklarheiten, die von der Studie abschließend genannt werden, ob etwa

> Lächeln und Lachen oder Weinen und Schluchzen genau dieselben Gebiete, nur eben in unterschiedlicher Stärke, oder auch unterschiedliche Gebiete aktivieren. Letztendlich sind die neuronalen Korrelate des Weinens auch bisher gar nicht isoliert untersucht worden. Es lässt sich also nicht beantworten, inwiefern sich die neuronale Aktivierung beim Lachen und Weinen unterscheidet (Wild 2009, 42-43).

Hierzu räumt Wild ganz praktische Probleme bei der Messung dieser ,neuronalen Korrelate' von Gefühlen und ihren mentalen wie motorischen Manifestationen ein, denn

> bei der Untersuchung von Gesunden, zum Beispiel mit funktioneller Kernspintomografie [fMRT, entspricht engl. fMRI; T.B.], bereiten die dabei auftretenden Kopfbewegungen große Probleme – ganz abgesehen davon, dass es zwar schon schwierig ist,

---

[131] Das heißt bei der Verknüpfung in symbolischen und kausalen Transformationsketten, Kap. 1.4.2.

> Probanden in Experimenten zum spontanen Lächeln zu bringen, Lachen aber noch
> schwieriger zu erreichen ist – und Weinen fast unmöglich (Wild 2009, 43).

Größtes Problem für Wild ist also, dass der Messapparat unhandlich ist und das zur Messung vorgesehene Objekt (die neurologische Manifestation von Gefühlsäußerungen) nur schwer unter Laborbedingungen zu produzieren ist. Zu den genannten Problemen gesellen sich jedoch noch allerhand weitere schwerwiegende Fehlannahmen, die ebenfalls aus den formal-logischen Beobachterkategorien des Mythos Algorithmus erwachsen, jedoch verschwiegen werden:

Zum einen betreffen sie die Messung selbst, denn wie sich weiter unten zeigen wird, sind die Gehirnbilder weit weniger Abbilder als vielmehr visuelle Konstrukte. Zum anderen betreffen sie das gemessene Untersuchungsobjekt, zu dem sich sofort zwei Aspekte des Zweifels einschleichen: (1) Wie verlässlich kann die Messung einer unter Laborbedingungen hergestellten Emotion sein, wenn sie so in das klassische Erkenntnisdilemma eines epistemischen Dings läuft (Kap. 1.4.2.)? Inwieweit lässt sich durch ‚humorvolle Stimuli‘ in einer Laborsituation hergestelltes Lachen als ein nicht höchst formalisiertes bezeichnen – der Proband liegt immerhin, was nicht zu gering beurteilt werden sollte, in einer vor sich hinsurrenden Röhre. Das Problem setzt sich (2) so fort: Forschungsfrage ist unter anderem die in neuronalen Manifestationen realisierte Unterscheidung zwischen Weinen und Schluchzen. Dabei wird völlig unterschlagen, dass es sich bei dieser Grenzziehung um eine Unterscheidung innerhalb des Sinnsystems handelt, das Weinen und Schluchzen als distinkte Kategorien singularisiert. Eine solche Unterscheidung füllt folglich spezifische Kategorien in die Beobachtung („Weinen und Schluchzen sind zwei verschiedene Dinge"), die sich beispielsweise willkürlich ergänzen ließen durch weitere Kategorien wie ‚leises Wimmern‘, ‚unterdrücktes Weinen‘ oder ‚lautes Heulen‘. Dass diese emotionalen Prozesse als Beobachtungskategorien überhaupt vorliegen, ist schon Folge einer Formalisierung des Selbst (Kap. 2.2.1.). Ganz im Sinne des epistemischen Dings lässt sich auch hier formulieren: Es wird das gefunden, was beobachtet wird, die Erkenntnis beschreibt einen Zirkel. Das Metaphern-basierte Modell des Gehirns spielt, wie im vorangegangenen Kapitel (2.3.2.) ausgeführt, eine entscheidende Rolle dabei, die *black box* Gehirn mit Inhalt zu füllen. Das Modell erfährt trotz aller spekulativen Bereiche durch die Visualisierung der Gehirnfunktion neue Autorität.

Der algorithmisierbare Funktionalismus ist universelle Referenz für die Beobachtung des Gehirns, die wiederum immer auch historisch spezifischen Eigenheiten angepasst wird, was sich allein an den Schlagworten ablesen lässt: In den 1940ern und 50ern steht das *world brain* für ein neues Organisationsprinzip des Wissensmanagements nach Vorbild des menschlichen Gehirns mit der Vision denkender Maschinen (Bush 1945), während das kybernetische *electronic brain* den politischen Auftrag hat, die begrenzte menschliche Rechenleistung zu ergänzen – denn Rechenleistung war in der Wahrnehmung der Zeit gleichbedeutend mit einem entscheidenden Vorteil bei der Kriegsführung (Schröter 2005, 289-292). Darüber hinaus finden sich in den 1990ern Globalisierung, Netzkommunikation und der postmoderne Relativismus alle in den Konzeptionen des globalen Gehirns wieder, dessen neuronale Struktur gar zum Bildgeber von Gesellschaftstheorien wird (Schröter 2005, 299). Der Tod des Subjekts wird begleitet von der Entgrenzung des Gehirns, was schließlich seine unwiderrufliche Aufgabe in der Kollektivintelligenz bedeutet (Kap. 1.2.3.).

Die Macht des Mythos Algorithmus bedingt, dass das Computer-Modell für das Gehirn zu einer nicht mehr hintergehbaren Referenz geworden ist, die zwischen Fakt und Fiktion oszilliert, herumgereicht wird zwischen populären Texten und wissenschaftlichen Repräsentationen sowie in Praktiken der Medizin und biologischen Forschung konsolidiert wird. Im Folgenden wird es um Beispiele dieser unhintergehbaren Selbstverständlichkeit gehen, die sich sehr stabil halten, obwohl die in die Irre führenden epistemologischen Effekte der Computer-Metapher bekannt sind. Sowohl die Repräsentation wie auch Praktiken der Visualisierung des Gehirns lotsen den Beobachter stets, wie im eingangs gewählten Beispiel der Suche nach den neurophysiologischen Ursachen des Lachens, in einen erkenntnistheoretischen Zirkel.

Im Bereich der wissenschaftlichen Modell-Repräsentation des Gehirns ist Roth (1997) aus neurologischer Perspektive einer der bekanntesten Vertreter des oft mit dem Attribut „radikal" versehenen Konstruktivismus (Schmidt 1987), der sich naturwissenschaftlich mit einer Theorie der informationellen Geschlossenheit lebendiger Zellen (Maturana 1985; kritisch dazu Köck 1990) legitimiert. Bewusstsein ist laut Roth ein neuronales Produkt, das eine individuelle Wahrnehmungswelt mit Hilfe sensorischer Reize konstruiert (Roth 1997, 21). Die von Roth gebrauchte Metaphorik überrascht nicht: Wahrnehmung sei

> eine Art Signalsystem ... Hierbei repräsentieren Neurone mit ihrer Aktivität stellvertretend die Geschehnisse in der Außenwelt, ähnlich wie dies bei Lämpchen auf einem Steuerpult in einem Kontrollzentrum ist. Hier zeigt das Aufleuchten oder Ausgehen eines Lichts dem wachhabenden Ingenieur irgendein Ereignis an, etwa das Erreichen oder Überschreiten einer bestimmten Temperatur oder das Auftreten eines Motorschadens.
> *Dies kann man nun auf das Gehirn übertragen*: Passiert in der Umwelt das Ereignis X, so wird dies durch das Feuern von Neuron 1 ‚signalisiert', und geschieht Ereignis Y, so wird dies durch die Aktivität des Neurons 2 angezeigt, und so weiter (Roth 1997, 130; Hervorhebung T.B.).

Die metaphorisch hergestellte Sinnverwandtschaft illustriert die Verwissenschaftlichung metaphorisch überformter Annahmen innerhalb des Formalisierungsmythos. Um einem zu einfachen neurobiologischen Reduktionismus im Sinne einer Gleichsetzung von neuronalen und mentalen Zuständen zu parieren, stellt Roth am Ende seines Buches (im Vergleich zu seinen radikalkonstruktivistischen Thesen zu Beginn erstaunlich zurückhaltend) fest:

> (1) Es gibt eine sehr enge Parallelität zwischen Hirnprozessen und kognitiven Prozessen.
>
> (2) Man kann diejenigen Hirnprozesse, die von Geist, Bewußtsein und Aufmerksamkeit begleitet sind, auf verschiedene Art und Weise darstellen (sichtbar machen).
>
> (3) Die Mechanismen, die zu Geist- und Bewusstseinszuständen führen, sind in groben Zügen bekannt und physiologisch-pharmakologisch beeinflussbar (Roth 1997, 301-302).

Der Geist ist in dieser Sprachregelung nicht reduzierbar auf einzelne Elemente des ‚Systems‘ Gehirn. Er ist physikalischer Zustand, aber erst aus dem Wechselspiel der Komponenten untereinander erwachsen Bewusstsein und Kognition. Auch Roth landet am Ende folglich beim Emergenz-Begriff, wodurch diese vorsichtig anmutenden Thesen implizit diejenigen Voraussetzungen stützen, deren Beweis eigentlich erst Forschungsfrage ist.

Dieser Zirkel jedoch wird nicht aufgebrochen durch die von Roth angeführte ‚Sichtbarmachung‘ der Hirnprozesse, die Geist und Bewusstsein konstituieren. Das Gehirn kann kein Computer sein, weswegen auch die visuellen Darstellungen seiner Funktionen letztlich auf ein reduktionistisches Modell verweisen. Die Visualisierungen des Gehirns sind auf den ersten Blick zwar eindrucksvoll, lassen bereits auf den zweiten Blick die ihnen zugrunde liegenden Computer-Modelle erahnen und sind bei gründlicher Betrachtung ihrer Herstellung nichts weiter als rückbezügliche Konstruktionen. Was sie vor allem sichtbar machen, ist die Wahrheits- und Performanzlogik des Mythos Algorithmus:

(1) Das Computer-Modell ist auf *semiotischer* Ebene notwendig, um das Phänomen überhaupt erschließbar zu machen (Kap. 1.2.3. zur Menschdeutung und zur Metapher). Das Gehirn ist ein hoch komplexes, in weiten Teilen noch unverstandenes Organ mit doppelter Geschichtlichkeit (Zilles 2007, 340), indem einerseits seine Organisation historisch spezifisch ist durch seine evolutive Entwicklung und andererseits die gelebten Erfahrungen eines jeden Individuums eine spezifische neuronale Organisation konstituieren. Das Computer-Modell hingegen entwirft das Gehirn als berechenbare und determinierende Einheit, doch es ist dem widersprechend (a) adaptiv, nicht determiniert und (b) plastisch und folglich keine bloße ‚Hardware‘ für Informationsverarbeitung (Falkenburg 2006, 58).

(2) Trotz dieser bekannten Einsichten hält sich das Computer-Modell hartnäckig, nicht zuletzt gestützt durch bildgebende Verfahren, die eine Visualisierung

der Gehirnfunktionen liefern möchten. Diese „Logik der Wahrheit" (Kap. 1.2.2.) ist eine der *Form des Sinns*: Die Simulationen des Gehirns sind Parasiten an der durch die Analogphotographie verbürgten Authentizität: Die Visualisierungen des Gehirns nutzen die kulturelle Reputation der Photographie als Abbildbeziehung zur Wirklichkeit.

Die Computertomographie (CT) ist als hochauflösende Röntgenphotographie wohl diejenige, die am ehesten in einer Abbildbeziehung zum dargestellten Objekt steht. Die Positronenemissionstomographie (PET) misst genau wie das *magnet resonance imaging* (MRI) lokale Blutfluss- und Glukoseverbrauchsanstiege – eben *keine* neuronale Aktivität (O'Shea 2008). Diese werden mit zuvor abstrahierten Funktionen des Gehirns in korrelativen Zusammenhang gebracht, etwa den eingangs diskutierten ‚humorvollen Stimuli' oder ‚Weinen' und ‚Schluchzen'. Das vermeintliche ‚Abbild' der Gehirnfunktion ist hochgradig kulturell überformt und reproduziert die zugrunde gelegten Formalisierungsannahmen. Das Röntgenbild lässt sich medientheoretisch noch als eine analoge Photographie kategorisieren, der durch eine chemisch-physikalische Abbildbeziehung zur Realität oft eine durch andere Medien unerreichbare Authentizität nachgesagt wird (Barthes 1985; Lunenfeld 2002). Digital hergestellte Repräsentationen durch Ultraschall, Computertomographie oder Magnetresonanztomographie leben zwar noch von diesem Nimbus des indexikalischen Verweises auf Realität, sind aber vor allem konstruierte Visualisierung die als „dubitative Bilder" (Lunenfeld) nicht Authentizität, sondern den Zweifel in sich tragen. Wie Schmitz (2003) nachweist, werden kulturelle Normen und Setzungen (wie Gender-Normen oder psychische Erkrankungen) in die Bildgebung importiert. Den so reartikulierten Normen (Frauen sind weniger analytisch, Männer sind weniger emotional und ähnliche Argumentationsweisen) wird zusätzliche Legitimität gegeben, da sich in der ‚Photographie' des Gehirns Abweichungen naturalisieren und objektivieren.

Zwar weiß der geschulte Betrachter, dass die Darstellung des Gehirns keinen Abbildcharakter hat. Die kulturelle Autorität des Bildes jedoch erstickt jede Distanz zum Gesehenen. Obwohl alle drei Methoden eine Abbildbeziehung zum Referenzobjekt insinuieren, sind sie abgesehen von der Computertomographie vor allem *durch indirekte Annahmen errechnete Simulationen des Referenzobjekts* mit gewaltigen Reduktionismen (Schmitz 2003; Hackenbroch 2011).

(3) Die Deutung der Gehirnbilder ist eine erlernte – diagnostische Kategorien prägen die niemals reine Beobachtung. Der Blick auf das visualisierte Gehirn ist ein standardisierter, ein gemachter, worin sich die *performative* Ebene des Algorithmus zeigt. Die im medizinischen Kontext hergestellten Visualisierungen sind, wie beschrieben, in höchstem Maße konstruiert. Die so hervorgebrachten Repräsentationen werden durch die um sie stattfindenden sozialen Praktiken aber zu

Abbildern der Realität umgedeutet und zu ‚objektiven' Sachverhalten naturalisiert, Bilder werden zu Fakten, objektiv und evident (Burri 2008).[132]

Speziell für das Gehirn sind zwei Aspekte von besonderem Interesse für die These des Mythos Algorithmus: Die konstruierte Visualisierung wird einerseits nicht ‚objektiv' gelesen, weil der Blick durch eine symbolische (medizinische) Interpretation überformt ist. So spielen die Anschlussfähigkeit an Sehtraditionen und -routinen, erlernte Blicktechniken oder Aushandlungstechniken bei der gemeinsamen Betrachtung („Was sehen wir hier eigentlich, was sehen Sie?") eine erhebliche Rolle (Burri 2008, 201-230; grundlegend insb. Fleck 1983 [1947]). Der geschulte Blick, das standardisierte Sehen, knüpft an bestehende Sehtraditionen unter Maßgabe der Kategorisierung, Diagnose und Prognose und medizinischen Praxis an. Andererseits ist der medizinische Blick nicht frei von anderen kulturellen Überformungen, dabei besonders medienästhetischen Gewohnheiten. Ästhetik, Anziehungskraft und Emotionalität sind trotz der Zweckfunktionalität der Bilder, die im Vordergrund steht, nicht ohne Einfluss auf die Konstruktionsleistung (Burri 2008, 174-178; Jäncke/Burri 2010).

Diese Zusammenhänge entspringen dem Formalisierungsmythos, weil nicht mehr zu unterscheiden ist zwischen Fakt und Fiktion, Repräsentation und konstruktiver Praxis. Mit der Visualisierung des Gehirns und seinen Funktionen wird der Mythos Algorithmus zur für jeden sichtbaren Wahrheit erklärt. Das visuelle Artefakt essentialisiert das Computer-Modell des Gehirns. Die zu Abbildern der Realität stilisierten medizinischen Visualisierungen befördern zusätzlich die Wahrnehmung der Anschlussfähigkeit des menschlichen Körpers und im Speziellen seines Gehirns an die Technologie. Die Ästhetik und die Medialität der Computeraufnahmen kommunizieren implizit ‚Objektivität' des Dargestellten, das anschlussfähig ist an eine *simulierte Ästhetik*, die als Realität missverstanden wird. In Baudrillard'scher Terminologie (Kap. 1.2.2.) werden die Simulakren zu Repräsentationen umgedeutet, was naheliegt, da sie sich im gleichen Sinnsystem bewegen. Der eigene Körper wird als Computergraphik erlebt, wodurch die Auflösung des Körpers in Technologie noch plausibler zu werden scheint: Das Gehirn – abstrakt modelliert als digitale Recheneinheit – wird als solche sichtbar gemacht. Die funktionale Äquivalenz zwischen Computer und Gehirn besagt, beide seien digital und elektrisch funktionierende vernetzte Recheneinheiten und vollständig naturalisiert.

Wie bereits an anderer Stelle betont, spielen für diese Naturalisierungsprozesse bei der Erkenntnis des Menschen die Ethik und die sie konstituierenden sozialen Akteure eine Schlüsselrolle, da sie auf wirkmächtige Weise dazu beitragen,

---

[132] Auch Kap. 2.1.3. zur Konstruktion des Körpers in medizinischen Praktiken und Repräsentationen.

uneindeutige Phänomene zu fixieren und zu reinen Konzepten (des Natürlichen/des Künstlichen etc.) zu formalisieren. Dies wurde deutlich bei der Definition des Lebendigen (zur PID Kap. 1.3.2.) sowie bei der Feststellung, dass jede Erkenntnis des Menschen – jede Anthropologie – auf stabile Kategorien angewiesen ist, wie sie allein die normierende Ethik bereitstellen kann (Siep 1996; Kap. 2.1.2.).

Gerade also die Ethik konstruiert Wissen, schafft Eindeutigkeit, normiert Praktiken und perpetuiert den Mythos der Formalisierung. Die Macht, die dieser Mythos des ‚Gehirn-Computers‘ entfaltet, lässt sich abschließend am als zaghafte Frage formulierten Thema der Jahrestagung des Deutschen Ethikrates 2009 ablesen: „Der steuerbare Mensch?" Der Ankündigungstext macht die im Mythos produzierten Konstrukte – vom Auslesen, Steuern und Substituieren des Gehirns, kurz: seine Äquivalenz zum Computer – zu *Tatsachen*:

> Unser Gehirn wird zunehmend zugänglich für Medizin und Forschung. Bildgebende Verfahren erlauben immer tiefere Einblicke in Strukturen und Funktionen des Gehirns. Unser Wissen über die biochemischen Vorgänge und zellulären Netzwerke, die den Hirnaktivitäten zugrunde liegen, wächst, und mit ihm die pharmakologischen und technischen Möglichkeiten, Denkleistungen und Stimmungen bei kranken und gesunden Menschen zu beeinflussen.
> Die Jahrestagung des Deutschen Ethikrates zeigt auf, welche Einblicke und Eingriffe in das menschliche Gehirn bereits möglich sind und erforscht werden, und betrachtet die ethischen und rechtlichen Herausforderungen, vor die uns dies stellt.
> Können Bilder des Gehirns uns dabei helfen, unser Denken und Fühlen zu verstehen?
> Ist es vertretbar, dass auch Gesunde Medikamente nehmen, die für die Behandlung bei psychischer Krankheit, Demenz oder Aufmerksamkeitsstörungen entwickelt wurden?
> Wohin könnte es führen, wenn implantierte Elektroden immer gezielter Hirnfunktionen wie Motorik, Sprache und Stimmung beeinflussen können? (Deutscher Ethikrat 2009).

Diese Fragen schüren die Furcht davor, dass der Mensch zur steuerbaren Marionette des technischen Fortschritts werden könnte, und ontologisieren en passant ein spezifisches, nicht näher hinterfragtes Bild des Menschen. Die artikulierten Ängste sind mythisch, verschwommen zwischen Fakt und Fiktion, Aktuellem und Virtuellem. Die dabei als ‚Beweis‘ hinzugezogenen bildgebenden Verfahren machen die Infragestellung des freien Willens mit der Computer-Metapher argumentativ möglich, erzwingen sie fast, denn das Bewusstsein ist in dieser Betrachtung bloßes Nebenprodukt. Die Visualisierungen des Gehirns genießen die Autorität der Photographie, schmarotzen auf illegitime Weise an ihrer Bürgschaft für das „Es-ist-so-gewesen" (Barthes 1985, 87) und machen die Computer-Metapher zu einer natürlichen Tatsache: (a) Das Gehirn kann ausgelesen werden, indem seine Funktionen ‚entschlüsselt‘ werden. (b) Bewusstsein wird determiniert durch bestimmte Aktivitäten in funktionalen Zentren des Gehirns und ist deshalb offen für Manipulationen. (c) Das Gehirn wird als biologischer Computer visualisiert. Der angebliche Abbildcharakter der Visualisierungen ‚beweist' indirekt, dass das Gehirn wie ein Computer operiert.

Wie gezeigt wurde, liegt hinter diesen Annahmen ein argumentativer Zirkel, der dem Formalisierungsmythos entspringt: (1) Die Erwartung des Computer-Modells prägt den beobachtenden Blick auf das Gehirn, wie sich am Beispiel des Lächelns zeigte. Kulturell spezifische Einheiten (Lachen vs. Lächeln, Schluchzen vs. Weinen) werden als unterschiedliche Funktionsareale in das Gehirn hineingelesen. Es ist erst die ‚Entschlüsselung', die den zu lesenden Code produziert. Die ‚funktionalen Zentren' des Gehirns drücken (2) allenfalls ein bestimmtes Organisationsprinzip aus: das der Adaption. Die Funktionalität des Gehirns ist individuell verschieden durch eine jeweils spezifische Erfahrungsbiographie. Die angestrengte Suche nach eindeutiger Ursache und eindeutiger Wirkung (die eingangs erwähnten ‚humorvollen Stimuli' zum Beispiel) schaffen kausale und determinierende Zusammenhänge, die erst in der Beobachtung entstehen. Auch hierin liegt ein Zirkel. Hinzu kommen (3) die erheblichen Autoritätsprobleme der bildgebenden Verfahren, die nicht nur technisch bedingt lediglich indirekt messen können, was sie darstellen (‚Hirnaktivität'), sondern darüber hinaus auch soziale Normen und Praktiken (Geschlechterunterschiede, pathologische Gehirne: Wie sieht das Gehirn eines Depressiven aus?) reproduzieren und essentialisieren. Zusätzlich spielen die durch die Produzenten der Bilder (Neurologen) übergestülpten Wahrnehmungsmuster eine entscheidende Rolle, weil sie nicht nur einen medizinisch geschulten Blick reproduzieren, sondern dabei sogar ästhetische Kriterien wie die ‚Schönheit' des dargestellten Gehirns berücksichtigen.

Allein das Misstrauen, das das Gedankenexperiment zu Beginn dieses Kapitels gegenüber der Modelläquivalenz zwischen Computer und Bewusstsein auslöst, zeigt die Schwierigkeiten bei der symbolischen Reinigungsarbeit. Wie lässt sich über das Gehirn nachdenken außerhalb einer Computer-Metapher oder generell eines formalisierenden Modells? Gerade weil das Phänomen so rätselhaft ist, wird der Mythos Algorithmus so mächtig.

2.4. Die Grenzen des Mythos Algorithmus – Eine Zusammenfassung

In den vorangegangenen Kapiteln wurden die Phänomenbereiche *Leben und medizinische Formalisierung* (Kap. 2.1.), *Selbst und Körper* (Kap. 2.2.) sowie *Bewusstsein und Gehirn* (Kap. 2.3.) anhand spezifischer Beispiele in Bezug auf die ihnen inhärente algorithmisierte Logik untersucht. Wie gezeigt wurde, sind die im ‚Mensch-Objekt' vorgefundenen/konstruierten formalisierbaren Phänomene als ‚Wahrheit' codiert (Frege; Kap. 1.2.2.). Gleichzeitig sind standardisierte Erkenntnisprogramme als formalisierbare Praktiken entscheidend bei der Produktion des formalisierten Menschen. Dieser semiotisch-performativen Operationalisierung der Sinnproduktion der Einheit ‚Mensch' liegt der Algorithmus als technisches und epistemisches Ding wahrheitslogisch zugrunde (Rheinberger; Kap. 1.4.2.). Die folgende Zusammenfassung gliedert die Ergebnisse für jeden dieser Bereiche in drei Perspektiven, deren Zirkularität und gegenseitige Abhängigkeit voneinander durch gewollte Dopplungen ausgedrückt wird: (a) die formalisierte Logik der Beobachtung und der Phänomene, (b) die dafür konstitutiven Praktiken und schließlich (c) die Grenzen des zugleich algorithmisierten und algorithmisierenden Sinnsystems.

Dcm im ersten Teil der Arbeit entwickelten Modell zufolge wird Sinn einerseits stets bei der kulturell stark überformten Beobachtung konstruiert, steht andererseits als überindividuelle Ressource zur Verfügung und prägt wiederum die subjektive Beobachtung. (a) Der Algorithmus als Logik der Beobachtung und der beobachteten Phänomene fasst im Folgenden die Wirkungsweise des Mythos Algorithmus zusammen, des Mythos der universellen Codierbarkeit, Operationalisierbarkeit, Computerisierbarkeit, Repräsentierbarkeit und Produzierbarkeit der besprochenen Phänomene, die mit diesen Eigenschaften bei der Beobachtung erst hergestellt werden. Gleichzeitig sollen nochmals die wichtigsten (b) die Algorithmuslogik manifestierenden Praktiken Erwähnung finden. Der herausgearbeitete operationalisierte Zugriff auf die Phänomene, die als solche erst in der Beobachtung konstruiert werden, deutet immer gleichzeitig auf dasjenige, was durch den Mythos als Sinnstifter nicht erfasst werden kann. Dieses zusammenfassende Kapitel schließt deshalb mit den Momenten des augenfälligsten Scheiterns der Algorithmuslogik, die auf die Grenzen des Mythos Algorithmus verweist. Die (c) Graubereiche der Formalisierungslogik adressieren diese Grenzen des Algorithmus und bilden die Brücke zum abschließenden dritten Teil der Arbeit, der die Grenzlinie zur Nicht-Formalisierbarkeit als das Negativ des Algorithmus (insb. Kap. 1.5.) auslotet.

a) Der Algorithmus als Logik der Beobachtung und der beobachteten Phänomene

Im Bereich der *Lebensdefinitionen und der medizinischen Formalisierung* wird der Körper als Objekt konstruiert im Sinne eines lebendigen Organismus, der sowohl Träger als auch Produkt genetischer Informationen ist. Dieser Reduktionismus erst macht ihn in der kulturellen Gesamtwahrnehmung reproduzierbar (z. B. durch Klonen), austauschbar (z. B. Substitution durch ‚künstlich' gezüchtete Organe) oder gar obsolet (durch ‚künstliches', rein informationsbasiertes Leben). Der genetische Code spricht dem Körper eine eigene Qualität ab und reduziert ihn zu einem Resultat von Ableseprozessen: Leben erscheint als operative Verkettung von Information, als „digital computer file" (Venter), Körperlichkeit ist ein im Code chiffriertes Epiphänomen. Das Genom – eine Proteinstruktur – ist ein Algorithmus: Durch das ‚Prozessieren' der Basen Adenin, Cytosin, Guanin, Thymin (Rekombinationen der Codezeichen A, C, G, T) werden Aminosäuren synthetisiert. Die Aminosäuren wiederum werden als operationalisierte Funktion erkannt, die abgelesen wird und damit letztlich konstitutiv für die materielle Dimension des Lebens ist (Kap 2.1.1.).

Die algorithmische Modellierung des Lebens ermöglicht die Vision von *artificial life* als künstlich programmiertem Leben. Die Konzepte *Leben* und *Tod* sind technikspezifisch formalisierte Narrative, die ohne Setzungen durch Praktiken und Repräsentationen ohne Bedeutung bleiben. Erst der technische Eingriff verschiebt den ‚richtigen' Tod, etwa vom Herztod zum Hirntod. Die Modelläquivalenz von ‚natürlichem Leben' und Technik schließlich erzeugt bei der Beobachtung dieser unterschiedlichen Phänomenbereiche die Annahme der Konvergenz zwischen Natur und Kultur, die jedoch ausschließlich den bei der Beobachtung zugrunde gelegten formalisierten Modellen geschuldet ist (Kap. 2.1.2., auch Kap. 1.3.1.).

Der lebendige Organismus wird gleichzeitig im medizinischen Diskurs als Gesamt von zusammenwirkenden Prozessen verstanden, die streng algorithmisiert entlang der Dualität von normal/pathologisch entworfen werden. Krankheit/Gesundheit lässt sich als operationalisierte Prozesslogik begreifen, die innerhalb eines fixierten Algorithmus verortet wird: |Anamnese/Ursache → Diagnose → Prognose → Therapie → Normalität|. Dieser Algorithmus ist die operative Verkettung spezifischer Repräsentationen und praktischer Handlungsvorschriften. Der Zwang zur Diagnose und der therapeutische Imperativ drängen die am Körper beobachteten Phänomene in ein formalisiertes Erkenntnisraster. Die Diagnose selbst, als Überführung des Körpers in ein semiotisches System, funktioniert nur durch die Interaktion zwischen Arzt und Patientenkörper entlang performativer Muster des Erkennens. Ähnliches gilt für den Organfunktionalismus der Evolutionstheorie, der ebenfalls eine Beobachterzuschreibung ist. Er wird dennoch wie auch die Dezendenztheorie als Indiz für ein mechanizistisches Natur-Modell gedeutet – jedoch stets in der Beobachterzuschreibung von Ursache, Ist-Zustand und Prognose an vermeintlich ‚natürliche Prozesse' (Kap. 2.1.3.).

Im Bereich von *Selbst und Körper* (Kap. 2.2.) sind Kontrollphantasien und die ersehnte Überwindung der einschränkenden körperlichen Materialität zentrale Nebenprodukte der im formalisierten Modell produzierten und praktizierten Körper und Identitäten. Erst in Repräsentationen und Interaktionshandeln werden

Selbst und Körper als Einheiten produziert und erwachsen zu beherrschbaren Objekten, die jedoch allenfalls die Illusion der Kontrolle und Freiheit bieten.

Das Selbst wird in spezifischen Kategorien modelliert, wobei diese eben gerade durch ihre Modellierung essentialisiert werden (etwa ‚das Unbewusste' oder pathologische Identitäten wie ‚geisteskrank', ‚depressiv' etc.). Die Kategorien sind Teil operativer Kausalketten (z. B. Ursache und Prognose einer bestimmten psychischen Ausprägung). Dies macht das ‚Selbst als Projekt' als formalisierten Prozess beschreibbar, der eine teleologische Ausrichtung durch ‚Selbstverwirklichung' oder die Erfüllung von Lebens- und Therapiezielen bekommt. Hierdurch erwächst die paradoxe Notwendigkeit der ‚freiwillig' codierten Regulation des Selbst als Element eines neoliberalen Macht/Wissen-Systems (Foucault), wofür die formalisierten und objektivierten Identitätskategorien und -prozesse in Bezug auf vorhandene Repräsentationen und Praktiken essentiell sind. Es entsteht eine Ambivalenz zwischen den produktiven Aspekten der Selbstproduktion (die auf formalisierte Repräsentationen angewiesen ist) und der quasi-repressiven *Selbstalgorithmisierung*, die als der Preis der Vergewisserung über das eigene Selbst gelten muss (Kap. 2.2.1.).

Auch der Körper tritt nur als Produkt einer höchst formalisierten Beobachtung in Erscheinung, die ihn über kulturelle Repräsentationen und Praktiken als Einheit konstruiert. Er wird als prinzipiell in Zeichensystemen auflösbar modelliert, wie etwa durch den Habitus bei Bourdieu oder den Status des Körpers als Produkt von Diskurs und Performanz bei Butler. Das Beispiel Geschlechtsidentität zeigt mit besonderer Deutlichkeit, dass die Aufrechterhaltung einer stabilen kulturellen Identität stets ein prozesshaft ausgeführter Algorithmus ist – eine Kombination aus formalisierter Performanz, der interaktionistischen Geschlechtsdarstellung und dem Aktivieren geschlechtsspezifischer Repräsentationen. Körpermanipulationen und materielle ‚Anpassung' des Körpers an die entgegengesetzte Geschlechtsidentität suggerieren zwar Kontrolle und normierenden Zugriff. Sie sind jedoch allenfalls Nebenprodukte des Formalisierungsmythos (Kap. 2.2.2.).

Gleiches gilt für die Illusion, der materielle Körper lasse sich verlustfrei durch seine ‚virtuelle' Entsprechung als Avatar oder ‚virtueller Körper' nicht nur repräsentieren, sondern gar substituieren: Leibliche Empfindungen und durch den Körper gespürte Ausprägungen von Identität lassen sich vorgeblich durch die Überführung in codierte Körperrepräsentationen als immaterielles Äquivalent zum materiellen Körper denken. Der Avatar-Körper täuscht als anthropomorphisierte Körperrepräsentation lediglich über seinen Status eines bloßen Signifikanten – eines ikonischen Zeichens – hinweg. Er wird als Körper gelesen, dem die materiellen und leiblichen Qualitäten einfach zugeschrieben werden, auch wenn es sich bei ihm nur um eine kunstvolle Textualität handelt (Kap. 2.2.3.).

Bei der Beobachtung von *Bewusstsein und Gehirn* (Kap. 2.3.) tritt der Mythos des Algorithmus besonders sichtbar hervor: Die selbstverständliche Konvergenz zwischen Gehirn und Computer ist eine Modell-Konvergenz im Sinnsystem und spielt eine enorme Unwahrscheinlichkeit aus: Gerade zu unserer Zeit soll sich also eine Kulturtechnik herausbilden, die dem menschlichen Gehirn auf frappante Weise entsprechen soll (zu diesem ontologisierenden Mechanismus Kap. 1.2.1., 1.2.3., 1.3.1.). Gleichzeitig wird die Materialität des Gehirns beobachtet und modelliert als Turing-Maschine: Es prozessiert Repräsentationen mit Hilfe formallogischer Operatoren, also Algorithmen. Die Kybernetik 1 als Ontologie produziert das Gehirn als adaptives Organ im Modell der Feedback-Loops; das ‚ontologische Theater‘ von *trial and error*, Widerstand und Anpassung bringt einen Feedback-Algorithmus von Input und Output hervor, eine formalisierte Aktanz der *black box* Gehirn. Die Kybernetik 2 als Epistemologie produziert das Gehirn als linguistische Codes prozessierendes Organ in Zeichen-Modellen: Das Öffnen der *black box* gibt die Illusion des symbolvermittelten Zugriffs, das Gehirn wird zur les- und steuerbaren Recheneinheit im Sinne des algorithmisch arbeitenden Bildgebers (Kap. 2.3.1.).

Intelligenz als quantifizierbare Leistung dieser Recheneinheit wird gemessen durch den Grad der Fähigkeit, Symbolketten zu prozessieren, und somit gleichgesetzt mit linguistischer Kompetenz. Natürliche Sprachen wiederum werden in dieser Herangehensweise reduziert auf ein logisch widerspruchsfreies und eindeutiges System, wie es mit einer algorithmenbasierten Formalsprache vorliegt. Erst durch diese Modell-Konvergenz bei der Beobachtung menschlicher und technischer Recheneinheiten kann es zu der wirkmächtigen Illusion kommen, menschliches Denken und Intelligenz ließen sich nicht nur verlustfrei in formalisierten Repräsentationen abbilden, sondern auch künstlich erzeugen. Das formallogische Modell des Computers wird dem Gehirn als Phänomen übergestülpt. Das Beispiel des IBM-Computers Watson zeigt dabei, dass die Illusion der mit Menschen interagierenden Künstlichen Intelligenzen eine Beobachterzuschreibung bleibt: Eine entsprechende Erwartungshaltung, die Anthropomorphisierung des Computers durch soziales Setting, visuelle Darstellung und Sprachsynthese kaschieren, dass im sprachgesteuerten Suchalgorithmus allein noch keine autonome Intelligenz liegt (Kap. 2.3.2.).

Besonders deutlich wird die Annahme der Computer-Gehirn-Äquivalenz auch in den bildgebenden Verfahren der Medizin. Die Wirkmächtigkeit des Visuellen authentifiziert und zertifiziert die vorgebliche Verwandtschaft, indem es eine Abbildbeziehung impliziert: Die dargestellte Gehirnaktivität und Isolation funktionaler Organisationseinheiten sind jedoch simuliert, nicht abbildenddokumentarisch. Ihren bezeugenden Status ziehen sie allein aus kulturell tradierten Rezeptionsweisen des photographischen Bildes als Garant für Authentizität.

Aufgrund der Visualisierung des Gehirns durch den Computer und im Computer-Modell besteht der durch das Modell begründete Zwang, die Trias aus Wahrnehmung – Sensorium – Emotion während der Beobachtung eindeutig in Symbolsystemen zu verorten, wofür die Kategorien des ‚humorvollen Stimulus', des ‚Weinens' oder ‚Schluchzens' als Beispiele dienten. Bereits durch diese Kategorisierung jedoch werden Empfindungen formalisiert. Hinzu kommt eine Singularisierung der Phänomene (‚aktive' Bereiche des Gehirns), die in Kausalzusammenhang gestellt und im Schema |URSACHE-URHEBER-WIRKUNG-REIZ-REAKTION-FUNKTION| formalisiert werden. Motorische, kognitive, mentale und emotionale Prozesse erscheinen auf diese Wiese vollständig computerisierbar (Kap. 2.3.3.).

b) Die Algorithmuslogik manifestierende Praktiken
Nicht die Beobachtung und gleichzeitige Konstruktion der Phänomene in algorithmisierbaren Modellen als simulierte Repräsentation von Wahrheit allein, sondern erst die sie wechselseitig stützenden sozialen Praktiken lassen den Mythos Algorithmus seine Wirkmacht entfalten. Im Bereich *Leben und medizinische Formalisierung* (Kap. 2.1.) ist dies etwa die Molekularbiologie, deren Teilbereich der Bio-Informatik Modelle und Praktiken erschaffen hat (z. B. *wet-dry-cycles*), die einen selbstverständlichen Austausch zwischen Organismus und Computer im Medium der Information suggerieren: Leben wird als informationell und materiell zugleich betrachtet. Reproduktionsmedizinische Verfahren wie die Präimplantationsdiagnostik, das Klonen von Organismen oder die Abtreibung stellen genauso wie medizinische Verfahren zur ‚Lebensverlängerung' (z. B. Herz-Lungen-Maschine) die streng formalisierten Konzepte von Leben und Tod einerseits in Frage und setzen andererseits an ihre Stelle neue eindeutige, ‚gereinigte' Repräsentationen und Praktiken, die immer rückgeführt werden auf formalisierte Normierungen ethisch ‚guten' Handelns.
Wie außerdem gezeigt wurde, erstreckt sich die Selbstalgorithmisierung (in den Konzepten Gouvernementalität und Bio-Macht) auf die Formalisierung des eigenen Körpers innerhalb bestimmter medizinischer Repräsentationen und Praktiken: Krankheit wird semiotisch und performativ hergestellt. Am Beispiel HIV ließ sich die Operationalisierung von Diagnose, Therapieformen und der permanenten semiotisch-performativen (Re-)Produktion eines pathologischen Risikokörpers – das *doing disease* (Mol 2002) – deutlich nachverfolgen. Die Selbstalgorithmisierung erfolgt über komplexe Handlungsvorschriften innerhalb des therapeutischen Regimes entlang des prognostizierten Krankheitsverlaufs.
Selbst und Körper (Kap. 2.2.) werden algorithmisiert entlang der durch den medizinischen, psychologischen sowie populärkulturellen Diskurs geprägten Skripte, vermeintlich angemessenen, normalen und richtigen Handelns. Psycho-

Diskurse in Pädagogik, Sozialarbeit, Wirtschaft, narrativ-fiktionalen Texten, Massenmedien oder Psychotherapie liefern formalisierte Repräsentationen und Praktiken, die als ‚Arbeit am Selbst' dessen Normierung durch permanent-prozesshafte Selbstregulation herbeiführen: Das Selbst ist stets gebunden an die regulativen Ideen des ‚Normalen' und ‚Optimalen'. Auch der Körper bewegt sich innerhalb der Regimes von Zeichensystemen und Praktiken und wird durch diese formalisiert, was beispielsweise im Bereich der Sexualmedizin und deren Definitionsmacht über Transsexualität und Intersexualität besonders anschaulich hervorscheint. Auch hier gilt jedoch der ambivalente Charakter der Selbstalgorithmisierung, die neben der Normierung auch eine produktive Quali-tät hat, da die Zeichensysteme und Praktiken erst die Materialität des Körpers und leibliche Empfindungen durch den Körper überhaupt zu sinnhaft wahrnehm-baren Einheiten werden lassen.

Dies darf jedoch nicht zur Annahme verführen, der Körper – weil nur im for-malisierten Sinnsystem erfahrbar – lasse sich vollständig auf Repräsentationen übertragen. Der ‚Avatar' strebt diesen Mythos der Entkörperlichung an, indem er zum alternativen Selbst und Alter Ego stilisiert wird, das soziale Realität durch vorgebliche soziale Interaktion mit ‚repräsentierten' Anwesenden erlangen kann. Der Avatar jedoch wird konstruiert in zuvor codierten Symbolen, repräsentierten Handlungen und den Genre-Anforderungen einer spezifischen Avatar-Umgebung, was ihn in die Nähe eines literarischen Textes rückt, weit abseits einer alternativen Körperlichkeit. Auch der Avatar ist somit ein Produkt des Mythos Algorithmus.

Bewusstsein und Gehirn (Kap. 2.3.) schließlich werden als beobachtbare Ein-heiten konstruiert in einem Modell, dessen Bildgeber den Algorithmus als einzi-ge und ausschließlich Funktionsbedingung hat: der Computer. Die dem Phäno-men untergeschobene Äquivalenz zur Algorithmen prozessierenden Rechenma-schine macht die nahtlose Kommunikation zwischen Mensch und Maschine zu einer greifbaren Vision, sprechen doch beide scheinbar ein- und dieselbe Sprache. Neuromedizinische und -biologische Techniken wie die tiefe Hirnstimulation und Neuroprothesen materialisieren das Modell und stützen die Wahrnehmung der funktionellen Äquivalenz von Gehirn und Rechenmaschine: Durch sie wer-den das ‚Auslesen' und das ‚Umschreiben' des Geistes zu das Ausgangsmodell validierenden Praktiken. Die Interface-Strukturen werden zum Beweis der Illusi-on des wechselseitigen verlustfreien Austauschs, da die Phänomene vorgeblich denselben Code teilen und algorithmisch prozessieren.

Die Suche nach künstlicher Intelligenz bildet den anderen erkenntnistheoreti-schen Pol der Modelläquivalenz ab: Ein im Modell der Formalisierung hervor-gebrachtes ‚natürlich-intelligentes Bewusstsein' (wie der Mensch) findet so in der Entwicklung ‚künstlich-intelligenter Algorithmen' leicht eine ebenbürtige

Entsprechung. Sprachsynthese und Sprachsteuerung scheinen zunächst wie weitere Annäherungen an die Vision von der künstlichen, aber autonomen Intelligenz. Jedoch sind sie vor allem Requisiten, deren theatralischer Charakter die fragile Brüchigkeit der Vision zu kaschieren helfen. Bildgebende Techniken schließlich validieren als Visualisierungen des ‚Gehirns bei der Arbeit' vollends das Computer-Modell des Geistes. Die den Computersimulationen des Bewusstseins (die in schöner Paradoxie das Computer-Modell des Bewusstseins validieren sollen) zugeschriebene Wahrheit steht damit symptomatisch für die Universalität des Sinn produzierenden Algorithmus-Mythos.

c) Graubereiche der Formalisierungslogik – Die Grenzen des Algorithmus
Im Innern des Sinnsystems werden alle denkbaren, intelligiblen, ordentlichen Repräsentationen und Praktiken produziert und sind wiederum gleichzeitig konstitutiv für das Sinnsystem. Sie sind die einzigen Repräsentationen und Praktiken, die beobachtet, erkannt und ausgeführt werden können. Sie bilden ihre Welt – die einzige Welt, über die sich sprechen lässt – gegen das Chaos des Außen, in welchem die Entropie der ungeordneten Gleichwahrscheinlichkeiten alles Sinnhafte zerstreut (Kap. 1.5.). Dass das Außerhalb dieser geschlossenen Welt (der geordneten Formalisierungslogik, der algorithmisierten Repräsentationen und Handlungen) ein Bereich ist, der den Sinn des Innern verflüchtigt, offenbart sich in den Grenzbereichen des Sinnsystems, in denen Phänomene aufblitzen, die sich der Algorithmuslogik widersetzen.

Im Bereich des *Lebens und der medizinischen Formalisierung* (Kap. 2.1.) wird dies durch die grobe Reduktion des Lebens auf die Proteinstruktur der lebenden Zelle deutlich, die als algorithmisierter Code – als ausführbare Informationsdateien – beobachtet und kulturell produziert wird. Dieses informationsgenetische Modell verwirft den ‚Rest' der lebenden Zelle als bedeutungslos, wodurch die Vision eines künstlichen Lebens überhaupt erst als zu realisierendes Forschungsprogramm entworfen werden kann. Mit der vitalistischen Perspektive auf das Lebendige wurde der formalisierte Zugriff auf das Leben prinzipiell bezweifelt. Der Vitalismus anerkennt das Lebendige als Wesenheit, das sich gerade durch die Qualität eines unnahbaren Geheimnisses auszeichnet. Diese quasi-mystische Haltung jedoch wird durch das Sinnsystem funktionalisiert, indem er der naturwissenschaftlich-mechanizistischen Naturerschließung als Folie dient: Am Vitalismus als Hüter des Lebensgeheimnisses lassen sich rationale und formalisierbare Erkenntnisprogramme aufwerten, die den Blick vorgeblich desubjektivieren und das Lebendige objektivieren können: In der Formalisierung ist Leben nicht Magie, Leben ist Produkt.

Auch die Medizin erfordert eine Rücküberführung des unnahbaren Geheimnisses im Bereich der Sinngrenze in die rationalen Modelle des Lebens. Hier ist die Medizinethik wichtiges Instrument zur Aufrechterhaltung des mechanizistisch-naturwissenschaftlichen Modells des Lebendigen. Erst durch ihre normierende Perspektive einer stets positiven Definition dessen, was als lebendig zu gelten habe, legitimiert sich die Abwesenheit des Lebensgeheimnisses. Neben der Vereindeutigung und Formalisierung des Lebendigen bringt der Zwang zur Formalisierung in der Medizin durch Diagnose und Therapie normale/pathologische Körper und normale/pathologische Identitäten hervor. Die Grenzen diagnostischer Eindeutigkeit sind immer Graubereiche der Formalisierung, die teilweise mit Macht die Logik des Sinnsystems durchsetzen. Das Modell des Organfunktionalismus (das Herz als Pumpe etc.) und die teleologische Ausrichtung der Evolutionstheorie (Streben nach der Bestanpassung durch Komplexitätssteigerung) stoßen zwar an Erkenntnisgrenzen, denn Evolution scheint eben keine formalisierbare lineare Funktion einer Optimierungslogik zu sein. Doch gilt auch hier: Erst wenn das Lebendige, seine Funktionalität, die linear-evolutive Logik seiner Entwicklung und seine Zweckhaftigkeit genauso eindeutig bestimmt werden können wie die Abwesenheit des Lebendigen, nimmt man dem Sinnsystem die Verunsicherung, die in der Uneindeutigkeit der Grenzbereiche liegt. Die Normierung des Lebensbegriffs entzieht ihn dem Unergründlichen, negiert sein Geheimnis und macht ihn vollends zur Sache des Mythos Algorithmus.

Auch *Selbst und Körper* (Kap. 2.2.) sind Produkte von semiotisch-performativen Skripten, kurz: von Algorithmen. Die Pluralität und Wahlfreiheit bei der Produktion von Individualität sind nur scheinbare Qualitäten, die über ihre Standardisierung hinwegtäuschen. Wichtig zu bemerken ist abermals, dass sich diese Algorithmisierung im Denkschema von repressiv/produktiv keiner Seite eindeutig zuordnen lässt. Ohne Standardisierung in Algorithmen lässt sich gar keine Bedeutung herstellen, da ohne vorhandene Repräsentationen und regulative Praktiken der Selbstoptimierung ein Selbst innerhalb des Sinnsystems überhaupt nicht entstehen kann. Die Freiheit vom formalisierten Zugriff liegt – so die modellhafte Hypothese des Negativs des Mythos Algorithmus (Kap. 1.5.) – außerhalb des Sinnsystems, also in denjenigen Empfindungen und Seinszuständen, die nicht versprachlicht, in Repräsentationen und Praktiken überführt werden können oder diesen vorausgehen.

Diese modellhaften Graubereiche des formalisierten/formalisierenden Sinnsystems werden dort deutlich, wo sich Selbst und Körper ihren streng in Skripte gefassten Produktionsbedingungen entziehen, wie dies etwa im bipolar strukturierten System der Geschlechtsidentität geschieht. Transsexualität lässt sich auch nur in der Mann/Frau-Dichotomie begreifen und bestätigt diese somit indirekt. Die Vereindeutigung ist der dahinterliegende Mechanismus, der Zwischenphänomene in ein klares Ordnungsschema rückbindet (Kap. 1.3.). Im Falle von

Transsexualität ist das Rückumwandlungsbegehren ‚erfolgreich behandelter Transsexueller' ein klares Indiz für fehlende Zwischenstufen des streng bipolaren Systems möglicher Geschlechtsidentitäten. Das formalisierte Sinnsystem ist nicht im Einklang mit dem leiblichen Empfinden und verweist damit auf einen Bereich des Außerhalb. Ähnliches gilt für die Attraktivität erotisch und sexuell anziehender Körper: Charisma, Ausstrahlung oder Aura deuten als Behelfsbegriffe – zeichenhafte Repräsentationen eines *charm*, eines magischen und geheimnisvollen Zaubers, der von einem anderen Körper ausgeht – direkt auf einen Bereich des Nicht-Formalisierbaren. Auch die Defizite des anthropomorphisierten Avatar-Abbilds unterstreichen die Irreduzibilität der (auratischen) Präsenz des Körpers, die nicht durch bloße Repräsentationen ersetzt werden kann. Schließlich lassen sich auch leibliche Empfindungen nicht ohne Verlust dessen, was sie als ‚reine' Empfindungen ausmacht, in kommunizierbare und manipulierbare Repräsentationen überführen.

Zum Abschluss des zweiten Teils sollte eine Analyse der formalisierten Sinnproduktion von *Bewusstsein und Gehirn* (Kap. 2.3.) zeigen, dass sich das Gehirn als *black box prinzipiell* einem symbolvermittelten Zugriff entzieht. Erst durch seine Modellierung mit der Turing-Maschine als Bildgeber wird es als Äquivalent zum Computer hervorgebracht und im Sinnsystem als einem digitalen Code anschlussfähige und äquivalente Recheneinheit produziert. Diese formalisierte Produktion des Phänomens spiegelt sich in der beobachteten formalisierten Operationsweise: Das Wissen um das Gehirn (seine Epistemologie) wird zum nicht hinterfragten Wesen des Gehirns (seiner Ontologie) – das Öffnen der *black box* befüllt sie mit Repräsentationen aus der Computerlogik, essentialisiert diese und bringt schließlich entsprechende (Forschungs-)Praktiken hervor in Medizin, Neurobiologie und Künstliche-Intelligenz-Forschung. Das Computer-Modell für das Gehirn wird zunächst scheinbar legitimiert durch die bildgebenden Verfahren. Diese jedoch nehmen das Computer-Modell selbst als Voraussetzung für die Computersimulationen und reproduzieren so den Algorithmus-Mythos.

Auch hier offenbaren sich die Grenzbereiche des allzu geordneten Sinnsystems, da die durch zeitlich und räumlich individuelle Adaption entstandene Hirnplastizität im Widerspruch steht zur Isolation formalisierbarer funktionaler Einheiten: Die oft wirkungsvoll inszenierten Gehirn-Interfaces sind deshalb vor allem eine Illusion, die vor dem Hintergrund dieser Setzungen aus dem Mythos Algorithmus zustande kommt. Das adaptive Gehirn erlernt die Steuerung über ‚Neuro-Schnittstellen' auf dieselbe Weise wie die Steuerung eines Fußpedals. Dennoch würde niemand auf die Idee kommen, die Funktionsweise beider (Gehirn = Pedal) in ein Äquivalenzverhältnis zu bringen. Ähnliches gilt für die Konzeptionierung von Intelligenz als formallogisches Problemlösen, das gleichbedeutend ist mit dem Prozessieren von Algorithmen. Das *frame problem* beschreibt die Schwierigkeit, kontextspezifische Relevanzsetzungen in formallogischen Algorithmen auszudrücken. Es ist – ebenso wie der Begriff der *skills* (Dreyfus) – eine Erinnerung daran, dass Bewusstsein und Intelligenz nicht vollständig durch Repräsentationen formalisiert werden können. Auch *Emergenz* ist in diesem Zusammenhang ein Behelfsbegriff, der den Sprung von einer Organisationsebene auf eine Ebene höherer Komplexität beschreiben will. Dieser Sprung ist im Modell jedoch nicht erklärbar, wodurch *Emergenz* als Worthülse erscheint, die vor allem deutlich macht, dass auch Bewusstsein und Intelligenz sich nicht in das Korsett universeller formalisierbarer Strukturen mit dem Anspruch holistischer Erklärbarkeit und Berechenbarkeit reduzieren lassen.

Den zweiten Teil zusammenfassend lässt sich festhalten, dass es für die Kernhypothese der Arbeit zumindest zahlreiche Indizien gibt. Menschbilder – als sinnhafte Bilder und Vorstellungen des Menschen durch Menschen – scheinen in einer formalisierten Logik produziert und beobachtet zu werden. Sinnhafte Repräsentationen und Praktiken werden durch das Sinnsystem produziert und konstituieren dieses zur gleichen Zeit: Hier geschieht die Fabrikation des computerisierbaren Menschen. Einen Blick auf das Außerhalb des Sinns zu erheischen, ist dabei nicht möglich: eine solche Beobachtung wäre entweder ganz ohne Sinn und voller Chaos (also gar nicht) oder würde rückgebunden an die Logik des (algorithmischen) Systeminnern. Dennoch deuten Graubereiche des Sinnhaften indirekt auf die Möglichkeit eines Außen – eines Negativs des Algorithmus. Den sprachlichen Repräsentationen der Nähe zu den Sinngrenzen ist dieses Negativ indirekt zu entnehmen: Begriffe wie Charisma, Aura und Ausstrahlung für die Qualitäten eines anderen Körpers; *as if*-Umschreibungen leiblicher Empfindungen (es fühlt sich an wie Schmetterlinge im Bauch); Konzepte wie die *black box* für das unerklärliche Gehirn, wie Emergenz für eine nicht formalisierbare Veränderung – sie alle verweisen durch ihre epistemologisch erschreckende semiotische Leere auf ein Außerhalb der Formalisierungslogik, zu der es keinen Zugriff gibt. Es ist einzig möglich, die Sinngrenze abzuschreiten, und so Hinweise auf die Beschaffenheit des Innern zu sammeln. Dies hat der folgende dritte und letzte Teil der Arbeit zum Ziel.

3. Das Negativ des Algorithmus als nicht operationalisierbare Freiheit

Die im vorangegangenen Kapitel zusammengefassten Schwächen der universellen Formalisierung verweisen immer auch auf die Grenzen des mythischen Sinnsystems. Diese Grenzen des Formalisierbaren stellen die Schwelle dar zum Negativ des Mythos Algorithmus (Kap. 1.5.), dem nicht repräsentierten Außerhalb. Ohne Struktur liegt kein Sinn, keine Bedeutung vor. Die theoretische Suche nach diesem Vorsymbolischen ist kein neues Unternehmen. Für Derrida (1974 [1967]) ist Sinn nicht vorschriftlich oder vorsymbolisch und wird allein durch die Relationen von internen Strukturelementen des Bedeutung produzierenden Systems zueinander bestimmt. Lacans (1973) strukturalistische Psychoanalyse sucht dieses vorsymbolische Außerhalb im ‚Realen‘, das sich einem symbolischem Zugang entzieht, damit unbewusst ist und sich allein im Begehren manifestiert (List 1996). Kristeva (1982) benennt im Anschluss an Lacan dieses Außerhalb als Chora, einen von Symbolen freien Raum der Vorsubjektivität, der keine Differenzen kennt.

Der Körper „leidet" darunter, überhaupt eine Organisation zu besitzen – das Produkt einer kapitalistischen und symbolischen Ordnung zu sein (Deleuze/Guattari 1977, 14; Kap. 1.2.3.). Der „organlose Körper" ist das vorsprachliche Gegenmodell dieser in der Formalisierung gefangenen Maschine, denn ihm

> ist jede Maschinenverbindung, jede Maschinenproduktion, jeglicher Maschinenlärm unerträglich geworden. Unter den Organen spürt er die widerlichen Larven und Maden und die schludrige Tätigkeit eines Gottes, der ihn, im Akt des Organisierens, erdrosselt ... Den Organmaschinen setzt der organlose Körper seine glatte, straffe und opake Oberfläche entgegen, den verbundenen, vereinigten und wieder abgeschnittenen Strömen sein undifferenziertes, amorphes Fließen. Den phonetisch aufgebauten Worten setzt er Seufzer und Schreie, ungegliederte Blöcke, entgegen (Deleuze/Guattari 1977, 15).

Ausbruch aus der Organisation, Widerstand gegen die Maschinenmetapher, Differenzlosigkeit und Fließen, Chaos der Seufzer und Schreie gegen die Struktur der Zeichen – der organlose Körper ist ein Bild des Menschen außerhalb der

Formalisierung. Deleuze und Guattari erkennen im Begehren[133] ein symbolisches Außerhalb:

> Desire escapes from formal redundancies, escapes from power formations. Desire is not informed, informing; it's not information or content (Guattari 2009, 156).

Dies wird zur Grundlage einer *asignifikaten Semiotik* erklärt: einer Bedeutung, die es ohne Zeichen gibt, außerhalb eines semiologischen Systems. Doch was ist von so einer Grenzüberschreitung, einem solchen Vordringen in das Negativ des Sinnsystems, zu halten? Foucault gibt in seiner „Vorrede zur Überschreitung" (Foucault 1974b) eine ernüchternde Antwort:

> Die Überschreitung ist eine Geste, die es mit der Grenze zu tun hat; an dieser schmalen Linie leuchtet der Blitz ihres Übergangs auf, aber vielleicht auch ihre einzige Flugbahn und ihr Ursprung. Vielleicht ist der Punkt ihres Übertritts ihr gesamter Raum. Die Spielregeln der Grenzen und ihrer Überschreitung sind von einer einfachen Hartnäckigkeit: die Überschreitung durchkreuzt immer wieder eine Linie, die sich alsbald in einer gedächtnislosen Woge wieder schließt, um von neuem an den Horizont des Unüberschreitbaren zurückzuweichen ... Die Grenze und die Überschreitung verdanken einander die Dichte ihres Seins: eine Grenze, die nicht überschritten werden könnte, wäre nicht existent; eine Überschreitung, die keine wirkliche Grenze überträte, wäre nur Einbildung. *Hat denn die Grenze eine wahrhafte Existenz außerhalb der Geste, die sie souverän überschreitet und negiert? Was sollte sie nachher, was könnte sie vorher sein? Und erschöpft sich nicht die Überschreitung in dem Augenblick, da sie die Grenze übertritt, ist sie nicht auf diesen Zeitpunkt beschränkt?* (Foucault 1974b, 36-37; Hervorhebung T.B.).

Die Wahrheit liegt im Akt der Überschreitung des Sagbaren, doch geht sie im Moment der Überschreitung der Schwelle zum Nicht-Sagbaren verloren. Die Überschreitung ist eine bloße Geste, ein Neujustieren der Grenze, eine Ausweitung des Sinnsystems in einen vormals symbolisch unerschlossenen Bereich. Die Grenze wird verschoben, niemals jedoch übertreten.

Zum Abschluss dieser Arbeit sollen einige wenige solcher Gesten der Überschreitung betrachtet werden. Liegt dort, wo es keine formalisierte Kontrolle gibt, die Freiheit von der Formalisierung? Sind Gefühle als die Antagonisten der Rationalität ein Mittel zur Grenzüberschreitung? Tötet der Schmerz die Sprache und überschreitet damit die Grenze des Symbolischen? Ist die Lust textualisierbar und somit Teil des semiologischen Systems? Bieten Rausch und ein ekstatisches Erleben schließlich das einzige Mittel der Überschreitung?

Kapitel 3.1. fragt nach der Zweckmäßigkeit der Unterscheidung zwischen einem symbolisch konstruierten *Körperobjekt* und einem phänomenologisch sich den Symbolsystemen entziehenden *Leibesempfinden*. Wie gezeigt werden soll, lässt sich auch das leibliche Spüren nicht ohne formalisierte Skripte des Erlebens

---

[133] Zur *machine désirante* – der Maschine des Begehrens oder „Wunschmaschine" – Kap. 3.2.2.

fassen. Emotionen haben den Ruf einer reinen Erfahrung, die jedoch nicht außerhalb bestimmter sinnhafter Muster erlebt werden kann.

Kapitel 3.2. soll entlang der Grenze der Überschreitung verlaufen: Kapitel 3.2.1. widmet sich dem *Schmerz*, der eine besondere leibliche Empfindung zu sein scheint, da sein Erleben das Wahrnehmen der Grenzlinie des symbolisch Repräsentierbaren und Formalisierbaren bedeutet. Schmerz ist zwar einerseits symbolisch fassbar, lokalisierbar und – etwa in der Folter – sogar eine mittels Zeichen vermittelbare Empfindung. Andererseits wirkt er zerstörerisch: Als reiner Schmerz beseitigt er das Empfinden des Selbst und seiner Identität, in dem er es in seiner Totalität auflöst.

Kapitel 3.2.2. versucht die *Algorithmen der Lust* in formalisierten sexuellen Praktiken nachzuzeichnen. Die Selbstdokumentation sexueller Handlungen, die Uniformisierung vermeintlicher Extreme in Körpermanipulationen und vermeintlicher Normverstöße und die performative Ebene einer inszenierten Sexlust und Selbstbefriedigung tragen alle zur Regulation der Lust bei. Liegt dennoch zumindest im Begehren ein reines Spüren?

Kapitel 3.2.3. wird abschließend die Wahrnehmung im *Rausch* untersuchen. Körpertechniken der Rauschherstellung (etwa im Sport) oder der zielbewusste Konsum von Rauschmitteln deuten stark auf die kalkulierte Produktionslogik eines erwünschten Erlebens. Die Entgrenzung im Rausch ist tatsächlich bloße Geste. Erst im Moment der nicht kalkulierbaren *Ekstase*, die nur ein potentieller und nicht planbarer Zustand im Rausch ist, scheint eine Grenze aufgestoßen.

3.1. Leib vs. Körper? – Die Formalisierung des Spürens

Ich bin traurig. Ich weiß, was der Grund dafür ist: Ein geliebter Mensch ist gestorben. Ich muss darüber nachdenken, wie lange die Trauer anhalten wird. Es gibt jedoch Momente, in denen ich entgegen der Erwartung – meiner eigenen und derjenigen der anderen – keine Trauer empfinde. Sind dies Momente, in denen ich die Trauer verarbeite? Wie lange wird es andauern, wie lange *sollte* es andauern? Was kann ich tun, um meine Trauer in den Griff zu bekommen?

Fühle ich in diesem Beispiel überhaupt ein reines Fühlen? Oder ist es eines, zu dem ich nur einen formalisierten Zugang habe? Eines, das durch die symbolischen Transformationsketten und die kausalen Verknüpfungen geprägt ist, die durch die Techniken zur Selbstalgorithmisierung hervorgebracht werden (Kap 2.2.1.)? Sind Gefühle folglich immer schon formalisiert, wenn man sie empfindet?

Der Dualismus zwischen Gefühlen und Verstand beantwortet diese Fragen in verdächtiger Einfachheit, indem er beide Seiten als unvereinbare Pole begreift. Als Motiv ist er zurückführbar auf Platon und die christliche Lehre, während der Antagonismus besonders deutlich wird mit der Aufklärung, in der die moderne Vernunftgläubigkeit Gefühle als gegnerische Referenzfolie bestimmt hat:

> Die Entgegensetzung von Verstand und Gefühl hat wesentlich zur Abwertung der menschlichen Gefühle insgesamt und damit der Emotionen beigetragen, insofern die Zweiteilung des Menschen eine Hierarchisierung nahe legt: Ohne Dualismus gäbe es keinen Angriffspunkt für eine Abwertung (Hastedt 2009, 308).

Die „Psy-Disziplinen"[134] versuchen der vom Verstand unterschiedenen Gefühlswelt habhaft zu werden, indem sie eine Sprache für die epistemologische Fixierung des Gefühls entwickeln und es in kausale Muster zwängen. Der Dualismus zwischen dem Gefühl (vage, nicht-formalisierbar, ‚unlogisch') und dem Verstand (präzise, regelgeleitet, mathematisierbar und formallogisch) scheint somit auf gewisse Weise überwunden worden zu sein: Die psychologische Erklärung stellt Techniken bereit zur Ermächtigung über das leibliche Spüren. Ein sprachlich überformtes, in Kausalitäten, Ursachen, Wirkungen, Zeiträume gepresstes Fühlen, ist zugleich ein steuerbares Fühlen, ein durch den Verstand geduldetes und regulierbares Spüren.

Mit der kurzen Diskussion zweier Ansätze, die sich mit unterschiedlichen Absichten an eine Formalisierung der Gefühle wagen, soll klar werden, dass der Mythos Algorithmus hier an eine deutliche Grenze stößt: Das ‚reine' Gefühl lässt sich nicht mathematisieren, denn mit seiner Mathematisierung wird es unrein. Gleichzeitig bleibt der Formalisierungsmythos als Sinnproduzent mächtig und ist deshalb beim Sprechen über Gefühle, ja beim Empfinden nicht abwesend oder wird gar transzendiert. Wie sich an der Diskussion um die in der Anthropologie und seit etwa zwei Jahrzehnten auch in der Soziologie populären Unterscheidung zwischen Körper und Leib (als Objekt einerseits und der phänomenologischen Qualität des leiblichen Empfindens auf der anderen Seite) zeigen soll, ist das Gefühl zwar einerseits niemals formalisierbar – andererseits jedoch auch niemals rein, niemals frei von Formalisierung. Es markiert den Grenzbereich des Mythos Algorithmus, den es nicht zu überschreiten vermag.

Welches sind also die Algorithmen meiner Gefühle? Von einer Ermächtigung der Vernunft über die Gefühle, indem sie als regelgeleitet und damit steuerbar entworfen werden, ist es kein weiter Weg zu ihrer „Mechanisierbarkeit". Dörner (1994) schlägt genau dies vor. Es geht ihm tatsächlich um nicht weniger als die Entwicklung eines empfindenden Computers auf Grundlage der durch die Kog-

---

[134] Für Beispiele zu diesem von Rose (1998) geprägten Begriff Kap 2.2.1.

nitionspsychologie entdeckten Regeln der Funktionsweise des menschlichen Geistes. Am besten rechtfertigt er sein kühnes Vorhaben an dieser Stelle selbst:

> Wenn die Psychologie eine Wissenschaft sein will, dann muß sie, wie andere Wissenschaften auch, Theorien für ihren Gegenstand angeben können, die aus ‚wenn…-dann…'-Aussagen bestehen, also aus der Angabe bestimmter Regeln für Geschehnisse … Gibt es ein Regelwerk von ‚wenn…-dann…'-Aussagen über Informationsverarbeitungsprozesse, welches emotionale Prozesse abbildet? Wenn es das gibt, so kann man Computer als beliebig formbare Medien der Informationsverarbeitung auch dazu bringen, entsprechend solcher Regeln zu arbeiten, also ‚Gefühle zu zeigen' (Dörner 1994, 131).

Diese Erwartungshaltung gegenüber der Psychologie drückt die naive Illusion der Welterklärung durch eindeutig bestimmbare Kausalitäten aus (insb. Kap. 1.4.). Dörner ruft nach nicht weniger als den algorithmisierten Wenn-dann-Verknüpfungen der Kognitionsmaschine, die der menschliche Geist, sein Denken, Wahrnehmen, Empfinden ist. So definiert er (1994, 134) Emotionen auch als „bestimmte Modulationen psychischen Geschehens", wobei moduliert für Dörner gleichbedeutend ist mit „in bestimmter Weise ablaufend". Eine Umweltveränderung bringt ein Verhaltensprogramm hervor: „Zur Modulation gehört bei vielen Gefühlen eine Prädisposition zu einem bestimmten Verhalten", für das Gefühl ‚Ärger' sind dies beispielsweise „Aggressionstendenzen" (Dörner 1994, 135). Durch den angenommenen formalisierten Ablauf des Gefühls wird es möglich, bestimmte „‚Parameter' des Ärgers" zu isolieren:

> eine hohe **Aktivierung**,

> eine hohe **Externalisierung** (Agieren nach dem Reiz-Reaktionsprinzip) und

> eine hohe **Selektionsschwelle** (andere Absichten und Motive können diese nicht überwinden; das handlungsleitende Motiv hat sich ‚eingetunnelt'),

> durch einen niedrigen **Auflösungsgrad** des Denkens und Wahrnehmens [wenig Reflexion, T.B.] und durch

> **Unlust**.

> Ärger ist ein Zustand, der dadurch gekennzeichnet ist, daß Reaktions-, Denk-, Wahrnehmungs-, und Motivauswahlprozesse so eingestellt werden, daß sie in **bestimmter** Weise ablaufen: das Reagieren in stark ‚außengesteuerter' Weise, meist unmittelbar reizabhängig, das Denken (wenn es überhaupt stattfindet) und das Wahrnehmen mit niedrigem Auflösungsgrad, die Motivauswahl (also die Bestimmung des Zieles, welches verfolgt werden soll) mit einer hohen Schwelle, die das augenblicklich handlungsleitende Motiv in seiner Herrschaft stabilisiert (Dörner 1994, 134-135; Hervorhebung im Original).

Trauer hingegen sei durch andere, aber ebenfalls spezifische Ausprägungen der Parameter gekennzeichnet: wenig Aktivierung, Internalisierung, ebenfalls sehr starke Selektionsschwelle (wenige andere Motive können sie überwinden), hoher Auflösungsgrad (differenziertes Denken) und Unlust. Den letzten Parameter ‚Unlust' und seinen Gegenpart ‚Lust' fasst Dörner generell als „Signale" auf: „Unlust als das Signal für ein entstehendes oder existierendes Bedürfnis", und Lust „als ein Signal für eine Bedürfnisbefriedigung" (Dörner 1994, 136). Diese reißbrettartige Formalisierung von Gefühlen in der maschinellen Metaphorik von Signalverarbeitung, Aktivierungsschwellen oder Auflösung ermöglicht ihren Ausdruck in berechenbaren Algorithmen. Da kommt es zupass, dass bei Dörner Gefühle zu einer bestimmten Art des Denkens erklärt werden, denn Denken – so das bekannte Diktum des Mythos von der Künstlichen Intelligenz – sei eine Angelegenheit der Formallogik (Kap. 2.3.2.).

Ein solches Verständnis von Gefühlen als evolutionsbiologischem Residuum von Verhaltensprogrammen mit Selektionsvorteil trägt – neben den offensichtlichen – einige Probleme in Form von nicht begründbaren Setzungen des algorithmischen Mythos in sich: (a) Jede Emotion muss demnach einen bestimmbaren Grund haben, muss also auf ein zunächst singularisiertes Ereignis *kausal* zurückführbar sein. (b) Jedes Gefühl wird als Element eines ‚Programms' aufgefasst, das zur Erreichung eines spezifischen Ziels dient, und ist daher in der Konsequenz *teleologisch* ausgerichtet. (c) Emotionen haben durch die zugrunde gelegte vulgär-darwinistische evolutionstheoretische Teleologie (ähnlich der funktionalen Zuschreibung an Organe) als ‚Verhaltensprogramme' bestimmte *Funktionen*, die als Selektionsvorteil ein Überleben wahrscheinlicher machen.[135] Emotionen liegen jedoch nicht als solche vor, sondern werden durch Signifikationstechniken als bestimmbare Kategorien erst hervorgebracht. Nur indem ein solcher Ansatz seine blinden Setzungen ignoriert, schafft er es, – bei Dörner sogar selbsterklärte – ‚Emotionsalgorithmen' zu entwickeln, die eine behavioristische Reiz-Reaktions-Verkettung in einem Computerprogramm darstellen sollen. Sein Bauplan der Emotionen sieht so aus:

---

[135] Ein solches Verständnis von Emotionen wird hervorgebracht durch den Mythos Algorithmus und seine Signifikationsketten – semiologische Einheiten schaffen und durch andere Einheiten rückversichern – und Kausalverknüpfungen zwischen diesen Einheiten (Kap. 1.4.). Außerdem kritisch zum Funktionalismus der Evolutionstheorie Kap. 2.1.3.

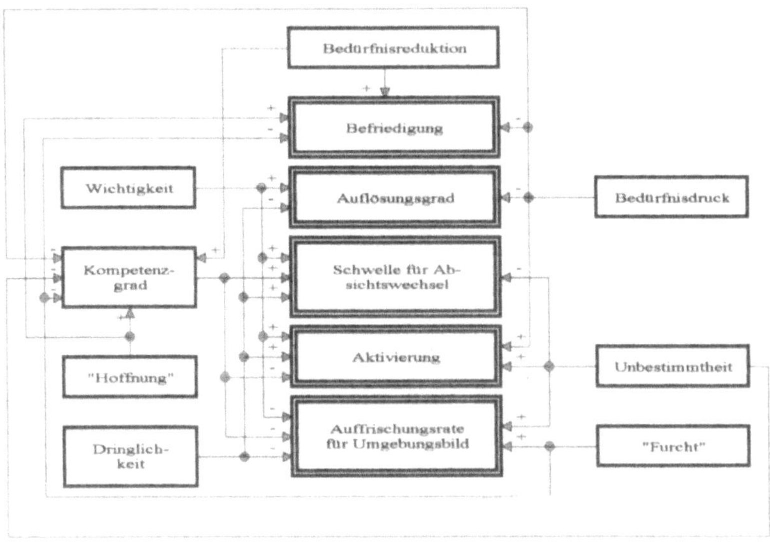

Abb. 19: „Konstellationsparameter und Modulationen" (Dörner 1994, 142):
Quasi-kybernetische Regelkreise der Emotionalität – die Algorithmen
der Emotionsprogramme

Dieser Schaltplan der Emotionalität ist ein kybernetischer Regelkreis, der in algorithmischen Wenn-dann-Beziehungen organisiert ist: Je mehr/weniger X, desto mehr/weniger Y. Dörner formuliert zur Funktionsweise:

> Wir wollen uns unter der Wichtigkeit einer Motivation die gewichtete Stärke des Bedürfnisses vorstellen, welches der Motivation zugrunde liegt, also die Stärke des Flüssigkeitsbedürfnisses bei Durst, die Stärke des Energiebedürfnisses bei Hunger, die Stärke des Bedürfnisses nach Erwärmung oder Abkühlung. *Die Stärke des Bedürfnisses wird physiologisch meist zurückzuführen sein auf das Ausmaß der Sollwertabweichung in einem Regelkreis, dessen Aufgabe die Konstanthaltung der entsprechenden Variablen ist* (Dörner 1994, 142; Hervorhebung T.B.).

Das emotionale Sein ist in diesem Modell nichts weiter als ein kybernetisches Regelkreissystem, zu dessen Ziel ein homöostatisches Gleichgewicht erklärt wird, das durch Regulierung einzelner, miteinander in Wenn-dann-Beziehung stehender Elemente (viel/wenig Hoffnung, viel/wenig Bedürfnisdruck etc.) erreicht wird. Es ist kein Zufall, dass dieses Modell stark an die Theorien der Künstliche-Intelligenz-Systeme erinnert, die in Kapitel 2.3.2. kritisch diskutiert wurden – denn Dörner besetzt mit seinen Thesen einen Zweig der KI-Forschung, der sich mit der Entwicklung *künstlicher emotionaler* Systeme beschäftigte: fühlende Computer.

Eine so schematisierte „Theorie der Gefühle" (Dörner 1994, 146) lässt sich ohne größere Schwierigkeiten überführen in eine Computersimulation, deren Algorithmus so lautet (Dörner 1994, 147):

WENN BEDÜRFNIS A UND WAHRNEHMUNG B, DANN AKTION C!

Dörner entwickelt eine emotionale Maschine mit dem Namen EMO, versetzt diese Computersimulation in verschiedene Umgebungen und misst ihre ‚emotionalen Reaktionen':

> Die Umwelt kann z. B. bedürfnisbefriedigende (‚positive') Ereignisse hervorbringen oder auch bedürfniserzeugende (‚negative') Ereignisse (‚Schmerzerzeuger') (Dörner 1994, 151).

Das „Verhaltensprotokoll" im Angesicht der unterschiedlichen Umwelten und Bedürfnisse sieht so aus:

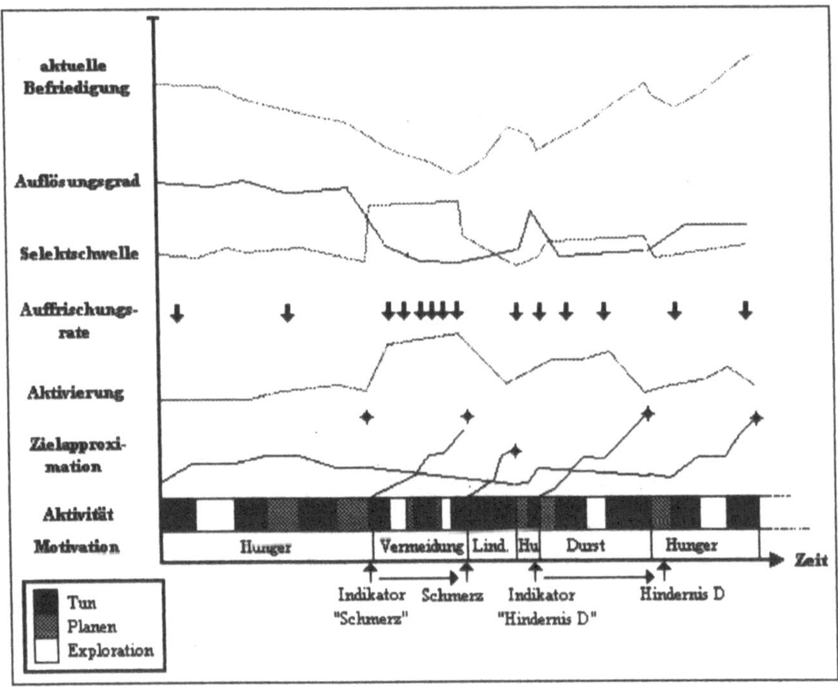

Abb. 20: Das Verhalten der Emotionssimulation EMO (Dörner 1994, 153)

Dörner erklärt:

> Zunächst versucht *EMO* sich etwas zu fressen zu verschaffen ... Allerdings ist *EMO*s Verhalten nicht sonderlich erfolgreich (Zielapproximation), was seine Laune (aktuelle Befriedigung) deutlich dämpft. Dann aber nimmt *EMO* ein Signal wahr, welches – gemäß seiner Erfahrung mit der Realität – ein schmerzerzeugendes Ereignis ankündigt. Dies bringt *EMO* dazu, die ‚Freßabsicht' fallenzulassen und sich der Vermeidung des negativen Ereignissen zu widmen, seine Laune sinkt dabei weiter ab; kein Wunder. Denn abgesehen davon, daß das bald drohende Schmerzereignis für sich schon unangenehm ist, hat *EMO* nicht viel Wissen darüber, wie man das Schmerzereignis abwenden kann (Dörner 1994, 152-153; Hervorhebung im Original).

Zunächst reduziert Dörner Emotionen auf Verhaltensprogramme, aus denen er Algorithmen abstrahiert. Diese Algorithmen werden sodann von einer Simulation prozessiert. Die zuvor in die Simulation gegebenen Handlungsvorschriften werden beobachtet, in aller Ernsthaftigkeit als emotionale Mechanismen gedeutet und schließlich gar mit den menschlichen emotionalen Mechanismen in Äquivalenz gesetzt: „Wäre *EMO* ein Mensch, so zeigte *EMO* ein rotes Gesicht" (Dörner 1994, 153; Hervorhebung im Original).

Eine besonders bizarre Richtung schlägt die Argumentation ein, wenn zu Beginn die holzschnittartige Formalisierung der Gefühle gestützt wird mit einem darwinistischen Argument (Gefühle bedeuten als Handlungsprogramme einen Selektionsvorteil), was über das Algorithmen-Modell in die Simulation gefüllt wurde, nur um dann anhand der Simulation zu resümieren:

> Die Modulationen der psychischen Prozesse führen ... zu einer erhöhten Problemlösefähigkeit ... Wenn sich ... dieser Befund sichern ließe, so würde er ein Licht darauf werfen, warum die Gefühle beim Menschen nicht wie andere Instinkte verschwunden sind, sondern [eine] Koevolution von Gefühl und Intellekt stattgefunden hat. Gefühle sind einfach im Große und Ganzen vorteilhaft! (Dörner 1994, 158).

Dass die Konvergenz von menschlichen Gefühlsempfindungen und computerisierbaren ‚Gefühlsprogrammen' nur auf der Ebene des Äquivalenz produzierenden Modells überhaupt in die Welt getragen wurde, wird übersehen oder – schlimmer noch – ignoriert. Genau dies ist die Funktionsweise des Mythos Algorithmus (insb. Kap. 1.3.1.). Dörner löst den Dualismus von Gefühl und Verstand auf eigenwillige Art auf, indem sowohl Kognition als auch Emotion zwar getrennte Einheiten sind, aber im selben Kontinuum der Berechenbarkeit konstruiert werden. Künstliche Intelligenz und künstliches Empfinden operieren mit den gleichen Algorithmen. Der Mythos stößt hier an seine Grenzen.

Ein ähnlicher Vorschlag, den Dualismus zwischen Rationalität und Emotionalität aufzuheben, findet sich auch bei Ben-Ze'ev (2009), der Gefühle schlichtweg in der formalen Logik auflöst – Emotionen haben demnach eine Funktion, ein Ziel und einen Mechanismus, „die Logik der Gefühle". Er fasst seine Argumentation so zusammen:

> Seit langem werden Emotionen als irrational und nichtfunktional kritisiert. Diese Tradition ist grundverkehrt. *Emotionen sind rational in dem normativen Sinne, daß sie unter den gegebenen Umständen eine angemessene Reaktion sind.* Das heißt nicht, daß Emotionen in dem deskriptiven Sinne rational sind, daß intellektuelle Überlegungen an der Erzeugung der Emotionen beteiligt sind. Wir können uns rational verhalten, ohne ständig über unser Verhalten nachzudenken (Ben-Ze'ev 2009, 153; Hervorhebung T.B.).

Emotionen seien dann normativ rational zu nennen, wenn sie ursächlich sind für eine „angemessene oder optimale Reaktion auf die gegebenen Umstände" (Ben-Ze'ev 2009, 129). Diese optimale Reaktion auf gegebene Umstände kann etwa in der Flucht vor einem Raubtier liegen: Angst löst diese Reaktion aus, ein langes Nachsinnen über die angemessene Reaktion ist in dieser Argumentation normativ nicht die rational beste Entscheidung. Problematisch ist diese Auffassung durch ihre zirkuläre Argumentationsweise: Die Emotion ist dann ‚rational im normativen Sinne' zu nennen, wenn sie eine ‚angemessene Reaktion' auf gegebene Umstände darstellt. Mit anderen Worten ist sie dann rational zu nennen, wenn sie den Logik-Kriterien einer nachträglichen Zuschreibung genügt. Löst die Angst vor dem Raubtier hingegen eine Bewegungsstarre aus, die letztlich dazu führt, dass ich weidlich verspeist werde, hat die Emotion für keine ‚angemessene' Reaktion gesorgt. Ben-Ze'evs argumentativer Trick geht folglich so: Wenn eine Emotion zu einer Reaktion führt, die der Prüfung durch logisches Argumentieren standhält und auch ein Nachdenken über die Angemessenheit der Reaktion in situ zur gleichen Reaktion geführt hätte, kann man die emotionale Reaktion in aller Gelassenheit ‚normativ rational' nennen – das Problem hierbei ist nur: sonst leider nicht.

Ben-Ze'ev kündigt die „Beschreibung der im emotionalen Bereich geltenden logischen Prinzipien" (Ben-Ze'ev 2009, 129) an, die er als „emotionale Modi" dem Gegenpart der „intellektuellen Modi" gegenüberstellt (Ben-Ze'ev 2008, 132-143). Für die „optimale Integration des emotionalen und des intellektuellen Systems" nutzt er das Modewort der „emotionalen Intelligenz" (Ben-Ze'ev 2009, 153). Diese emotionale Intelligenz suggeriert jedoch mehr ein effektives Gefühlsmanagement und ist im Bereich der Selbsttechniken zu verorten (Kap. 2.2.1.). Dennoch bedeutet sie für Ben-Ze'ev die Kompetenz, die Logik der Gefühle zu steuern – eine Ermächtigungsphantasie – und damit ihre Funktionen nutzbar zu machen. Emotionen haben laut Ben-Ze'ev einen funktionalen Wert, der sich an „drei grundlegenden Zwängen" menschlichen Handelns orientiert:

> (a) Menschen treffen oft auf unsichere Umstände, unter denen sie unverzügliche Entscheidungen treffen müssen;
>
> (b) Menschen haben begrenzte Ressourcen und vielfältige Ziele;
>
> (c) Menschen sind, um ihre Ziele zu erreichen, auf andere Menschen angewiesen.

> Emotionen können angesichts dieser Zwänge drei wesentliche evolutionäre Funktionen haben:
>
> (a) als erster Hinweis auf die richtige Art zu reagieren;
>
> (b) die rasche Mobilisierung von Ressourcen;
>
> (c) als Mittel der sozialen Kommunikation (Ben-Ze'ev 2009, 149).

Auch hier gilt die schon im Hinblick auf Dörners stillschweigende theoretische Setzungen geäußerte Kritik, (1) da die isolierten Funktionen zunächst zugeschrieben werden, bevor sie dann ostentativ abstrahiert werden; (2) da die teleologisch ausgerichtete Evolutionstheorie bemüht wird, die in den Emotionen einen Selektionsvorteil erkennen lässt; (3) da ein unkritisch eindeutiges Ursache-Wirkung-Prinzip unterstellt wird. Neben den Funktionen kann es in dieser Argumentation auch entsprechend „schädliche Emotionen" geben:

> Es gibt zwei Situationen, in denen Emotionen schädlich sein können: (a) wenn sie nicht den Umständen angemessen sind und (b) wenn sie übertrieben sind (Ben-Ze'ev 2009, 151).

Auch hier ist bezeichnend, dass nicht die Emotion im Fokus von Ben-Ze'evs Theorie liegt, sondern ihre Angemessenheit. Nicht die Emotion ist also die Variable, mit der seine Theorie operiert, sondern die Situation, in der die Emotion stattfindet. Die Emotion selbst bleibt somit auch bei ihm ein uneingestanden Unergründliches, ihre ‚Logik' wechselt mit der sie hervorbringenden Reaktion. Dies wird von ihm jedoch nicht etwa dazu genutzt, Emotionen als Grenzphänomen des formalisierten Zugriffs zu betrachten, das sich prinzipiell einem ‚rationalen' Zugriff verschließt. Vielmehr werden eine Funktionalität und eine Logik unterstellt, die jedoch aus einer Situation erwachsen und der Emotion schlichtweg angehängt werden. Hingegen ergänzen sich bei Ben-Ze'ev (2009, 153) die „Logik des Denkens" und die „Logik der Emotionen" bestens – indem nämlich der argumentative Zirkel ignoriert wird, der zu ihrer Komplementarität führt. Es ist eben die von außen im Sinne des Beobachterkonstruktivismus des Mythos Algorithmus den Gefühlen unterstellte Normierung ‚optimaler' Prozesse des Fühlens, die den Emotionen Funktionen, Ziele und spezifische Mechanismen unterschieben und sie so transponierbar machen in die Notation der Formallogik.

Wie diese beiden Beispiele auf jeweils eigene Art zeigen, führt die übersteigerte Suche nach den Funktionsweisen und Mechanismen der Emotionen in das grundsätzliche Dilemma des Mythos Algorithmus: Wo Regelmäßigkeiten gesucht werden, werden Regelmäßigkeiten produziert. Eine Formalisierung der Gefühle findet zwar statt, doch lässt sich nicht deuten, ob die festgestellten Regelmäßigkeiten nicht nur solche Emotionen registrieren, die kulturelle Muster des Empfindens reproduzieren, deren Teil wiederum die ‚wissenschaftlich vermessbaren' emotionalen Reaktionen sind. Das Dilemma liegt in der infiniten Zirkularität des Sinnsystems Mythos Algorithmus (Kap. 1.2., 1.3.). Jedes empfundene Gefühl muss deshalb mit einem grundsätzlichen Zweifel gespürt werden, in jeder Empfindung liegt eine Skepsis: Würde ich ebenso empfinden, wenn ich keine Techniken des Selbstmanagements und des Gefühlsmanagements durch das Expertenwissen der Psychologie und seine Multiplikatoren (Kap. 2.2.1.) internalisiert hätte? Diese Frage ist nicht zu beantworten.

Es lässt sich einzig feststellen, dass es einen Zusammenhang gibt zwischen Empfindungen und einer symbolischen Formalisiertheit der Empfindung. Dieser Zusammenhang ist deutlicher bei Gefühlen „wie Liebe oder Heimweh" die „nicht mehr als unmittelbare Reaktionen auf bestimmte Erlebnisse oder Situationen verstanden werden" wie Emotionen, sondern „als lang anhaltende Zustände, die nicht die ganze Zeit über von einem Erregungspotenzial begleitet sind, sondern nur gelegentlich durch ein solches ins Bewusstsein gelangen" (Engelen 2007, 7-8). Der kulturelle Rückbezug auf formalisierte Skripte der Selbsthervorbringung (ich bin jemand, der liebt; ich bin jemand, der Heimweh hat) ist nachvollziehbar. Bei Emotionen wie Angst, Wut oder Freude, die als „unmittelbare Reaktion auf Erlebnisse oder Situationen" gelten, ist dieser Zusammenhang nicht so offensichtlich (Engelen 2007, 7). Im Angesicht des Raubtiers gilt meine Angst als eine unmittelbare Empfindung:

> Oft werden Emotionen sowohl in der Psychologie als auch in der Biologie als anthropologische, universal auftretende Phänomene betrachtet, die keiner historischen oder kulturellen Variabilität unterliegen. Sie sind nach dieser Sicht angeboren und laufen nach so genannten Affektprogrammen automatisch ab (Engelen 2007, 9).

Diese Affektprogramme werden bei Dörner als Algorithmen und bei Ben-Ze'ev als logische Funktionen mit Selektionsvorteil gedeutet. Sie scheinen frei von kultureller Überformung, da sie universell auftreten, so etwa auch bei Säuglingen und Demenzkranken (als Menschen, die dem Einfluss kultureller Formalisicrung tendenziell eher entzogen sind) und bei einigen den Menschen verwandten Tierarten (Engelen 2007, 12). Die Beziehung der Pole ‚reine Gefühle' und ‚kulturell produzierte Gefühle' zueinander wird beispielsweise deutlich in Phänomenen wie der ‚Prüfungsangst':

> Ein Säugling und ein Dementer verfügen noch nicht oder nicht mehr über die kognitiven Fähigkeiten, die für die Emotion der Prüfungsangst erforderlich sind. Denn weder ist ihnen das Konzept der Prüfung oder der Prüfungssituation vertraut, noch haben sie einen Begriff von Versagen oder von der sozialen Norm, nach welcher man bei Prüfungen erfolgreich sein muss (Engelen 2007, 12).

Die Emotion Angst, die überkulturell ein bestimmtes Affektprogramm auslösen soll, ist auf komplexe Weise eingebettet in eine Symbolordnung mit bestimmten formalen Gesetzen. Angst wird in diesem Fall nicht frei von symbolischer Referenz empfunden, sondern erst mit der Formalisierung des Selbst: Auch

> basale Emotionen unterliegen beim Menschen einer kulturellen Formung; ein Konzept wie ‚Angst' ist nicht unabhängig von seinem Erwerb. So können wir zwar annehmen, dass auch menschliche Säuglinge mit einem Affektprogramm ‚Angst' geboren werden, dass es also einen schematischen, stereotypen Einschätzungsmechanismus gibt. Das bedeutet aber nicht, dass sie mit dem Konzept oder Begriff der Angst geboren werden, wie wir ihn verwenden (Engelen 2007, 12-13).

Ein Säugling empfindet nach einem lauten Knall Angst. Erfährt er aber eine Entwarnung, zum Beispiel durch seine Eltern, wird er keine Angst mehr fühlen:

> Mit solchen Handlungen und Aussagen wird der Begriff der Angst zusammen mit einer bestimmten Empfindung auf eine Weise verbunden, die dazu führt, dass Begriff

> und Empfindung schließlich untrennbar sind ... Sprache und zwischenmenschlicher
> Umgang prägen also diese basale oder primäre Emotion – sie sind für die Emotion
> somit gestaltbildend (Engelen 2007, 13).

Emotionen wie die damit verbundenen ‚Affektprogramme' finden folglich weder in einem autonomen Bereich der Freiheit von den kulturell begründeten Formalisierungen statt noch sind sie in ihrer Gänze in formalisierbare Repräsentationen übersetzbar. Sie verlaufen vielmehr entlang der Grenzlinie des Mythos Algorithmus.

Dennoch scheint es Empfindungen zu geben, die eine Absenz des Formalisierbaren und eine reine Präsenz des Spürens bedeuten: Der Schmerz, der sprachlos macht oder die Ekstase, in der das Selbst als grenzenlos erfahren wird, sind möglicherweise Beispiele für einen solchen Ausweg aus der universalen Formalisierbarkeit (wie in Kap. 3.2.1., 3.2.2. und 3.2.3. zu überprüfen sein wird). Diese Grenzüberschreitungen ergeben sich aus denjenigen Wahrnehmungen oder Empfindungen, die sich dem Bereich des Symbolischen zu entziehen scheinen. Eine körperliche Erfahrung, die nicht reflektiert und nicht repräsentiert wird, scheint eine *reine* Erfahrung zu sein.

Die anthropologische Unterscheidung zwischen *Leib und Körper* will genau diese unterschiedlichen Dimensionen des Körpers als Produkt eines Regimes von Diskursen, Zeichen und Praktiken (Kap. 2.2.2.) und des Leibes als purer Erfahrung, unmittelbarem Fühlen und Sein analytisch gegenüberstellen. Eine leibliche Empfindung ist „*unsere* Empfindung" und „durch den Bezug zu *unserem* Leib konstituiert" (Kambartel 1996, 111). Zugleich sind leibliche Empfindungen „*unvertretbar* in dem Sinne, daß sie niemand an unserer Stelle übernehmen kann" (Kambartel 1996, 111; alle Hervorhebungen im Original). Hinzufügen ist, dass leibliche Empfindungen nicht nur nicht durch andere Personen vertretbar sind, sondern die Non-Repräsentabilität sich auch auf semiologische Vertreter – Zeichen, Sprache – bezieht. Dies geht einher mit bestimmten populärkulturellen Praktiken der Herbeiführung von leiblichem Empfinden, die sich als Symptome der Rückgewinnung leiblich-unmittelbar erfahrbarer Authentizität des Körpers deuten lassen, deren Zweck es ist, den Körper als Leib aus dem Regime der immateriellen Repräsentationen zu lösen. Im Zentrum dieser Praktiken leiblicher Erfahrung steht die

> Wiedergewinnung eines authentischen Körpergefühls ... im An- und Entspannen der
> Muskeln, in der Zunahme von Atemfrequenz und Herzrhythmus, in der Transpiration
> und schließlich im psychischen und physischen Wohlgefühl körperlicher Erschöp-
> fung. Tattooing und Piercing oder Schmerzrituale wie Branding erbringen ähnliche
> Empfindungen in radikalisierter Weise ... Der Drang nach unmittelbarer Körperer-
> fahrung hilft dabei, die mediale Immaterialisierung, wie sie am Computer, aber auch
> in anderen Bereichen des postindustriellen Lebens erlebt wird, zu kompensieren
> (Bräunlein 2000, 130-131).

Als weitere Beispiele dafür ließen sich sexuelle Enthemmung, die Erfahrung der Todesnähe im Extremsport oder Drogenkonsum deuten. Leiblichkeit erscheint in diesen Fällen als ‚authentische' Körperdimension oder die Rückkehr derselben, die sich als Reaktion gegenüber dem postmodern konstruierten, manchmal gar immateriellen in Zeichen konstruierten Körper behauptet, eine überfällige Erinnerung an die leibliche Empfindungsdimension des Körpers gegen die virtuelle Absenz in Körperbildern wie dem Avatar oder Praktiken wie Cybersex, die eine Leiblichkeit nur vortäuschen (Kap. 2.2.3.).

Eine andere Lesart dieser Phänomene hingegen liegt nicht unbedingt bei der Sehnsucht nach Selbstauthentifizierung mittels der Erfahrung des Leibes, sondern durchaus profan bei der breiten Auswahl von Wegen spätkapitalistischer Selbstdarstellungsweisen:

> Tattooing and piercing can be seen as postmodern practices in their eclectic appropriation of techniques and imagery from a global scrapbook of design sources and procedures, and it could be argued that their current [2000; T.B.] popularity represents nothing more than the continued incorporation of ‚the exotic' into the ‚supermarket of style' (Sweetman 2000, 70).

Genauso lässt sich für die Phänomene sexueller Leistungssteigerung, sportliche Extremerfahrungen oder exzessiver Drogenkonsum mit einer hedonistischen Haltung argumentieren – ein Argument, das letztlich wieder bei den Techniken der Produktion eines spätkapitalistischen Selbst ankommt (Kap. 2.2.1.). Die Empfindung ist die eines textuellen Selbst, eines Körpers als Objekt.

Dieser Perspektivwechsel auf Empfindung ist in der Anthropologie und Soziologie konsolidiert als Unterscheidung zwischen Körper als produziertes Objekt und Leib als Ort des reinen Spürens in Beziehung zur Umwelt, als spezifische Form des „In-der-Welt-Seins" (Merleau-Ponty 1966): Im Vordergrund steht „die Unmittelbarkeit des eigenleiblichen Spürens, dem das Selbst (passiv) ausgesetzt ist" (Jäger 2004, 54). Während der Poststrukturalismus den Körper in Zeichen und Praktiken auflöst, begreift die Phänomenologie den Leib als konkrete gelebte Erfahrung. Jäger (2004, 52) plädiert dafür, diese beiden einander ausschließenden Zugriffe zu kombinieren, indem beide für einen bestimmten heuristischen Einzugsbereich Geltung haben sollen. Während die semiotisch arbeitende poststrukturalistische Philosophie vor allem die Konstruiertheit und die Zeichenhaftigkeit des konstruierten Körpers im Blick hat, will die Phänomenologie das konkrete leibliche Erleben des Subjekts betrachten:

> Methodologisch zielt die Phänomenologie auf eine Form der Beschreibung ab, die Phänomene jeder Art möglichst präzise erfasst. Es handelt sich um eine Philosophie der konkreten Erfahrung, in deren Zentrum die ‚Lebenswelt' steht... Als gemeinsamen Nenner oder Hauptziel der Phänomenologie könnte man die direkte Untersuchung und Beschreibung von Phänomenen, so wie sie bewusst erfahren werden, be-

> zeichnen. Ziel ist die Beschreibung der essentiellen Strukturen des unmittelbar Gegebenen (Jäger 2004, 52).

Die Versuchung ist dagegen groß, universal-konstruktivistisch oder diskurstheoretisch den Körper und seine Materialität in bloßen Zeichensystemen aufzulösen. Dies entspricht dem durch die eingangs diskutierten Beispielen offen gelegten Dilemma, das sich kurz mit der Frage auf den Punkt bringen lässt: Gibt es ein Spüren außerhalb der Zeichen?

Jäger schlägt eine Kompromissposition vor, die zwischen den diskursiven Macht/Wissen-Ordnungen einerseits – dem Körper als bloßes Produkt von symbolischen Repräsentationen – und den ‚natürlichen' Eigenschaften des Körpers auf der anderen Seite, die objektiv beschreibbar und erfassbar sind – der Leib als positive materielle Präsenz –, vermitteln will. Eine verbindende Zwischenposition entwirft den Körper nicht als „reine Natur", sondern „Manifestation gesellschaftlicher Ordnung". Körper zu betrachten bedeutet, ihn gleichzeitig innerhalb bestimmter sozial konstruierter Sinnsysteme zu deuten. Leib hingegen ist die „physische Materialität", der jedoch ebenfalls Bedeutung zugewiesen wird.

Bietet also der Leib eine vollständig entgegengesetzte Perspektive, komplementär zur diskursiv-semiotischen? Davon ist nicht auszugehen, da auch die leibliche Erfahrung narrativ gerahmt ist. Schon hier zeichnet sich die Schwierigkeit dieses Ansatzes ab, da eine neutrale Beschreibung des Gegebenen gar nicht möglich ist – eine Beschreibung ist immer nur in Sinnsystemen möglich und damit zwingend konstruiert. Auch das unmittelbare eigenleibliche Spüren funktioniert – wie beim vorangehenden Beispiel der Angstempfindung – in Narrativen, ist „in Geschichten verstrickt" (Schapp 1976). Nicht alles Spüren kann per se also als ‚unmittelbar' angenommen werden: Durst wird empfunden mit dem Gedanken an die nächste Wasserquelle, Hunger mit dem Gedanken an das nächstgelegene Restaurant oder den gut gefüllten Kühlschrank.

Streng genommen liegt bereits in der Abgrenzung des Selbst zur Objektwelt in der leiblichen Wahrnehmung (Leib vs. Umwelt) der erste symbolische Schritt, die erste formalisierende Überformung. Mit Plessner (1981) unterstreicht List (2001) den „unaufhebbaren Doppelaspekt" von Leib-Sein und Körper-Objekt: „ich bin ein körperliches Ding neben anderen, aber zugleich bin ich zentriert in meinem Leib" (List 2001, 116). Das Objekt ‚Körper' lässt sich vermessen, formen, trainieren – das leibliche Sein konfrontiert den vorgeblich autonom agierenden und steuernden Geist mit der Autonomie des Lebendigen. Diese besondere Seinsweise des Menschen heißt bei Plessner „exzentrische Positionalität": Der Mensch ist nicht „nur ‚in Situation'", sondern „durch Reflexion und Symbolgebrauch auch in der Lage … sich ‚von außen' in dieser Situation zu sehen" (List 2001, 30; Plessner 1981, 184). In der durch Plessner betonten Untrennbarkeit der beiden Sphären artikuliert sich nicht zuletzt die Problematik des Perspektivwechsels zwischen dem Körper als Objekt und dem Leib als Modus des Seins, den Jäger vorschlägt, als die Kombination zweier prinzipiell nicht vereinbarer Positionen.

Für List (1998, 144) ist entsprechend „das Verhältnis von Körper und Bewußtsein, von Leiblichkeit und Erkenntnis ein doppeltes" und

> zugleich ein dialektisches, denn Leiblichkeit und Reflexion, Bewußtsein und Körper bedingen einander in *aporetischer* Weise. Anders gesagt: Die Frage nach dem Leibfundament von Bewußtsein und Wissen erweist sich als nach geltenden Kriterien des Argumentierens als unbeantwortbar. Denn die reflexive Thematisierung des leibhaftig Erlebten ist niemals eine wirklich ‚gelungene' – es entzieht sich einer vollständigen Beschreibung. Um aber mitteilbar zu werden, muß es ‚zur Sprache kommen', und die Sprache, das Medium der symbolischen Ordnung, bemächtigt sich des Leibhaftigen nach ihren Regeln, oder besser: nach den Regeln derer, die ‚das Sagen haben'. Aber das Lebendige und seine Weisen des Gewahrwerdens in Schmerz und Lust, entzieht sich dieser Ordnung letztlich (List 1998, 144; Hervorhebung im Original).

Dass leibliche Empfindungen von der formalisierbaren Objektdimension des Körpers zu unterscheiden sind, zeigt sich besonders dort, wo sie nicht an den durch das Körper-Objekt gesteckten Grenzen enden und die Wahrnehmung des Körperobjekts nicht deckungsgleich ist mit der Empfindung des Leibes. Dies ist etwa bei sogenannten Phantomgliedmaßen der Fall. Es handelt sich bei diesen um

> amputierte Gliedmaßen, die aber dennoch als vorhanden gespürt werden. Personen mit Phantomgliedern vermeiden es normalerweise, sich so zu bewegen, daß das Phantomglied irgendwo anstößt. Wen sie allerdings aufgefordert werden, den Stumpf so dicht an einen festen Gegenstand, etwa einen Tisch, heranzuführen, daß für das Phantomglied, z. B. eine Hand, kein freier Platz mehr bleibt, wird die Phantomhand in einem Bereich gespürt, der von der Tischplatte ausgefüllt wird. Die Hand wird dabei nicht als etwas dem Tisch Zugehöriges erfahren und der Tisch nicht als etwas, das zur Hand gehört (Lindemann 1996, 171).

Der Phantomschmerz ist dazu analog eine leibliche Empfindung, die eine spezifische Grenze des Körperobjekts markiert, die jedoch mit dem Körperobjekt nicht deckungsgleich ist.

Ähnliches gilt für das von der Psychologie als *Body Identity Integrity Disorder* (BIID) beschriebene Phänomen, das sich als ein weiteres Beispiel für die Leib-Körper-Diskordanz deuten lässt: Diese ‚Störung' bezeichnet den Wunsch von Betroffenen, ein gesundes Körperglied zu amputieren, in den meisten Fällen betrifft dies eine Entfernung des Beines: „Die Betroffen beschreiben den Wunsch nach Amputation als Vervollständigung ihrer Identität, die sie sich seit Kindheitstagen ohne ein Bein vorstellen" (Stirn et al. 2010, 3). Dieses Amputationsbegehren ist teilweise so stark, dass die Betroffenen Körperteile abbinden um eine Amputation in ihrem meist nur privaten und unbeobachteten Alltag zu simulieren, mit dem Gedanken spielen, die Amputation eigenständig durchzuführen und in sehr seltenen Fällen diesen Gedanken gar umsetzen (Stirn et al. 2010, 5). Amputierte werden häufig mit Begeisterung und Neid beobachtet, denn deren amputiertes Körperglied wird als zusätzliche Herausforderung mit Bewunderung betrachtet (Stirn et al. 2010, 13). Eine durch Amputation herbeigeführte Erschwerung des eigenen Alltags wird häufig als zusätzliche Herausforderung beschrieben, der sich die BIID-Betroffenen bereitwillig stellen möchten (Stirn et al. 2010, 49).

Aus dem psychologischen Zusammenhang auf das hier verfolgte Argument gewandt, erscheint die Vervollständigung der Identität im Phänomen der BIID erst möglich, wenn der objektivierte Körper der leiblichen Empfindung angepasst wird. Die leibliche Empfindung eines überflüssigen Körperteils, der bei der Erreichung des Selbst-Seins stört, weist auf das Außerhalb der Repräsentation des Körper-Objekts. Interessant ist dabei, dass von den BIID-Betroffenen in der Kindheit beobachtete Amputierte als starke und positive Erinnerung (Stirn et al. 2010, 48) präsent sind und in deren Lebensalltag beobachtete Amputierte als ‚Vorbilder' wahrgenommen werden. ‚Amputiertsein' wird zum Identitätsmarker und kommuniziert eine Zugehörigkeit zu einer bestimmten sozio-kulturellen Gruppe. Dies wiederum entspricht einer Identitätstheorie, die die Stabilisierung der eigenen Identität als einen Prozess der Identifikation durch die Reartikulation semiologischer Muster beschreibt (Kap. 2.2.3.). Das leibliche Empfinden ist folglich nicht frei von formalisierten kulturellen Repräsentationen und Praktiken zu betrachten. Die BIID wird im psychologischen Diskurs zwar klar abgegrenzt von der Transsexualität als „Geschlechtsidentitätsstörung"[136] – beispielsweise begegnen Transsexuelle ihren als falsch gespürten Geschlechtsorganen teilweise mit Hass, wohingegen BIID-Betroffene dem mit dem Amputationswunsch belegten Körperteil meist gleichgültig gegenüberstehen (ausführlich Stirn et al. 2010, 36-43). Dennoch bleibt ein hier entscheidendes verbindendes Element der beiden Phänomene deutlich sichtbar: der Rückbezug einer leiblichen Empfindung an formalisierte kulturelle Muster. Die Amputation hier ist keine, die die Körper-Einheit aufbricht.[137] Die leibliche Empfindung wird in Dissonanz zum dargestellten und repräsentierten Körperobjekt wahrgenommen, folgt aber definierten Identitätsmustern.

Für die Transsexualität zeigt sich dies auf verstörende Weise im sogenannten Rückumwandlungsbegehren (Kap. 2.2.2.), das den Wunsch beschreibt, nach einer bereits vollzogenen geschlechtsangleichenden Operation wieder in die ‚andere' Identität des bipolaren Musters zurückzukehren. Der leiblichen Empfin-

---

[136] Zur Transsexualität und auch zum problematischen Gebrauch des Attributs ‚Störung' in diesem Zusammenhang Kap. 2.2.2.
[137] Kap. 1.3.3. zu einer Diskussion des Amputations- und Erweiterungskonzepts bei McLuhan.

dung (das Geschlecht des Körperobjekts ist nicht das gefühlte Geschlecht) steht nur das dichotome Schema männlich-weiblich zur Verfügung. Eine mögliche Deutung des Rückumwandlungsbegehrens vor dem Formalisierungsgedanken wäre folglich, dass auch die leibliche Empfindung unentwirrbar mit der kulturellen Überformung männlich/weiblich verschränkt ist. Erst dadurch wird die Empfindung des „*weder* männlich *noch* weiblich" erklärbar. Die leibliche Empfindung hat keine ‚stimmige' kulturelle Repräsentation, da ein Außerhalb der Dichotomie männlich/weiblich nicht vorgesehen ist. Daraus lässt sich schließen, dass die leibliche Empfindung nicht vollständig repräsentiert werden kann, jedoch gleichzeitig nicht frei ist von der Überformung durch kulturelle und formalisierte Muster.

Abschließend bleibt in Bezug auf die Leib/Körper-Unterscheidung deshalb festzustellen, dass sie sich nur begrenzt eignet, einen reinen Raum des Vorsymbolischen in der Leiblichkeit in Abgrenzung zur semiotisch-diskursiven Körperdimension – ein Außerhalb des Algorithmus – abzustecken. Zwar deuten leibliche Empfindungen (wie im besonderen Fall die Phänomene BIID oder Phantomgliedmaße) vor allem auf ein Außerhalb der Formalisierbarkeit, das sich einem symbolischen und damit algorithmisierbaren Zugriff entzieht. Doch trotz einer prinzipiellen Untrennbarkeit von Leiblichkeit und Erkenntnis ließe sich die These anführen, dass ein Gebiet der Vorsprachlichkeit – ein Außerhalb der sprachlichen Struktur – folglich auch für diejenigen „Lebensäußerungen" schwer anzunehmen ist, die „in einem engeren Sinne leiblich sind: körperliche Regungen, die vorsprachlich bleiben, Gesten, der Ausdruck von Lust, Wut, Schmerz" (List 1998, 144). Wie ist das zu verstehen?

Das Problem der Untrennbarkeit wird beispielsweise in der Annahme deutlich, im durch Emotionen ausgelösten Affektprogramm liege eine vorsprachliche Autonomie, die sich dem symbolisch vermittelten Zugriff und damit der Steuerung entzieht, wie es etwa Massumi (2002) anregt:

> It is crucial to theorize the difference between affect and emotion. If some have the impression that affect has waned, it is because affect is unqualified. As such, it is not ownable or recognizable and is thus resistant to critique. [On many of the philosophical antecedants; T.B.] there is a formidable philosophical precursor: on the difference in nature between affect and emotion; on the irreducibly bodily and autonomic nature of affect; on affect as a suspension of action-reaction circuits and linear temporality in a sink of what might be called ‚passion', to distinguish it both from passivity and activity; on the equation between affect and effect; and on the form/content of conventional discourse as constituting a separate stratum running counter to the full registering of affect and its affirmation, its positive development, its expression as and for itself (Massumi 2002, 28).

In dieser Lesart wird der Affekt zu etwas gedeutet, das völlig außerhalb des Sinnsystems liegt – der Affekt ist vollständig autonom, nicht in Zeichensystemen beschreibbar, er ist jenseits von einem überhaupt *denkbaren* zeichenhaften Zugriff. Der Affekt ist eine Bedeutung, die nicht gegen etwas anderes differenziert werden muss, der Affekt ist positivistisch, holistisch, eins; kurzum: Über den Affekt lässt sich eigentlich gar nichts sagen. Er zeigt allein, dass der Mythos der Formalisierbarkeit keinen Zugriff hat. Massumi fordert dennoch – und das ist eine These, die irritiert –, dem Affekt eine theoretische Sprache zu geben („The problem is that there is no cultural-theoretical vocabulary specific to affect"), die ihn als Phänomen zugänglich macht und nicht der Kategorie der ‚Emotion' beiordnet (Massumi 2002, 27). Aber es ist gerade dies eine Unmöglichkeit. Die Lehre aus Massumis Versuch – eine Sprache für das Unaussprechliche zu finden – liegt folglich darin, nach den *Grenzen* des Aussprechlichen zu suchen, um dem Mythos eine klarere Form geben zu können.

Trotz dieser erheblichen Schwierigkeiten eines erkenntnistheoretischen Zugriffs treten Empfindungen wie Lust und Schmerz als entscheidende menschliche „Grund- und Grenzerfahrungen" in Erscheinung, in denen „Lebendigkeit und Leiblichkeit in einer besonderen Klarheit erfahren werden" (List 2007, 1; auch Dietrich 2008, 245), wodurch sie zumindest die Grenze des sinnhaften und formalisierbaren Zugriffs klarer werden lassen. Lust ist nicht denkbar ohne Ekstase, ohne eine Aufgabe der Aufmerksamkeit. Leiblichkeit ist ein zunächst nicht wahrgenommenes „Medium", das im Schmerz und in der Lust jedoch besonders klar präsent ist (Dietrich 2008, 246). Die – üblicherweise unterstellte – Intentionalität des Bewusstseins, die nach außen gerichtet ist, wird in Lust und Schmerz umgekehrt. Dietrich (2008, 251) stellt – ebenfalls im Rückgriff auf Plessner (1982, 352) – zum Schmerz fest:

> Es ist der eigene Körper, zu dem kein Verhältnis mehr gefunden wird. Im Schmerz scheine ich das Gleichgewicht zwischen Körper und Leib zu verlieren und ganz Körperding zu werden. Wenn ich nur noch aus Zahn, Stirn oder Magen bestehe, werde ich zum Gegenstand – nicht ich habe den Körper, sondern der Körper hat und verfügt über mich.

Indem das Bewusstsein als von der Leiblichkeit verschieden angenommen wird, kommt es in diesem Modell zu einer „Inversion der Intentionalität", einer „Reflexion des Leibes auf sich selbst" (Dietrich 2008, 251). Schmerz oder Lust können als Empfindung nicht einfach ignoriert werden: „Ich kann nicht anders, als zu ihr Stellung zu nehmen" (Dietrich 2008, 252).

Diese Rückbezüglichkeit nun lässt sich als kurzer Ausweg aus der symbolischen Überformung lesen. Der Körper bezieht sich in seiner Wahrnehmung auf sich selbst: Die Verhältnismäßigkeit zwischen Körper als Leib und Körper als Medium ist einseitig in Richtung Leiblichkeit verrückt – hier entzieht sich der

Körper der Symbolwelt des Technologischen und ist bloß auf sich selbst konzentriert. Das von Dietrich beschriebene Gefühl der Fremdbestimmtheit und invertierten Intentionalität lässt sich nun auch damit erklären, dass das Erleben außerhalb symbolvermittelter Symbolbereiche geschieht.

Dieser These folgend soll im Weiteren der Grenzverlauf abgesteckt werden, der den Formalisierungsmythos vom nicht greifbaren Außerhalb trennt. Es werden die Phänomene Schmerz (Kap. 3.2.1.) und Lust (Kap. 3.2.2.), Ekstase und Rausch (Kap. 3.2.3.) im Vordergrund stehen, denn es handelt sich um Erfahrungen entlang dieser Grenze:

> Im Gegensatz zur Lust, die als Zustand expansiver Aktivierung definiert wird, tendiert der körperliche Schmerz zur Objektivierung, zur Lokalisierung und führt im extremen Fall zur vollständigen Paralyse, zur Lähmung. Mit anderen Worten: die Lust wird als Erfahrung der Entgrenzung und der Grenzenlosigkeit beschrieben, während der Schmerz unbarmherzig auf Grenzen verweist, Grenzen jenseits derer der Tod ist ... Die Verletzung oder Überschreitung dieser Grenzen ist eine Störung der Harmonie der leiblichen Prozesse. Deshalb nähern sich, in ihrer extremen Steigerung die Ekstasen der Lust als Entgrenzung und die Erfahrung von Schmerz als Begrenzung oder Grenzverletzung asymptotisch an (List 2003, 10).

Die mathematische Metapher von der asymptotischen Annäherung beschreibt die gegenseitige Annäherung einer bestimmten Linie und ihrer Asymptote, die sich niemals schneiden. Übertragen auf das Mythos-Modell gibt die Asymptote Anhaltspunkte für den Grenzverlauf des mythisch-sinnhaften Zugriffs, das Negativ des Algorithmus.

3.2. Spüren jenseits der Formalisierung? – Entlang der Grenze des Mythos Algorithmus

Ein Sprechen über das Außerhalb des Sinnhaften ist unmöglich. Chaos kennt weder Sinn noch Wahrheit. Doch gilt dies auch für das Spüren? Wie im vorangegangenen Kapitel ausgeführt, ist auch das leibliche Empfinden rückgebunden an Formalisierungsprozesse. Der Affekt besitzt jedoch eine Qualität, die jenseits des Sinnhaften zu liegen scheint. Ihm fehlt die Sprache. Um besser zu verstehen – und Verstehen ist ein symbolisch-performativer Prozess, keiner des chaotischen Außen –, lässt sich allein der Versuch unternehmen, die Grenzen des Sinnhaften von innen auszuloten. Wo also endet der Algorithmus?

McLuhan stellt einen dafür interessanten Zusammenhang her zwischen Technologie, Sex und Schmerz bis hin zur Auflösung des menschlichen Körpers in Ekstase, Todesnähe und Selbstaufgabe (McLuhan 1996 [1951]). An diesen Phänomenen orientieren sich die folgenden Kapitel, die den Grenzverlauf des Formalisierungsmythos markieren.[138] Als „einen der eigentümlichsten Grundzüge unserer Welt" hebt er „die Durchdringung von Sex und Technologie" hervor:

> Dieses Merkmal wurde nicht von den Werbeleuten geschaffen, sondern scheint eher aus einer hungrigen Begierde geboren, einerseits die Sphäre des Sexes durch maschinelle Technik zu erforschen und auszudehnen und andererseits Maschinen in einer sexuell befriedigenden *Weise zu besitzen* (McLuhan 1996, 127; Hervorhebung im Original).

Beide Aspekte sind in einer liberalen Wirtschaftlogik von Produktion, Konsumption und Maschinisierung verortet, die den in Kap. 2.2.1. herausgearbeiteten Techniken der Selbstalgorithmisierung entspricht: Auch für den Sex gilt der Primat der Optimierung, der kompetitiven Leistungssteigerungsnarrative und eine Produktlogik, die ihn zu einem angebotenen oder in Anspruch genommenen Service macht. Sex – guter Sex! – wird so Teil des Repertoires eines kommodifizierten Selbst. Oder in den Worten McLuhans: Der menschliche Körper wird als eine „Liebesmaschine" vorgestellt, die „zur Empfindung von besonderen Nervenkitzeln imstande ist" (McLuhan 1996, 134).

Sexuelle Lust scheint hier zunächst vollkommen regelgeleitet. Erst durch die Verwandtschaft von Sexualität und Technologie mit Zerstörung und Tod eröffnet sich ein Graubereich, der sich dem Symbolisch-Sinnhaften zu entziehen vermag und die vorliegende Arbeit abschließend leiten wird: Die „sadistische Gewalt" – im Wortsinne der Gewaltsex bei de Sade – stellt „nicht nur sexuell, sondern auch metaphysisch" den Versuch dar, „in den Menschen einzudringen" (McLuhan 1996, 135). Schmerz löst nicht nur die Einheit des Selbst auf, sondern ist zugleich Türöffner zu einer ‚reineren' Lust, befreit von der Formalisierung des standardisierten Akts und ermöglicht eine Erfahrung über das Sinnsystem hinaus. Gewalt, Sex, Lust und Ekstase drängen mit Macht an die Grenzen des Algorithmus:

> Für die Übersättigten sind Sex und Geschwindigkeit [bei McLuhan die Geschwindigkeit der Technologie, T.B.] bis zu dem Punkt langweilig, an dem das Element der Gefahr oder sogar des Todes hinzukommt. Sensation und Sadismus sind nahezu Zwillinge. Und für diejenigen, für die der Sexualakt den Anschein von etwas Mechanischem bekommen hat und lediglich zum Aufeinandertreffen und zur Manipulation von Körperteilen geworden ist, bleibt oft ein Hungergefühl zurück, das man *metaphysisch* nennen könnte. Es wird aber nicht als solches erkannt und sucht Befriedigung in körperlicher Gefahr oder manchmal in Folter, Selbstmord und Mord (McLuhan 1996, 135; Hervorhebung T.B.).

---

[138] Wenn auch abermals (Kap. 1.3.3.) in eine von McLuhan leicht verschiedene Richtung argumentiert werden soll.

Dieser metaphysische Hunger ähnelt dem, was in der vorliegenden Arbeit das (vor allem analytische) Streben nach dem Außerhalb der Formalisierung genannt wird:

> Ist das nicht lediglich eine symbolische Art, um der eigentlichen Tatsache Ausdruck zu verleihen, daß viele Leute so mechanisiert worden sind, daß sie einen dumpfen Widerwillen dagegen verspüren, ihren vollen Menschstatus verloren zu haben? (McLuhan 1996, 135).

Das Menschliche liegt im Außerhalb des technologischen Zugriffs. Lange suchen nach diesem Hunger, der durch Tod und Sex gestillt werden soll, muss man auch über sechzig Jahre später nicht: Neben den sadomasochistischen Praktiken ist etwa das sogenannte Bug-Chasing ein Phänomen, das durch seine Symbolik vermeintlicher Todesnähe während des Sexes eine Grenze zum metaphyischen Erleben einer von Formalisierungen befreiten Ganzheit auflöst. Der Bug-Chaser jagt einer HIV-Infektion hinterher, einem eben nur vermeintlichen – also symbolischen Tod. Die Ungewissheit der Ansteckung beim Sex ergänzt den Lustrausch um diffus-berauschende Unsicherheit des Liminalen, eines Zwischenstadiums des Seins (Turner 1964), zwischen der Welt des Negativen und des (vermeintlich todgeweihten) HIV-Positiven (Kap. 2.1.3.). Doch ist nicht auch dieser Übergangsritus als Ritual letztlich formalisiert, in bestimmten sexuellen Skripten (Barebacking) an bestimmten Orten des Sexes (Darkrooms) mit bestimmten errechneten Risiken (zu sexuellen Skripten, den *Algorithmen der Lust*, Kap. 3.2.2.)?

McLuhans wichtiger Verknüpfung von Sex, Lust, Mechanik, Schmerz und ekstatischer Todesnähe soll in den die Arbeit abschließenden Kapiteln gefolgt werden. Denn der von ihm beschriebene metaphysische „Hunger danach, alles sexuell zu erfahren und für einen Moment höchster Erregung dem Geheimnis das Herz herauszureißen" (McLuhan 1996, 136), beschreibt nichts anderes als die Frage nach dem Außerhalb des Algorithmus, die Sehnsucht nach dem aufrichtigen, echten und reinen Sein jenseits des Sinns. Gefolgt werden soll dieser Linie jedoch mit Einschränkungen, denn eine Unterscheidung, die McLuhan vernachlässigt, soll ausdrücklich gemacht werden. Aufschlussreich ist nämlich durchaus, *welchen* Körper McLuhan als mechanisiert und technisch entwirft: Es ist der weibliche. Nur die „mechanische Braut" (gar der Titel der Aufsatzsammlung) stehe als „Sexmaschine" im Zentrum kultureller Texte wie Literatur und Werbung (McLuhan 1994, 134). Einen mechanischen Bräutigam hingegen gibt es nicht.

Nicht nur wird ‚der weibliche Körper' dabei als positive Einheit verstanden.[139] McLuhan wirft hier zusätzlich zwei unterschiedliche Dimensionen zusammen:

---

[139] Was nur innerhalb des Formalisierungsmythos sinnvoll möglich ist, Kap. 2.2.2.

einerseits Lust und andererseits Begehren. Er ist beschränkt auf den heterosexuellen Blick, der nur eine Richtung kennt: den des Mannes auf die Frau. Dieser *male gaze* – McLuhans *male gaze* – übersieht nicht nur den Männerkörper, sondern verwischt, viel weitreichender, gleichzeitig die Differenzierung zwischen Lust und Begehren. Besonders deutlich wird dies, wenn McLuhan der Ansicht ist, die Reduktion des Sexes auf „ein Problem der Mechanik und der Hygiene" sorge für eine „Aufspaltung in körperliche Lust und Fortpflanzung und begünstigt Homosexualität" (McLuhan 1996, 134).

Bei der Frage nach den Grenzen der Formalisierung jedoch muss zwischen diesen beiden Dimensionen – Lust und Begehren – unterschieden werden. Formal ausgedrückt bedeutet Begehren immer eine Richtung auf eine Einheit hin, die von allem anderen geschieden wird: Begehrt wird immer *etwas*, ein singularisiertes Objekt. Begehren, so scheint es, ist folglich nie total, sondern differenzierend und dies ist nur innerhalb eines symbolisch-performativen Systems möglich. Lust hingegen als leibliche Empfindung, als Lustrausch, als Ekstase und Todesnähe scheint viel eher den Grenzverlauf des Mythos Algorithmus zu berühren. Diese aus McLuhan indirekt gewonnene Differenzierung soll entsprechend bei der Diskussion der Algorithmen der Lust (Kap. 3.2.2.) im Übergang zur ekstatischen Totalität (Kap. 3.2.3.) berücksichtigt werden. Doch zunächst die Frage nach dem Schmerz, der beides zu sein scheint: sinnhaft und sinnvernichtend.

3.2.1. Schmerz als Erfahrung der Grenze des Sinnhaften

> Kein anderer hat meinen Schmerz. Jemand kann Mitleid mit mir haben; aber dabei gehört doch immer mein Schmerz mir und sein Mitleid ihm an. Er hat nicht meinen Schmerz und ich habe nicht sein Mitleid.
>
> Gottlob Frege (2003 [1918], 48)

Ist damit der Schmerz tatsächlich eine leibliche Empfindung, im Bereich der Innenwelt lokalisiert, die unabhängig von der Formalisierungslogik des Sinnsystems besteht (Kap. 1.2.2.)? Die kurze Antwort muss lauten, dass auch diese Empfindung nicht ‚rein' ist, sondern nur symbolisch und performativ überformt die Qualität einer ‚Wahrheit', eines Sinns annehmen kann.

Schmerz ist „eine epistemologisch ausgezeichnete Weise des Gewahrwerdens des eigenen Leibs oder Körpers", weil Schmerz „die universelle Bedingung des Leiblichseins ... mit Nachdruck, geradezu unabweisbar, und eben schmerzlich ins Bewußtsein ruft" (List 1998, 146). Während Lust vordergründig eine Erfahrung der Grenzenlosigkeit und Entgrenzung darstellt (Kap. 3.2.2.), liegt im

Schmerz eine deutlicher Verweis auf eben die Grenzen des Leibes: Schmerz wird objektiviert und lokalisiert und damit zum Teil einer Symbolordnung gedeutet. Die zunächst ‚reine' leibliche Erfahrung wird zum Bedeuteten, zum lokalisierten Quadranten im Körperobjekt: Schmerz ist – so Lists linguistischer Transfer – ein „Nein, der ‚somatische Signifikant' eines Nein" (List 1998, 151) und damit die zeichenhafte Markierung einer Grenze. Die Dysfunktionalität des Leibes und der Wahrnehmung macht diese meist erst erkennbar: ohne Problem gibt es keinen Schmerz, keinen somatischen Signifikanten – der Leib wird nicht wahrgenommen.

Unermesslicher Schmerz hingegen zerstört die Sprache, die Wahrnehmung der Welt und letztlich jede Subjektivität (Scarry 1992) – der Schmerz wirft den Leidenden auf sich selbst zurück, markiert eine Grenze und verweist gleichzeitig auf sich selbst, den leidenden Leib. Die Folter als bewusst zugefügter Schmerz und der ihr Unterworfene illustrieren eindrucksvoll diese Unentwirrbarkeit von Leib-(Empfinden) und Körper(-Objekt):

> Denn der Prozeß des Folterns spaltet den Menschen in zwei Teile, macht die latente Unterscheidung zwischen dem Ich [dem Körper-Objekt, der Subjektivität; T.B.] und dem Leib [das Spüren des Schmerzes; T.B.] ... virulent (Scarry 1992, 74) ... Das endlose, auf sich selbst verweisende Signal des verwundeten Körpers, das leer und undifferenziert und zugleich von schreiender Widerwärtigkeit ist, enthält nicht nur das Gefühl ‚Mein Körper schmerzt', sondern zugleich das Gefühl ‚Mein Körper bereitet mir Schmerzen' (Scarry 1992, 72).

In der Folter drückt sich die Leib-Körper-Verwobenheit in besonderem Maße aus, weil in ihr das Gefühl der Machtlosigkeit des Gefolterten seine Kapazitäten bis zur Vollständigkeit raubt, den ihm zugefügten Schmerz zu einem körperlichen Phänomen zu objektivieren: Nicht „Mein Bein schmerzt, weil es mir gerade gebrochen wurde", sondern „Ich leide Schmerzen". Der Prozess der Folter negiert den Leidenden. Nicht der Leidende objektiviert seinen Schmerz (und macht ihn zu einem Phänomen des Körpers), sondern der Folternde betreibt die Objektivierung des Schmerzes eines anderen. Der durch den Gebrauch von symbolisch-performativen Folter-‚Werkzeugen' externalisierte Schmerz wird dem Gefolterten genommen und benutzt zur Konstruktion und Kommunikation von Macht. Der Folternde nimmt dem Gefolterten die Fähigkeit zur Selbstobjektivierung des Schmerzes, indem die Demonstration der symbolischen Zufügung von Schmerzen, die ohne Transkription nicht sichtbar wären, durch gewaltige Folterwerkzeuge in einen symbolischen Deutungsbereich überführt werden, dessen Ordnung der Folternde und nicht der Leidende bestimmt.

Als zunächst rein leiblich anzunehmende Empfindung ist Schmerz prinzipiell zwar unausdrückbar, kann jedoch durch Sprache mitteilbar gemacht werden: Dies geschieht in der Medizin etwa durch Diagnosefragebögen, die nicht nur die Intensität des Leidens (stark-schwach), sondern auch die zeitliche Dimension (etwa intermittierend, rhythmisch), Wärme- oder Druckempfinden erfassen. Zusätzliche Strategien, Schmerz zu dokumentieren und mitteilbar zu machen, finden sich etwa in Folterberichten, im juristischen Bereich (etwa bei Klagen gegen zugefügten Schmerz, der körperlich nicht sichtbar ist) oder in der Kunst (Literatur, Poesie, Malerei, Film, Theater), die ebenfalls narrative Muster der Mitteilung des Schmerzempfindens für den Leidenden bereitstellt (Scarry 1992, 16-21). Der Schmerz wird auf diese Weise kulturell überformt und dadurch objektiviert. Besonders anschaulich durch die (metaphorische) „Sprache der Agentenschaft" (Scarry 1992, 28-32): Um Schmerz kommunizierbar zu machen, wird ein metaphorischer Agent benutzt („Es fühlt sich an, als würde ein Messer in meinem Rücken stecken"). Neben einem Urheber kann auch eine Verletzung (die auf einen Urheber schließen lässt) vorgestellt oder vorgezeigt werden. Die Agentenschaft – ob es einen Urheber des Schmerzes nun gibt oder nicht – bedeutet den Schmerz, der durch die Urheberschaft externalisiert und objektiviert werden kann. Schmerz wird in seiner kommunizierbaren, objektivierbaren Form ununterscheidbar mit der sozialen Symbolordnung verwoben und letztlich auch mit der Wahrnehmung, die kulturell überformt ist.

Diese Externalisierung von Schmerz wird in der Folter als drastischer Ausübung dieses semiologischen Prozesses sichtbar. Nur der Gefolterte spürt seine leiblichen Schmerzen und hat keine Sprache, sie zum Ausdruck zu bringen. Der Folternde spürt sie nicht. Er nimmt sie im Medium der Folterinstrumente und der formalisierten Performanz des Folterrituals wahr. Die Folter macht sich eine „obsessive Demonstration der Agentenschaft" (Scarry 1992, 34) zunutze, indem Folterwerkzeuge semiologisch mit dem Signifikat Schmerz aufgeladen werden. Schmerz wird dabei dem Leidenden genommen, er wird vielmehr „in die Fiktion von Macht eines Regimes" (Scarry 1992, 34) verwandelt. Schmerz ist in der Folter ein Signifikant besonderer Art: Da er unbestreitbar real ist, verweist er in seiner externalisierten Form auf die Realität der Macht (Scarry 1992, 43). Die Folter ist eine hochgradig formalisierte Bühnenperformance, die Macht als Botschaft und Schmerz zum Zeichen hat.[140]

Schmerz reduziert das Subjekt und wird total: Der Leidende verliert seine Sprache, sein Denken, seine Wahrnehmung: „Am Anfang ist der Schmerz ‚nicht

---

[140] Die Schmerzen werden sukzessive erhöht, sie werden dabei stets durch deutliche Agentenschaft der Folterwerkzeuge sichtbar gemacht und schließlich zu Macht umgedeutet: „Die Folter ist ein Prozeß, der jedes erdenkliche Moment des Geschehens und der Umwelt in einen Agenten des Schmerzes verwandelt; doch sie ist zugleich ein Prozeß, der diese Verwandlung ankündigt. Es ist kein Zufall, wenn der Raum, in dem die Brutalitäten stattfinden, von den Folterern auf den Philippinen ‚das Atelier', in Südvietnam ‚das Kino' und in Chile ‚die blaue Bühne' genannt wurde. Die Folter, die auf solchen wiederholten Akten der Schaustellung aufbaut, deren einziger Zweck es ist, eine phantastische Illusion von Macht herzustellen, ist ein groteskes Kompensationstheater" (Scarry 1992, 44).

man selbst', und am Ende hat er alles eliminiert, was nicht ‚er selbst' ist" (Scarry 1992, 83). Das Verhör dient in der Folter nicht zur Informationsbeschaffung. Es führt vielmehr den Verlust der Sprache des Gefolterten vor. Sein Zweck ist auch den Verlust von (kohärenter) Sprache – und damit dessen Fähigkeit, sich „in die Welt auszudehnen" (Scarry 1992, 83) – beim Gefolterten zur Schau zu stellen (Scarry 1992, 57):

> für den Gefangenen sind der Leib und dessen Schmerzen überwältigend gegenwärtig, Sprache, Welt und Ich dagegen sind abwesend; für den Folterer sind Sprache, Welt und Ich überwältigend gegenwärtig, Leib und Schmerz dagegen abwesend (Scarry 1992, 70).

Der Schmerz wird von etwas Objektiviertem, das der Leidende isolieren und verbannen könnte, vollends zu seinem Selbst. Aber dieses Selbst ist ein abgeschiedenes und zurückgeworfenes, es ist der schmerzende Leib, der die Grenze zum Außerhalb markiert. Schmerz zerstört die formalisierte Struktur des Selbst, aber er transzendiert sie nicht.

Das Beispiel der Folter zeigt auf drastische Weise, dass Schmerz nicht kommunizierbar ist, jedoch durch bestimmte Signifikationstechniken objektiviert werden kann. Einerseits wird durch die Folter die vollkommene Externalisierung der Bedeutung ‚Schmerz' demonstriert, indem er dem Leidenden symbolisch genommen wird. Gleichzeitig verfügt der Gefolterte nicht mehr über die Fähigkeit zur symbolischen Ordnung, den Schmerz zu objektivieren. Die Sprache verlässt ihn, er ist zurückgeworfen auf Laute und Schreie. Der Schmerz wird total, der Leib verweist im qualvollen Schmerz auf sich selbst. Der Leidende verliert seine Subjektivität – er ist bloß noch schmerzender Leib. Aber er ist eine abgegrenzte, keine befreite Entität. Auch ein auf diese Weise auf sein Leiden reduzierter Leib ist noch Teil einer Macht/Wissen-Ordnung, die ihre Bedeutungen in den Körper durch zur Schau gestelltes Strafen perpetuiert, durch die Aufführung von sichtbar gemachten Schmerzen am gemarterten Körper des Verurteilten (Foucault 1994, insb. 9-90). Der Schmerz ist hier externalisiert durch seine Sichtbarmachung, der leidende Leib ist Teil einer ritualisierten Bedeutungspraxis, die neben dem Schmerzempfinden des Leidenden auch durch das Publikum als Zuschauer und damit Interaktionspartner zum Teil einer formalisierten sozialen Realität wird. Die symbolisch in der Folter mit dem leidenden Körper (seine „schiere Faktizität des menschlichen Leibes") verbundene Ideologie zieht die Bedeutung von Macht aus dem Schmerzritual der Folter (Scarry 1992, 26). Der Schmerzen leidende Gefolterte ist keiner, der die Symbolordnung transzendiert. Er ist gefangen in einem weitaus weniger komfortablen semiologischen System, das zirkulär verläuft und nur ein Zeichen und eine Referenz hat – sein Algorithmus kennt nur eine rekursive Operation: *den schmerzenden Leib, der auf sich selbst verweist.*

Die Folter mit der Einbettung des sichtbar gemachten Schmerzes in ein formalisiertes Machtritual ist ein vom Alltag entrücktes Beispiel, doch es offenbart einen bereits angedeuteten Zusammenhang, der weitaus alltäglicher ist. Schmerz ist zwar zunächst als somatische ‚Äußerung' rein und eben nicht rationalisierbar oder repräsentierbar und entzieht sich damit jedem Symbolsystem. Eine Wechselwirkung zwischen dem Bereich des Phänomens und seiner Repräsentation ist jedoch stets gegeben. Es sind auch hier der mächtige medizinische Diskurs, seine Repräsentationen und Praktiken, die den Schmerz in zueinander in Beziehung stehende Symbolordnungen rückbinden.[141] Als Teil einer Erkältungserkrankung diagnostizierte Halsschmerzen beispielsweise werden mit der Prognose wahrgenommen, dass sie ohne aktives Zutun nach zwei bis drei Tagen verschwunden sein werden. Dies ermöglicht das Objektivieren der unangenehmen Empfindung zu einem Symptom für eine systemische Erkrankung, ausgelöst meist durch ein weiteres in medizinischen Repräsentationen produziertes Objekt – ein Bakterium oder ein Virus. In Übereinstimmung mit dem Sinnsystem des algorithmisierten Menschen wird als Wechselspiel von Aktualität und Virtualität (zwischen Diagnose und Prognose) im Schmerz auch die in der Möglichkeit vorhandene (virtuelle) zukünftige Schmerzfreiheit wahrgenommen. Lang anhaltende Schluckbeschwerden und Halsschmerzen hingegen haben unter Umständen keine vergleichbar triviale Prognose, wenn sie zum Beispiel als Speiseröhrenkrebs diagnostiziert werden. Durch die kulturelle Überformung erlebt der Erkrankte den Schmerz anders, als Präsenz eines Krebses, ‚feindlicher' Zellen, die nicht nur als Symptom objektiviert, sondern als Gegner zum Feind anthropomorphisiert werden (insb. Kap. 2.1.3.). Die ‚reine' somatische Empfindung tritt in untrennbare Wechselwirkung mit der kulturellen Repräsentation des Schmerzes und seines Signifikats.

Innerhalb von Sprache wird Schmerz zum Zeichen, zum Sinngeber und erhält damit „einen bestimmten Platz, oder bestimmte Plätze in der kulturellen Sinnökonomie" (List 1998, 157). Selbst die Phänomenologie, deren Bestreben es ist, die reine leibliche Erfahrung des Subjekts zum Problem ihrer Untersuchung zu machen, anerkennt (indirekt) ‚Funktionen' des Schmerzes: die Herausbildung des Selbst durch die Erfahrung des Leidens; das Bewusstsein der leiblichen Seinsweise durch den Schmerz; das Erdulden des Schmerzes als ehrenvoller Heroismus; der Schmerz als Beweis der Souveränität durch den Willen zur Handlungsfähigkeit in der durch den Schmerz bedingten Machtlosigkeit (List 1998, 153-154). Selbst in der Phänomenologie, die den Schmerz als vordiskursives Leib-Sein deutet, erfüllt der Schmerz Funktionen und ist damit semiotisch.

---

[141] Die Rückbindung erfolgt in Systeme der Lokalisation, der Diagnose, der kausalen Verknüpfung mit einer physiologischen Störung, der Prognose als in der Möglichkeit vorhandenes Szenario einer zukünftigen Entwicklung und einer möglichen Therapie (Kap. 2.1.3.).

Noch klarer wird dies im zeichentheoretischen Ansatz zur Leib/Körper-Unterscheidung von Lindemann (1996). Sie geht zwar davon aus, dass der Leib – anders als der „visuell-taktil wahrnehmbare Körper ... eine Gegebenheit eigener Art" ist (Lindemann 1996, 151-152), die nicht auf die Ebene eines bloßen Ergebnisses diskursiver (zeichenhafter) Wissensproduktion reduzierbar ist. Der Leib entfaltet jedoch darüber hinaus als „strukturiertes Gebilde" Bedeutung eigener Qualität, die mit den semiotischen Bedeutungen des Körpers verschränkt ist (Kap. 3.1.). Leib und Körper sind Bedeutung und Bedeutungsträger zugleich (Lindemann 1996, 167). Daraus lassen sich laut Lindemann zwei Sinnrelationen ableiten: „1. als Verweis leiblicher Phänomene auf sich selbst, 2. als ein Verweis leiblicher Phänomene auf den Körper" als Objekt (Lindemann 1996, 169). In der *ersten* Sinndimension, die „wesentlich zeitlich strukturiert ist", verweist der Körper etwa im Schmerz auf sich selbst, in einer algorithmisierten Erfahrungssequenz von (aktuellen und virtuellen) Schmerzempfindungen:

> Wenn eine Person unter einem spezifischen Schmerz leidet, z. B. einer Art von Migräne, die sich in mehr oder weniger großen Zeitabständen einstellt, ist es möglich, diesen Schmerz schon in einem noch gar nicht so schmerzhaften Anfangsstadium wiederzuerkennen. Ich weiß dann, es geht wieder los. Das leichte Spannungsgefühl am Übergang Hals/Kopf ist dann nicht mehr nur als es selbst gegeben, sondern als ein Hinweis auf diese Art von mit Übelkeit verbundenen Kopfschmerz insgesamt. Das leichte Spannungsgefühl wird *als Anfang einer ganzen Erfahrungssequenz verstanden, deren Zukunft sie bedeutet.* Der Bestandteil der Erfahrungssequenz verweist auf diese als Ganze (Lindemann 1996, 169; Hervorhebung des hier verborgenen Algorithmus: T.B.).

Die *zweite* Sinndimension deckt das diskursiv-semiotische Wissen über den eigenen Körper zum leiblichen Empfinden ab (Kap. 2.2.2.). Anhand der bis ins 16. Jahrhundert wiederkehrenden Vorstellung einer ‚wandernden Gebärmutter' (Lacqueur 1992) illustriert Lindemann diesen Zusammenhang (Lindemann 1992, 169). Die im Leib wandernde Gebärmutter wird als Erklärmodell genutzt für das Deutungsmuster ‚Hysterie', mit anderen Worten, für eine kulturelle Identitätsrepräsentation, die als Subjektivationstechnik angeeignet werden kann (Kap. 2.2.1.): Die Frau trägt eine Gebärmutter in sich, die Hysterie hervorruft, die dann schließlich auch empfunden wird. Oder wie Lindemann schreibt:

> Die Person, die sich leiblich spürt, verbindet die dabei gemachten Erfahrungen mit dem Körper, den sie hat. Dieser Körper ist nun der, von dem sie weiß, daß sich in ihm eine Gebärmutter befindet (Lindemann 1996, 170).

Es stellt sich allerdings die Frage, ob durch die Unterscheidung zwischen erster und zweiter Sinndimension nicht eine Trennschärfe hergestellt wird, die bei der Beurteilung der untersuchten Phänomene in der Analyse nur schwerlich für eine heuristische Nutzbarmachung aufrechterhalten werden kann. Ein im sich ankündigenden Schmerz auf sich selbst verweisender Leib ist in der Wahrnehmung dieses Schmerzes, wie oben ausgeführt, immer auch kulturell verankert und somit durch die ‚körperliche' Empfindung überformt. Da letztlich auch der Leib eine Semiotik ‚eigener Art' entwickelt und letztlich immer verschränkt ist, stellt sich zudem die Frage, weswegen Lindemann auf dieser Zweiteilung besteht, obwohl sie im Wesentlichen stets die Uneindeutigkeit des Leibes zwischen niemals ausschließlich diskursiver Konstruiertheit und niemals reiner ‚gespürter' Zugänglichkeit betont:

> Der Leib ist einerseits total natürlich, denn das Faktum der Strukturalität [der auf sich selbst verweisende Leib; T.B.] ist nicht auf eine Kultur relativ; andererseits ist der Leib aber total relativ auf die jeweilige Kultur, denn seine Form [die Lindemann seiner Stofflichkeit gegenüberstellt, als nicht kulturell strukturierte Leiblichkeit; T.B.] ist eine je historische, an der kein Substrat feststellbar ist, das sich diesseits von ihr befände (Lindemann 1996, 175).

Die dynamische Reziprozität der getrennten Konzepte macht einen Zugriff auf sie unmöglich. Sinnvoller scheint es deshalb zu sein, beide Dimensionen – da sie ohnehin nicht zu trennen sind – als Teil desselben semiotischen Systems zu betrachten, wie wiederum anhand des Schmerzes deutlich wird: Schmerz ist ein Phänomen vermittelt zwischen Symbol und Soma, zwischen der historisch spezifischen Kultur (medizinische, psychologische, religiöse Deutungsmuster) und der konkreten Leiberfahrung des Leidenden, insbesondere bei chronischem Schmerz (List 1998, 158).

Dabei setzt die Symbolordnung viel tiefer an, als der bloße Zusammenhang zu (sprachlichen) Bedeutungskategorien zunächst suggeriert. Zur kulturellen Überformung zählt nicht nur ein bestimmter Umgang mit dem Leiden, den die Kultur erwartet (‚Zähne zusammenbeißen!'). Vielmehr wird die Symbolordnung inkorporiert, verleiblicht: „mental-psychische Faktoren, Gewohnheit, psychische Dispositionen und Erfahrungen" – das in der Sozialisation erworbene kulturell spezifische semiologische System – wird zum Leib, indem durch die über die Zeit hinweg erworbenen Erfahrungen neuronale Prozesse verändert werden (List 1998, 158). Prädiskursiv-Leibliches und seine diskursive Überformung sind nicht als konsekutive Dimensionen zu verstehen, sondern in „existenzieller Gleichzeitigkeit" (List 2001, 79). Dies verweist deutlich auf einen komplexen und unentwirrbaren Zusammenhang, denn die ‚neuronale Materie' ist einerseits Substrat der durch Lernprozesse internalisierten kulturellen Überformung und andererseits deren selbstverständliche Voraussetzung.[142]

Abschließend ist deshalb festzustellen, dass auch der Schmerz keinen Bereich der Freiheit von der universellen Formalisierbarkeit markiert: Auch Schmerz ist nicht rein, sondern stets kulturell überformt. Phänomenologie und diskursive Analyse stellen nicht zwei trennscharf voneinander zu scheidende Perspektiven

---

[142] Ein unlösbares Problem, das in Kapitel 2.3.3. diskutiert wird.

dar, in gewisser Weise geht auch die Phänomenologie im Mythos Algorithmus auf. Der Schmerz ist deshalb zwar als Marker des mythischen Außerhalb unge-eignet, sehr wohl jedoch bildet er eine Grenze der Erfahrbarkeit ab: (1) Schmerz ist die Erfahrung einer Grenze. Sein Erleben zwingt zur Reflexion über die Wahrnehmung der Welt als störungsanfällig und damit in die leiblichen Schran-ken gewiesen. (2) Die Grenzziehung geschieht auf zwei Ebenen: Schmerz artiku-liert nicht nur ein Nein, sondern drückt als indexikalisches Zeichen die Einheit einer Leiblichkeit aus, die das Ich von der Umwelt trennt. Es geschieht eine Setzung der Ich-Einheit gegen die Umwelt. (3) Gleichzeitig kann der Schmerz im Leib lokalisiert werden und wird dadurch zum Zeichen für eine objektivierba-re Störung: Als Bedeutendes (z. B. Bauchschmerzen) und Bedeutetes (Störung, falsche Ernährung, Flatulenz, Magengeschwür etc.) ist er so vollständiger Teil einer Symbolordnung, die gerade im medizinischen Diskurs die eigentliche Leib-lichkeit zum Körper objektiviert: Die algorithmische Symbolordnung zwischen Diagnose (aktuell) und Prognose (virtuell), zwischen Störung und Therapie führt zur Objektivierung des Selbst. (4) Auch ein so überwältigender Schmerz wie der in der Folter erzeugte wird – wenn auch nur durch seine Externalisierung – Teil eines Symbolsystems. Dem Gefolterten wird durch die Vernichtung der Fähig-keit, den empfundenen Schmerz zu reflektieren und selbst zu objektivieren, seine Subjektivität genommen. Durch die Demonstration des Zufügens von Schmerz innerhalb der Folter als eines formalisierten Rituals mit symbolisch aufgeladenen Requisiten wird der Schmerz des Leidenden zum Teil einer Performanz, zu ei-nem Symbol in einem Macht/Wissen-System.

Schmerz ist dadurch vor allem zeichenhaft: ein Zeichen des Leibes für ein Nein, ein Zeichen für die Abgrenzung zum Leibesaußen, ein kulturell überformtes Zeichen für eine Körperstörung, eine Krankheit, eine Prognose oder ein Zeichen für ein Machtsystem. Schmerz drückt somit zwar in jedem Fall eine Grenzerfahrung aus – eine Grenze des Handelns, die Ich-Grenze zwischen der eigenen erfahrbaren Leiblichkeit und der den Leib umgebenden Umwelt – er ist aber keine *Entgrenzung*serfahrung. Allenfalls in der verwandtschaftlichen Bezie-hung des Schmerzes zur Lust, um die es im folgenden Kapitel gehen soll, wird die Abgrenzung des spürenden Körpers zum umgebenden Medium aufgehoben, denn es ist die Lust, die scheinbar entgrenzt. Das lustvolle ekstatische Spüren lässt das Körper-Objekt hinter sich und transzendiert damit den Mythos Algo-rithmus. In der „Schmerzlüsternheit" (Bloch 1905; nach Dornhof 1998, 208) sind Schmerz und Lust möglicherweise gar nicht asymptotisch (wie List 2003 schreibt; Kap. 3.1.), sondern vielmehr konvergent zu denken. Lust/Schmerz erweist sich als eine im Sadomasochismus aufgehobene Dichotomie, wie es charakteristisch für bestimmte Sexualpraktiken ist, die als ‚Perversionen' codiert

> die Grenzen zwischen Nahrung und Exkrementen (Koprophilie), zwischen Menschli-
> chem und Tierischem/Unmenschlichem (Bestialität), zwischen Leben und Tod (Nek-
> rophilie), zwischen Erwachsenen und Kindern (Päderastie) und zwischen Lust und
> Schmerz (Masochismus) [kreuzen] (Dornhof 1998, 201).

Überwindet der Lustschmerz so auf den ersten Blick die bipolare gesellschaftliche Ordnung des Ausschlusses im Sinne der Hybridisierung, muss dennoch auch hier letztlich die Rücküberführung in ein gereinigtes Konzept[143] beobachtet werden: Nicht nur wird die erhoffte Grenzüberschreitung in die neue Opposition normal/pervers gezwängt. Gleichzeitig – wie Dornhof (1998) kulturhistorisch herausarbeitet – werden die kulturellen Ausführungen dieser ‚sexuellen Perversionen‘ in ebenfalls streng formalisierten Skripten beschrieben, wahrgenommen, artikuliert und so letztlich produziert. So fügt sich etwa das Paar Sadismus/Masochismus bestens in die Geschlechterdichotomie, die dem Sadisten die männliche „aktive, selbst aggressive" Rolle zuweist, in der sich „Grausamkeit und Gewalttätigkeit mit Wollust" verbindet, während der Masochismus weiblich ist, denn die Frau ist „passiv, defensiv", ihre „bis zur Hingebung verharrende Position ... bildet den Reiz für den Mann, sie zu erobern und zu besiegen" (Dornhof 1998, 204). Diese Verhaltenssskripte werden gleichzeitig mit evolutionsbiologischen Ursprüngen und Funktionen (Sexualität als Liebes- und Fortpflanzungskampf o. Ä.) theoretisiert und damit zu einer biologischen Natürlichkeit deklariert (Dornhof 1998, 206).

Die Lust am Schmerz überwindet eine Dichotomie, um schließlich wieder in der kulturellen Überformung durch oppositionell organisierte Rollenzuschreibung oder verhaltensbiologische Naturalisierung zu landen. Auch die sexuelle Perversion ist deshalb kein Mittel der Grenzüberschreitung – wie seit Foucaults „Gebrauch der Lüste" (1989) feststeht. Dies bereits deutet die These des folgenden Kapitels an: Der Vollzug der Lust ist das Prozessieren von Algorithmen.

3.2.2. Die Algorithmen der Lust – Skripte des Vollzugs

> Erforsche alle deine Geisteskräfte, Gedächtnis, Verstand und Willen; erforsche alle
> deine Sinne, und besonders die beiden ersten: dein Sehen und dein Hören, und noch
> viel mehr dein Berühren. Erforsche in dieser Hinsicht die Gedanken, die Worte und
> die Werke. Erforsche sogar die Träume, ob Du nicht vielleicht beim Erwachen daran
> irgendwie Wohlgefallen gehabt hast ... Halte endlich in dieser Sache keinen Fehler
> für gering.

Foucault (1983, 25) zitiert hier aus einem katholischen *Unterricht für Beichtende* von 1852. Er ist Symptom einer größeren Entwicklung innerhalb der Kirche, die

---

[143] Zum Muster der Hybridisierung und symbolischen Reinigung Kap. 1.3.1.

„das Fleisch zur Wurzel aller Sünden" macht und gleichzeitig „das wichtigste Moment vom Akt selber auf jene so schwer wahrnehmbare und formulierbare Wirrnis des Begehrens" verschiebt (Foucault 1983, 25). Die folgenden Zeilen hingegen stammen aus dem Jahr 2010:

> What were you thinking about during the experience?
> What thought went through your head straight after?
> Is Agony sexy? How do you hope your Agony affects the viewer?
> Tell us the story of your first orgasm. How did it happen? Accidental discovery or did somebody clue you in?
> What is the most unusual place you've ever had an orgasm? (alone or with a partner, we don't mind)
> Have you ever had an orgasm in a place you really shouldn't have? At work or school perhaps? What exactly were the circumstances?
> Have you ever used anything to help you come, in a way that the manufacturer didn't really intend? (anything goes)
> What do you think about while masturbating? Do you ever fantasise about anyone or anything that's taboo in real life? Examples? (Partner's sibling, friend, sex with an octopus)
> Have you ever been busted masturbating or having sex? Busted somebody else? Is masturbation strictly a personal thing, or something you share with friends or lovers? Have you ever or do you masturbate with a friend?
> (Beautiful Agony 2010, abgerufen am 18. November 2010)

Sie sind Anleitung für die Dokumentation des eigenen kleinen Todeskampfes – des *petit mort* – während der Masturbation und der Internetseite *beautifulagony.com* entnommen. Wie an anderer Stelle ausführlicher dargelegt (Bächle 2011), stellt diese Seite eine Plattform bereit, über Selbstbefriedigung öffentlich Geständnis abzulegen:

> Beautiful Agony is dedicated to the beauty of human orgasm. This may be the most erotic thing you have ever seen, yet the only nudity it contains is from the neck up. That's where people are truly naked.
>
> The videos were made in private by the contributor (and sometimes their partner). We don't know what they're doing, or how they are doing it, we just know it's real and it's sexy as hell. Make your ears blush by putting on your headphones and turning the sound to eleven.
>
> Yes, there are free samples. Look for the ones with the red borders and the text underneath that says ‚free sample' (Beautiful Agony 2010).

Jede Person ist mit zwei selbstgefertigten Videos vertreten: der *Tat* selbst und dem anschließenden *Geständnis*. Von der Tat zu sehen ist nur ein ostentatives mimisches Spiel. Was unterhalb des Halses stattfindet, bleibt nur durch Geräusche dokumentiert. Umso wichtiger ist es folglich, einem detaillierten Regelwerk zu folgen, das die Seite mit konkreten Anweisungen vorgibt: Die Darstellung sollte „warm-up" und „cool-down" beinhalten und ausschließlich die Realität abbilden: „no performances or exaggerations". Formal gilt es neben der Einstellung der Kamera („full face, no nudity, preferably from a point of view above the nose"), eine hohe Auflösung (Camcorder und DVD), gute Ausleuchtung („If you're using a lamp, it should be to one side, close to you but not too close to the camera, so the light is graded across your face") und gute Tonqualität („Agony is an experience for the ears as well as the eyes, so try and keep the background noise down") zu berücksichtigen.

Die von den Webseitenbetreibern angekündigten *free samples* beziehen sich interessanterweise allein auf diese Kategorie der Darstellung des Akts. Erst nach der kostenpflichtigen Anmeldung erlangt die Nutzerin Zugriff auf die Geständnis-Videos („After you've done your agony, we need your confessions"), dessen Produktionsanleitung in Form des ausführlichen Fragenkatalogs oben angegeben ist. Dieses *confessional* ist entscheidend:

> You're going to tell us your most intimate secrets, about orgasm, masturbation, sex –
> but more than that, you're going to tell us all your FRIEND's secrets, as well.

Im Mittelpunkt steht das Geheimnis, das Verbot, das *eigentlich* Unsagbare.

> Have you ever had an orgasm in a place you really shouldn't have?
>
> Have you ever used anything to help you come, in a way that the manufacturer didn't really intend? (anything goes)
>
> Do you ever fantasise about anyone or anything that's taboo in real life?

Die Parallelen zur „diskursiven Explosion" um den Sex, die Foucault für das viktorianische Zeitalter feststellt, sind unübersehbar. Die „Einflüsterungen des Fleisches" haben in dieser Zeit für die Beichte eine immer größere Bedeutung:

> Gedanken, Begehren, wollüstige Vorstellungen, Ergötzungen, verschlungene Regungen der Seele und des Körpers – all das muss fortan bis ins Detail genau ins Spiel der Beichte und der Seelenführung eintreten (Foucault 1983, 25).

Ähnliche Mechanismen der Wahrheitsfindung um den Sex stellen Medizin, Psychiatrie, Justiz, Bildungsinstitutionen, Hygieneordnungen oder die Familie bereit. Durch die permanente Kontrolle, Erforschung und Überwachung des Sexes wird dieser in „die Rolle des beunruhigenden Geheimnisses versetzt" (Foucault 1983, 40), dem es immer noch mehr zu entlocken gilt. Wichtig für die hier verfolgte Formalisierungsthese sind die dadurch stets feiner granulierten Repräsentationen des Sexes, die für jede noch so kleine Regung der Lust oder des Begehrens Worte und Wertungen finden. Die ‚Perversionen' sind dabei von besonderer Bedeutung, denn sie versprechen durch ihre vermeintliche Nähe zu einer reineren – perversen – Lust eine größere Nähe zur Wahrheit (McLuhan; Kap. 3.2.). Foucault beschreibt die dadurch erwirkte Formalisierung des Sexes so:

> Die Einpflanzung von Perversionen ist ein Instrument-Effekt: durch die Isolierung, Intensivierung und Verfestigung der peripheren Sexualitäten verästeln und vermehren sich die Beziehungen der Macht zum Sex und zur Lust, durchmessen den Körper und durchdringen das Verhalten (Foucault 1983, 52).

Das Aufspüren der Perversionen erst produziert in ihrer Beschreibung eine sexuelle Identität, ihre Einpflanzung ist deshalb Werkzeug, Signifikationstechnik als Selbsttechnologie (Foucault 1993; Kap. 1.3.3., 2.2.1., 2.2.3.). Die Lust ist keine genuine Erfahrung mehr, sondern hat einen Namen, Repräsentationen, performative Muster. Erst in der Überführung in das Sinnsystem wird der Sex erfahrbar. Die Jagd nach dem Geheimnis wird durch die Mehrung des Wissens vorangetrieben. Doch das Geheimnis bleibt immer nur Antagonist des Wissens und kann niemals entdeckt werden. Die Suche danach treibt das formalisierende Wissen immer tiefer in das Begehren unserer Körper. Im Wissen aber liegt keine Lust.

Die Textualisierung der Lust und des sexuellen Erlebens produziert nur standardisierte Skripte des Geheimnisses, dringt jedoch niemals zu ersehnten Offenbarung des Wahrhaftigen in der totalen Lust vor. Die Selbsttechnik, Lust in eine sprachliche Umschrift zu transponieren, hat nicht nur eine Regulation des Wissens um die eigene Sexualität zur Folge (die detaillierte ‚Beichte‘ der Masturbation). Was die auf *beautifulagony.com* vorgeführten performativen Muster der Masturbation angeht, ist eine frappierende Gleichförmigkeit der dargebotenen Orgasmus-Darstellung schablonenhaft verzerrter Gesichter unübersehbar. Nicht nur Wissen um den Sex, auch bestimmte performative Strukturen werden hervorgebracht, formale Vorgaben an eine angemessene Durchführung der Lusthandlung. Das Wissen um die richtige Ausführung operationalisiert das Begehren.

Die Psychoanalyse als primärer Generator von auch ins Alltagswissen übersetzten Selbsttechniken (Kap. 2.2.1.), macht auch aus der Lust einen Algorithmus. Ein solches „Programm, keine Phantasie" (Deleuze/Guattari) – liest sich wie folgt:

> Herrin,
> (1) Du kannst mich auf den Tisch schnallen und festbinden, zehn bis fünfzehn Minuten, Zeit genug, um die Instrumente vorzubereiten.
> (2) Mindestens einhundert Peitschenschläge, einige Minuten Pause.
> (3) Du beginnst mit dem Nähen, Du vernähst das Loch in der Eichel, Du nähst die Haut, die um die Eichel herum ist, an dieser fest, so daß sie nicht herunterrutschen kann, Du nähst den Hodensack an der Haut der Oberschenkel fest. Du nähst die Brüste zusammen, einen Knopf mit vier Löchern fest an jeder Brustspitze. Du kannst sie durch ein Knopflochgummiband verbinden – Du gehst zur zweiten Phase über:
> 4. Du hast die Wahl, ob Du mich auf dem Tisch umdrehen willst, auf dem Bauch liegend festgeschnallt, aber mit zusammengelegten Beinen, den ganzen Körper ordentlich festgebunden.

> 5. Du peitschst mir den Rücken den Hintern die Schenkel, mindestens einhundert Peitschenschläge.
> 6. Du nähst die Hinterbacken zusammen, die ganze Arschritze. Solide mit einem doppelten Faden, wobei Du bei jedem Stich innehältst. Wenn ich auf dem Tisch liege, bindest Du mich nun an den Pfahl.
> 7. Du gibst mir mit einer Reitpeitsche fünfzig Schläge auf den Hintern.
> 8. Wenn Du die Folter steigern und Deine Drohung vom letzten Mal wahrmachen willst, stichst Du mir bis zum Anschlag die Nadel in die Hinterbacken.
> 9. Du kannst mich dann an den Stuhl fesseln, Du gibst mir dreißig Schläge mit der Reitpeitsche auf die Brust und stichst kleinere Nadeln hinein. Wenn Du willst, kannst Du sie vorher auf dem Kocher zum Glühen bringen, alle oder einige. Du mußt mich ganz fest an den Stuhl fesseln, und die Handgelenke müssen auf den Rücken gefesselt werden, damit die Brust nach vorn gedrückt wird. Wenn ich nichts vom Brandmalen gesagt habe, so liegt das daran, daß ich demnächst einen Arzt aufsuchen muß und die Heilung dauert dafür zu lange (Deleuze/Guattari 1992, 208).

Das Begehren wird aufgefüllt mit Signifikation und Subjektivierung.[144] Auch im hier gewählten Extrem, dem sadomasochistischen Schmerzsex, liegt keine Transzendenz. Der auf diese Weise algorithmisierte Lustkörper wird zur Lustmaschine, was im Folgenden das Beispiel des vertextlichten Sexes bei Marquis de Sade verdeutlicht: Nicht nur *repräsentiertes Wissen*, sondern zusätzlich *performative Prozesse* werden formalisiert. Sexualität als Wissensdiskurs wirkt homogenisierend, indem sexuelle Identitäten produziert und aufrechterhalten werden und sich als politisch gedeutetes Macht/Wissen als Biomacht entfalten (Kap. 2.1.2.). Der Diskurs um den Sex ist ein Diskurs um die *Wahrheit*, wobei die Grenzen des Sexuellen das Antesten der Grenze des Wahren und Unvermittelten ist, das sich der Formalisierung entziehen mag (Kap. 3.2.):

> Je ‚perverser‘ die gelebte Sexualität, desto unmittelbarer, *authentischer* kommt das zum Vorschein, was die wahre Natur des Menschen ausmacht (Flaßpöhler 2004, 282; Hervorhebung im Original).

Doch die Grenznähe ist Illusion. Diese Chimäre der Freiheit, die den sexuellen Akt als Natur, als reines Sein ausgibt, wird selten deutlicher als in den minutiös-detailreichen Körpersaftorgien, die Marquis de Sade niederschreibt – und damit in eine fixierende Repräsentation überführt. In den detailreichen Beschreibungen des Vollzugs geht es vordergründig darum,

> den Sexualakt als rein körperlichen, d. h. von jeglicher Metaphysik (Liebe, Moral) gereinigten Akt vorzustellen, darum also, den Menschen in seiner unter der zähmenden Kultur verborgenen, nackten Animalität zu präsentieren (Flaßpöhler 2004, 282-283).

---

[144] Deleuze und Guattari (1992, 208) unterstreichen an diesem Beispiel ihre Kritik an der Psychoanalyse, die alles in Phantasien übersetzt. Der „organlose Körper" – ihre Gegenfiguration – bleibt übrig, wenn alles andere entfernt wird.

In der reinen, von allen kulturellen Einflüssen entkleideten Lust, die sich in der Praxis der sich selbst befriedigenden Körper ausdrückt, läge damit die Freiheit von einem symbolischen sowie formalisierten Zugriff, was dem ersehnten Außerhalb des Algorithmus entspräche. Doch de Sade will nicht „*primär* die Wahrheit sagen ... sondern er will *erregen*" (Flaßpöhler 2004, 282; Hervorhebung im Original), was Flaßpöhler zu der entgegengesetzten These bringt:

> Im Dienste der Erregung stehend, *schlägt der Naturkörper um in einen Maschinenkörper* – einen Körper nämlich, der sich in seiner Bedingtheit und Endlichkeit beständig selbst zu transzendieren versucht, um in einer Endlosschleife die Erregung in Gang zu halten (Flaßpöhler 2004, 183; Hervorhebung T.B.).

Der vordergründig befreite Lustkörper wird zur Lustmaschine, die sich selbst mittels ihrer Performanz zu transzendieren sucht. Der Gedanke der Transzendenz liegt in der Lücke begründet, die der gottlose Liberalismus der Aufklärung hinterlässt. Bei de Sade kommt dies sowohl durch die Schilderung von in Größe und Einsatzbereitschaft grotesken Geschlechtsorganen zum Ausdruck als auch durch die ständige Wiederholung des sich selbst übersteigernden Sexualakts. Der Lustkörper wird zur utopischen Lustmaschine, „weil er sich in der Illusion hält, ein autonomes System zu sein, ein System also, das sich selbst vollendet" (Flaßpöhler 2004, 283).

Pornographie – wie sie bei de Sade vorliegt – erfüllt folglich zwei Funktionen des Begehrens: Einerseits ist es *erkenntnistheoretisch* das Begehren nach *Wahrheit* (die pornographische Darstellung „im Dienste einer Wahrheit, die immer genauer gewußt werden will"); andererseits ist es *existentiell* das Begehren nach *Erregung* und damit dem *Sein* (die pornographische Darstellung „im Dienste der sexuellen Erregung, die aus der Perspektive des Sadeschen Materialismus die einzige Triebfeder der menschlichen Existenz ist") (Flaßpöhler 2004, 283).

Die Rückversicherung der Existenz geschieht über die vermeintliche Wahrhaftigkeit der Erregung und der Lust, die eine Lust an der Überschreitung ist, eine degenerierte Freiheit, die nur dann effektiv ist, wenn sie Grenzen (die alten Grenzen der religiös begründeten Moral, der Vernunft oder der Achtung anderer) hinter sich lässt. Liebe bedeutet zunächst Respekt gegenüber einer anderen Person, was sie zum „Stolperstein" macht, „der die Erregung straucheln läßt" (Flaßpöhler 2004, 286). Der Körper wird als transzendentaler Lustkörper produziert und muss als Utopie scheitern:

> Indem nun Sade am Ende des 18. Jahrhunderts das (vermeintlich immanente) Prinzip der Lust in seiner vollen Radikalität an die göttlich-transzendentale Leerstelle rückt ..., konstruiert er einen Körper, der seine Lust ins Unendliche projizieren muss. [...] Die Ausfüllung der göttlichen Leerstelle durch nichts als den Körper ... erfordert eine unendliche sexuelle Erregung. Die bis zur Absurdität getriebenen Kopulationsakte der pornographischen Körper legen also nicht einfach das wahre, natürliche Triebsubjekt unterhalb des kulturellen Überbaus frei, sondern spiegeln gera-

de durch und in diesen Triebkörpern das utopische Begehren des materialistischen
Subjekts, sich durch nichts anderes als die Lust in der Welt selbst vollendet zu sehen
(Flaßpöhler 2004, 286).

Lust und Erregung entgrenzen hier nicht und überwinden nicht die kulturelle
Grenze des Sinnhaften durch ein Durchbrechen von Symbolordnungen (z. B.
Normen). Sie werden vielmehr mit Bedeutung versehen, die sie nur erfüllen
können, wenn sie als Lustkörper das Sein begründen und den tatsächlichen Körper transzendieren. Hierin sieht Flaßpöhler die Utopie. Die Triebkörper werden
zu wie Maschinenteile ineinander gesteckten „Automaten der Wollust" (Zwei-
fel/Pfister 1990, 212, Fn. 23; zit. n. Flaßpöhler 2004, 290), die in einer Tabus
brechenden Sprache unzählige Sexualakte produzieren. Der vermeintlich trans-
zendentale Lustkörper bleibt jedoch „ein utopischer Körper, eine Sexmaschine,
die sich beständig selbst ankurbelt – und selbst vollendet" (Flaßpöhler 2004,
293).

Um zur anfänglichen Lustkörper-Schilderung aus der Jetztzeit zurückzukehren, finden sich nicht nur in der symbolischen Übersteigerung der Lust und ihrer
dadurch bedingten Zähmung interessante Parallelen zur Vertextlichung und
Funktionalisierung des Sex bei de Sade. Auch de Sades Geschichten benutzen
mediatisierte Techniken der Selbstinszenierung, die mindestens funktional den
Selbsttechniken der Beichte und filmischen Dokumentation des Masturbierens
gleichen. Bei de Sade ist es etwa der Gebrauch von Spiegeln, die den Raum des
Sexualaktes ausstatten (Flaßpöhler 2004, 292; Sade 1995 [1795]), der die Sichtbarkeit der Lust ins Unendliche steigern und damit auch die Utopie der Freiheit
in der Lust nähren will. Erst durch den Einsatz des visuellen Reproduktionsme-
diums wird der Akt unendlich wiederholbar und steigerungsfähig. Die Spiegelungen sind nicht nur Spiegelungen von Anwesenden, sondern „Spiegelungen
von Spiegelungen" und lösen sich so von den tatsächlich kopulierenden Körpern
ab (Flaßpöhler 2004, 292). Dieser Einsatz visueller Medien zur mechanisierten
Luststeigerung lässt sich in der filmischen Selbstdokumentation sexueller Praktiken wiederentdecken, für die das oben beschriebene Beispiel nur eines von vielen ist.

Die Luststeigerung durch videodokumentarische sexuelle Selbstdarstellung
und Selbstdokumentation auf Online-Plattformen wird dem zum Trotz nicht
selten als Ausdruck sexueller Befreiung und konstruktiver Selbsterkundung
gelesen (z. B. O'Brien/Shapiro 2000), hat jedoch im Sinne der formalisierten
Selbsttechniken mehr mit Regulation und der Illusion einer technologisch assis-
tierten aktiven Lustproduktion zu tun. Webseiten wie *xtube.com* oder
youporn.com, die in vielerlei Hinsicht einem Sozialen Netzwerkdienst ähneln,
geben Nutzerinnen und Nutzern die Möglichkeit, Profile für die individuelle
Selbstdarstellung anzulegen (in vorrangig sexuellen Kategorien), Erwartungen

an mögliche Partner zu formulieren und mit anderen in Kontakt zu treten. Hinzu tritt die visuelle Selbstdarstellung durch die explizite Dokumentation sexueller Handlungen durch Fotos und Videos. Sie suggerieren eine Teilhabemöglichkeit an der Utopie des kollektiven Lustkörpers, der ein Sein versichert, das in der Erregung liegt und dem kapitalistisch-materialistisch-liberalen Prinzip der Luststeigerung entspricht: Ich bin erregt und stelle meine Lust dar – also bin ich. Die Zurschaustellung des Erregtseins und des Sexualaktes macht den Körper zu einer für alle beobachtbaren Maschine der Lust. Doch auch hier ist die vorgebliche Transzendenz – eine Übersteigerung der Lust durch Beobachtbarkeit und trügerische Wiederholbarkeit – eine Illusion. Das Zurschaustellen bricht nicht ein Tabu, überschreitet gerade *nicht* eine Grenze der Sinnhaftigkeit durch Sinnlichkeit, sondern überantwortet sowohl sexuelles Wissen als auch sexuelles Sein in ein hoch konventionalisiertes semiologisches System in *symbolisch-textueller* sowie in *performativer* Hinsicht – das System der algorithmisierten Sexakte.[145]

Die endlosen sexuellen Akte machen die Lust zum maschinell und automatisch ausgeführten Immergleichen. Die hier verfolgte These lautet vereinfacht: Die Repräsentationen der Lustkörper und ihrer Bewegungen setzt die (1) *symbolischen* Genrekonventionen durch, ähnlich dem oben besprochenen Beispiel *beautifulagony.com* – sexuelle Praktiken verfügen über Namen, Muster, Handlungsschemata. Der sich darstellende und dokumentierende Lustkörper führt diese Skripte der Lust aus, seine (2) sexuelle *Performanz* ist entsprechend formalisiert, weil sie den an die Darstellung gestellten Regeln genügen muss.

Diese Beobachtung passt in den breiteren Kontext formalisierter sexueller Skripte, der weit über den Zusammenhang mit Medientechniken (die Spiegel bei Sade oder die Selbstdokumentation im Internet) hinausgeht. Nicht nur die praktische Ausübung von Sex, sondern auch das Empfinden von Lust wird demzufolge semiologisch produziert. Das Sprechen über die Lust beginnt üblicherweise mit der Pubertät und ist bereits ohne praktisches Wissen reguliert, indem es beispielsweise innerfamiliär verboten ist oder heterosexuelles Begehren als Norm setzt (Osswald-Rinner 2011, 25). Mit der sexuellen Sozialisation durch Erfahrungen mit Sexualpartnern wird die Ebene der bloßen Textualisierung von Sex ergänzt um eine interaktionistisch hergestellte Realität der sexuellen Identität (Kap. 2.2.):

> Bei erfolgreicher primärer Sozialisation ist es dem Individuum gelungen, die enge, in unserer Kultur vordergründige Verknüpfung von Fantasie und Lust vorzunehmen; es kann subjektive Befindlichkeiten als Lust klassifizieren und Gefühlslagen geschlechtsspezifisch interpretieren. Es stehen ihm einige Entwürfe zur Sexualität zur

---

[145] Ausführlich zur Übercodierung der Lust in der „pornographischen Partizipationskultur" (den uniformisierten bild- und textsemiotischen Repräsentationsformen und Selbstentwürfen sowie den zu performativen Handlungsmustern standardisierten sexuellen Skripten) Bächle (2014b).

> Verfügung, die es jetzt zu durchleben und mit Erfahrungsgehalt zu füllen gilt. Somit
> sind die Grundlagen sexueller Identität geschaffen (Osswald-Rinner 2011, 28).

Hier interessiert nicht so sehr die psychologisch-individualistisch nachgezeichnete Konstruktion sexueller Identität, sondern vielmehr die Hervorbringung der Kategorie Lust und ihrer formalisierten Verankerung im semiologischen Gesamtsystem. Dabei sind die Konzepte Lust und Begehren mehr als bloße textbasierte Konstrukte, sondern zusätzlich performative Akte der (Re-)Artikulation von Wissensbeständen (Butler 2006 [1990]), worin sich der doppelte Charakter des Algorithmus in symbolischer Transformation einerseits (Welche Kategorien von Lust sind überhaupt denkbar und sprachlich repräsentierbar?) und Operationalisierung von Lust andererseits (Welche Praktiken von Lustbefriedigung stehen zur Verfügung und wie werden sie am effektivsten durchgeführt?) wiederfinden lässt. Der Zusammenhang zwischen textualisierter Lust und formalisiertem Handeln wird besonders deutlich im Erklärmodell der sexuellen Skripte. Diese

> sind auf Sexualität fokussierte Verhaltensfiguren [und] ermöglichen eine erwartbare
> und durch das Gegenüber kalkulierbare situative Umsetzung gültiger Normen und
> Wertvorstellungen der jeweiligen Kultur in Handlung und Emotionen. Sie enthalten
> Vorgaben [Handlungsanweisungen; T.B.], sie vermitteln Reihenfolgen, sie koppeln
> Wertvorstellungen an Handeln und sind auf kommunikative Vermittlung angewiesen
> (Osswald-Rinner 2011, 35).

Drei Ebenen dieser Skripte lassen sich unterscheiden: (1) Auf der Ebene kultureller Szenarien werden kulturelle Texte (z. B. mediale Repräsentationen von Sex und Lust) als narrative Richtschnur für die Konstruktion individueller sexueller Identität genutzt. Auf (2) interpersoneller Ebene produzieren und reproduzieren soziale Interaktionen zwischen zwei oder mehr Partnern Muster sexuellen Handelns und formalisieren das angemessene Verhalten in einem durch die beteiligten Akteure definierten Interaktionsszenario wie ‚Kuschelsex' oder einem Sado/Maso-Programm. Die (3) interpsychische Ebene bezieht sich auf die *black box* der sexuellen Skripte, da sie als Variable die jeweils individuelle Aneignung der repräsentierten (1) und durch Handlungen hergestellten und artikulierten (2) Skripte berücksichtigen will (Osswald-Rinner 2011, 35-42).

Diese Annäherung an Lust und Sexualität als ausgeführte Skripte entspricht dem in Kapitel 2.2. der vorliegenden Arbeit entwickelten Modell zur Produktion von Identitäten und spezifischer Körper durch Selbsttechniken mit einer Kombination aus symbolischen und performativen Signifikationstechniken.[146] Hervor-

---

[146] In Bezug auf sexuelle Identitäten argumentiert Schmidt (2004) beispielsweise vor dem Hintergrund durch das Fernsehen favorisierter Narrative, dass die sexuellen Skripte Jugendlicher die Tendenz zu heterosexuellen Normierungen aufweisen, auch wenn das Begehren laut Schmidt weit weniger eindeutig spezifiziert ist. Dies lässt sich als Indiz deuten, dass das erlebte und angestrebte Begeh-

stechend ist in diesem Sinne eine breitere Entwicklung, die Lust als mögliche ‚reine‘ Empfindung unmöglich macht:

> Lust hat sich als erlebnisorientierte Inszenierung in dafür vorgesehene Räume und auf Bühnen ausgelagert und von jeglichem Sinn für Beziehungen befreit ... Sexuelle Interaktionen treten in den Hintergrund und das Erlebnis der Inszenierung in den Vordergrund (Osswald-Rinner 2011, 109).

Der Zwang zur Einzigartigkeit der Darstellung zwängt die Lust in ein Raster der steten Rekombination vorhandener Muster, die auf spezifischen Bühnen dargestellt wird: Räume kollektiver Erlebniszusammenkünfte wie Diskotheken, Schwimmbäder, Saunen oder Darkrooms sind durch performative Anforderungen strukturiert, in deren Mittelpunkt der Lust-Körper und die inszenierte Lust am Selbst und der Selbstbefriedigung stehen (Osswald-Rinner 2011, 108-110). Dieses Mehr an Rekombination täuscht jedoch nur über die Standardisierung der Inszenierung hinweg, die ein ekstatisches Lustempfinden (zur Ekstase Kap. 3.2.3.) behindert.

Durch die Beobachtung und Dokumentation einer sozialen Interaktionssituation mit Hilfe eines Videos und der potentiellen Veröffentlichung dieses Videos über Social-Media-Plattformen wird die vormals geschlossene Realitätskonstruktion ko-präsenter Akteure aufgebrochen.[147] Plötzlich ist ein imaginiertes Publikum mitanwesend, kulturelle Skripte der Erwünschtheit stellen Anforderungen an die Performanz der Akteure in der konkreten sozialen Interaktion, die nicht in der konkreten Situation begründet sind, sondern auf abstrakter Ebene Normen erfüllen muss, die nicht unähnlich einer generischen ‚Textsorte‘ sind. Derselbe Mechanismus nun findet sich in der Öffnung der sexuellen Interaktion für ein imaginiertes Publikum, die in der Folge einen noch höheren Grad der Formalisierung erfährt.

Für eine visuell-auditive Dokumentation konkreter sexueller Akte, wie etwa auf Video-Hosting-Webseiten wie *xtube.com* und *youporn.com*, bedeutet dies eine qualitative Veränderung der ablaufenden sexuellen Skripte. Durch die filmische Dokumentation der sexuellen Akte

> wird das Kollektiv bereits bei der Inszenierung mitgedacht und ist soziales Handeln im weiteren Sinne. Die Akteure denken die vermeintliche Erregung des Zuschauers und das positive Feedback über die gezählten und für alle einsehbaren Anklickquoten mit (Osswald-Rinner 2011, 32).

---

ren und die sexuelle Identität in verstärktem Maße durch die Schablone kultureller Formalisierung konstruiert werden.

[147] In Kapitel 2.2.2. wurde bereits eine Erweiterung des klassischen Szenarios einer sozialen Interaktion beschrieben, das über das Setting der durch die anwesenden Akteure hergestellten sozialen Realität hinausgeht.

Die nicht kontrollierbaren Phantasien der individuell begehrenden *black box* werden externalisiert und an ein Bildmedium delegiert, das Reproduktion ermöglicht (Sigusch 1996, 20; nach Osswald-Rinner 2011, 33). Die sexuelle Phantasie und das Lust-Empfinden werden Signifikationstechniken überantwortet und dadurch dem vollständigen Zugriff der Formalisierung übergeben. Zu der Erwartungshaltung eines vorgestellten Publikums treten die spezifischen performativen Vorgaben der medialen Form:

Browse by Category

◉ All	○ Amateur
○ Anal	○ Anime
○ Asian	○ BBW
○ BDSM	○ Big Boobs
○ Bisexual	○ Blowjob
	Less...
○ Bush	○ Ebony
○ Fetish	○ Group Sex
○ Hardcore	○ Interracial
○ Latina	○ Lesbian
○ Mature	○ MILF
○ Miscellaneous	○ News
○ Softcore	○ Squirt
○ Swingers	○ Teens
○ Toys	○ Voyeur
☑ Hide sponsor videos	

Amateur	Dildos/Toys	Instructional	Shaved
Anal	DP	Interracial	Shemale
Asian	Ebony	Interview	Solo girl
BBW	European	Kissing	Solo Male
Big butt	Facial	Latina	Squirting
Big tits	Fantasy	Lesbian	Strt Sex
Bisexual	Fetish	Masturbate	Swallow
Blonde	Fingering	Mature	Teen
Blowjob	Funny	MILF	Threesome
Brunette	Gay	Panties	Vintage
Coed	German	Pantyhose	Voyeur
Compilation	Gonzo	POV	Webcam
Couples	Group sex	Public	Young/Old
Creampie	Hairy	Redhead	
Cumshots	Handjob	Rimming	
Cunnilingus	Hentai	Romantic	

Abb. 21: Skripte der Lust – Algorithmen des Vollzugs
Selbstverschlagwortung sexueller Praktiken auf den pornographischen Video-Hosting-Webseiten *xtube.com* (links, abgerufen am 01.02.2011) und *youporn.com* (rechts, abgerufen am 01.09.2011). Eine Auswahl der bereitgestellten Skripte und deren Abkürzungen: BBW = Big Beautiful Women; BDSM = Bondage Sadomaso; Coed = College Students als Fetisch, meist weiblich; Creampie = Ejakulation im Innern des Partners; DP = Double Penetration; Ebony = Dunkle Hautfarbe; Gonzo = Pornogenre, bei dem die Akteure die Kamera (und die vorgestellten Rezipienten) anerkennen oder mit dem Kameramann (sexuell) interagieren; Instructional = als Anleitung sexueller Praktiken; MILF = Mother I'd like to fuck.

Diese Kategorien stellen eine spezifische Ordnung her, die nicht nur Repräsentationen kultureller Skripte abbildet, sondern vielmehr durch die darin fixierten performativen Muster (Anal, Dildo, Masturbate, Group Sex etc.) auch in die sexuelle Praxis hinein vereinheitlichend wirkt. Der videodokumentarisch im Internet ausgestellte sexuelle Körper hat nicht nur symbolische Repräsentation als abstraktes Vorbild (die sprachliche Kategorie des Skripts: „Vaginalverkehr"), sondern orientiert sich an der konkreten Visualisierung einer genormten sexuellen *performance*. In den ubiquitären Visualisierungen wird kein freier und sich utopisch transzendierender Lustkörper geschaffen. Der Körper und die empfundene Lust werden einem Regime von Repräsentationen und performativen Skripten unterworfen und reproduzieren die Algorithmen des sexuellen Vollzugs.

Das formalisierte System der Lust fördert *Be*grenzung, nicht *Ent*grenzung: Der lüsterne Körper wird zur kopulierenden und masturbierenden Maschine, die sich selbstreflexiv als Objekt begreift, von dem erwartet wird, dass es zu immer größerer Lust manipuliert werden kann. Doch seine Bewegungen sind gleichförmig, die geschilderten und dargestellten sexuellen Akte und Phantasien – so extrem sie sich stilisieren mögen – sind letztlich uniform. Die Grenzüberschreitung wird gesucht, um der Formalisierung zu entkommen: Fesseln, Folter und Schmerz; extreme und groteske Körpermanipulationen zum exhibitionistischen Lustgewinn; monströse Dildos, anal und vaginal eingeführt; das Befüllen des Hodensacks mit Kochsalzlösung. Ähnlich der symbolisch aufgeladenen Folterwerkzeuge, die den Schmerz als individuelle und nicht kommunizierbare leibliche Empfindung zu einer politischen Repräsentation von Macht in Instrumente des Quälens transferieren (Kap. 3.2.1.), wird auch hier die Lust als unteilbare leibliche Empfindung visualisiert und in den extremen Praktiken in ein kommunizierbares symbolisches System übersetzt. Die extrem erscheinenden Körpermanipulationen und Techniken zur Herstellung von Lustempfinden sind damit keine Entgrenzungen. Sie fügen sich in ihrer filmischen Dokumentation in ein System von Bedeutungen, erhalten Namen (,Sounding' nennt sich etwa das Einführen eines Metallstabs in die Harnröhre), Kategorien und praktische Konventionen der Ausführung.

Zusammenfassend lässt sich die im breiteren Kontext seit langem konsolidierte These anführen, nach der Sexualität und Lust sowie die Ausrichtung des Begehrens nicht ,rein' sind, sondern mit Hilfe spezifischer Techniken erst produziert werden – konstruiert durch kulturell und interaktionistisch hergestellte Repräsentationen und Muster sowie Anforderungen von Medientechniken (z. B. bei Gay 1986 zur bürgerlichen Überformung von Sexualität; Giddens 1993 zum Einfluss der kapitalistischen Moderne auf Sexualität; Jackson 1999 zur diskursiven Konstruktion homo-/hetero- und bisexuellen Begehrens; Eder 2009 zum Zusammenhang von Kultur und Begehren). Lust und Sex unterliegen damit immer spezifischen Regeln des Vollzugs, vom begehrten Objekt über die Praxis der sexuellen Handlung bis zum Ziel der Befriedigung beschreiben sie einen Algorithmus. Diese Formalisierung von Sexualität findet sich – wenig überraschend im Lichte der in Kapitel 1.3. ausgearbeiteten Verschmelzung von Phänomen und Erklärmodell – auch in der soziologischen Betrachtung wieder.

Liebe und Lust werden zum sozialen Funktionssystem umgedeutet.[148] Körperlichkeit und Sexualität verlieren ihre Legitimität als eigenständige Kategorien und scheinen prinzipiell in Kommunikation und damit Zeichen überführbar. Durch zunehmende gesellschaftliche Differenzierung verlieren Liebe und Sexualität ihre ordnende Rolle, denn die moderne Gesellschaft sei „nicht mehr darauf angewiesen, Menschen feste und unverrückbare Plätze in ihrem Ordnungsgefüge zuzuweisen" (Lewandowski 2010, 74). Die gesellschaftlichen Funktionssysteme können folglich dem Sexuellen gegenüber „indifferent" sein, denn es kommt auf sie als Organisationsmedium nicht mehr an (Lewandowski 2010, 74). Die Betonung von natürlichen sexuellen Trieben einerseits und die Illusion von der individuellen Freiheit durch das Sexuelle andererseits verspricht „in beiden Fällen eine Art Gegenbild zur modernen Gesellschaft", wobei laut Lewandowski (2010, 75)

> verkannt wird, dass die moderne Sexualität und mit ihr die Triebvorstellung gesellschaftlich imprägnierte Konzepte sind, während im anderen Fall ausgeblendet wird, dass die private Sexualität nicht unabhängig von der Sexualität der Gesellschaft existiert.

Daraus liest Lewandowski (2010, 75) eine prinzipielle „sozialstrukturelle Bedeutungslosigkeit des Sexuellen". Sexualität wird vollkommen in formalisierten, regelhaften und symbolisch-performativ ablaufenden sozialen Organisationsprogrammen aufgelöst. Ähnlich formalisiert betrachtet Sigusch (2004) die vermeintliche Vielfalt sexuellen Begehrens und sexueller Praktiken in einem kybernetischen Modell und nennt sie „Neosexualitäten". An anderer Stelle wird die Lust zum „selbstregulierten Designersex" (Bauer 2003, 218). Zwischen formalisiertem Erklärmodell und formalisiertem Phänomenbereich lässt sich nicht mehr unterscheiden.

„Keine Lust außerhalb der Formalisierung!", ließe sich ernüchternd an dieser Stelle schließen. Stattdessen soll noch über einen möglichen blinden Fleck der absoluten symbolischen Überformung der Lust spekuliert werden. Sein Ursprung

---

[148] So behandelt Luhmann (1994) etwa Liebe „nicht oder nur abglanzweise als Gefühl" – sie ist für ihn „symbolischer Code, der darüber informiert, wie man in Fällen, wo dies eher unwahrscheinlich ist, dennoch erfolgreich kommunizieren kann" (Luhmann 1994, 9). Liebe ist nicht körperlich oder emotional, sondern ein in modernen Gesellschaften ausdifferenziertes Code-System im Sinne eines Kommunikationsmediums zur Unwahrscheinlichkeitsreduktion von Kommunikation (zum Posthumanismus in der Medientheorie Winthrop-Young 2000).

liegt in einer besonderen Qualität der Präsenz eines anderen Körpers, das Begehren als eine spezifische Wahrnehmung hervorrufen kann. Das Prinzip dieser potentiell Begehren evozierenden Qualität lässt sich mit den von Barthes in *Die helle Kammer* (1985) formulierten Gedanken besonders deutlich illustrieren, die sich nicht zuletzt als ein intellektuelles Unternehmen lesen lassen, den Tod seiner kurz zuvor verstorbenen Mutter mit einer Theorie der Photographie zu verweben. Das Photo wird zum bezeugenden Medium, einer „Beglaubigung, daß das, was ich sehe, tatsächlich dagewesen ist" (Barthes 1985, 92):

> So ist auch die PHOTOGRAPHIE aus dem Wintergarten, so verblasst sie sein mag, für mich der reiche Quell jener Strahlen, die von meiner Mutter ausgegangen sind, als sie ein Kind war – von ihren Haaren, ihrer Haut, ihrem Kleid, ihrem Blick, *damals, an jenem Tage* (Barthes 1985, 92; Hervorhebung im Original).

Die Verbindung, die Barthes zum Körper seiner Mutter ersehnt, begründet er chemisch-physikalisch durch die chemische Reaktion auf dem Film der Analogphotographie:

> Denn nicht das ‚Lebendige' der Photographie (ein rein ideologischer Begriff) hat für mich Bedeutung, sondern die Gewißheit, daß der photographierte Körper mich mit seinen eigenen Strahlen erreicht und nicht durch eine zusätzliche Lichtquelle (Barthes 1985, 92).

Die Lichtstrahlen des Körpers seiner Mutter werden in der Photographie fixiert und erreichen Barthes – die ersehnte Präsenz der Mutter wird durch die Strahlen des Körpers hergestellt, als Abglanz ihrer Aura:

> Es heißt, die Trauer lösche durch ihre allmähliche Arbeit mit der Zeit den Schmerz aus; das konnte und kann ich nicht glauben, denn für mich tilgt die ZEIT nur die Empfindung des Verlusts (ich weine nicht), mehr nicht. Ansonsten ist alles unbeweglich geblieben. Denn was ich verloren habe, ist nicht eine GESTALT (die MUTTER), sondern ein Wesen, und nicht nur ein Wesen, sondern eine QUALITÄT (eine Seele): nicht das Unentbehrliche, sondern das Unersetzliche (Barthes 1985, 85; Hervorhebungen im Original).

Roland Barthes tut hier etwas sehr Eindrucksvolles für einen ehemaligen Strukturalisten: Statt die strengen Formen und Strukturen eines kulturellen Artefakts als Elemente eines semiologischen Gesamtsystems zu deuten, blickt er durch den Schleier der symbolischen Formen hindurch und erblickt seine Mutter im Kindesalter. Die Photographie macht den Verlust einer besonderen „Qualität" auf traurige Weise deutlich: Es ist der Verlust der Aura, der Präsenz, die eben in jenem Sinne „unersetzlich" ist, als sie nicht repräsentiert werden kann, kein Referent eines Zeichens sein kann – sie ist präsent, oder sie ist nicht (mehr) präsent. Diese Form auratischer Präsenz ist somit total, sie zieht ihrer Bedeutung nur aus der strukturellen Opposition zu ihrer Abwesenheit (Präsenz/Nicht-Präsenz), verweigert sich aber einer zeichenhaften Umschreibung: Die Totalität des auratischen Körpers kommt gerade daher, dass seine Absenz nicht repräsentierbar ist. Die Aura des Körpers wird damit zu einer Qualität, die sich jedem Symbolsystem entzieht, weil ihre Totalität jeder ein Zeichensystem begründenden Differenzlogik widerspricht. In diesem Sinne wäre das Sehnen nach der auratischen Präsenz-Qualität eines anderen Körpers die Insel außerhalb der Formalisierung.

Ist das Begehren – oder allgemeiner – das körperliche und zugleich leibliche Sehnen nach einem anderen Körper also letztlich doch als ein ‚reines‘ Gefühl zu betrachten? Dafür spricht zunächst, dass beispielsweise die überwältigende emotional-körperliche Reaktion des Sich-Verliebens völlig einem formalisierten Zugriff entzogen ist (Illouz 2007, 134). Physische Anziehung ist eine einzigartige Qualität und „der Körper vielleicht der beste und einzige Weg … eine andere Person zu kennen und sich zu ihr hingezogen zu fühlen" (Illouz 2007, 149; Bourdieu/Wacquant 1996).

Es wäre dies eine Bestätigung der für einen symbolischen Zugriff unerreichbaren Kategorien wie Präsenz oder Aura. Eben jenes Verschwimmen jeglicher Dichotomie, folglich auch der Subjekt/Objekt-Begrenzung, charakterisiert nämlich das Auratische: Die Trennschärfe zwischen dem aktiv erblickenden Beobachter und dem passiv erblickten Beobachteten wird aufgehoben (Stauffacher 2010; Mersch 2002). Das begehrte Betrachtete verschafft sich aktiv Aufmerksamkeit und bildet mit dem Betrachter eine diffuse, weil differenzlose Sphäre der Wahrnehmung. Genau davon gehen Deleuze und Guattari (1977) aus:

> For Gilles Deleuze and me desire is everything that exists before the opposition between subject and object, before representation and production. It's everything whereby the world and affects constitute us outside of ourselves, in spite of ourselves. It's everything that overflows from us. That's why we define it as flow. Within this context we were led to forge a new notion in order to specify in what way this kind of desire is not some sort of undifferentiated magma, and thereby dangerous, suspicious, or incestuous. So we speak of machines, of ‚desiring-machines‘, in order to indicate that there is as yet no question here of ‚structure‘ – that is, of any subjective position, objective redundancy, or coordinates of reference. Machines arrange and connect flows. They do not recognize distinctions between persons, organs, material flows, and semiotic flows (Guattari 2009, 142).

Die Begehrensmaschine (oder Wunschmaschine, Deleuze/Guattari 1977) operiert demnach außerhalb der Differenzlogik und damit ohne die Möglichkeit einer zeichenhaften Repräsentation. Dem Begehren wohnt damit die Freiheit von der Formalisierung inne, die ihre Macht erst entfalten kann, wenn das Begehren zu befriedigen versucht wird.

Doch die Differenzlogik und damit die formale Logik des semiologischen Systems verunmöglicht auch die idealisierte Freiheit des Begehrens: Begehren verlangt Unterscheidungen, etwa die zwischen dem Begehrten und dem Nicht-

Begehrten oder diejenige zwischen dem Selbst und dem begehrten Anderen. Was das Begehren angeht, gestehen Deleuze und Guattari „trotz der anhaltenden Reklamation eines asignifikanten Begehrens" implizit ein, dass „sich das Begehren im Bewusstsein nur über reziproke De- und Recodierungen vermitteln läßt" (Thakkar-Scholz 2004, 40). Begehren sei nur möglich über die Abstraktion eines Anderen, auf das das Begehren gerichtet ist. Diese Differenzierung setzt eine Konstruktion des Selbst voraus, welche wiederum nur durch eine Gedächtnisleistung vorstellbar ist, da so „(vermeintlich) Identisches" überhaupt erst verknüpft werden kann (Thakkar-Scholz 2004, 40).

Der idealtypischen Annahme einer reinen vorsymbolischen Naturwahrnehmung müssen somit eben jene differenzlogischen Kategorien entgegengehalten werden, die zu überwinden das Begehren nur auf den ersten Blick imstande ist: Begehren braucht einen Objektbezug und damit die Dichotomie Subjekt/Objekt. Eine im Begehren singularisierte Einheit erfordert eine Beobachtung, die wiederum nur durch eine Kombination von Selektion und Scheidung von Objekten und Selbst, Bezeichnetem und Umwelt erfolgen kann (Kap. 1.3.) – besonders deutlich etwa im Begehren eines Fetisch-Objekts. Auch Begehren entzieht sich der Formalisierung damit nicht.

Im die Arbeit abschließenden Kapitel sollen deshalb der Lustrausch und die Ekstase als letzte mögliche präreflexive und damit vorsymbolische Erlebensformen diskutiert werden. Die oben vorgestellten Selbstdefinitionen sexueller Identität, die dicht geskripteten sexuellen Praktiken oder ein stets objektspezifisches Begehren sind das rationalisierte Gegenteil der ekstatischen Wahrnehmungsformen, die sich durch Totalität und Entgrenzung, als eine Einswerdung mit der Umwelt verstehen lassen. Jegliche Differenzierung zwischen begehrendem Selbst und Begehrtem, den symbolischen Fragmenten von Lust in Repräsentationen und Skripten, wird in der Ekstase zerstört und der Primat der Formalisierung damit überwunden.

3.2.3. *Ekstase – der Wahnsinn des Rausches – als Überschreitung der Sinngrenze*

Rausch und Ekstase sind nicht dasselbe – vielmehr ist Ekstase der „Wahnsinn des Rausches", Phase der Unterwerfung und Ohnmacht im Rausch (Caysa 2003, 69). Die Herbeiführung der Ekstase durch den Rausch ist hingegen ebenso formalisiert wie es die spätere Reflexion über die Ekstase ist: Rauschtechniken wie Erlebnis- und Extremsport, Performanz – verstanden als Ritual der Bewegung – oder die Inszenierung von Lust und Rausch sind stets programmiert und somit konvertierbar in Zeichen. Ekstase hingegen ist *totalitär*. In dieser Totalität der

Ekstase liegt die einzige Möglichkeit, dem Zugriff der Formalisierung zu entkommen.

Auch der Rausch hat den Ruf einer Entgrenzung, einer Grenzübertretung. Die Unsicherheit angesichts der Aufgabe ordnender Symbolsysteme im Rausch lässt sich unschwer an akademischen und damit zwingend geordneten und modellhaften Annäherungen an diesen doch so ungeordneten Zustand des Seins ablesen: Schmidbauer (2009) beispielsweise verbindet den Rausch in seiner Definition aus der Perspektive eines Psychologen mit gesellschaftlichen Konflikten, pathologischen Störungen wie Angst, leichter Beeinflussbarkeit und Verführbarkeit der berauschten Personen und impliziten Kausalverbindung zwischen Rausch und Verbrechen:

> Rauschzustände spielen eine große Rolle bei Sexualdelikten und Körperverletzung, ebenso auch bei Verkehrsunfällen (Schmidbauer 2009, 396).

Rausch habe negative Konsequenzen für die Kritikfähigkeit, kreative Prozesse („Exzesse führen zu Selbstüberschätzung und sinkendem Leistungsniveau") und berge das Risiko der Selbstzerstörung (Schmidbauer 2009, 397). Noch deutlicher wird die Angst vor einer Aufgabe der symbolischen Strukturierung der Welt zugunsten der Rauschwelt in der von Schmidbauer gezeichneten Suchtgefahr, die drohe, „wenn Räusche nicht von der Vernunft getragen und von der Kultur akzeptiert werden" (Schmidbauer 2009, 398). Designierte Zeiten des Berauscht-Seins einer Kultur, die sich mit Fastenzeiten abwechseln, vermittelten dem Individuum den Eindruck, dass Lust, Ekstase und Rausch prinzipiell wiederholt werden können, weswegen die Gefahr einer Sucht kaum bestehe. Die vernünftige Einsicht, dass Rausch seine Zeit und seinen Ort hat (etwa im strukturierten und wohlüberlegten Alkoholgenuss) beuge der Sucht vor. Mit anderen Worten muss in dieser Argumentation das Rauscherleben, um keine Gefahr für Sozialordnung oder Individuum zu werden, zwingend durch die Symbolordnung der Kultur überformt werden.[149] Die „Folgen" eines Rausches (veränderte Selbstwahrnehmung, Glücksgefühle, gar Abhängigkeit) werden als ein Ausbruch aus der erwünschten Selbstdisziplinierung gewertet. Unsicherheit und Abneigung scheinen auch in der akademischen und rational-distanzierten Beurteilung des Rausches zu liegen.

---

[149] Auch das Berauschtsein durch „körpereigene Vorgänge" wie das Verliebtsein, „selbstvergessenes Tanzen, Trommeln, starke körperliche Anstrengungen, Fasten oder Durst, heftige Angst" etwa beim Risikosport, ist für Schmidbauer ebenso negativ zu werten, indem er ihre „Folgen" in die Nähe derjenigen des Drogenrausches rückt (Schmidbauer 2009, 397). Ekstase erklärt Schmidbauer (2009, 397) zum „körpereigenen Rausch", der ebenfalls auf ein Rauschmittel („Ausschüttung körpereigener Hormone [Adrenalin, Endorphine])" zurückgeführt wird.

Doch ist eben die Ekstase zum einen nicht gleichzusetzen mit dem Rausch, und dieses Erleben ist zum anderen auch kein per se negatives: Rausch-Sein ist nicht Rausch-Haben/Berauscht-Sein:

> Das Berauscht-Sein kann entwürdigend, erniedrigend sein. Das Rausch-Sein dagegen wirkt erhebend, es ist eine erhabene Raserei, die selbst zur Erhebung des Erhabenen führen kann. Dem echten Rausch-Sein ist immer ein perspektivisches Moment, ein Über-sich-Hinaus und Zu-sich-selber-Finden eigen, das dem einfachen Rausch-Haben fehlt. Der Rausch ist also nicht einfach Ausdruck von Leere und Kraftlosigkeit, sondern von möglicher Fülle und Kraft (Caysa 2003, 62).

Das Rausch-Sein macht empfindlicher für das gespürte Erleben, es „entsteht jene Intensität an Selbstgewissheit, die keine bewusstseinsvermittelte Selbstreflexion erreichen wird (Caysa 2003, 62). Die formalisierten Selbstproduktionstechniken der Reflexion (Kap. 2.2.) sind im Rausch zwar außer Kraft gesetzt, doch führt dieser Verzicht auf Formalisierung nicht in die Selbstzerstörung oder den Verlust des Selbst. Vielmehr wird die leibliche Dimension des Spürens erlebt, die jedoch im Rausch nicht weniger ungeordnet verläuft als die Reflexion. Wie Selbst und Körper durch formalisierte Repräsentationen und Praktiken produziert werden, so werden auch der Rauschkörper und das Rauscherleben durch spezifische Techniken hergestellt.

Anschauliches Beispiel hierfür ist der Abenteuer-, Risiko- oder Fun-Sport, der durch Praktiken wie Bungee-, Klippen- oder Fallschirmspringen oder freies Klettern vordergründig einen Ausbruch aus der gesellschaftstypischen Risikominimierung ermöglicht und mit der durch ihn hergestellten Erfahrungen wie Todesnähe, Gefahr und Berauschung einen Ausbruch sowohl aus der regulierten sozialen Ordnung wie auch der regulierten Erlebnismöglichkeiten darstellt; gleichzeitig bedeutet das Ausüben von Extremsport eine Selbstermächtigung, eine Individualisierung die Aufwertung und Distinktion der eigenen Subjektivität, eine Inszenierung des Körpers als Objekt und ein Wahrnehmen des Individualleibs (Bette 2004). Die Praktiken des Risiko- und Selbsterlebens werden somit zu formalisierten Techniken der Herstellung von Selbst und Rausch. Der Extremsport ist Teil einer ausdifferenzierten Fun-Kultur:

> Der Fun-Körper ist nicht einfach ein ungebremst schwelgender Rauschkörper, sondern ein stilisierter Erlebniskörper, ein kontrollierter Rauschkörper, bei dem es nicht einfach darum geht, sich zu fühlen, sich zu erleben, um zu sein, sondern sich ‚gut‘ zu fühlen. Gerade dieses Sich-gut-fühlen-Wollen schließt wiederum für die Mehrheit der Fun-Sportler und Wellness-Sexisten Extreme aus und reflektierten Rauschumgang ein (Caysa 2003, 66).

Ähnliches gilt für Inszenierungen des Körpers in der Party- und Erlebnis-Kultur, in denen Rausch und Ekstase zur ritualisierten Schauspielerei werden – entscheidend ist die vor allem visuelle Stilisierung der Sexbereitschaft optimierter Körperobjekt-Selbste (Caysa 2000, 41-42). Rausch, Ekstase, Lust werden inszeniert und verhindern so das entgrenzende Erleben der Ekstase (Kap. 3.3.2.). Der Rausch ist zum festen Bestandteil der Konsumkultur geworden, die gezielte Performance des Rausches hebt den Rausch auf, der sich niemals „zweckrational erzwingen" (Caysa 2003, 66) lässt.

Das Rauschempfinden ist kein ungeordnetes Chaos. Es lässt sich vielmehr stets durch kontrollierte Techniken herbeiführen. Neben den ebenfalls höchst formalisierten Praktiken der Herstellung und Befriedigung von Sexlust und Sexrausch (Kap. 3.3.2.) ist der Sport – insbesondere der Fun-Sport – einer der gesellschaftlich akzeptierten Mechanismen, Lust, Rausch und Ekstase herzustellen. Er befriedigt ein Grundbedürfnis des Menschen,

> das in einer hoch zivilisierten Gesellschaft verregelt, vertechnisiert, verdrängt wird: das Bedürfnis nach Unmittelbarkeit, Nichtreflexivität, nach Ursprünglichkeit, Natürlichkeit, Authentizität, das für uns untrennbar mit dem Rauscherleben verknüpft ist. Die dionysische Sportkultur als Fun- und Erlebniskultur ist daher auch eine notwendige Kompensationsstruktur in unserer christlich-asketischen Zivilisation. Die Sehnsucht nach dem Ursprünglichen, Echten, Wahren, Nichtentfremdeten in einer durch Rationalität, Technik und Geld hochgradig vermittelten Gesellschaft bringt die Suche, ja die Sucht nach dem Unmittelbaren, Wilden, Unbeherrschten, Rauschhaften hervor (Caysa 2003, 60-61).

Das Unreflektierte ist in dieser Darstellung authentisch und unmittelbar. Das Mediatisierte, Vermittelte hingegen kann keinen Anspruch hegen auf Ursprünglichkeit, Echtheit und Wahrheit.[150] Der algorithmisierte Mensch erlebt sich selbst als Produkt von Symbolsystemen und dadurch vermittelt. Der christlichasketische Mensch bringt sich selbst hervor im Symbolsystem des Wortes, seiner Verbote und Gebote, als ein Sünder und Büßer. Der rationale Mensch bringt sich selbst hervor in den Regeln seiner Vernunft, als aufgeklärter Wissender, der das Triebhafte und die Lust in Symbolsystemen (weg-)erklärt und damit zugleich in sich bändigt. Der moderne Mensch bringt sich hervor in den kapitalistisch formalisierten Subjektivationstechniken der Selbstvermessung, Selbstevaluierung und Selbstausrichtung auf Leistungssteigerung.

Caysa (2003, 61) sieht im Extremsport die Gegenbewegung gegen diese „technologische Selbsteinbindung": Sport und seine Körpertechniken werden „zu Techniken der Ausschweifung, die aber nur funktionieren und faszinieren" weil sie „Techniken des Rausches sind, weil sie sich im rauschhaften Selbsterleben, im Rausch, gründen". Fun-Sport ist geprägt durch ein „lustvollindividualistisches Handeln", das im Wesentlichen durch „Selbstbestimmung, Authentizität, Echtheit, Wahrhaftigkeit" einen neuen Zugang zum Selbst ermög-

---

[150] Diese Form des ‚Authentischen' ist damit unvereinbar mit der formalisierten Wahrheitsproduktion des Mythos, der Logik (Kap. 1.2.2.) und operationalisierte Performanz (Kap. 1.3.2.) verlangt.

licht (Caysa 2003, 58-59). Der durch den Erlebnissport hergestellte Rausch lässt sich deshalb als eine Technik der Selbsthervorbringung lesen (Kap. 2.2.), deren Ursprung in der kapitalistischen Maximierungslogik offensichtlich ist.[151]

Hinter dem im Fun-Sport erlebten Rausch steckt dieselbe Form strukturierter Arbeit, wie sie im ‚Selbst als Projekt' (Giddens; Kap. 2.2.1.) zu beobachten sind. Die „Kick-Kultur" (Caysa 2003, 59) erfordert eine immer weiterführende Übersteigerung des hergestellten Erlebnisses: „Wer einmal Spaß erlebt hat, will ihn nicht nur wieder, sondern er will ‚mehr Spaß' erleben" (Caysa 2003, 59), was aus dem lustberauschten Körper eine verindustrialisierte Reizproduktionsmaschine macht. Die immer außergewöhnlicheren Erlebnisse des Extremsports werden zur standardisierten Selbstregulation der konstanten Herstellung von Lust, „so dass existentielle Erfahrungen als touristische Konsumgüter erscheinen" (Caysa 2003, 58, Fn. 4).[152] Doch dieser Rausch bedeutet keine Freiheit, sondern fügt sich vielmehr in eine formalisierte Signifikationstechnik. Anschaulich hierfür ist das sogenannte *flow*-Erleben, das die Verschmelzung von Bewegung, Körper, Bewusstsein und Selbstvergessenheit beschreiben soll und mit dem formalisiert-fabrizierten Rausch eng verwandt ist:

> Rauscheffekte im Sinne von ‚Fließerfahrungen' stellen sich schon auf einem relativ niedrigen Niveau durch monotone Bewegungsrhythmen beim Rudern oder Radfahren, durch Wiederholungen beim Krafttraining oder im Gleiten mit Inline-Skates ein. Schon auf dieser Ebene stellt sich im einfachen lustvollen Bewegungsrausch eine Einheit von Dasein und Erfahrung, von Leibsein und Körperhaben, von leiblichem Handeln und Körperwissen ein, in dem man im Moment der Bewegung der Körper ist (Caysa 2003, 64).

In seiner psychologischen Definition beschreibt der *flow* einen Wahrnehmungszustand, in dem „Handlung auf Handlung" folgt,

> und zwar *nach einer inneren Logik, welche kein bewusstes Eingreifen von Seiten des Handelnden zu erfordern scheint.* Er erlebt den Prozeß als ein einheitliches ‚Fließen' von einem Augenblick zum nächsten, wobei er Meister seines Handelns ist und kaum eine Trennung zwischen sich und der Umwelt, zwischen Stimulus und Reaktion, oder zwischen Vergangenheit, Gegenwart und Zukunft verspürt (Csikszentmihaly 1992, 59; Hervorhebung T.B.).

---

[151] „Auch wenn man mit Funsport gerade den Leistungsgedanken des Sports als solchen ablehnt, ist durchaus eine Leistungsidee im Funsport (wie in unserer Sexkultur) enthalten, und zwar paradoxerweise die, die den verdopten Hochleistungssport einstmals so anziehend machte, die aber immer mehr verloren zu gehen droht: nämlich die Idee der körperlichen Eigenleistung, der kulturellen Selbstbestimmung und natürlichen Selbstgestaltung" (Caysa 2003, 59).

[152] Sport und seine Körpertechniken werden „zu Techniken der Ausschweifung, die aber nur funktionieren, weil sie faszinieren, weil sie Techniken des Rausches sind, weil sie sich im rauschhaften Selbsterleben, im Rausch gründen ... Im sportiven Körpererleben können wir gesellschaftlich legitim ein beargwöhntes und allzu oft verneintes Existential unseres Daseins ausleben: den Rausch" (Caysa 2003, 61).

Das halbesoterische Herantasten an die prinzipiell ausgeschlossene Beschreibung des Rausch-Empfindens (und nichts anderes ist der *flow*-Begriff) zwischen „Vergangenheit, Gegenwart und Zukunft" zeigt die prinzipielle Unmöglichkeit einer symbolischen Textualisierung des Erlebnisses. Wie sich gleich anhand der formalisierten performativen Dimension von Fun-Sport zeigen wird, ist der Kontext eines solchen Rauscherlebnisses keineswegs einer minutiösen Algorithmisierung entzogen. Vielmehr ist seine wesentliche Entstehungsbedingung die Einbettung des wahrnehmenden Individuums in einen höchst formalisierten Kontext, was auch Csikszentmihaly in seiner Definition mit der Rede von einer inneren Handlungslogik anerkennt.

Erst seine innere Logik oder eben die algorithmische Durchdringung ermöglichen den Rausch. In Kapitel 1.3.3. wurden unter dem Rubrum verschiedener Technologiedimensionen die insbesondere durch die modern-industrielle Produktionsweise entwickelten Techniken zur Steuerung und Selbstkontrolle des Arbeiters (Taylorismus) bereits eingeführt, die als eine Selbstalgorithmisierung gelesen werden können. Der Fließbandarbeiter führt streng vorgegebene Bewegungen aus, die eine Effizienzsteigerung ermöglichen sollen, seinen Körper aber gleichsam zur Erweiterung einer Produktionsmaschine werden lassen, zum Zahnrad einer Megamaschine (Mumford 1977). Handlung folgt auf Handlung, entlang einer von außen vorgegebenen und regelgeleiteten Logik, die Bewegungen des Arbeiters fließen – er reflektiert sie nicht: Der Fließbandarbeiter ist im Rausch, aber er ist nicht in Freiheit. Es ist deutlich, dass sich der auf eine solche Weise hergestellte Rausch nicht der Formalisierung entzieht. Rausch und Freiheit stehen folglich nicht notwendigerweise in einem kausalen Zusammenhang: Wer berauscht werden will oder ist, führt Algorithmen aus.

Der durch den *flow* charakterisierbare Rauschzustand bürgt nicht für eine Freiheit. Zurückzuweisen sind deshalb auch solche Argumente, die unter dem Schlagwort der durch den *flow* ermöglichten Immersion eine Verschmelzung von Bewusstsein und Computersimulation suggerieren. Funken (2005, 221) konstatiert dahingehend etwa: „Die Trennung zwischen dem eigenen Körper und der Außenwelt kommt scheinbar abhanden."

> Weil das schnelle System unterhalb der Bewußtseinsschwelle seiner Benutzer operiert, werden die ‚bloßen Bilder' am Monitor mit den eigenen Aktivitäten aufgeladen und einer konkreten physischen Vergegenwärtigung der Computerrepräsentation zugeführt. Im Gegensatz zu Fotografie, Film oder Fernsehen, wo es die persönliche Erinnerung und die Mimesis ist, die uns an das Lebendige in der Apparatur glauben läßt, ist es im Falle des Computers die eigene Aktivität, die eine digitale Repräsentation zum Leben erweckt und die Grenze zwischen dem fremden und dem eigenen Körper fließend macht (Funken 2005, 222).

Mit Hilfe des Begriffs der Immersion wird eine Transzendenz des Körpers suggeriert, die durch die vorgebliche *flow*-generierte Verschmelzung des Bewusstseins mit der Technik erreicht wird.[153] Doch ist es vor allem der höhere Grad der Formalisierung in Computersimulationen und -spielen, der das Rausch-Erleben herbeiführt. Es bedarf keiner Freiheiten, um den *flow* zu erleben. Neben der Fließbandarbeit sind auch ein Rosenkranzgebet oder der Langstreckenlauf der Computersimulation völlig gleichwertige Techniken der Selbstautomatisierung sowie zugleich der Selbstberauschung und des Zustands der Körpervergessenheit.

Thimm und Wosnitza (2010, 45) erweitern die Idee der Bewusstseinsverschmelzung um die Annahme, dass der Avatar einer Computerspielsimulation „im Sinne McLuhans als Ausweitung des menschlichen Körpers in die digitale (Spiel-)Welt hinein verstanden werden kann". Der Spieler eines Computerspiels und die digitale Spielfigur würden durch den *flow*-Effekt „zu einer heit" (Thimm/Wosnitza 2010, 45). Doch gegen die Entgrenzung der Erfahrung durch ein Aufsprengen bisheriger Beschränkungen und Limits stehen eisern die im Programm festgelegten Bewegungsabläufe. Die Interface-Struktur des Avatar-Spiels zwängt den Körper und seine Bewegungen in ein streng codiertes Symbolsystem. Die Steuerung eines Avatars bedeutet Selbstdisziplinierung im Sinne der durch den Programmcode und die Interface-Struktur eingeforderten Bewegungen. Die Körperbewegung ist von außen determiniert, führt jedoch beim Spieler zu einer Körpervergessenheit.[154]

Mit anderen Worten ‚verschmilzt' der Körper nicht oder wird gar zurückgelassen (zur Kritik an McLuhan Kap. 1.3.3.). Er wird vielmehr einer komplexen Bandbreite von Handlungsvorschriften unterworfen mit dem Nebeneffekt, dass er letztlich vergessen wird. Der Avatar ist folglich nicht nur illusionäres Sinnbild eines Identitätsmythos (Kap. 2.2.3.), sondern auch dasjenige eines Transzendenz-Mythos, einer fehlgedeuteten Vision von Entkörperlichung, die sich vom Avatar als einem anthropomorphisierten Zeichen gerade über seine Zeichenhaftigkeit täuschen lässt. Der Körper ‚verschmilzt' mit dem Avatar nicht mehr oder weniger als mit dem Schalthebel eines Autos oder der Haarbürste beim ausgiebigen Kämmen (zur Externalisierung des Bewusstseins Kap. 2.3.1.). Der Spieler des Computerspiels ist ein Fließbandarbeiter.

Hierin liegt das durch Caysa beschriebene Paradox des Rauschzustands: Gerade in der Unterwerfung unter die Rauschtechnik stellen sich Selbst- und Körpervergessenheit ein. Die Mechanismen dieses regelgeleiteten Erlebens lassen sich beispielhaft an der formalisierten Performanz im Sport ablesen. Der Algorithmus ist auch hier eine geeignete Figur, weil er auf der Ebene seiner

---

[153] Hierzu auch die Diskussion um den Avatar in Zusammenhang mit leiblichen Empfindungen, Kap. 2.2.2.

[154] Besonders sichtbar wird dies in den formalisierten und mit dem ganzen Körper ausgeführten Bewegungsabläufen der Spielerinnen und Spieler, die Videospielkonsolen mit einem mobilen Interface nutzen oder das Spiel allein durch Bewegungen steuern.

Operationalität auch die nicht-textuelle Dimension ‚reiner' Bewegung, Ereignishaftigkeit oder körperlicher Präsenz erfassen kann. Textualität und Performativität sind durch Algorithmus deshalb keine ausschließenden Gegensätze (Kap. 1.4.3.).

Gebauer und Alkemeyer (2001) gehen jedoch in Bezug auf Sport vom Gegenteil aus: Der Spieler und Sportler ist immer nur ein „aus logischen, kognitiven und affektiven Strukturen zusammengesetztes Abstraktum", während Sport und Spiel ebenfalls zu bestimmten Gesetzmäßigkeiten folgenden Symbolräumen werden (Gebauer/Alkemeyer 2001, 117). Durch die theoretische Betrachtung würden die spezifischen Merkmale von Spielen und Sport verfehlt, da sich deren Prinzipien einer formalisierten Betrachtung entzögen. Sie seien Teil einer kulturellen Praxis,

- die nicht über Sprechen funktioniert,
- die an aktual gegebene Handlungen und Situationen gebunden ist,
- in der sinnliche Qualitäten der Bewegungsausführung eine wesentliche Rolle spielen,
- in der die räumlichen Koordinaten einen personenzentrierten Körperraum bilden,
- in der die zeitliche Dimension von den Akteuren selbst organisiert, beispielsweise komprimiert oder gedehnt wird,
- in der man aus der Situation heraus handelt und dabei meist ohne Nachdenken ein besonderes situationsbezogene Wissen mobilisiert (Gebauer/Alkemeyer 2001, 117).

Der im Sport aktivierte Leib scheint sich damit außerhalb eines symbolischen Zugriffs zu bewegen. Dennoch – so die hier verfolgte These – entzieht sich die Performanz nicht der Formalisierung. Paradoxerweise sprechen sich Gebauer und Alkemeyer für eine Theoretisierung des Unsagbaren aus: Einerseits bleiben mögliche Muster körperlich-performativ, können folglich nicht in andere Symbolsysteme übersetzt werden. Gleichzeitig betrachten sie die Bewegungen als kodifiziert und damit als „durchzogen von Symbolen, kommunikativen Strukturen, Mythologien, Erzählmustern" (2001, 118), die im Spiel mit weiteren Akteuren den Charakter einer symbolischen Welt erlangen. Dennoch und gleichzeitig deswegen gilt für die kodifizierten Bewegungen, dass sie „nicht aus ihrem performativen Zustand (aus dem Geschehen) herausgelöst werden" können (Gebauer/Alkemeyer 2001, 119).

Gebauer und Alkemeyer nennen Merkmale einer performativ durch den Körper hergestellten Kodifizierung – etwa diejenigen eines Skateboarders. Darunter fallen neben räumlicher und zeitlicher Strukturierung durch Bewegung im Besonderen der Rhythmus des Körpers und seiner Bewegungen. Er ermöglicht dem Körper, Träger einer performativ hergestellten und weitergegebenen Bedeutung zu sein und so – außersprachlich – kulturelles Wissen als kulturelle Praxis zu speichern und weiterzugeben. Gebauers und Alkemeyers Theoretisierung der körperlich-performativ hergestellten Symbolordnung deutet auf ein formalisiertes System, in dem die sportliche Körperbewegung hergestellt wird. Auch sie folgt einem Regelsystem, das der beschäftigte Körper – präreflexiv – gleichzeitig konstruiert und befolgt.

Die körperliche und sinnliche Manifestation ist entsprechend eine „Re-Materialisierung" und „Re-Konkretisierung" symbolischer Praktiken (Gebauer/Alkemeyer 2001, 124). Die ‚neuen' Spiele und Bewegungsformen (Skates, Kickboards, Freestyle BMX) stellen die Autoren dabei früheren Formen des meist in Vereinen organisierten Sports gegenüber. Dieser sei verwandt mit den disziplinierten Arbeitskörpern der modernen Industriegesellschaft, die Institutionalisierung, Disziplinierung, Regelmäßigkeit, Gemeinschaft und Wettkampf und die Vermessung und Steigerungsfähigkeit dieser Kategorien ausdrücken sollen und damit auch modern-kapitalistische Tugenden in die Freizeit transportieren. Mit anderen Worten sei eine kapitalistische Symbolordnung in den Sport übersetzt worden, welcher sie wiederum in den Körper einschreibt und diesen und dessen Bewegungen machtvoll strukturiert. Am Werk ist hier eine Megamaschine (Kap. 1.3.3.).

Die ‚neuen' Fun-Sportarten betonen hingegen zwar vordergründig das freie Subjekt, dessen körperliche Bewegung weitgehend nicht normiert und kodifiziert wird.[155] Sie seien nicht formalisierbar, sondern situationsgebunden, performativ, emotional, nicht reflektiert und interaktionistisch konstruiert durch andere anwesende Körper. Räume würden angeeignet und in eigene Spielwelten überführt und erschlossen, ebenso die Fähigkeiten und Abläufe des eigenen Körpers. Seine Bewegung, seine Performanz und sein subjektives Erleben seien damit nicht bloße Manifestation eines dahinter liegenden Symbolsystems, wie es der Sportler im Wettkampf, dessen Leistung gemessen und gesteigert wird, sinnbildlich für eine kapitalistische Produktivitätslogik noch war. Der Skateboarder stellt sich und seine Bewegung aus, ästhetisiert sich und seinen Körper und experimentiert gleichzeitig mit den Grenzen der eigenen Körperlichkeit.

---

[155] Es gibt „recht große subjektive Freiheitsgrade und Selbstgestaltungsmöglichkeiten. Öffentliche Orte werden als Spielräume angeeignet und umgedeutet; es entwickeln sich zahlreiche Spielformen der Virtuosität, der Maskierung und des Auftritts. Angeregt durch vielfältig zu gebrauchende Spielgeräte werden neuartige Bewegungsmöglichkeiten kreativ ausgelotet. Zumindest auf den ersten Blick selbstbestimmt erproben sich die Akteure im Gleiten, Balancieren oder Jonglieren. Sie erweitern den Körper mit technischen Spielgeräten wie Skates oder Skateboards, um damit auf Bänken, Treppengeländern, Bordsteinen oder Rampen zu gleiten, zu springen und die Geschicklichkeit zu üben. Diese vielfältige Verkleidungs-, Erkundungs- und Bewegungslust, die auf immer neue Herausforderungen, Erfahrungen und Abenteuer aus ist, kann kaum einer homogenen Bewegungsfamilie und keinem einzigen körperlichen Leitbild zugeordnet werden" (Gebauer/Alkemeyer 2001, 130).

Er eignet sich einen öffentlichen Raum an, jedoch ist die Öffentlichkeit, der er sich ausstellt, ein Interaktionspartner, mit dem zusammen ein kulturelles Skript ausgeführt wird, dasjenige zwischen Schauspieler und Zuschauern. Das Performative lässt sich gar als autopoietischer Regelkreis deuten (Fischer-Lichte 2004; zur autopoietischen Formalisierung Kap. 2.3.1.), als Rekursionsschleife zwischen den handelnden Rezipienten und den handelnden Schauspielern. Der Gedanke der Freiheit im Performativen kann wieder in die Formalisierungslogik überführt werden: als Selbstinszenierung, als Produktion einer ästhetisch-konsumistischen Identität im Sinne der Selbsttechniken, der formal-interaktionistischen Herstellung von Handlungsmustern (Kap. 2.2.1.) mittels der eingeübten und regelgeleiteten Performanz. Auch der Skateboarder ist ein Fließbandarbeiter – beide unterliegen der Kontrolle eines Publikums und der formalisierten Selbststeuerung (Kap. 1.3.3.).

Nicht der Rausch oder die Technik seiner Herstellung, nicht das *flow*-Erleben oder die regulierte Performanz, sondern erst die dionysische Entgrenzung der Ekstase als echte, wahre Erfahrung durchbricht die Regel. Auf der Suche nach einer Transzendenz dieser Symbolordnung und (Selbst-)Disziplinierung, nach Bereichen der Nicht-Algorithmisierbarkeit ist die Ekstase deshalb der einzige Erlebniszustand der Freiheit, der im Rausch erreicht werden kann. Diesen Wahrnehmungszustand beschreiben Begriffe wie *„Präsenz, Erscheinung, Ereignis, Epiphanie, Widerfahrnis, Entzug* und *Ekstase"*, die allesamt ein Rückgriff auf Figuren der Mystik sind, gebraucht um eben jene spezifische Form der Wahrnehmung zu charakterisieren – eine „Erfahrung des Unaussprechlichen" (Stauffacher 2010, 13; Hervorhebung im Original). Die rauschhafte Ekstase ist ein Öffnen gegenüber dem Absoluten, eine Bereitschaft, sich dem vorher Undenkbaren auszusetzen, das man jedoch nicht begrifflich fassen kann (Stauffacher 2010, 17). Der Begriff des Absoluten meint dabei die Aufhebung der für eine sinnvolle Bedeutung notwendigen Differenzierung zwischen dem Systeminneren und dem chaotischen Außen, der Differenzlogik eines jeden sinnproduzierenden Systems (Kap. 1.5.):

> Die mystische Erfahrung des Absoluten muss ereignishaft in dem Sinne sein, dass sich das Absolute schlagartig und nur für einen Augenblick in einer Weise vollständig offenbart, die als das schlechthin Unvordenkliche und Neue die Strukturen des Denkens, die Logik, sprengt und sich demgemäß auch nachträglich immer nur annähernd und niemals angemessen versprachlichen lässt (Stauffacher 2010, 17).

Damit ist einerseits die Ekstase als Rückzugspunkt der universellen Formalisierbarkeit bereits benannt (die Ekstase als „momentanes Heraustreten aus sich selbst", als Bereitschaft auf sich selbst und den Bezug zur Welt zu verzichten; Stauffacher 2010, 17). Gleichzeitig liegt gerade in der Entsprachlichung des ekstatischen Rausches die Schwierigkeit, dieses Phänomen zu erfassen:

> Die betont theorieferne mystische Praxis, die mystische passio als reine Erfahrung, ist ein theoretisches Postulat. Das begriffliche Denken strebt aufgrund eines immanent nicht aufzulösenden Widerspruchs über sich selbst hinaus in einen Bereich jenseits des Fassbaren und muss dann den wiederum aporetischen und paradoxen Versuch machen, die dort gemachte Transzendenzerfahrung in begriffliche Sprache zurück zu überführen (Stauffacher 2010, 17-18).

Die Mystik selbst ist folglich wiederum der Versuch einer textuellen Überformung der ekstatischen Erfahrung, einer sinnhaften Aufladung. Margreiter (2010, 30; auch 1997) abstrahiert für mystische Erfahrungen „ein idealtypisches Muster der Disposition und des Ablaufs bestimmter Gedanken, Gefühle und leiblicher Affektionen". Mit anderen Worten sucht er nach dem Algorithmus der mystisch-ekstatischen Erfahrung. Er unterscheidet dabei:

> Den Gedanken und das Gefühl von All-Einheit und Ich-Entgrenzung;
>
> die Negation der Kategorien: Raum, Zeit und Zahl, Vielheit, Gegenständlichkeit und Kausalität;
>
> das Moment gesteigerter Emotionalität (meist ist in den Texten [der Mystik, T.B.] von Liebe oder Ekstase die Rede);
>
> das Moment der *metanoia*, eine Art Identitätswandel, das Gefühl einer Neugeburt, des Eintritts in eine andere Realitätssphäre;
>
> (kontrastiv dazu und dialektisch damit verbunden) die Erfahrung von Leiden, Einsamkeit und Todesnähe;
>
> das Moment der Gelassenheit und Willenlosigkeit, was dennoch als höchste Freiheit und Harmonie erlebt wird;
>
> die Erfahrung eines gestuften Weges, eines Ablaufs, der methodisch vorbereitet – wenn auch nicht hergestellt und erzwungen werden kann (die Stufung folgt meist dem neuplatonischen Dreischritt von *askesis, photismos* und *henosis* oder lat. *purgatio, illuminatio* und *unio*);
>
> das Münden der Mitteilung in Schweigen und/oder in apophatisches und paradoxales Sprechen; [...]
>
> die Negation aller Vorstellungen, Begriffe und Gedanken. Daraus ergibt sich eine Totalität eigener Art: die Inversion alles Denk- und Vorstellbaren, ein Kippen vom Sein ins Nichts und umgekehrt (Margreiter 2010, 30; Hervorhebung im Original).

Der Verlust von Sprache, der die ekstatische Erfahrung charakterisiert, die Idealisierung einer anderen Realität der Ganzheit, die Negation aller fixierten und fixierenden symbolischen Formen werden somit wortreich in bestimmte Muster des Fühlens und Wahrnehmens überführt. Die Techniken der Rauschherbeiführung haben in dieser Form als erklärtes Ziel die Ekstase, die nur dann ‚richtig' erlebt wird, wenn der soeben zitierte Erfahrungskatalog gespürt wird. Die Theoretisierung der Mystik macht das zunächst Unaussprechliche zu einem Fahrplan eines mystisch-ekstatischen Erlebnisses. Selbst wenn die mystischen

Erfahrungen als „Erfahrungen von Neuem und Anderem, vielleicht sogar von ‚ganz Anderem'" anerkannt werden, stellt sich die „Frage nach den nachträglichen Möglichkeiten ihrer Versprachlichung, wie auch danach, inwieweit sie bereits an sich sprachlich, reflexiv und symbolisch strukturiert sind" (Temesvári/Martínez 2010, 8). Dies führt geradewegs in die in Kapitel 2.2. entwickelten Algorithmen der Selbstwahrnehmung – in die Formalisierung des Rauscherlebnisses, wodurch Techniken seiner künstlichen Herbeiführung möglich sind: Askese, eine Veränderung der Körperchemie durch Fasten, Schlafentzug, Überanstrengung; Meditationsübungen wie langes Beten, Singen, Atemübungen oder Geißelungen (Tuczay 2009, 192).[156]

Die chemisch-materielle Herbeiführung von Rauschzuständen wird durch den Gebrauch von Drogen (Alkohol, Cannabis, LSD etc.) ohne eine aktive Arbeit mit dem Körper ermöglicht. Der Gebrauch von Drogen fügt sich ebenfalls in klare Skripte der Erwartung beim durch sie hergestellten Rausch, ihrer erwünschten und erwarteten Wirkung. Ein mittels Drogen hergestellter Rausch jedoch ist nicht notwendigerweise ein Entgrenzungserleben. Während bei Rauschtechniken wie „Askese, Meditation, Gebet usw." auf den potentiellen Zustand der Ekstase hingearbeitet wird, beginnt beim „durch Drogen ausgelösten mystischen Erlebnis die Arbeit erst danach" (Tuczay 2009, 196). Gemeint ist die Arbeit der Sinngebung, die beim Drogenerlebnis gar nicht erfolgen muss, wenn der Drogenkonsum nur zum Berauschen oder Betäuben eingesetzt wird. Beiden Techniken der Rauscherzeugung, die unter Umständen im ekstatischen Wahrnehmen gipfeln können, nicht aber müssen, ist jedoch gemein, dass das ekstatische Erleben einen sinnhaften Platz zugewiesen bekommen kann – sei es durch das mythisch-religiöse Sinnsystem oder der Bewertung eines Trips.

Ein ekstatisches Erleben ist, wie eingangs bereits festgestellt, nicht dem Rausch gleich, sondern wird durch ihn aufgebaut. Wird die Ekstase erreicht, beginnt ein

> Erleben des Körpers, der außer sich ist, der sich an der Grenze seines Könnens bewegt, der sich auf dem Höhepunkt als am Ende seiend erfährt. Paradoxerweise geht aber dieses gesteigerte Körpererleben so weit, dass man den Körper, so wie er alltäglich funktioniert, nicht mehr erlebt, insofern z. B. Schmerz und Leiden nicht mehr wahrgenommen werden. Dieser leibliche Prozess kann daher auf dem Höhepunkt selbst als Ent-Leibung erscheinen. Selbst wenn man in der Ekstase ganz und gar Leib ist, kann man sich selbst überhaupt nicht körperlich erscheinen, sondern man schwebt in der Körperhingabe über der Körperlichkeit. In der rauschhaften Hingabe an die Physis kann der Mensch auf diese Art und Weise erfahren, dass er mehr ist als Physis (Caysa 2003, 68).

---

[156] Letztere „setzen Histamine frei und die toxischen Abfallprodukte von Proteinen. Die in den Wunden entstandenen Toxine beeinträchtigen einerseits den Enzymhaushalt des Gehirns, es werden aber andererseits Endorphine und Sexualhormone ausgeschüttet" (Tuczay 2009, 192).

In der Ekstase löst sich nicht nur der symbolische Rückbezug zur formalisierten Welt, sondern auch die den Körper konstituierenden und formalisierenden Praktiken werden abgeschüttelt, indem sich der Körper als singularisierte Einheit auflöst und sich in den ihn umgebenen Widerständen verliert:

> Im Zustand der Ekstase ist das Selbst Nichts. Das Selbst gründet sich also in der Nichtigkeit, in der Ichtötung, in der Entichung, der Entmenschlichung, der Entpersonalisierung. Der Rausch wird in der Ekstase eine Übermacht. Daher ist die Ekstase im unmittelbaren Erleben nicht mit dem Gefühl der Selbstmächtigkeit, sondern mit dem Gefühl des Unterworfenseins und der Ohnmacht verknüpft, und erst in der nachträglichen Reflexion stellt sich das Gefühl der Selbstmächtigkeit ein (Caysa 2003, 69).

Durch die Aufgabe der formalisierten Techniken zur Selbstkonstruktion und Identitätsstabilisierung entsteht kein anderes Ich. Das Ich geht verloren. Die Ekstase offenbart als Negativ des Mythos Algorithmus die produktiven Qualitäten der universellen Formalisierung. Ohne sie gibt es keine Bedeutung, keine Differenzen:

> Alle Unterscheidungen von Sein und Bewusstsein, von Ich und Selbst, von Körper und Geist sind in einer Art völliger Entdifferenzierung aufgehoben. Das ist der Wahnsinn des Rausches, das ist sein Irrsinn; alle Unterscheidungen, die den Verstand auszeichnen, sind außer Kraft gesetzt, und dadurch ist der absolute Unterschied in der Aufhebung der Unterscheidungen gesetzt; die Möglichkeit des Ganz-Anders-Sein-Können scheint in ihm auf (Caysa 2003, 69).

Über Ekstase lässt sich nichts sagen. Hier ist das Negativ des Mythos Algorithmus, die Freiheit.

4. Schluss: Der Mythos Algorithmus und sein Negativ als Momentaufnahme

> Nur weil wir Menschen Lebewesen sind, ist eine morphologische Missbildung in unseren lebendigen Augen ein Monster. Wären wir reine Vernunft, reine intellektuelle Maschinen zum Feststellen, Berechnen und Berichterstatten, also regungslos und gleichgültig gegenüber den Anlässen und Gelegenheiten unseres Denkens, dann wäre das Monster einfach etwas anderes,
> eine andere als die wahrscheinliche Ordnung.
>
> Die Bezeichnung ‚Monster‘ ist einzig den organischen Wesen vorbehalten. Es gibt kein anorganisches Monster.
>
> George Canguilhem, Die Monstrosität und das Monströse, 1962

Die Ausführungen dieser Arbeit sind nicht mehr als Momentaufnahmen – ein Ausloten der Grenze zwischen dem Sinnsystem des Mythos universeller Formalisierung und seinem Außerhalb als Freiheit im ekstatischen Chaos. Das zutiefst Mythische unserer Zeit ist die Wahrnehmung, gerade *wir* lebten in einer Zeitenwende, gerade *wir* seien Zeugen, wie sich der Mensch durch Technik zu seinem eigenen Gott macht und die Natur als beherrschbare Ressource unterwirft. Die Vermessenheit dieser Annahme lässt sich leicht an ihrer überwältigend erdrückenden Unwahrscheinlichkeit ablesen: Warum gerade wir, warum gerade jetzt?

Diese Arbeit hält dem Standpunkt der Revolution die Perspektive der Kontinuität entgegen und begründet dies erkenntnistheoretisch. Das hierfür im ersten Teil entwickelte Modell des Mythos und die im zweiten Teil anschließenden Analysen haben gezeigt, wie der Algorithmus als kulturelle Figur Logik und Performanz der Wahrheit gleichermaßen codiert und damit die Einheit *Mensch* als Effekt, als spezifisches *Menschbild*, hervorbringt.

Der Mensch wurde und wird stets im Technologischen erklärt und gedeutet, die Technik des Computers und die Logik des Algorithmus als Bildgeber einer spezifischen Menschdeutung bilden keine Ausnahme. Die Annäherung der Phänomene ‚Mensch‘ und ‚Technik‘ als Hybridisierung, Verschmelzung oder Auflösung des Natürlichen im Künstlichen ist der epistemologische Nebeneffekt einer Schablone des Wissens, die historisch spezifische Kulturtechniken zum Vorbild hat.

Diese Perspektive der Kontinuität wurde durch das Modell des universellen Sinnsystems abgebildet, das mythische Züge hat: zwischen faktisch und fiktional codiertem Wissen; zwischen einer ‚natürlichen‘ Vergangenheit, dem Status quo, dem potentiell Machbaren, der utopischen Vision und dem gefürchteten Verlust des genuin Menschlichen; schließlich zwischen dem Sinn und Sein von Mensch und Technik. Dieses Sinnsystem produziert einen in Technologie aufgelösten Menschen, ein teleologisches Narrativ des Fortschritts und der Machbarkeit. Die Kontinuität der Produktion der Einheit *Mensch* in technischen Modellen steht dem entgegen. Unsere historisch spezifische Form der Mensch-Modellierung hebt deshalb auch keine Grenze zwischen Technologie und Natur auf, die es so klar nie gegeben hat und niemals geben kann – sie ist eine aus Macht und Fortschrittsgläubigkeit gespeiste Geste.

Spezifikum unserer Zeit ist die verklärende Vision der universellen Formalisierung, die als dominante kulturelle Logik den Menschen als Einheit aus algorithmisierbaren Subsystemen hervorbringt. Die Annahme der Algorithmisierbarkeit nährt die Vision der Reproduktion und schließlich Substitution des Menschlichen durch Algorithmen prozessierende Maschinen und verkennt, dass die Äquivalenz eine erkenntnistheoretische, keine ontologische ist – eine Äquivalenz dessen, was als Wissen produziert wird, keine Äquivalenz des Seins. Dass der Mensch gerade jetzt eine Technik entwickelt – den Computer – der seinem Gehirn ‚entspricht‘, ist schier Hybris.

Die Einheit *Mensch* ist das formalisierte Produkt eines formalisierten Blicks. Der universelle Deutungsanspruch der Formalisierung lässt jedoch keinen Raum für ein Unergründliches, die Möglichkeit des Geheimnisses. Vielleicht liegt, wie im dritten Teil der Arbeit diskutiert, erst in diesem Chaos der Unergründlichkeit die Freiheit vom formalisierten Zugriff. Doch im ekstatischen Abschütteln der Zwänge des Sinnhaften verbirgt sich die Aufgabe des Selbst, einer von Symbolen umschlungenen Einheit.

Ihre Auflösung bedeutet die Nähe zum Tod, den Übertritt zum Unbegreiflichen. In demjenigen, das sich der Formalisierbarkeit entzieht, findet sich das Unheimliche: Das Monströse widersetzt sich der formalisiert-sinnhaften Deutung. Vielleicht ist das Monster damit das eigentlich Menschliche.

Literaturverzeichnis

Akerma, Karim (2006): Lebensende und Lebensbeginn. Philosophische Implikationen und mentalistische Begründung des Hirn-Todeskriteriums, Münster: Lit.

Albrechtslund, Anders (2012): Socializing the City. Location Sharing and Online Social Networking, in: Fuchs, Christian/Kees Boerma/Anders Albrechtslund/Marisol Sandoval [Hrsg.]: Internet and Surveillance. The Challenges of Web 2.0 and Social Media, New York/London: Routledge, S. 187-197.

Anders, Günther (1956): Die Antiquiertheit des Menschen. Band 1: Über die Seele im Zeitalter der zweiten industriellen Revolution, München: Beck.

Anderson, Benedict (1983): Imagined Communities. Reflections on the Origin and Spread of Nationalism, London: Verso.

Anderson, Christopher W. (2013): Towards a Sociology of Computational and Algorithmic Journalism, New Media and Society 15(7), S. 1005-1021.

Appandurai, Arjun (1996): The Social Life of Things. Commodities in Cultural Perspective, Cambridge: Cambridge University Press.

Ashby, William Ross (1948): Design for a Brain, Electronic Engineering, 20 (December), S. 379-383.

Ashby, William Ross (1956): An Introduction to Cybernetics, New York: Wiley.

Austin, John Langshaw (1985 [1972]): How to Do Things With Words. Zur Theorie der Sprechakte, Stuttgart: Reclam.

Bächle, Thomas Christian (2011): Von der digitalen Visitenkarte zum Ort der Subjektivation. Ein Ordnungsvorschlag zur Theorienbildung um das Online-Selbst, in: Anastasiadis, Mario/Caja Thimm [Hrsg.]: Social Media. Theorie und Praxis digitaler Sozialität, Frankfurt am Main: Lang, S. 41-60.

Bächle, Thomas (2014a): „Angst davor, nicht im eigenen Bild sterben zu dürfen" – Zu den Technologien des sterbenden Selbst und der Objektivierung des Todes am Beispiel von Christoph Schlingensief, in: Hoffstadt, Christian/Franz Peschke/Michael Nagenborg/Sabine Müller/Melanie Möller [Hrsg.]: Der Tod in Kultur und Medizin, Bochum/Freiburg: Projekt Verlag, S. 373-402.

Bächle, Thomas Christian (2014b): Die Illusion des kollektiven Lustkörpers. Pornographische Partizipation und die Uniformisierung sexueller Skripte, in: Einspänner-Pflock, Jessica/Mark Dang-Anh/Caja Thimm [Hrsg.]: Digitale Gesellschaft. Partizipationskulturen im Netz. Bonner Beiträge zur Onlineforschung, Band 4, hrsg. v. Caja Thimm. Berlin: Lit, S. 62-82.

Baecker, Dirk (2007): Studien zur nächsten Gesellschaft, Frankfurt am Main: Suhrkamp.

Baker, Stephen (2011): How Could IBM's Watson Think That Toronto is a US City, 16.02.2011, Huffington Post, http://www.huffingtonpost.com/stephen-baker/how-could-ibms-watson-thi_b_823867.html, abgerufen am 01.04.2011.

Barry, Andrew/Thomas Osborne/Nikolas Rose (1996): Introduction, in: Dies. [Hrsg.]: Foucault and political reason. Liberalism, neo-liberalism and rationalities of government, Chicago: University of Chicago Press, S. 1-18.

Barthes, Roland (1974): Die Lust am Text, Frankfurt am Main: Suhrkamp.

Barthes, Roland (1985): Die helle Kammer. Bemerkungen zur Photographie, Frankfurt am Main: Suhrkamp.

Barthes, Roland (2000) [1968]: Der Tod des Autors, in: Jannidis, Fotis/Gerhard Lauer/Mathias Martinez/Simone Winko [Hrsg]: Texte zur Theorie der Autorschaft, Stuttgart: Reclam, S. 185-197.

Barthes, Roland (2003) [1964]: Mythen des Alltags, Frankfurt am Main: Suhrkamp.

Baudrillard, Jean (1978): Agonie des Realen, Berlin: Merve.

Bauer, Yvonne (2003): Sexualität – Körper – Geschlecht. Befreiungsdiskurse und neue Technologien, Opladen: Leske/Budrich.

Bauman, Zygmunt (2000): Globalization. The Human Consequences, Cambridge: Polity Press.

Bauman, Zygmunt (2003): Flüchtige Moderne, Frankfurt am Main: Suhrkamp.

BBC (2011): IBM's Watson Supercomputer Crowned Jeopardy King, 17.02.2011, http://www.bbc.co.uk/news/technology-12491688, abgerufen am 01.04.2011.

Beautiful Agony (2010): www.beautifulagony.com, abgerufen am 18.11.2010.

Beck, Ulrich (1986): Risikogesellschaft. Auf dem Weg in eine andere Moderne, Frankfurt am Main: Suhrkamp.

Beck, Ulrich/Anthony Giddens/Scott Lash (1996): Reflexive Modernisierung. Eine Konstroverse, Frankfurt am Main: Suhrkamp.

Becker, Tanja (2000): Maschinentheorie oder Autonomie des Lebendigen? Die literarische Amplifikation der biologischen Kontroverse um Mechanizismus und Vitalismus in zentralen Prosawerken von Hans Carossa, Gottfried Benn, Ernst Weiß und Thomas Mann, Universität Köln: Dissertation.

Becker, Barbara (2004): Zwischen Allmacht und Ohnmacht. Spielräume des ‚Ich' im Cyberspace, in: Thiedeke, Udo [Hrsg.]: Soziologie des Cyberspace. Medien, Strukturen und Semantiken, Wiesbaden: VS Verlag, S. 170-192.

Becker, Barbara/Jutta Weber (2006): Digital Beauties. Mediale Identitäts- und Körperinszenierungen, in: Ehm, Simone/Silke Schicktanz [Hrsg.]: Körper als Maß? Biomedizinische Eingriffe und ihre Auswirkungen auf Körper- und Identitätsverhältnisse, Stuttgart: Hirzel, S. 169-180.

Beckermann, Ansgar (1994): Der Computer – ein Modell des Geistes, in: Krämer, Sybille [Hrsg.]: Geist – Gehirn – künstliche Intelligenz. Zeitgenössische Modelle des Denkens. Ringvorlesung an der Freien Universität Berlin, Berlin/New York: de Gruyter, S. 71-87.

Beer, David (2009): Power through the Algorithm? Participatory Web Cultures and the Technological Unconscious, New Media and Society 11(6), S. 985-1002.

Belliger, Andréa/David J. Krieger (2006): Einführung in die Akteur-Netzwerk-Theorie, in: Dies.: ANThology. Ein einführendes Handbuch zur Akteur-Netzwerk-Theorie, Bielefeld: transcript, S. 13-50.

Ben-Ze'ev, Aaron (2009): Die Logik der Gefühle. Kritik der emotionalen Intelligenz, Frankfurt am Main: Suhrkamp.

Benjamin, Walter (2003) [1936]: Das Kunstwerk im Zeitalter seiner technischen Reproduzierbarkeit. Drei Studien zur Kunstsoziologie, Frankfurt am Main: Suhrkamp.

Berger, Peter L./Thomas Luckmann (1969): Die gesellschaftliche Konstruktion der Wirklichkeit. Eine Theorie der Wissenssoziologie, Frankfurt am Main: Fischer.

Bergermann, Ulrike/Claudia Breger/Tanja Nusser (2002) [Hrsg.]: Techniken der Reproduktion. Medien – Leben – Diskurse, Königstein: Helmer.

Bergermann, Ulrike (2002): Informationsaustausch. Übersetzungsmodelle für Genetik und Kybernetik, in: Bergermann, Ulrike/Claudia Breger/Tanja Nusser [Hrsg.]: Techniken der Reproduktion. Medien – Leben – Diskurse, Königstein, S. 35-49.

Bertalanffy, Ludwig von (1937): Das Gefüge des Lebens, Leipzig/Berlin: Teubner.

Bette, Karl-Heinrich (2004): X-treme. Zur Soziologie des Abenteuer- und Risikosports, Bielefeld: transcript.

Blackman, Lisa/Valerie Walkerdine (2001): Mass Hysteria, Critical Psychology and Media Studies, Houndmills/New York: Palgrave.

Blinkert, Baldo (2009): Die Praxis der Forschung, in: Schirmer, Dominique (2009): Empirische Methoden der Sozialforschung: Grundlagen und Techniken. Paderborn : Fink, S. 15-32.

Bloch, Iwan (1905): Die Perversen, in: Landsberg, Hans [Hrsg.]: Moderne Zeitfragen, Nr. 6, Berlin.

Blumenberg, Hans (1979) [2001]: Arbeit am Mythos, Frankfurt am Main: Suhrkamp.

Boden, Margaret A. (1996) [Hrsg.]: Artificial Intelligence, San Diego: Academic Press.

Bolter, Jay David/Richard Grusin (2000): Remediation. Understanding New Media, Cambridge, Mass./London: MIT Press.

Bolz, Norbert (2001): Weltkommunikation, München: Fink.

Borck, Cornelius (2002): Das Gehirn im Zeitbild. Populäre Neurophysiologie in der Weimarer Republik, in: Gugerli, David/Barbara Orland [Hrsg.]: Ganz normale Bilder. Historische Beiträge zur visuellen Herstellung von Selbstverständlichkeit, Zürich: Chronos, S. 195-225.

Bourdieu, Pierre (1987a): Die feinen Unterschiede. Kritik der gesellschaftlichen Urteilskraft, Frankfurt am Main: Suhrkamp.

Bourdieu, Pierre (1987b): Sozialer Sinn. Kritik der theoretischen Vernunft, Frankfurt am Main: Suhrkamp.

Bourdieu, Pierre (1997): Ökonomisches Kapital – Kulturelles Kapital – Soziales Kapital, in: Ders.: Die verborgenen Mechanismen der Macht, Hamburg: VSA-Verlag, S. 49-79.

Bourdieu, Pierre/Loïc Wacquant (1996): Reflexive Anthropologie, Frankfurt am Main: Suhrkamp.

Bowker, Geoffrey C./Susan Leigh Star (2000): Sorting Things Out. Classification and its Consequences, Cambridge/MA: Mit Press.

Boyd, Richard (1993): Metaphor and Theory Change. What is 'Metaphor' and Metaphor for?, in: Ortony, Andrew [Hrsg.]: Metaphor and Thought, Cambridge: Cambridge University Press, S. 481-532.

Braidotti, Rosi (1994): Nomadic Subjects. Embodiment and Sexual Difference in Contemporary Feminist Theory, New York: Columbia University Press.

Bräunlein, Jürgen (2000): Lara, macht mir die Greta …! Über synthetische Stars und virtuelle Helden, in: Flessner, Bernd [Hrsg.]: Nach dem Menschen. Der Mythos einer zweiten Schöpfung und das Entstehen einer posthumanen Kultur, Freiburg im Breisgau: Rombach, S. 115-132.

Brenner, Andreas (2009): Leben, Stuttgart: Reclam.

Brink, Margot (2004): Von Cyborgs, Monstern und der Hochkonjunktur des Hybriden in der Theorie, in: Febel, Gisela/Cerstin Bauer-Funke [Hrsg.]: Menschenkonstruktionen. Künstliche Menschen in Literatur, Film, Theater und Kunst des 19. und 20. Jahrhunderts, Querelles, Jahrbuch für Frauen- und Geschlechterforschung, Band 9, Göttingen: Wallstein, S. 183-202.

Bröckling, Ulrich (2007): Das unternehmerische Selbst. Soziologie einer Subjektivierungsform, Frankfurt am Main: Suhrkamp.

Bühl, Achim (1997): Die virtuelle Gesellschaft. Ökonomie, Kultur und Politik im Zeichen des Cyberspace, Opladen: Westdeutscher Verlag.

Bunz, Mercedes (2012): Die stille Revolution. Wie Algorithmen Wissen, Arbeit, Öffentlichkeit und Politik verändern, ohne dabei viel Lärm zu machen, Berlin: Suhrkamp.

Burkart, Roland (2002): Kommunikationswissenschaft. Grundlagen und Problemfelder. Umrisse einer interdisziplinären Sozialwissenschaft, Wien: Böhlau.

Burri, Regula Valérie (2008): Doing Images. Zur Praxis medizinischer Bilder, Bielefeld: transcript.

Burri, Regula Valérie (2010): Mehr Denken als Experimentieren. Bilder der Neurowissenschaft, Lutz Jäncke im Gespräch mit Regula Valérie Burri, Zeitschrift für Medienwissenschaft, 1/2010: Materialität, Immaterialität, Berlin: Akademie Verlag, S. 112-119.

Bush, Vannevar (1945): As We May Think, in: Atlantic Monthly, Ausgabe 176, S. 101-108.

Butler, Judith (2006 [1990]): Gender Trouble, London: Routledge.

BZgA (2010): HIV-Übertragung und Aids-Gefahr. Wo Risiken bestehen und wo nicht. Situationen. Risiken. Ratschläge, herausgegeben von der Bundeszentrale für gesundheitliche Aufklärung, Köln.

Callon, Michel (1998) [Hrsg.]: The Laws of the Markets, London: Blackwell.

Callon, Michel (2007): What Does It Mean to Say That Economics is Performative ?, in: Mackenzie, Donald/Fabian Muniesa/Lucia Siu [Hrsg.]: Do Economists Make Markets? On The Performativity of Economics, Princeton/Oxford: Princeton University Press, S. 311-357.

Canguilhem, Georges (2009): Die Erkenntnis des Lebens, Berlin: August-Verlag [La Connaissance de la Vie, 1952].

Cassirer, Ernst (2009) [1922-1931]: Schriften zur Philosophie der symbolischen Formen. Auf der Grundlage der Ausgabe Ernst Cassirer. Gesammelte Werke, herausgegeben von Marion Lauschke, Hamburg: Felix Meiner.

Caysa, Volker (2000): Leibkultur und Rausch, in: Nietzscheforschung. Jahrbuch der Nietzsche-Gesellschaft, Band 5/6, Berlin: Akademie-Verlag, S. 39-59.

Caysa, Volker (2003): Rauschinszenierungen. Vom Verhältnis von Rausch und Ekstase im Erlebnissport, in: Alkemeyer, Thomas/Bernhard Boschert/Robert Schmidt/Gunter Gebauer [Hrsg.]: Aufs Spiel gesetzte Körper. Aufführungen des Sozialen in Sport und populärer Kultur, Konstanz: UVK, S. 55-74.

Cheney-Lippold, John (2011): A New Algorithmic Identity. Soft Biopolitics and the Modulation of Control, Theory Culture and Society 28(6), S. 164-181.

Cheung, Charles (2000): Identity construction and self-presentation on personal homepages. Emancipatory potentials and reality constraints, in: Bell, David/Barbara M. Kennedy [Hrsg.]: The Cybercultures Reader, London/New York: Routledge, S. 273-285.

Chomsky, Noam (1965): Aspects of the Theory of Syntax, Cambridge/Mass.: MIT Press.

Chun, Wendy Hui Kyong (2006): Control and Freedom. Power and Paranoia in the Age of Fiber Optics, Cambridge, Mass.: MIT Press.

Clark, Andy/David Chalmers (1998): The Extended Mind, in: Analysis 58, 1, 1998, S. 7-19, abgerufen unter: http://www.philosophy.ed.ac.uk/people/clark/pubs/TheExtendedMind.pdf (S. 1-22, 01.02.2011).

Cruse, Holk (2004): Ich bin mein Gehirn. Nichts spricht gegen den materialistischen Monismus, in: Geyer, Christian [Hrsg.]: Hirnforschung und Willensfreiheit. Zur Deutung der neuesten Experimente, Frankfurt am Main: Suhrkamp, S. 223-228.

Csikszentmihaly, Mihaly (1992): Das flow-Erlebnis. Jenseits von Angst und Langeweile: Im Tun aufgehen, Stuttgart: Klett.

Davis-Floyd, Robbie/Joseph Dumit [Hrsg.] (1998): Cyborg Babies. From Techno-Sex to Techno-Tots, New York/London: Routledge.

Debord, Guy (1996) [1967]: Die Gesellschaft des Spektakels, Berlin: Edition Tiamat.

Degele, Nina (2008): Gender/Queer Studies. Eine Einführung, Paderborn: Fink.

Deleuze, Gilles (1994): Difference and Repetition, London: Athlone.

Deleuze, Gilles/Félix Guattari (1977): Anti-Ödipus. Kapitalismus und Schizophrenie I, Frankfurt am Main: Suhrkamp.

Deleuze, Gilles/Félix Guattari (1992): Tausend Plateaus. Kapitalismus und Schizophrenie II, Berlin: Merve.

Dennett, Daniel C. (2006) [1984]: Cognitive Wheels. The Frame Problem of AI, in: Ford, Kenneth M./Clark Glymour/Patrick Hayes [Hrsg.]: Thinking About Android Epistemology, Menlo Park/Cambridge, Mass./London: AAAI Press/MIT Press, S. 147-169.

Derrida, Jacques (1974) [1967]: Grammatologie, Frankfurt am Main: Suhrkamp.

Derrida, Jacques (1976): Die Struktur, das Zeichen und das Spiel im Diskurs der Wissenschaft vom Menschen, in: Ders.: Die Schrift und die Differenz, Frankfurt am Main: Suhrkamp, S. 422-442.

Dettmann, Ulf (1999): Der Radikale Konstruktivismus. Anspruch und Wirklichkeit einer Theorie, Tübingen: Mohr Siebeck.

Deussen, Oliver (2003): Computersimulation botanischer Formen und Wachstumsprozesse. Zur *virtual reality* und *natural reality* der Biofakte, in: Karafyllis, Nicole C. [Hrsg.]: Biofakte. Versuch über den Menschen zwischen Artefakt und Lebewesen, Paderborn: Mentis, S. 215-229.

Deutsche Aidshilfe (2011): Aidshilfe.de, abgerufen am 01.09.2011.

Deutsche AIDS-Gesellschaft/Österreichische AIDS-Gesellschaft et al. [Hrsg.]: Postexpositionelle Prophylaxe der HIV-Infektion. Deutsch-Österreichische Empfehlungen. Aktualisierung Januar 2008, http://www.rki.de/cln_169/nn_753398/DE/Content/InfAZ/H/HIVAIDS/Prophylaxe/Leitli nien/pep_empfehlungen_08,templateId=raw,property=publicationFile.pdf/pep_empfehlungen _08.pdf, abgerufen am 01.05.2011.

Deutscher Ethikrat (2009): Der steuerbare Mensch? Über Einblicke und Eingriffe in unser Gehirn, Jahrestagung des Deutschen Ethikrats, 28.05.2009, Berlin; Ankündigungstext, abgerufen unter http://www.ethikrat.org/veranstaltungen/jahrestagungen/der-steuerbare-mensch (01.02.2011).

Diedrich, Lisa (2005): A Bioethics of Failure: Antiheroic Cancer Narratives, in: Shildrick, Margrit/Roxanne Mykitiuk [Hrsg.]: Ethics of the Body. Postcoventional Challenges, Cambridge, Mass./London: MIT Press, S. 71-90.

Diestelhorst, Lars (2009): Judith Butler, München: Fink.

Dietrich, Dietmar/Roland Lang/Dietmar Bruckner/Georg Fodor/Brit Müller: Limitations, Possibilities and Implications of Brain-Computer Interfaces, Vortrag: 3rd International Conference on Human System Interaction, HSI 2010, Rzezow, Poland; 13.05.2010 - 15.05.2010, S. 1-5, abgerufen unter: http://publik.tuwien.ac.at/files/PubDat_189291.pdf (01.02.2011).

Dietrich, Julia (2008): Körper, Ethik, Experiment. Überlegungen zur ethischen Relevanz des Unverfügbaren im Erleben von Lust und Schmerz, in: Pethes, Nicolas/Silke Schicktanz [Hrsg.]: Sexualität als Experiment. Identität, Lust und Reproduktion zwischen Science und Fiction, Frankfurt/New York: Campus, S. 237-254.

Doel, Marcus A./David B. Clarke (1999): Virtual worlds: simulation, suppletion, s(ed)uction and simulacra, in: Crang, Mike/Phil Crang/Jon May [Hrsg.]: Virtual Geographies. Bodies, space and relations, London/New York: Routledge, S. 261-283.

Döring, Nicola (2003): Sozialpsychologie des Internet. Die Bedeutung des Internet für Kommunikationsprozesse, Identitäten, soziale Beziehungen und Gruppen, Göttingen: Hogrefe.

Dörner, Dietrich (1994): Über die Mechanisierbarkeit der Gefühle, in: Krämer, Sybille [Hrsg.]: Geist – Gehirn – künstliche Intelligenz. Zeitgenössische Modelle des Denkens. Ringvorlesung an der Freien Universität Berlin, Berlin/New York: de Gruyter, S. 131-161.

Dornhof, Dorothea (1998): Inszenierte Perversionen. Schmerzlust und phantasmatische Körper, in: Wolf, Maria/Hans Jörg Walter/Berhard Rathmeyr/Michaela Ralser/Kornelia Hauser [Hrsg.]: Körper/Schmerz. Intertheoretische Zugänge, Innsbruck: Studia Universitätsverlag, S. 199-218.

Dreyfus, Hubert L. (1972): What Computers Can't Do. A Critique of Artificial Reason, New York: Harper.

Driesch, Hans (1901): Die organischen Regulationen, Leipzig: Engelmann.

Dubiel, Helmut (2006): Tief im Hirn, München: Kunstmann.

Duden, Barbara (1987): Geschichte unter der Haut. Ein Eisenacher Arzt und seine Patientinnen um 1730, Stuttgart: Klett.

Duden, Barbara (1991): Der Frauenleib als öffentlicher Ort. Vom Missbrauch des Begriffs Leben, Hamburg/Zürich: Luchterhand Literaturverlag.

du Gay, Paul/Stuart Hall/Linda Janes/Anders Koed Madsen/Hugh Mackay/Keith Negus [Hrsg.] (1997): Doing Cultural Studies. The Story of the Sony Walkman, London: Sage.

Eder, Franz X. (2009): Kultur der Begierde. Eine Geschichte der Sexualität, München: Beck.

Eerikäinen, Hannu (2000): Cyberspace – Cyborg – Cybersex. On the Topos of Disembodiment in the Cyber Discourse, in: Flessner, Bernd [Hrsg.]: Nach dem Menschen. Der Mythos einer zweiten

Schöpfung und das Entstehen einer posthumanen Kultur, Freiburg im Breisgau: Rombach, S. 133-179.

Ehm, Simone/Silke Schicktanz (2006) [Hrsg.]: Körper als Maß? Biomedizinische Eingriffe und ihre Auswirkungen auf Körper- und Identitätsverständnisse, Stuttgart: Hirzel.

El-Sharif, Yasmin (2010): Die Brokkoli-Revolte. Patente auf Nahrungsmittel, http://www.spiegel.de/wirtschaft/0,1518,707385,00.html, abgerufen am 01.02.2011.

Embryonenschutzgesetz (2011): Gesetz zum Schutz von Embryonen (Embryonenschutzgesetz - ESchG), Ausfertigungsdatum: 13.12.1990, letzte Änderung: 21.11.2011, abgerufen unter: http://www.gesetze-im-internet.de/eschg/__3a.html (1. April 2012).

Engelen, Eva-Maria (2007): Gefühle, Stuttgart: Reclam.

Esposito, Elena (1995): Illusion und Virtualität. Kommunikative Veränderungen der Fiktion, in: Rammert, Werner [Hrsg.]: Soziologie und künstliche Intelligenz. Produkte und Probleme einer Hochtechnologie, Frankfurt am Main, S. 187-216.

Esposito, Elena (2007): Die Fiktion der wahrscheinlichen Realität, Frankfurt am Main: Suhrkamp.

Eurich, Claus (1998): Mythos Multimedia. Über die Macht der neuen Technik, München: Kösel.

Eurich, Claus (2000): Mythos und Maschine, in: Flessner, Bernd [Hrsg.]: Nach dem Menschen. Der Mythos einer zweiten Schöpfung und das Entstehen einer posthumanen Kultur, Freiburg im Breisgau: Rombach, S. 19-42.

Falkenburg, Brigitte (2006): Was heißt es, determiniert zu sein? Grenzen der naturwissenschaftlichen Erklärung, in: Sturma, Dieter [Hrsg.]: Philosophie und Neurowissenschaften, Frankfurt am Main: Suhrkamp, S. 43-74.

Faßler, Manfred (2008): Der infogene Mensch, München: Fink.

Faßler, Manfred (2009): Nach der Gesellschaft, München: Fink.

FAZ (2011): Die drei Gesetzesentwürfe, Frankfurter Allgemeine Zeitung, 8. Juli 2011, S. 2 [Bericht über die dem Bundestag zur Abstimmung gestellten Gesetzesentwürfe zur Neureelung der Präimplantationsdiagnostik].

Fischer-Lichte, Erika (2004): Ästhetik des Performativen, Frankfurt am Main: Suhrkamp.

Flaßpöhler, Svenja (2004): Selbstvollendende Lustmaschinen. Zur materialistischen Utopie des pornographischen Körpers, in: Hasselmann, Kristiane/Sandra Schmidt/Cornelia Zumbusch [Hrsg.]: Utopische Körper. Visionen künftiger Körper in Geschichte, Kunst und Gesellschaft, München: Fink, S. 281-298.

Fleck, Ludwik (1983) [1947]: Erfahrung und Tatsache. Gesammelte Aufsätze, Frankfurt am Main: Suhrkamp.

Flessner, Bernd (2000): Antizipative Diffusion. Science Fiction als Akzeptanzbeschleuniger und Wegbereiter einer multitechnokulturellen Gesellschaft, in: Ders. [Hrsg.]: Nach dem Menschen. Der Mythos einer zweiten Schöpfung und das Entstehen einer posthumanen Kultur, Freiburg im Breisgau: Rombach, S. 245-264.

Foerster, Heinz von (1974): Cybernetics of Cybernetics, Urbana, IL: University of Illinois.

Foerster, Heinz von (2003) [1985]: Entdecken oder Erfinden. Wie läßt sich Verstehen verstehen?, in: Gumin, Heinz/Heinrich Meier [Hrsg.]: Einführung in den Konstruktivismus, München/Zürich: Piper, S. 41-88.

Ford, Norman M. (1988): When Did I Begin? Conception of the Human Individual in History, Philosophy and Science, Cambridge: Cambridge University Press.

Ford, Kenneth M./Clark Glymour/Patrick J. Hayes (2006) [Hrsg.]: Thinking About Android Epistemology, Menlo Park/Cambridge, Mass./London: AAAI Press/MIT Press.

Foucault, Michel (1973a): Die Geburt der Klinik. Eine Archäologie des ärztlichen Blicks, München: Hanser.

Foucault, Michel (1973b): Wahnsinn und Gesellschaft. Eine Geschichte des Wahns im Zeitalter der Vernunft, Frankfurt am Main: Suhrkamp.

Foucault, Michel (1974a): Die Ordnung der Dinge, Frankfurt am Main: Suhrkamp.

Foucault, Michel (1974b): Vorrede zur Überschreitung, in: Ders.: Von der Subversion des Wissens, München: Hanser, S. 32-82.

Foucault, M. (1980): Power/Knowledge. Selected Interviews and Other Writings 1972-1977, edited by Colin Gordon, New York: Pantheon.

Foucault, Michel (1983): Der Wille zum Wissen. Sexualität und Wahrheit 1, Frankfurt am Main: Suhrkamp.

Foucault, Michel (1989): Der Gebrauch der Lüste. Sexualität und Wahrheit 2, Frankfurt am Main: Suhrkamp.

Foucault, Michel (1991): Governmentality, in: Burchell, Graham/Collin Gordon/Peter Miller [Hrsg.]: The Foucault Effect. Studies in Governmentality. With two Lectures by and an Interview with Michel Foucault, Chicago: University of Chicago Press, S. 87-194.

Foucault, Michel (1993): Die Technologien des Selbst, in: Martin, Luther H./Huck Gutman/Patrick H. Hutton [Hrsg.]: Technologien des Selbst, Frankfurt am Main: Fischer, S. 24-62.

Foucault, Michel (1994): Überwachen und Strafen. Die Geburt des Gefängnisses, Frankfurt am Main: Suhrkamp.

Foucault, Michel (2004): Geschichte der Gouvernementalität, Frankfurt am Main: Suhrkamp.

Frankenberger, Rolf (2007): Gesellschaft – Individuum – Gouvernementalität. Theoretische und empirische Beiträge zur Analyse der Postmoderne, Berlin: Lit.

Franklin, Sarah (2000): Life Itself. Global Nature and the Genetic Imaginary, in: Franklin, Sarah/Celia Lury/Jackie Stacey [Hrsg.]: Global Nature, Global Culture, London: Sage, S. 188-227.

Franklin, Sarah (2003): Kinship, Genes, and Cloning. Life after Dolly, in: Goodman, Alan H./Deborah Heath/M. Susan Lindee [Hrsg.]: Genetic Nature/Culture. Anthropology and Science beyond the Two-Culture Divide, Berkeley/London: University of California Press, S. 95-110.

Frege, Gottlob (2003) [1918]: Der Gedanke – eine logische Untersuchung, in: Patzig, Günther [Hrsg.]: Gottlob Frege. Logische Untersuchungen, Göttingen: Vandenhoeck/Ruprecht, S. 35-62.

Frege, Gottlob (2008a) [1891]: Funktion und Begriff, in: Patzig, Günther [Hrsg.]: Gottlob Frege. Fünf logische Studien, Göttingen: Vandenhoeck/Ruprecht, S. 1-22.

Frege, Gottlob (2008b) [1892]: Über Sinn und Bedeutung, in: Patzig, Günther [Hrsg.]: Gottlob Frege. Fünf logische Studien, Göttingen: Vandenhoeck/Ruprecht, S. 23-46.

Freud, Sigmund (1995) [1909]: Analyse der Phobie eines fünfjährigen Knaben, Frankfurt am Main: Fischer.

Friedrich, Kathrin/Gabriele Gramelsberger (2011): Techniken der Überschreitung. Fertigungsmechanismen ‚verlässlich lebensfähiger‘ biologischer Entitäten, in: Zeitschrift für Medienwissenschaft, Band 4: Menschen und Andere, 1/2011, Berlin: Akademie Verlag, S. 31-37.

Fritsch, Gustav/Eduard Hitzig (1870): Über die elektrische Erregbarkeit des Großhirns, in: Archiv für Anatomie. Physiologie und wissenschaftliche Medicin, Berlin: Eichler, S. 300-332.

Fuchs-Heinritz, Werner/Alexandra König (2005): Pierre Bourdieu, Konstanz: UVK.

Fukuyama, Francis (1992): The End of History and the Last Man, London: Penguin.

Fukuyama, Francis (2002): Das Ende des Menschen, Stuttgart: DVA.

Funken, Christiane (2000): Körpertext oder Textkörper – Zur vermeintlichen Naturalisierung geschlechtlicher Körperinszenierungen im elektronischen Netz, in: Becker, Barbara/Irmela Schneider [Hrsg.]: Was vom Körper übrig bleibt. Körperlichkeit – Identität – Medien, Frankfurt am Main/New York: Campus, S. 103-129.

Funken, Christiane (2005): Der Körper im Internet, in: Schroer, Markus [Hrsg.]: Soziologie des Körpers, Frankfurt am Main: Suhrkamp, S. 215-240.

Gamm, Gerhard (2004): Der unbestimmte Mensch. Zur medialen Konstruktion von Subjektivität, Berlin/Wien: Philo.

Garfinkel, Harold (1967): Studies in Ethnomethodology, Englewood Cliffs, NJ: Prentice-Hall.

Gay, Peter (1986): Erziehung der Sinne. Sexualität im bürgerlichen Zeitalter, München: Beck.

Gebauer, Gunter/Thomas Alkemeyer (2001): Das Performative in Sport und neuen Spielen, in: Fischer Lichte, Erika/Christoph Wulf [Hrsg.]: Theorien des Performativen, Paragrana, Internationale Zeitschrift für Historische Anthropologie, Berlin: Akademie Verlag, Band 10, 2001 (1), S. 117-136.

Gehlen, Arnold (1940): Der Mensch. Seine Natur und seine Stellung in der Welt, Berlin: Junker/Dünnhaupt.

Gehring, Petra (2010): Theorien des Todes zur Einführung, Hamburg: Junius.

Geiselberger, Heinrich/Tobias Moorstedt (2013) [Hrsg.]: Big Data. Das neue Versprechen der Allwissenheit, Berlin: Suhrkamp.

Gergen, Kenneth J. (1996): Technology and the Self. From the Essential to the Sublime, in: Grodin, Debra/Thomas R. Lindlof [Hrsg.]: Constructing the Self in a Mediated World. Inquiries in Social Construction, Thousand Oaks: Sage, S. 127-140.

Gibson, William (1984): Neuromancer, New York: Ace Books.

Gibson, Daniel G./John I. Glass/Carole Lartigue et al. (2010a): Creation of a Bacterial Cell Controlled by a Chemically Synthesized Genome, in: Science, 2 July 2010, Vol. 329. Nr. 5987, S. 52-56.

Gibson, Daniel G./John I. Glass/Carole Lartigue et al. (2010b): Creation of a Bacterial Cell Controlled by a Chemically Synthesized Genome, in: Sciencexpress, 20.05.2010, 10.1126/science.1190719, S. 1-6 (01.07.2010).

Giddens, Anthony (1991): Modernity and Self-Identity. Self and Society in the Late Modern Age, Stanford/CA.

Giddens, Anthony (1993): Wandel der Intimität. Sexualität, Liebe und Erotik in modernen Gesellschaften, Frankfurt am Main: Fischer.

Glasersfeld, Erich von (2003) [1985]: Konstruktion der Wirklichkeit und des Begriffs der Objektivität, in: Gumin, Heinz/Heinrich Meier [Hrsg.]: Einführung in den Konstruktivismus, S. 9-39.

Gloy, Karen (1996): Mechanistisches – organizistisches Naturkonzept, in: Dies. [Hrsg.]: Natur- und Technikbegriffe. Historische und systematische Aspekte: von der Antike bis zur ökologischen Krise, von der Physik bis zur Ästhetik, Bonn: Bouvier, S. 98-117.

Glymour, Clark/Kenneth M. Ford/Patrick J. Hayes (2006): The Prehistory of Android Epistemology, in: Ford, Kenneth M./Clark Glymour/Patrick J. Hayes [Hrsg.]: Thinking About Android Epistemology, Menlo Park/Cambridge, Mass./London: AAAI Press/MIT Press, S. 3-23.

Goffman, Erving (1990) [1959]: The Presentation of the Self in Everyday Life, London: Penguin.

Golumbia, David (2009): The Cultural Logic of Computation, Cambridge, Mass./London: Harvard University Press.

Greco, Monica (2006): On the Vitality of Vitalism, in: Fraser, Mariam/Sarah Kember/Celia Lury [Hrsg.]: Inventive Life: Approaches to the New Vitalism, London: Sage, S. 15-27.

Greiss, Sebastian/Jason W. Chin (2011): Expanding the Genetic Code of an Animal, in: Journal of the American Chemical Society, just accepted manuscript, publ. date (web): 08.08.2011, http://pubs.acs.org/doi/abs/10.1021/ja2054034, abgerufen am 12.08.2011.

Grenville, Bruce (2001) [Hrsg.]: The Uncanny. Experiments in Cyborg Culture, Vancouver: Vancouver Art Gallery/Arsenal Pulp Press.

Grolle, Johann (2010): Konkurrenz für Gott, in: Der Spiegel, 1/2010, S. 110-119.

Grunwald, Armin (2006): Nanotechnologie als Chiffre der Zukunft, in: Nordmann, Alfred/Joachim Schummer/Astrid Schwarz [Hrsg.]: Nanotechnologien im Kontext. Philosophische, ethische und gesellschaftliche Perspektiven, Berlin: Akademische Verlagsgesellschaft, S. 49-80.

Guattari, Félix (2009): Soft Subversions. Texts and interviews 1977-1985, in: Lotringer, Sylvère [Hrsg.]: Félix Guattari, Los Angeles: Semiotext(e).

Gugerli, David/Barbara Orland [Hrsg.] (2002): Ganz normale Bilder. Historische Beiträge zur visuellen Herstellung von Selbstverständlichkeit, Zürich: Chronos.

Gunzenhäuser, Randi (2006): Automaten, Roboter, Cyborgs. Körperkonzepte im Wandel, Trier: Wissenschaftlicher Verlag Trier.

Habermas, Jürgen (2005) [2001]: Die Zukunft der menschlichen Natur. Auf dem Weg zu einer liberalen Eugenik?, Frankfurt am Main: Suhrkamp.

Hackenbroch, Veronika (2011): Gehirn-Vodoo, in: Der Spiegel 18/2011, S. 120-122.

Hall, Stuart (1996): Introduction. Who needs ‚Identity'?, in: Hall, Stuart/Paul du Gay [Hrsg.]: Questions of Cultural Identity, London: Routledge, S. 1-17.

Haraway, Donna (1991): Simians, Cyborgs and Women. The Reinvention of Nature, London: Free Association Books.

Haraway, Donna (1995a): Die Neuerfindung der Natur. Primaten, Cyborgs und Frauen, Frankfurt am Main/New York: Campus.

Haraway, Donna (1995b): Monströse Versprechen. Eine Erneuerungspolitik für un/an/geeignete Andere, in Dies.: Monströse Versprechen. Coyote-Geschichten zu Feminismus und Technowissenschaft, Hamburg/Berlin: Argument, S. 11-80.

Haraway, Donna (1997): Modest_Witness@Second_Millennium.FemaleMan_Meets_OncoMouse: Feminism and Technoscience, New York.

Haraway, Donna (2004): The Promises of Monsters: A Regenerative Politics for Inappropriate/d Others, in: Dies.: The Haraway Reader, New York/London: Routledge, S. 63-125.

Hartmann, Dirk (2006): Physis und Psyche. Das Leib-Seele-Problem als Resultat der Hypostasierung theoretischer Konstrukte, in: Sturma, Dieter [Hrsg.]: Philosophie und Neurowissenschaften, Frankfurt am Main, S. 97-123.

Hastedt, Heiner (2009): Emotionen, in: Bohlen, Eike/Christian Thies [Hrsg.]: Handbuch Anthropologie. Der Mensch zwischen Natur, Kultur und Technik, Stuttgart/Weimar: Metzler, S. 308-311.

Haugeland, John (1987): An Overview of the Frame Problem, in: Pylyshyn, Zenon W. [Hrsg.]: The Robot's Dilemma: The Frame Problem in Artificial Intelligence, Ablex: Norwood, NJ, S. 77-93.

Havelock, Eric A. (1982): The literate revolution in Greece and its cultural consequences, Princeton: Princeton University Press.

Hayles, N. Katherine (1999): How We Became Posthuman. Virtual Bodies in Cybernetics, Literature, and Informatics, Chicago/London: University of Chicago Press.

Hayles, N. Katherine (2001): The Condition of Virtuality, in: Lunenfeld, Peter [Hrsg.]: The Digital Dialectic. New Essays on New Media, Cambridge, Mass.: MIT Press, S. 68-94.

Hayles, N. Katherine (2005): Computing the Human, in: Theory, Culture and Society 22, 2005, London: Sage, S. 131-151.

Heim, Michael (1995): The Design of Virtual Reality, in: Featherstone, Mike/Roger Burrows [Hrsg.]: Cyberspace/Cyberbodies/Cyberpunk. Cultures of Technological Embodiment, London: Sage, S. 65-78.

Heil, Reinhard (2009): Homo absconditus. Das Subjekt als Projekt und offene Frage, in: Hetzel, Andreas [Hrsg.]: Negativität und Unbestimmtheit. Beiträge zu einer Philosophie des Nichtwissens, Bielefeld: transcript, S. 181-193.

Hess, Volker (2002): Die Bildtechnik der Fieberkurve. Klinische Thermometrie im 19. Jahrhundert, in: Gugerli, David/Barbara Orland [Hrsg.] (2002): Ganz normale Bilder. Historische Beiträge zur visuellen Herstellung von Selbstverständlichkeit, Zürich: Chronos, S. 159-180.

Hetzel, Andreas (2009) [Hrsg.]: Negativität und Unbestimmtheit. Beiträge zu einer Philosophie des Nichtwissens, Bielefeld: transcript.

Hirschauer, Stefan (1989): Die interaktive Konstruktion von Geschlechtszugehörigkeit, in: Zeitschrift für Soziologie, Jahrgang 18, Heft 2 (1989), S. 100-118.

Hirschauer, Stefan (1993): Die soziale Konstruktion der Transsexualität, Frankfurt am Main: Suhrkamp.

Holzinger, Markus (2004): Natur als sozialer Akteur. Realismus und Konstruktivismus in der Wissenschafts- und Gesellschaftstheorie, Opladen: Leske/Budrich.

Horkheimer, Max/Theodor W. Adorno (2003) [1969]: Dialektik der Aufklärung. Philosophische Fragmente, Frankfurt am Main: Fischer.

Hübner, Kurt (2011) [1985]: Die Wahrheit des Mythos, Freiburg/München: Alber.

Huizinga, Johan (1956): Homo Ludens. Vom Ursprung der Kultur im Spiel, Reinbek: Rowohlt.

Humer, Stephan (2008): Digitale Identitäten. Der Kern digitalen Handelns im Spannungsfeld von Imagination und Realität, Winnenden: CSW.

Hüppauf, Bernd/Peter Weingart [Hrsg.] (2009a): Frosch und Frankenstein. Bilder als Medium der Popularisierung von Wissenschaft, Bielefeld: transcript.

Hüppauf, Bernd/Peter Weingart (2009b): Wissenschaftsbilder – Bilder der Wissenschaft, in: Dies. [Hrsg.]: Frosch und Frankenstein. Bilder als Medium der Popularisierung von Wissenschaft, Bielefeld: transcript, S. 11-43.

IBM (2011): What is Toronto???, Pressetext zum Auftritt des Computers Watson von IBM ohne Nennung des Autors, http://www-03.ibm.com/innovation/us/watson/related-content/toronto. html, abgerufen am 01.04.2011.

Illinger, Patrick (2010): Die Gedankenleser, sueddeutsche.de, 04.12.2010, abgerufen unter: http://www.sueddeutsche.de/wissen/neurowissenschaft-die-gedankenleser-1.1032093 (01.02.2011).

Illouz, Eva (2007): Gefühle in Zeiten des Kapitalismus. Frankfurter Adorno-Vorlesungen 2004, Frankfurt am Main: Suhrkamp.

Irrgang, Bernhard (2005): Posthumanes Menschsein? Künstliche Intelligenz, Cyberspace, Roboter, Cyborgs und Designer-Menschen – Anthropologie des Künstlichen Menschen im 21. Jahrhundert, Stuttgart: Steiner.

Jackson, Stevi (1999): Heterosexuality in Question, London: Sage.

Jäger, Ulle (2004): Der Körper, der Leib und die Soziologie. Entwurf einer Theorie der Inkorporierung, Königstein: Helmer.

Janich, Peter (1999): Die Naturalisierung von Information, Sitzungsberichte der Wissenschaftlichen Gesellschaft an der Johann Wolfgang Goethe-Universität Frankfurt am Main, Band 37, 2, Stuttgart: Steiner.

Janich, Peter (2006): Wissenschaftstheorie der Nanotechnologie, in: Nordmann Alfred/Joachim Schummer/Astrid Schwarz [Hrsg.]: Nanotechnologien im Kontext. Philosophische, ethische und gesellschaftliche Perspektiven, Berlin: Akademische Verlagsgesellschaft, S. 1-32.

Jacob, François (1972): Die Logik des Lebendigen. Von der Urzeugung zum genetischen Code, Frankfurt am Main: Fischer.

Jonas, Hans (1987): Technik, Medizin und Ethik. Zur Praxis des Prinzips Verantwortung, Frankfurt am Main: Suhrkamp.

Kambartel, Friedrich (1996): Normative Bemerkungen zum Problem einer naturwissenschaftlichen Definition des Lebens, in: Barkhaus, Annette/Matthias Mayer/Neil Roughley/Donatus Thürnau [Hrsg.]: Identität, Leiblichkeit, Normativität. Neue Horizonte anthropologischen Denkens, Frankfurt am Main: Suhrkamp, S. 109-114.

Karafyllis, Nicole C. (2003): Das Wesen der Biofakte, in: Dies. [Hrsg.]: Biofakte. Versuch über den Menschen zwischen Artefakt und Lebewesen, Paderborn: Mentis, S. 11-26.

Katz, Elihu/Jay G. Blumler/Michael Gurevitch (1974): Uses and Gratifications Research, in: The Public Opinion Quarterly: Oxford University Press, Vol. 37, No. 4, S. 509-523.

Kay, Lily E. (2000): Who wrote the Book of Life? A History of the Genetic Code, Stanford.

Kay, Lily E. (2005): Das Buch des Lebens. Wer schrieb den genetischen Code?, Frankfurt am Main: Suhrkamp.

Kegler, Karl R. (2002): Der künstliche Mensch. Visionen des Machbaren, in: Kegler, Karl R./Max Kerner [Hrsg.]: Der künstliche Mensch. Körper und Intelligenz im Zeitalter ihrer technischen Reproduzierbarkeit, Köln: Böhlau, S. 9-33.

Keil, Geert (2007): Biologische Funktionen und das Teleologieproblem, in: Honnefelder, Ludger/Matthias C. Schmidt [Hrsg.]: Naturalismus als Paradigma. Wie weit reicht die naturwissenschaftliche Erklärung des Menschen?, Berlin: Berlin University Press, S. 76-85.

Keil-Slawik, Reinhard (1994): Das Gedächtnis lernt laufen. Vom Kerbholz zur virtuellen Realität, in: Faßler, Manfred/Wulf R. Halbach [Hrsg.]: Cyberspace. Gemeinschaften, virtuelle Kolonien, Öffentlichkeiten, München: Fink, S. 207-228.

Keller, Evely Fox (1998): Das Leben neu denken. Metaphern der Biologie im 20. Jahrhundert, München: Kunstmann.

Kember, Sarah (2003): Cyberfeminism and Artificial Life, London: Routledge.

Kember, Sarah (2006): Metamorphoses. The Myth of Evolutionary Possibility, in: Fraser, Mariam/Sarah Kember/Celia Lury [Hrsg.]: Inventive Life: Approaches to the New Vitalism, London: Sage, S. 153-171.

Kember, Sarah (2007) [2003]: Cyberlife's Creatures, in: Bell, David/Barbara M. Kennedy [Hrsg.]: The Cybercultures Reader, London/New York: Routledge, S. 516-546.

Kessler, Suzanne J./Wendy McKenna (1978): Gender. An Ethnomethodological Approach, New York: Wiley.

Keupp, Heiner/Thomas Ahbe/Wolfgang Gmür/Renate Höfer/Beate Mitzscherlich/Wolfgang Kraus/Florian Sraus (1999): Identitätskonstruktionen. Das Patchwork der Identitäten in der Spätmoderne, Reinbek: Rowohlt.

Kittler, Friedrich (1985) [2003]: Aufschreibesysteme. 1800 1900, München: Fink.

Kittler, Friedrich (1986): Grammophon, Film, Typewriter, Berlin: Brinkmann & Bose.

Kittler, Friedrich (1996): Wenn das Bit Fleisch wird, in: Trallori, Lisbeth N. [Hrsg.]: Die Eroberung des Lebens. Technik und Gesellschaft an der Wende zum 21. Jahrhundert, Wien: Verlag für Gesellschaftskritik, S. 209-221.

Kleinen, Barbara (1997): Körper im Internet. Was sich in einem MUD über Grenzen lernen lässt, in: Bath, Corinna/Barbara Kleinen [Hrsg.]: Frauen in der Informationsgesellschaft, Fliegen oder Spinnen im Netz?, Talheim: Talheimer Verlag, S. 42-52.

Klinkhammer, Gisela (2014): PID-Verordnung: Erste gemeinsame Ethikkommission, in: Deutsches Ärzteblatt, 111(8), 21.02.2014, A-290.

Knorr Cetina, Karin (1984): Die Fabrikation von Erkenntnis. Zur Anthropologie von Naturwissenschaft, Frankfurt am Main: Suhrkamp.

Knorr Cetina, Karin (1985): Soziale und wissenschaftliche Methode, oder: Wie halten wir es mit der Unterscheidung zwischen Sozial- und Naturwissenschaften?, in: Bonß, Wolfgang/Heinz Hartmann [Hrsg.]: Entzauberte Wissenschaft. Soziale Welt. Sonderband 3, Göttingen: Schwartz, S. 275-297.

Knell, Sebastian/Marcel Weber (2009): Menschliches Leben, Berlin/New York: de Gruyter.

Koppetsch, Cornelia (2000): Die Verkörperung des schönen Selbst. Zur Statusrelevanz von Attraktivität, in: Dies. [Hrsg.]: Körper und Status. Zur Soziologie der Attraktivität, Konstanz: UVK, S. 99-124.

Kornwachs, Klaus (2002): Bewusstsein, Programm, Körper, in: Kegler, Karl R./Max Kerner [Hrsg.]: Der künstliche Mensch. Körper und Intelligenz im Zeitalter ihrer technischen Reproduzierbarkeit, Köln: Böhlau, S. 127-164.

Kozinets, Robert V. (2010): Netnography. Doing Ethnographic Research Online, Los Angeles: Sage.

Köck, Wolfram K. (1990): Autopoiese, Kognition und Kommunikation. Einige kritische Bemerkungen zu Humberto R. Maturanas Bio-Epistemologie und ihren Konsequenzen, in: Riegas, Volker/Christian Vetter [Hrsg.]: Zur Biologie der Kognition, Frankfurt am Main: Suhrkamp, S. 159-188.

Köchy, Kristian (2006): Maßgeschneiderte nanoskalige Systeme: Methodologische und ontologische Überlegungen, in: Nordmann, Alfred/Joachim Schummer/Astrid Schwarz [Hrsg.]: Nanotechnologien im Kontext. Philosophische, ethische und gesellschaftliche Perspektiven, Berlin: Akademische Verlagsgesellschaft, S. 131-150.

Köchy, Kristian (2008): Biophilosophie zur Einführung, Hamburg: Junius.

Kölsch, Thomas (2009): Homo plasticator. Antike Schöpfungsmythen in der Science Fiction, Marburg: Tectum.

Kramer, Oliver (2009): Computational Intelligence. Eine Einführung, Berlin/Heidelberg: Springer.

Krämer, Sybille (1988): Symbolische Maschinen. Die Idee der Formalisierung in geschichtlichem Abriß, Darmstadt: Wissenschaftliche Buchgesellschaft.

Krämer, Sybille (1991): Berechenbare Vernunft. Kalkül und Rationalismus im 17. Jahrhundert, Berlin/New York: de Gruyter.

Krämer, Sybille (1994): Geist ohne Bewußtsein? Über einen Wandel in den Theorien vom Geist, in: Dies. [Hrsg.]: Geist – Gehirn – künstliche Intelligenz. Zeitgenössische Modelle des Denkens. Ringvorlesung an der Freien Universität Berlin, Berlin/New York: de Gruyter, S. 88-110.

Krämer, Sybille (1997): Vom Mythos ‚Künstliche Intelligenz' zum Mythos ‚Künstliche Kommunikation' oder: Ist eine nicht-anthropomorphe Beschreibung von Internet-Interaktionen möglich?, in: Münker, Stefan/Alexander Roesler [Hrsg.]: Mythos Internet, Frankfurt am Main: Suhrkamp, S. 83-107.

Krämer, Sybille (2003): Maschinenwesen. Ein Versuch, über den Anthropomorphismus in der Technikdeutung hinauszukommen, in: Christaller, Thomas/Joseph Wehner [Hrsg.]: Autonome Maschinen, Wiesbaden: Westdeutscher Verlag, S. 208-221.

Krämer, Sybille/Elke Koch (2010) [Hrsg.]: Gewalt in der Sprache. Rhetoriken verletzenden Sprechens, Paderborn/München: Fink.

Krieger, David J. (1996): Einführung in die allgemeine Systemtheorie, München: Fink.

Kristeva, Julia (1982): Powers of Horror. An Essay on Abjection, New York: Columbia University Press.

Krohn, Wolfgang/Günter Küppers: Emergenz. Die Entstehung von Ordnung, Organisation und Bedeutung, Frankfurt am Main: Suhrkamp.

Kromrey, Helmut (2010): Empirische Sozialforschung, Stuttgart: Lucius & Lucius.

Krotz, Friedrich (2007): Mediatisierung. Fallstudien zum Wandel von Kommunikation, Wiesbaden: VS Verlag.

Krotz, Friedrich (2008): Kultureller und gesellschaftlicher Wandel im Kontext des Wandels von Medien und Kommunikation, in: Thomas, Tanja [Hrsg.]: Medienkultur und soziales Handeln, Wiesbaden: VS Verlag, S. 43-62.

Kroß, Matthias (2004): Von einem Marsstandpunkt aus betrachtet. Ludwig Wittgenstein über Gedankenexperimente, in: Macho, Thomas/Annette Wunschel [Hrsg.]: Science & Fiction. Über Gedankenexperimente in Wissenschaft, Philosophie und Literatur, Frankfurt am Main: Fischer, S.115-141.

Krüger, Oliver (2004): Gnosis im Cyberspace? Die Körperutopien des Posthumanismus, in: Hasselmann, Kristiane/Sandra Schmidt/Cornelia Zumbusch [Hrsg.]: Utopische Körper. Visionen künftiger Körper in Geschichte, Kunst und Gesellschaft, München: Fink, S. 131-147.

Krüger, Paul-Anton (2011): Zentrifugen, die sich zu schnell drehen. Iran: Virus Stuxnet, sueddeutsche.de, abgerufen unter: http://www.sueddeutsche.de/politik/virus-stuxnet-und-irans-atomprogramm-zentrifugen-die-sich-zu-schnell-drehen-1.1047249 (01.04.2011).

Kuhn, Thomas S. (1967): Die Struktur wissenschaftlicher Revolutionen, Frankfurt am Main: Suhrkamp.

Kurzweil, Raymond (2000): The Age of Spiritual Machines. When Computers Exceed Human Intelligence, New York: Penguin.

Laaff, Meike (2011): Ich bin der perfekte Zahlenmensch. Selbstvermessung als Trend, spiegel.de, http://www.spiegel.de/netzwelt/web/0,1518,773834,00.html, abgerufen am 01.08.2011.

Lacan, Jacques (1973): Schriften, Olten: Walter.

Lacan, Jacques (1991) [1954-1955]: Das Seminar, Buch II, Das Ich in der Theorie Freunds und in der Technik der Psychoanalyse, Weinheim: Quadriga.

Lacan, Jacques (1996) [1964]: Das Seminar, Buch XI. Die vier Grundbegriffe der Psychoanalyse, Weinheim: Quadriga.

Laqueur, Thomas (1992): Auf den Leib geschrieben. Die Inszenierung der Geschlechter von der Antike bis Freud, Frankfurt am Main: Suhrkamp.

Lakoff, George (2009): Auf leisen Sohlen ins Gehirn. Politische Sprache und ihre heimliche Macht, Heidelberg: Auer.

Lakoff, George/Mark Johnson (1980): Metaphors We Live By, Chicago: University of Chicago Press.

La Mettrie, Julien Offray de (1990 [1748]): L'homme machine. Die Maschine Mensch, Hamburg: Meiner.

Lang, Norbert (2000): Multimedia, in: Faulstich, Werner [Hrsg.]: Grundwissen Medien, München: Fink, S. 296-313.

Lang, Claudia (2006): Intersexualität. Menschen zwischen den Geschlechtern, Frankfurt am Main: Campus.

Langton, Christopher (1989) [Hrsg.]: Artificial Life. Proceedings of an Interdisciplinary Workshop on the Synthesis and Simulation of Living Systems held september, 1987 in Los Alamos, New Mexico, Reading/Mass.: Addison-Wesley.

Langton, Christopher (1996): Artificial Life, in: Boden, Margaret A. [Hrsg.]: The Philosophy of Artificial Life, Oxford: Oxford University Press, S. 39-94.

Latour, Bruno/Steve Woolgar (1986): Laboratory Life. The Construction of Scientific Facts, Princeton: Princeton University Press.

Latour, Bruno (2002): Die Hoffnung der Pandora. Untersuchungen zur Wirklichkeit der Wissenschaft, Frankfurt am Main: Suhrkamp.

Latour, Bruno (2008): Wir sind nie modern gewesen, Frankfurt am Main: Suhrkamp.

de Lauretis, Teresa (1987): Technologies of Gender. Essays on Theory, Film and Fiction, Bloomington: Indiana University Press.

Lautmann, Rüdiger (2000): Der erotische Status von Körpern, in: Koppetsch, Cornelia [Hrsg.]: Körper und Status. Zur Soziologie der Attraktivität, Konstanz: UVK, S. 141-162.

Lautmann, Rüdiger (2010): Die soziale Dimension der Sexualität und was die Lebenswissenschaft davon übrig lässt, in: Benkel, Thorsten/Fehmi Akalin [Hrsg.]: Soziale Dimensionen der Sexualiät, Gießen: Psychosozial-Verlag, S. 35-69.

Leeker, Martina (2005): Digitale Operativität und Performanz. Geschichte der Mensch-Computer-Schnittstelle im Moment ihrer Hinterfragung, noch bevor sie anfing, in: Köpping, Klaus-Peter/Bettina Papenburg/Christoph Wulf [Hrsg.]: Körpermaschinen – Maschinenkörper. Mediale Transformationen, Paragrana: Internationale Zeitschrift für Historische Anthropologie, Bd. 14, 2005 (2), Berlin: Akademie Verlag, S. 25-51.

Leibniz, Gottfried Wilhelm (1960): Fragmente zur Logik; ausgewählt, übersetzt und erläutert von Franz Schmidt, Berlin: Akademie Verlag.

Lemke, Thomas (2007): Biopolitik zu Einführung, Hamburg: Junius.

Lenglet, Marc (2011): Conflicting Codes and Codings. How Algorithmic Trading is Reshaping Financial Regulation, Theory, Culture and Society, 28(6), S. 44-66.

Lenzen, Dieter (1991): Krankheit als Erfindung. Medizinische Eingriffe in die Natur, Frankfurt am Main: Fischer.

Lessig, Lawrence (2006): Code. Version 2.0, New York: Basic Books.

Levy, Steven (2012): „Can an Algorithm Write a Better News Story Than a Human Reporter?", in: Wired, 24.04.2012, abgerufen unter: http://www.wired.com/gadgetlab/2012/04/can-an-algorithm-write-a-better-news-story-than-a-human-reporter/ (01.06.2013).

Lévy, Pierre (1997): Die kollektive Intelligenz. Für eine Anthropologie des Cyberspace, Mannheim: Bollmann.

Lévy, Pierre (1998): Becoming Virtual. Reality in the Digital Age, New York/London: Plenum Trade.

Lévy-Strauss, Claude (1967): Strukturale Anthropologie, Frankfurt am Main: Suhrkamp.

Lewandowsi, Sven (2010): Sex does (not) matter, in: Benkel, Thorsten/Fehmi Akalin [Hrsg.]: Soziale Dimensionen der Sexualität, Gießen: Psychosozial-Verlag, S. 71-90.

Lindemann, Gesa (1996): Zeichentheoretische Überlegungen zum Verhältnis von Körper und Leib, in: Barkhaus, Annette/Matthias Mayer/Neil Roughley/Donatus Thürnau [Hrsg.]: Identität, Leiblichkeit, Normativität. Neue Horizonte anthropologischen Denkens, Frankfurt am Main: Suhrkamp, S. 146-175.

List, Elisabeth (1996): Der Körper, die Schrift, die Maschine. Vom Verschwinden des Realen hinter den Zeichen, in: Trallori, Lisbeth N. [Hrsg.]: Die Eroberung des Lebens. Technik und Gesellschaft an der Wende zum 21. Jahrhundert, Wien: Verlag für Gesellschaftskritik, S. 191-208.

List, Elisabeth (1998): Schmerz – Selbsterfahrung als Grenzerfahrung, in: Wolf, Maria/Hans Jörg Walter/Berhard Rathmeyr/Michaela Ralser/Kornelia Hauser [Hrsg.]: Körper/Schmerz. Intertheoretische Zugänge, Innsbruck: Studia Universitätsverlag, S. 143-160.

List, Elisabeth (2001): Grenzen der Verfügbarkeit. Die Technik, das Subjekt und das Lebendige, Wien: Passagen.

List, Elisabeth (2003): Existenzielle Leibhaftigkeit. Lust und Liebe, Schmerz und Tod, http://www.kfunigraz.ac.at/communication/news/archiv/2003/graz2003/projekte/PDF/LISTTX T.PDF, abgerufen am 01.04.2011.

Lister, Martin/Jon Dovey/Seth Giddings/Iain Grant/Kieran Kelly (2003): New Media: A Critical Introduction, London/New York: Routledge.

Lösch, Andreas (1998): Tod des Menschen. Macht zum Leben. Von der Rassenhygiene zur Humangenetik, Pfaffenweiler: Centaurus.

Lösch, Andreas (2009): Visuelle Defuturisierung und Ökonomisierung populärer Diskurse zur Nanotechnologie, in: Hüppauf, Bernd/Peter Weingart [Hrsg.]: Frosch und Frankenstein. Bilder als Medium der Popularisierung von Wissenschaft, Bielefeld: transcript, S. 255-280.

Lübke, Valeska (2005): CyberGender. Geschlecht und Körper im Internet, Königstein/Taunus: Helmer.

Luhmann, Niklas (1984): Soziale Systeme. Grundriß einer allgemeinen Theorie, Frankfurt am Main: Suhrkamp.

Luhmann, Niklas (1992): Die Wissenschaft der Gesellschaft, Frankfurt am Main: Suhrkamp.

Luhmann, Niklas (1994): Liebe als Passion. Zur Codierung von Intimität, Frankfurt am Main: Suhrkamp.

Luhmann, Niklas (1997): Die Gesellschaft der Gesellschaft, Frankfurt am Main: Suhrkamp.

Luhmann, Niklas (2004): Einführung in die Systemtheorie, Heidelberg: Carl-Auer.

Lumsden, Charles J./Edward O. Wilson (1981): Genes, Mind, and Culture. The Coevolutionary Process, Cambridge/Mass.: Harvard University Press.

Lunenfeld, Peter (2002): Digitale Fotografie. Das dubitative Bild, in: Wolf, Herta [Hrsg.]: Paradigma Fotografie. Fotokritik am Ende des fotografischen Zeitalters, Frankfurt am Main: Suhrkamp, S. 158-177.

Lupton, Deborah (1995): The Embodied Computer/User, Body and Society 1 (3-4), S. 97-112, London: Sage.

Lyon, David (2002): Everyday Surveillance. Personal Data and Social Classifications, in: Information, Communication and Society, 51(1), S. 1-16.

Lyotard, Jean-François (1994). Das postmoderne Wissen. Ein Bericht, Wien: Passagen.

Maasen, Irmgard (2001): Text und/als/in der Performanz in der frühen Neuzeit: Thesen und Überlegungen, in: Fischer-Lichte, Erika/Christoph Wulf [Hrsg.]: Theorien des Performativen,

Paragrana, Internationale Zeitschrift für Historische Anthropologie, Band 10, 2001/1, Berlin: Akademie Verlag, S. 285-301.

Mackenzie, D. (2007): Is Economics Performative? Option Theory and the Construction of Derivatives Markets, in: Mackenzie, Donald/Fabian Muniesa/Lucia Siu [Hrsg.]: Do Economists Make Markets ? On The Performativity of Economics, Princeton/Oxford: Princeton University Press, S. 54-86.

Marcuse, Herbert (1995) [1955]: Triebstruktur und Gesellschaft. Ein philosophischer Beitrag zu Sigmund Freud, Frankfurt am Main: Suhrkamp.

Margreiter, Reinhard (1997): Erfahrung und Mystik, Berlin: Akademie Verlag.

Margreiter, Reinhard (2010): Mystik im Spannungsfeld symbolischer Formen, in: Temesvári, Cornelia/Roberto Sanchiño Martínez [Hrsg.]: „Wovon man nicht sprechen kann...". Ästhetik und Mystik im 20. Jahrhundert. Philosophie, Literatur, Visuelle Medien, Bielefeld: transcript, S. 29-41.

Marx, Karl (2009) [1872]: Das Kapital. Kritik der politischen Ökonomie. Mit einem Geleitwort von Karl Korsch aus dem Jahre 1932, Nachdruck der 2. Auflage von 1872, Köln: Anaconda.

Mejias, Jordan (2010): Wir sind Informationsmaschinen. Craig Venter im Interview, in: Frankfurter Allgemeine Zeitung, 25.05.2010.

Markoff, John (2011): Computer Wins on ‚Jeopardy!': Trivial, It's Not, in: The New York Times, 16.02.2011, http://www.nytimes.com/2011/02/17/science/17jeopardy-watson.html, abgerufen am 01.04.2011.

Marvin, Carolyn (1990): When Old Technologies Were New. Thinking about Electronic Communication in the Late Nineteenth Century, Oxford: Oxford University Press.

Massumi, Brian (2002): Parables for the Virtual. Movement, Affect, Sensation, Durham/London: Duke University Press.

Maturana, Humberto R. (1981): Autopoiesis, in: Zelený, Milan [Hrsg.]: Autopoiesis. A Theory of Living Organization, New York: North-Holland, S. 21-33.

Maturana, Humberto R. (1985): Erkennen. Die Organisation und Verkörperung von Wirklichkeit. Ausgewählte Arbeiten zur biologischen Epistemologie, Braunschweig: Vieweg.

Maturana, Humberto R. (2000): Biologie der Realität, Frankfurt am Main: Suhrkamp.

Maturana, Humberto R. (1987): Kognition, in: Schmidt, Siegfried J. [Hrsg.]: Der Diskurs des Radikalen Konstruktivismus, Frankfurt: Suhrkamp, S. 89-118.

Mauss, Marcel (1989) [1935]: Die Techniken des Körpers, in: Ders.: Soziologie und Anthropologie Bd. 1, Frankfurt am Main: Fischer, S. 197-200.

Mayer-Eppler, Werner (1969): Grundlagen und Anwendungen der Informationstheorie, Berlin: Springer.

McCarthy, John/Patrick J. Hayes (1969): Some Philosophical Problems from the Standpoint of Artificial Intelligence, in: Meltzer, Bernard N./Donald Michie [Hrsg.]: Machine Intelligence 4, Edinburgh: Edinburgh University Press.

McLuhan, Marshall (1962): The Gutenberg Galaxy. The Making of Typographic Man, Toronto: University of Toronto Press.

McLuhan, Marshall (1996) [1951]: Die mechanische Braut. Volkskultur des industriellen Menschen, Verlag der Kunst: Amsterdam.

McLuhan, Marshall (2001) [1964]: Understanding Media. The Extensions of Man, London/New York: Routledge.

McLuhan, Marshall/Quentin Fiore (2001) [1967]: The Medium is the Massage. An Inventory of Effects, Corte Madera, CA: Gingko Press.

McMahan, Jeff (2002): The Ethics of Killing. Problems at the Margins of Life, Oxford: Oxford University Press.

Mead, George Herbert (1934): Mind, Self and Society. From the Standpoint of a Social Behaviorist, Chicago: University of Chicago Press.

Meadows, Merk Stephen (2008): I, Avatar. The Culture and Consequence of Having a Second Life, Berkeley/CA: Pearson New Riders.

Meckel, Miriam (2011): Next. Erinnerungen an eine Zukunft ohne uns, Reinbek: Rowohlt.

Mersch, Dieter (2002): Ereignis und Aura. Untersuchung zu einer Ästhetik des Performativen, Frankfurt am Main: Suhrkamp.

Metzinger, Thomas (1996): Philosophische Stichworte zu einer Ethik der Neurowissenschaften und der Informatik, in: Maar, Christa/Ernst Pöppel/Thomas Christaller [Hrsg.]: Die Technik auf dem Weg zur Seele. Forschungen an der Schnittstelle Gehirn/Computer, Reinbek: Rowohlt, S. 375-379.

Metzinger, Thomas (2010): ‚Wie viel Verlogenheit hätten's denn gern?‘. Neurophilosoph im Interview, von Christian Weber, sueddeutsche.de, 05.12.2010, http://www.sueddeutsche.de/wissen/neurophilosoph-metzinger-im-interview-totale-transparenz-ist-unertraeglich-1.1031809 (01.02.2011).

Metzner, Andreas (2002): Die Tücken der Objekte. Über die Risiken der Gesellschaft und ihre Wirklichkeit, Frankfurt/New York: Campus.

Meyrowitz, Joshua (1985): No sense of place. The impact of electronic media on social behavior, New York: Oxford University Press.

Mol, Annemarie (2002): The Body Multiple. Ontology in Medical Practice, Durham/London: Duke University Press.

MoodScope (2011), moodscope.com, abgerufen am 15.07.2011.

Moorstedt, Tobias (2013): WWWissenschaft. Ein Gespräch mit Cameron Marlow, dem Haussoziologen von Facebook, in: Geiselberger, Heinrich/Tobias Moorstedt [Hrsg.]: Big Data. Das neue Versprechen der Allwissenheit, Berlin: Suhrkamp, S. 90-98.

Moravec, Hans (1988): Mind Children. The Future of Robot and Human Intelligence, Cambridge, MA: Harvard University Press.

Morley, David (2008): Home Territories. Media, Mobility and Identity, London: Routledge.

Morley, David/Kevin Robins (1995): Spaces of Identity: Global Media, Electronic Landscapes and Cultural Boundaries, London: Routledge.

Morozov, Evgeny (2012): Roboterjournalismus. Texte in null Komma nichts, in: Frankfurter Allgemeine Zeitung, 04.04.2012, abgerufen unter: http://www.faz.net/aktuell/feuilleton/silicon-demokratie/roboterjournalismus-texte-in-null-komma-nichts-11705776.html (01.06.2013).

Morrison, Connie M. (2010): Who do they think they are? Teenage girls and their avatars in spaces of social online communication, New York: Lang.

Mosbrugger, Volker (2008): Schöpfung ohne Schöpfer. Über die Entdeckungsverfahren der Evolution, in: Dörner, Klaus/Petra Gehring/Volker Mosbrugger/Florian Rötzer/Friedemann Schrenk/Spiros Simitis [Hrsg.]: Leben erfinden. Über die Optimierung von Mensch und Natur, Frankfurter Positionen 2008, Frankfurt am Main: Verlag der Autoren, S. 83-107.

Müller, Oliver (2010): Zwischen Mensch und Maschine. Vom Glück und Unglück des Homo faber, Berlin: Suhrkamp.

Müller-Wille, Staffan/Hans-Jörg Rheinberger (2009): Das Gen im Zeitalter der Postgenomik. Eine wissenschaftshistorische Bestandsaufnahme, Frankfurt am Main: Suhrkamp.

Mumford, Lewis (1977): Mythos der Maschine. Kultur, Technik und Macht, Frankfurt am Main: Fischer.

Münker, Stefan/Alexander Roesler [Hrsg.] (1997): Mythos Internet, Frankfurt am Main: Suhrkamp.

Münsterberg, Hugo (1914): Grundzüge der Psychotechnik, Leipzig: Barth.

Nakamura, Lisa (2007) [1995]: Race in/for Cyberspace: Identity Tourism and Racial Passing on the Internet, in: Bell, David/Barbara M. Kennedy [Hrsg.]: The Cybercultures Reader, London/New York: Routledge, S. 297-304.

Nelson, Theodor (1974): Computer Lib. Dream Machines, Chicago: Hugo.

Nilsson, Lennart/Jan Lindberg/Kjell Lindqvist/Stig Nordfeldt (1987): The body victorious. The illustrated story of our immune system and other defences of the human body, New York: Delacorte Press.

Nordmann, Alfred (2005): Technologische Konvergenz und die Zukunft der europäischen Gesellschaften, Bericht 2004, Hochrangige Expertengruppe (HLEG), Foresight zur neuen Technologiewelle, Brüssel: Europäische Kommission.

Norris, Pippa (2000): A Virtuous Circle. Political Communications in Postindustrial Societies, Cambridge: Cambridge University Press.

O'Brien, Jodi/Eve Shapiro (2000): ‚Doing it‘ on the Web. Emerging Discourses on Internet Sex, in: Gauntlett, David/Horsley, Ross [Hrsg.]: Web.Studies, London: Arnold, S. 114-126.

O'Shea, Michael (2008): Das Gehirn. Eine Einführung, Stuttgart: Reclam.

Oeser, Erhard (2002): Geschichte der Hirnforschung. Von der Antike bis zur Gegenwart, Darmstadt: Wissenschaftliche Buchgesellschaft.

Ong, Walter J. (1982): Orality and literacy. The technologizing of the word, London/New York: Methuen.

Orland, Barbara (2002): Babys in der Röhre. Wie die Pädiatrie in den 1980er-Jahren die Normalisierung der Magnetresonanztechnik unterstützte, in: Gugerli, David/Barbara Orland [Hrsg.] (2002): Ganz normale Bilder. Historische Beiträge zur visuellen Herstellung von Selbstverständlichkeit, Zürich: Chronos, S. 227-250.

Orland, Barbara (2005): Wo hören Körper auf und fängt Technik an? Historische Anmerkungen zu posthumanistischen Problemen, in: Dies. [Hrsg.]: Artifizielle Körper – Lebendige Technik. Technische Modellierungen des Körpers in historischer Perspektive, Zürich: Chronos, S. 9-42.

Osietzki, Maria (2003): Das ‚Unbestimmte‘ des Lebendigen als Ressource wissenschaftlich-technischer Innovationen, in: Weber, Jutta/Corinna Bath [Hrsg.]: Turbulente Körper, soziale Maschinen. Feministische Studien zur Technowissenschaftskultur, Leske/Budrich: Opladen, S. 137-150.

Osswald-Rinner, Iris (2011): Oversexed and underfucked. Über die gesellschaftliche Konstruktion der Lust, Wiesbaden: VS Verlag.

Oudshoorn, Nelly (1994): Beyond the Natural Body. An Archeology of Sex Hormones, London/New York: Routledge.

Parfit, Derek (1987): Reasons and Persons, Oxford: Clarendon.

Pariser, Eli (2011a): The filter bubble. What the internet is hiding from you, London: Viking.

Pariser, Eli (2011b): Beware online ‚filter bubbles‘, Vortrag auf der TED Konferenz, März 2011, zitiert aus dem Transkript, abgerufen unter: http://www.ted.com/talks/lang/eng/eli_pariser_beware_online_filter_bubbles.html (01.10.2011).

Paul, Norbert W. (2006a): Gesundheit und Krankheit, in: Schulz, Stefan/Klaus Steigleder/Heiner Fangerau/Norbert W. Paul [Hrsg.]: Geschichte, Theorie und Ethik in der Medizin, Frankfurt am Main: Suhrkamp, S. 131-142.

Paul, Norbert W. (2006b): Diagnose und Prognose, in: Schulz, Stefan/Klaus Steigleder/Heiner Fangerau/Norbert W. Paul [Hrsg.]: Geschichte, Theorie und Ethik in der Medizin, Frankfurt am Main: Suhrkamp, S. 143-152.

Pennington, Margot (2001): Memento mori. Eine Kulturgeschichte des Todes, Stuttgart: Kreuz.

Penrose, Roger (1991): Computerdenken. Des Kaisers neue Kleider oder: Die Debatte um künstliche Intelligenz, Bewußtsein und die Gesetze der Physik, Heidelberg: Spektrum.

Penrose, Roger (1995): Schatten des Geistes. Wege zu einer neuen Physik des Bewußtseins, Heidelberg: Spektrum.

Pethes, Nicolas (2008): Kulturwissenschaftliche Gedächtnistheorien zur Einführung, Hamburg: Junius.

Pfaller, Robert (2002): Die Illusionen der anderen. Über das Lustprinzip in der Kultur, Frankfurt am Main: Suhrkamp.

Pfaller, Robert (2004): Das Vertraute, das Unheimliche, das Komische. Die ästhetischen Effekte des Gedankenexperiments, in: Macho, Thomas/Annette Wunschel [Hrsg.]: Science & Fiction. Über Gedankenexperimente in Wissenschaft, Philosophie und Literatur, Frankfurt am Main: Fischer, S. 265-286.

Piaget, Jean (1980): The Psychogenesis of Knowledge and its Epistemological Significance, in: Patelli-Palmarini, Massimo [Hrsg.]: Language and Learning: The Debate between Jean Piaget and Noam Chomsky, Cambridge, Mass.: Harvard University Press.

Pickering, Andrew (2010): The Cybernetic Brain. Sketches of Another Future, Chicago/London: University of Chicago Press.

Plessner, Hellmuth (1981): Die Stufen des Organischen und der Mensch, in: Ders.: Gesammelte Schriften, herausgegeben von Günter Dux, Odo Marquard, Elisabeth Ströker, Bd. 4, Frankfurt am Main: Suhrkamp.

Plessner, Hellmuth (1982): Lachen und Weinen, in: Ders.: Gesammelte Schriften, herausgegeben von Günter Dux, Odo Marquard, Elisabeth Ströker, Bd. 7., Ausdruck und menschliche Natur, Frankfurt am Main: Suhrkamp: S. 201-388.

Popper, Karl (1971): Logik der Forschung, Tübingen: Mohr.

Preda, Alex (2009): Information, Knowledge and Economic Life. An Introduction to the Sociology of Markets, Oxford: OUP.

Prainsack, Barbara (2005): Streitbare Zellen? Die Politik der Bioethik in Israel, in: Leviathan. Zeitschrift für Sozialwissenschaft, 1/2005, S. 69-93.

Pschyrembel (1993): Pschyrembel. Medizinisches Wörterbuch. Sonderausgabe Pschyrembel Klinisches Wörterbuch, 257. Auflage, Berlin: de Gruyter.

Prechtl, Peter (2000): Algorithmus, in: Metzler Lexikon Sprache, herausgegeben von Helmut Glück, Stuttgart: Metzer, S. 28.

Quantified Self (2011), quantifiedself.com, abgerufen am 01.08.2011.

Rabinow, Paul (2008): Marking Time. On the Anthropology of the Contemporary, Princeton/Oxford: Princeton University Press.

Rabinow, Paul/Gaymon Bennett (2009): Auf dem Weg zum synthetischen Anthropos: Re-Mediatisierende Konzepte, in: Weiß, Martin G. [Hrsg.]: Bios und Zoë. Die menschliche Natur im Zeitalter ihrer technischen Reproduzierbarkeit., Frankfurt am Main: Suhrkamp, S. 330-358.

Rapoport, Anatol (2006): The Vitalists' Last Stand, in: Ford, Kenneth M./Clark Glymour/Patrick Hayes [Hrsg.]: Thinking About Android Epistemology, Menlo Park/Cambridge, Mass./London: AAAI Press/MIT Press, S. 37-46.

Rheinberger, Hans-Jörg (2006): Experimentalsysteme und epistemische Dinge, Frankfurt am Main: Suhrkamp.

Rheinberger, Hans-Jörg/Staffan Müller-Wille (2009): Technische Reproduzierbarkeit organischer Natur – aus der Perspektive einer Geschichte der Molekularbiologie, in: Weiß, Martin G. [Hrsg.]: Bios und Zoë. Die menschliche Natur im Zeitalter ihrer technischen Reproduzierbarkeit., Frankfurt am Main: Suhrkamp, S. 11-33.

Rheingold, Howard (1991): Virtual Reality, New York: Simon/Schuster.

Rheingold, Howard (1994): The Virtual Community. Homesteading on the Electronic Frontier, New York: Harper Perennial.

Reichert, Ramón (2008): Amateure im Netz. Selbstmanagement und Wissenstechnik im Web2.0, Bielefeld: transcript.

Reuss, Jürgen/Rainer Höltschl (1996): Mechanische Braut und elektronisches Schreiben. Zur Entstehung und Gestalt von Marshall McLuhans erstem Buch, in: McLuhan, Marshall: Die mechanische Braut. Volkskultur des industriellen Menschen, Verlag der Kunst: Amsterdam, S. 233-247.

Richter-Appelt, Hertha (2010): Intersexualität – Leben zwischen den Geschlechtern. Erfahrungen aus dem Hamburger Forschungsprojekt, Vortragstranskript, 23.06.2010, http://www.ethikrat.org/ dateien/pdf/fb_2010-06-23_richter-appelt_referat.pdf, abgerufen am 01.02.2011.

Rieger, Frank (2011): Anatomie eines digitalen Ungeziefers, Frankfurter Allgemeine Sonntagszeitung, 9.11.2011, S. 41-47.

Robins, Kevin/Frank Webster (1999): Times of the Technoculture. From the information society to the virtual life, London/New York: Routledge.

Roco, Mihail C./William Sims Bainbridge [Hrsg.] (2003a): Converging Technologies for Improving Human Performance. Nanotechnology, Biotechnology, Information Technology and Cognitive Science, Dordrecht/Boston/London: Kluwer Academic Publishers.

Roco, Mihail C./William Sims Bainbridge (2003b): Overview. Converging Technologies for Improving Human Performance. Nanotechnology, Biotechnology, Information Technology, and Cognitive Science (NBIC), in: Dies. [Hrsg.]: Converging Technologies for Improving Human Performance. Nanotechnology, Biotechnology, Information Technology and Cognitive Science, Dordrecht/Boston/London: Kluwer Academic Publishers, S. 1-27.

Rödel, Malaika (2010): Mediale ‚Reinigungsarbeit‘. Der Diskurs um die PID in der ZEIT, in: Liebsch, Katharina/Ulrike Manz [Hrsg.]: Leben mit den Lebenswissenschaften. Wie wird biomedizinisches Wissen in Alltagspraxis übersetzt?, Bielefeld: transcript, S. 243-260.

Rötzer, Florian (1998): Digitale Weltentwürfe. Streifzüge durch die Netzkultur, München: Hanser.

Rorty, Richard (1989): Kontingenz, Ironie und Solidarität. Frankfurt am Main: Suhrkamp.

Rose, Nikolas (1996a): Governing ‚advanced‘ liberal democracies, in: Barry, Andrew/Thomas Osborne/Nikolas Rose [Hrsg.]: Foucault and political reason. Liberalism, neo-liberalism and rationalities of government, Chicago: University of Chicago Press, S. 37-64.

Rose, Nikolas (1996b): Assembling the Modern Self, in: Porter, Roy [Hrsg.]: Rewriting the Self. Histories from the Renaissance to the Present, London, S. 224-248.

Rose, Nikolas (1998): Inventing Our Selves. Psychology, Power and Personhood, Cambridge: Cambridge University Press.

Rose, Nikolas (2007): The Politics of Life Itself. Biomedicine, Power and Subjectivity in the Twenty-First Century, Princeton/Oxford: Princeton University Press.

Rose, Nikolas (2009): Was ist Leben? – Versuch einer Wiederbelebung, in: Weiß, Martin G. [Hrsg.]: Bios und Zoë. Die menschliche Natur im Zeitalter ihrer technischen Reproduzierbarkeit, Frankfurt am Main: Suhrkamp, S. 152-153.

Rosengarten, Marsha (2005): The Matter of HIV as a Matter of Bioethics, in: Shildrick, Margrit/Roxanne Mykitiuk [Hrsg.]: Ethics of the Body. Postconventional Challenges, Cambridge, Mass./London: MIT Press, S. 71-90.

Roth, Gerhard (1997): Das Gehirn und seine Wirklichkeit. Kognitive Neurobiologie und ihre philosophischen Konsequenzen, Frankfurt am Main: Suhrkamp.

Ruffing, Reiner (2009): Bruno Latour, Paderborn: Fink.

Sade, Donatien Alphonse François de (1995) [1795]: Die Philosophie im Boudoir oder die lasterhaften Lehrmeister, Köln: Könemann.

Sänger, Eva (2010): ‚Einfach mal schauen, was gerade los ist‘. Biosoziale Familiarisierung in der Schwangerschaft, in: Liebsch, Katharina/Ulrike Manz [Hrsg.]: Leben mit den Lebenswissenschaften. Wie wird biomedizinisches Wissen in Alltagspraxis übersetzt?, Bielefeld: transcript, S. 43-61.

Said, Edward (1978): Orientalism, London: Routledge.

Samerski, Silja (2010): Epistemische Vermischung: Zur Gleichsetzung von Person und Risikoprofil in der genetischen Beratung, in: Liebsch, Katharina/Ulrike Manz [Hrsg.]: Leben mit den Lebenswissenschaften. Wie wird biomedizinisches Wissen in Alltagspraxis übersetzt?, Bielefeld: transcript, S. 153-168.

Sarasin, Philipp (2001): Reizbare Maschinen. Eine Geschichte des Körpers 1765-1914, Frankfurt am Main: Suhrkamp.

Scarry, Elaine (1992): Der Körper im Schmerz. Die Chiffren der Verletzlichkeit und die Erfindung der Kultur, Frankfurt am Main: Fischer.

Schapp, Wilhelm (1976): In Geschichten verstrickt. Zum Sein von Mensch und Ding, Wiesbaden: Heymann.

Schlingensief, Christoph (2009): So schön wie hier kanns im Himmel gar nicht sein! Tagebuch einer Krebserkrankung, Köln: Kiepenheuer und Witsch.

Schmidbauer, Wolfgang (2009): Rausch, in: Bohlen, Eike/Christian Thies [Hrsg.]: Handbuch Anthropologie. Der Mensch zwischen Natur, Kultur und Technik, Stuttgart/Weimar: Metzler, S. 395-399.

Schmidt, Gunter (2004): Zur Sozialgeschichte jugendlichen Sexualverhaltens in der zweiten Hälfte des 20. Jahrhunderts, in: Bruns, Claudia/Tilmann Walter [Hrsg.] Von Lust und Schmerz. Eine historische Anthropologie der Sexualität, Köln/Weimar/Wien: Böhlau, S. 313-325.

Schmidt, Siegfried J. [Hrsg.] (1987): Der Diskurs des Radikalen Konstruktivismus, Frankfurt am Main: Suhrkamp.

Schmidt, Jan (2008): Was ist neu am Social Web? Soziologische und kommunikationswissenschaftliche Grundlagen, in: Zerfaß, Ansgar/Martin Welker/Jan Schmidt: Kommunikation, Partizipation und Wirkungen im Social Web (Band 1). Grundlagen und Methoden: Von der Gesellschaft zum Individuum, Köln: Halem, S. 18-40.

Schmitz, Sigrid (2003): Neue Körper, neue Normen? Der veränderte Blick durch biomedizinische Körperbilder, in: Weber, Jutta/Corinna Bath [Hrsg.]: Turbulente Körper, soziale Maschinen. Feministische Studien zur Technowissenschaftskultur, Opladen: VS Verlag, S. 217-233.

Schneider, Ingrid (2002): Gesellschaftspolitische Regulierung von Fortpflanzungstechnologien und Embryonenforschung, in: Bergermann, Ulrike/Claudia Breger/Tanja Nusser [Hrsg.]: Techniken der Reproduktion. Medien – Leben – Diskurse, Königstein/Taunus: Ulrike Helmer Verlag, S. 103-120.

Schöne-Seifert, Bettina (2007): Grundlagen der Medizinethik, Stuttgart: Kröner.

Schrage, Dominik (2000): Selbstentfaltung und künstliche Verwandtschaft. Vermenschlichung und Therapeutik in den Diskursen des Posthumanen, in: Flessner, Bernd [Hrsg.]: Nach dem Menschen. Der Mythos einer zweiten Schöpfung und das Entstehen einer posthumanen Kultur, Freiburg im Breisgau: Rombach, S. 43-65.

Schroer, Markus [Hrsg.] (2005): Soziologie des Körpers, Frankfurt am Main: Suhrkamp.

Schröter, Jens (2004): Das Netz und die virtuelle Realität. Zur Selbstprogrammierung der Gesellschaft durch die universelle Maschine, Bielefeld: transcript.

Schröter, Jens (2005): World Brain – Electronic Brain – Global Brain. Plädoyer für De-Sedimentierung statt Organizismus, in: Köpping, Klaus-Peter/Bettina Papenburg/Christoph Wulf [Hrsg.]: Körpermaschinen – Maschinenkörper. Mediale Transformationen, Paragrana: Internationale Zeitschrift für Historische Anthropologie, Bd. 14, 2005 (2), Berlin: Akademie Verlag, S. 283-303.

Schummer, Joachim/Tami I. Spector (2009): Visuelle Populärbilder und Selbstbilder der Wissenschaft, in: Hüppauf, Bernd/Peter Weingart [Hrsg.]: Frosch und Frankenstein. Bilder als Medium der Popularisierung von Wissenschaft, Bielefeld: transcript, S. 341-372.

Schwemmer, Oswald (1994): Die symbolische Existenz des Geistes, in: Krämer, Sybille in: [Hrsg.]: Geist – Gehirn – künstliche Intelligenz. Zeitgenössische Modelle des Denkens. Ringvorlesung an der Freien Universität Berlin, Berlin/New York: de Gruyter, S. 3-40.

Schwingel, Markus (1995): Pierre Bourdieu zur Einführung, Hamburg: Junius.

Scully, Jackie Leach (2006): Disabled Knowledge. Die Bedeutung von Krankheit und Körperlichkeit für das Selbstbild, in: Ehm, Simone/Silke Schicktanz [Hrsg.]: Körper als Maß? Biomedizinische Eingriffe und ihre Auswirkungen auf Körper- und Identitätsverhältnisse, Stuttgart: Hirzel, S. 187-206.

Shannon, Claude E./Warren E. Weaver (1976) [1949]: Mathematische Grundlagen der Informationstheorie, München: Oldenbourg.

Shildrick, Margrit/Roxanne Mykitiuk (2005) [Hrsg.]: Ethics of the Body. Postconventional Challenges, Cambridge, Mass./London: MIT Press.

Seifert, Uwe (2008): The Co-Evolution of Humans and Machines. A Paradox of Interactivity, in: Seifert, Uwe/Jin Hyun Kim/Anthony Moore [Hrsg.]: Paradoxes of Interactivity. Perspectives for Media-Theory, Human-Computer Interaction and Artistic Investigations, Bielefeld: transcript, S. 8-24.

Serres, Michel (1981): Der Parasit, Frankfurt am Main: Suhrkamp.

Serres, Michel (1987): Statues: le second livre des foundations, Paris: Bourin.

Sigusch, Volkmar (1996): Symptomatologie und Klassifikation sexueller Störungen, in: Ders. [Hrsg.]: Sexuelle Störungen und ihre Behandlung, 1. Auflage, Stuttgart: Thieme, S. 125-141.

Sigusch, Volkmar (2007) Transsexuelle Entwicklungen, in: Ders. [Hrsg.]: Sexuelle Störungen und ihre Behandlung, 4. Auflage, Stuttgart: Thieme, S. 346-362.

Siep, Ludwig (1996): Ethik und Anthropologie, in: Barkhaus, Annette/Matthias Mayer/Neil Roughley/Donatus Thürnau [Hrsg.]: Identität, Leiblichkeit, Normativität. Neue Horizonte anthropologischen Denkens, Frankfurt am Main: Suhrkamp, S. 274-298.

Simon, Herbert A. (2006) [1995]: Machine as Mind, in: Ford, Kenneth M./Clark Glymour/Patrick Hayes [Hrsg.]: Thinking About Android Epistemology, Menlo Park/Cambridge, Mass./London: AAAI Press/MIT Press, S. 57-74.

Slavin, Kevin (2011): How algorithms shape our world, Vortrag auf der TED Konferenz, Juli 2011, zitiert aus dem Transkript, abgerufen unter: http://www.ted.com/talks/kevin_slavin_ how_algorithms_shape_our_world.html (01.10.2011).

Sontag, Susan (2002): Illness and Metaphor [1978] and AIDS and Its Metaphors [1989], London: Penguin Classics.

Spencer Brown, George (1971): Laws of Form, London: Allen/Unwin.

Stauffacher, Hans (2010): Erfahrung des Unaussprechlichen. Einige Überlegungen zum Mystischen in der gegenwärtigen Ästhetik, in: Temesvári, Cornelia/Roberto Sanchiño Martínez [Hrsg.]: „Wovon man nicht sprechen kann…". Ästhetik und Mystik im 20. Jahrhundert. Philosophie, Literatur, Visuelle Medien, Bielefeld: transcript, S. 13-27.

Steigleder, Klaus (2006): Ethische Probleme am Lebensbeginn, in: Schulz, Stefan/Klaus Steigleder/Heiner Fangerau/Norbert W. Paul [Hrsg.]: Geschichte, Theorie und Ethik in der Medizin, Frankfurt am Main: Suhrkamp, S. 316-340.

Steiner, Christopher (2012): Automate This: How Algorithms Came to Rule Our World, New York: Portfolio/Penguin.

Steinmüller, Angela/Karlheiz Steinmüller (1999): Visionen. 1900-2000-2100. Eine Chronik der Zukunft, Hamburg: Zweitausendeins.

Stephan, Achim (2006): Zur Rolle des Emergenzbegriffs in der Philosophie des Geistes und in der Kognitionswissenschaft, in: Sturma, Dieter [Hrsg.]: Philosophie und Neurowissenschaften, Frankfurt am Main: Suhrkamp, S. 146-166.

Sterrett, Susan G. (2006): Too Many Instincts: Contrasting Philosophical Views on Intelligence in Humans and Nonhumans, in: Ford, Kenneth M./Clark Glymour/Patrick Hayes (2006) [Hrsg.]: Thinking About Android Epistemology, Menlo Park/Cambridge, Mass./London: AAAI Press/MIT Press, S. 187-215.

Stirn, Aglaja/Aylin Thiel/Silvia Oddo (2010): Body Integrity Identity Disorder. Störungsbild, Diagnostik, Therapieansätze, Weinheim/Basel: Beltz.

Stoecker, Ralf (1999): Der Hirntod. Ein medizinethisches Problem und seine moralphilosophische Transformation, Freiburg/München: Alber.

Suchman, Lucy (1987): Plans and Situated Actions. The Problem of Human-Machine-Interaction, Cambridge University Press: New York.

Suchman, Lucy (2007): Human-Machine Reconfigurations, Cambridge University Press: New York.

Sweetman, Paul (2000): Anchoring the (Postmodern) Self? Body Modification, Fashion and Identity, in: Featherstone, Mike [Hrsg.]: Body Modification, London: Sage, S. 51-76.

Sykora, Katharina (1999): Unheimliche Paarungen. Androidenfaszination und Geschlecht in der Fotografie, Köln: König.

Tanner, Jakob (2004): Historische Anthropologie zu Einführung. Hamburg: Junius.

Tanner, Jakob (2005): Leib-Arte-Fakt. Künstliche Körper und der technische Zugriff auf das Leben, in: Orland, Barbara [Hrsg.]: Artifizielle Körper – Lebendige Technik. Technische Modellierungen des Körpers in historischer Perspektive, Zürich: Chronos, S. 43-61

Taussig, Karen-Sue/Rayna Rapp/Deborah Heath (2003): Flexible Eugenics. Technologies of the Self in the Age of Genetics, in: Goodman, Alan H./Deborah Heath/M. Susan Lindee [Hrsg.]: Genetic Nature/Culture. Anthropology and Science beyond the Two-Culture Divide, Berkeley/London: University of California Press, S. 58-76.

Temesvári, Cornelia/Roberto Sanchiño Martínez (2010) [Hrsg.]: ‚Wovon man nicht sprechen kann...'. Ästhetik und Mystik im 20. Jahrhundert. Philosophie, Literatur, Visuelle Medien, Bielefeld: transcript.

Thacker, Eugene (2005): The Global Genome. Biotechnology, Politics, and Culture, Cambridge, MA: MIT Press.

Thakkar-Scholz, Arnim (2004): Die Schizoanalyse von Félix Guattari und Gilles Deleuze, Genealogica, herausgegeben von Rudolf Heinz, Band 33, Düsseldorf: Die blaue Eule.

Thiedeke, Udo (2004): Cyberspace: Die Matrix der Erwartungen, in: Ders. [Hrsg.]: Soziologie des Cyberspace. Medien, Strukturen und Semantiken, Wiesbaden: VS Verlag, S. 121-143.

Thiedeke, Udo (2005): Medien und virtualisierte Vergesellschaftung, in: Jäckel, Michael [Hrsg.]: Mediensoziologie. Grundfragen und Forschungsfelder, Wiesbaden: VS Verlag, S. 335-346.

Thimm, Caja (2004): Mediale Ubiquität und soziale Kommunikation, in: Thiedeke, Udo [Hrsg.]: Soziologie des Cyberspace. Medien, Strukturen und Semantiken, Wiesbaden: VS Verlag, S. 51-69.

Thimm, Caja (2010) [Hrsg.]: Das Spiel – Muster und Metapher der Mediengesellschaft, Wiesbaden: VS Verlag für Sozialwissenschaften.

Thimm, Caja/Lukas Wosnitza (2010): Das Spiel – analog und digital, in: Thimm, Caja [Hrsg.]: Das Spiel – Muster und Metapher der Mediengesellschaft, Wiesbaden: VS Verlag für Sozialwissenschaften, S. 33-54.

Thomas, Tanja (2010): Wissensordnungen im Alltag. Offerten eines populären Genres, in: Röser, Jutta/Tanja Thomas/Corinna Peil [Hrsg.]: Alltag in den Medien. Medien im Alltag, Wiesbaden: VS Verlag, S. 25-47.

Thomas, William Isaac/Dorothy Swaine Thomas (1928): The Child in America: Behavior Problems and Programs, New York: Knopf.

Thompson, John B. (1995): The Media and Modernity. A Social Theory of the Media, Stanford: Stanford University Press.

Telegraph (2010): IAAF says Caster Semenya is clear to compete, in: The Daily Telegraph [australische Boulevardzeitung], 07.07.2010, abgerufen unter: http://www.dailytelegraph .com.au/sport/more-sports/iaaf-says-caster-semenya-is-clear-to-compete/story-e6frey6i-1225888737910 (01.02.2011).

Tuczay, Christa Agnes (2009): Ekstase, Mystik, Drogen, in: Dinzelbacher, Peter [Hrsg.]: Mystik und Natur. Zur Geschichte ihres Verhältnisses vom Altertum bis zur Gegenwart, Berlin/New York: de Gruyter, S. 175-198.

Turing, Alan Mathison (1937): On Computable Numbers, with an Application to the Entscheidungsproblem, Proceeding of the London Mathematical Society, 2 (42), S. 230-265, http://www.cs.ox.ac.uk/activities/ieg/e-library/sources/tp2-ie.pdf, abgerufen am 01.04.2011.

Turing, Alan Mathison (1950): Computing Machinery and Intelligence, Mind, 59, S. 422-460.

Turkle, Sherry (1995): Life on the Screen. Identity in the Age of the Internet, New York: Simon/Schuster.

Turkle, Sherry (1998): Cyborg Babies and Cy-Dough-Plasm. Ideas about Self and Life in the Culture of Simulation, in: Davis-Floyd, Robbie/Joseph Dumit [Hrsg.]: Cyborg Babies. From Techno-Sex to Techno-Tots, New York/London: Routledge, S. 317-329.

Turner, Victor (1964): Betwixt and Between: The Liminal Period in Rites de Passage, in: June Helm [Hrsg.]: Proceedings of the 1964 Annual Spring Meeting of the American Ethnological Society, Seattle: American Ethnological Society, S. 4-20.

Uricchio, William (2011): The algorithmic turn: Photosynth, augmented reality and the changing implications of the image, Visual Studies, 26, 1, S. 25-35.

Veyne, Paul (1987): Glaubten die Griechen an ihr Mythen? Ein Versuch über die konstitutive Einbildungskraft, Frankfurt am Main: Suhrkamp.

Villa, Paula-Irene (2006): Sexy Bodies. Eine soziologische Reise durch den Geschlechtskörper, Wiesbaden: VS Verlag für Sozialwissenschaften.

Vogl, Joseph (2008): Kalkül und Leidenschaft. Poetik des ökonomischen Menschen, Zürich/Berlin: Diaphenes.

Voss, Martin/Birgit Peuker [Hrsg.] (2006a): Verschwindet die Natur? Die Akteur-Netzwerk-Theorie in der umweltsoziologischen Diskussion, Bielefeld: transcript.

Voss, Martin/Birgit Peuker (2006b): Einleitung: Vom realen Verschwinden einer Fiktion, in: Dies. [Hrsg.]: Verschwindet die Natur? Die Akteur-Netzwerk-Theorie in der umweltsoziologischen Diskussion, Bielefeld: transcript, S. 9-33.

Volpers, Helmut/Karin Wunder (2008): Das ICH im Web – Auswirkungen virtueller Identitäten auf soziale Beziehungen, in: Scherfer, Konrad [Hrsg.]: Webwissenschaft. Eine Einführung, Berlin: Lit, S. 91-101.

Wahrig-Schmidt, Bettina (1997): Metaphern, Metaphern für Metaphern und ihr Gebrauch in wissenschaftshistorischer Absicht, in: Biere, Bernd Ulrich/Liebert, Wolf-Andreas [Hrsg.]: Metaphern, Medien, Wissenschaft. Zur Vermittlung der AIDS-Forschung in Presse und Rundfunk, Opladen: Westdeutscher Verlag, S. 23-48.

Wakefield, Jane (2011): When algorithms control the world, BBC News Technology, 23.08.2011, abgerufen unter: http://www.bbc.co.uk/news/technology-14306146 (24.08.2011).

Waldschmidt, A. (2002): Normalität, Genetik, Risiko: Pränataldiagnostik als ‚government by security‘, in: Bergermann, Ulrike/Claudia Breger/Tanja Nusser [Hrsg.]: Techniken der Reproduktion. Medien – Leben – Diskurse, Königstein: Helmer, S. 131-144.

Walters, William (2012): Governmentality. Critical Encounters, London/New York: Routledge.

Warnke, Martin (1996): Das Medium in Turings Maschine, in: Becker, Barbara/Christoph Lischka/Josef Wehner [Hrsg.]: Kultur – Medien – Künstliche Intelligenz. Beiträge zum Workshop ‚Künstliche Intelligenz – Medien – Kultur‘ während der 19. Jahrestagung für Künstliche Intelligenz (KI-95), 11.-13. September 1995 in Bielefeld, GMD-Studien Nr. 290, Sankt Augustin: GMD, S. 159-171.

Watzlawick, Paul (2002) [1976]: Wie wirklich ist die Wirklichkeit? Wahn, Täuschung, Verstehen, München/Zürich: Piper.

Watzlawick, Paul/Janet H. Beavin/Don D. Jackson (1969) Menschliche Kommunikation. Formen, Störungen, Paradoxien, Bern: Huber.

Weber, Jutta (2003a): Umkämpfte Bedeutungen. Naturkonzepte im Zeitalter der Technoscience, Frankfurt am Main: Campus.

Weber, Jutta (2003b): Turbulente Körper und emergente Maschinen. Über Körperkonzepte in neuerer Robotik und Technikkritik, in: Weber, Jutta/Corinna Bath [Hrsg.]: Turbulente Körper, soziale Maschinen. Feministische Studien zur Technowissenschaftskultur, Leske/Budrich: Opladen, S. 119-136.

Weber, Jutta/Corinna Bath (2003): Technowissenschaftskultur und feministische Kritik. Eine programmatische Einleitung, in: Dies. [Hrsg.]: Turbulente Körper, soziale Maschinen. Feministische Studien zur Technowissenschaftskultur, Leske/Budrich: Opladen, S. 9-24.

Weigel, Sigrid (2004): Das Gedankenexperiment. Nagelprobe auf die facultas figendi in Wissenschaft und Literatur, in: Macho, Thomas/Annette Wunschel [Hrsg.]: Science & Fiction. Über Gedankenexperimente in Wissenschaft, Philosophie und Literatur, Frankfurt am Main: Fischer, S. 183-205.

Weingart, Brigitte (2002): Ansteckende Wörter. Repräsentationen von AIDS, Frankfurt am Main: Suhrkamp.

Weiß, Martin G. (2009): Die Auflösung der menschlichen Natur, in: Ders. [Hrsg.]: Bios und Zoë. Die menschliche Natur im Zeitalter ihrer technischen Reproduzierbarkeit, Frankfurt am Main: Suhrkamp, S. 34-54.

Wiener, Norbert (1961): Cybernetics: or Control and Communication in the Animal and the Machine, Cambridge/MA: MIT Press.

Wierschowski, Myriam (1995): Grundmotive anthropomorpher Mechanik, in: Seim, Roland/Josef Spiegel [Hrsg.]: Roboter-Alltag. Zur Soziologie und Geschichte des künstlichen Menschen, Münster: Kulturbüro, S. 15-45.

Wild, Barbara (2009): Lachen, Lächeln und Weinen aus neurophysiologischer Sicht, in: Nitschke, August/Justin Stagl/Dieter R. Bauer [Hrsg.]: Überraschendes Lachen, gefordertes Weinen. Gefühle und Prozesse. Kulturen und Epochen im Vergleich, Wien u. a.: Böhlau, S. 35-44.

Williams, Raymond (1974): Television. Technology and Cultural Form, London: Fontana.

Winthrop-Young, Geoffrey (2000): Silicon Sociology, or, Two Kings on Hegel's Throne? Kittler, Luhmann and the Posthuman Merger of German Media Theory, in: Yale Journal of Criticism 13.2, S. 391-420.

Wittgenstein, Ludwig (2008) [1953]: Philosophische Untersuchungen. Auf der Grundlage der kritisch-genetischen Edition, neu herausgegeben von Joachim Schulte, Frankfurt am Main: Suhrkamp.

Wittwer, Héctor (2009): Philosophie des Todes, Stuttgart: Reclam.

You (2009), südafrikanische Zeitschrift, Ausgabe vom 10.09.2009, Titelseite abgerufen unter: http://blogs.discovermagazine.com/intersection/files/2009/09/ept_sports_oly_experts-919832433-1252434755.jpg (01.02.2011).

Zimmerli, Walther (2002): Jenseits von Zähmung oder Züchtung – Die Ablösung der künstlichen Intelligenz durch den Netzwerkmenschen, in: Kegler, Karl R./Max Kerner [Hrsg.]: Der künstliche Mensch. Körper und Intelligenz im Zeitalter ihrer technischen Reproduzierbarkeit, Köln: Böhlau, S. 75-103.

Zilles, Karl (2007): Tragweite und Grenzen des naturwissenschaftlichen Paradigmas: Das Beispiel Hirnforschung, in: Honnefelder, Ludger/Matthias C. Schmidt [Hrsg.]: Naturalismus als Paradigma. Wie weit reicht die naturwissenschaftliche Erklärung des Menschen?, Berlin: Berlin University Press, S. 326-343.

Zweifel, Stefan/Michael Pfister (1990): Sade zwischen Justine und Juliette, in: Sade: Justine und Juliette, Band 1, München: Matthes und Seitz, S. 14-38.

Filmographie

Afivebthree (2010): Iraq Raw Combat Footage Basra Contact, Video von YouTube, hochgeladen am 22.08.2010, http://www.youtube.com/watch?v=KHUqzXFMvDs, abgerufen am 01.07.2011.
Avatar (James Cameron, USA 2009)
Star Trek – The Next Generation (USA 1987-1994)
Terminator 2 – Judgement Day (James Cameron, USA 1991)
The Fluidic (2011): Jeopardy IBM Watson Episode-2 HD (03.03.2011), http://www.youtube.com/watch?v=smSvr4dfmPk, abgerufen am 01.04.2011.
The Matrix (Andy Wachowski/Lana Wachowski, USA 1999)
The Terminator (James Cameron, USA 1984)